岩土工程研究生教育系列丛书

U0182786

地基处理技术

Ground Improvement Technology

俞建霖　周　建◎主　编

ZHEJIANG UNIVERSITY PRESS
浙江大学出版社
·杭州·

图书在版编目(CIP)数据

地基处理技术 / 俞建霖，周建主编. — 杭州 ：浙
江大学出版社，2022.8
ISBN 978-7-308-22842-8

Ⅰ．①地… Ⅱ．①俞… ②周… Ⅲ．①地基处理
Ⅳ．①TU472

中国版本图书馆 CIP 数据核字(2022)第 124344 号

地基处理技术

DIJI CHULI JISHU

俞建霖　周　建　主编

责任编辑	王　波
文字编辑	沈巧华
责任校对	汪荣丽
封面设计	春天书装
出版发行	浙江大学出版社
	(杭州市天目山路 148 号　邮政编码 310007)
	(网址：http://www.zjupress.com)
排　　版	杭州朝曦图文设计有限公司
印　　刷	浙江全能工艺美术印刷有限公司
开　　本	787mm×1092mm　1/16
印　　张	26.25
字　　数	655 千
版 印 次	2022 年 8 月第 1 版　2022 年 8 月第 1 次印刷
书　　号	ISBN 978-7-308-22842-8
定　　价	69.00 元

序

　　20 世纪 60 年代末至 70 年代,人们将土力学及基础工程学、工程地质学、岩体力学应用于工程建设和灾害治理而形成的新学科统一称为岩土工程。岩土工程包括工程勘察、地基处理及土质改良、地质灾害治理、基础工程、地下工程、海洋岩土工程、地震工程等。社会的发展,特别是现代土木工程的发展有力促进了岩土工程理论、技术和工程实践的发展。岩和土是自然和历史的产物。岩土的工程性质十分复杂,与岩土体的矿物成分、形成过程、应力历史和环境条件等因素有关;岩土体不均匀性强,初始应力场复杂且难以测定;土是多相体,一般由固相、液相和气相三相组成。土体中的三相很难区分,不同状态的土相互之间可以转化;土中水的状态十分复杂,导致岩土体的本构关系很难体现岩土体的真实特性,而且反映其强度、变形和渗透特性的参数的精确测定比较困难。因此,在岩土工程计算分析中,计算信息的不完全性和不确知性,计算参数的不确定性和参数测试方法的多样性,使得岩土工程计算分析需要定性分析和定量分析相结合,需要工程师进行综合工程判断,单纯依靠力学计算很难解决实际问题。太沙基(Terzaghi)曾经指出"岩土工程是一门应用科学,更是一门艺术"。我理解这里的"艺术"(art)不同于一般绘画、书法等艺术。岩土工程分析在很大程度上取决于工程师的判断,具有很高的艺术性。岩土工程分析应将艺术和技术美妙地结合起来。这就需要岩土工程师不断夯实和拓宽理论基础,不断学习积累工程经验,不断提高自己的岩土工程综合判断能力。

　　自 1981 年我国实行学位条例以来,岩土工程研究生教育培养工作发展很快。浙江大学岩土工程学科非常重视研究生教育培养工作,不断完善岩土工程研究生培养计划和课程体系。为了进一步改善岩土工程研究生教育培养条件,广开思路,博采众长,浙江大学滨海和城市岩土工程研究中心会同浙江大学出版社组织编写了这套岩土工程研究生教育系列丛书。丛书的作者为长期从事研究生教学和指导工作的教师,或在某一领域有突出贡献的年轻学者。丛书的参编者很多来自兄弟院校和科研单位。希望这套岩土工程研究生教育系列丛书的出版能得到广大岩土工程研究生和从事岩土工程研究生教育工作的教师的欢迎,也希望能得到广大岩土工程师的欢迎,进一步提高我国岩土工程技术水平。

中国工程院院士、浙江大学滨海和城市岩土工程研究中心教授

龚晓南

2022 年 7 月 9 日

前　　言

我国地基处理的历史可追溯到远古时代,许多现代的地基处理技术都可在古代找到雏形。改革开放促进了国民经济的飞速发展,尤其是进入 21 世纪以来,交通运输和围海造陆工程蓬勃发展,地下空间资源被大规模开发利用,各类基础设施如高速公路、高速铁路、城市轨道交通、港口、机场等建设日新月异,对地基的要求越来越高。我国幅员辽阔,各种软弱地基和特殊土地基广泛分布,这对工程建设的地基处理技术提出了巨大挑战,也促使地基处理技术得到快速的发展和提高。除了传统的地基处理方法被不断改进和发展外,新的地基处理技术、方法和工艺也层出不穷,并且在大量的工程实践中得到了推广应用。

本书系统地介绍了工程建设中常用地基处理方法的发展历程和现状、工作机理、设计计算、施工方法和发展展望,并吸收了近年来国内外地基处理理论和技术的新进展,最后总结了地基处理技术在交通工程、围海造陆工程和水下地基处理工程中的综合应用。主要内容包括绪论、复合地基技术、排水固结法、水泥土搅拌法、高压喷射注浆法、灌浆法、强夯法与强夯置换、碎(砂)石桩法、土工合成材料、微生物固化法、特殊土地基处理、既有建筑物地基基础加固、交通工程地基处理技术、围海工程地基处理技术、水下地基处理技术、地基处理技术发展与展望。本书既可作为研究生教材,也可作为工程技术人员的参考书。

本书共 16 章。浙江大学俞建霖和龚晓南编写第 1、2、4、5 和 16 章;浙江大学周建编写第 3 章;中国科学院广州化学研究所薛炜编写第 6 章;太原理工大学葛忻声编写第 7 章;湖南大学陈昌富编写第 8 章;同济大学叶观宝编写第 9 和 12 章;重庆大学肖扬编写第 10 章;长安大学谢永利和张宏光编写第 11 章;东南大学刘松玉编写第 13 章;河海大学陈永辉编写第 14 章;中交四航工程研究院有限公司曾庆军编写第 15 章。在编写过程中,编者参考和引用了大量文献资料,在此对其原作者深表谢意。

本书的出版和编写工作得到了浙江大学龚晓南教授的指导和支持,在此深表感谢。限于编者水平,书中难免有不当或错误之处,敬请读者批评指正。

编者

2022 年 7 月

目　　录

第1章 绪 论

1.1 地基处理目的和意义

我国幅员辽阔,各种软弱地基和特殊土地基广泛分布。改革开放促进了国民经济的飞速发展,自 20 世纪 90 年代以来,我国土木工程建设发展很快。尤其是进入 21 世纪以后,围海造陆工程得到蓬勃发展,地下空间资源得到大规模开发利用,交通运输工程呈现高速发展态势。土木工程功能化、城市建设立体化、交通运输高速化,以及综合居住条件的改善已成为现代土木工程建设的特征。我国各类基础设施建设日新月异,如高速公路、高速铁路、城市轨道交通、港口、机场等,无论其规模还是难度都是空前的。这些工程建设的成功与地基处理技术的合理应用密切相关,对地基处理技术提出了巨大挑战,也促使地基处理技术得到更大的发展和提高。

土木工程对地基的要求主要包括下述三个方面。

1. 地基稳定性问题

地基稳定性问题是指在建(构)筑物荷载(包括静、动荷载的各种组合)作用下,地基土体能否保持稳定。地基稳定性问题有时也称为承载力问题。若地基稳定性不能满足要求,地基在建(构)筑物荷载作用下将会产生局部或整体剪切破坏,影响建(构)筑物的安全与正常使用,亦会引起建(构)筑物的破坏。地基的稳定性,或地基承载力的大小,主要与地基土体的抗剪强度有关,也与地基的基础形式、尺寸和埋深有关。

2. 地基变形问题

地基变形问题是指在建(构)筑物的荷载(包括静、动荷载的各种组合)作用下,地基土体产生的变形(包括沉降、不均匀沉降和水平位移)是否超过相应的允许值。若地基变形超过允许值,将会影响建(构)筑物的安全与正常使用,严重的会引起建(构)筑物破坏。地基变形主要与荷载大小和地基土体的变形特性有关,也与基础的形式和尺寸有关。

3. 地基渗透问题

渗透问题主要有两类:一类是蓄水构筑物地基渗流量是否超过其允许值。如水库坝基渗流量超过其允许值造成较大水量损失,甚至导致蓄水失败。另一类是地基中水力比降是否超过其允许值。地基中水力比降超过其允许值时,地基土会因潜蚀和管涌产生稳定性破坏,进而导致建(构)筑物破坏。地基渗透问题主要与地基中水力比降大小和土体的渗透性高低有关。

当天然地基不能满足建(构)筑物在上述三个方面的要求时,需要对天然地基进行地基处理。地基处理的目的是利用置换、排水、固化、振密、挤密、加筋和冷热处理等方法对地基土进行加固,提高地基稳定性或抗渗能力,降低地基压缩性,以满足工程建设的要求。天然地基通过地基处理后将形成人工地基。

随着土木工程建设规模的扩大和要求的提高,需要对天然地基进行地基处理的工程日益增多。在土木工程建设领域中,与上部结构比较,地基领域中不确定因素多、问题复杂、难度大。若地基问题处理不善,则后果严重。据调查统计,世界各国发生的土木工程建设中的工程事故,源自地基问题的占多数。

在工程建设的推动下,近些年来我国地基处理技术发展很快,地基处理水平不断提高,地基处理已成为岩土工程界最活跃的领域之一。学习和总结国内外地基处理方面的经验教训,掌握各种地基处理技术,提高地基处理水平,对保证工程质量、加快工程进度、节省工程投资具有特别重要的意义。

1.2　地基处理技术发展概况

地基处理是古老而又年轻的领域。我国地基处理的历史可追溯到古代。我国劳动人民在地基处理方面有着极其宝贵的经验,许多现代的地基处理技术都可在古代找到它的雏形。木桩的应用在 7000 年前的河姆渡遗址中已被发现。灰土垫层在我国的应用应在秦汉以前。《史记》记载战国时期伍子胥在规划吴都(今苏州)时进行了"相土尝水";宋代的《营造法式》规定"凡开基址,须相视地脉虚实"。早在两千年前我国就已采用了在软土中夯入碎石等压密土层的夯实法,灰土和三合土的垫层法也是我国古代传统的建筑技术之一。考古发掘结果显示,西安半坡居住遗址的柱底垫土和柱洞填土是经过夯实的地基。福建泉州宋代的洛阳桥即利用抛石挤淤技术加固基底后,再建桥墩。目前世界上留存较早的加筋土结构是公元前 121 年修建的河西走廊"汉长城",它以红柳、芦苇编制框架,层层叠压而成。我国古代在沿海地区极其软弱的地基上修建的海堤是每年农闲时逐年填筑而成的,这就是现代堆载预压法中分期填筑的方法。

新中国成立以后,我国的地基处理技术主要经历了起步应用和发展创新两大阶段。20世纪 50—60 年代是我国地基处理技术的起步应用阶段。当时,由于新中国刚刚成立,百废待兴。为了满足新中国建设的需要,浅层处理、密实、排水预压等地基处理技术从苏联等国家引进我国,出现了一个地基处理技术引进和开发的应用高潮。在这个时期,砂石垫层、砂桩挤密法、石灰桩、化学灌浆法、重锤夯实法、堆载预压法、挤密土桩和灰土桩、预浸水法以及井点降水等地基处理技术先后被引进或开发使用。20 世纪 70 年代末期开始,改革开放促进了基本建设持续高速发展。为了适应工程建设的要求,我国地基处理技术进入了发展创新阶段。大批国外先进的地基处理技术被引进,促进了我国地基处理技术的研究和应用。同时,我国结合自身经济及技术特点,因地制宜,在地基处理新方法、施工机械、施工工艺和材料等方面,发展了适合我国国情的地基处理技术,形成了我国特色的地基处理与加固技术体系。

表 1-1 列出了部分地基处理方法在我国应用的最早年份。从表中可以看出,大部分地基处理技术是改革开放后发展或引进的。为了适应工程建设发展的需要,高压喷射注浆法、

振冲法、强夯法、浆液深层搅拌法、土工合成材料、强夯置换法、EPS(expanded polystyrene)超轻质填料法、等厚度水泥土连续墙工法(trench cutting and remixing deep wall method,TRD)等许多地基处理技术从国外引进,并在实践中得到改进和发展。许多已经在我国得到应用的地基处理技术,如塑料排水袋法、土桩和灰土桩法、砂桩法等也得到发展和提高。40余年来我国工程技术人员在工程实践中还发展了许多新的地基处理技术,如复合地基技术、真空预压技术、锚杆静压桩技术、孔内夯扩碎石桩技术等。

表 1-1 部分地基处理方法在我国应用的最早年份

地基处理方法	年份	地基处理方法	年份
普通砂井法	20 世纪 50 年代	土工合成材料	20 世纪 70 年代末
真空预压法	1980 年	强夯置换法	1988 年
袋装砂井法	20 世纪 70 年代	EPS 超轻质填料法	1995 年
塑料排水袋法	1981 年	低强度桩复合地基法	1990 年
砂桩法	20 世纪 50 年代	刚性桩复合地基法	1981 年
土桩法	20 世纪 50 年代中	锚杆静压桩法	1982 年
灰土桩	20 世纪 60 年代中	掏土纠倾法	20 世纪 60 年代初
振冲法	1977 年	顶升纠倾法	1986 年
强夯法	1978 年	树根桩法	1981 年
高压喷射注浆法	1972 年	沉管碎石桩法	1987 年
浆液深层搅拌法	1977 年	石灰桩法	1953 年
粉体深层搅拌法	1983 年		

改革开放以来,我国地基处理领域的发展主要反映在下述五个方面。

1.地基处理技术得到很大的发展

为了满足土木工程建设对地基处理的要求,我国引进和发展了多种地基处理新技术。例如,1977 年引进浆液深层搅拌(deep cement mixing,DCM)技术,1978 年引进强夯技术,近年又引进 TRD 工法、全方位高压喷射(metro jet system,MJS)工法等。在引进地基处理方法的同时,也引进了新的处理机械、新的处理材料和新的施工工艺。到目前为止,可以说国外有的地基处理方法,我国基本上都有。同时,各地还因地制宜地发展了许多适合我国国情的地基处理新技术,取得了良好的经济效益和社会效益,如真空预压技术、锚杆静压桩技术、低强度桩复合地基技术和孔内夯扩技术等。其中,综合使用多种地基处理方法,形成复合加固技术,是地基处理发展的一大趋势。如在澳门机场建设中,综合应用了换填法、排水固结法、振冲挤密法和碾压法等多种处理技术;又如真空堆载联合预压技术,在设计、施工、监测和检测等方面发展已较为成熟,并被纳入《建筑地基处理技术规范》(JGJ 79—2012)中。

2.地基处理理论研究取得较大进展

我国地基处理的发展还反映在理论上的进步。如复合地基概念从狭义复合地基发展到广义复合地基,形成了较系统的广义复合地基理论;按沉降控制的复合地基设计和复合地基优化设计思路得到发展。目前我国形成了系统的复合地基工程应用体系,复合地基已成为一种常用的地基基础形式。另外,在探讨加固机理、改进施工机械和施工工艺、发展检验手段、提高处理效果、改进设计方法等方面,每一种地基处理方法都取得了显著进展。地基处理技术不断以现代新技术、新材料充实,施工工艺不断改进,向实用有效、可调、可控、可靠方向发展。以排水固结法为例,在竖向排水通道设置方面从普通砂井到袋装砂井、塑料排水带的应用,施工材料和施工工艺发展很快;在理论研究方面,考虑井阻的砂井固结理论、超载预压对消除次固结变形的作用、真空预压固结理论以及对塑料排水带的有效加固深度等方面研究取得了不小的进展。其中基于真空预压发展了较多的复合加固方法,将真空预压与堆载预压、强夯、电渗法、劈裂注气等方法相结合,真空预压技术得到了显著的发展和提升,并应用在铁路与公路软基加固、吹填土的大面积加固中。

3. 地基处理技术得到极大的普及

在地基处理技术得到很大发展的同时,地基处理技术在我国得到极大的普及。由于工程实践需求的推动,地基处理领域的著作和刊物的出版、各种形式的学术讨论会、地基处理技术培训班的举行,促进了地基处理技术的普及,也促进了地基处理技术的提高。以《地基处理手册》为例,自1988年出版以来已出版三版,发行12万多册。1984年,中国土木工程学会土力学及基础工程学会地基处理学术委员会于杭州成立,并于1986年在上海宝钢召开了我国第一届地基处理学术讨论会。该系列会议至今已举办16届,是我国地基处理领域最具影响力的学术盛会,有力推动了地基处理技术的发展和应用。地基问题处理恰当与否关系到整个工程质量、投资和进度,其重要性已越来越多地被人们所认识和重视。

4. 地基处理队伍不断扩大

越来越多的土木工程技术人员了解和掌握了各种地基处理技术、地基处理设计方法、施工工艺、检测手段,并在实践中应用。与土木工程有关的高等院校、科研单位积极开展地基处理新技术的研究、开发、推广和应用。从事地基处理的专业施工队伍不断增多,相关企业越来越重视地基处理新技术的研发和应用。通过工程实践,人们对各种地基处理方法的优缺点有了进一步了解,对采用合理的地基处理规划程序有了较深刻的认识,在根据工程实际选用合理的地基处理方法方面减小了盲目性。另外,在地基处理施工机械方面,研制了许多新产品,与国外的差距在逐步减小。从事地基处理科研、设计、施工、检测的专业技术队伍已经形成,并不断发展壮大。

5. 地基处理水平得到不断提高

地基处理技术在我国得到广泛的普及,地基处理水平得到不断提高。地基处理技术已得到土木工程界的各个部门,如勘察、设计、施工、监理、教学、科研和管理部门的关心和重视。地基处理技术的进步带来了巨大的经济效益和社会效益。应该说我国地基处理技术总体上已达到世界领先水平。

随着国家"一带一路"倡议的提出,我国的铁路、公路以及其他基础设施建设有了更高的要求。严苛的工后沉降控制标准,使得地基处理的概念、技术、固结沉降分析等有了新的机遇和挑战。另外,随着我国围垦造田的发展,应用在浅滩软土、湖泊、滨海等方面的地基处理加固技术面临严峻挑战。地基处理技术逐渐从单一技术向多种技术组合的形式转变,并由此引申出多种新的技术手段。原有的地基处理技术,也在面临新应用环境和领域过程中得到更新更快的发展。

1.3 常见的软弱地基和不良地基

地基处理的对象是软弱地基和不良地基。在土木工程建设中经常遇到的软弱土和不良土主要包括软黏土、人工填土、部分砂土和粉土、湿陷性土、有机质土和泥炭土、膨胀土、盐渍土、垃圾土、多年冻土、岩溶、土洞、山区地基、污染土等。

1. 软黏土

软黏土是软弱黏性土的简称。它是第四纪后期形成的海相、潟湖相、三角洲相、溺谷相和湖泊相的黏性土沉积物或河流冲积物。有的软黏土属于新近淤积物。软黏土大部分处于饱和状态,其天然含水量大于液限,孔隙比大于1.0。当天然孔隙比大于1.5时,称为淤泥;当天然孔隙比大于1.0而小于1.5时,称为淤泥质土。软黏土的特点是天然含水量高,天然孔隙比大,抗剪强度低,压缩性高,渗透系数小并具有结构性。在荷载作用下,软黏土地基承载力低,地基沉降变形大,不均匀沉降也大,而且沉降稳定历时比较长,一般需要数年,甚至数十年。

软黏土地基是在工程建设中遇到最多的需要进行地基处理的软弱地基,它广泛地分布在我国长江三角洲、珠江三角洲、渤海湾及福建等沿海地区以及内地河流两岸和洞庭湖、洪泽湖、太湖及滇池等湖泊地区,例如,天津、连云港、上海、杭州、宁波、台州、温州、福州、厦门、湛江、广州、深圳、珠海等沿海地区和昆明、武汉、南京、马鞍山等内陆地区。

2. 人工填土

人工填土的地基性质取决于填土性质、压实程度以及堆填时间。人工填土按照物质组成和堆填方式可以分为素填土、杂填土和冲填土三类。

素填土是由碎石、砂或粉土、黏性土等中的一种或几种组成的填土,其不含杂质或含杂质较少。经分层压实后则称为压实填土。近年开山填沟筑地、围海筑地工程较多,填土常用开山石料,大小不一,有的直径达数米,填筑厚度有的达数十米,极不均匀。

杂填土是人类活动形成的无规则堆积物,由建筑垃圾、工业废料和生活垃圾等组成,其成分复杂,性质也不相同,且无规律性。在大多数情况下,杂填土是比较疏松和不均匀的。在同一场地的不同位置,地基承载力和压缩性也可能有较大的差异。

冲填土是由水力冲填泥沙形成的填土。在围海筑地中常被采用。冲填土的性质与所冲填泥沙的来源及冲填时的水力条件有密切关系。含黏土颗粒较多的冲填土往往属于强度低和压缩性高的欠固结土,其强度和压缩性指标都比同类天然沉积土差。以粉细砂为主的冲填土的性质基本上和粉细砂相同。

3. 部分砂土和粉土

这里主要指饱和粉砂土、饱和细砂土和砂质粉土。粒径大于0.25mm的颗粒不超过全重的50%,粒径大于0.075mm的颗粒超过全重的85%的称为细砂土。粒径大于0.075mm的颗粒不超过全重的85%,但超过50%的称为粉砂土。粒径大于0.075mm的颗粒不超过全重的50%,而粒径小于0.005mm的颗粒不超过全重的10%,塑性指数I_p小于或等于10的称为砂质粉土。处于饱和状态的细砂土、粉砂土和砂质粉土在静载作用下虽然具有较高的强度,但在机器振动、车辆荷载、波浪或地震力的反复作用下有可能产生液化或产生大量震陷变形。地基会因地基土体液化而丧失承载能力。如果需要承担动力荷载，这类地基往往需要进行地基处理。

4. 湿陷性土

湿陷性土包括湿陷性黄土、粉砂土和干旱、半干旱地区具有崩解性的碎石土等。是否属湿陷性土可根据野外浸水载荷试验确定。当在200kPa压力作用下附加变形量与载荷板宽之比大于0.015时称为湿陷性土。在工程建设中遇到较多的是湿陷性黄土。

湿陷性黄土是指在覆盖土层的自重应力或自重应力和建筑物附加应力综合作用下，受水浸湿后，土的结构迅速破坏，并发生显著的附加沉降，其强度也迅速降低的黄土。黄土在我国分布广泛，地层多、厚度大，主要分布在甘肃、陕西、山西大部分地区，以及河南、河北、山东、宁夏、辽宁、新疆等部分地区。当黄土作为建筑物地基时，首先要判断它是否具有湿陷性，然后才考虑是否需要地基处理以及如何处理。

5. 有机质土和泥炭土

土中有机质含量大于5%时称为有机质土，大于60%时称为泥炭土。

土中有机质含量高，强度往往低，压缩性大，特别是泥炭土，其含水量极高，有时可达200%以上，压缩性很大且不均匀，一般不宜作为建筑物地基，如果要用作建筑物地基则需要进行地基处理。

6. 垃圾土

垃圾土是城市废弃的工业垃圾和生活垃圾形成的地基土。垃圾土的性质很大程度上取决于废弃垃圾的类别和堆积时间。垃圾土的性质十分复杂，垃圾土成分不仅具有区域性，而且与堆积的季节性有关。生活垃圾比工业垃圾更为复杂。

垃圾堆场的地基处理已成为岩土工程师的工作内容，不仅要保持垃圾土地基稳定，而且要解决好防止垃圾污染地下水源等环境保护问题。垃圾场的再利用也已引起人们的重视。

7. 膨胀土

膨胀土是指黏粒成分主要是亲水性黏土矿物的黏性土。膨胀土在环境的温度和湿度变化时会产生强烈的胀缩变形。将膨胀土作为建(构)筑物地基时，如果没有采取必要的地基处理措施，膨胀土饱水膨胀，失水收缩，常会给建(构)筑物造成危害。膨胀土在我国分布范围很广，广西、云南、湖北、河南、安徽、四川、河北、山东、陕西、江苏、内蒙古、贵州和广东等地均有不同范围的分布。

8. 盐渍土

土中含盐量超过一定数量的土称为盐渍土。盐渍土地基浸水后，土中盐溶解可能导致地基溶陷，某些盐渍土(如含硫酸钠的土)在环境温度和湿度变化时，可能产生土体体积膨胀。除此外，盐渍土中的盐溶液还会导致建筑物材料和市政设施材料的腐蚀，造成建筑物或市政设施的破坏。

盐渍土主要分布在西北干旱地区的地势低洼的盆地和平原中，盐渍土在滨海地区也有分布。

9. 多年冻土

冻土是指在负温条件下含有冰的各种土。多年冻土是指温度连续三年或三年以上保持在零度或零度以下，并含有冰的土层。多年冻土的强度和变形有许多特殊性。例如，冻土中因有冰和未冻水存在，故在长期荷载作用下有强烈的流变性。多年冻土在人类活动影响下，可能发生融化。因此多年冻土作为建筑物地基时需慎重考虑，需要采取必要的处理措施。

季节性冻土随季节周期性地冻结和融化,会产生冻胀和融沉现象,因而对地基的不均匀沉降和稳定性影响较大。

10. 岩溶、土洞和山区地基

岩溶或称"喀斯特",它是石灰岩、白云岩、泥灰岩、大理石、岩盐、石膏等可溶性岩层受水的化学和机械作用而形成的溶洞、溶沟、裂隙,以及由于溶洞的顶板塌落使地表产生陷穴、洼地等现象和作用的总称。土洞是岩溶地区上覆土层被地下水冲蚀或被地下水潜蚀所形成的洞穴。

岩溶和土洞对建(构)筑物的影响很大,可能造成地面变形,地基陷落,发生水的渗漏和涌水现象。在岩溶地区修建建筑物时要特别重视岩溶和土洞的影响。

山区地基地质条件比较复杂,主要表现在地基的不均匀性和场地的稳定性两方面。山区基岩表面起伏大,且可能有大块孤石,这些因素常会导致建筑物基础产生不均匀沉降。另外,在山区有可能出现滑坡、崩塌和泥石流等不良地质现象,给建(构)筑物造成直接的或潜在的威胁。在山区修建建(构)筑物时要重视地基的稳定性和避免过大的不均匀沉降,必要时需进行地基处理。

11. 污染土

污染土是指致污物质侵入,导致土的物理、力学、化学性质发生变化,直接影响工程活动或有害于人类健康、动物繁衍和植物生长的土。按其污染原因,可分为:①重金属污染土,又包括单一重金属污染和多种重金属污染。国内常见的主要有汞、铜、锌、铬、镍、钴、砷、铅、镉等重金属污染。重金属污染具有普遍性、隐蔽性与潜伏性、不可逆性与长期性、复杂性、传递危害性等特点。②有机物污染土。土壤中有机污染物的来源包括农药和化肥的施用、污水灌溉和污泥施肥、工业废水废气和废渣的污染、空气中沉降物的污染,其中农药施用和工业生产中排放的人工合成有机物是土壤有机污染的主要污染源。③复合污染土,即受到两种及以上复合污染的土,这种复合污染场地通常具有污染物成分多样、场地状况复杂、污染浓度高、不易修复等特点。

研究表明,土体受到污染后,其基本物理力学特性会发生明显改变,并引起土体工程性质的变化。对于既有建(构)筑物基础,在其使用期地基受到污染后,可能会发生地基基础不同形式的破坏现象,影响地下工程施工和运营安全。

1.4 地基处理方法分类及适用范围

地基处理方法的分类可有多种角度,如按地基处理深度可分为浅层处理和深层处理,按时间可分为临时处理和永久处理,按对象性质可分为砂性土处理和黏性土处理、饱和土处理和非饱和土处理,还有将常用地基处理方法分为物理的地基处理方法、化学的地基处理方法和生物的地基处理方法三大类。要对地基处理方法进行严格的统一分类是比较困难的,不少地基处理方法具有多种加固机理,例如土桩和灰土体法既有挤密作用又有置换作用。另外,还有一些地基处理方法的加固机理以及计算方法目前还不是十分明确,尚需进一步探讨。而且,地基处理方法也在不断发展,功能不断扩大,也使地基处理方法分类变得更加困难。

下面根据地基处理技术的加固原理,将常用地基处理方法分为九类。在分类中将既有建筑物地基加固(托换)、纠倾和迁移也包括在内。

1. 置换

置换是指用物理力学性质较好的岩土材料置换天然地基中部分或全部软弱土或不良土,形成双层地基或复合地基,以达到提高地基承载力、减少沉降的目的。

置换法主要包括换土垫层法、强夯置换法、石灰桩法、挤淤置换法、褥垫层法、各类轻质和超轻质料垫层法、地固件(divided box,D. Box)法等。其中各种轻质料垫层主要用于填方工程,用于替代传统重度较大的填料。石灰桩法加固地基有多种效用,其中也包括了置换效用。

在软黏土地基中以置换为主的振冲置换法、砂石桩(置换)法应慎用,其主要缺点为加固后的地基工后沉降大,且加固后地基承载力提高幅度小。

2. 排水固结

排水固结是指地基土体在一定荷载作用下排水固结,土体孔隙比减小,抗剪强度提高,以达到提高地基承载力、减少工后沉降的目的。

排水固结法主要包括堆载预压法、超载预压法、真空预压法、真空预压联合堆载预压法、降低地下水位法、电渗法和高压气溶胶排水固结法等。排水固结法中竖向排水系统可采用普通砂井、袋装砂井和塑料排水带等;也可利用天然地基土体本身排水,不设人工设置的竖向排水通道。

3. 灌入固化物

灌入固化物是向地基中灌入或拌入水泥,或石灰,或其他化学固化材料,在地基中形成复合土体,以达到地基处理的目的。

灌入固化物法主要包括深层搅拌法(喷浆或喷粉)、TRD 工法、铣削水泥土搅拌墙(cutter soil mixing,CSM)工法、常规高压喷射注浆法、MJS 法、超高压喷射(rodin jet pile,RJP)法、渗入性灌浆法、劈裂灌浆法、挤密灌浆法、电动化学灌浆法等。

4. 振密、挤密

振密、挤密是指采用振动或挤密的方法,使地基土体进一步密实,以达到提高地基承载力和减少沉降的目的。

振密、挤密法主要包括表层原位压实法、强夯法、振冲密实法、挤密砂桩法、挤密碎石桩法、孔内夯扩挤密桩法、爆破挤密法、土桩和灰土桩法,以及夯实水泥土桩法等。

5. 加筋

加筋是地基中设置强度高、模量大的筋材,以达到提高地基承载力、减少沉降的目的。筋材可采用钢筋混凝土、低强度混凝土、土工合成材料等。

加筋法主要包括加筋土法、土钉墙法、树根桩法、锚杆支护法、低强度桩复合地基法[水泥粉煤灰碎石(cement fly-ash grave,CFG)桩复合地基法、低强度混凝土桩复合地基法、二灰混凝土桩复合地基法等]和刚性桩复合地基法。

6. 微生物加固

微生物加固指通过向松散砂土地基中低压传输微生物细胞以及营养盐,以在砂土孔隙中快速析出碳酸钙胶凝结晶,改善土体力学性能,达到地基处理的目的。

7. 冷热处理

冷热处理指通过冻结地基土体或焙烧、加热地基土体,以改变土体物理力学性质达到地基处理的目的。

冷热处理法主要包括冻结法和烧结法两种。其中冻结法常用于构造临时设施,如采用冻结法构建地下支护结构。

8.托换

托换是指对既有建筑物地基基础进行加固处理,以满足对地基承载力的要求或有效减小沉降。

托换法主要包括基础加宽法、墩式托换法、桩式托换法、地基加固法、综合加固法等。

9.纠倾和迁移

纠倾是指对因沉降不均匀而造成倾斜的既有建筑物进行矫正。纠倾方法主要包括加载纠倾法、掏土纠倾法、顶升纠倾法、综合纠倾法。迁移是指将既有建筑物从原有位置整体移动到新的位置。

各类地基处理方法简要加固原理和适用范围见表1-2。

表1-2 地基处理方法分类及其适用范围

类别	方法	简要原理	适用范围
置换	换土垫层法	将软弱土或不良土开挖至一定深度,回填抗剪强度较高、压缩性较小的岩土材料,如砂、砾、石渣等,并分层夯实,形成双层地基。垫层能有效扩散基底压力,可提高地基承载力,减少沉降	各种软弱土地基
	挤淤置换法	通过抛石或夯击回填碎石置换淤泥达到加固地基的目的,有时也采用爆破挤淤置换法	淤泥或淤泥质黏土地基
	褥垫法	当建(构)筑物的地基一部分压缩性较小,而另一部分压缩性较大时,为了避免不均匀沉降,在压缩性较小的区域,通过换填法铺设一定厚度具有可压缩性的土料形成褥垫,以减小沉降差	建(构)筑物地基部分坐落在基岩上,部分坐落在土上,以及类似情况
	砂石桩置换法	利用振冲法或沉管法,或其他方法在饱和黏性土地基中成孔,在孔内填入砂石料,形成砂石桩。砂石桩置换部分地基土体,形成复合地基,以提高承载力,减少沉降	黏性土地基,因承载力提高幅度小,工后沉降大,已很少应用
	强夯置换法	采用边填碎石边强夯的方法在地基中形成碎石墩体,由碎石墩、墩间土以及碎石垫层形成复合地基,以提高承载力,减少沉降	粉砂土和软黏土地基等
	石灰桩法	通过机械或人工成孔,在软弱地基中填入生石灰块或生石灰块加其他掺合料,通过石灰的吸水膨胀、放热以及离子交换作用改善桩间土的物理力学性质,并形成石灰桩复合地基,可提高地基承载力,减少沉降	杂填土、软黏土地基
	气泡混合轻质料填土法	气泡混合轻质料的容重为 $5\sim12kN/m^3$,具有较高的强度和压缩性能,用作路堤填料可有效减小作用在地基上的荷载,也可减小作用在挡土结构上的侧压力	软弱地基上的填方工程
	EPS超轻质料填土法	发泡聚苯乙烯(EPS)重度只有土的 $\frac{1}{50}\sim\frac{1}{100}$,并具有较高的强度和较好的压缩性能,用作填料,可有效减小作用在地基上的荷载,减小作用在挡土结构上的侧压力,需要时也可置换部分地基土,以达到更好的效果	软弱地基上的填方工程

续表

类别	方法	简要原理	适用范围
排水固结	堆载预压法	在地基中设置排水通道——砂垫层和竖向排水系统(竖向排水系统通常有普通砂井、袋装砂井、塑料排水带等),以缩小土体固结排水距离,地基在预压荷载作用下排水固结,地基产生变形,地基土强度提高。卸去预压荷载后再建造建(构)筑物,地基承载力提高,工后沉降减少	软黏土、杂填土、泥炭土地基等
	超载预压法	原理基本上与堆载预压法相同,不同之处是其预压荷载大于设计使用荷载。超载预压不仅可减少工后固结沉降,还可消除部分工后次固结沉降	软黏土、杂填土、泥炭土地基等
	真空预压法	在软黏土地基中设置排水体系(同加载预压法),然后在上面形成不透气层(覆盖不透气密封膜,或其他措施),通过对排水体系进行长时间不断抽气抽水,在地基中形成负压区,从而使软黏土地基产生排水固结,达到提高地基承载力,减少工后沉降的目的	软黏土地基
	真空预压联合堆载预压法	当真空预压法达不到设计要求时,可与堆载预压联合使用,两者的加固效果可叠加	软黏土地基
	电渗法	在地基中形成直流电场,在电场作用下,地基土体产生排水固结,达到提高地基承载力、减少工后沉降的目的	软黏土地基
	降低地下水位法	通过降低地下水位,改变地基土受力状态,其效果如堆载预压,使地基土产生排水固结,达到加固目的	砂性土或透水性较好的软黏土层
灌入固化物	水泥搅拌桩法	利用水泥搅拌机将水泥浆或水泥粉和地基土原位搅拌形成圆柱状、格栅状或连续墙水泥土增强体,形成复合地基以提高地基承载力,减少沉降。也常用它形成水泥土防渗帷幕。水泥搅拌法分喷浆搅拌法和喷粉搅拌法两种。为改善常规水泥搅拌桩的受力性状,可在搅拌桩中插入预制混凝土桩或管桩形成砼芯水泥土桩	淤泥、淤泥质土、黏性土和粉土等软土地基,有机质含量较高时应通过试验确定适用性
	TRD法	将链式切削刀具插入地基,切削土体至墙体设计深度;在链式刀具围绕刀具立柱转动作竖向切割的同时,刀具立柱横向移动,水平推进并由其底端喷射切割液和固化剂。经混合搅拌并连续施工后形成的等厚度水泥土连续墙,可作为岩土工程中地基土体加固结构、止水帷幕以及挡土结构	人工填土、黏性土、淤泥和淤泥质土、粉土、砂土、碎石土等地层,直径小于100mm,$q_u \leqslant 5MPa$ 的卵砾石、泥岩和强风化基岩
	CSM法	将液压双轮铣铣槽机和深层搅拌技术相结合,通过两个铣轮绕水平轴垂直对称旋转切削破碎原位土体,同时注入水泥浆液并充分搅拌形成均匀的水泥土墙体,可以用于防渗墙、挡土墙、地基加固等工程。	对地层的适应性较高,适用于填土、淤泥质土、黏性土、粉土、砂性土、卵砾石等地层,也可以切削卵砾石层、岩层等坚硬地层

类别	方法	简要原理	适用范围
灌入固化物	常规高压喷射注浆法	利用高压喷射专用机械,在地基中通过高压喷射流冲切土体,用浆液置换部分土体,形成水泥土增强体。按喷射流组成形式分,高压喷射注浆法有单管法、二重管法、三重管法。按施工工艺分有定喷、摆喷和旋喷。利用高压喷射注浆法可形成复合地基以提高承载力、减少沉降,也常用它形成水泥土防渗帷幕	淤泥、淤泥质土、黏性土、粉土、黄土、砂土、人工填土和碎石土等地基,当含有较多的大块石,或地下水流速较快,或有机质含量较高时应通过试验确定适用性
	MJS法	在传统高压喷射注浆工艺的基础上,采用了独特的多孔管和前端强制吸浆装置,实现了孔内强制排浆和地内压力监测,并通过调整强制排浆量来控制地内压力,大幅度减少对环境的影响并保证了加固体直径。可用于地基加固、止水帷幕和挡土结构等工程	淤泥、淤泥质土、黏性土、粉土、黄土、砂土、人工填土和碎石土等地基,当含有较多的大块石,或地下水流速较快,或有机质含量较高时应通过试验确定适用性
	RJP法	采用超高压水和压缩空气先行切削土体,然后采用超高压水泥浆液和压缩空气接力切削,将土体和水泥浆液混合后形成大直径的水泥土加固体,可用于地基加固、止水帷幕和挡土结构等工程	淤泥、淤泥质土、黏性土、粉土、黄土、砂土、人工填土和碎石土等地基,当含有较多的大块石,或地下水流速较快,或有机质含量较高时应通过试验确定适用性
	渗入性灌浆法	在灌浆压力作用下,将浆液灌入地基中以填充原有孔隙,改善土体的物理力学性质	中砂、粗砂、砾石地基
	劈裂灌浆法	在灌浆压力作用下,浆液克服地基土中初始应力和土的抗拉强度,使地基中原有的孔隙或裂隙扩张,浆液填充新形成的裂缝和孔隙,改善土体的物理力学性质	岩基或砂、砂砾石、黏性土地基
	挤密灌浆法	在灌浆压力作用下,向土层中压入浓浆液,在地基中形成浆泡,挤压周围土体。通过压密和置换可改善地基性能。在灌浆过程中因浆液的挤压作用可产生辐射状上抬力,引起地面隆起	可压缩性地基、排水条件较好的黏性土地基
	微生物固化	利用岩土体中特定的微生物,产生生物膜或者诱导生成具有胶结作用的矿物,从而起到粘连砂土体颗粒,填充岩土体孔隙的作用,以达到固化砂土体,降低岩土体渗透系数的目的。目前研究最多、应用最广泛的是基于尿素水解的微生物诱导碳酸钙沉淀技术	砂类土
振密、挤密	表层原位压实法	采用人工或机械夯实、碾压或振动,使土体密实。密实范围较浅,常用于分层填筑	杂填土、疏松无黏性土、非饱和黏性土、湿陷性黄土等地基的浅层处理
	强夯法	采用重量为 $10\sim40t$ 的夯锤,使其从高处自由落下,地基土体在强夯的冲击力和振动力作用下密实,可提高地基承载力,减少沉降	碎石土、砂土、低饱和度的粉土与黏性土,湿陷性黄土、杂填土和素填土等地基

续表

类别	方法	简要原理	适用范围
振密挤密	振冲密实法	一方面依靠振冲器的振动使饱和砂层发生液化,砂颗粒重新排列,孔隙减小;另一方面依靠振冲器的水平振动力,加回填料使砂层挤密,从而提高地基承载力、减少沉降,并提高地基土体抗液化能力。振冲密实法可加回填料也可不加回填料。加回填料,则称为振冲挤密碎石桩法	黏粒含量小于10%的疏松砂性土地基
	挤密砂石桩法	采用振动沉管法等在地基中设置碎石桩,在制桩过程中对周围土层产生挤密作用。被挤密的桩间土和密实的砂石桩形成砂石桩复合地基,达到提高地基承载力、减少沉降的目的	砂土地基、非饱和黏性土地基
	爆破挤密法	利用在地基中爆破产生的挤压力和振动力使地基土密实以提高土体的抗剪强度,提高地基承载力和减少沉降	饱和净砂、非饱和但经灌水饱和的砂、粉土、湿陷性黄土地基
	土桩、灰土桩法	采用沉管法、爆扩法和冲击法在地基中设置土桩或灰土桩,在成桩过程中挤密桩间土,由挤密的桩间土和密实的土桩或灰土桩形成土桩复合地基或灰土桩复合地基,以提高地基承载力和减少沉降,有时是为了消除湿陷性黄土的湿陷性	地下水位以上的湿陷性黄土、杂填土、素填土等地基
	夯实水泥土桩法	在地基中人工挖孔,然后填入水泥与土的混合物,分层夯实,形成水泥土桩复合地基,提高地基承载力和减小沉降	地下水位以上的湿陷性黄土、杂填土、素填土等地基
	柱锤冲扩桩法	在地基中采用直径为300～500mm,长2～5m,质量为1～8t的柱状锤,将地基土层冲击成孔,然后将拌合好的填料分层填入桩孔夯实,形成柱锤冲扩桩,形成复合地基,以提高地基承载力和减少沉降	地下水位以上的湿陷性黄土、杂填土、素填土等地基
	孔内夯扩挤密桩法	根据工程地质条件,采用人工挖孔、螺旋钻成孔,或振动沉管法成孔等方法在地基成孔,利用回填灰土、水泥土、矿渣土、碎石等填料,在孔内夯实填料并挤密桩间土,由挤密的桩间土和夯实的填料桩形成复合地基,达到提高地基承载力、减少沉降的目的	地下水位以上的湿陷性黄土、杂填土、素填土等地基
加筋	加筋土垫层法	在地基中铺设加筋材料(如土工织物、土工格栅、金属板条等)形成加筋土垫层,以增大压力扩散角,提高地基稳定性	筋条间用无黏性土,加筋土垫层可适用于各种软弱地基
	加筋土挡墙法	在填土中分层铺设加筋材料以提高填土的稳定性,形成加筋土挡墙。挡墙外侧可采用侧面板形式,也可采用加筋材料包裹形式	填土挡土结构
	土钉墙法	通常采用钻孔、插筋、注浆等方式在土层中设置土钉,也可直接将杆件插入土层中,通过土钉和土形成加筋土挡墙以维持和提高土坡稳定性	在软黏土地基极限支护高度为5m左右时,砂性土地基应配以降水措施。极限支护高度与土体抗剪强度和边坡坡度有关

类别	方法	简要原理	适用范围
加筋	锚杆支护法	锚杆通常由锚固段、非锚固段和锚头三部分组成。锚固段处于稳定土层,可对锚杆施加预应力,用于维持边坡稳定	软黏土地基中应慎用
	锚定板挡土结构	由墙面、钢拉杆和锚定板和填土组成。锚定板处在填土层,可提供较大的锚固力。锚定板挡土结构用于填土支挡结构	填土挡土结构
	树根桩法	在地基中设置如树根状的微型灌注桩(直径为70～250mm),提高地基承载力或土坡的稳定性	各类地基
	低强度混凝土桩复合地基法	在地基中设置低强度混凝土桩,与桩间土形成复合地基,提高地基承载力,减少沉降	各类深厚软弱地基
	钢筋混凝土桩复合地基法	在地基中设置钢筋混凝土桩,与桩间土形成复合地基,提高地基承载力,减少沉降	各类深厚软弱地基
	长短桩复合地基	由长桩和短桩与桩间土形成复合地基,提高地基承载力,减少沉降。长桩和短桩可采用同一桩形,也可采用两种桩形。通常长桩采用刚度较大的桩形,短桩采用柔性桩,或散体材料桩	深厚软弱地基
冷热处理	冻结法	冻结土体,改善地基土截水性能,提高土体抗剪强度形成挡土结构或止水帷幕	饱和砂土或软黏土,作施工临时措施
	烧结法	钻孔加热或焙烧,减小土体含水量,减小压缩性,提高土体强度,达到地基处理目的	软黏土、湿陷性黄土,适用于有富余热源的地区
托换	基础加宽法	通过加大原建筑物基础底面积减小基底接触压力,使地基承载力满足要求,达到加固目的	原建筑物地基承载力不满足要求,但原天然地基承载力较高
	墩式托换法	在既有建筑物基础下设置墩式基础,通过墩式基础将上部结构荷载传递给较好的土层,达到提高地基承载力、减少沉降的目的	原建筑物地基承载力不满足要求,但软弱土层厚度不大
	桩式托换法	在原建筑物基础下设置钢筋混凝土桩以提高承载力、减少沉降,达到加固目的。按设置桩的方法分静压桩法、树根桩法和其他桩式托换法。静压桩法又可分为锚杆静压桩法和坑式静压桩法等	原建筑物地基承载力不满足要求,且原天然地基承载力也较低
	地基加固法	通过采用高压喷射注浆法、渗入性灌浆法、劈裂灌浆法、挤密灌浆法、石灰桩法等地基加固技术,使原建筑物地基承载力满足要求,达到加固目的	原建筑物地基承载力不满足要求,且原天然地基承载力也较低
	综合托换法	将两种或两种以上托换方法综合应用达到加固目的	原建筑物地基承载力不满足要求,且原天然地基承载力也较低

续表

类别	方法	简要原理	适用范围
纠倾与迁移	加载纠倾法	通过堆载或其他加载形式使沉降较少的一侧产生沉降使不均匀沉降减少,达到纠倾目的	深厚软土地基
	掏土纠倾法	在建筑物沉降较少的部位以下的地基中或在其附近的外侧地基中掏取部分土体,迫使沉降较少的部分进一步产生沉降以达到纠倾的目的	各类不良地基
	顶升纠倾法	在墙体中设置顶升梁,通过千斤顶顶升整幢建筑物,不仅可以调整不均匀沉降,而且可整体顶升至要求标高	各类不良地基
	综合纠倾法	将加固地基与纠倾结合,或将几种方法综合应用。如综合应用静压锚杆法和顶升法,静压锚杆法和掏土法	各类不良地基
	迁移	将整幢建筑物与原地基基础分离,通过顶推或牵拉,移到新的位置	需要迁移的建筑物

1.5　地基处理方法的确定

　　地基处理工程应做到技术先进、经济合理、安全适用、确保质量。地基处理方法的恰当与否直接关系到整个工程的质量、投资和进度。我国地域辽阔,工程地质条件千变万化,各地施工机械条件、技术水平、经验积累以及建筑材料品种差异很大,在选用地基处理方法时一定要因地制宜,具体工程具体分析,充分发挥地方优势,利用地方资源。地基处理方法很多,每种处理方法都有一定的适用范围、局限性和优缺点。没有一种地基处理方法是万能的。要根据具体工程情况,因地制宜地确定合适的地基处理方法。因地制宜是选用地基处理方法的一项重要的选用原则。

1.5.1　确定地基处理方法需考虑的因素

　　地基处理方案的确定往往受上部结构、地质条件、环境和施工条件等因素的影响。在制定地基处理方案之前,应充分调查掌握这些因素。

　　1. 上部结构形式和要求

　　这里包括建筑物的体形、刚度、结构受力体系、建筑材料和使用要求,荷载大小、分布和种类,基础类型、布置和埋深,基底压力、天然地基承载力和变形容许值等。这些决定了地基处理方案制定的目标。

　　2. 地质条件

　　通过工程地质勘察,调查场地的地形地貌,查明地质条件(包括岩土的性质、成因类型、地质年代、厚度和分布范围)。调查地基中是否存在明洪、暗洪、古河道、古井、古墓等不良地质情况。对于岩层,还应查明风化程度及地层的接触关系,调查天然地层的地质构造,查明水文及工程地质条件,确定有无不良地质现象,如滑坡、崩塌、岩溶、土洞、冲沟、泥石流、岸边冲刷及地震等。测定地基土的物理力学性质指标,包括天然重度、含水量、孔隙比、相对密度、颗粒分析、塑性指数、渗透系数、压缩系数、压缩模量、抗剪强度等。

3. 环境

随着社会的发展,公民的环境保护意识逐步提高。常见的与地基处理方法有关的环境
污染主要是噪声、水污染、地面位移、振动、大气污染以及地面泥浆污染等。几种常用的地基
处理方法可能产生的环境问题如表 1-3 所示。在地基处理方案的确定过程中,应该根据环
境要求选择合适的地基处理方案和施工方法。如在居住密集的市区,振动和噪声较大的强
夯法几乎是不可行的。

表 1-3 几种常见地基处理方法可能产生的环境影响

地基处理方法	噪声	水污染	振动	大气污染	地面泥浆污染	地面位移
振冲碎石桩法	△		△		○	
强夯置换法	○		○			△
碎石桩(置换)法	△		△			
石灰桩法	△		△	△		
堆载预压法						△
超载预压法						△
真空预压法						△
水泥浆搅拌法					△	
水泥粉搅拌法				△		
高压喷射注浆法		△			△	
灌浆法		△			△	
强夯法	○		○			△
表层夯实法	△		△			
振冲密实法	△		△			
挤密砂石桩法	△		△			
土桩、灰土桩法	△		△			

注:○表示影响较大;△表示影响较小;空格表示没有影响。

4. 施工条件

施工条件主要包括以下四方面内容。

(1)工程用料。尽可能就地取材,如当地产砂,则应考虑采用砂垫层或挤密砂桩等方案
的可能性;如当地有石料供应,则应考虑采用碎石桩或碎石垫层等方案。

(2)施工工期。若允许工期较长,就有条件选择加载期较长的排水固结法方案。但若施
工工期较短,要求早日投入使用,就会限制某些地基处理方法的应用。

(3)用地条件。如施工时占用场地较大(如堆载预压法),对施工虽较方便,但有时会影
响工程造价。

（4）其他施工条件。施工机械设备的有无、施工难易程度、施工管理质量控制和管理水平等因素也是影响地基处理方案选择的重要因素。

1.5.2 地基处理方案的确定步骤

地基处理方案的确定可按照以下步骤进行（见图 1-1）。

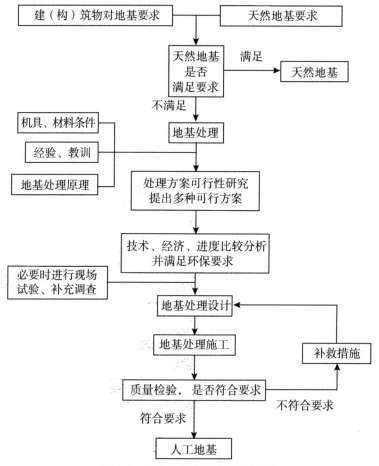

图 1-1 地基处理方案的确定步骤

（1）搜集详细的工程地质、水文地质、建（构）筑物上部及地基基础的设计资料。

（2）根据建（构）筑物对地基的各种要求确定天然地基是否需要处理。若天然地基能够满足建（构）筑物对地基的要求，则应尽量采用天然地基。当天然地基不能满足建（构）筑物对地基的要求时，应进行地基处理。

（3）结合上部结构要求、工程地质和水文地质条件、周围环境条件、地基处理方法的原理、过去应用的经验和机具设备、材料条件，初步选定几种地基处理方案。在考虑地基处理方案时，应同时考虑上部结构体形是否合理、整体刚度是否足够等，重视上部结构、基础和地基的共同作用，必要时可选用提高上部结构刚度和地基处理相结合的方案。

（4）对提出的多种地基处理方案，分别从处理效果、材料来源、施工机具和工期、环境影响等各方面进行技术、经济和进度等方面的比较分析，从中选择最佳的地基处理方案。这也是地基处理方案的优化过程。另外,还可考虑采用两种或多种地基处理方法相结合的综合处理方案。

(5)根据需要决定是否进行补充调查或进行小型现场试验以验证设计参数、施工工艺和加固效果。然后进行选定地基处理方案的施工图设计,其中也包括设计参数和施工工艺的优化过程;再进行地基处理施工。施工过程中要进行监测、检测,如有需要还应进行反分析对设计进行修改和补充,直至满足建(构)筑物对地基的要求。

第2章 复合地基技术

2.1 发展概况

  我国有大量的软弱地基且分布广泛。软弱地基承载力低、沉降量大,往往无法满足工程建设对地基承载力、沉降或稳定性的要求,因此需要进行加固处理。传统的地基处理技术(如排水固结法)施工工期长,难以满足快速处理和高标准控制工后沉降的要求;桩基础在技术上可满足上述要求,但造价高,难以在大面积地基处理中使用。20世纪60年代国外将采用碎石桩加固的地基称为复合地基。改革开放以后我国引进碎石桩等多种地基处理新技术,同时也引进了复合地基理念。采用复合地基可以较好发挥增强体和天然地基土体的承载潜能,具有较好的经济性和适用性。我国地域辽阔,工程地质复杂,工程建设规模大;同时我国是发展中国家,建设资金短缺,这给复合地基技术的应用和发展提供了良好的机遇。随着地基处理技术的不断发展和复合地基技术的普及推广,具有不同特色的多种形式的复合地基技术在工程建设中得到大量应用。因此,"复合地基"这词源自国外,形成复合地基理论和工程应用体系则在中国。

  复合地基的含义随着其在工程建设中的推广应用有一个发展演变过程。在初期,复合地基主要是指在天然地基中设置碎石桩而形成的碎石桩复合地基。那时人们的注意力主要集中在碎石桩复合地基的应用和研究上。国内外学者发表了许多关于碎石桩复合地基承载力和沉降计算的研究成果。随着深层搅拌法和高压喷射注浆法在地基处理中的推广应用,人们开始重视水泥土桩复合地基的研究。碎石桩和水泥土桩两者的主要差别为:前者桩体材料碎石属散体材料,后者桩体材料水泥土为黏结体材料。因此,碎石桩是一种散体材料桩,而水泥土桩是一种黏结材料桩。研究表明:在荷载作用下,散体材料桩与黏结材料桩两者的荷载传递机理有较大的差别。散体材料桩的承载力主要取决于桩侧土的侧限力,而黏结材料桩的承载力主要取决于桩身强度、桩侧土摩阻力和桩端端阻力。随着水泥土桩复合地基的推广应用,复合地基的概念发生了变化,由单纯的碎石桩复合地基这种散体材料桩复合地基概念逐步扩展到包括黏结材料桩复合地基在内的复合地基概念。继水泥土桩复合地基之后,混凝土桩复合地基在工程中开始得到应用。随着混凝土桩复合地基在工程中应用的发展,人们注意到复合地基中桩体的刚度大小对桩的荷载传递性状有较大影响。于是又将黏结材料桩按刚度大小分为柔性桩和刚性桩两大类,提出了柔性桩复合地基和刚性桩复合地基的概念。这样复合地基概念得到进一步拓宽。为了提高桩体的受力性能,又开发了多种形式的复合桩技术。随着加筋土地基在工程建设中的广泛应用,又出现了水平向增强体复合地基的概念。将竖向增强体(桩体)与水平向增强体(加筋体)组合应用,可形成双向增强复合地基技术。因此,随着复合地基技术的发展,复合地基概念和内涵也不断发展。

从复合地基技术的应用领域来看,早期复合地基多用于建筑工程,无论是条形基础还是筏板基础都有较大的刚度。条形基础或筏板基础,连同上部结构可视为刚性基础。刚性基础下复合地基的桩体和桩间土的沉降量是相等的。早期关于复合地基承载力和变形计算理论的研究都是针对刚性基础下复合地基的。随着复合地基技术在高等级公路建设中的应用,人们将刚性基础下复合地基承载力和沉降计算方法应用到填土路堤下复合地基中,发现往往会低估路堤的沉降量,严重高估路堤的稳定性,这是偏不安全的,有时还会形成工程事故。这一现象引起了人们的高度重视,于是出现了路堤等柔性基础下复合地基理论,从而将复合地基技术由建筑工程领域拓展到交通工程领域。

复合地基技术能够较好发挥增强体和天然地基两者共同承担建(构)筑物荷载的潜能,具有较好的经济性,特别适合于我国作为发展中国家的国情和工程建设的需要。因此,我国有不少专家学者从事复合地基理论和实践研究。1990 年,中国建筑学会地基基础学术委员会在河北承德召开了我国第一次以复合地基为专题的学术讨论会,交流和总结了复合地基在我国的应用情况。1992 年,浙江大学龚晓南教授出版了国内外复合地基领域第一部著作《复合地基》(浙江大学出版社),提出了复合地基的定义,并建立了复合地基理论框架,被誉为复合地基发展的第一个里程碑。1996 年,中国土木工程学会土力学及基础工程学会地基处理学术委员会在浙江大学召开了复合地基理论和实践学术讨论会,总结成绩、交流经验,共同探讨发展中的问题,促进了复合地基处理理论和实践水平的进一步提高。2002 年和2007 年龚晓南分别在《复合地基理论及工程应用》第一版和第二版中对复合地基理论框架作了补充和完善,较为全面地介绍了复合地基理论和工程应用在我国的发展。2003 年,龚晓南出版《复合地基设计和施工指南》(人民交通出版社),有力促进了复合地基理论的工程应用。2010 年由龚晓南参与起草的行业标准《刚-柔性桩复合地基技术规程》(JGJ/T 2010)发布实施。2012 年由龚晓南参与起草的国家标准《复合地基技术规范》(GB/T 50803—2012)发布实施。目前,复合地基已成为与浅基础和桩基础并列的第三种常用的地基基础形式,在我国已形成完整的复合地基技术应用体系。

随着地基处理技术和复合地基理论的发展,复合地基技术已广泛应用于我国建筑、公路、铁路、市政、水利、港航、堆场、机场等土木工程建设中,产生了良好的社会效益和经济效益。

近些年来,复合地基的竖向增强体形式发展较快,类型丰富多样,其发展呈现出如下特点:

(1)采用由不同材料、不同工艺制成的增强体,形成具有多功能的复合桩体,满足不同类型的工程建设需求。

例如,在水泥搅拌桩或旋喷桩中插入预制混凝土芯桩形成的砼芯水泥土桩。该桩型结合了混凝土桩和水泥土桩的优点:利用水泥土桩较大的比表面积来提供侧摩阻力,同时利用高强度的混凝土桩承担大部分的竖向荷载,使两种桩型的优势得到充分发挥,有效地提高承载力、减小沉降量,并具有较好的经济性。另外,还有型钢劲芯水泥土桩、混凝土芯砂石桩、水泥土芯砂石桩等。

(2)采用不同类型的增强体形成由多种增强体组成的多元复合地基。

多元复合地基通过采用多种增强体达到优势互补,发挥出各桩型的优势。例如:刚性桩与柔性桩组合,长桩和短桩组合,排水桩和不排水桩组合等。

(3)刚性桩被越来越多地应用于地基处理

随着工程建设的发展,对地基承载力和沉降控制的要求越来越高,各种类型的刚性桩,如预制管桩、素混凝土桩、钢筋混凝土桩、大直径薄壁筒桩、X形灌注桩等,被越来越多地应用于地基处理工程中。

2.2 复合地基定义、效用和分类

2.2.1 复合地基定义

天然地基采用各种地基处理方法处理后形成的人工地基可以分为三大类:均质地基、双层地基和复合地基(见图2-1)。人工地基中的均质地基是指天然地基在地基处理过程中加固区土体性质得到全面改良,加固区土体的物理力学性质基本上是相同的,加固区的平面范围与深度,与荷载作用下的地基持力层或压缩层范围相比较都已满足一定的要求。其示意图如图2-1(a)所示。例如,均质的天然地基采用排水固结法形成人工地基。在排水固结过程中,加固区范围内地基土体中孔隙比减小,抗剪强度提高,压缩性减小,加固区内土体性质比较均匀。若加固区域与荷载作用下的地基持力层和压缩层厚度相比较也已满足一定要求,则这种人工地基可视为均质地基。均质人工地基的承载力和变形计算方法与均质天然地基的计算方法基本上相同。

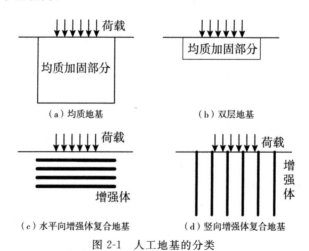

图 2-1 人工地基的分类

人工地基中的双层地基是指天然地基经地基处理形成的均质加固区的厚度与荷载作用面积或者与其相应持力层和压缩层厚度相比较为较小时,在荷载作用影响区内,地基由两层性质相差较大的土体组成。双层地基示意图如图2-1(b)所示。采用换填法或表层压实法处理形成的人工地基,当处理范围比荷载作用面积较大时,可归属于双层地基。双层人工地基承载力和变形计算方法与天然双层地基的计算方法基本上相同。

复合地基是指天然地基在地基处理过程中部分土体得到增强,或被置换,或在天然地基中设置加筋材料,加固区是由基体(天然地基土体或被改良的天然地基土体)和增强体两部分组成的人工地基(龚晓南,1992)。在荷载作用下,基体和增强体共同直接承担荷载的作用。根据地基中增强体的方向又可分为水平向增强体复合地基和竖向增强体复合地基。其示意图如图 2-1(c)和(d)所示。大部分地基处理方法形成的人工地基都属于复合地基。

2.2.2 复合地基效用

复合地基的形式、增强体的材料和施工方法等均对复合地基的效用产生影响。复合地基的效用主要有下述五个方面,对于某一个具体的复合地基可能具有以下一种或多种作用。

1.桩体作用

由于复合地基中桩体的刚度比周围土体的刚度大,在荷载作用下,桩体上产生应力集中现象,桩体上应力远大于桩间土上的应力。在刚性基础下复合地基中尤其明显。桩体承担较多的荷载,桩间土应力相应减小,这就使得复合地基承载力较原地基有所提高,沉降有所减少。随着复合地基中桩体刚度增加,其桩体作用更为明显。

2.振密、挤密作用

对砂桩、砂石桩、土桩、灰土桩、二灰桩和石灰桩等,在施工过程中由于振动,沉管挤密或振冲挤密、排土等原因,可使桩间土得到一定程度的密实,从而改善物理力学性能。采用石灰桩,由于其材料具有吸水、发热和膨胀等作用,对桩间土同样可起到挤密作用。

3.加速固结作用

不少竖向增强体或水平向增强体,如碎石桩、砂桩、土工织物加筋体间的粗粒土等,都具有良好的透水性,是地基中的排水通道。在荷载作用下,地基土体中会产生超孔隙水压力。这些排水通道的存在有效地缩短了排水距离,加速了桩间土的排水固结。桩间土排水固结过程中土体体积变小,抗剪强度增大。

4.垫层作用

复合地基在加固深度范围内形成复合土层,可起到类似于垫层的换土效应作用,减小浅层地基中附加应力的密度,或者说增大应力扩散角。

5.加筋作用

复合地基不但能够提高地基的承载力,而且可以提高地基的稳定性,水平向增强体复合地基的加筋作用更加明显。增强体的设置使复合地基加固区整体抗剪强度提高。

2.2.3 复合地基分类

目前在我国应用的复合地基类型主要有各类砂石桩复合地基、水泥土桩复合地基、刚性桩复合地基、复合桩复合地基、长短桩复合地基、桩网复合地基、加筋土地基等。根据复合地基中增强体的方向和设置情况,按照工作机理,复合地基可分为三大类:竖向增强体复合地基、水平向增强体复合地基和组合型复合地基(见图 2-2)。竖向增强体复合地基常称为桩体复合地基。桩体复合地基分为散体材料桩复合地基和黏结材料桩复合地基两类,根据桩体刚度可将黏结材料桩复合地基分为柔性桩复合地基、刚性桩复合地基与复合桩复合地基三类。

各类砂桩复合地基、砂石桩复合地基和碎石桩复合地基等属于散体材料桩复合地基。

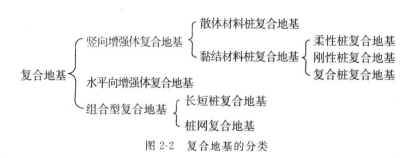

图 2-2　复合地基的分类

各类水泥土桩(深层搅拌桩、高压旋喷桩等)复合地基和各类灰土桩复合地基等一般属于柔性桩复合地基。各类混凝土桩(钢筋混凝土桩、素混凝土桩、预应力管桩、大直径薄壁筒桩等)、类混凝土桩(水泥粉煤灰碎石桩、石灰粉煤灰混凝土桩等)和钢管桩复合地基等一般属于刚性桩复合地基;钢筋混凝土桩和素混凝土桩包括现浇、预制,实体、空心以及异形桩等各种形式。采用砼芯水泥土桩、砼芯砂石桩等复合桩作为增强体的复合地基属于复合桩复合地基。水平向增强体复合地基主要指各类加筋土地基,目前常用的加筋材料主要有土工格栅、土工格室等土工合成材料。由两种及两种以上增强体组成的复合地基称为组合型复合地基,如由长桩(常用刚性桩)和短桩(常用柔性桩或散体材料桩)形成的各类长短桩复合地基;由竖向增强体和水平加筋垫层形成的各类双向增强复合地基,桩网复合地基是典型的双向增强复合地基。

2.3　复合地基本质和形成条件

2.3.1　复合地基本质

下面通过分析浅基础、桩基础和复合地基在荷载作用下的荷载传递路线来认识复合地基的本质,讨论浅基础、桩基础和复合地基三者间的关系。

浅基础,其上部荷载通过基础直接传递给地基土体,如图 2-3 所示。

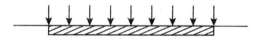

图 2-3　浅基础荷载传递路线

桩基础可分为摩擦桩基础和端承桩基础两类。摩擦桩基础,其荷载通过基础传递给桩体,桩体通过桩侧摩阻力和桩端阻力将荷载传递给地基土体;端承桩基础,其荷载通过基础传递给桩体,桩体主要通过桩端端承力将荷载传递给地基土体。经典桩基理论不考虑基础下地基土直接对荷载的传递作用。虽然大多数情况下摩擦桩基的桩间土在客观上是直接参与共同承担上部荷载的,但在计算中并未考虑。因此桩基础上部荷载通过基础传递给桩体,再通过桩体传递给地基土体,如图 2-4 所示。

图 2-5(a)和(b)分别表示不设垫层和设垫层的两类复合地基。在图 2-5(a)所示的复合地基中,上部荷载通过基础直接同时将荷载传递给桩体和基础下地基土体。散体材料桩,其

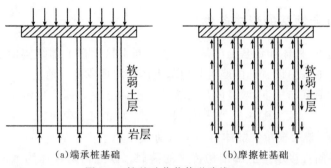

（a）端承桩基础　　　　　　　（b）摩擦桩基础

图 2-4　桩基础荷载传递路线

由桩体承担的荷载通过桩体鼓胀传递给桩侧土体和通过桩体传递给深层土体。黏结材料桩，其由桩体承担的荷载则通过桩侧摩阻力和桩端端承力传递给地基土体。图 2-5（b）与（a）不同的是由基础传递来的上部荷载先通过垫层再直接同时将荷载传递给桩体和垫层下的桩间土体。垫层的效用不改变桩和桩间土同时直接承担荷载这一特征。

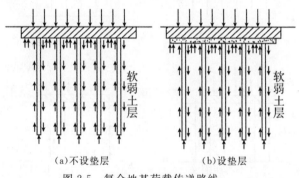

（a）不设垫层　　　　　　　（b）设垫层

图 2-5　复合地基荷载传递路线

　　由上述分析可以看出，浅基础、桩基础和复合地基的荷载传递路线是有本质区别的。复合地基的本质是桩和桩间土共同直接承担荷载，这也是复合地基的基本特征。是否设置垫层、桩体与基础底板是否连接都不应是形成复合地基的必要条件。

　　通过对浅基础、复合地基和桩基础荷载传递路线的分析，可以认为复合地基是界于浅基础和桩基础之间的，如图 2-6 所示。浅基础、桩基础和复合地基三者之间并不存在严格的界限；复合地基置换率等于零时就是浅基础。复合地基桩土应力比等于 1 时也就是浅基础；若复合地基中不考虑桩间土的承载力，复合地基承载力计算则与桩基础相同。若能考虑桩间土直接承担荷载的作用，摩擦桩基础也可属于复合地基。

浅基础　｜　复合地基　｜　桩基础

图 2-6　浅基础、复合地基和桩基础的关系

　　复合地基现已成为与浅基础和桩基础并列的第三种土木工程常用基础形式，已成为土木工程类本科生和研究生教材、基础工程类著作、工程设计手册和指南的重要章节。复合地

基理论有力地推动了基础工程学的发展。

2.3.2 复合地基的形成条件

在荷载作用下,桩体和地基土体是否能够共同直接承担上部结构传来的荷载是有条件的,也就是说,在地基中设置桩体能否与地基土体共同形成复合地基是有条件的。

如何保证在荷载作用下,增强体与天然地基土体能够共同直接承担荷载的作用?在图 2-7 中,$E_p > E_{s1}$,$E_p > E_{s2}$,其中 E_p 为桩体模量,E_{s1} 为桩间土模量,E_{s2} 为加固区下卧层土体模量,E_{s3} 为基础下垫层模量。散体材料桩在荷载作用下产生侧向鼓胀变形,能够保证增强体和地基土体共同直接承担上部结构传来的荷载。因此当增强体为散体材料桩时,图 2-7 中各种情况均可满足增强体和土体共同承担上部荷载。然而,当增强体为黏结材料桩时情况就会发生改变。

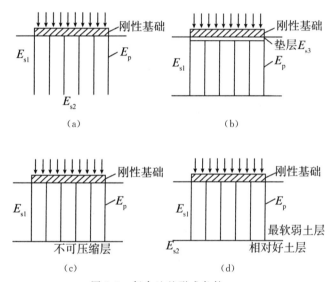

图 2-7 复合地基形成条件

(1)在图 2-7(a)中,在荷载作用下,刚性基础下的桩和桩间土沉降量相同,这可保证桩和土共同直接承担荷载。

(2)在图 2-7(b)中,桩端位于不可压缩层上,在刚性基础下设置一定厚度的柔性垫层。在一般情况下,通过刚性基础下柔性垫层的协调也可保证桩和桩间土两者共同承担荷载。但此时需要注意分析柔性垫层对桩土之间差异变形的协调能力与桩土之间可能产生的最大差异变形两者的关系。如果桩土之间可能产生的最大差异变形超过柔性垫层对桩土之间差异变形的协调能力,则即使在刚性基础下设置了一定厚度的柔性垫层,在荷载作用下也不能保证桩和桩间土始终能够共同直接承担荷载。

(3)在图 2-7(c)中,桩端也位于不可压缩层上,但未设置垫层。在刚性基础传递的荷载作用下,开始时增强体和桩间土体中的竖向应力大致上按两者的模量比分配,但是随着土体产生沉降和蠕变,土中应力不断减小,而增强体中应力逐渐增大,荷载逐渐向增强体上转移。若 E_p 远大于 E_{s1},则桩间土承担的荷载比例极小。特别是若遇到地下水位下降等因素,桩间土体进一步压缩,桩间土可能不再承担荷载。在这种情况下增强体与桩间土体两者难以始终共同直接承担荷载,也就是说桩和桩间土不能形成复合地基以共同承担上部荷载。

(4)在图 2-7(d)中,复合地基中增强体穿透最软弱土层,落在相对好的土层上,$E_{s2}>E_{s1}$。在这种情况下,应重视 E_p、E_{s1} 和 E_{s2} 三者之间的关系,保证在荷载作用下通过桩体和桩间土变形协调来保证桩和桩间土共同直接承担荷载。因此采用黏结材料桩,特别是刚性桩形成的复合地基需要重视复合地基形成条件的分析。

现行国家标准《复合地基技术规范》(GB/T 50783—2012)指出,在复合地基设计中,应根据各类复合地基的荷载传递特性,保证复合地基中桩体和桩间土在荷载作用下能够共同承担荷载。复合地基中桩体采用刚性桩时应选用摩擦型桩。当复合地基中的桩体采用端承桩时,很难保证在荷载作用下桩和桩间土共同直接承担荷载。即使在复合地基上铺设一定厚度的柔性垫层,也很可能出现柔性垫层对端承桩和桩间土之间的最大差异变形协调能力超过柔性垫层对桩和桩间土之间差异变形协调能力的现象,不能保证桩和桩间土始终能够共同直接承担荷载。

以上讨论的是建筑工程中刚性基础下复合地基的形成条件。对于交通工程中路堤等柔性基础下复合地基来说,由于路堤刚度较小,复合地基中桩体可以通过刺入变形来协调桩和桩间土之间的差异变形,保证桩和桩间土共同承担路堤荷载,因此柔性基础下的各种桩型通常都是可以形成复合地基的。

在实际工程中设置的增强体和桩间土体不能满足形成复合地基的条件,但仍以复合地基理念进行设计是不安全的。把不能直接承担荷载的桩间土承载力计算在内,高估了承载能力,降低了安全度,有可能造成工程事故。

2.4 复合地基荷载传递机理和位移场特点

在桩体复合地基中,散体材料桩和黏结材料桩的传递荷载的性状有很大差别。地基中的散体材料桩需要桩周土的围箍作用,才能维持桩体的形状。在荷载作用下,散体材料桩桩体发生鼓胀变形,依靠桩周土提供的被动土压力维持桩体平衡,承受上部荷载的作用。散体材料桩桩体破坏模式一般为鼓胀破坏,其承载能力主要取决于桩周土体的侧限能力,也与桩身材料的性质及其密实程度有关。而桩周土所能提供的最大侧限力主要取决于土的抗剪强度,因此散体材料桩的承载力主要取决于桩周地基土体的抗剪强度。由上述分析还可知道,散体材料桩的承载力并不是随着桩长的增加而增大的。从承载力角度而言,散体材料桩应满足一定的长度;从沉降控制的角度而言,增加散体材料桩的长度对减少沉降是有利的。

复合地基中应用的黏结材料桩的桩身刚度变化范围很大(可相差 2 个数量级以上),有刚度较小的水泥土桩,也有刚度较大的钢筋混凝土桩,还有各类复合桩。桩体刚度的差异造成复合地基荷载传递性状不同,故需要将黏结材料桩分为柔性桩、刚性桩和复合桩三大类。研究分析桩土相对刚度对黏结材料桩荷载传递特性的影响对发展复合地基理论具有重要意义。在荷载作用下,桩侧摩阻力的发挥依靠桩和桩侧土之间存在相对位移趋势或产生相对位移。若桩侧和桩侧土体间不存在相对位移或相对位移趋势,则桩侧不能产生摩阻力。桩端端阻力的发挥也是如此。理想刚性桩在荷载作用下轴向压缩量等于零,如果桩体顶端产生位移 δ,则桩底端的位移 δ_b 也等于 δ。因此理想刚性桩,其桩周各处摩擦力和桩端端阻力均能同步得到发挥。但是理想刚性桩是不存在的,所有的工程桩都是可压缩性桩。

工程现场实测数据表明,桩侧摩阻力和桩端端阻力并不是同步发挥的,桩侧摩阻力的发挥早于桩端端阻力的发挥,上层桩侧摩阻力的发挥早于下层桩侧摩阻力的发挥。图 2-8 中桩长为 L,当荷载 p_1 较小时,桩体顶端产生位移 δ_1,则桩底端的位移 δ_{b1} 等于零[见图 2-8(b)]。当荷载较大时,如在荷载 p_2 作用下,桩体顶端产生位移 δ_2,桩底端产生小于桩体顶端的位移 δ_{b2}[见图 2-8(c)]。因此桩土相对刚度较小的柔性桩,在荷载作用下有可能出现桩体本身的压缩量等于桩顶端的位移量的现象,桩底端相对于周围土体没有产生相对位移而且没有产生相对位移的趋势,则桩端端阻力等于零;甚至可能出现在极限荷载作用下,桩体一定长度内的压缩量已等于桩顶端位移的现象,则该长度以下的桩体与土体间无相对位移及位移倾向,故该长度以下桩体对桩的承载力没有贡献。对桩的承载力有贡献的部分桩长称为有效桩长。当实际桩长大于有效桩长时,桩的承载力不会增大。复合地基中桩侧摩阻力的分布可以采用荷载传递法、剪切位移传递法、弹性理论法以及其他经验方法进行分析。

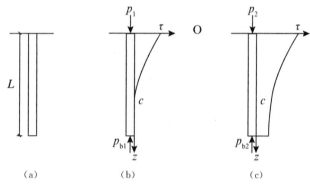

图 2-8 可压缩性桩的荷载传递

地基土体在力的作用下产生位移,因此在分析位移场特性之前,首先分析复合地基在荷载作用下应力场特性。将复合地基加固区视为一复合土体,采用平面有限元分析。设荷载作用面和复合地基加固区范围相同,复合地基加固区宽度为 4.0m,深度为 9.0m,土体模量为 2MPa,加固区复合模量为 60MPa,在荷载作用下均质地基和复合地基中应力等值线分别如图 2-9(a)和(b)所示。作用荷载为 1kPa,应力等值线从内到外依次为 900Pa、700Pa、

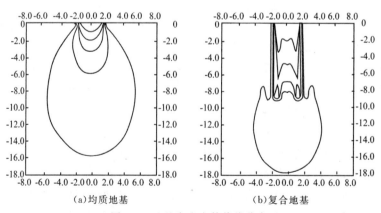

（a）均质地基 （b）复合地基

图 2-9 地基中应力等值线分布

注:图中横坐标为与中心点距离(m),纵坐标为深度(m)。

500Pa、300Pa 和 100Pa。由图可知,与均质地基(或称浅基础)相比,桩体复合地基中的桩体的存在使浅层地基土中附加应力减小,而使深层地基土中附加应力增大,附加应力影响深度加深。这一应力场特性决定了复合地基的位移场特性。

曾小强(1993)比较分析了宁波一工程采用浅基础和采用搅拌桩复合地基两种情况下地基沉降情况(见图 2-10),由此可以反映出复合地基的位移场特性。图中 $1'$、$2'$ 和 $3'$ 分别表示复合地基加固区压缩量、下卧层压缩量和复合地基总沉降量;图中 1、2 和 3 分别表示浅基础情况下(地基不加固)与复合地基加固区、下卧层和整个复合地基对应的土层的压缩量。由图可以看出,经水泥土加固后加固区土层压缩量大幅度减小($1'<1$);而复合地基下卧层土层由于存在加固区,其压缩量比浅基础相应的土层压缩量要大($2'>2$),这与复合地基加固区的存在使地基中附加应力影响范围向下移是一致的。复合地基沉降量($3'=1'+2'$)明显比浅基础沉降量($3=1+2$)小,说明采用复合地基对减小沉降量是有效的。

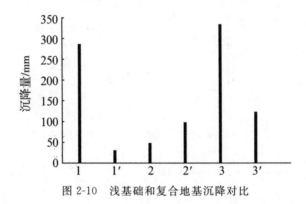

图 2-10　浅基础和复合地基沉降对比

图 2-10 表明,进一步减小复合地基沉降量的关键是减小复合地基加固区下卧层的压缩量。减小下卧层部分的压缩量最有效的办法是增加加固区厚度,减小下卧层中软弱土层的厚度。而通过提高复合地基置换率,或提高桩体模量来增大加固区复合土体模量以减小复合地基加固区压缩量 $1'$ 的潜力是很小的。这为复合地基按沉降变形控制设计和优化设计提供了基础,指明了方向。

2.5　基础刚度对复合地基性状的影响

早期关于复合地基承载力和变形计算理论的研究都是针对建筑工程刚性基础下复合地基的。随着复合地基技术在高等级公路建设中的应用,人们将刚性基础下复合地基承载力和沉降计算方法应用到填土路堤下复合地基承载力和沉降计算。然而工程实践表明,将刚性基础下复合地基承载力和沉降计算方法应用到填土路堤下复合地基设计,复合地基实际承载力比设计值小,实际产生的沉降值比设计值大,有的工程还发生失稳破坏现象。将刚性基础下复合地基承载力和沉降计算方法应用到填土路堤下复合地基承载力和沉降计算将低估路堤的沉降量,严重高估路堤的稳定性,是偏不安全的,有时还会形成工程事故。这一现象引起人们的高度重视。

吴慧明(2000)进行了刚性基础和柔性基础下复合地基模型试验(见图 2-11)。通过试验发现:①刚性基础下复合地基极限承载力大于柔性基础下复合地基极限承载力;荷载水平相同时,柔性基础下复合地基的沉降要大于刚性基础下复合地基的沉降。刚性基础下复合地基中桩和土的沉降是相同的,而柔性基础下复合地基中桩和土的沉降是不相同的,桩体的沉降小于桩间土的沉降,桩顶产生向上的刺入变形。②在加荷过程中刚性基础下复合地基中桩土应力比的变化趋势与柔性基础下复合地基也是不同的。刚性基础下复合地基中桩土应力比随着荷载增加而增大,直至桩体到达极限状态,然后随着荷载继续增加而减小。而柔性基础下复合地基中桩土应力比随着荷载增加而减小,直至土体到达极限状态,然后随着荷载继续增加而增大(见图 2-12)。

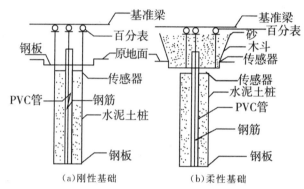

图 2-11　刚性基础和柔性基础下复合地基模型实验

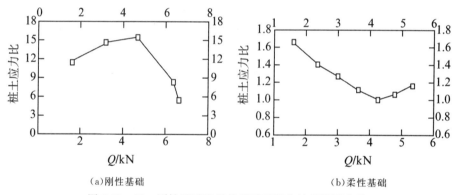

（a）刚性基础　　　　　　　　　　　（b）柔性基础

图 2-11　12　刚性基础和柔性基础下复合地基模型实验

　　试验研究表明,在荷载作用下柔性基础下桩体复合地基性状与刚性基础下桩体复合地基性状有较大的差别,在柔性基础下桩体复合地基设计中不能简单搬用在刚性基础下桩体复合地基设计中的设计计算方法和设计参数。

　　俞建霖(2007)从刚性桩复合地基中选取典型单元体,采用数值分析方法研究了基础模量对复合地基工作性状的影响(见图 2-13)。选取基础的弹性模量 E_e 分别为 2MPa、35MPa、500MPa 和 17000MPa 进行分析,其中 E_e 为 35MPa 和 17000MPa 分别代表路堤和钢筋混凝土基础。地基土体弹性模量 $E_s=2$MPa,在基础与复合地基之间设 100mm 厚垫层。由图 2-13 可见:①由于路堤等柔性基础的刚度小,桩间土沉降大于桩顶沉降,因此,在桩顶一定深度范围内桩间土相对于桩体存在向下滑动的趋势,从而在桩侧产生负摩阻力,直至某深度处桩体与土体沉降量一致,此时桩侧摩阻力为零,此点即为"中性点"。②随着基础模量的增加,桩土应力比不断增大,桩顶应力集中的现象更加明显,说明上部荷载逐步向桩体转移。但当基础模量大于某值后,桩土应力比趋于稳定。③随着基础模量的增加,桩侧负摩阻力减小,而桩侧正摩阻力增大,同时中性点的位置逐步上移。说明桩间土与桩顶之间的差异沉降减小,桩土间相对滑移趋势减弱。

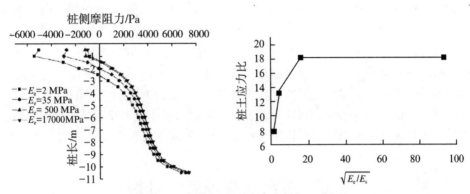

图 2-13　基础模量对复合地基性状的影响

俞建霖(2010)指出,柔性基础下复合地基的荷载传递机理应当考虑基础填土中的土拱效应、基础的刚度效应、垫层效应、桩土间差异沉降引起的荷载传递以及桩端下卧层土体的支承作用五个部分。

1. 填土中的土拱效应

在荷载作用下桩间土的沉降大于桩顶,桩间土上部的填土相对于桩顶上部的填土产生向下移动的趋势,两者之间会产生剪应力以阻止不均匀变形的发展,这样桩间土上部填土将自身的部分荷载转移到了桩顶上部填土,从而减小了桩间土上的应力而增大了桩顶上的应力,即填土中产生土拱效应。

2. 基础的刚度效应

当柔性基础的刚度产生变化时,桩顶与桩间土之间的差异沉降不同,从而影响填土之间和桩土之间的荷载传递及分担,桩土应力比也会随之改变。

3. 垫层效应

与刚性基础下复合地基设置柔性垫层相反,柔性基础下的复合地基应采用刚度较大的垫层,以增大桩土荷载分担比,使桩体更好地发挥作用,减小桩间土承担的荷载以及桩顶与桩间土之间的差异沉降,从而改善复合地基的工作性状。

4. 桩土间差异沉降引起的荷载传递

柔性基础下复合地基桩间土沉降大于桩顶沉降,使得在桩顶一定深度范围内桩间土对桩体产生向下滑动的趋势,从而在桩侧产生负摩阻力,桩间土也将部分荷载转移到了桩体,直至某深度处桩体与土体沉降一致,此时桩侧摩阻力为零。也就是说,柔性基础下复合地基中存在"等沉面",因此柔性基础下复合地基桩身最大轴向应力位于中性点处。在中性点深度以下桩体沉降大于桩间土沉降,桩间土对桩体产生正摩阻力。

5. 桩端下卧层土体的支承作用

现场实测和数值分析结果均已表明桩端下卧层土体的性质对复合地基的性状存在较大影响。桩端位于较好土层的端承式复合地基的桩土间差异沉降和桩土应力比均明显大于桩

端尚处于软弱土层中的悬浮式复合地基,而沉降量则大大小于后者。

柔性基础下桩体复合地基沉降较大的原因有两个方面:一是土中应力大,二是桩会向上刺入路堤之类的柔性基础。为了改善柔性基础下复合地基的工作性状,提高柔性基础下复合地基桩土荷载分担比,减少复合地基沉降,可在复合地基和柔性基础之间设置刚度较大的垫层,如灰土垫层、土工格栅碎石垫层等。不设较大刚度的垫层的柔性基础下桩体复合地基应慎用。

为了改善刚性基础下复合地基性状,常在复合地基和刚性基础之间设置柔性垫层。柔性垫层一般为砂石垫层。设置柔性垫层可减小桩土荷载分担比,同时可改善复合地基中桩体上端部分的受力状态。柔性垫层的存在使桩体上端部分中竖向应力减小,水平向应力增大,造成该部分桩体中剪应力减小,这对改善低强度桩的桩体受力状态是非常有利的。设置柔性垫层可增加桩间土承担荷载的比例,较充分利用桩间土的承载潜能。

2.6 复合地基承载力计算

2.6.1 概述

对于浅基础和桩基础的承载力人们已有较多的工程积累和理论研究,应该说浅基础和桩基础的承载力计算理论是较为成熟的。复合地基技术还在发展,不少新的复合地基形式得到应用,应该说复合地基承载力计算理论还需要不断加强研究和发展。

现有的桩体复合地基承载力计算方法认为桩体复合地基承载力是由桩间土地基承载力和桩的承载力两部分组成的,关键在于如何合理地估计两者对复合地基承载力的贡献。复合地基在荷载作用下产生破坏时,桩体和桩间土同时到达极限状态的概率很小。当基础刚度较大时,通常认为桩体复合地基中桩体先发生破坏,此时桩间土承载力的发挥度需要评估。当基础刚度较小时,复合地基中桩间土可能先发生破坏,此时桩体承载力发挥度需要评估。另外,复合地基中桩间土的极限承载力与天然地基的极限承载力是不同的,复合地基中桩所能承担的极限荷载与天然地基中自由单桩所能承担的极限荷载也是不同的。因此,桩体复合地基承载力的精确计算是比较困难的。

桩体复合地基中,散体材料桩、柔性桩、刚性桩和复合桩的荷载传递机理是不同的。桩体复合地基上基础刚度大小,是否铺设垫层,垫层厚度等都对复合地基受力性状有较大影响,在桩体复合地基承载力计算中都要综合考虑这些因素。

2.6.2 桩体复合地基承载力计算

桩体复合地基承载力的计算思路通常是先分别确定复合地基中桩体和桩间土的承载力,然后根据一定的原则叠加这两部分承载力得到复合地基的承载力。复合地基的极限承载力 p_{cf} 可用下式表示:

$$p_{cf}=k_1\lambda_1 m p_{pf}+k_2\lambda_2(1-m)p_{sf} \tag{2.6.1}$$

式中,p_{pf} 为单桩的极限承载力;p_{sf} 为天然地基极限承载力;k_1 为反映复合地基中桩体实际极限承载力与天然地基中单桩极限承载力不同的修正系数;k_2 为反映复合地基中桩间土实际极限承载力与天然地基极限承载力不同的修正系数;λ_1 为复合地基破坏时,桩体发挥其极限强度的比例,称为桩体极限强度发挥度;λ_2 为复合地基破坏时,桩间土发挥其极限强度的比例,称为桩间土极限强度发挥度;m 为复合地基置换率,$m=\dfrac{A_p}{A}$,其中 A_p 为桩体面积,A 为对应的加固面积。

上式通过桩和桩间土的强度发挥度(λ_1 和 λ_2)来计算复合地基的承载力,因此无论是桩先破坏还是桩间土先破坏均可使用,故该式对于刚性基础和柔性基础下复合地基都是适用的。

式(2.6.1)中的系数 k_1 主要反映复合地基中桩体实际极限承载力与自由单桩载荷试验测得的极限承载力的区别。复合地基中桩体实际极限承载力一般大于自由单桩。其机理是作用在桩间土上的荷载和作用在邻桩上的荷载对桩间土的作用造成了桩间土对桩体的侧压力增加,使桩体实际极限承载力提高。对散体材料桩,其影响效果更大。

k_2 主要反映复合地基中桩间土地基实际极限承载力与天然地基极限承载力的区别。两者的差别随地基土的工程特性、桩身材料的性质、复合地基的置换率特别是桩体的设置方法的不同而不同。复合地基中桩间土极限承载力有别于天然地基极限承载力的主要影响因素有下列几个方面:在桩的设置过程中对桩间土的挤密作用,特别是挤密、振动沉管法施工影响更为明显;在软黏土地基设置桩体过程中,由于振动、挤压、扰动等原因,桩间土中出现超孔隙水压力,土体强度有所降低,但复合地基施工完成后,一方面随时间发展原地基土的结构强度逐渐恢复,另一方面地基中超孔隙水压力消散,桩间土中有效应力增大,抗剪强度提高。这两部分的综合作用使桩间土地基承载力往往大于天然地基承载力。桩身材料性质有时对桩间土强度也有影响。如碎石桩和砂桩等具有良好透水性的桩体的设置,有利于桩间土排水固结,使桩间土抗剪强度提高,从而使桩间土地基承载力得到提高。又如石灰桩的设置,石灰的吸水、放热,以及石灰与周围土体的离子交换等物理化学作用,使桩间土承载力与原天然地基承载力相比有较大的提高。另外,桩的遮拦作用也使桩间土地基承载力得到提高。以上影响因素大多使桩间土地基极限承载力高于天然地基极限承载力。因此在工程实用上,常用天然地基极限承载力值作为桩间土地基极限承载力。

天然地基极限承载力除了直接通过载荷试验,以及根据土工试验资料查阅有关规范确定外,常采用斯肯普顿(Skempton)极限承载力公式进行计算。Skempton 极限承载力公式为

$$p_{sf}=c_u N_c\left(1+0.2\,\frac{B}{L}\right)\left(1+0.2\,\frac{D}{L}\right)+\gamma D \tag{2.6.2}$$

式中,D 为基础埋深;c_u 为不排水抗剪强度;N_c 为承载力系数,当 $\varphi=0$ 时,$N_c=5.14$;B 为基础宽度;L 为基础长度。

复合地基的容许承载力 p_{cc} 计算式为

$$p_{cc}=\frac{p_{cf}}{K} \tag{2.6.3}$$

式中,K 为安全系数。

当复合地基加固区下卧层为软弱土层时,按复合地基加固区容许承载力计算基础的底面尺寸后,尚需对下卧层承载力进行验算。要求作用在下卧层顶面处附加应力 p_0 和自重应力 σ_r 之和 p 不超过下卧层土的容许承载力 $[R]$,即

$$p = p_0 + \sigma_r \leqslant [R] \tag{2.6.4}$$

桩体复合地基承载力特征值表达式可采用下式表示

$$f_{spk} = K_1 \lambda_1 m f_{pk} + K_2 \lambda_2 (1-m) f_{sk} \tag{2.6.5}$$

式中，f_{spk} 为复合地基承载力特征值；f_{pk} 为桩体承载力特征值；f_{sk} 为天然地基承载力特征值；K_1 为反映复合地基中桩体实际的承载力特征值与单桩承载力特征值不同的修正系数；K_2 为反映复合地基中桩间土实际的承载力特征值与天然地基承载力特征值不同的修正系数；λ_1 为复合地基达到承载力特征值时，桩体实际承担荷载与桩体承载力特征值的比例；λ_2 为复合地基达到承载力特征值时，桩间土实际承担荷载与桩间土承载力特征值的比例；m 为复合地基置换率。

注意，式(2.6.5)中 K_1、K_2 和 λ_1、λ_2 的取值与式(2.6.1)是不相同的。

2.6.3　散体材料桩承载力计算

对散体材料桩复合地基而言，桩体极限承载力主要取决于桩侧土体所能提供的最大侧限力。散体材料桩在荷载作用下，桩体发生鼓胀，桩周土随着桩体鼓胀的发展从弹性状态逐步进入塑性状态，形成塑性区。随着荷载增大，桩周土中的塑性区不断扩展而进入极限状态。

可通过计算桩间土可能提供的侧向极限应力计算散体材料桩的单桩极限承载力，可用下式表示：

$$p_{pf} = \sigma_{ru} K_{pp} \tag{2.6.6}$$

式中，σ_{ru} 为桩侧土体所能提供的最大侧限力；K_{pp} 为桩体材料的被动土压力系数。

计算桩侧土体所能提供的最大侧向极限力常用方法有 Brauns 法、圆筒形孔扩张理论法、Wong H. Y. 法、Hughes 和 Withers 法以及被动土压力法等。有条件的话应通过载荷试验确定碎石桩的承载力。

散体材料桩承载力的发挥需要散体材料桩具有一定的桩长，但散体材料桩的承载力并不随桩长的不断增加而增大。砂石桩单桩竖向抗压载荷试验表明，砂石桩桩体在受荷过程中，在桩顶以下 4 倍桩径范围内将发生侧向膨胀，因此散体材料桩设计桩长不宜小于 4 倍桩径。从承载力发挥角度来说，散体材料桩需要满足一定的桩长，但不需要设置太长。工程中有时设置较长的散体材料桩是为了满足减小沉降的需要。

1. Brauns 法

Brauns 法是为计算碎石桩承载力提出的，其原理及计算式也适用于一般散体材料桩情况。Brauns(1978)认为，在荷载作用下，桩体产生鼓胀变形。桩体的鼓胀变形使桩周土进入被动极限平衡状态，桩周土极限平衡区如图 2-14(a)所示。

在计算中，Brauns 作了下述几条假设：

(1)桩周土极限平衡区位于桩顶附近，滑动面呈漏斗形，桩体鼓胀破坏段长度等于 $2r_0 \tan\delta_p$，其中 r_0 为桩体半径，$\delta_p = 45° + \varphi_p/2$，$\varphi_p$ 为散体材料桩桩体材料的内摩擦角；

(2)桩周土与桩体间摩擦力 $\tau_m = 0$，极限平衡土体中，环向应力 $\sigma_\theta = 0$；

(3)不计地基土和桩体的自重。

在上述假设的基础上，作用在图 2-14(c)中阴影部分土体上力的多边形如图 2-14(b)所示。图中 f_m、f_k 和 f_r 分别表示阴影部分所示的平衡土体的桩周界面、滑动面和地表面的面

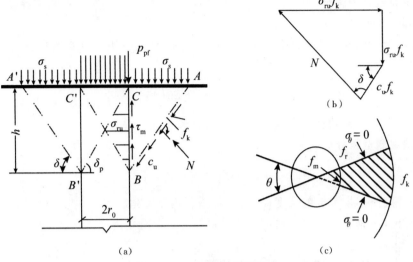

图 2-14 Brauns 法计算图式

积。根据力的平衡,可得到在极限荷载作用下,桩周土上的极限应力 σ_{ru} 为

$$\sigma_{ru}=\left[\sigma_s+\frac{2c_u}{\sin(2\delta)}\right]\left(\frac{\tan\delta_p}{\tan\delta}+1\right) \qquad (2.6.7)$$

式中,c_u 为桩间土不排水抗剪强度;δ 为滑动面与水平面夹角;σ_s 为桩周土表面荷载,如图 2-14(a)所示;δ_p 为桩体材料内摩擦角。

将式(2.6.7)代入式(2.6.6)可得到桩体极限承载力

$$p_{pf}=\sigma_{ru}\tan^2\delta_p=\left[\sigma_s+\frac{2c_u}{\sin(2\delta)}\right]\left(\frac{\tan\delta_p}{\tan\delta}+1\right)\tan^2\delta_p \qquad (2.6.8)$$

滑动面与水平面的夹角 δ 要按下式用试算法求出

$$\frac{\sigma_s}{2c_u}\tan\delta_p=-\frac{\tan\delta}{\tan(2\delta)}-\frac{\tan\delta_p}{\tan(2\delta)}-\frac{\tan\delta_p}{\sin(2\delta)} \qquad (2.6.9)$$

当 $\sigma_s=0$ 时,式(2.6.8)可改写为

$$p_{pf}=\frac{2c_u}{\sin(2\delta)}\left(\frac{\tan\delta_p}{\tan\delta}+1\right)\tan^2\delta_p \qquad (2.6.10)$$

夹角 δ 要按下式用试算法求得

$$\tan\delta_p=\frac{1}{2}\tan\delta(\tan^2\delta-1) \qquad (2.6.11)$$

设桩体材料内摩擦角 $\varphi_p=38°$(碎石内摩擦角常取 38°),则 $\delta_p=64°$。由式(2.6.11)试算得 $\delta=61°$,代入式(2.6.10)可得 $p_{pf}=20.8c_u$。这就是计算碎石桩承载力的 Brauns 理论简化计算式。

2. Wong H. Y. 法

Wong(1975)采用计算挡土墙上被动土压力的方法计算作用在桩体上的侧限压力,于是可得到桩的承载力计算式:

$$p_{pf}=(K_{ps}\sigma_{s0}+2c_u\sqrt{K_{ps}})\tan\left(45°+\frac{\varphi_p}{2}\right) \qquad (2.6.12)$$

式中,σ_{s0} 为桩间土上竖向荷载;φ_p 为桩体材料内摩擦角;K_{ps} 为桩间土的被动土压力系数;c_u

为桩间土不排水抗剪强度。

3. Hughes 和 Withers 法

Hughes 和 Withers(1974)用极限平衡理论分析,建议按下式计算散体材料桩单桩的极限承载力 p_{pf}:

$$p_{pf} = (p'_0 + u_0 + 4c_u)\tan\left(45° + \frac{\varphi_p}{2}\right) \tag{2.6.13}$$

式中,p'_0,u_0 分别为初始径向有效应力和超孔隙水压力.

从原型观测资料分析认为 $p'_0 + u_0 = 2c_u$,故式(2.6.13)可改写为

$$p_{pf} = 6c_u\tan\left(45° + \frac{\varphi_p}{2}\right) \tag{2.6.14}$$

式中,c_u 为桩间土不排水抗剪强度;φ_p 为桩体材料内摩擦角。

对碎石桩,一般取 $\varphi_p = 38°$,则式(2.6.14)可进一步简化为

$$p_{pf} = 25.2c_u \tag{2.6.15}$$

Broms(1979)推荐上式计算碎石桩极限承载力。

4. 被动土压力法

通过计算桩周土中的被动土压力计算桩周土对散体材料桩的侧限力。桩体承载力表达式为

$$p_{pf} = \left[(\gamma z + q)K_{ps} + 2c_u\sqrt{K_{ps}}\right]K_p \tag{2.6.16}$$

式中,γ 为土的重度;z 为桩的鼓胀深度;q 为作用在桩间土上的荷载;c_u 为桩间土不排水抗剪强度;K_{ps} 为桩周土的被动土压力系数;K_p 为桩体材料被动土压力系数。

2.6.4 柔体桩和刚性桩承载力计算

柔性桩和刚性桩的承载力取决于由桩周土和桩端土抗力可能提供的单桩竖向抗压承载力和由桩体材料强度可能提供的单桩竖向抗压承载力,应取两者中的较小值。

由桩周土和桩端土抗力提供的单桩竖向极限抗压承载力的表达式为

$$p_{pf} = \left[\beta_1\sum f_i S_a L_i + \beta_2 A_{pb}R\right]/A_p \tag{2.6.17}$$

式中,f_i 为桩周土的极限摩擦力;β_1 为桩侧摩阻力折减系数,取值与桩土相对刚度大小有关,取值范围为 $0.6 \sim 1.0$,对于刚性桩可取 $\beta_1 = 1.0$;S_a 为桩身周边长度;L_i 为按土层划分的各段桩长,当桩长大于有效桩长时,计算桩长应取有效桩长值;R 为桩端土极限承载力;β_2 为桩的端承力发挥度,取值与桩土相对刚度大小有关,取值范围为 $0 \sim 1.0$,当桩长大于有效桩长时取零;A_p 为桩身横截面积;A_{pb} 为桩身底端实体横截面积,对于等截面实体桩,$A_{pb} = A_p$。

柔性桩一般为实体桩,刚性桩中的钢筋混凝土桩和素混凝土桩可采用实体桩、空心桩,以及异形桩等。对实体桩,由桩体材料强度可能提供的单桩竖向极限抗压承载力的表达式为

$$p_{pf} = q \tag{2.6.18}$$

式中,q 为桩体极限抗压强度。

对空心与异形桩,由桩体材料强度可能提供的单桩竖向极限抗压承载力的表达式为

$$p_{pf} = qA_{pt}/A_p \tag{2.6.19}$$

式中，A_{pt} 为桩身实体横截面积；A_p 为桩身横截全面积。

对实体桩，取由式(2.6.18)和式(2.6.17)计算所得的两者中的较小值作为桩的极限承载力。对空心与异形桩，取由式(2.6.19)和式(2.6.17)计算所得的两者中的较小值作为桩的极限承载力。

柔性桩和刚性桩的容许承载力 p_{pc} 计算式为

$$p_{pc} = \frac{p_{pf}}{K} \tag{2.6.20}$$

式中，K 为安全系数，一般可取 2.0。

2.6.5　复合桩承载力计算

由两种或两种以上的材料组合形成的桩可称为复合桩，如在水泥土桩中插入钢筋混凝土桩、素混凝土桩、预应力管桩或钢管等刚性桩形成由水泥土和插入的刚性桩组合而成的桩。插入的钢筋混凝土桩和素混凝土桩包括现浇桩、预制桩、实体桩、空心桩，以及异形桩等。在水泥土桩中插入的刚性桩的桩长可与水泥土桩的桩长相同，也可小于水泥土桩的桩长，分别如图 2-15(a)和(b)所示。

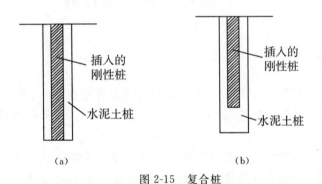

图 2-15　复合桩

复合桩承载力一般可通过试验确定，也可通过计算预估。复合桩承载力取决于由复合桩桩周土和复合桩桩端土的抗力可能提供的单桩竖向抗压承载力、由水泥土和插入的刚性桩桩侧抗力和刚性桩桩端土的抗力可能提供的单桩竖向抗压承载力、由复合桩桩体材料强度可能提供的单桩竖向抗压承载力，应取三者中的最小值。

复合桩桩周土和复合桩桩端土的抗力可能提供的单桩竖向极限抗压承载力的表达式为

$$p_{pf} = \left[S_a \sum f_i L_i + \beta_2 A_{pb} R \right] / A_p \tag{2.6.21}$$

式中，f_i 为桩周土的极限摩擦力；S_a 为桩身周边长度；L_i 为按土层划分的各段桩长；R 为复合桩桩端土极限承载力；β_2 为复合桩的端承力发挥度；A_p 为复合桩桩身横截面积；A_{pb} 为桩身底端实体横截面积。

水泥土和插入的刚性桩桩侧抗力和刚性桩桩端土的抗力可能提供的单桩竖向极限抗压承载力的表达式为

$$p_{pf} = \left(S_{a1} \sum f_{i1} L_i + \beta_3 A_{pb1} R_1 \right) / A_{p1} \tag{2.6.22}$$

式中，f_{i1} 为复合桩中水泥土和插入的刚性桩桩侧抗力提供的极限摩擦力；S_{a1} 为插入的刚性桩桩身周边长度；L_i 为按土层划分的各段桩长；R_1 为刚性桩桩端土极限承载力；β_3 为复合桩中插入的刚性桩的端承力发挥度；A_{p1} 为复合桩中插入的刚性桩桩身横截面积；A_{pb1} 为复合桩中插入的刚性桩的桩身底端的实体横截面积。

对实体复合桩，桩体材料强度可能提供的单桩竖向极限抗压承载力的表达式为

$$p_{pf} = q_p + q_c \qquad (2.6.23)$$

式中，q_p 为插入的刚性桩的桩体极限抗压强度；q_c 为水泥土桩的桩体极限抗压强度。

插入的刚性桩为空心或异形桩时，由桩体材料强度可能提供的单桩竖向极限抗压承载力的表达式为

$$p_{pf} = q_p A_{pt} / A_p + q_c \qquad (2.6.24)$$

式中，A_{pt} 为插入的刚性桩的桩身实体横截面积；A_p 为刚性桩横截全面积。

插入的刚性桩为实体桩时，取由式(2.6.23)、式(2.6.22)和式(2.6.21)计算所得的三者中最小值作为复合桩的极限承载力。插入的刚性桩为空心桩或异形桩时，取由式(2.6.24)、式(2.6.22)和式(2.6.21)计算所得的三者中最小值作为复合桩的极限承载力。

2.7　复合地基沉降计算

2.7.1　概述

在深厚软弱地基上进行工程建设，合理控制沉降量特别重要。不少工程采用复合地基加固措施主要是为了减少或控制沉降，因此复合地基沉降计算在复合地基设计中具有很重要的地位。

在各类实用计算方法中，通常把复合地基沉降量分为两部分，复合地基加固区压缩量和下卧层压缩量(见图2-16)。复合地基加固区的压缩量记为 s_1，地基压缩层厚度内加固区的下卧层压缩量记为 s_2。于是，在荷载作用下复合地基的总沉降量 s 可表示为这两部分之和，即

$$s = s_1 + s_2 \qquad (2.7.1)$$

若复合地基设置垫层，则通常认为垫层压缩量很小，且在施工过程中已基本完成，故可以忽略不计。

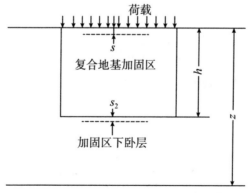

图 2-16　复合地基沉降计算模式

2.7.2 复合地基加固区压缩量计算

加固区土层压缩量 s_1 可采用复合模量法、应力修正法和桩身压缩量法计算。

1. 复合模量法(E_c 法)

将复合地基加固区中增强体和基体两部分视为一复合土体,采用复合压缩模量 E_{cs} 来评价复合土体的压缩性。采用分层总和法计算复合地基加固区土层压缩量 s_1,表达式为:

$$s_1 = \sum_{i=1}^{n} \frac{\Delta p_i}{E_{cs}} H_i \tag{2.7.2}$$

式中,Δp_i 为第 i 层复合土上附加应力增量;H_i 为第 i 层复合土层的厚度。

复合压缩模量 E_{cs} 通常采用面积加权平均法计算,即

$$E_{cs} = mE_{ps} + (1-m)E_{ss} \tag{2.7.3}$$

式中,E_{ps} 为桩体压缩模量;E_{ss} 为土体压缩模量;m 为复合地基面积置换率。

复合土体的复合模量也可采用弹性理论求出解析解或数值解。张土乔(1992)采用弹性理论方法,根据复合地基总应变能与桩和桩间土应变能之和相等的原理推出复合土体的复合模量公式:

$$E_{cs} = mE_p + (1-m)E_s + \frac{4(\nu_p - \nu_s)^2 K_p K_s G_s (1-m)m}{[mK_p + (1-m)K_s]G_s + K_p K_s} \tag{2.7.4}$$

$$K_p = \frac{E_p}{2(1+\nu_p)(1-2\nu_p)}$$

$$K_s = \frac{E_s}{2(1+\nu_s)(1-2\nu_s)}$$

$$G_s = \frac{E_s}{2(1+\nu_s)}$$

式中,E_p、E_s 分别为桩体和土体的杨氏模量;ν_p、ν_s 分别为桩体和土体的泊松比。

复合土体的复合模量也可以通过室内试验测定,林琼(1989)采用不同置换率的水泥土-土复合土样进行压缩试验得到置换率与复合模量的关系曲线。图 2-17 表示试验得到的置换率-复合模量的关系曲线与分别由式(2.7.3)和式(2.7.4)计算得到的结果的比较情况。由图 2-17 可以看出:由压缩试验得到的复合模量最大,由弹性理论分析得到的式(2.7.4)计算得到的次之,由面积比公式(2.7.3)计算得到的最小。工程上应用面积比公式计算复合土体的复合模量进行沉降计算是偏安全的。

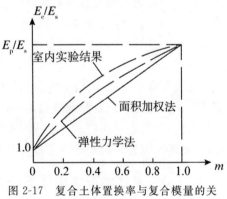

图 2-17 复合土体置换率与复合模量的关系曲线

上述复合模量的计算式以及压缩试验都是在等应变假设条件下进行的。在实际工程中桩和土体的变形并不是相同的,整个加固区也会产生侧向变形。当桩土相对刚度较大时,桩和土的变形差距明显,桩可能产生刺入变形。因此,复合模量的计算式(2.7.2)较适用于桩土相对刚度较小的情况。

2. 应力修正法（E_s 法）

根据复合地基桩间土分担的荷载 p_s，按照桩间土的压缩模量，采用分层总和法计算桩间土的压缩量。将计算得到的桩间土的压缩量视为加固区土层的压缩量，具体计算公式如下：

$$s_1 = \sum_{i=1}^{n} \frac{\Delta p_{si}}{E_{si}} H_i = \mu_s \sum_{i=1}^{n} \frac{\Delta p_i}{E_{si}} H_i = \mu_s s_{1s} \qquad (2.7.5)$$

式中，μ_s 为应力修正系数，$\mu_s = \dfrac{1}{1+m(n-1)}$；$n, m$ 分别为复合地基桩土应力比和复合地基置换率；Δp_i 为未加固地基（天然地基）在荷载 p 作用下第 i 层土上的附加应力增量；Δp_{si} 为复合地基中第 i 层桩间土的附加应力增量，相当于未加固地基在荷载 p_s 作用下第 i 层土上的附加应力增量；s_{1s} 为未加固地基（天然地基）在荷载 p 作用下相应厚度内的压缩量。

式（2.7.5）形式比较简单，但在设计计算中引进的应力修正系数 μ_s 值的计算是比较困难的。复合地基置换率是由设计人员确定的，但桩土应力比很难合理选用：散体材料桩复合地基，其桩土应力比变化范围不大；而黏结材料桩复合地基，特别是桩土相对刚度较大时，其桩土应力比变化范围较大。另外，在设计计算中忽略增强体的存在将使计算值大于实际压缩量，即采用该法计算加固区压缩量往往偏大。

3. 桩身压缩量法（E_p 法）

在荷载作用下复合地基加固区的压缩量也可通过计算桩体压缩量得到。设桩底端刺入下卧层的沉降变形量为 Δ，则相应加固区土层的压缩量 s_1 表达式为

$$s_1 = s_p + \Delta \qquad (2.7.6)$$

式中，s_p 为桩身压缩量；Δ 为桩底端刺入下卧层土体中的刺入量。

若刺入量 $\Delta=0$，则桩身压缩量就是加固区土层压缩量。桩身压缩量法概念比较清楚。但在计算桩身压缩量和桩底端刺入下卧层土层的刺入量中，都会遇到一些困难。桩身压缩量与桩体中轴力沿深度分布有关，而桩体中轴力分布与荷载分担比、桩土相对刚度等因素有关，桩体中轴力沿深度分布计算是比较困难的。桩底端刺入下卧层土层的刺入量计算模型很多，但工程实用性较差。桩身压缩量法步骤清晰，有时用于估计复合地基加固区压缩量还是比较有效的。

上述复合地基加固区压缩量的三种计算方法，相比较而言复合模量法使用比较方便，特别是对于散体材料桩复合地基和柔性桩复合地基。总的说来，复合地基加固区压缩量数值不是很大，特别是在深厚软土地基中，加固区压缩量占复合地基沉降总量的比例较小。因此，加固区压缩量采用上述方法计算带来的误差在工程设计中还是可以接受的。

2.7.3 复合地基加固区下卧层压缩量计算

复合地基下卧层土层压缩量 s_2 通常采用分层总和法计算。在分层总和法计算中，作用在下卧层土体上的荷载或土体中的附加应力是难以精确计算的。目前在工程应用上，常采用压力扩散法、等效实体法和改进 Geddes 法进行计算。

1. 压力扩散法

压力扩散法计算加固区下卧层上附加应力如图 2-18(a)所示。复合地基上荷载密度为 p，作用宽度为 B，长度为 D，加固区厚度为 h，复合地基压力扩散角为 β，则作用在下卧土层

上的荷载 p_b 为

$$p_b = \frac{BDp}{(B+2h\tan\beta)+(D+2h\tan\beta)} \tag{2.7.7}$$

对平面应变情况,仅考虑宽度方向扩散,则式(2.7.7)可改写为

$$p_b = \frac{Bp}{(B+2h\tan\beta)} \tag{2.7.8}$$

研究表明:虽然式(2.7.7)和式(2.7.8)同双层地基中压力扩散法计算附加荷载计算式形式相似,但是复合地基与双层地基中压力扩散角的数值是不相同的,其值小于双层地基压力扩散角。在荷载作用下双层地基与复合地基中附加应力场分布及变化规律有着较大的差别,将复合地基看作双层地基,将低估下卧层中的附加应力值,在工程上是偏不安全的。

2. 等效实体法

将复合地基加固区视为一等效实体,作用在下卧层上的荷载作用面与作用在复合地基上的荷载作用面相同,如图 2-18(b)所示。复合地基上荷载密度为 p,作用面长度为 D,宽度为 B,加固区厚度为 h,等效实体侧平均摩阻力密度为 f,则作用在下卧土层上的附加应力 p_b 为

$$p_b = \frac{BDp-(2B+2D)hf}{BD} \tag{2.7.9}$$

对平面应变情况,上式可改写为

$$p_b = p - \frac{2h}{B}f \tag{2.7.10}$$

应用等效实体法的计算误差主要来自对 f 值的选用。当桩土相对刚度较大时,选用误差相对小;当桩土相对刚度较小时,侧摩阻力变化范围很大,f 值选用比较困难。事实上,将加固体作为一分离体,两侧面上剪应力分布是非常复杂的。采用侧摩阻力的概念是一种近似的做法,对该法适用性应加强研究。

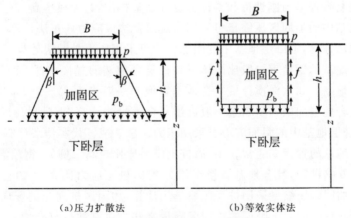

(a)压力扩散法　　　(b)等效实体法

图 2-18　压力扩散法和等效实体法

3. 改进 Geddes 法

黄绍铭等(1991)建议采用下述方法计算复合地基土层中的应力。复合地基总荷载为 p,桩体承担 p_p,桩间土承担 $p_s = p - p_p$。桩间土承担荷载 p_s 在地基中所产生的竖向应力 σ_{z,p_s},其计算方法和天然地基中应力计算方法相同,可应用布辛尼斯克(Boussinesq)解。桩体承担的荷载 p_p 在地基中所产生的竖向应力采用 Geddes 法计算。然后叠加两部分应力得

到地基中总的竖向应力。再采用分层总和法计算复合地基加固区下卧层压缩量 s_2。

Geddes(1966)认为长度为 L 的单桩在荷载 Q 作用下对地基土产生的作用力,可近似视作如图 2-19 所示的桩端集中力 Q_p、桩侧均匀分布的摩阻力 Q_r 和桩侧随深度线性增长的分布摩阻力 Q_t 等三种形式荷载的组合。Geddes 根据弹性理论半无限体中作用一集中力的 Mindlin 应力解积分,导出了单桩的上述三种形式荷载在地基中产生的应力计算公式。地基中的竖向应力 $\sigma_{z,Q}$ 可按下式计算,

$$\sigma_{z,Q}=\sigma_{z,Q_p}+\sigma_{z,Q_r}+\sigma_{z,Q_t}=Q_p K_p/L^2+Q_r K_r/L^2+Q_t K_t/L^2 \tag{2.7.11}$$

式中,K_p、K_r 和 K_t 为竖向应力系数,其表达式较烦冗,详见文献(Geddes,1966)。

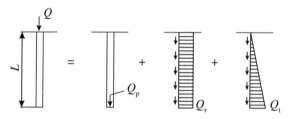

图 2-19 单桩荷载分解为三种形式荷载的组合

对于由 n 根桩组成的桩群,地基中竖向应力可由对这 n 根桩逐根采用式(2.7.11)计算后叠加求得。由桩体荷载 p_p 和桩间土荷载 p_s 共同产生的地基中的竖向应力表达式为

$$\sigma_z = \sum_{i=1}^{n}(\sigma_{z,Q_p^i}+\sigma_{z,Q_r^i}+\sigma_{z,Q_t^i}) + \sigma_{z,p_s} \tag{2.7.12}$$

根据式(2.7.12)计算地基土中的附加应力,采用分层总和法可计算复合地基沉降。

2.7.4 各种类型复合地基的沉降计算方法

散体材料桩复合地基与刚性桩和柔性桩复合地基相比,其置换率高,桩土应力比小。散体材料桩复合地基中的加固区压缩量可采用复合模量法或应力修正法计算。下卧层压缩量可采用分层总和法计算,下卧层地基中的附加应力可采用压力扩散法计算。

柔性桩复合地基的置换率一般比散体材料桩复合地基的置换率低,而桩土应力比大于散体材料桩复合地基。如水泥搅拌桩复合地基置换率一般为 $18\%\sim25\%$,桩土应力比为 5～10。柔性桩复合地基加固区压缩量一般可用复合模量法计算,下卧层压缩量可采用分层总和法计算,下卧层地基中的附加应力可采用压力扩散法或等代实体法计算。

刚性桩复合地基的置换率通常较小,而桩土应力比比较高。例如,钢筋混凝土桩复合地基桩距通常大于 6 倍桩径,复合地基置换率约为 2%,桩土应力比介于 20 至 100 之间。刚性桩体复合地基加固区压缩量采用桩身压缩量法计算,加固区桩间土的竖向压缩量等于桩体的弹性压缩量和桩端刺入下卧层的桩端沉降量之和。对刚性桩复合地基,刚性桩桩体的弹性压缩量很小,在计算中可以忽略。刚性桩复合地基下卧层地基中附加应力可采用改进 Geddes 法计算,也可采用压力扩散法或等效实体法计算。

复合桩的芯桩通常采用混凝土或钢材等弹性模量较大的材料,其变形特性与刚性桩比较接近,因此复合桩复合地基的沉降计算方法可参考刚性桩复合地基。

2.7.5 复合地基沉降计算有限元法

随着计算机的发展,有限单元法在土工问题分析中得到愈来愈多的应用。根据在分析中所采用的几何模型分类,复合地基有限单元分析方法大致可以分为两类,一类是采用增强体单元+界面单元+土体单元进行分析计算;另一类是将加固区视为一等效区,采用复合土体单元+土体单元进行计算。前一类可称为分离式分析方法,后一类可称为复合模量分析方法。采用有限单元法计算复合地基沉降的关键在于本构模型的合理选用以及模型参数的正确确定。

在分离式分析方法中,对桩体复合地基可采用桩体单元、桩-土界面单元和土体单元三种单元形式。在桩体复合地基中,桩体材料在分析中常采用线性弹性模型,桩间土一般可采用非线性弹性模型或弹塑性模型,有时也采用线性弹性模型。在分离式分析方法中,无论是三维有限元分析还是二维有限元分析,一般都对桩体几何形状作等价变化。在三维分析中,常将圆柱体等价转换为正方柱体,有时也采用管单元。在二维分析中,需将空间布置等价转化为平面问题;几何形状经等价转化后,桩体单元和土体单元可采用平面三角形单元或四边形单元。桩-土界面单元可根据需要设置。若桩体和桩周土体不会产生较大相对位移,可不设界面单元,在分析中考虑桩侧和桩周土变形相等。若桩体和桩周土体可能产生较大相对位移,则桩侧和桩周土体之间应设界面单元。

采用复合模量法进行有限元法分析与常规的有限单元法分析类似。在分析中,复合地基加固区采用复合土体本构方程。但至今复合土体本构理论研究不多,今后应加强这方面的研究。

2.7.6 复合地基固结分析

在荷载作用下,复合地基中会产生超孔隙水压力。随着时间发展复合地基中超孔隙水压力逐步消散,土体产生固结,复合地基发生固结沉降。在软黏土地基中形成的复合地基固结沉降过程历时较长,应予以重视。

在荷载作用下复合地基固结性状的影响因素较多,不仅与地基土体的物理力学性质、增强体的几何尺寸、分布有关,还与增强体的刚度、强度、渗透性有关。在空间上,复合地基分加固区和非加固区。加固区中增强体与地基土体三维相间,非加固区又分加固区周围区域和加固区下卧层。复合地基增强体有散体材料桩和黏结材料桩两大类。散体材料桩一般具有较好的透水性能,黏结材料桩一般可认为不透水,但具有透水性能的黏结材料桩正在发展。不同类型复合地基增强体的刚度和强度差异很大。所以,在荷载作用下复合地基固结性状非常复杂。在工程分析中应抓主要矛盾,采用简化分析方法。

复合地基发生固结沉降过程中,复合地基的桩土荷载分担比会发生变化。一般情况下,桩土荷载分担比随着固结过程进展逐步增大,直至固结稳定而达到新的平衡状态。复合地基沉降随着固结发展会增大,复合地基承载力随着固结发展也会增大,直至固结稳定而稳定。采用复合地基加固软黏土地基,桩土模量比较大时,设计时应考虑复合地基在固结过程中桩土荷载分担比会发生变化的情况。

对于具有较好透水性能的某些竖向增强体形成的复合地基,如碎石桩复合地基、砂桩复合地基等,可采用常用的砂井固结理论计算复合地基的沉降与时间关系。一般情况下,可采用 Biot 固结有限元法计算,但实施过程中会遇到一些困难。复合地基中增强体一般为圆柱体,土体几何形状则很复杂。在有限单元法分析中,往往需要将增强体几何形状转换为简化几何模型,这会带来误差;复合地基中增强体与土体刚度差别较大,在分析中也会带来不确定的误差。增强体与土体间的界面性状合理描述也很困难。因此,采用 Biot 固结理论有限单元法分析复合地基固结过程目前主要还处于发展阶段,研究结果主要用于定性参考。

2.8 复合地基稳定分析

刚性基础下复合地基发生失稳破坏的可能性不大,但路堤、堆场等柔性基础下复合地基发生滑塌失稳的事故并不少见。国家标准《复合地基技术规范》(GB/T 50783—2012)在一般规定中指出,复合地基设计应进行承载力和沉降计算,其中用填土路堤和柔性面层堆场等工程的复合地基除应进行承载力和沉降计算外,尚应进行稳定分析;对位于坡地、岸边的复合地基均应进行稳定分析。

2.8.1 复合地基稳定分析的原则

在复合地基稳定分析中,所采用的稳定分析方法、计算参数、计算参数的测定方法和稳定安全系数取值应相互匹配。这与岩土工程稳定分析的对象——岩土的特性有关。国内外学者先后提出了很多稳定分析方法,至今很难说哪一方法是最好的,可适用各种土层和工程类别。每一种岩土工程稳定分析方法对应用的参数都有一定的要求。岩土体的强度指标也很复杂。以饱和黏性土为例,抗剪强度指标有有效应力指标和总应力指标两大类,也可直接测定土的不排水抗剪强度。测定的室内外试验方法也很多,采用不同试验方法测得的抗剪强度指标值是有差异的,甚至采用的取土器不同也可造成较大差异。对灵敏度较大的软黏土,采用薄壁取土器取得土样的抗剪强度指标值比一般取土器取样的大 30% 左右。在岩土工程稳定分析中要求的安全系数值一般是特定条件下的经验总结。因此,在岩土工程稳定分析中应坚持采用的稳定分析方法、计算参数、计算参数的测定方法和稳定安全系数取值相互匹配,否则难以取得客观的分析结果,失去进行稳定分析的意义。有时还会酿成工程事故,应予以充分重视。

在复合地基稳定分析中,同样应重视采用的稳定分析方法、计算参数、计算参数的测定方法和稳定安全系数取值四者相互匹配的原则。

2.8.2 散体材料桩复合地基稳定分析

散体材料桩复合地基稳定分析常采用圆弧分析法,计算原理如图 2-20 所示。假设地基土的滑动面呈圆弧形。在圆弧滑动面上,总剪切力记为 T,总抗剪切力记为 S,则沿该圆弧滑动面发生滑动破坏的安全系数 K 为

$$K = \frac{S}{T}$$

$$(2.8.1)$$

取不同的圆弧滑动面,可得到不同的安全系数值,通过试算可以找到最危险的圆弧滑动

面,确定复合地基在荷载作用下最小的安全系数值,并根据要求的安全系数值判断复合地基的稳定性。

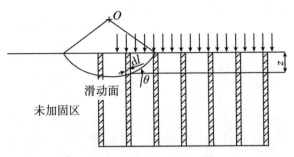

图 2-20　圆弧稳定分析法

在散体材料桩复合地基圆弧分析法计算中,假设的圆弧滑动面往往经过复合地基加固区和未加固区两部分。地基土的强度计算参数应分区采用。对复合地基加固区的土体强度计算参数可采用复合土体综合强度计算参数,也可分别采用散体材料桩桩体和桩间土的强度计算参数。对未加固区则采用天然地基土体强度计算参数。

散体材料桩复合地基加固区复合土体的抗剪强度 τ_c 可用下式表示:

$$\tau_c = (1-m)\tau_s + m\tau_p \tag{2.8.2}$$
$$= (1-m)[c + (\mu_s p_c + \gamma_s z)\cos^2\theta\tan\varphi_s] + m[c_p + (\mu_p p_c + \gamma_p z)\cos^2\theta\tan\varphi_p]$$

式中,τ_s 为桩间土抗剪强度;τ_p 为散体材料桩桩体抗剪强度;m 为复合地基置换率;c 为桩间土内聚力;p_c 为复合地基上作用荷载;μ_s 为应力降低系数,$\mu_s = 1/[1+(n-1)m]$;μ_p 为应力集中系数,$\mu_p = n/[1+(n-1)m]$;n 为桩土应力比;γ_s、γ_p 为分别为桩间土体和桩体的重度;φ_s、φ_p 为分别为桩间土体和桩体的内摩擦角;θ 为滑弧在地基某深度处剪切面与水平面的夹角,如图 2-20 所示;z 为分析中所取单元弧段的深度。

若 $\varphi_s = 0$,则式(2.8.2)可改写为

$$\tau_c = (1-m)c + m(\mu_p p_c + \gamma_p z)\cos^2\theta\tan\varphi_p + mc_p \tag{2.8.3}$$

复合土体综合强度指标可采用面积比法计算。复合土体内聚力 c_c 和内摩擦角 φ_c 的表达式可用下述两式表示:

$$c_c = c_s(1-m) + mc_p \tag{2.8.4}$$
$$\tan\varphi_c = \tan\varphi_s(1-m) + m\tan\varphi_p \tag{2.8.5}$$

式中,c_s 和 c_p 分别为桩间土和桩体的内聚力。

2.8.3　黏结材料桩复合地基稳定分析

已有的研究结果表明,采用前述散体材料桩复合地基稳定分析方法,假设桩体剪切破坏,进行黏结材料桩复合地基稳定分析将严重高估地基的稳定性,是偏于不安全的。

根据国内外学者采用数值分析和离心机试验对黏结材料桩加固路堤稳定性研究的成果,采用黏结材料桩复合地基加固路堤时桩体的破坏模式有桩体弯曲、受拉、受压或受剪破坏,桩体倾斜或侧移以及桩周土体绕流等多种破坏模式。桩的破坏模式与桩体强度、桩土相对刚度、桩的直径和间距等因素有关。

Broms(1999)指出路堤下不同位置的水泥土桩体的可能破坏模式有弯曲破坏和受拉破

坏两种,并不一定发生剪切破坏,如图 2-21 所示。

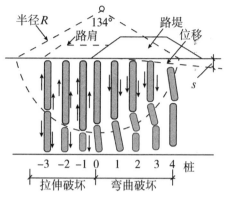

图 2-21　路堤下水泥土桩的破坏模式

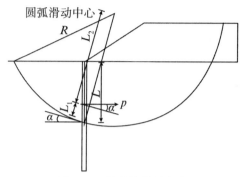

图 2-22　等效抗剪强度法

Kitazume(2000)提出了考虑柔性桩弯曲破坏的等效抗剪强度计算方法,即对于由抗弯强度控制其抗滑贡献的桩,认为桩体首先发生弯曲破坏而不是剪切破坏。如图 2-22 所示,假设路堤发生整体失稳时所有桩体均沿最危险滑动面发生弯曲破坏,土压力的等效集中水平力 p 作用在滑动面以上桩长三分之二深度处,并将其抗滑贡献等效为桩与滑动面相交处的等效抗剪强度提供的抗滑贡献,由此确定相应的等效抗剪强度。然后以桩体等效抗剪强度与滑动面上土体抗剪强度计算总抗剪力,采用二维极限平衡法来进行路堤的整体稳定分析。

郑刚(2012)提出采用扣除桩分担荷载的等效荷载法来计算路堤下刚性桩复合地基的稳定性。该法实质上是在稳定分析时仅考虑刚性桩复合地基的荷载分担效应,将复合地基的稳定性转化为在等效荷载(土分担荷载)作用下天然地基的稳定性问题。最危险滑动面上的总剪切力只考虑传至刚性桩复合地基桩间土地基面上的荷载。在最危险滑动面上的总抗剪切力计算中,只考虑复合地基加固区桩间土和未加固区天然地基土体对抗力的贡献。桩间土承担的荷载可通过桩土应力比及复合地基面积置换率来计算。

俞建霖(2017)通过数值分析和离心模型试验,对路堤下刚性桩复合地基的失稳破坏过程进行了研究,指出路堤下刚性桩体的受力特性、破坏模式与桩间土的运动存在密切关系,由此导致不同位置桩体的破坏模式存在较大差异:路堤中心、路肩和坡脚下方的桩体分别发生受压破坏、受弯破坏和拉弯破坏的可能性较大。在稳定分析时应根据不同位置桩体破坏模式的差异,分别考虑其抗滑贡献,合理评价路堤的稳定性。

总之,由于路堤等柔性基础下黏结材料桩复合地基破坏机理和破坏过程的复杂性,其稳定分析方法还有待进一步研究。

2.9　常用复合地基技术

我国现代化土木工程建设为复合地基技术提供了很好的发展机遇,各种各样的复合地基技术应运而生。目前,在我国工程中应用的复合地基技术主要有下述几类。

1.碎石桩复合地基技术

碎石桩复合地基技术是最早开始应用的复合地基技术。根据施工方法不同，又可分为振冲碎石桩复合地基技术、沉管碎石桩复合地基技术、强夯置换碎石桩复合地基技术、桩锤冲孔碎石桩复合地基技术，以及干振碎石桩复合地基技术和袋装碎石桩复合地基技术等。碎石桩复合地基属于散体材料桩复合地基，其承载力很大程度上取决于天然地基土的不排水抗剪强度。饱和软黏土地基不排水抗剪强度一般较低，因此采用碎石桩加固饱和软黏土地基形成的复合地基承载力提高幅度不大。另外，碎石桩是良好的排水通道，采用碎石桩加固饱和软黏土地基形成的复合地基工后沉降往往偏大。碎石桩复合地基技术常用于加固砂性土地基和非饱和土地基，通过振密和挤密桩间土，可使碎石桩和桩间土地基都有比较大的承载力，从而提高地基承载力，减少工后沉降。

2.水泥土桩复合地基技术

根据施工方法不同，水泥土桩复合地基技术又可分为深层搅拌桩复合地基技术、旋喷桩复合地基技术和夯实水泥土桩复合地基技术等。水泥土桩复合地基属于柔性桩复合地基。

深层搅拌法分喷浆深层搅拌法和喷粉深层搅拌法两种。深层搅拌法通常采用水泥作为固化物，有时也采用石灰作为固化物。深层搅拌法适用于处理淤泥、淤泥质土、黄土、粉土和黏性土等地基。对有机质含量较高的地基土，应通过试验确定其适用性。

旋喷桩施工工艺可分为单管法、二重管法和三重管法。高压喷射注浆法适用于淤泥、淤泥质土、黏性土、粉土、黄土、砂土、人工填土和碎石土等地基。当地基中含有较多的大粒径块石、坚硬黏性土、大量植物根茎，或土体中有机质含量较高时，应根据现场试验结果确定其适用程度。在地下水流流速过大和已涌水的工程中应慎用。

夯实水泥土桩通常适用于地基水位以上地基的加固。通常采用人工挖孔，分层回填水泥和土的混合物并分层夯实，形成夯实水泥土桩。夯实水泥土桩回填料中也可掺入石灰或粉煤灰等，以降低成本或利用工业废料，取得更好的经济效益和社会效益。

采用水泥土桩复合地基技术时，为了提高水泥土桩的承载力，有时在水泥土桩中插入预制钢筋混凝土桩、预应力管桩等强度和刚度较大的芯材，形成劲芯水泥土桩复合地基。

3.低强度桩复合地基技术

桩的强度比常用的钢筋混凝土桩强度低的复合地基，称为低强度桩复合地基，在分类上属于刚性桩复合地基。低强度桩复合地基技术较多，如中国建筑科学研究院地基基础研究所开发的水泥粉煤灰碎石桩(CFG桩)复合地基技术、浙江省建筑科学研究院开发的低强度砂石混凝土桩复合地基技术和浙江大学土木工程学系开发的二灰(石灰、粉煤灰)混凝土桩复合地基技术等。低强度桩常采用灌注混凝土桩施工工艺，施工设备通用，施工方便。采用低强度桩复合地基加固，加固深度大，可较充分发挥桩和桩间土的承载潜能，适用性好，经济效益高。由于具有上述优点，近年来低强度桩复合地基技术推广应用较快。目前，应用最多的低强度桩复合地基技术是素混凝土桩复合地基技术。

4.钢筋混凝土桩复合地基技术

广义来说，考虑桩土共同作用的钢筋混凝土桩基均属于钢筋混凝土桩复合地基。对端承桩，通常是不考虑桩间土直接分担荷载的；对摩擦桩，大部分情况下是可以考虑桩间土直接分担荷载的。疏桩基础、减少沉降量桩基础、复合桩基都属于钢筋混凝土桩复合地基技术。

5.灰土桩复合地基技术

灰土桩常指石灰与土拌合,分层在孔中夯实形成的灰土桩。近年发展的二灰土桩复合地基技术也属于灰土桩复合地基,二灰土指石灰和粉煤灰与土拌合而成的复合土。灰土桩施工主要分成孔和回填夯实两部分。成孔方法分挤土成孔和非挤土成孔两类。挤土成孔施工方法有沉管法、爆扩法和冲击法。非挤土成孔法有挖孔法和钻孔法。挖孔法有洛阳铲掏土挖孔法和其他人工挖孔法,钻孔法有螺旋钻取土成孔法。夯实水泥土桩复合地基也可归属于该类复合地基。

6.石灰桩复合地基技术

石灰桩是指采用沉管成孔法或洛阳铲掏土挖孔法等方法成孔,然后灌入生石灰,压实生石灰并用黏土封桩后在地基中形成的桩。采用石灰桩复合地基加固,地基土体含水量过高和过低均会影响加固质量。如缺少经验,应先进行试验,确定其适用性。

7.孔内夯扩桩复合地基技术

采用沉管法、螺旋钻取土成孔法等方法成孔,分层回填碎石,或灰土,或矿渣,或渣土,并采用夯锤将回填料分层夯实,并挤密、振密桩间土,达到加固地基的目的。采用该类孔内填料夯扩制桩法形成的复合地基称为孔内夯扩桩复合地基法。近年来,我国各地因地制宜发展了多项该类技术,如夯实水泥土桩法、渣土桩法、孔内强夯法等,均属于这一类。

上述各种孔内夯扩桩复合地基技术也可分属灰土桩复合地基技术和碎石桩复合地基技术等。

8.长短桩复合地基技术

由长桩和短桩形成的桩体复合地基称为长短桩复合地基,长短桩复合地基是一种组合型复合地基。长短桩复合地基中的长桩常采用刚性桩,如各类混凝土桩、钢管桩等,短桩常根据被加固的地基土体性质采用柔性桩或散体材料桩,如水泥搅拌桩、石灰桩以及砂石桩等。长桩常采用刚性桩,短桩采用柔性桩的长短桩复合地基也称为刚柔性桩复合地基。因此,刚柔性桩复合地基是长短桩复合地基中的一种类型。

长短桩复合地基加固区中上部置换率高,下部置换率低,与在荷载作用下地基中附加应力上部大、下部小的分布相适应。同时可以避免单一桩型的不利因素和形成优势互补,发挥各桩型的优势。因此,长短桩复合地基具有良好的承载性能。长短桩复合地基具有承载力高、沉降量小的优点,能产生较好的经济效益。

长短桩复合地基技术近年来得到较大的发展。在处理深厚软黏土地基时,常采用水泥搅拌桩作为短桩,钢筋混凝土桩作为长桩;在处理深厚砂性土地基时,常采用砂石桩作为短桩,钢筋混凝土桩作为长桩;在处理深厚黄土地基时,常采用灰土桩作为短桩,钢筋混凝土桩作为长桩。

9.桩网复合地基技术

桩网复合地基是一种组合型复合地基,由桩体复合地基和水平向增强体复合地基加筋土垫层组合形成。桩网复合地基中的桩体多采用刚性桩,并附有桩帽,其加筋土垫层多采用土工格栅垫层。桩网复合地基中的刚性桩应采用摩擦型桩,其机理同刚性桩复合地基。

为了采用桩基础支承路堤荷载,国外曾采用桩承堤形式。桩承堤的荷载传递路线是路堤荷载传递给土工格栅加筋垫层,然后通过桩帽传递给桩,荷载全部由桩承担。桩网复合地基在形式上与桩承堤有相似之处,两者的结构很相似。但桩网复合地基的荷载传递路线是路堤荷载传递给土工格栅加筋垫层,然后一部分通过桩帽传递给桩,一部分传递给桩间地基土,荷载由桩和桩间地基土共同直接承担。因此,桩网复合地基与桩承堤不同之处在于前者为复合地基,后者属于桩基础。桩网复合地基设计中要重视复合地基的形成条件。

桩网复合地基能较好调动桩、网、土三者的承载潜力,具有承载力高、沉降变形小、工后沉降容易控制、稳定性高、工期短、施工方便等优点,特别适合于在天然软土地基上快速修筑路堤或堤坝类构筑物。

10. 复合桩复合地基技术

复合桩采用了两种或两种以上的材料、工艺或桩型,能够充分发挥各自优势,取长补短,解决了单一材料、工艺或桩型无法克服的难点,提高了经济效益。由于取材方便、施工工艺简便、质量可靠等优势,在水泥土桩中插入钢筋混凝土桩或钢筋混凝土管桩形成砼芯水泥土桩是目前复合桩最常见的一种形式。该桩型结合了混凝土桩和水泥土桩的优点:利用水泥土桩较大的比表面积来提高侧摩阻力,同时利用高强度的混凝土桩承担竖向荷载,使两种桩型的优势得到充分发挥,从而有效地提高承载力、减小沉降量,并大大减小了挤土效应和泥浆排放量,具有高效、经济、环保的优点。预制混凝土桩芯桩可采用混凝土实心桩、预应力混凝土管桩或空心方桩。水泥土桩可采用干法或湿法水泥搅拌桩、旋喷桩、高喷搅拌水泥土桩、夯实水泥土桩等。以上述复合桩为增强体的复合地基称为复合桩复合地基。复合桩的形式很多,除钢筋混凝土桩、钢筋混凝土管桩外,也有钢管桩等其他形式刚性桩。复合桩中的刚性桩可与水泥土桩同长,也可小于水泥土桩,形成变刚度复合桩。

11. 加筋土复合地基技术

通常采用土工布、土工格栅作为水平向筋材形成加筋土复合地基。加筋土复合地基主要用于路堤地基加固。采用加筋土复合地基可使路堤荷载产生扩散,减小地基中附加应力的强度。当路堤下软弱土层较薄时,采用加筋土复合地基可有效减少沉降。当路堤下软弱土层很厚时,加筋土的应力扩散作用可使浅层土体中的附加应力减小,但使地基土层压缩的影响深度增大,采用加筋土复合地基对减少总沉降的作用不大。

应用加筋土复合地基技术加固地基主要是提高了地基的稳定性。当路堤地基采用桩体复合地基加固时,在路堤和复合地基之间铺设加筋土垫层,既可有效提高地基承载力又可有效减少路堤的沉降。

第3章 排水固结法

3.1 发展概况

我国东南沿海和部分内陆广泛分布着河相、湖相以及海相沉积的软黏土层。这类土具有孔隙比大(一般大于1.0)、含水率高、压缩性大、渗透系数小(一般小于10^{-7} cm/s)、强度低,多数情况埋藏深厚等特性。由于其含水量高、压缩性大、渗透系数小,在建(构)筑物荷载作用下会产生沉降和沉降差,并且沉降周期很长,此外这类软土强度低、厚度大,地基承载力往往不能满足工程要求。想方设法排出软黏土中的水,将"嫩豆腐"变为"老豆腐",是提高这类土物理力学性质最直接可靠的方法。

堆载预压法是排水固结法中最经典的一种,该方法通过对地基施加预压荷载,使土体产生超静孔压,随着超静孔压消散,土中的孔隙水排出,土体有效应力增加,从而发生固结和沉降,达到提高地基承载力和减少地基工后沉降的目的,如图3-1所示。排水固结法一般包括加压系统和排水系统,堆载是最直接的一种加载方式,也可以通过抽真空、注气、夯击等方式加压;排水系统一般根据排水体材质分为普通砂井、袋装砂井、塑料排水板、电动土工排水板/管(electro-kinetic geosynthetics,EKG)等,无论采用哪种加压和排水方式,都是通过促进地基中水排出,提高土体有效应力的过程。

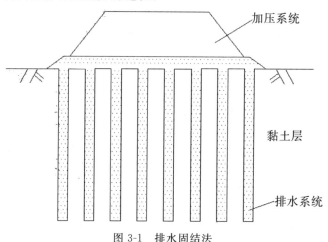

图 3-1 排水固结法

排水固结法处理成本低、效率高,已得到广泛的应用。20世纪50年代曾国熙教授将该法应用于我国并发展推广,后来逐步开发了真空预压、电渗、强夯、气压劈裂等方法,并在实践中成功应用。传统的排水固结法存在处理深度有限、工期较长、处理效果难以保证等弊端。随着工程技术的发展,一些学者结合传统固结排水法,不断探索新的软土地基处理方法,取得了一系列成果。

堆载和真空预压是广泛应用的排水固结技术,但两者的加载方式不同,加固后土体强度的计算方法也不同,这是需要注意的地方,静动联合排水固结法、电渗等排水技术有较好的发展前途,我们应在掌握排水机理的基础上,加强设计方法研究,侧重拓展应用。本章主要介绍排水固结法的加固机理,同时指出各种方法存在的问题和发展方向。

3.2　堆载预压

3.2.1　概述

堆载预压法是排水固结法中的一种主要方法,是通过堆载加压方式,使软弱地基中的孔隙水排出,土体发生固结,土中孔隙体积减小,土体强度提高,达到减少地基工后沉降和提高地基承载力的目的。

通常,当软土层厚度超过 4.0m 时,为加速预压过程,应在地基中设置塑料排水带、砂井等竖井;当软土层厚度小于 4.0m 时,或土层中含较多薄粉砂夹层,且固结速率能满足工期要求时,可直接对天然地基处理,利用建筑物或路堤本身重量分级逐渐加载,或是在建筑物建造以前,在场地先行加载预压,使土体中的孔隙水排出,逐渐固结,地基发生沉降的同时强度逐步提高。

堆载预压法主要解决以下两个问题:

(1)沉降问题。地基沉降在加载预压期间基本完成或完成绝大部分,剩余沉降满足建筑物设计要求。

(2)稳定问题。通过堆载预压,加速地基土体抗剪强度增大,从而提高地基承载力和稳定性。浙江宁波慈溪杜湖水库土坝工程是利用堆载预压法提高地基强度、解决地基稳定问题的一个典型范例。该土坝建于 20 世纪 70 年代初期,坝基下有厚约 16m 的淤泥质黏土层,其天然十字板试验强度平均仅为 17.8kPa,设计土坝高度为 17.5m,坝基软土采用普通砂井处理,采用分级填筑控制加荷速度,使地基土强度随荷载的增大始终适应地基稳定性的要求。当堤坝填筑至 16m 高度时,现场十字板强度的平均值达到 69kPa,使原来只能填筑至 4~5m 的土坝地基历时约两年后,最终顺利填筑至设计坝高 17.5m。

3.2.2　加固机理

根据有效应力原理,如地基内某点的总应力增量为 $\Delta\sigma$,有效应力增量为 $\Delta\sigma'$,孔隙水压力增量为 Δu,则三者满足以下关系

$$\Delta\sigma = \Delta\sigma' + \Delta u \tag{3.2.1}$$

堆载预压就是通过堆载提高总应力增量 $\Delta\sigma$,随着土体中水的逐渐排出,孔隙水压力增量 Δu 消散,从而达到增加有效应力增量 $\Delta\sigma'$,提高地基土的强度的目的。

图 3-2(a)是土样在不同固结压力下的压缩、回弹和再压缩曲线。当土样的天然固结压

力为 σ'_0 时其孔隙比为 e_0，在 e-σ 坐标上其相应的点为 a 点，当压力增加 $\Delta\sigma'$，固结完成时，变为 c 点，孔隙比减小 Δe，曲线 abc 称为压缩曲线。如果从 c 点卸除压力 $\Delta\sigma'$，则土样发生回弹，图中 cef 为卸荷回弹曲线，若从 f 点再加压 $\Delta\sigma'$，土样发生再压缩，沿虚线 fgc' 变化到 c'，其相应的强度包线也沿虚线 fgc' 变化到 c'。从再压缩曲线 fgc' 可以看出，经历卸荷回弹后，固结压力同样从 σ'_0 增加 $\Delta\sigma'$，孔隙比减小值为 $\Delta e'$，显然 $\Delta e'$ 比 Δe 小得多。由此说明，如果在场地先加一个和上部建筑物相同的压力进行预压，使土层固结(相当于压缩曲线上从 a 点变化到 c 点)，然后卸除荷载(相当于在膨胀回弹曲线上由 c 点变化到 f 点)，再建造建筑物(相当于在压缩曲线上从 f 点变化到 c 点)，这样，建筑物所引起的沉降即可显著减小。如果预压荷载大于建筑物荷载，即所谓超载预压，则效果更好，因为经过超载预压，当土层的固结压力大于使用荷载下的固结压力时，原来的正常固结黏土层将处于超固结状态，土层在使用荷载下的变形显著减小。即图 3-2(a)中土体由 a 点经加荷固结到 c 点，再卸载回弹到地基的初始应力状态 σ'_0，此时对应的不再是 a 点，而是 f 点，土体的孔隙比远小于初始孔隙比，强度也明显提高。

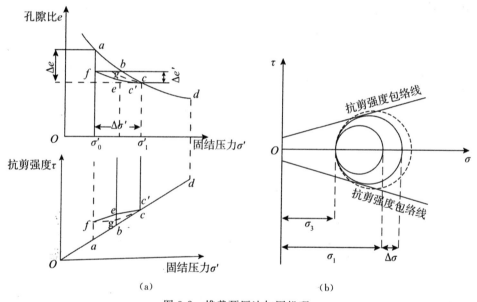

图 3-2　堆载预压法加固机理

从应力莫尔圆[见图 3-2(b)]可见，堆载后水平应力(σ_3)不变，但竖向主应力(σ_1)增加了 $\Delta\sigma$，相应地，土体的抗剪强度也增加了，但此时的应力莫尔圆更接近抗剪强度包络线。如果 $\Delta\sigma$ 增加很多，应力莫尔圆达到土体抗剪强度包络线，则土体发生剪切破坏。因此堆载预压中，堆载增量 $\Delta\sigma$ 的设计非常重要，如果一次施加过大的荷载，地基土体来不及排水固结，土体强度还没有增长，很容易因强度不足而发生剪切破坏，工程设计中一般通过分级加载，控制加载速率和时间，使地基土体固结度提高，强度逐渐增长，保证地基稳定性。

3.2.3　计算理论

1. 固结计算

为加速土体固结，通常在地基内部设置排水系统，改善土体的排水途径，缩短排水距离。

排水系统由竖向排水体和水平排水体构成。当软弱土体较薄,或土体渗透性较好而施工期较长时,可仅在地面铺设一定厚度的排水垫层;当遇到深厚的、透水性很差的软黏土时,可在地基中设置竖向排水体,再与地面水平排水体(砂垫层、水平滤管等)相连。塑料排水板质量稳定可控又经济,是最常用的竖向排水体,普通砂井和袋装砂井由于砂源紧张,已不太采用。

堆载预压的固结计算主要依据砂井固结理论,将塑料排水板等效为圆形排水体,按其当量直径计算。从工程实用出发,下面介绍谢康和(1987)的单井固结理论解。

取一单井作为分析对象,其排水固结条件简化如图 3-3 所示。图中,H 为软土单面排水时的最大排水距离(若砂井打穿软土层,即为砂井长度);k_h、k_v 为土层的水平向和竖向渗透系数;k_s、k_w 分别为涂抹区和砂井井料的渗透系数;r_w、r_s、r_e 分别为砂井、涂抹区、砂井有效影响的半径;p_0 为均布荷载;r、z 分别为径向和竖向坐标。

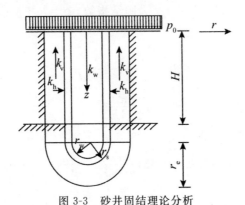

图 3-3　砂井固结理论分析

假定:

(1)等应变条件成立,即砂井地基中无侧向变形,同一水平面上任一点的竖直变形相等。

(2)每根砂井影响范围内的土体既有竖向渗流,也有径向渗流,两者单独计算,叠加得到总流量。考虑竖向渗流时按太沙基(Terzaghi)一维固结理论求解;考虑径向渗流时,令 $k_v=0$ 求解;径向和竖向组合渗流时可按卡理罗(李广信,2004)定理考虑,即任意点的孔隙水压力 u_{rz} 与径向孔隙水压力 u_r、竖向孔隙水压力 u_z、初始孔隙水压力 u_0 有如下关系

$$\frac{u_{rz}}{u_0}=\frac{u_r}{u_0}\frac{u_z}{u_0} \tag{3.2.2}$$

(3)砂井内孔隙水压力沿径向变化很小,可以不计;任意深度 z 处从土体中沿周边流入砂井的水量等于砂井向上流出的增量。

(4)除渗透系数外,排水体和涂抹区内的其他性质与天然地基相同。

(5)荷载一次瞬时施加。

1)等应变条件下竖向和径向固结的组合解

等应变条件下卡理罗定理仍然有效,将太沙基-伦杜立克(Terzaghi-Rendulic)扩散方程(李广信,2004)用极坐标表示,即为单井的固结微分方程

$$\frac{\partial \overline{u_{rz}}}{\partial t}=C_v\frac{\partial^2 \overline{u_{rz}}}{\partial t^2}+C_h\left(\frac{\partial^2 u_{rz}}{\partial r^2}+\frac{1}{r}\frac{\partial u_{rz}}{\partial r}\right) \tag{3.2.3}$$

按照卡理罗定理得

$$\overline{u_{rz}} = \frac{u_z \overline{u_r}}{u_0} \qquad (3.2.4)$$

式中，$\overline{u_{rz}}$ 为砂井地基中任意深度的平均孔隙水压力；u_z 为一维固结任一深度竖向孔隙水压力，可由太沙基一维固结理论给出。

求解上述方程可以得到任意深度径向、竖向组合的固结度（谢康和，1987）

$$U_{rz} = 1 - \sum_{m=0}^{\infty} \left[\frac{2}{M} \sin\left(\frac{Mz}{H}\right) e^{-\beta_{rz} t} \right] \qquad (3.2.5)$$

同时，谢康和（1987）给出砂井打入深度范围内地基的总平均固结度

$$\overline{U_{rz}} = 1 - \sum_{m=0}^{\infty} \frac{2}{M^2} e^{-\beta_{rz} t} \qquad (3.2.6)$$

式中，$M = \left(\frac{2m+1}{2}\right)\pi$ $(m=0,1,2,\cdots)$；β_{rz} 为固结指数，$\beta_{rz} = \beta_r + \beta_z$；$\beta_r$、$\beta_z$ 分别为径向和竖向固结指数，定义计算式如下

$$\beta_r = \frac{8C_h}{(F+J+D)d_e^2} \qquad (3.2.7a)$$

$$\beta_z = \frac{\pi^2 C_v}{4H^2} \qquad (3.2.7b)$$

其中，F 是与井径比 n 有关的函数：

$$F = (\ln n - 0.75)\frac{n^2}{n^2-1} + \frac{4n^2-1}{4n^2(n^2-1)} \qquad (3.2.8)$$

J 为涂抹因子：

$$J = \frac{k_h}{k_s} - 1 \left[(\ln S)\frac{n^2}{n^2-1} - \frac{S^2(4n^2-S)}{4n^2(n^2-1)} + \frac{4n^2-1}{4n^2(n^2-1)} \right] \qquad (3.2.9)$$

其中，S 为涂抹比，$S = d_s/d_w$，d_s、d_w 分别为涂抹区和砂井的直径；D、G 分别是井阻因子函数和井阻因子，定义计算式如下；k_s、k_h、k_w 分别为涂抹区渗透系数、水平渗透系数、排水体（砂井井料）渗透系数；H 为最长排水路径的砂井长度。

$$D = \frac{8G(n^2-1)}{M^2 n^2} \qquad (3.2.10)$$

$$G = \frac{k_h}{k_s}\frac{H^2}{d_w^2} \qquad (3.2.11)$$

C_v、C_h 是竖向和水平向固结系数，可用下式计算

$$C_v = \frac{k_v(1+e_0)}{\gamma_w a} \qquad (3.2.12a)$$

$$C_h = \frac{k_h(1+e_0)}{\gamma_w a} \qquad (3.2.12b)$$

相比 Barron（1948）解，上式考虑了渗透系数的各向异性和排水体、涂抹区渗透系数的不同，为等应变条件下非理想固结理论解。实际应用时可以简化为

$$\overline{U_{rz}} = 1 - \frac{8}{\pi^2} e^{-\beta_{rz} t} \qquad (3.2.13)$$

式中，$F = \ln n - 0.75$，$J = \left(\frac{k_h}{k_s}-1\right)\ln S$，$G = \frac{k_h}{k_s}\frac{H}{d_w}$ 或 $G = \frac{\pi k_h H^2}{q_w}$；$q_w$ 为排水带的实际通水能力（cm^3/s）。

井阻因子和涂抹因子 J 中的 k_w、k_s、q_w、S 不易准确确定,室内试验测定的结果与工程实际中的真实参数差距较大,工程上常采用经验值。排水板的通水能力 q_w 可取室内测定的产品通水能力的 $1/4 \sim 1/6$;涂抹比 S 取 $1.5 \sim 4$,施工扰动小时(压入式施工)取低值,扰动大时(振动打入)取大值;渗透系数比 k_h/k_s 可取 $1.5 \sim 8$,均质高塑性黏土取 $1.5 \sim 3$,非均质粉质黏土取 $3 \sim 5$,具有明显粉土和细粉砂的可塑性黏土取 $5 \sim 8$。

简化式(3.2.13)与 Hansbo(1980)的精确解相比误差小于 10%,可满足一般工程精度要求,这一理论计算结果和 Hansbo(1980)解很接近,比 Barron 解精确。理论解[式(3.2.6)]的表达式还可转化为理想井和无砂井情况的固结计算:

(1)令 $G=0$,$S=1$,可转化为理想井计算。

(2)令 $G=0$,可转化为无井阻的情况。

(3)令 $\beta_{rz}=\beta_r$,则转化为不考虑竖向排水的固结计算。

(4)令 $\beta_{rz}=\beta_z$,则转化为无砂井的天然地基一维固结理论计算。

2)一级或多级等速加荷情况平均固结度的计算

上述式(3.2.5)、(3.2.6)和(3.2.13)的固结度计算都是假设荷载是一次性瞬时施加,实际工程中荷载多是分级逐渐施加,对于一级或多级等速加荷情况,如图 3-4 所示。理论平均固结度的计算公式为

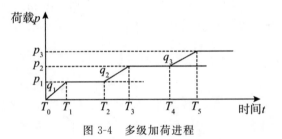

图 3-4　多级加荷进程

$$\overline{U_{rz}} = \sum \frac{\widetilde{q_n}}{p_t}\left[(T_n - T_{n-1}) - \frac{8}{\beta_{rz}\pi^2}e^{-\beta_{rz}t}(e^{\beta_{rz}T_n} - e^{\beta_{rz}T_{n-1}})\right] \qquad (3.2.14)$$

式中,p_t 为与多级加荷历时 t 对应的荷载,$p_t = \sum \Delta p$;$\widetilde{q_n}$ 为第 n 级荷载的加载速率,$\widetilde{q_n} = \frac{\Delta p_n}{T_n - T_{n-1}}$;$T_n$,$T_{n-1}$ 为第 n 级荷载的加荷终点和始点的历时(从零点计起);t 为所求固结度的历时;n 为加荷的分级数。

3)砂井未打穿固结土层的固结度计算

如果软弱土层深厚,砂井未打穿(见图 3-5),这种情况下的排水边界条件与砂井完全打穿,或一维固结情况不一样,此时砂井底部土体有渗流,既非完全透水边界,也非不透水边界。陈根援(1984)、谢康和(1984)、王立忠(2000)等对此都做过研究,提出了各自的固结度计算式,但计算过程较复杂不便于应用。工程上一般采用下述简化方法计算。砂井打设区平均固结度 $\overline{U_{rz}}$ 采用式(3.2.13)或式(3.2.14)计算。未设砂

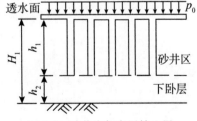

图 3-5　砂井未打穿固结土层

井区平均固结度$\overline{U_z}$采用一维固结理论计算,并将砂井底面简化为排水面。

整个软黏土层平均固结度$\overline{U}$采用下式计算

$$\overline{U}=\lambda\,\overline{U_{rz}}+(1-\lambda)\overline{U_z} \tag{3.2.15}$$

式中,$\overline{U_{rz}}$为砂井区平均固结度;$\overline{U_z}$为未设砂井区平均固结度;λ为砂井深度与软土层总厚度之比,$\lambda=\dfrac{h_1}{h_1+h_2}$,$h_1$为砂井深度,$h_2$为未设砂井区软土厚度。

4)砂井固结中的大变形及其他问题

近年来发现,对于砂井处理高含水率、大孔隙比的超软淤泥地基,采用现行的轴对称径向固结理论预测时,尽管考虑了砂井的涂抹和井阻效应,但计算的固结时间与实际固结耗时相差悬殊。这是因为传统的砂井固结理论均基于小变形固结框架建立,无法考虑饱和黏土的压缩性和渗透性的非线性减小。为此,也有不少学者提出了砂井大变形固结模型(江辉煌等,2011;孙立强等,2017)。

自Gibson(1967)提出固相坐标系下以孔隙比e为变量的一维大应变固结方程,已有不少学者在其基础上推广到多维固结理论。大变形固结理论与太沙基固结理论不同,通常采用流动坐标系或以初始状态为参考系的拉格朗日坐标系。图3-6为饱和黏土地基的一维固结示意图,设初始土层厚度为H,且假设底部边界为固定边界。图中以初始位置a表示的坐标为拉格朗日坐标,用ξ表示的坐标为流动坐标。根据Gibson大应变理论,图3-6中微元体$ABCD$在土体沉降过程中有明显的位置改变和变形,从图3-6(a)的初始构型到图3-6(b)的现时构型发生了沉降$s(a,t)$,变形$\dfrac{d\xi}{da}$满足公式(3.2.16)。流动坐标系中的ξ则是以a和t为自变量的函数,即$\xi=\xi(a,t)$,因此用流动坐标表示微元体$ABCD$的实时位置。土层上边界在固结过程中是运动的,而拉格朗日坐标系中a和t是独立的基本变量,考虑到土体变形对引入边界条件带来的计算混乱,所以一般用拉格朗日坐标替换流动坐标会使计算过程更为方便。流动坐标ξ和拉格朗日坐标a之间有如下关系:

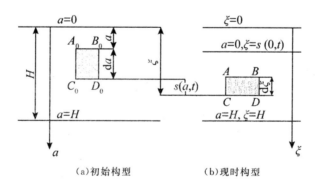

(a)初始构型 (b)现时构型

图3-6 拉格朗日坐标及流动坐标

$$\frac{\partial\xi}{\partial a}=\frac{1+e}{1+e_0} \tag{3.2.16}$$

$$\xi=a+s(a,t) \tag{3.2.17}$$

由公式(3.2.16)和公式(3.2.17)可得沉降s为

$$s = s(a,t) = \int_a^H \frac{e_0 - e}{1 + e_0} da \qquad (3.2.18)$$

式中,e 为孔隙比;e_0 为初始孔隙比;$s(a,t)$ 为沉降量。

砂井固结大变形的假设与 Gibson 一维固结理论基本相同:①土体压缩系数和渗透系数各向同性,不计土体变形的时效性(即不考虑蠕变);②土颗粒和孔隙水均不可压缩;③竖向和水平径向两个方向的渗流均服从达西定律,渗透系数随孔隙比变化而变化;④土颗粒仅在竖向移动,外加荷载瞬间一次性施加在土体表面后保持不变。

上述假定与 Barron 理论相比,去掉了压缩系数和渗透系数为常数和小应变的限制,考虑了土颗粒在固结过程的竖向移动和土体上下边界的移动,更接近砂井地基固结沉降的实际情况。

下面介绍江辉煌(2011)给出的流动柱体坐标下的以孔隙比 e 为变量的轴对称大变形砂井固结控制方程:

$$\frac{1}{1+e}\frac{\partial e}{\partial t} + \frac{1}{r}\left(\frac{k_r}{\gamma_w}\frac{d\sigma'}{de}\right)\frac{\partial e}{\partial r} + \frac{\partial}{\partial r}\left(\frac{k_r}{\gamma_w}\frac{d\sigma'}{de}\frac{\partial e}{\partial r}\right) + \frac{\partial}{\partial \xi}\left(\frac{k_z}{\gamma_w}\frac{d\sigma'}{de}\frac{\partial e}{\partial \xi}\right) \pm (G_s - 1)\frac{d}{de}\left(\frac{k_z}{1+e}\right)\frac{\partial e}{\partial \xi} = 0$$

$$(3.2.19)$$

式中,G_s 为土颗粒的比重。

其定解条件为:

(1)初始条件。假定初始状态为均质、饱和,则初始条件为

$$e(r,z,0) = e_0 \quad (r_w \leqslant r \leqslant r_e, 0 \leqslant z \leqslant L) \qquad (3.2.20a)$$

(2)内径边界条件。砂井内径边界排水,即在固结发生瞬间超静孔隙压力消散为零,边界土的孔隙比相应地变为最终有效应力对应的最终孔隙比,即

$$e(r,z,t) = e_f(z) \quad (0 \leqslant z \leqslant L, t > 0) \qquad (3.2.20b)$$

式中,$e_f(z)$ 是完成固结时土的最终孔隙比,该值可根据土的压缩性直接计算得到。

(3)外径边界条件。砂井地基的外径边界是不透水边界,以超静孔压表示的边界条件为

$$\frac{\partial u}{\partial r}\bigg|_{r=r_e} = 0 \quad (r = r_e, 0 \leqslant z \leqslant L, t > 0) \qquad (3.2.20c)$$

(4)上表面边界条件。砂井地基的上表面填筑有砂垫层,故上表面边界可按排水考虑,即

$$e(r,0,t) = e_f(0) \quad (t > 0) \qquad (3.2.20d)$$

(5)下表面边界条件。土层下边界的排水条件受下卧土层的透水性限制,会出现多种情况,如排水则可表示为

$$e(r,L,t) = e_f(L) \quad (t > 0) \qquad (3.2.20e)$$

如不排水,以超静孔压表示的边界条件为

$$\frac{\partial u}{\partial z}\bigg|_{z=L} = 0 \quad (t > 0) \qquad (3.2.20f)$$

大应变固结控制方程一般为高阶非线性偏微分方程,解析求解困难,多采用数值解进行计算,如差分法、有限元法等,可参考江辉煌等(2007)、孙立强等(2017)。

2. 地基土强度增长

建议堆载预压后,土体排水固结引起的强度增长,可以用下式估算(曾国熙,1975):

$$\tau_{ft} = \eta(\tau_{f0} + \Delta\tau_{fc}) \qquad (3.2.21)$$

式中，τ_{ft} 为地基中某点 t 时刻的抗剪强度；τ_{f0} 为地基中某点初始抗剪强度，一般可通过现场十字板剪切试验测定；$\Delta\tau_{fc}$ 为土体固结而增长的抗剪强度增量；η 为由剪切蠕动和其他因素引起地基强度折减的系数，工程设计中可取 $\eta=0.75\sim0.90$。

目前常用的预计抗剪强度增量 $\Delta\tau_{fc}$ 的方法主要有两种。

1）用有效应力指标计算

用有效应力指标计算土体强度增长，如下式，这也是常说的有效应力法

$$\Delta\tau_{fc}=\frac{\sin\varphi'\cos\varphi'}{1+\sin\varphi'}U_t\Delta\sigma_1 \tag{3.2.22}$$

式中，U_t 为地基中某点固结度，常用地基的平均固结度代替；$\Delta\sigma_1$ 为预压荷载引起的地基中某点最大主应力增量，可按弹性理论计算；φ' 为土体有效内摩擦角。

2）用固结不排水试验指标计算

现行《建筑地基处理技术规范》（JGJ 79—2012）推荐使用固结不排水试验指标计算 $\Delta\tau_{fc}$，即有效固结压力法

$$\Delta\tau_{fc}=\Delta\sigma_z U_t\tan\varphi_{cu} \tag{3.2.23}$$

式中，$\Delta\sigma_z$ 为预压荷载引起的地基中某点竖向应力增量；φ_{cu} 为由三轴固结不排水试验获得的土体内摩擦角。

有效应力法和有效固结压力法是计算预压地基强度增长最基本的两种方法，分别由曾国熙（1975）、沈珠江（1998）等提出，两者均基于摩尔-库仑破坏准则，都是由强度指标计算土体抗剪强度的方法。但由于计算原理不同，两者在强度指标、应力增量等方面的选取存在较大差异。

有效应力法认为土体在排水状态下破坏，土体强度由破坏面上有效应力决定，因此用有效应力强度指标计算土体的强度。有效应力法概念清晰，应用的难点在于有效应力和土体有效内摩擦角的确定。有人建议可以采用现场实测的孔隙压力计算有效应力，但这实则是混淆了破坏状态与设计状态或实际状态，即破坏前的实测孔隙压力代表不了破坏时的孔隙压力，用实测孔压计算会高估破坏时土体滑动面的抗剪强度，使计算所得的安全系数偏高。因此从工程安全考虑，有效应力法不适合路堤软土地基的稳定分析，特别是路堤施工期的稳定分析。

压缩和剪缩都会使软弱土变密实，相应地，孔隙压力的增长也可分为压应力引起的和剪应力引起的两类。有效固结压力法的基本思想是考虑土体压缩引起的强度增长，忽略土体剪缩引起的强度增长，因此在强度增长公式中不计剪切引起的孔隙压力增长。有效固结压力法认为软土的抗剪强度增加取决于破坏以前潜在破坏面上的有效应力增量。大量实例证明，有效固结压力法的计算结果比较可靠。例如，杜湖水库软基强度的实测结果表明，有效应力法高估强度增长量达 $10\%\sim22\%$，而实测值与有效固结应力法计算值之比变化范围为 $0.93\sim1.06$。因此该方法在工程中应用广泛。

3.3　真空预压

3.3.1　概述

真空预压是在欲加固的软弱土地基上设一定间距的塑料排水板或袋装砂井(统称垂直排水通道),然后在地面上铺设一定厚度的砂垫层,再将不透气的薄膜铺设在砂垫层上,借助埋设在砂垫层中的管道,通过抽真空装置将膜下土体中的空气和水抽出(见图 3-7),使土体排水固结、强度增长,达到加固的目的。

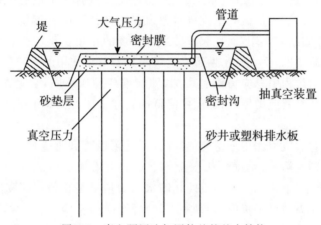

图 3-7　真空预压法加固软基的基本结构

真空预压方法适合于加固含水率高的软土,如淤泥、淤泥质土。真空预压能施加的最大预压荷载只有 100kPa,如要求施加更大的荷载,则需要与其他方法联合。真空预压与联合预压的加固时间一般都比较长,常常需要半年以上,对于工期紧的项目并不适合。真空预压法需要加固区域的地层有良好的密封性、较小的渗透性。对那些渗透性太大的地层需要做密闭处理,尤其是地表下有较强透水层时一定要做隔断处理。一般当渗透系数大于 5×10^{-5} cm/s 时,就要考虑处理,国内常用的方法是做淤泥搅拌墙隔断加固区与外界的联系。

真空预压法加固软土技术的原理最早由瑞典皇家地质学院的杰尔曼(Kjellman)教授于 1952 年提出,随着射流泵、密封材料的发展,膜下水平排水及垂直排水系统得到改进和提高,该项技术的施工工艺有了突破性进展,更加广泛地应用于各行业软土地基加固中。尤其在高速公路软基处理上,与路堤自重联合对路堤下软基实施真空联合堆载预压,不仅解决了施工中路堤的稳定问题,还有效地控制了路堤的工后沉降,拓展了该法的应用范围,增强了该法的功能。近十年,真空预压技术成功用于沿海新近吹填的大面积疏浚土加固,并开发出对新近吹填疏浚土加固的浅表层加固技术,将人都不能站立的刚吹填的场地变为人能立、车能行的地基,为二次深层软土加固创造了条件。

3.3.2　加固机理

真空预压法中不施加外荷载,而是把大气作为荷载。抽气前,薄膜内外都受大气压力作用,土体孔隙中的气体与地下水都处于大气压力状态(见图 3-7);抽气后,薄膜内砂垫层中的气体首先被抽出,其压力逐渐下降至 p_n,薄膜内外形成一个压差 Δp,使薄膜紧贴于砂垫层上,这个压差称为"真空度"。砂垫层中形成的真空度,通过垂直排水通道逐渐向下延伸,同时真空度又由垂直排水通道向其四周的土体传递与扩展,引起土中孔隙水压力降低,形成负的超静孔隙水压力。所谓负的超静孔隙水压力,是指孔隙中形成的孔隙水压力小于原大气状态下的孔隙水压力,其增量值是负的,从而使土体孔隙中的气和水发生由土体向垂直排水通道的渗流,最后由垂直排水通道汇至地表砂垫层中被泵抽出。在堆载排水预压法中,虽然也是土中孔隙的水向垂直排水通道中汇集,但两者引起土中水与气发生渗流的原因却有本质的不同。真空预压法是在不施加外荷的前提下,降低垂直排水通道中的孔隙水压力,使之小于土中原有的孔隙水压力,形成渗流所需的水力梯度;而堆载排水预压法却是通过施加外荷载增加总应力,增加软土中孔隙水压力,并使之超过垂直排水通道中的孔隙水压力,使土中的水向垂直排水通道中汇流。垂直排水通道在真空预压中不仅仅起着垂直排水、减小排水距离、加速土体固结的作用,而且起着传递真空度的作用,"预压荷载"在这里是通过垂直排水通道向土体施加的,垂直排水通道在这里是起着双重作用的。

真空预压法整个过程中总应力没有增加,即与堆载预压不同,它是在 $\Delta\sigma=0$ 的情况下发生的。根据太沙基有效应力原理,加固中降低的孔隙水压力就等于增加的有效应力,即

$$\Delta\sigma'=-\Delta u \tag{3.3.1}$$

土体就是在该有效应力作用下得到加固的,据此可以看到真空预压法与堆载预压法在加固机理方面的区别。第一,堆载预压中土体上总应力增加,而真空预压中总应力保持不变。第二,堆载预压中,土体孔隙中形成的孔隙水压力增量是正值。而真空预压中,土体孔隙中形成的孔隙水压力增量是负值,即是小于静水压力的值。第三,堆载预压法中土体有效应力的增长是通过正的超静水压力消散实现的,而且随着超静水压力逐步消散为零,有效应力增加达到最大值。而真空预压法中土体有效应力的增长是靠形成负的超静孔隙水压力来实现的,随着负的超静水压力增大,有效应力也逐渐增大,负的超静水压力发生消散,则有效应力也随之降低,当负的超静水压力消散为零时,土体中形成的有效应力则亦降为零。第四,堆载预压法中,土体加固后形成的有效应力与上部施加的荷载大小有关,而且在垂直向和水平向上大小一般是不同的,若加固完成后,上部荷载没有移去,则土体中有效应力的增加依然存在,土体总有效应力增大。真空预压法中土体有效应力的增加具有最大值,理论上最大为一个大气压,一般都低于此值。由于有效应力的增加依赖于孔隙水压力降低,所以,土体加固过程中同一深度有效应力增加值在垂直、水平及各个方向上相同,并且随着加固过程的结束,荷载消失,加固过程中形成的有效应力亦随之消失,土体中总有效应力恢复到原有水平,所以经真空预压加固过的土体会处于超固结状态。

真空联合预压主要指在用真空预压加固软土的同时,还联合堆载预压一起加固的方法。两者能否联合加固早在 20 世纪 80 年代就被理论和实践论证。

真空预压与堆载预压都同属于排水固结的加固方法,都是通过增加土体有效应力对软土地基实施加固(见图 3-8)。孔隙水压力是中性应力,是一个标量,它是位置的函数,大小与某点的方向无关,所以因真空降低的孔隙压力(负超静水压力)与因堆载增大的孔隙压力(正超静水压力)两者是可以叠加的。从这点看,真空预压与堆载预压可以联合加固软土地基,其前提条件是两者必须同时存在,同时作用。

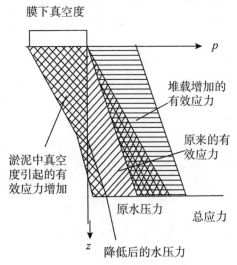

图 3-8　真空联合堆载预压有效应力分布

从上述真空加固机理,可以知道真空预压具有如下特点:

(1)利用大气压加固软土地基,因此和堆载预压法相比,它不需要大量的预压材料、不需实物,这是该法的一个突出特点。

(2)真空压力是三向施加在土体上的,因此土体发生向内的压缩,这与堆载预压竖向加载,土体发生剪切破坏模式完全不同,因此真空预压法加固的地基发生向内的侧向变形,在加固区周围会出现收缩裂缝,地面没有隆起现象。

(3)由于三向等压加载,土体不会发生剪切破坏,因此真空预压荷载可以一次快速施加到 80kPa 以上,可看作瞬时加荷工况,无须分级施加,不必担心加固过程中会出现地基失稳情况。加荷是靠抽气来实现的,所以卸荷时也只要停止抽气就可以了,加卸荷比堆载预压法要简单、容易得多。

(4)真空吸力作用下土体中的封闭气泡容易排出,土体渗透性提高,固结过程加快。

3.3.3　计算理论

真空预压加固后地基土体强度增长大多沿用堆载预压法中常用的有效应力法和有效固结压力法计算。从上面的加固机理可以看到,真空预压的三维等向加载与堆载一维竖向加载方式不同,不同预压方式下地基土体强度增长是不同的。

涂园等(2020)从加载破坏过程出发,分析了有效应力法和有效固结压力法的计算原理,分别推导了不同固结条件下的强度计算方法,对比分析了两种强度增长计算方法的差异。

有效应力法原理简单,理论也较为合理,其应用的难点在于确定预压处理后地基任意土单元破坏面上法向应力的增量,即 $\Delta\sigma'_{nf}$,图 3-9 为有效应力法计算 $\Delta\sigma'_{nf}$ 的示意图,具体推导如下。

假设天然地基中某一深度土单元的大、小主应力分别为 σ'_1 和 σ'_3(图 3-9 中的实线应力圆),按有效应力法,此状态下土体强度可采用常规三轴固结排水试验获得,具体过程为:先将土样在围压 σ'_3 条件下排水固结,然后不断施加竖向应力,直至大主应力达到 σ'_{1f}(虚线应力圆)土体破坏,此时的强度为破坏面上法向有效应力 $\Delta\sigma'_{nf}$ 对应的剪切强度 τ;经过预压处理后同一土单元的大、小主应力分别为 $\overline{\sigma'_1}$ 和 $\overline{\sigma'_3}$,同理,此状态下土体强度为破坏面上有效应力 $\overline{\sigma'_{nf}}$ 对应的剪切强度 $\overline{\tau}$。

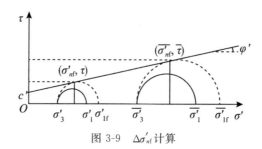

图 3-9 $\Delta\sigma'_{nf}$ 计算

地基竖向堆载预压前后任意土单元大、小主应力满足:

$$\begin{cases}\overline{\sigma'_1}=\sigma'_1+\Delta\sigma'_1\\\overline{\sigma'_3}=\sigma'_3+\Delta\sigma'_3\end{cases}\tag{3.3.2}$$

式中,$\Delta\sigma'_1$、$\Delta\sigma'_3$ 分别为预压引起的地基土体单元竖向和水平向的有效附加应力。对于真空预压,$\Delta\sigma'_1$ 与 $\Delta\sigma'_3$ 相等,预压前后土单元应力摩尔圆的大小不变,仅位置发生改变;对于堆载预压,$\Delta\sigma'_1$ 大于 $\Delta\sigma'_3$,摩尔圆的大小和位置均发生改变。

由天然地基土破坏时的应力摩尔圆(图 3-9 中的虚线应力圆)与强度线相切的几何关系容易得到,破坏时大、小主应力满足关系

$$\left(\frac{\sigma'_{1f}+\sigma'_3}{2}+\frac{c'}{\tan\varphi'}\right)\sin\varphi'=\frac{\sigma'_{1f}-\sigma'_3}{2}\tag{3.3.3}$$

而土体强度 τ 与破坏时的大、小主应力满足关系

$$\tau=\frac{\sigma'_{1f}-\sigma'_3}{2}\cos\varphi'\tag{3.3.4}$$

结合式(3.3.3)和式(3.3.4),得到用水平向天然应力 σ'_3 表示的天然地基土体强度 τ 的表达式

$$\tau=\frac{\cos^2\varphi'}{1-\sin\varphi'}c'+\frac{\sin\varphi'\cos\varphi'}{1-\sin\varphi'}\sigma'_3\tag{3.3.5}$$

同样地,可写出预压处理后的地基土体强度

$$\overline{\tau}=\frac{\cos^2\varphi'}{1-\sin\varphi'}c'+\frac{\sin\varphi'\cos\varphi'}{1-\sin\varphi'}\overline{\sigma'_3}\tag{3.3.6}$$

式(3.3.6)与式(3.3.5)相减并结合式(3.3.2),得到预压地基强度增长计算公式

$$\Delta\tau=\Delta\sigma'_3\frac{\sin\varphi'\cos\varphi'}{1-\sin\varphi'}\tag{3.3.7}$$

式(3.3.7)可直接用于强度增长的计算。将式(3.3.7)代入 $\Delta\tau=\Delta\sigma'_{nf}\tan\varphi'$,可得到破坏面上法向应力增量 $\Delta\sigma'_{nf}$ 的表达式

$$\Delta\sigma'_{nf}=\frac{\cos^2\varphi'}{1-\sin\varphi'}\Delta\sigma'_3\tag{3.3.8}$$

对于等向固结,$\Delta\sigma'_3$ 即为真空预压引起的各向同性的有效附加应力;对于不等向固结,如堆载预压,$\Delta\sigma'_3$ 为堆载引起的水平向的有效附加应力。由于这一指标较易计算得到,因

此,在实际工程中的应用也较为方便。式(3.3.7)通过 $\Delta\sigma_3'$(即水平向附加应力增量)体现等向固结和不等向固结强度计算的差异,但并不意味着有效应力法可以真正区分真空预压和堆载预压,这是因为有效应力法结合了固结排水剪切试验,该试验的固结过程为等向固结,因此无法模拟天然土体沉积和堆载预压的不等向固结过程。若不考虑这一点,则可以认为有效应力法可以区分等向和不等向固结。还需要指出的是,在上述推导中,将土单元破坏前的应力状态和破坏时的应力状态进行了区分,是为了说明预压处理引起的附加应力并不是直接作用于土体破坏时的应力状态,也即预压后的土体并未达到破坏,所要求解的正是该状态下的土体强度。区分这一点非常重要,若混淆破坏前和破坏时的应力状态,则所得到的结论将不合理。

有效固结压力法认为,土体的破坏是由于某些不利条件引发的突然性破坏,是一个不排水剪切过程。就工程实用来说,黏性土的抗剪强度、有效应力及含水量之间具有单一的对应关系。由于土体破坏是不排水过程,含水量不变,土单元的强度不变,那么就可以用破坏前潜在破坏面上有效固结压力 σ_c' 来衡量土体强度。

有效固结压力法应用的关键在于确定土单元破坏前的有效固结压力 σ_c' 和内摩擦角 φ_c。应当指出的是,φ_c 是通过直接把破坏点绘于以有效固结压力 σ_c' 为横轴的坐标系里得到的,而不是通过绘制应力摩尔圆切线得到的,例如上述有效应力法中的 φ' 以及常见的 φ_{cu}(常规三轴等向固结不排水试验)等。有学者认为,φ_c 可通过固结快剪试验(直剪试验)得到,但前提是假设土单元的破坏面为水平面,而对于实际工程而言这样的假设并不十分合理(魏汝龙等,1993)。

图 3-10 是常规三轴固结不排水试验得到的结果,此时的有效固结压力 σ_c' 即为等向固结

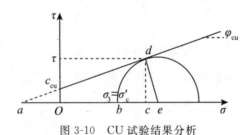

图 3-10 CU 试验结果分析

压力 σ_3。由几何关系 $cd=(oa+ob+bc)\tan\varphi_{cu}$,得

$$\tau=\left(\frac{c_{cu}}{\tan\varphi_{cu}}+\sigma_3+\frac{\tau}{\cos\varphi_{cu}}-\tau\tan\varphi_{cu}\right)\tan\varphi_{cu} \tag{3.3.9}$$

化简得到

$$\tau=(1+\sin\varphi_{cu})c_{cu}+(1+\sin\varphi_{cu})(\tan\varphi_{cu})\sigma_3 \tag{3.3.10}$$

不考虑固结过程中强度指标的变化,则预压后的强度增长为

$$\Delta\tau=(1+\sin\varphi_{cu})(\tan\varphi_{cu})\Delta\sigma_3 \tag{3.3.11}$$

上述推导基于常规三轴固结不排水试验,暗含的假设条件是土体在不排水破坏前经过了等向的固结过程,因此,认为土单元破坏前 $\sigma_c'=\sigma_3'$,$\Delta\sigma_c'=\Delta\sigma_3'$,结合 $\Delta\tau=\Delta\sigma_c'\tan\varphi_c$ 可以得到内摩擦角 φ_c 的表达式

$$\tan\varphi_c=(1+\sin\varphi_{cu})\tan\varphi_{cu} \tag{3.3.12}$$

由于土体天然沉积和堆载预压过程均为不等向固结过程,土单元破坏前的有效固结压

力 σ_c' 显然不能直接用 σ_3' 表示。有效固结压力 σ_c' 反映了单元破坏前的有效应力状态。等向固结土的大、小主应力的值相等，则 $\sigma_c'=\sigma_1'=\sigma_3'$；对于不等向固结的土，大、小主应力值不相等，可将大、小主应力的平均值作为有效固结应力，即 $\sigma_c'=(1+K_0)\sigma_1'/2$，其中 K_0 为土的侧向压力系数。沈珠江（1998）在提出有效固结压力法时，也采取了相同的表示方法。则式（3.3.11）可改写为

$$\Delta\tau=\beta(\tan\varphi_{cu})\Delta\sigma_1' \tag{3.3.13}$$

式中，$\beta=(1+K_0)(1+\sin\varphi_{cu})/2$。软黏土的 φ_{cu} 一般为 $12°\sim15°$，而 K_0 一般为 $0.5\sim0.6$，此时 β 的值为 $0.9\sim1.0$，曾国熙等（1981）认为 $\beta=1$，因此，式（3.3.11）简化为

$$\Delta\tau=\Delta\sigma_1'\tan\varphi_{cu} \tag{3.3.14}$$

式（3.3.14）实际上就是现行《建筑地基处理技术规范》（JGJ 79—2012）建议的强度公式，此时的 $\Delta\sigma_c'=\Delta\sigma_1'$，$\tan\varphi_c=\tan\varphi_{cu}$。由此可见，所谓规范推荐公式，实际上是基于有效固结压力法在土体不等向固结条件推导而来的，理论上适用于天然地基在堆载预压处理后的强度增长计算，而不适用于天然地基在真空预压以及联合预压处理后的强度增长计算。

可见有效应力法和有效固结压力法都结合了等向固结三轴试验，区别在于前者结合了固结排水试验，即土体的排水抗剪强度，而后者结合了固结不排水试验，即土体的不排水抗剪强度。更为重要的区别在于，有效应力法隐含的假设条件为天然地基和预压地基在破坏前是等向固结，而有效固结压力法则考虑了天然土体和预压土体实际为不等向固结。所以现行规范推荐公式，即式（3.3.14）可用于堆载预压下地基土的强度增长计算。

涂园（2020）用不等向固结而形成的天然土体，在等向荷载作用下继续固结，计算真空预压下地基土体的强度增长。由于天然土体的沉积过程是不等向固结，土体破坏前的有效固结压力 σ_c' 可按式 $\sigma_c'=\dfrac{(\sigma_1'+\sigma_3')}{2}=(1+K_0)\sigma_1'/2$ 计算，则天然地基的强度可表示为

$$\tau_1=(1+\sin\varphi_{cu})c_{cu}+(1+\sin\varphi_{cu})\tan\varphi_{cu}\frac{\sigma_1'+\sigma_3'}{2} \tag{3.3.15}$$

真空预压处理过程为等向固结，等向固结过程的有效固结压力 σ_c' 按 $\sigma_c'=\sigma_3'$ 计算，则处理后的土体强度可表示为

$$\tau_2=(1+\sin\varphi_{cu})c_{cu}+(1+\sin\varphi_{cu})\tan\varphi_{cu}\frac{\sigma_1'+\sigma_3'+2\Delta\sigma'}{2} \tag{3.3.16}$$

式中，$\Delta\sigma'$ 为真空预压引起土单元各向同性的有效应力增量。式（3.3.16）与式（3.3.15）相减，并结合土单元的固结度 U_t，得到真空预压下地基强度增长计算公式

$$\Delta\tau=(1+\sin\varphi_{cu})(\tan\varphi_{cu})\Delta\sigma U_t \tag{3.3.17}$$

真空-堆载预压联合处理的地基土，则是对不等向固结而形成的天然土体，在等向荷载和不等向荷载共同作用下继续固结。联合预压处理后，土体的强度表达式为

$$\tau_2=(1+\sin\varphi_{cu})c_{cu}+(1+\sin\varphi_{cu})(\tan\varphi_{cu})\frac{(\sigma_1'+\Delta\sigma+\Delta\sigma_1')+(\sigma_3'+\Delta\sigma'+K_0\Delta\sigma_1')}{2}$$

$$\tag{3.3.18}$$

相应的，真空-堆载预压联合处理下地基强度增长计算公式为

$$\Delta\tau=(\Delta\sigma_1+\Delta\sigma)U_t\tan\varphi_{cu}+\sin\varphi_{cu}(\tan\varphi_{cu})\Delta\sigma U_t \tag{3.3.19}$$

上述推导中尚未考虑土层强度指标随土体固结而发生的改变，排水固结后土体的强度是稳定、变形计算的重要基础，要从加载机理出发，选用合适的指标，对应正确的加载应力路

径进行研究。

3.3.4　真空预压的发展

大量的工程实践暴露了真空预压法的诸多问题,比如加固后土体承载力不足、对较深位置的土体加固效果不明显、真空度在土体内传递效率低等,为此国内外相继提出并开展了将真空源由地表下移至深部土体的尝试和研究,如低位真空预压法、高真空击密法等,并取得了一定成果。

1. 低位真空预压法

低位真空预压软土地基加固法是天津市水利科学研究所研发的真空预压新技术,因其将加固工程管网设在吹填泥封层之下而得名,是处理超软吹填土及软黏土地基的有效方法之一。与传统真空排水预压法相比,该技术利用表层一定厚度的吹填泥层取代传统真空预压法中所采用的密封膜作为密封层,排水系统为水平管网与竖向塑料排水板组成的立体排水结构,如图 3-11 所示,加压系统采用水气分离的增压方式,通过管道直接传递真空负压,可有效提升真空度传递效率,减少真空的沿程损失,利用低位真空系统抽真空使泥封层下长期保持真空负压。在真空负压引起的巨大吸力和泥封层引起的附加预压荷载的联合作用下,软土中的大部分孔隙水迅速地通过塑料排水板、水平滤管网排出,使地基软土发生压缩固结,同时,泥封层也逐渐完成自身的固结,达到加固地基软土和抬高地面两大目的。

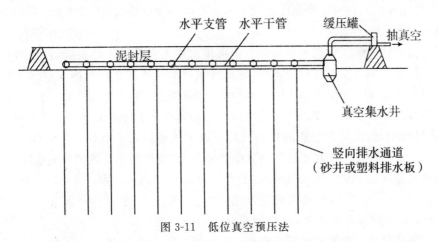

图 3-11　低位真空预压法

当淤泥完成絮凝沉淀后,淤泥中的重力水明显减少,此时封闭管网系统利用潜水泵抽排管网内的水。当管网内的水被抽空时,管网内形成真空;同时,利用真空泵抽气补充管网内的负压,使管网内负压逐渐增高,促使土体排水而被压密。把管网系统上部沉淀后的吹填淤泥视为整体,叫做密封层(即泥封层)。抽气前密封层和其下软土地基处于大气压力状态,大气压力 p_a 作用于孔隙水上,对土体不起压密作用。抽气后,管网内具有一定真空压力,使密封层下压力降至 p_v,同时水平管网与塑料排水板之间也存在压力差,软土地基中的自由水产生向塑料排水板的渗流,使孔隙水压力降低,软土地基中的有效应力增加,土体固结,强度增长。从太沙基的有效应力原理来看,该法加固的整个过程是在总应力没有增加的情况下发生的。加固中降低的孔隙水压力就等于增加的有效应力,土体就是在该有效应力作用下得到加固的。

地基处理技术

当采用低位真空预压法时,土体有效应力的增长幅度比传统真空预压法大。图 3-12 为传统真空预压与低位真空预压的对比,假设泥封层厚度为 h,不考虑土体前期固结对真空固结的影响,同时假设真空度在土体中分布均匀,则抽真空后孔隙水压力下降到 p_v。

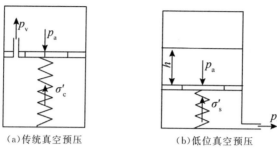

(a)传统真空预压   (b)低位真空预压

图 3-12 传统真空预压法与低位真空法弹簧活塞模型

总应力在真空预压过程中始终保持不变,有效应力增量在土体各深度处是一致的,传统真空预压法产生的有效应力增量为:

$$\Delta \sigma_c' = -\Delta u = p_a - p_v \tag{3.3.20}$$

而低位真空预压法产生的有效应力增量为:

$$\Delta \sigma_s' = -\Delta u = \gamma_w h + p_a - p_v \tag{3.3.21}$$

故理论上,采用深位真空预压法加固能使土体有效应力增量更大,加固后土体强度更高。

2.高真空击密法

高真空击密法的施工工艺主要由高真空强排水和击密两道工序组成,其中高真空强排水与传统真空预压的真空源在地表不同,高真空强排水是通过在场地内设置的不同深度的井管将真空度传递至更深层土体,井管的存在一方面缩短了真空传递路径,另一方面也有效提高了真空度向下传递的效率。该工法通过快速高真空排水与击密多遍循环两道工序的有机结合、相互作用,形成高真空法的独特机理。该工法通过人为地在土体内部制造的压差(击密产生的超孔隙水压力为"正压",高真空产生的为"负压")来快速消散超孔隙水压力,使软土中的水快速排出。采用高真空排水,击密效果大大提高,从而使被处理土体形成一定厚度的超固结"硬壳层",根据具体施工方法,硬壳层厚度可达 4～8m 甚至更高。硬壳层的存在,使得表层荷载有效扩散,减少因荷载不均匀产生的不均匀沉降。

高真空强排水是由改进后的高真空井点对加固范围内的地基进行强排水,可产生较大排水量和较高的真空度,可在渗透系数较低的黏土中形成较大的水力梯度,加快孔隙水的渗流。

击密主要有两种方式,一是强夯法,二是振动碾压法。通过对上述两道工序的多遍循环,可达到加固地基的目的。

3.真空联合其他工法

由于真空预压法在土中引起负的超静孔压,同时具有较为有效的排水通道,因此可以方便地与其他工法相结合。表 3-1 总结了真空预压法与其他工法联合使用的工作原理。

表 3-1　真空预压法联合其他工法

方法名称	方法原理
真空堆载联合预压	可获得大于大气压力的固结压力
真空排水＋强夯	强夯升高孔隙水压力,增大与排水板之间的压差;劈裂土体增大渗透性
水下真空预压法	膜上水压力可转化为固结压力,可获得大于大气压力的固结压力
低位真空预压法	地下水渗流方向与土压缩方向相同,提前开始真空固结
立体真空预压法	采用多层排水系统,减小排水路径长度
电渗真空降水联合加固法	电渗、真空联合作用提高低渗透性土的排水量,真空压力使土体向加固区产生压缩变形,减小电渗作用区域裂缝,减小电阻
电渗真空降水低能量强夯联合加固	兼具真空排水＋强夯、电渗真空降水联合加固法特点
真空＋注气	注气提高孔压,增大被加固土体与排水板真空负压之间的压差
劈裂真空预压法	注气提高孔压,增大被加固土体与排水板真空负压之间的压差;气体压力劈裂土体提高渗透性,利于排水
真空降水联合冲压法	真空降水后可进行浅层冲压加固形成硬壳层

真空预压技术在取得丰硕成果和巨大技术进步的同时,仍然存在许多不足和问题,射流泵和用电成本急需改进,真空预压的加固深度、排水管路材料和布设、加固过程中效果加测、信息化施工等都需要进一步发展。真空预压法与其他工法的结合,如堆载、强夯、电渗等工法,在文献中均有报道,也是未来应用的热点。

3.4　静动联合排水固结法

3.4.1　动力排水固结技术

动力排水固结技术是对淤泥质软土施加一定能量的动荷载,使其产生不彻底破坏的扰动,保持内部某些可靠的微结构,辅之以良好的排水系统和其他排水固结技术,达到有效的排水固结效果。工程中目前采用的动力排水固结法,主要有强夯法和冲击碾压法。

1. 强夯法

强夯法一般用于处理碎石土、砂土、低饱和度的粉土与黏性土、湿陷性黄土、素填土和杂填土等地基,强夯法加固粗颗粒土的机理一般认为有三种:动力密实、动力固结、动力置换。

强夯法在饱和软黏土上的加固机理,一般认为以动力固结为主,主要利用强夯巨大的冲击使土体产生振动,土中孔隙减少,孔隙水压力上升,夯击点周围产生裂缝,形成树枝状良好排水通道,孔隙水顺利逸出到饱和软土中设置的竖向排水体,使土体迅速固结,以达到减少沉降、提高承载能力的目的。以目前的工艺,对于应用于饱和软土的强夯,其机理可以概述为(郑颖人等,2000):

(1)能量转换与夯坑受冲剪阶段：动能转化为动应力；坑壁冲剪破坏，下部土体压缩，夯坑周围土体发生水平位移，土体侧向挤出；夯坑周围土体发生剪切破坏；表面隆起，坑周垂直状裂缝发展。

(2)土体液化与破坏阶段：影响范围内孔隙水压力迅速提高，孔隙水压力亦达到最高点；土体结合水变成自由水；土体可能出现液化或触变，土体结构破坏；液化区强度降到最低点，高孔隙水压力区强度降低。

(3)固结压密阶段：水与气体由坑周裂隙及毛细管排出；土体固结沉降；无黏性土固结沉降迅速完成，软黏土固结有一定的时效性。

(4)触变固化阶段：水、气继续排出，孔隙水压力逐渐消散；土体自由水变成结合水；液化区强度恢复并有所提高，非液化区强度较大幅增长。但需要注意的是，对饱和度高的粉土和黏土地基，强夯加固地基易形成"橡皮土"，更应控制好强夯能量、夯点布置、排水系统设置等。

Mitchel(1981)在第十届国际土力学和基础工程会议上提出，强夯对饱和细颗粒土的效果不明确，成功和失败的例子均有报道，对于这类饱和细颗粒土，夯击时土的结构将会破坏，产生超静孔隙压力以及通过裂隙形成排水通道，孔隙水压力消散，土体才会被压密。Gambin(1984)认为当土的塑性指数 I_p 小于 10 并且液限 w_L 小于 35 时，才能达到较好的强夯效果。如果黏性土中黏粒含量较大，将强夯法跟预压法和排水体结合起来的方法是可以考虑的。这也正是后来静动联合排水固结法技术的理论依据，但当时 Gambin 并没有进行大规模的实践，只是推理，因而争论依旧长久不休。

黏性土中强夯设计和施工的焦点仍集中在单击夯击能的选取和收锤标准（即单击次数）。夯击能小了则深层土体可能得不到改善，于是为了追求影响深度或加固效果，一味采用较大夯击能，结果造成大量土体水平挤出和地面隆起。至于收锤标准，目前一般以最后 1～2 击夯沉量小于某一范围值来控制，结果可能导致软土结构严重破坏，甚至无法收锤。此外，也有人提出以孔隙水压力上升值小于土的自重应力进行控制，但夯击能在土中随深度衰减，而土的自重应力随深度增加，以哪一层进行控制为好？莫衷一是。

2. 冲击碾压法

冲击碾压技术利用非圆形冲击轮快速滚动冲击土，冲击压路机与传统压路机相比，最大特点是其非圆形的冲击轮外形，为了平稳行驶和低能量消耗，其外形主要为三、四、五边的正多边形。冲击轮有一个或两个，分别称为单轮或双轮冲击压路机。牵引方式有自行式和拖式。三边形冲击压路机适用于提高基础或填筑体的压实度；四边形冲击压路机多用于旧水泥混凝土路面的破碎；五边形冲击压路机适合于松铺系数较大的分层压实。目前用于排水固结地基处理的主要是双轮三边形冲击压路机，其基本型号的能量为25kJ。

冲击轮对地基的冲击作用表现出明显的周期性，一个周期为冲击轮转动 $1/n$ 周（n 为冲击轮的边数）。冲击轮的一个循环冲击运动过程可分为三个阶段，如图3-13所示。

(1)冲击轮的重心上升阶段。重心从最低点上升到最高点，并且冲击轮的滚动角对土施加静压或产生揉搓效果，冲击轮积累旋转动能和重力势能。

(2)冲击轮的重心下降阶段。重心从最高点落到与土接触前的位置，冲击轮的滚动角度对土壤施加揉搓与静压作用，重力冲击轮的势能转换成动能，冲击轮快速向前滚动。

(3)冲击轮冲击土体阶段。重心下降到最低点，冲击轮对土体产生影响。前两个阶段累

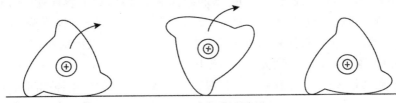

图 3-13 冲击碾压原理

积的动能被转换成冲击能量。

所以,冲击压路机所具有的动力来自三个部分:

(1)冲击轮重心位置提升所蓄的势能;

(2)冲击轮转动的动能;

(3)冲击轮在滚动过程中克服土体变形所做的功。

冲击碾压工作原理,主要是通过拉动异形轮以快速在地面上滚动,对土壤施加冲击、揉搓和静压来实现加固。根据冲击压路机的基本原理,其能量计算公式为

$$E = mgh \tag{3.4.1}$$

式中,E 为势能;m 为非圆形冲击轮的质量;g 为重力加速度;h 为冲击轮外半径(R)同内半径(r)的差值,$h = R - r$。

与传统的静态压实和振动压实相比,冲击碾压具有振幅大、频率低的特点,在施工期,施工成本和地基加固效果方面有着明显的优势。

3. 强夯法与冲击碾压法的技术对比分析

强夯和冲击碾压加固饱和黏土,都是利用动力作用排水固结,具有以下三部分功效:

(1)对于表层用于压载的宕渣有压密作用(粗颗粒土的剪切振密与非饱和软土的压密);

(2)产生的应力波对于宕渣下软土有扰动固结作用。

但两者又存在以下差异:

(1)振动频率不同。与呈脉冲荷载的强夯法不同,冲击碾压法中土-冲击碾结构的振动频率为 $1 \sim 2$ Hz,当其振动频率接近土体的固有频率时,土体可以更多地吸收振动荷载的能量,以达到最佳的加固效果。这点已得到了室内试验的验证,例如,房营光等(2008)在研究中验证了振动作用可明显提高排水速度,增加排水量;固结压力、振幅和频率对碱渣土的振动排水效应产生明显影响。苗永红等(2016)发现振动作用对提高软土的排水固结速度、增加排水量有明显的作用,且固结压力较小时,振动排水效果明显。

其排水固结机制更类似于白冰(2003)提出的"扰动固结现象":对于结构性强、灵敏度高的软土,不足以破坏软土结构的轻微激振(扰动荷载)引起土体颗粒的微小剪应变,使得土水结构被扰动,促进弱结合水向自由水转化,激发较高的孔隙水压力。若给予土体良好的排水条件,随着超孔隙水压力的消散,土体完成固结,强度提高。在淤泥质黏土的地基处理工程中,插设排水板时会观察到水被大量挤出。在厦门机场的填海工程中使用了振动插板法,工程者发现振动力不仅使上层砂土填方振实,而且扰动了深层淤泥,加快排水固结。

(2)冲击能不同。冲击碾压法兼有压实和强夯的效果,因此与强夯法有很多共通之处,冲击碾压可以视为能量较低的多次强夯叠加。但相比于强夯法,冲击碾压的冲击能量远不及强夯法,加固深度较浅,超孔压上升较小,超孔压消散速度较快,冲击碾压法能在处理区域

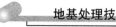

表面形成一层硬壳层。对于浅层（0～6m）饱和软体地基处理，冲击能量较小的冲击碾压法如果联合其他排水措施，排水加固效果显著，反而比强夯法更安全、可靠。但对于地表浅部土性良好、饱和软黏土位于较深处（4m以下）时，冲击碾压效果大大削弱，合适能级的强夯法具有明显优势，强夯法加固深度大于冲击碾压法。

动力排水固结是多种机制的耦合作用，包含软土颗粒结构的变化、冲击荷载产生的多种类型波对于软土的加固或扰动，不同方法产生的冲击能量对排水固结的贡献程度不同，因而效果存在异同。

3.4.2 静动联合排水固结法

静动联合排水固结法（dynamic consolidation with precompression，DCP）将动力固结法与堆载预压法联合起来对软土进行加固。该法吸收了传统堆载预压法原理直观、效果可靠等优点，同时利用高效能的强夯所产生的动载给软土施加循环动荷载，以克服堆载预压法施工周期太长的缺点。近几年工程实践证明，该法具有加固效果好、经济快捷等优点。

丘建金（2017）等在总结前人工程经验教训的基础上，结合在珠江三角洲软土地基加固工程的实践，提出采用强夯联合堆载预压法加固软土地基，即首先在软土中打设排水板（或袋装砂井），设置砂垫层、盲沟和集水井等排水设施，然后利用场地逐层堆填的回填土作为分级预压静载，利用强夯给软土施加循环动载，以加速软土排水固结，同时使填土层夯实后成为良好的持力层，该法被称为"静动联合排水固结法"。

由于软土加固前地基强度低，应采用分级逐渐加荷，在软土表面铺设砂垫层、打设排水板后，第一级填土厚度一般取2.0m，填料以粗颗粒的碎石土为主，然后进行多遍强夯。第二级填土一般为2.0～3.0m，而且也是最后一级填土，因为填土太厚，强夯能量被填土大量消耗，该法将不经济，因此该法适用于淤泥厚度小于10.0m、回填土厚度为4.0～5.0m的工程（邱建金等，2017）。该法在低层建筑地基和道路、场坪、码头、仓储区等有良好的应用前景，下面对其加固机理和特点进行详细说明。

1. 加固机理

静动联合排水固结法集强夯法和堆载预压法两种方法优点于一身，在软土中打设塑料排水板是软土实现动力固结的前提条件，如果没有在软土中人工设置良好的排水通道，软土中水不能及时排出，完全依赖强夯可能产生的裂缝排水很不可靠，也无法实现动力排水固结过程。堆载预压给软土施加恒定的静载，则是该法的基本要点，如果不堆载，则与一般动力固结法（即强夯法）无异。正因为软土受到一定恒压静载的作用，才使得深厚软土的物理力学性能得到普遍、基本的改善。然而该法最重要的还是动载的作用，虽然总的来说动载相当于一定的超载，但与常规的静超载预压法相比，动载的效率要高得多。研究表明一个单位的重量，变成动荷载后，可以产生数十倍的当量静载效应。强夯产生的冲击力一般为5000～10000kPa，比同样条件下静力大几个数量级。如果此高效能的动载作用于软土，其效率自然较其他方法高很多。由此说明，能否在软土中实现动力固结，或者说动载在软土固结中是否发挥其作用是关键。

软土在强夯的动载作用下产生了裂缝，形成一定的排水通道，使孔隙水能顺利逸出。为增强排水效果，强夯前应在软土中设置垂直排水体，排水体选择静力施插、间距较小的塑料排水板，其排水效果要优于袋装砂井的效果。动力排水固结法要求有一定厚度的回填土作为静载,强夯利用堆载土垫层承受夯击时对表面土产生的巨大冲切作用,可避免表层软土破坏,同时大面积的填土静载相当于给软土施加了一定的围压,使夯击能转化成振动波,较高的静载可以使动球应力增加而偏应力减小,因此只有夯击才能激发出较高的动孔隙水压力 Δu_d。动孔隙水压力 Δu_d 的增长正是软土实现动力固结的前提,动、静荷载得以相辅相成,互相激发,其作用远非两者的简单叠加。动孔隙水压力存在峰值,当孔压增量很小甚至负增长时应立即停止夯击,以此确定夯击击数,避免对软土超夯,使软土结构严重破坏,甚至出现"橡皮土"现象。因此,动孔压上升到峰值时,再夯则会起破坏作用,不仅对孔压增长毫无好处,而且是强夯法在软土工程中失败的主要原因。因此施工中应严格控制强夯参数,一方面设法使土的动孔隙水压力 Δu_d 充分增长,另一方面要注意避免超夯,以保证动力加固效果。

下面根据国内外相关研究,结合现场观测资料和室内土工试验、软土微观结构扫描电镜(scanning electron microscope,SEM)试验等成果,对静动联合排水固结法加固机理总结如下。

(1)该法对表层填土主要起压密作用,锤底与表面土的接触是一种冲切作用,其冲击力可用下式表示

$$p = Q + \frac{m\Delta v}{\Delta t} \tag{3.4.2}$$

式中,p 为冲击力;Q 为锤重量;m 为锤质量;H 为有效落距;g 为重力加速度;Δv 为锤着地时的速度,$\Delta v = \sqrt{2gH}$;Δt 为冲击作用时间。

由于冲击作用时间很短,产生的冲击力非常大,从目前已测得资料来看(高宏兴,1990),冲击力 $p = 1000 \sim 10000\text{kPa}$。软土表层填土如果能控制采用透水性良好的碎石土,则填土在强夯巨大冲击能作用下能充分压密。因此该方法能在软土表面形成硬壳层,该层是低层建筑物或道路路基良好的持力层。

(2)强夯产生的巨大冲击能通过填土垫层作用在下卧软土中以弹性波的形式传播,如图3-14 所示。弹性波主要分为三种,即压缩波(P 波)、剪切波(S 波)和瑞利波(R 波)。压缩波

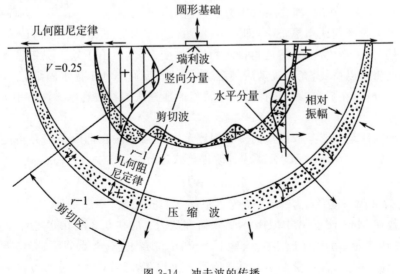

图 3-14　冲击波的传播

属纵波,主要在水中传播,可使土中产生较高的动孔隙水压力,同时由于压缩波的拉-压作用破坏了土的构架,在土中形成定向裂纹,土中微气泡的压缩-膨胀过程将进一步扩大这些裂纹,提高了土的渗透性。随着夯击能的不断增大,孔隙水压力不断增大。根据实测结果,当动孔隙水压力达到峰值时,土体开始液化,孔隙水就沿着裂隙和排水板排出,将此时的动孔隙水压力称为临界动孔隙水压力,这时使用的相应能量叫作饱和能量。这样土中液相和气相体积减小,土体被压缩,同时由于部分土颗粒间的弱结合水变成自由水,土颗粒间的结合键增强,颗粒易结成较大颗粒状。剪切波(S波)即横波,主要在土颗粒之间传播,它使土颗粒重新排列成更密集状态,因此在饱和黏土中剪切波也称为紧密波。瑞利波主要是在表层传递,也是剪切波,但是它在土的表面传播,R波的多次折射和反射,可使表面土疏松,其影响范围仅限于表面几米范围内。

(3)加固前后软土试样的微观电镜扫描试验说明,夯击对微结构形态的定向性、单元体的聚集、嵌压均有作用,且在淤泥中同样形成定向裂隙,有利于土的排水固结。这与现场取样时发现的加固后试样从流塑状变成了软塑状,夯击时大量地下水涌出等现象相符。

(4)夯击引起的动孔隙水压力存在一个峰值,且堆载时产生的静荷载水平越高,夯击所能激发的动孔隙水压力峰值也越大。当夯击能超过饱和夯击能时,较浅处的软土将产生较大的剪应力,剪胀吸水,会严重破坏土体结构,强度难以恢复,最终导致出现"橡皮土"现象。因此,采用夯击能逐渐加大,少击数多遍数,同时加强现场监控等措施是静动联合排水固结加固软土能否成功的有效措施。

从上述静动联合排水加固法的加固机理可以看出,该法的出发点是积极利用软土的自身承载力,通过一定工程措施(如插板、堆载、强夯等)使软土排水固结,尽量将沉降在施工期间即建筑物(或构筑物)建造之前完成。经过该法处理后,地基沉降变形得到长期稳定,低层建筑(构筑)物和道路、场坪等可直接建于其上,实践证明该法是经济合理的。

2. 设计计算

合理选择强夯参数是实现动力固结的关键,也是静动联合排水固结法的核心问题。强夯参数的选取应考虑两方面的因素,一方面应给软土施加充分的动载,使土中动孔隙压力 Δu_d 大幅度增长,软土在动、静孔隙水压力联合作用下充分排水固结。另一方面要避免过高夯击能使软土大量隆起或水平挤出,即避免过分扰动,破坏土的结构。以前认为强夯应彻底破坏土的结构,使土产生液化,然后再排水固结,触变恢复,但由于软土灵敏度高,结构严重破坏后其强度将难以恢复,充分扰动后其渗透性下降,反而不利于排水固结。

基于以上分析,在强夯参数选择方面与常规的强夯法的参数选取方法有很大差别。

1)单击夯击能

夯击能的选用是强夯参数设计的核心问题。常规强夯法在选取单击夯击能时,一般要求加固的深度根据 Menard 经验公式或其改进公式进行估算。

$$h = \alpha \sqrt{WH/10} \qquad (3.4.3)$$

式中,h 为有效加固深度;W 为锤重;H 为落距;α 为修正系数。

修正系数在 Menard 公式中取 1.0,后来研究认为 α 应在 0.3 至 0.8 之间。事实上修正 α 系数的影响因素很多,比如土层条件、地下水位、单位夯击能、夯点间距、夯击方式等,而最关键的还是土质情况和含水量大小。对于饱和软土地基,通常认为 α 应取 0.3~0.5。

根据这一观点,如果软土厚 6~8m,则单击夯击能应在 4000kN·m 以上,但如此巨大的夯击能势必引起软土大量水平挤出和地面隆起,显然是不合适的。如天津新港软土夯击后地面隆起 113mm,地表以下 2.0m 的软土强度低于其天然强度,究其原因,是过量的夯击能彻底破坏了软土结构强度,触变恢复已不可能。常规强夯的夯击能设计顺序为:先以较大能量加固深层,再以小能量加固浅层,最后以低能量满夯。

静动联合排水固结法的夯击能选取时,先以小能量加固浅层,待浅层软土排水固结强度提高后,再逐渐加大能量,以加固深层软土。一般第一级夯击能取 1000kN·m 左右,以后可逐渐加大到 3000~4000kN·m。这是因为软土含水量高,易流动,灵敏度高,只能先以较小的能量对其夯击才不致产生过大水平挤出破坏。小能量将使浅层软土孔隙水压力上升,即产生动孔隙水压力,和第一级填土产生的超静孔压联合作用下,浅层软土将加速排水固结。据丘建金等(2017)的工地实测数据,软土中的孔隙水压力可升到 30~70kPa,软土强度半个月内可提高 50%~100%。此后再逐渐加大能量,一方面软土强度已有所提高,另一方面软土已承受了一次动荷载,故只要增加幅度不是太大,更关键的是只要单点击数少,并不会造成大的水平挤出,于是能量得以逐渐向深层传递。即使采取了以上措施,要使能量传至较深的部位,也就是企图使较深处(如 10m 以上)软土产生可观的动孔隙水压力 Δu_d,也还是很困难的,所以丘建金等(2017)认为该法适用于淤泥厚度小于 10.0m 的工程。

2)单点击数与夯击遍数

关于单点击数和夯击遍数,动力排水固结法也与常规强夯法有很大不同。我国地基处理规范中要求强夯最后两击夯沉量平均值小于 5~10cm,这在软土中显然难以达到,单点击数愈大,软土受扰动愈多,短期强度降低得愈多,则按此标准可能导致单点击数非常大甚至根本无法收锤。因此,张建民等(1992)建议在饱和黏土中以孔隙水压力上升值小于土体自重应力(即刚好产生液化)进行控制,但因强夯产生的动孔隙水压力 Δu_d 在土中随深度衰减,而土体自重应力随深度递增,以哪一点进行控制难以掌握。丘建金等(2017)从几个实际工程中慢慢探索,总结出以下几点。

(1)当软土上覆填土层比较薄时(如厚度小于 2.0m),以夯坑深度进行控制,一般控制夯坑深度小于 80~100cm。

(2)当填土层比较厚时,通过试验区实测每击夯沉量,当第 $n+1$ 击夯沉量大于第 n 击,且第 $n+2$ 击比第 $n+1$ 击更大时,则单点击数定为 n 击,因为认为 $n+1$ 击以后夯沉量没有减小反而加大的原因是土体水平挤出变大,而且可能垂直压缩量已小于水平挤出量,反映软土的扰动已十分严重,因此应停止夯击。

(3)如果试夯时发现第 $n+1$ 击时,邻近测点各个深度的孔隙水压力增值 Δu_d 接近零甚至为负值,则应停止夯击。因为动孔隙水压力不再上升时,再夯有害无益。

以上三点满足任何一条即停止夯击,以此确定单点击数。那么加固效果靠什么来保证呢?相应的措施是增加夯击遍数。既然单点击数受到限制,建议采用反复多遍的方法保证软土的充分排水固结和一定的反复动力超载,通常采用 4~6 遍,达不到要求时增加遍数,如果要求遍数多而影响工期,则在以后相应区域采用加密排水板距离、加强降排水等措施来改善排水固结效果,加快施工进度。

3)夯点间距

关于夯点间距,也与常规强夯法有所不同。一般第一级填土后,用低能量、小间距普夯击一遍,此时每点夯击 1~2 击。这样做的目的有两点,一是使填土和砂垫层密实,形成可靠保护层,减少不必要的夯坑深度;二是给很软的表层软土预加一次动载,以后每遍夯击时,均采用隔点跳夯,以便在夯点四周形成低压区,便于软土的排水固结。

其余参数如间歇时间和夯锤大小等与强夯法没多大差别,不再赘述。

静动联合排水固结法是基于强夯与堆载工法的,因此在许多机理方面仍不清晰。如强夯加固机理复杂,影响因素较多,很难在一个统一的理论框架内进行分析。因此静动联合排水固结法需要理论研究室内/现场试验、数值计算方法相结合,为实际工程提供合理的指导。具体应在以下几点展开研究:

(1)从土体微观角度出发研究强夯静动联合排水前后土体微观结构变化,借助离散元等软件探明静动联合排水加固机理及加固效果。

(2)土性指标与静动联合排水加固效果的研究还很不够,尤其是与动荷载的关系,只有深入了解土性指标与加固效果之间的关系,静动联合排水的设计才能更有针对性。

(3)对层状地基进行强夯处理时,强夯能量在地层交界处的能量耗散(反射、折射)研究较少,需要进一步研究存在饱和软弱下卧层时能量的传播特性。

(5)对夯点间距、重叠夯点及相邻夯点有待进一步探索,在数值计算中考虑群夯效应能更加符合现场工程,为强夯设计施工提供依据。

(6)"橡皮土"问题。从动力固结机理中可以看出,软土在动载下所产生的动孔隙水压力存在一个峰值,达到该峰后如果继续施加动载,土体结构将受到严重破坏,同时由于夯击瞬间孔隙水来不及排出,孔压也不能再上升,夯沉量增大,难以收锤,这即意味着土体将以体积变化或畸变变形代替压缩变形,土体被强大冲击荷载反复揉搓,变成弹簧土即"橡皮土";形成"橡皮土"后由于其强度严重丧失且难以恢复,意味着加固失败。因此在工程中如何让软土在动、静荷载联合作用下迅速排水固结而又要避免产生"橡皮土"现象,是个关键的问题。

(7)侧向挤出问题。由于软土的易流动性,如果直接在软土上强夯或垫层过薄将导致单击夯沉量过大、表层软土发生侧向挤出的问题。

(8)使用期间沉降问题。工后沉降广泛存在于各种建构筑物中,如何减小工后沉降是一个急需解决的难题。

3.5 电渗法

3.5.1 发展概况

电渗法是通过在插入土体中的电极上施加直流电使得土体加速排水,从而固结提高强度的一种地基处理方法,其历史可以追溯至 1809 俄国学者列伊斯(Reuss)在实验室内的首次发现。电渗过程中,电渗渗透系数是决定土体排水速率的关键因素之一,与常用的水力渗透系数与土壤类型息息相关的特性不同,电渗渗透系数受土颗粒大小影响较小,如对于不同的土壤类型水力渗透系数的变化范围为 $10^{-9} \sim 10^{-1}$ m/s,而电渗渗透系数的变化范围为 $10^{-9} \sim 10^{-8}$ m²/(s·V)。电渗法被认为是处理高含水量、低渗透性软黏土地基很有发展前途的方法,如有机质土、泥炭土、含油淤泥、工业尾矿、疏浚淤泥、吹填淤泥、废弃泥浆、海洋底泥、污染土、城市污泥等。该方法不适用于砂土或盐渍土等的地基处理。表 3-2 给出了场地电渗加固适用性的初判指标。

表 3-2　电渗法适用土壤各参数范围

主要参数	适宜范围
初始含水量 $w_0/\%$	$(0.6\sim1)w_L$
塑性指数 I_p	$5\sim30$
水力传导系数 $k_h/(\mathrm{m \cdot s^{-1}})$	$10^{-10}\sim10^{-8}$
体积压缩系数 $m_v/\mathrm{MPa^{-1}}$	$0.3\sim1.5$
孔隙水含盐量$/(\mathrm{g \cdot L^{-1}})$	<2
电导率 $\sigma/(\mathrm{S \cdot m^{-1}})$	$0.005\sim0.5$
黏粒含量$(<2\mu\mathrm{m})/\%$	>30

早期电渗加固多采用铁、铝等金属材料,由于金属易发生腐蚀,会影响电渗效果,而且能耗过大,基于此,Jones 等(2006)提出电动土工合成材料的概念,即具备过滤、排水、加筋和导电性能的合成材料,这种新型电极较传统电极材料有明显优势,在缓解电极腐蚀的同时能大大改善加固效果。国内,武汉大学邹维列(2002)课题组自 21 世纪始就致力于电动土工合成材料的研究,于 2005 年成功研制出新一代电动土工合成材料,可满足实际工程电极材料的大量需求。新型土工合成材料弥补了传统电极的诸多不足之处,有望大力推动电渗法的实际工程应用,是电渗法发展里程碑式的进步。

单独采用电渗法加固存在土体加固不均匀、加固深度有限、能耗高等弊端,若联合其他工法,可以达到扬长避短、事半功倍的效果。实际工程中多采用电渗联合堆载预压、真空预压或低能量强夯等处理方法,传统工法基于水力渗透机理,只能排出土体中的自由水和毛细水,电渗流发生在土颗粒的双电层中,还能有效排出部分弱结合水。例如,采用强夯法加固软土地基或淤泥质地基时,往往会由于含水量过高出现“弹簧土”而无法继续施工作业,结合电渗法能有效克服这一应用瓶颈(高有斌等,2009)。另外,土体经电渗排水达到最优含水量时若对其施加低能量强夯,会进一步使土体密实,使土体由流塑状态快速转变为半固态或固态,达到所需承载力。可见通过电渗法和强夯法的联合作用(亦有学者称为“双控动力法”),可以达到更好的加固效果。

众多学者发现在阳极注入添加剂可增强土体-电极的接触,减少在接触面上的电势损耗,从而改善电渗加固效果。这里的添加剂可分为两类,分别为有机物和无机化学溶液。电渗注入无机化学溶液已成功应用到海相沉积物、黏土、粉质黏土、钙质土、钙质砂、泥炭土高岭土和膨胀土的加固或改性中(薛志佳,2017)。电渗时注入添加剂加固软土地基的机理分为两方面:①外加离子可带动孔隙水形成电渗流移向阴极,改善电渗固结排水效果;②外加离子在土体中发生沉淀或与土体颗粒生成胶结物质,进而提高土体强度。加入生物表面活性剂槐糖脂等有机物(Lockhart,1983a,1983b;Kondoh et al.,1993;Dussour et al.,2000),以及加入微生物和尿素(Keykha et al.,2014)等研究也已经开展,但多集中于室内试验,对现场大面积或较大厚度的软土,注入化学溶液的可行性、有效性以及经济性还有待更多研究。

3.5.2 加固机理

1809年,Reuss将一电位差施加在有孔介质中,观察到孔隙水经由毛细管移向阴极,且孔隙水的流动随着电流的中断而停止。这是电渗现象的首次观测,也从原理上定义了电渗的典型特征,即电场作用下多孔介质中水分的流动。实际上,电渗现象仅是电动现象的一种,土体通电过程中,除了发生电渗现象外,还有电泳、流动电位、迁移或沉积电位(见图3-15)。对于软土的排水加固,电渗在上述四种电动现象中起主导作用,也是所关注的重点。

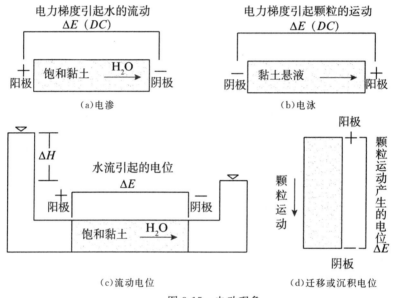

图 3-15　电动现象

水分子的极性使得其易和水中溶解的阳离子结合形成水化阳离子,在外界电场的作用下会产生定向排列,同时黏土颗粒表面带一定的负电荷,在表面电荷电场的作用下,靠近土颗粒表面的极性水分子和水化阳离子因受到较强的电场引力作用而被土颗粒牢牢吸附,形成固定层,即强结合水层,强结合水因受较强的吸附作用而不易排出;在紧贴固定层外面,极性水分子和水化阳离子受到的静电引力较小,分子间的扩散运动相对明显,形成扩散层,也叫弱结合水层,这层中水分子及水化阳离子仍受到静电引力的影响,因此普通的堆载预压和真空预压法不易将其排出,电渗法因其在土体中施加电压而将原有的静电平衡打破,可以达到排出弱结合水的效果。具体来说,黏土颗粒的负电性使得离子较多地聚集在双电层中,且阳离子浓度要高于阴离子浓度,电场作用下离子发生迁移运动,同时其拖拽周围的极性水分子一起移动,阳离子转移的水量高于阴离子的转移量,便在阳离子迁移方向产生净渗流,即电渗。也就是说,电渗的本质是电场作用下离子拖拽水分子的迁移运动(见图3-16)。

已有学者提出了诸多微观模型以解释电渗现象,比较常用的有 Helmholtz-Smoluchowski 模型和 Schimd 模型,下面分别介绍。

1. Helmholtz-Smoluchowski 模型

Helmholtz-Smoluchowski 大孔径模型由 Helmholtz 首先提出,并经 Smoluchowski 修

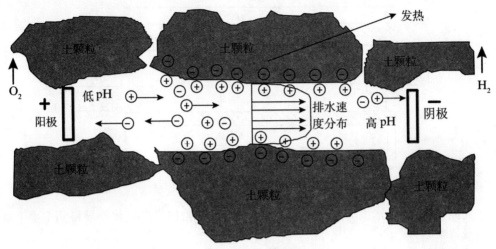

图 3-16 电渗原理

改形成。Helmholtz-Smoluchowski 大孔径模型中,充满液体的毛细管被视为电容器,阴离子分布于电容器表面或附近,阳离子则聚集于距电容器一定距离的液体中(见图 3-17)。假设平衡离子会拖拽周围水分子一起移动并穿过毛细管,离子在移动过程中受到电场力的作用,这是水流的驱动力,同时水流的移动又会受到周围液体的黏滞阻力作用,驱动力和黏滞阻力的平衡就决定了水流速率的大小。据此推导得到离子迁移速率 v 和水流量速率 q_a 分别为:

$$v = \frac{\zeta D}{\eta}\frac{\Delta E}{\Delta L} \tag{3.5.1}$$

$$q_a = va = \frac{\zeta D}{\eta}\frac{\Delta E}{\Delta L}a \tag{3.5.2}$$

式中,ζ 为电动电势,D 为孔隙液体的介电常数,η 为流体黏滞系数,ΔE 为电势差,ΔL 为毛细管长度,a 为毛细管截面积。

那么对于孔隙率为 n 的土体,水流量速率为:

$$q_a = \frac{\zeta D}{\eta}\frac{\Delta E}{\Delta L}nA \tag{3.5.3}$$

式中,A 为土体截面积。电渗渗透系数 k_e 为:

$$k_e = \frac{\zeta D}{\eta}n \tag{3.5.4}$$

根据 Helmholtz-Smoluchowski 理论,电渗渗透系数与孔隙尺寸无关,这与已有文献中该系数变化范围较小的报道一致,也是电渗法异于常规地基加固技术的最显著不同。由图 3-17 可以看到,Helmholtz-Smoluchowski 理论假设平衡离子均集中于毛细管表面或附近,也即忽略了双电层中离子扩散效应的影响,因而比较适用于大孔隙和稀释电解质溶液中的电渗。

2. Schimd 模型

针对 Helmholtz-Smoluchowski 模型无法考虑离子扩散性分布的问题,Schmid 提出了小孔隙模型以模拟微观电渗过程。他假设平衡离子在土体液相中分布均匀,电场力也均匀

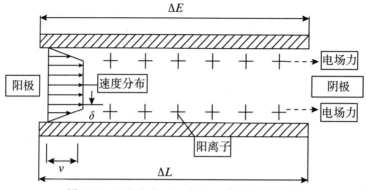

图 3-17　Helmholtz-Smoluchowski 大孔径模型

作用于孔隙横截面,并产生与图 3-17 相同的速率梯度,由泊肃叶定律推导得到单个毛细管的水流量速率 q_b 为:

$$q_b = \frac{\pi r^4}{8\eta}\gamma_w i_h \tag{3.5.5}$$

式中,r 为毛细管半径,γ_w 为水的重度,i_h 为水力梯度。引起水流的每延米水力渗透压力为:

$$F_h = \pi r^2 \gamma_w i_h \tag{3.5.6}$$

那么

$$q_b = \frac{r^2}{8\eta}F_h \tag{3.5.7}$$

每延米电场力等值于电荷量与电势梯度的乘积,也即

$$F_e = A_0 F_0 \pi r^2 \frac{\Delta E}{\Delta L} \tag{3.5.8}$$

式中,A_0 为单位体积孔隙液体中离子等量的毛细管壁上的电荷密度,F_0 为法拉第常数。若令 $F_e = F_h$,则可以得到:

$$q_b = \frac{\pi r^4}{8\eta}A_0 F_0 \frac{\Delta E}{\Delta L} = \frac{A_0 F_0}{8\eta}\frac{\Delta E}{\Delta L}r^2 a \tag{3.5.9}$$

那么对于孔隙率为 n 的土体,水流速率为:

$$q_b = \frac{A_0 F_0 r^2}{8\eta}\frac{\Delta E}{\Delta L}nA \tag{3.5.10}$$

相应的电渗渗透系数为:

$$k_e = \frac{A_0 F_0 r^2}{8\eta}n \tag{3.5.11}$$

Schimd 理论表明电渗渗透系数 k_e 与孔隙半径的平方成正比,也即与孔隙尺寸相关,这与上述 Helmholtz-Smoluchowski 理论认为电渗渗透系数与孔隙尺寸无关的观点相悖。实际上,由于黏土存在群聚或集合结构,电渗流一般更多地由大孔隙控制而非小孔隙,因而 Helmholtz-Smoluchowski 理论与实际情况更相符。可以认为,土体孔隙尺寸大小并不影响电渗法效率,对于孔隙尺寸较小的土壤,如黏土、淤泥、有机质土等,电渗法有望克服传统地基加固技术效果不理想、工期较长的不足之处,发挥传统方法所不具备的潜在优势。

3.5.3　固结理论

自电渗在地基工程处理首告成功后,电渗方法引起了一大批学者的研究兴趣。诸多学者尝试从不同角度对电渗能够排水这一现象予以解释。在宏观层面,Esrig(1968)首先建立了电渗固结理论,并作了如下假定:

(1)土体均匀分布且饱和;

(2)土体的物理化学性质均匀,且不随时间变化;

(3)不考虑土颗粒的电泳现象,土体不可压缩;

(4)电渗水流速度和电势梯度成正比,电渗系数是土体的自身性质,不随时间发生变化;

(5)施加电场的能量完全用来水流驱动;

(6)电场不随时间发生变化;

(7)不考虑电极处的电化学反应;

(8)电场和水力梯度引起的水流可叠加。

基于以上假定,Esrig(1968)推导得到了电渗一维固结解析解。这一开创性的工作为电渗固结理论的发展奠定了良好的基础。Wan和Mitchell(1976)丰富了电渗一维固结理论,考虑堆载和电极反转,给出了这两种情况下的固结度计算公式。理论计算表明,堆载和电极反转都能促使土体中含水量、强度更加均匀。基于Esrig(1968)假设,表3-3总结了在不同荷载、不同边界条件等情况下现有电渗固结解析理论的发展情况。

表 3-3 电渗解析固结理论总结

学者	理论	解析解	假设或进展
Esrig(1968)	一维固结	电场作用下土体中所产生的负孔压的解析表达式	基于土体饱和、小变形假设,土体参数恒定等
苏金强和王钊(2004)	平面二维固结方程	不同边界条件下的解析解及孔压变化	给出三种不同排水情况下的解析解
李瑛(2011)	轴对称理论模型中同时考虑了堆载和电渗作用	在等应变假设的条件下推导了平均孔压的解析表达式	采用了等应变假设,推导了轴对称模型中的解析解,但未考虑土体竖向渗流
Wu(2012)	二维轴对称模型,考虑水的径向与竖向流动	抛弃了等应变假设,解析解可以准确描述径向超静孔压的分布	未考虑固结过程中土体饱和度、水力渗透系数、电渗系数的变化
王柳江(2013)	堆载-电渗联合作用下的一维非线性大变形固结理论方程	与Esrig小变形固结解析解进行对比,更符合工程实际	假设土体始终饱和以及电渗过程中相关参数不变化
Wu(2017)	考虑电渗系数、水力渗透系数改变的一维电渗固结模型	该模型通过设置权重因子的方法给出了考虑渗透系数变化的固结模型解析解	采用小应变假设,电极板上下布置

1.基本固结模型推导

Hu和Wu(2014)提出了软土地基电渗加固的数学模型,包括孔隙水流动方程(达西定律)、静力平衡方程[比奥(Biot)理论]和电荷守恒方程。根据Biot理论,应力与应变的本构方程可以写成张量形式：

$$\nabla^2 w + \frac{1}{1-2\nu}\nabla(\nabla \cdot w) - \gamma_w \frac{2(1+\nu)}{E}\nabla(H-z) = 0 \tag{3.5.12}$$

式中，w 为土体位移张量；ν 为泊松比；H 为总水头，等于静水头与压力水头之和；E 为杨氏模量；z 为静水头；γ_w 水容重。

根据 Esrig 定律和达西定律

$$\nabla \cdot (k_h \nabla H + k_e \nabla V) = \frac{\partial}{\partial t}(\nabla \cdot w) \tag{3.5.13}$$

式中，k_h 为水力渗透系数张量；k_e 为电渗系数张量；V 是电势。

根据电荷守恒定律

$$\sigma_e \nabla^2 V = C_p \frac{\partial V}{\partial t} \tag{3.5.14}$$

式中，σ_e 为电导率张量，该量在土体中为各向同性；C_p 为单位体积电容。

公式(3.5.12)至(3.5.14)为电渗固结方程的基本控制方程，基本变量包括位移张量 w、总水头 H、电势 V。Hu 和 Wu(2014)提出狄里克雷(Dirichlet)边界条件包括以下三个基本变量在边界处的函数方程：

$$w = w(t) \tag{3.5.15a}$$
$$H = H(t) \tag{3.5.15b}$$
$$V = V(t) \tag{3.5.15c}$$

诺伊曼(Neumann)边界条件为边界上待求变量的梯度值，分别为位移、水流流量和电流密度的梯度值：

$$n \cdot \sigma = F(t) \tag{3.5.16a}$$
$$n \cdot v = v_n(t) \tag{3.5.16b}$$
$$n \cdot j = j_n(t) \tag{3.5.16c}$$

式中，σ 为应力张量，F 为作用在边界上的外力，v 为水流速度张量，j 为电流密度，n 为边界处法向单位向量。`

结合基本控制方程(3.5.12)至(3.5.14)与边界条件(3.5.15)至(3.5.16)便可求解电渗法排水固结的位移张量 w、超静孔压、固结度等。实际工程计算可结合不同的工况，如堆载、真空预压等来设置边界条件与初始条件。由于电渗与真空预压结合使用较多，本节给出一般条件下轴对称电渗联合真空预压的边界条件与初始条件，固结示意图如图 3-18 所示。采用轴坐标系，模型阴极顶部为原点位置，径向和竖直方向用 r 和 z 表示，模型的直径和半径分别为 d_e、r_e，排水直径和排水半径为 d_w、r_w，高度为 L。

首先确定二维轴对称布置下的电势分布，根据 Rittirong(2008)可以表示为

$$\phi(r) = \frac{V}{\ln r_e - \ln r_w}\ln \frac{r}{r_w} \tag{3.5.17}$$

式中，$\phi(r)$ 为 r 处电势，如图 3-18 所示。

根据有效应力原理

$$\sigma = \sigma' + u \tag{3.5.18}$$

式中，σ 为总应力，σ' 为有效应力，u 为超孔隙水压力。高志义(1989)提出真空压力直接作用在孔压上进而引起有效应力的改变，同样地，电渗在土体中引起负的超孔隙水压力，在总应

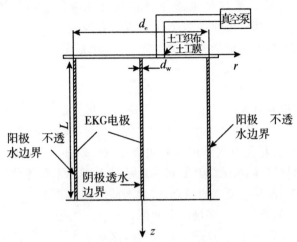

图 3-18 电渗联合真空排水固结

力保持不变的情况下,引起土体的有效应力和排水量增加。因此孔隙水流速张量 v 可以表示为:

$$v = k_h \nabla H + k_e \nabla V = \frac{k_h}{\gamma_w} \nabla u + k_e \nabla V$$

$$= \frac{k_h}{\gamma_w} \left(\nabla u + \frac{\gamma_w}{k_h} k_e \nabla V \right) \quad (3.5.19)$$

公式(3.5.19)可以将电渗引起的排水等效转化为由真空压力引起的排水,进而可以将水力场与电渗流场结合起来。

阳极为真空预压和电渗排水,边界条件为:

$$u(r,z) = p(z) - \frac{r_w k_e}{k_h} V (r = r_e, 0 \leqslant z \leqslant L, t > 0) \quad (3.5.20)$$

阴极为真空预压排水,边界条件为:

$$u(r,z) = p(z) (r = r_w, 0 \leqslant z \leqslant L, t > 0) \quad (3.5.21)$$

底部为不透水边界:

$$\frac{\partial H}{\partial z} = 0 \ (z = L, r_w \leqslant r \leqslant r_e, t > 0) \quad (3.5.22)$$

顶部边界条件为:

$$u = p_v (r_w \leqslant r \leqslant r_e, z = 0, t > 0) \quad (3.5.23)$$

联合公式(3.5.12)至(3.5.14)与边界条件[式(3.5.20)至(3.5.23)],即可求得电渗联合真空二维轴对称条件下的土体的位移值、超静孔压值,进而求得沉降、固结速率等。

2.模型研究发展

1)电渗系数变化

通常情况下认为电渗系数变化范围为 $10^{-8} \sim 10^{-9} \, \mathrm{m^2/(s \cdot V)}$,受土颗粒大小影响较小,与孔隙尺寸无关。电渗过程中注入化学溶液后土体的电渗渗透系数并非常数,而且不同溶液下的变化规律也不一致。现有电渗固结理论大多沿用 Esrig(1968)提出的土体物理化学性质不随时间变化的假定,也就是说假定其电渗系数恒定,王柳江等(2013)发现电渗系数和土体中的含盐量和含水量有关,Esrig(1968)在其文章中也指出较高的电势梯度下,土体将产生较大孔压,水力渗透系数和电渗渗透系数将随时间改变。Bjerrum 等(1967)和 Shang 等(1997)都认为土体的电渗系数依赖于实际电势梯度,Bjerrum 等(1967)还进一步指出电渗渗透系数随电势梯度增加而增加。如何考虑电渗系数的变化是决定电渗固结模型能否准确模拟实际电渗过程的关键。

2)多场耦合理论

电渗工法的应用也同时促进了电渗固结理论的发展。Esrig(1968)最早提出了一维电渗固结理论,他认为通电过程使得土中的孔隙水压力发生不均匀的变化,即从阳极向阴极方向孔压越来越小,故而引起孔隙水从阳极向阴极渗流。Esrig 巧妙地将土力学领域的应力应变场引入电渗排水领域,后来的学者们则在此基础上逐渐完善各种情况下的电渗固结理论,包括维度上的拓展、与其他工法的联合、结合不同的固结理论,以及不同形式的算法等,但归根结底,电渗本质上仍是一个多场耦合问题。

传统固结理论是渗流场与应力应变场的耦合,这对于大多数的排水固结方法是足够适用的,而电渗不仅仅涉及渗流场和应力应变场,还有最为基本的电场和化学场,因此电渗的多场耦合是 4 个场的耦合。许多研究者都意识到电渗多场耦合的复杂性,并陆续提出了一些多场耦合模型,如吴伟令(2009)考虑电渗过程中高岭土性质变化,开发了有限元分析软件分析电渗过程中土体位移、超静孔隙水压力以及电场强度的时空分布特征;Wu 和 Hu(2012)通过室内试验得到土体电导率的非线性变化特征,发展了渗流场与应力应变场耦合的电渗数值分析模型;Hu 和 Wu(2014)给出软土电渗固结的数学模型,综合考虑渗流场、电场、应力应变场的耦合,建立考虑 3 个场的固结控制方程;Yuan 等(2013a,2013b,2014,2015)基于力学平衡方程、孔隙水传递方程和电场方程建立多维电渗固结理论,并把土体弹性假定推广到弹塑性、饱和土推广到非饱和土,使得电渗固结理论更加完备。

电渗多场耦合的概念最早由 Mitchell(1975)提出,但迄今为止仍未出现令人满意的多场耦合计算模型。电渗领域的研究者都意识到电场引起土中的电渗流,但是现有固结理论仍然不能满足考虑电场的实时变化,主要原因是缺乏能将电场与渗流场联系起来的"桥梁参数",即从电场出发的电渗系数模型。这也是土体电导率模型研究成果丰富,却很少应用到电渗排水固结中的原因。此外,电渗过程中的电极的电化学反应、土体电导率、界面电阻等影响电流强度的关键参数都处于实时变化之中,土体中参与电化学反应的离子浓度也很大程度上影响着电渗系数,因此真正的电渗多场耦合应该是电场-化学场-渗流场-应力应变场的耦合。

3)大应变与考虑非饱和土

上述固结理论均是基于小应变分析方法,适用于小变形的情况,对于吹填淤泥、疏浚土等大面积软土处理后会产生较大变形的情况,若仍采用小应变假设则会带来较大的计算误差,而采用大应变分析方法将更为准确。实际上,在堆载、真空预压等常规固结领域,相关学者相继对大应变固结理论开展了卓有成效的研究工作(Gibson et al.,1967;丁洲祥,2005)。随着电渗法受关注热度的提高,在电渗固结方面大应变分析方法也不断被提及和研究,如表3-4 所示。Feldkamp 和 Belhomme(1990)推导了一维电渗排水的大应变固结理论,并用试验进行了验证;Yuan 和 Hicks(2013)考虑水力流和电渗流所引起的体积应变,提出了饱和土弹性电渗大应变固结模型;王柳江等(2013)在拉格朗日坐标系下建立了以超静孔压为变量的一维非线性大变形固结理论方程,并推导得到超静孔压、沉降、平均固结度以及孔隙比的解析式；Yuan 和 Hicks（2015）基于剑桥模型，考虑水力渗透系数和电渗渗透系数随时间的非线性变化，提出了弹塑性大应变电渗固结理论，得到土体的变形和孔隙水压力消散情况，理论与试验结果呈现出较高的一致性。虽然大家普遍认为软土的排水固结是个大变形问题，但是上述学者依据大应变理论所计算的沉降均小于小应变理论计算值，这一点值得进一步深究。

表 3-4　基于大应变假设的电渗固结理论

作者	研究方法	研究思路
Feldkamp 和 Belhomme（1990）	基于 Gibson 理论	以孔隙比为变量进行公式推导、有限元求解、单元体试验验证
王柳江等（2013）	基于 Gibson 理论	在 Esrig 电渗固结理论的基础上，建立了拉格朗日坐标下以超静孔压为变量的一维非线性大变形固结理论方程
周亚东（2013，2014）	分段线性差分法	采用欧拉坐标，建立分段线性一维大变形电渗固结模型
Yuan 等（2013，2015）	基于连续介质力学	引入欧拉描述、现时构形，采用 Jaumann 应力率张量，且考虑刚体旋转，并给出了有限元计算式的步长控制

基于非饱和理论的研究相对较少。王柳江（2013）基于非饱和土多孔介质力学理论，推导了考虑电场、渗流场以及应力场相互耦合作用的电渗固结理论方程，并采用有限元方法对室内电渗模型试验进行了数值模拟；Yuan 和 Hicks（2014）提出了考虑非饱和土情况下的大应变电渗固结计算模型，指出在该情况下，土体的各项参数均与饱和度相关联；Yustres（2018）对不同饱和度的高岭土电渗修复试验进行了数值模拟验证，计算表明高饱和度下，电渗排水占主要部分。

3.5.4　EKG 电极

电动土工合成材料（electrokinetic geosynthetic，EKG）的发展源于金属电极的腐蚀与成本问题，其概念最早由 Jones 等（1996）提出，是融合了过滤、排水、加筋和导电等诸多性能的合成材料。EKG 材料自诞生伊始就得到了大量关注和研究，英国纽卡斯尔大学（Newcasble University）（Kalumba et al.，2009；Fourie et al.，2010）和我国的武汉大学（胡俞晨等，2005；庄艳峰，2013，2014）在这方面均取得了一些创造性成果。EKG 主要具有以下优点：①金属电极易腐蚀问题得以解决，提高了电能利用率，降低成本；②EKG 电极相对于金属电极，容易保持与土体的良好接触，避免了界面电阻过大的问题；③EKG 电极综合了导电和排水两大功能，为电渗竖向排水提供了可能；④EKG 电极既可作阳极，也可作阴极，因此可以方便地实现电极反转，以提高土体处理后的均匀性和导电的持久性。

常用的板式 EKG（见图 3-19）电极外观和普通塑料排水板非常接近，但因添加了炭黑，具有导电性能（庄艳峰，2012）。由于板上排水凹槽空间较小，通电一段时间后，介质覆在滤膜表面堵住滤孔，阻碍了水的进入，减小了排水量影响施工效率，为此庄艳峰（2014）发明了一种结构简单、耐腐蚀、排水空间大、力学性能好的用于电渗排水法的塑料电极管（即管式

EKG,见图 3-20)。管式 EKG 电极外观类似于普通 PVC 管,外径为 35～40mm,内径为 15～20mm,外壁径向凿有导水槽,宽度为 5～8mm,深度为 3mm 左右,相邻导水槽沿管壁圆周距离为 10mm,轴向设置排水孔,排水孔直径为 5mm,相邻排水孔的间距约为 25mm。管式 EKG 电极主要排水通道为中间管路,排水通道截面较大,因此不易被堵塞。管式 EKG 管壁内设 2 根铜丝,直径为 1mm,铜丝对称分布于管式 EKG 管壁内并轴向贯穿(庄艳峰,2014)。管式 EKG 采用导电土工织物滤层包裹导电塑料管,该滤层不仅能过滤进入导电塑料管的水,而且解决了现有技术中滤膜容易淤堵的问题。金属丝对称分布在导电塑料管管壁内使整个塑料管有均匀的电流,使电场均匀分布,提高排水效率。水透过滤布后沿外壁导水槽或进入排水孔向上流动,至介质表层后通过管道排出。两种电极在插入土体之前均用土工织布包裹,以防止淤泥进入排水凹槽或管内。管式电极的排水速率系数是普通板式电极的 1.33 倍,累计排水量是普通板式的 1.76 倍。李存谊(2017)在宁波北仑滨海某区域进行了真空联合电渗的场地试验,分别采用管式 EKG 电极和板式 EKG 电极加固围海疏浚淤泥,试验对比发现,管式 EKG 电极加固土体的强度更高,沉降更大,孔压消散更快,排水效果更好。

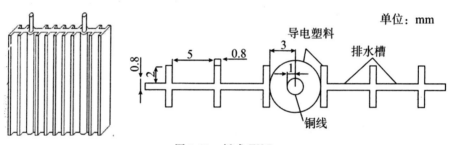

图 3-19　板式 EKG

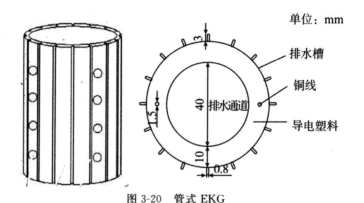

图 3-20　管式 EKG

　　虽然 EKG 材料发展迅速,但是仍存在问题。庄艳峰(2016)指出 EKG 材料应用的困难之一在于导电塑料的电阻率要求不高于 $10^{-3}\Omega\cdot m$,满足该导电性要求的塑料力学性能较差,材料发脆,柔韧性也不好,在模具中难以成型。当前现场工程中广泛使用的 EKG 电极抗腐蚀性能相对较好,并且电极反应过程中主要发生析氢反应和析氧反应,不像金属阳极溶出金属离子进入土壤造成二次污染。EKG 电极主要成分依然是石墨,加工后脆性降低,柔韧性增大。然而,目前的 EKG 电极仍存在几点缺陷:①性能稳定性差,日晒雨淋会引起其脆性变大,材料发脆易断裂,自身电阻增加;②现场电渗少则几十天,多则上百天,长时间通电条件下的 EKG 电极表面膜阻增加,并且会有部分石墨被氧化为二氧化碳;③EKG 电极的界面电阻受土体孔隙液影响更大一些,尤其是 pH 值;④比起金属电极,EKG 电极界面电阻相对较大,这是由电极反应过程决定的。性能稳定可靠、耐氧化的 EKG 材料仍需进一步发展。

3.5.5　发展展望

电渗法加固适用于渗透系数很小的细颗粒土,排水固结速度快,电渗过程中发生电化学反应,使土体逐渐密实、牢固。电渗过程中地基中的水从阳极流出到阴极,再被排出土体,因此阳极周围土体强度提高得更明显,另外土体通电时存在发热现象,促进土中水分蒸发,使土体含水量进一步降低。电渗加固后土体发生向内的收缩变形,因此不会引起地基失稳,电渗在污染土处理和一些特殊工况的地基处理中优势突出。

电渗加固技术在实际工程中仍旧没有得到推广应用,主要是因为电渗能耗较大,经济效益不明显。降低电渗能耗,改善效果,完善施工工艺,促进其大范围工程应用,不仅对该技术本身发展有重要的意义,也会产生巨大的社会和经济效益。

电渗加固机理,特别是电场、渗流场和应力应变场的相互耦合,是电渗设计和优化的关键,是土体加固后沉降和强度计算的基础,也是电渗与其他工法联合的理论前提,需要对其加强研究。

第4章　水泥土搅拌法

4.1　发展概况

采用石灰、水泥等固化剂加固软弱地基的历史是十分长久的。古埃及曾用石灰、烧石膏和砂子来加固大金字塔的地基和尼罗河河堤,古印度也早已用石灰和黏土来建造挡水坝体。而古罗马帝国那坡里城的居民曾用当地大量堆积的火山灰掺入不同比例的生石灰制成一种称为罗马水泥的固化剂,是近年来大量使用的火山灰水泥的雏形。这种制造水泥的技术到18世纪为欧洲各国广泛采用。我国在春秋战国以前就用石灰、黏土和砂子拌合成三合土修筑驿道。秦代修筑的万里长城和千里堤防都是采用经石灰加固的土料建造的。

到了现代,1954年美国的 Intrusion Prepakt 公司首先开发出一种就地搅拌桩技术(mixed in place pilling technique,MIP)以处理深部软土,即从不断旋转的中空轴的端部向周围已经被搅松的土体内喷射出水泥浆,经翼片的搅拌后形成水泥土桩,桩径可达0.3~0.4m,桩长可达到10~12m。1967年,瑞典工程师 Kjeld Paus 提出了将生石灰粉与软土进行原位搅拌的地基加固方法,标志着粉体喷搅技术的诞生。1971年,瑞典的 Linden-Alimat 公司根据 Kjeld 的理论,进行了第一次石灰桩现场试验;1974年该技术被授予专利并开始投入工程应用,标志着该技术正式进入工程实践。1953年,日本清水建设株式会社从美国引进 MIP 桩,之后 MIP 桩在日本得到了广泛应用。1968年,日本运输省港湾技术研究所参照 MIP 法的特点,分别研制了两类石灰搅拌机械。1972年,日本大阪的 Seiko Kogyo 公司提出了 SMW(soil mixed wall)法的概念,并于1977年实现该技术在日本的首次商用。1974年,日本港湾技术研究所、川崎钢铁公司等对石灰搅拌机械进行改造,研制出深层搅拌施工设备,其加固深度可达到32m。1977—1979年,日本建设省土木研究所和日本建设机械化协会开发了在土中分离加固材料与空气以及排出空气的技术,使粉体喷射搅拌实用化。20世纪70年代后,水泥土搅拌法发展成粉喷搅拌桩(干法)和浆喷搅拌桩(湿法)两种工法,在软土地基处理工程中得到了广泛应用。一般说来,浆喷拌合比粉喷拌合均匀性好;但有时对高含水量的淤泥,粉喷拌合也有一定的优势。

1977年,我国冶金部建筑研究总院和交通部水运规划设计院进行了室内试验和机械研制工作,于1978年制造出国内第一台中心管输浆的搅拌机械。1980年,天津机械施工公司与交通部第一航务工程局科研所开发了单轴搅拌和叶片输浆型搅拌机,水泥土搅拌桩在全国得到了迅速推广应用。我国铁道部第四勘测设计院于1983年初开始进行石灰粉搅拌法加固软土的试验研究。1988年,铁道部第四勘测设计院与上海探矿机械厂联合研制出

GPP-5 型粉体喷射搅拌机,并通过铁道部和地矿部联合鉴定后投入批量生产。1991 年,冶金工业部颁发了《软土地基深层搅拌加固法技术规程》(YBJ 225—1991);1992 年、2002 年、2012 年住房和城乡建设部颁发的《建筑地基处理技术规范》JGJ 79—1991、JGJ 79—2002、JGJ 79—2012 中均对水泥土搅拌桩的工程应用进行了较详细的规定,有力地推动了我国搅拌桩技术的应用与发展。由于国内粉状石灰产量不大,加之运输保管也较困难,因此近年来基本上改用水泥粉作为固化剂进行搅拌加固,石灰粉体喷搅法已很少使用。水泥土搅拌法施工不仅可在陆上进行,也可在海上进行。我国也已成功研制出采用喷浆深层搅拌法的海上深层搅拌设备。

工程应用实践表明,传统水泥土搅拌法施工经常存在搅拌不均、桩身不连续和深部强度低等问题,一定程度上造成工程界对水泥土搅拌法的处理效果产生怀疑,有些地方甚至限制其使用。导致这些问题的原因主要是传统单向搅拌工艺的固有缺陷、缺乏有效的施工监测与质量控制技术、施工管理不善等。为解决这些问题,国内外学者和工程技术专家对搅拌桩施工装备、质量监控技术进行了研发和改进。这些技术发展有效地改善了水泥土搅拌法的施工质量,拓展了搅拌技术的应用领域和范围,使得传统水泥土搅拌技术跃升到了新的台阶。

在施工装备方面,开发了双向搅拌桩技术、变径搅拌桩技术、地基浅层整体搅拌加固技术、等厚度水泥土连续墙和铣削水泥土搅拌墙技术等。

双向搅拌桩技术在成桩过程中,采用同心双轴钻杆,由动力系统分别带动安装在内、外同心钻杆上的两组搅拌叶片,同时正、反方向双向搅拌水泥土。现场试验结果表明,双向搅拌桩桩身质量均匀,桩身强度沿深度变化较小;双向搅拌技术能有效地提高搅拌均匀性、控制冒浆现象,并减小搅拌桩施工对桩周土体的扰动。

变径搅拌桩技术是在双向搅拌桩技术的基础上研发成功的,它也采用双向搅拌工艺,通过搅拌叶片的自动伸缩,改变搅拌桩的桩径,形成变径水泥搅拌桩。变径水泥搅拌桩,可根据搅拌桩的应力调整其截面尺寸,改善其工作性状。

地基浅层整体搅拌加固技术由芬兰 YIT 建筑有限公司于 20 世纪 90 年代开发成功,主要用于大面积浅层软土加固。其固化设备主要包括强力搅拌头、固化剂用量自动控制系统和压力供料设备三部分,配合相应的挖掘机进行应用。挖掘机主要提供强力搅拌头的搅拌动力,并通过高压空气将固化粉剂或浆液注入土中,在水平和竖直方向同时搅拌,提高固化土的搅拌均匀程度,实现就地固化。该技术能够有效处理不同类型的土体,如黏土、有机质土、疏浚土和污泥等。目前整体搅拌技术应用深度已经可以达到地表以下 5m。

等厚度水泥土连续墙技术首先将链锯型切削刀具插入地基,掘削至墙体设计深度,然后注入固化剂,与原位土体搅拌混合,并持续横向掘削搅拌、水平推进,构筑成等厚度的水泥土搅拌连续墙。

铣削水泥土搅拌墙技术将液压双轮铣铣槽机和深层搅拌技术相结合,铣轮对称内向旋转切削破碎原位土体,同时注入水泥浆液充分搅拌形成均匀的水泥土墙体。

在质量监控技术方面,近年来采用传感器技术和智能化技术,对施工过程中的参数进行实时监控和反馈控制,开发了集搅拌施工、操作、质量管理和控制于一体的智能搅拌施工平台。

4.2　加固机理和应用范围

4.2.1　水泥土搅拌法加固机理

水泥土搅拌法是通过特制的施工机械,沿深度将固化剂(水泥浆或水泥粉,外加一定的掺合剂)与地基土就地强制搅拌,通过土和水泥水化物间的物理化学作用,形成有一定强度、渗透性较低的水泥土桩或水泥土墙体的一种地基处理方法。采用搅拌法在地基中形成的水泥土强度高、模量大、渗透系数小,可用于提高地基承载力,减少沉降,也可用于形成止水帷幕,构筑挡土结构等。

水泥土与混凝土的硬化机理不同。混凝土的硬化主要是水泥在粗填充料(即比表面积不大、活性很弱的介质)中进行水解和水化作用,所以凝结速度较快。而在水泥固化土中,由于水泥的掺量小,水泥水解和水化反应完全是在有一定活性的介质——土的围绕下进行的。因此,水泥土硬化缓慢且作用复杂,其强度增长的过程比混凝土缓慢,工程应用上常取龄期为 90 天的强度作为设计值。土体的物理力学性质都将对水泥土搅拌均匀性和强度增长产生影响。下面介绍水泥与黏性土搅拌形成水泥土的主要硬化机理。

当水泥浆与黏性土拌合后,水泥颗粒表面的矿物很快与黏土中的水发生水解和水化反应,在颗粒间生成氢氧化钙、水化硅酸钙、水化铝酸钙及水化铁酸钙等各种化合物。这些化合物有的继续硬化,形成水泥石骨料;有的则与周围具有一定活性的黏土颗粒发生反应,通过离子交换和团粒化作用使较小的土颗粒形成较大的水泥土团粒,并封闭各土团之间的空隙,形成坚固的联结,使水泥土的强度大大提高。通过凝硬反应,逐渐生成不溶于水的稳定的结晶化合物,进一步增大水泥土的强度;而且其结构比较致密,水分不易侵入,使水泥土具有足够的水稳定性。

从扫描电子显微镜观察,天然软土的各种原生矿物颗粒间无任何有机的联系,且具有很多孔隙。拌入水泥 7 天后,土颗粒周围充满了水泥凝胶体,并有少量水泥水化物结晶的萌芽。一个月后,水泥土中生成大量纤维状结晶,并不断延伸充填到颗粒间的孔隙中,形成网状构造。到五个月时,纤维状结晶辐射向外伸展,产生分叉,并相互联结形成空间网状结构,充填于土颗粒周围,水泥的形状和土颗粒的形状已不能分辨出来。

另外,水泥水化物中游离的氢氧化钙能吸收水中和空气中的二氧化碳,发生碳酸化反应,生成不溶于水的碳酸钙,这种碳酸化反应也能使水泥土增加强度。

从水泥固化土的机理分析可见,水泥固化土的强度主要来自水泥水化物的胶结作用,其中水化硅酸钙对强度的贡献最大。另外对于软土地基深层搅拌加固技术来说,由于机械的切削搅拌作用,实际上不可避免地会留下一些未被粉碎的大小土团。在拌入水泥后将出现水泥浆包裹土团的现象,而土团之间的大孔隙基本上已被水泥颗粒填满。所以加固后的水泥土中形成一些水泥较多的微区,而在大小土团内部则没有水泥。只有经过较长的时间,土团内的土颗粒在水泥水解产物渗透作用下,其性质才有可能逐渐改变。因此在水泥土中不可避免地会产生强度较大、水稳定性较好的水泥石区和强度较低的土块区。因此可得出如下的结论:水泥和土之间的强制搅拌越充分,土块被粉碎得越小,水泥分布到土中越均匀,则水泥土的结构强度离散性越小,其宏观的总体强度也越高。

4.2.2 水泥土搅拌法适用土质条件

深层搅拌法适用于处理淤泥、淤泥质土、黄土、素填土、粉土、黏性土和无地下水流动的饱和松散砂土等地基。随着施工机械的改进和搅拌能力的提高,适用土质范围不断扩大。对有机质含量较高的地基土,应通过试验确定其适用性。

当土体塑性指数 $I_p > 25$ 时,土的黏性很强,极易在水泥土搅拌机的搅拌头中形成大泥团,将严重影响水泥和土粒的均匀搅拌。因此应特别注意采用搅拌法加固的可行性。

当地下水或土样的 pH 值小于 4 时,土样呈酸性,将严重影响水泥水化反应的进行,阻碍水泥与土颗粒发生一系列物理化学反应,难以达到加固效果。此时可在固化剂中掺入水泥用量 5% 的石灰,可使水泥周围的环境变成碱性,将大大利于水泥水化反应的进行。

根据室内试验,一般认为用水泥作固化剂,对含有高岭石、多水高岭石、蒙脱石等黏土矿物的软土加固效果较好,而对含有伊利石、氯化物和水铝石英矿物的黏性土以及有机质含量高、pH 值较低的黏性土加固效果较差。

采用搅拌法加固水下松散砂土时,应特别注意是否存在地下水径流和承压地下水,若存在,则水泥拌入松砂后,水泥颗粒尚未初凝即被流水冲走将会造成严重事故。尤其是近年来在江河堤防工程中经常使用水泥(砂)土墙作为截渗技术,由于地下水流会带走水泥颗粒,将大大降低墙身的防渗性能。

4.2.3 水泥土搅拌法的工程应用

水泥土搅拌法加固地基主要利用了在地基中形成的水泥土所具有的较高强度和模量、较小渗透性的特点。目前,水泥土搅拌法在我国工程中的应用主要有下述几个方面:

1. 形成水泥桩复合地基

形成水泥土桩复合地基,以提高地基承载力和变形模量,减小地基沉降量。具体可应用于下列工程:

(1)建(构)筑物的地基加固,如6~12层住宅、办公楼、单层或多层工业厂房,水池、储罐、油罐基础等;

(2)高速公路、铁路、机场场道及停机坪地基等;

(3)堆场地基,包括室内、室外堆场。

搅拌法形成的水泥土增强体强度和变形模量比天然土体高几倍至数十倍,形成水泥土桩复合地基可有效提高地基承载力和减少地基沉降。常用的搅拌桩布置方式主要有正方形、长方形和梅花形等。根据建(构)筑物基础形式以及承载力和沉降要求,搅拌桩加固体截面布置形式可以分为柱状、壁状、格构状、块状等(见图 4-1)。有时为了获得更高的承载能力,可取复合地基置换率 $m = 1.0$,即在平面上对地基土体进行全面搅拌,形成水泥土块体基础[见图 4-1(d)]。

2. 形成水泥土支挡结构

对在软黏土地基中开挖深度为 6m 以内的基坑,应用水泥土搅拌法形成的水泥土重力式挡墙可以较充分利用水泥土的强度和防渗性能。水泥土重力式挡墙既是挡土结构又是防渗帷幕。为节省成本,水泥土重力式挡墙一般做成格构形式,如图 4-2 所示。为了克服水泥

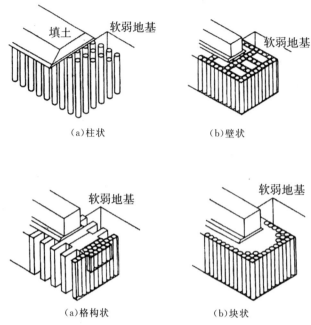

(a)柱状 　　　　　　　(b)壁状

(a)格构状 　　　　　　(b)块状

图 4-1　搅拌桩加固体截面布置形式

土抗拉强度低的缺点,可在水泥土挡墙中插置型钢、钢筋甚至毛竹等筋材,通常称为加筋水泥土挡墙。日本把水泥土挡墙中插置型钢的方法称为 SMW 工法。插置型钢前在型钢表面涂抹专用减摩剂以减小摩擦力,在围护施工完成且土方回填后可拔出型钢,达到回收和再次利用的目的。

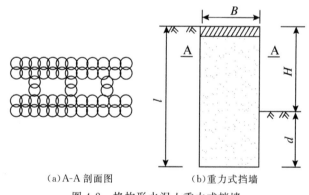

(a)A-A剖面图 　　　　　　(b)重力式挡墙

图 4-2　格构形水泥土重力式挡墙

3.形成水泥土防渗帷幕

试验研究表明:水泥土的渗透系数比相应天然土的渗透系数小几个数量级。因此,水泥土具有很好的防渗水性能。近几年水泥土防渗帷幕被广泛用于基坑工程、水利工程和其他工程中。水泥土防渗帷幕由相互搭接的水泥土桩组成。视地基土质情况以及防渗帷幕的深度,可采用一排、两排或多排相互搭接的水泥搅拌桩组成的水泥土防渗帷幕。对于砂性土地基中的基坑工程,水泥土帷幕主要起防渗作用;但对于软黏土地基中的基坑工程,水泥土帷幕可防止软黏土从钻孔围护桩之间的空隙挤出,主要起防挤淤的作用。

4.应用于环境岩土工程中污染土的处治,起隔离屏障、固化或稳定的作用

隔离屏障是采用搅拌桩将污染场地隔离并阻止其扩散(见图 4-3)。固化/稳定化是指将废弃物或污染物与水泥、火山灰、有机聚合材料或热塑性材料等胶凝材料混合,同时通过物理和化学的手段降低污染物质的淋滤能力,从而将有害物质转化为环境可接受的材料。其中固化是针对物理修复过程而言的,指将液体、泥浆或其他一些物理性质不稳定的有害废弃物转化为稳定的固体;稳定化则是针对化学修复过程而言的,是指通过化学的方法降低土中污染物质的溶解度和迁移性,将其转化为化学惰性的物质,从而降低这些废弃物的毒害性。图 4-4 为采用固化/稳定化法处理土中污染物质的简化示意图。

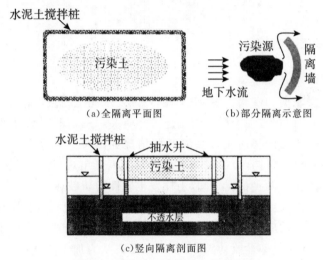

(a)全隔离平面图　　　(b)部分隔离示意图

(c)竖向隔离剖面图

图 4-1　搅拌桩加固体截面布置形式

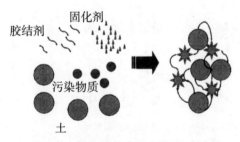

图 4-4　固化/稳定化法处理污染土

5.其他方面的应用

除上述工程应用外,水泥土搅拌法形成的水泥土还在下述工程中得到应用:

(1)水泥土桩与钢筋混凝土灌注桩联合形成拱形组合型围护结构应用于深基坑围护工程;

(2)用于基坑及河道底部的水平止水层;

(3)应用于底部水平支撑;

(4)应用于基坑围护支护结构被动区土质改良以增大被动土压力;

(5)应用于基坑围护支护结构主动区土质改良以减小主动土压力;

(6)应用于盾构施工地段软弱地基土体的加固,以保证盾构稳定掘进,减小环境影响;

(7)应用于增加桩的侧面摩阻力,提高桩的承载力;

(8)采用水泥土桩形成隔震墙,以减小震动影响。

4.3 水泥土及其复合土的基本性状

由搅拌法形成的水泥土固结体比较均匀。水泥土中的水泥含量可用水泥掺合比 a_w 表示。水泥掺合比 a_w 是指水泥重量与被增强的软黏土重量之比,即

$$a_w = \frac{\text{掺加的水泥重量}}{\text{被拌和的软黏土重量}} \times 100\% \qquad (4.3.1)$$

4.3.1 水泥土

1. 水泥土的破坏特性

水泥土三轴不排水剪切试验表明(张土乔,1992):水泥土的破坏特性不仅与水泥土水泥掺合比有关,而且与作用在水泥土样上的围压大小有关。三轴不排水剪切试验中,水泥土土体破坏有三种形式。土样破坏时土体裂缝开展情况如图 4-5 所示:图(a)中裂缝沿轴向发展,土样发生脆性拉裂破坏;图(c)中裂缝沿两个方向大量出现,形成塑性流动区,土样发生塑性破坏;图(b)介于上述两种情况之间,土样发生脆性剪切破坏。情况(a)对应水泥掺合比高、围压小的情况;情况(c)对应水泥掺合比低,或围压高的情况;情况(b)介于上述两种情况之间。三种情况下典型的应力应变关系曲线如图 4-6 所示。曲线 1 表示土体发生脆性拉裂破坏;曲线 3 表示土体发生塑性流动破坏,应力应变关系为加工硬化类型;曲线 2 介于两者之间,材料产生脆性剪切破坏,应力应变关系为加工软化类型。图 4-7 表示由水泥土的无侧

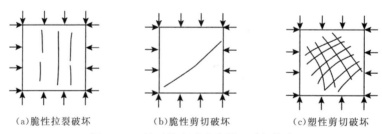

(a)脆性拉裂破坏   (b)脆性剪切破坏   (c)塑性剪切破坏

图 4-5 三轴不排水试验水泥土破坏模式

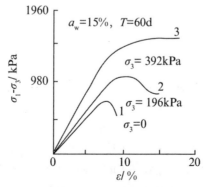

图 4-6 典型的水泥土应力应变关系

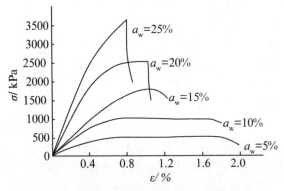

图 4-7　水泥土无侧限压缩试验应力应变关系

限压缩试验得到的应力应变关系曲线(胡同安,1983),由图中可以看出,水泥掺合比不同,水泥土的破坏模式是不同的。

2.水泥土的强度及其主要影响因素

天然软土中,若掺加的普通硅酸盐水泥的强度为 PO32.5,掺量为 $10\% \sim 15\%$,则 90d 标准龄期水泥土无侧限抗压强度可达到 $0.8 \sim 2.0$MPa。更长龄期强度试验表明,水泥土的强度还有一定的增加。另外,由于现场施工条件的限制,从现场实体水泥土桩身取样的试块强度通常仅有室内水泥土试块强度的 $1/3 \sim 1/5$。

试验研究表明,影响水泥土强度的主要因素包括龄期、水泥掺合比、水泥强度等级、水泥矿物成分、水泥细度、土的含水量、土中有机质含量、外掺剂、土体围压、土中 pH 值和温度等。

(1)龄期。不同掺合比和龄期的水泥土无侧限抗压强度如表 4-1 和图 4-8 所示。水泥土强度随龄期的增长而增大。其强度增长规律不同于混凝土。龄期超过 28d,其强度还有较大的增长,但增长幅度随龄期的增长有所减小。根据扫描电子显微镜观察,水泥和土的硬凝反应约需 3 个月才能较充分完成。现行行业标准《建筑地基处理技术规范》(JGJ79—2012)建议以 90d 龄期的无侧限抗压强度值为水泥土的强度标准值。

表 4-1　不同掺合比和龄期的水泥土无侧限抗压强度 q_u　　　　　　　　单位:MPa

a_w/%	T/d					
	7	14	28	60	90	150
5	0.23	0.24	0.39	0.42	0.45	
10	0.67	0.79	0.94	1.45	1.45	
15	0.91	0.89	1.35	1.69	2.41	2.90
20	1.47	2.11	2.40	3.28	3.56	
25	2.10	2.59	3.15	4.26	4.59	

资料来源:李明逵(1991)。

不同龄期的水泥土无侧限抗压强度值之间关系可参考下式换算:

$$q_{u,7} \approx (0.30 \sim 0.55)q_{u,90} \tag{4.3.2}$$

$$q_{u,30} \approx (0.60 \sim 0.85)q_{u,90} \tag{4.3.3}$$

式中，$q_{u,7}$为 7d 龄期无侧限抗压强度值；$q_{u,30}$为 30d 龄期无侧限抗压强度值；$q_{u,90}$为 90d 龄期无侧限抗压强度值。

（2）水泥掺合比。表 4-1 和图 4-8 可以看到，水泥土强度随水泥掺合量的增加而增大。水泥掺合比小于 5％时，固化反应很弱，水泥土与原状土强度相比增大甚微。Okumura（1989）建议用于加固目的，水泥土最小水泥掺合比取$(a_w)_{min}$＝10％，一般取 a_w＝10％～20％。水泥土强度增长率在不同的掺合量区域，在不同的龄期是不同的，而且原状土不同，水泥土强度增长率也不同。在分析水泥土的破坏特性时已指出，水泥土的应力应变关系及破坏模式与水泥掺合比有关，图 4-6 和图 4-7 表示不同水泥掺合比的水泥土三轴不排水剪切试验和无侧限压缩试验应力应变关系曲线。水泥掺合比较小时，水泥土应力应变关系为加工硬化型，属塑性破坏；水泥掺合比较大时，水泥土发生脆性破坏。

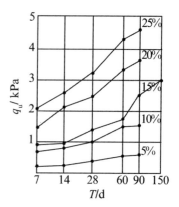

图 4-8　不同掺合比和龄期的水泥土无侧限抗压强度

（3）土的含水量。水泥土的水泥掺合比相同时，其强度随天然土样含水量的提高而降低。表 4-2 表示一组试验结果，其中水泥掺合比 a_w＝10，水泥土龄期为 28d。天然土的含水量高，土和水泥形成的水泥土含水量也高，水泥土的密度小，其强度也低。

表 4-2　含水量与水泥土强度关系

	天然土含水量/％					
	47	62	86	106	125	157
水泥土含水量/％	44	59	76	91	100	126
无侧限抗压强度 q_u/kPa	2320	2120	1340	730	470	260

（4）水泥强度等级。水泥土的强度随掺入的水泥强度等级提高而提高。水泥掺合比相同时，按原水泥标号计每增加 100 号，水泥土的无侧限抗压强度 q_u 约增大 20％～30％。

（5）土中有机质含量。原状土中的有机质会阻碍水泥的水化反应，影响水泥土固化，降低水泥土强度。有机质含量愈高，其阻碍水泥水化作用愈大，水泥土强度降低愈多。有机质土中有机酸的种类、水泥的矿物成分不同对水泥土的影响也是不同的。林琼等（1993）研究发现，影响水泥土无侧限抗压强度的有机质主要成分为富里酸，当有机质中富里酸含量接近 2％时应慎用水泥土加固地基。当地基土中有机质含量较高时，如考虑采用水泥土加固应先做试验以确定是否适用，或掺入外加剂改善水泥土的性状。

（6）土体围压。水泥土强度与作用于水泥土体上的围压有关。图 4-9（a）和（b）分别表示水泥掺合比 a_w＝5％和 a_w＝15％两组水泥土的三轴试验应力应变曲线。由图可见，水泥土体上的围压（σ_3）增加，水泥土强度提高。比较图（a）和图（b）还可发现，水泥土体上围压对强度的影响随水泥掺合比的增大而降低。图 4-10 表示由直剪试验得到的水泥土抗剪强度 τ_f 与法向应力 σ_n 的关系。从图中可以看到 τ_f/σ_n 值随水泥掺合比的增加而减小。由三轴试验和直剪试验得到的规律是一致的。

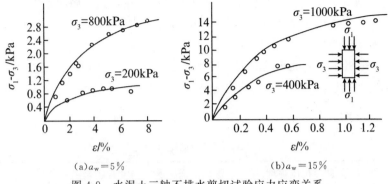

图 4-9   水泥土三轴不排水剪切试验应力应变关系

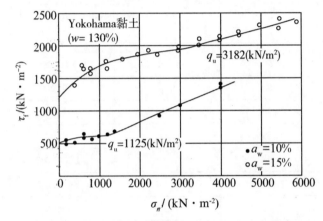

图 4-10   水泥土直剪试验抗剪强度与法向应力关系

(7)外掺剂。在水泥土搅拌法中,为了改善水泥土的性能,常选用木质素磺酸钙、石膏、三乙醇胺等外掺剂。不同的外掺剂对水泥土强度的影响不同,通常可通过试验确定其影响程度。试验表明木质素磺酸钙对水泥土强度影响不大,石膏和三乙醇胺对水泥土强度有增强作用。

通过掺入合适的添加剂可以达到降低水泥掺量,提高水泥土强度的目的。研究表明在水泥土中掺加一定量的石灰(CaO)可提高水泥土强度 30% 左右,掺入石膏也可使水泥土强度得到较大幅度的提高。

(8)土中 pH 值。土体中 pH 值的高低表征了土体酸碱性的强弱。研究表明酸性环境会对水泥水化产物的生成及其稳定性产生不良影响,因此,土体 pH 值越低,水泥土强度愈低。

(9)温度。温度与水泥水化反应速度有密切关系。在一定的温度范围内,其他条件相同情况下,水泥土的强度会随温度升高而增大。

(10)矿物成份。水泥水化反应与水泥中矿物的成分关系密切。水泥中各矿物成分水化速度由大到小依次是:C_3A、C_4AF、C_3S、C_2S。这些水泥水化反应速度不同的矿物在水泥中的比例是影响水泥水化速度快慢的因素。另外,各矿物成分对强度增长速度影响也不同,C_3S 早期活性大,C_2S 则主要后期影响大,C_3S、C_4AF 早期强度增长非常快,但强度值不如 C_3S 和 C_2S 两者高。因此,水泥的矿物成分对水泥土的强度及其增长影响不小。

（11）水泥的细度。在一定的粒度范围内，水泥的细度越高，比面积越大，水化越快，而且活性发挥得越好。水泥的细度越高，水泥土强度越高。

3. 水泥土的压缩特性

表 4-3 表示一组无侧限抗压试验测定的水泥土无侧限抗压强度 q_u 与变形模量 E_{50} 之间的关系。由表可见，当 $q_u = 300 \sim 4000\text{kPa}$ 时，$E_{50} = 40 \sim 600\text{MPa}$，一般为 q_u 的 $120 \sim 150$ 倍，即 $E_{50} = (120 \sim 150)q_u$。

表 4-3　水泥土的变形模量

试件编号	无侧限抗压强度 q_u/kPa	破坏应变 ε_f/%	变形模量 E_{50}/kPa	$\dfrac{E_{50}}{q_u}$
1	274	0.80	37000	135
2	482	1.15	63400	131
3	524	0.95	74800	142
4	1093	0.90	165700	151
5	1554	1.00	191800	123
6	1651	0.90	223500	135
7	2008	1.15	285700	142
8	2393	1.20	291800	121
9	2513	1.20	330600	131
10	3036	0.90	474300	156
11	3450	1.00	420700	121
12	3518	0.80	541200	153

表 4-4 表示一组水泥掺合比不同的水泥土由压缩试验测定的压缩系数 a_{1-2}、a_{2-4} 和压缩模量 $E_{s(1-2)}$、$E_{s(2-4)}$ 的情况。下标 1-2 和 2-4 分别表示竖向压力处于 $100 \sim 200\text{kPa}$ 和 $200 \sim 400\text{kPa}$ 范围内。由表中数据可以看到，在不同的掺合比下，压缩系数的减小率和压缩模量的增长率是不同的。

表 4-4　水泥土不同水泥掺合比对压缩特性的影响

水泥掺合比 a_w	压缩系数 a_{1-2}/(10^{-6}kPa^{-1})	压缩系数 a_{2-4}/(10^{-6}kPa^{-1})	压缩模量 $E_{s(1-2)}$/kPa	压缩模量 $E_{s(2-4)}$/kPa	$\dfrac{E_{s(1-2)}\text{水泥土}}{E_{s(1-2)}\text{原状土}}$	$\dfrac{E_{s(2-4)}\text{水泥土}}{E_{s(2-4)}\text{原状土}}$	$\dfrac{a_{1-2}\text{水泥土}}{a_{1-2}\text{原状土}}$
原状土	837		2609	1739			
10	59	139	31804	16103	14.60	9.26	0.0704
15	40	58	58870	40531	22.56	23.31	0.0478
20	31	56	73426	40702	28.22	23.41	0.0370

4. 水泥土的渗透性

水泥与土混合后产生一系列物理化学反应生成水泥土。随着水泥水化的进行,在土颗粒表面及土颗粒之间生成的水化产物逐渐填充了土颗粒之间的大孔隙,使水泥土的渗透系数减小。

侯永峰(2001)分别采用萧山黏土和沟通粉土制作水泥土进行室内渗透试验,研究了水泥土渗透系数与水泥掺合量和龄期的关系。结果表明:水泥掺合量愈高,水泥土渗透系数愈小;水泥土龄期愈长,水泥土渗透系数愈小。萧山黏土原状土渗透系数为 1.01×10^{-5} cm/s,采用萧山黏土拌成的水泥土渗透系数一般为原状土的 $10^{-3} \sim 10^{-4}$,沟通粉土原状土渗透系数为 7.54×10^{-5} cm/s,相应的水泥土渗透系数一般为原状土的 10^{-3}。

5. 水泥土的抗拉强度

水泥土的抗拉强度一般较低,为无侧限抗压强度的 15% 左右。当无侧限抗压强度 $q_u < 1.5$ MPa 时,抗拉强度 f_t 约等于 0.2MPa。

6. 水泥土的抗剪特性

张家柱等(1999)指出,一般水泥土的内摩擦角 φ 约为 $20° \sim 30°$,而黏聚力 c 为 $0.1 \sim 1.1$MPa。随着水泥掺入比的提高,黏聚力提高,而内摩擦角变化不大。

李智彦(2006)采用不同的水灰比在不同的围压下进行水泥土的三轴压缩试验。结果表明:由于搅拌作用的破坏与水泥作用的影响,水泥土工程性质有重新作用的过程。土体的黏聚力得到很大的提高,随着水灰比的增加,水泥土的黏聚力提高值变小;摩擦角的变化受搅拌作用和水泥重新作用的影响,变化较为复杂,与原状土摩擦角比较略有提高。

4.3.2 水泥土-土复合体

对水泥土、土组成的复合土体性状研究相对较少。刘一林(1990)利用宁波黏土进行了不同置换率的水泥土-土复合土体试样的固结不排水三轴剪切试验,探讨了复合土体的应力应变关系及强度特性(见图 4-11、图 4-12)。复合土体试样养护期 3 个月,在应变式三轴仪上进行试验。

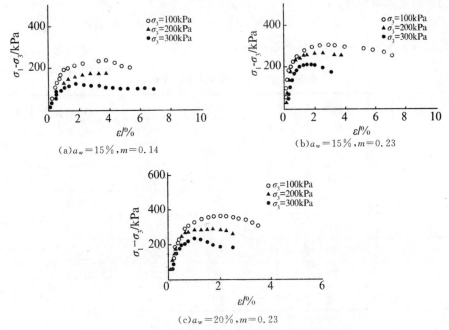

图 4-11 三组复合土固结不排水剪应力应变曲线

试验结果表明:①水泥土-土复合土体的强度随围压的增大而明显提高,围压增大,复合土体的破坏应变也增大;复合土体的强度随复合土的置换率增的大而提高,也随着水泥土水泥掺合比的增大而提高。②复合土体三轴试验应力应变关系曲线的类型也与作用在复合土体的围压大小,复合土体置换率和水泥掺合比有关。总的说来,水泥土-土复合土体的应力应变曲线形状类似于超固结土的应力应变关系曲线形状。围压减小,复合土体置换率提高,水泥掺合比增大,复合土体的应力应变关系曲线从加工硬化类型向加工软化类型转变,复合土体由塑性破坏转化为脆性破坏。③复合土体破坏应变随围压减小、置换率提高和水泥掺合比增大而减小。

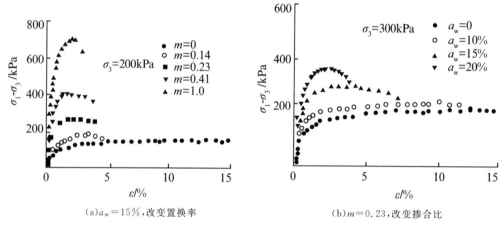

(a)$a_w=15\%$,改变置换率   (b)$m=0.23$,改变掺合比

图 4-12 复合土体固结不排水剪应力应变曲线

表 4-5 为一组水泥掺合量不同、置换率不同的复合土样由固结不排水剪切试验测定的有效应力强度指标。由表中可见,复合土体的有效应力强度指标 c'、φ' 值随复合土置换率和水泥掺合比的增大而提高。

侯永峰应用 HX-100 型多功能伺服控制动静三轴仪对循环荷载作用下水泥土-土复合土体的性状开展了探索性研究,得到下述结论。

表 4-5 复合土体有效应力强度指标

试样编号	掺合量 $a_w/\%$	置换率 m	$(\sigma_1-\sigma_3)_f/kPa$			有效内摩擦角 $\varphi'/(°)$	黏聚力 c' /kPa
			$\sigma_3=100$	$\sigma_3=200$	$\sigma_3=300$		
LT1	0	0	77	147	201	20.2	15.3
LT6	15	0.14	126	177	233	24.2	20.0
LT7	15	0.23	213	263	298	26.5	55.0
LT8	15	0.41	313	294	459	33.4	73.3
LT9	15	1.00	621	703	738	36.0	130.0
LT3	10	0.23	119	177	277	21.6	27.6
LT11	20	0.23	230	295	364	27.9	49.5

（1）随着循环应力比的不断增大，土体产生的应变和孔压也相应增大，并且当循环应力比较大时，复合土体在较小的加荷周数情况下就发生破坏。试验结果表明，循环荷载作用下复合土体存在临界循环应力比，对水泥掺入比为15％的复合土体，当置换率为0（重塑土）时其值约为0.55，当置换率为0.05时其值约为0.75，当置换率为0.10时其值约为0.8，当置换率为1.0（水泥土）时其值约为0.9。临界循环应力比随着复合土体置换率的增大而增大，但其增加速率逐渐减小。

（2）通过对循环荷载作用下复合土体孔压的研究发现，对应力控制的循环荷载，复合土体存在门槛循环应力比，当循环应力比低于此值时，则认为复合土体中没有孔压产生。门槛循环应力比随着复合土体置换率的增大而增大，但其增加速率逐渐减小。对于应变控制的循环试验，相应地存在门槛循环应变，当循环应变低于此值时，复合土体中也没有孔压产生。

（3）对应于一定的循环应力比，土体产生的应变随加载周数的增加而增大。

（4）随着围压的不断增大，在相同的循环应力比情况下复合土体产生的应变和孔压不断减小。

（5）随着置换率的不断增大，在相同的循环应力比情况下复合土体中产生的应变不断减小，孔压则有一定程度的增大。相对而言13％为比较经济的置换率。

4.4　水泥搅拌桩法

水泥搅拌桩法是通过专用的施工机械，在地基中利用叶片的旋转就地将水泥等固化剂与土体强制搅拌并充分混合，固化剂与土体之间产生一系列的固结、水化反应，从而使土体硬结，在短期内形成具有整体性、水稳定性和一定强度柱体的地基处理方法。由水泥等固化剂与地基土体搅拌形成的柱状固结体称为水泥搅拌桩，分为喷浆和喷粉两种。一般说来，喷浆拌合比喷粉拌合均匀性好；但有时对高含水量的淤泥，喷粉拌合也有一定的优势。

4.4.1　水泥搅拌桩复合地基设计

基于复合地基容许承载力的概念，水泥搅拌桩复合地基设计步骤如下：

1. 初步确定单桩的容许承载力

根据天然地基工程地质情况和荷载情况，初步确定水泥土桩的桩长 l 和桩径 d，水泥掺合比 a_w，并由此初步确定单桩的容许承载力。水泥掺合比 a_w 通常可采用 15％～25％。选定水泥掺合比 a_w 后可通过试验确定水泥土强度。也可首先确定采用的水泥土强度，通过试验确定采用的水泥掺合比 a_w。

水泥搅拌桩的单桩竖向容许承载力 p_p 可按下列两式计算确定：式（4.4.1）表示由桩身材料强度决定的单桩承载力；式（4.4.2）表示由桩侧摩阻力和桩端承载力提供的单桩承载力。根据式（4.4.1）和式（4.4.2）计算结果，取其中较小值为单桩承载力。

$$p_p = \eta f_{cu} A_p \tag{4.4.1}$$

$$p_p = u_p \sum_{i=1}^{n} q_{si} l_i + \alpha q_p A_p \tag{4.4.2}$$

式中，f_{cu} 为与搅拌桩桩身水泥掺合比相同的室内水泥土试块立方体抗压强度平均值；η 为桩身强度折减系数,一般取 0.20~0.33;q_{si} 为桩周第 i 层土的侧向容许摩阻力;u_p 为桩的周长;l_i 为桩长范围内第 i 层土的厚度;q_p 为桩端地基土未经修正的容许承载力;α 为桩端天然地基土的容许承载力折减系数,可取 0.4~0.6;A_p 为桩的截面面积。

2.确定复合地基容许承载力要求值

根据荷载的大小和初步确定的基础深度 D 和宽度 B,可确定复合地基容许承载力要求值。

3.计算复合地基置换率

对于建筑工程中刚性基础下复合地基,桩体承载力通常可以充分发挥。同时从工程偏安全的角度,不考虑复合地基中桩间土和桩体的实际承载力相对于天然地基中对应值的提高。根据式(2.6.1),结合所需的复合地基容许承载力值、单桩容许承载力值和桩间土容许承载力值,可采用下式计算复合地基置换率 m:

$$m = \frac{p_c - \beta p_s}{\dfrac{p_p}{A_p} - \beta p_s} \qquad (4.4.3)$$

式中,p_c 为复合地基容许承载力;m 为复合地基置换率;p_s 为桩间天然地基土容许承载力;p_p 为桩的容许承载力;A_p 为桩的横截面积;β 为桩间土承载力折减系数。

4.确定桩数

复合地基置换率确定后,可根据复合地基置换率确定总桩数:

$$n = \frac{mA}{A_p} \qquad (4.4.4)$$

式中,n 为总桩数;A 为基础底面积。

5.确定桩位平面布置

总桩数确定后,即可根据基础形状采用一定的布桩形式(如三角形、正方形或梯形布置等)合理布桩,确定设计实际用桩数。

6.沉降计算

根据第 2.7 节相关内容,计算复合地基的沉降量。当加固范围以下存在软弱下卧土层时,应进行加固区下卧土层的强度验算。

若沉降不能满足设计要求,则应增加桩长,再重新进行设计。对深厚软黏土地基,水泥土桩复合地基沉降主要来自加固区以下土层的压缩量。对一般多层住宅,水泥土桩复合地基加固区的压缩量一般为 1~3cm。

4.4.2 单轴和双轴水泥搅拌桩

我国于 1977 年从日本引入软土地基深层搅拌加固技术的思路。随即自行进行水泥土室内试验,研制开发施工机械和相应的施工工艺。经过 40 多年的发展,已形成喷浆和喷粉两大系列的深层搅拌施工技术。国内常规的水泥搅拌桩机主要有单轴和双轴两种。单轴搅拌桩机施工质量相对较差,目前有些地方已限制使用。下面主要介绍双轴水泥搅拌桩施工工艺。

双轴水泥搅拌桩机每施工一次可形成一幅双联"8"字形的水泥土搅拌桩。其主机由动滑轮组、电动机、减速器、搅拌轴、搅拌头、输浆管、单向阀、保持架等组成。其施工顺序如图 4-13 所示,工艺流程如图 4-14 所示。

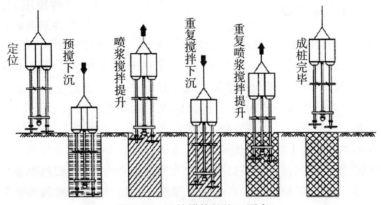

图 4-13 双轴搅拌桩施工顺序

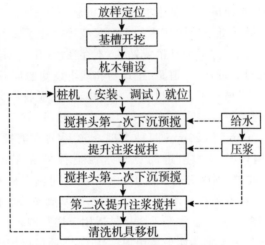

图 4-14 双轴搅拌桩施工工艺流程

双轴水泥搅拌桩具体施工工艺如下:

(1)桩机(安装、调试)就位。

(2)预搅下沉。待搅拌机及相关设备运行正常后,启动搅拌机电机,放松桩机钢丝绳,使搅拌机旋转切土下沉,钻进速度≤1.0m/min。

(3)制备水泥浆。当桩机下降到一定深度时,即开始按设计及实验确定的配合比拌制水泥浆。

(4)提升喷浆搅拌。当搅拌机下降到设计标高时,打开送浆阀门,喷送水泥浆。确认水泥浆已到桩底后,边提升边搅拌,确保喷浆均匀性,平均提升速度≤0.5m/min;确保喷浆量,以使桩身强度达到设计要求。

(5)重复搅拌下沉和喷浆提升。当搅拌头提升至主设计桩顶标高后,再次重复搅拌至桩底,第二次喷浆搅拌提升至地面停机,复搅时下钻速度≤1.0m/min,提升速度≤0.5m/min。

(6)移位。钻机移位,重复以上步骤,进行下一根桩的施工。

(7)清洗。施工告一段落后,向集料斗中注入适量清水,开启灰浆泵,清洗全部管路中残存的水泥浆,并将搅拌头清洗干净。

4.4.3 三轴水泥搅拌桩

常规的单轴和双轴水泥搅拌桩机,由于施工机械本身性能的限制,具有以下缺点:

(1)水泥搅拌桩成桩质量和均匀性较差,一般在软土地基中的应用深度不超过 15m,在砂性土地基中不超过 10m。成桩的垂直精度也较难保证。

(2)施工中很难保持相邻桩之间的完全搭接,尤其是在搅拌桩施工深度较大的情况下。

(3)施工过程中若遇到障碍物,钻杆易发生弯曲,影响搅拌桩的隔水效果。

(4)在硬质粉土或砂性土层中搅拌较困难,成桩质量较差。

三轴水泥搅拌桩机有三根螺旋钻杆和三个大功率电机分别独立控制,施工时三根螺旋钻杆同时向下施工。两边的钻杆进行水泥浆液输送,中间一根钻杆输送压缩空气,主要起松动土体,防止翻浆,保证土体与水泥搅拌均匀的作用。下钻时两边钻杆正旋转,中间钻杆反旋转;起钻时两边钻杆反旋转,中间钻杆正旋转。这样可以充分保证水泥浆液与土体充分搅拌均匀,减少气泡,避免桩体沉降。三轴水泥搅拌桩机就地切削土体,使土体与水泥浆液充分搅拌混合形成水泥土,并用低压持续注入的水泥浆液置换处于流动状态的水泥土,保持地下水泥土总量基本平衡。该工法无须开槽或钻孔,不存在槽(孔)壁坍塌问题,从而可以减少对邻近土体的扰动,降低对邻近地面、道路、建筑物和地下设施的危害。

三轴水泥搅拌桩施工机械和工艺最初从日本引进,消化吸收后又进行了技术创新。目前日本常用的三轴水泥搅拌桩主要有 550 和 850 两个系列,其中 550 系列水泥搅拌桩直径包含 500mm、550mm、600mm 和 650mm 四种类型,850 系列水泥搅拌桩直径包含 850mm 和 900mm 两种类型。国内从日本引进的三轴水泥搅拌桩施工设备主要为 650mm 和 850mm 两种类型。经过改进,国内又研发出 1000mm 搅拌桩施工机械。

三轴水泥搅拌桩技术在有效提高水泥土施工质量的基础上,增加了深层搅拌技术的适用土层类型,拓宽了适用深度。三轴水泥土搅拌桩适用土层范围较广,包括填土、淤泥质土、黏性土、粉土、砂性土、饱和黄土等。如果采用预钻孔工艺,还可以用于较硬质地层。三轴水泥搅拌桩采用套接一孔施工,可形成比较可靠的连续水泥土搅拌墙(见图 4-15),目前常在基坑和水利等工程中作为止水帷幕使用。

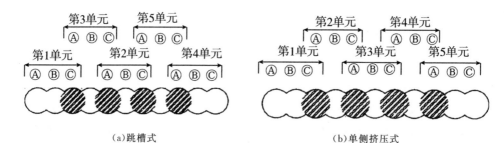

(a)跳槽式　　　　　　　　　　(b)单侧挤压式

图 4-15　搅拌土搅拌墙施工顺序

三轴水泥土搅拌桩施工过程如图 4-16 所示。为保证搅拌桩质量,在土性较差或者周边环境较复杂的工程中,搅拌桩底部采用复搅施工。根据施工工艺要求,采用三轴搅拌机设备施工时,应保证水泥土搅拌墙的连续性和接头的施工质量,以达到隔水作用。在无特殊情况下,搅拌桩施工必须连续不间断地进行。如因特殊原因造成搅拌桩不能连续施工,时间超过

24h 的,必须在其接头处外侧采取补做搅拌桩或旋喷桩的技术措施。

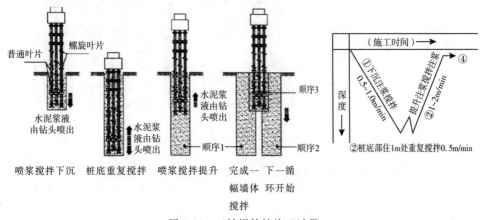

图 4-16　三轴搅拌桩施工过程

桩机移位结束后,应认真检查定位情况并及时纠正,保持桩机底盘水平和立柱导向架垂直,并调整桩架垂直度偏差小于 1/250。

三轴搅拌机就位后,主轴正转喷浆搅拌下沉,反转喷浆复搅提升,完成一组搅拌桩的施工。对于不易匀速钻进下沉的地层,可增加搅拌次数,完成一组搅拌桩的施工,下沉速度应保持在 0.5~1.0m/min,提升速度应保持在 1.0~2.0m/min 范围内,在桩底部分适当持续搅拌注浆,并尽可能做到匀速下沉和匀速提升,使水泥浆和原地基土充分搅拌。

注浆泵流量控制应与三轴搅拌机下沉(提升)速度相匹配。一般下沉时喷浆量控制在每幅桩总浆量的 70%~80%,提升时喷浆量控制在 20%~30%,确保每幅桩体的用浆量。提升搅拌时喷浆对可能产生的水泥土体空隙进行充填,对于饱和疏松的土体具有特别的意义。

4.4.4　砼芯水泥土桩

水泥搅拌桩和混凝土桩在地基处理工程应用中常存在以下问题:①水泥土桩桩身强度低,限制了单桩承载力的提高;同时桩身刚度小,压缩量大,其荷载传递深度受有效桩长限制;②混凝土预制桩和灌注桩承载力较高,但将其作为软土地基中的摩擦桩使用时,由于桩周土提供的摩阻力较小,当桩身材料强度的很大部分尚未发挥时桩周土层对桩的承载力已达极限,桩基沉降过大而无法继续承担荷载,造成桩身材料的浪费。同时,预制桩存在显著的挤土效应,钻孔桩存在泥浆污染问题,对环境影响较大。

砼芯水泥土桩是在水泥土桩施工完毕后插入预制砼芯(混凝土桩或管桩)而形成的一种复合桩型(见图 4-17)。该桩型综合利用了混凝土桩和水泥土桩的优点,水泥搅拌桩施工方便,造价低廉,其较大的侧表面积是桩侧摩阻力能够充分发挥的前提;而预制混凝桩作为内芯,其较高的桩身强度保证了桩体自身不被压坏,使得桩侧摩阻能够向深处发挥作用,因此砼芯水泥搅拌桩综合了水泥搅拌桩和钢筋混凝土桩各自的长处,实现了桩身强度和桩周(端)土承载力的良好匹配。砼芯水泥土桩加固软土地基具有单桩加固面积大、变形协调能力强、应力相对比较均匀等优点,可有效地提高地基承载力、减小沉降量,并大大减小挤土效应和泥浆排放量,具有高效、经济、环保的优点。

研究结果表明,砼芯水泥土桩的单桩竖向极限承载力明显高于普通的水泥搅拌桩,同时

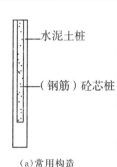

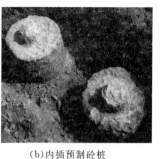

(a)常用构造   (b)内插预制砼桩   (c)内插预制管桩

图 4-17 砼芯水泥土桩

高强度的砼芯承担了大部分的桩顶荷载,并通过其桩侧和桩端传递给水泥土,水泥土进一步通过桩侧和桩端阻力传递给桩周(端)土,实现了荷载的有效传递。由于砼芯的存在,荷载向深部传递,使材料强度能够充分发挥。同时,荷载也逐步通过砼芯周围的水泥土向桩周土中扩散,形成了砼芯向水泥土外芯扩散和水泥土外芯向桩周土扩散的双层扩散模式。这种双层扩散模式使上部荷载有效地传递到比一般水泥搅拌桩影响范围大得多的土体中,使得砼芯水泥土桩有较好的承载性能。

砼芯水泥土桩传递到水泥搅拌桩底面和持力层中的荷载比例较小,可视其为摩擦桩。由于砼芯-水泥土和水泥土-土双层扩散模式实际桩土应力比较小,有利于复合地基桩土共同作用,因此砼芯水泥土桩复合地基承载力高,沉降控制效果好。

另外,为提高水泥搅拌桩的搅拌均匀性,以及避免搅拌桩施工时对桩周土的扰动导致强度下降的现象,国内外都研发了双向水泥搅拌桩技术。其后,为了改善搅拌桩的受力特性,在双向水泥搅拌桩技术的基础上还开发了变径钉形水泥搅拌桩技术。

4.5 TRD 工法

4.5.1 TRD 工法加固机理

TRD 工法,即等厚度水泥土连续墙工法(trench cutting and remixing deep wall method)是由日本神户制钢所于 1993 年开发的一种新型水泥土搅拌墙施工技术。21 世纪以来,美国、西欧、东南亚均引进了 TRD 工法。我国于 2009 年引进首台 TRD 工法设备——TRD Ⅲ型机,并成功应用于杭州某基坑支护工程。同年中日企业(沈阳抚挖岩土工程有限公司和日本合资)联合研制 TRD-CMD850 型主机,试车成功并正式投产,填补了我国 TRD 主机生产的空白。2011—2012 年中日相关制造企业又针对中国特殊的土质条件、施工条件以及国情等,分别对发动机配置、机械横向行程、动力装置、底盘形式、刀具提升系统和箱式刀具节长度等作了调整和改进,联合研制出系列 TRD 主机。

TRD 工法是将链式切削刀具插入地基,切削土体至墙体设计深度;在链式刀具围绕刀具立柱转动作竖向切割的同时,刀具立柱横向移动、水平推进并由其底端喷射切割液和固化剂。由于链式刀具的转动切削和搅拌作用,切割液、固化剂与原位土体进行混合搅拌,如此连续施工而形成等厚度的水泥土连续墙(见图 4-18)。该工法兼有自行切削土体和混合搅

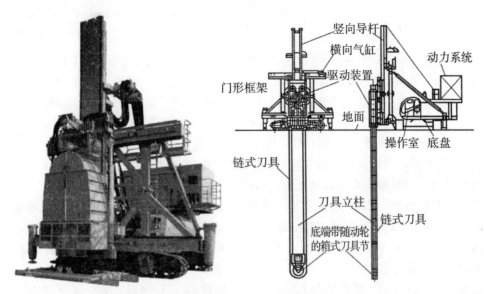

图 4-18　TRD 工法机械

拌固化液的功能。如果将水泥土连续墙用于支护结构,则可在水泥土墙中插入型钢,以增强连续墙的强度和刚度,提高其抗变形能力。

4.5.2　TRD 工法技术特点

TRD 工法是针对三轴水泥搅拌桩桩架过高,稳定性较差,成墙垂直度偏低和成墙深度较浅等缺点研发的新工法。该工法具有以下特点:

(1)施工机架重心低,稳定性好,安全度高。TRD 工法施工机械采用低重心设计。与传统水泥搅拌桩设备相比,TRD 设备机械高度大幅度降低。由于整机的地上高度不高于 12m,同时刀具立柱插入地下,故而机械设备的整体稳定性好,适用于对机械高度有限制的场所。

(2)施工机械功率大,施工深度深。2020 年我国自行研发的 TRD-80E 设备在上海创下了 TRD 工法施工深度的世界纪录 86m。

(3)机械切割能力强,适用土层广,对砂砾、硬土、砂质土及黏性土等所有土质均能实现高速掘削。

(4)施工精度高,墙面垂直度和平整度好。TRD 工法采用步履式主机底盘,可实现高精度施工。水泥土连续墙的垂直度可达 1/1000。

(5)墙体上下固化性质均一,墙体质量均匀。在垂直方向上实现全深度纵向切削、混合、搅拌工作,使水泥浆与原状地基土充分混合搅拌均匀,形成均一品质的地下连续墙体。

(6)连续成墙施工,墙体等厚度,接缝少,止水性能强,并可按设计要求以任意间距设置芯材。TRD 工法可形成等厚度、连续、接近于无缝的水泥土连续墙。经过 TRD 工法加固的水泥土渗透系数在砂质土中为 $10^{-7} \sim 10^{-8}$ cm/s,在砂质粉土中约为 10^{-9} cm/s,止水性能好。

(7)施工机架水平、竖向所需的施工净空间小,适用于周边建(构)筑紧邻的工况。

(8)施工机架可变角度施工,其与地面的夹角最小可为 30°,从而可对倾斜的水泥土墙体施工,满足特殊设计要求。

4.5.3 TRD工法适用范围

TRD工法适用于人工填土、黏性土、淤泥和淤泥质土、粉土、砂土、碎石土等地层,还可以在直径小于100mm,$q_u \leqslant 5MPa$的卵砾石、泥岩和强风化基岩中施工,适应地层广泛。对于复杂地基、无工程经验及特殊地层地区,应通过试验确定其适用性。如砂卵石、圆砾层,硬质花岗岩、中风化砂砾岩层,由于其强度大,目前虽已有其成功切割混有800mm直径砾石的卵石层以及单轴抗压强度约为5MPa基岩的工程实例,但其施工极其缓慢,刀头磨损严重。因此,施工中必须切削硬质地基时,需进行试成槽施工,以确定施工速度和刀头磨损程度。必要时可采用旋挖钻机或铣槽机换土后再施TRD工法。

黄土多具湿陷性。TRD工法水泥土连续墙施工时水灰比大,在湿陷性黄土地基施工时,必须考虑施工期间地基湿陷引起的危害。湿陷性土层采用TRD工法时,应通过试验确定其适用性。同样对于膨胀土、盐渍土等特殊性土,也应结合地区经验通过试验确定TRD工法水泥土连续墙的适用性。

杂填土地层或遇地下障碍物较多地层时,应提前充分了解障碍物的分布、特性以及对施工的影响,施工前需清除地下障碍物。

常规的TRD工法施工机械,理论成墙深度在60m以内。成墙深度加深后,墙体施工难度增大,质量控制要求提高,机械的损耗率大大增加。相应的,TRD主机的施工功率、配套辅助设备均应提高或加强。目前国内最大的TRD成墙深度已达86m。

4.5.4 TRD工法工程应用

TRD工法可用于岩土工程中地基土体加固、止水帷幕以及挡土结构。

1.地基土体加固,提高地基承载力,改善地基变形特性

TRD工法相当于地基处理中的深层搅拌法,其水泥土增强体和天然土形成复合地基,有效提高地基承载力,减少地基上建筑物的沉降;也可形成基坑工程被动区加固土体,提高土体的侧向变形能力,控制基坑围护结构的变形。由于TRD工法水泥土连续墙较均匀,强度高,采用格子状被动区加固体可在坑底形成纵、横向刚度较大的墙体,有效加固坑底被动区土体。格子状被动区加固体的置换率低,当基坑宽度减小时,格子状加固的加固效率将大大提高。

2.止水帷幕

由于TRD工法独特的施工工艺,其在地基中形成的等厚度水泥土墙防渗效果优于柱列式连续墙和其他非连续防渗墙。在渗透系数较大的土层且地下水流动性较强的潜水含水层中,TRD工法水泥土连续墙作为基坑、堤坝工程中的止水帷幕,可有效阻隔地下水的渗流,具有较大的优势。当基坑开挖深度加深,基底存在承压水突涌的可能时,采用TRD工法水泥土墙可有效切穿深层承压含水层,不仅大大降低承压水突涌以及降水不可靠带来的工程安全风险,而且和地下连续墙相比,工程造价也大大降低。TRD工法也可用于防止污染物扩散或迁移的隔离墙。

3.挡土结构

在基坑或边坡高度较低,TRD工法墙体受弯、受剪承载力满足要求的前提下,可采用TRD工法水泥土连续墙形成重力式挡墙。当基坑或边坡高度较高,墙体受弯、受剪不满足

要求时,可在墙体内插入芯材以改善受力特性。当 TRD 工法水泥土连续墙内插入芯材形成较强的围护结构时,可和内支撑、锚杆、土钉组合形成 TRD 工法水泥土连续墙内插芯材的内支撑体系、锚杆体系以及土钉墙等。

4.5.5　TRD 工法施工工艺

TRD 工法施工工艺流程如图 4-19 所示,主要步骤如下:

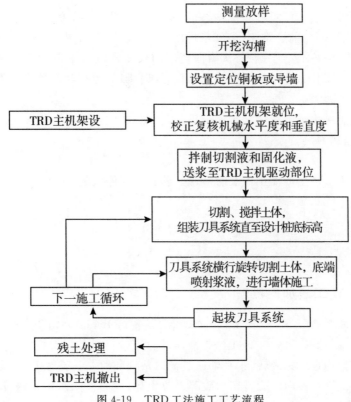

图 4-19　TRD 工法施工工艺流程

1. 测量放样

根据坐标基点,按设计图放出墙线位置,并设临时控制点,填好技术复核单,提请监理人员复核并验收。

2. 开挖导向沟槽,设置定位钢板或导墙

开挖导向沟槽,设置定位钢板或导墙是控制水泥土墙精度的关键之一。沟槽边放置定位钢板后,将对其上荷载产生压应力分散作用,一定程度上可提高表层地基的承载力。导墙相对位置固定,定位准确。

3. 配制切割液和固化液

为了保证 TRD 工法水泥土墙注入液的质量,注入液制备和注入的各个环节均采用全自动浆液制备和注入装置。该装置不仅能够进行原材料、浆液注入量的全自动量测,还可根据实际施工墙体的体积调整注入量。

4. TRD 机械就位并组装刀具系统

TRD 主机应平稳、平正。刀具系统组装时,应首先将带有随动轮的箱式刀具节与主机连接;根据逐节连接的箱式刀具长度,逐步加深起始墙幅的成槽深度,直至满足水泥土墙的设计深度要求。组装过程中,刀具立柱管腔内安装相应管路,包括浆液管路、多段式倾斜仪等。多段式倾斜仪可以对墙体进行平面内和平面外实时监测以控制垂直度,从而实现高精度施工。渠式切割水泥土墙体垂直偏差应小于 1/250。

5. 墙体施工

根据周边环境、土层性质、施工深度、机具功率确定刀具链条的旋转速度和机械的水平推进速度,即每次切割的前进距离(简称步进距离)。施工时,步进距离不宜过大,否则容易产生墙体偏位、卡链等现象。一般每次横向切削的长度宜控制在 50mm 以内。施工中应跟踪检查刀具链条的工作状态以及刀头的磨损度,及时维修、更换和调整施工工艺。

6. 刀具系统的起拔

水泥土墙施工结束或直线段施工完成后,刀具系统应立即与主机分离。通过履带式起重机起吊、拔出箱式刀具。

7. 涌土清理和管路清洗

水泥土墙施工中产生的涌土应及时清理。若长时间停止施工,应清洗全部管路。

4.6 CSM工法

4.6.1 CSM工法加固机理

铣削水泥土搅拌墙(cutter soil mixing,CSM)是德国 Bauer 公司于 2003 年开发的一种深层切削搅拌设备(见图 4-20)。该工法将液压双轮铣铣槽机和深层搅拌技术相结合,通过两个铣轮绕水平轴垂直对称旋转,水平轴通过竖向钻杆和动力系统连接,在两个铣轮之间设置喷浆口。两个铣轮对称内向旋转切削破碎原位土体,同时注入水泥浆液充分搅拌形成均匀的水泥土墙体(见图 4-21),可以用于防渗墙、挡土墙、地基加固等工程。

图 4-20 CSM 工法施工设备

图 4-21 采用 CSM 工法形成的墙体

4.6.2 CSM 工法特点

CSM 工法具有以下特点：

(1)通过两个铣轮的对称内向旋转,阻止固化浆液的上行途径,保证墙体质量。

(2)一次可对长度为 2m 以上的墙体施工,接头数量少,从而减小了帷幕渗漏的可能性。

(3)设备对地层的适应性强,从软土到岩石地层均可实施切削搅拌,尤其适合在坚硬的岩土层中搅拌。

(4)设备成桩深度大,施工过程中几乎无振动;设备重量较大的铣头驱动装置和铣头均设置在钻具底端,因此设备整体重心较低,稳定性高。

(5)设备的自动化程度高,各功能部位设置大量传感器,成桩尺寸、深度、注浆量、垂直度等参数控制精度高,施工过程中实时控制施工质量。

(6)履带式主机底盘,可 360 度旋转施工,便于转角施工。可紧邻已有建构筑物施工,实现零间隙施工。

(7)可在直径不是很大的管线下施工,实现在管线下方帷幕的封闭,其施工方法如图 4-22 所示。

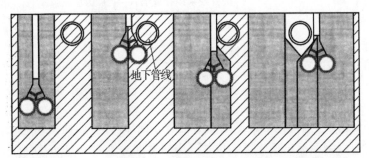

左侧墙体施工　左下侧墙体施工　左下侧墙体施工　右侧及右下侧墙体施工

图 4-22 CSM 工法施工管线下止水帷幕

4.6.3 CSM 工法适用范围

CSM 工法对地层的适应性更高,适用于填土、淤泥质土、黏性土、粉土、砂性土、卵砾石等地层,也可以切削坚硬地层(卵砾石层、岩层),而 TRD 工法在上述坚硬地层中的施工能力相对较弱。

采用 CSM 工法,一次性可形成类似于地下连续墙一个槽段的水泥土墙,墙厚 500～1200mm,槽段长度有 2200mm、2400mm 和 2800mm 三种规格。采用钻杆与切削搅拌头连接时,最大施工深度为 35m;当采用缆绳悬挂切削搅拌头施工时,最大施工深度可达 70m。

CSM 工法的工程应用范围与 TRD 工法类似,也可用于岩土工程中地基土体加固、止水帷幕以及挡土结构等工程,但其在坚硬地层中的施工能力要强于 TRD 工法。CSM 工法形成的铣削水泥土搅拌墙中也可插入型钢等芯材,可同时起止水和挡土的作用。

4.6.4 CSM 工法施工工艺

铣削水泥土搅拌墙由一系列的一期槽段墙和二期槽段墙相互间隔组成(见图 4-23)。

一期槽段墙是指成墙时间相对较早的一个批次墙体,二期槽段墙是指成墙相对较晚的批次。图 4-23 中 P1 和 P2 为一期槽段墙,S1 为二期槽段墙,待一期槽段墙达到一定强度后再对二期槽段墙施工,一、二期槽段相互搭接,搭接长度常取 300mm。每个槽段的施工工艺流程(见图 4-24)如下:

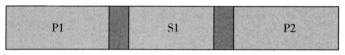

图 4-23　一期槽段和二期槽段

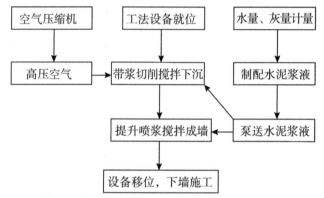

图 4-24　CSM 工法施工工艺流程

(1)CSM 工法墙放样定位。

(2)开挖导向沟槽。根据 CSM 工法墙的轴线开挖导向沟,如插型钢应在沟槽边设置定位型钢,并在定位型钢上标出型钢插入位置。沟槽宽度为 1.0～1.5m,深 0.8～1.0m。

(3)CSM 工法设备就位。铣头与槽段位置应对正,平面允许偏差应为±20mm,并对立柱导向架进行设备自调,同时两台经纬仪在 X、Y 两个方向进行校正。

(4)铣轮下沉注水或喷浆切铣原位土体至设计深度。在下钻成槽的过程中,两个铣轮对称内向旋转,铣削地层。同时通过导杆施加向下的推进力,向下深入切削。同时通过注浆管路系统向槽内注入浆液,直至设计深度。

(5)铣轮提升注浆同步搅拌成墙。在上提成墙的过程中,两个铣轮依然旋转,通过导杆向上慢慢提起铣轮。在上提过程中,通过注浆管路系统向槽内注入固化浆液,并与槽内的土体混合。

(6)钻杆清洗,废泥浆收集,集中外运。

(7)移动至下一槽段位置,重复上述六个步骤。

第5章 高压喷射注浆法

5.1 发展概况

传统的注浆方法是在浆液的压力作用下通过对土体的劈裂、渗透、压实达到注浆加固的目的，并已有悠久的历史以及广泛的用途。但是对于细颗粒砂性土及黏性土通过劈裂难以形成较好质量的加固体（包括均匀性、强度和渗透性）。喷射注浆法是20世纪70年代初期最先由日本开发的地基加固技术。该法通过高速喷射流切割土体并使水泥与土搅拌混合，形成水泥土加固体的做法，恰好弥补了上述的不足。同时，采用喷射流形成的加固体形状灵活，适用于多种加固要求，因此自20世纪70年代中期以后，在世界范围内得到很快的传播。

我国自20世纪70年代末起在建筑物基础托换、工业建筑的基坑工程以及水利建设工程中开始少量应用喷射注浆技术。90年代起随着我国工程建设的大规模发展，在上海、广州、北京等大城市的地下工程建设以及长江三峡等重大水利工程中的应用，使这种技术在我国的应用范围迅速扩大，我国已成为世界上喷射注浆法应用工程量最大的国家之一。

日本在原有的单管法、二重管法和三重管法的基础上又开发了一系列新的工法，例如多重管法、全方位高压喷射（MJS）法、超高压喷射（RJP）法以及与深层搅拌法相结合的多种喷射搅拌法。欧洲引进日本高压喷射工法技术后，在施工机械方面形成了自身的特点，在隧道工程中有不少采用水平旋喷加固的工程实例。泰国和新加坡也是在地下工程中应用喷射注浆较多的国家。埃及开罗的地铁建设大量使用喷射注浆加固法，成为世界上单项工程中使用喷射注浆加固工程量最大的项目之一。美国从日本引进喷射注浆技术之后，该技术在基础托换工程、隧道工程、水利工程中均有应用。

喷射注浆法加固地基的主要优点包括：

(1)受地基土层、土的粒径和密度的影响相对较小，可广泛适用于淤泥、淤泥质土、黏土、粉土、黄土、砂土、人工填土、碎石土甚至砂卵石等多种土质。

(2)采用价格低廉的水泥作为主要硬化剂，加固体的强度较高。根据土质不同，加固体的强度可为0.5～10.0MPa。

(3)可以在预定的范围内注入浆液，形成间隔一定距离的加固体，或连成相互搭接的加固体，或薄帷幕墙；加固深度可自由调节，连续或分段均可。

(4)采用相应的钻机，不仅可以形成垂直的加固体，还可形成水平或倾斜的加固体。

(5)可用于永久建筑物的地基加固，也可作为施工中的临时措施。例如对已有建筑物地基补强，基坑开挖中侧壁竖向止水、坑底加固或水平向止水。

5.2 加固机理和应用范围

5.2.1 加固机理

高压喷射注浆法是将带有特殊喷嘴的注浆管置于土层预定的深度,以高压喷射流切割地基土体,使固化浆液(常用水泥浆)与土体混合,并置换部分土体,固化浆液与土体产生一系列物理化学作用后凝固硬化成固化土,达到加固地基的目的。若在喷射固化浆液的同时,喷嘴以一定的速度旋转、提升,喷射的浆液和土体混合形成圆柱形桩体,则为高压旋喷桩法。

采用高压喷射注浆法加固地基时,高压喷射流在地基中将土体切削破坏,一部分细小的土粒被喷射的水泥浆液所置换,随着冒浆被带上地面,其余的土粒与水泥浆液搅拌混合。在喷射动压、离心力和重力的综合作用下,在横断面上土粒按质量大小排列,形成浆液主体、搅拌混合、压实和渗透等部分(见图5-1)。土颗粒间被水泥浆填满,经过一定时间,通过土和水泥水化时的物理化学作用,形成强度较高、渗透性较低的水泥土固结体。由高压喷射注浆法形成的水泥土固结体在空间是不均匀的,而且固结体的结构与被加固土的种类有关。在砂土、黏性土和黄土中形成的水泥土性质有较大差异。

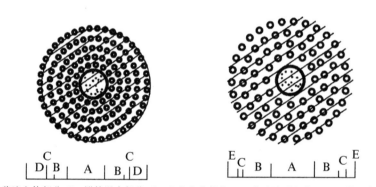

A—浆液主体部分;B—搅拌混合部分;C—土粒密集部分;D—浆液渗透部分;E—土粒压实部分。

图5-1 旋喷固结体横断面结构

高压喷射注浆法形成的水泥土的力学性质可参考表5-1。

表5-1 高压喷射注浆水泥土的力学性质

力学性质	加固土类型			
	砂土	黏性土	黄土	砂砾
最大抗压强度/MPa	10~20	5~10	5~10	8~20
抗拉强度/抗压强度	1/10~1/5	1/10~1/5	1/10~1/5	1/10~1/5
c/MPa	0.4~0.5	0.7~1.0		
φ/(°)	30~40	20~30		

5.2.2　高压喷射注浆法应用范围

高压喷射注浆法适用于淤泥、淤泥质土、黏性土、粉土、黄土、砂土、填土和碎石土等地基。当地基中含有较多的大粒径块石、坚硬黏性土、大量植物根茎或土体中有机质含量较高时,应根据现场试验结果确定其适用程度。地下水流流速过大和已涌水的工程不宜使用。

高压喷射注浆形成的水泥土比相应的天然土体强度高,压缩模量大,且渗透系数小。在工程上一般用于形成复合地基以提高地基承载力,减小沉降,或形成止水帷幕用于防渗,有时也用于形成支挡结构。高压喷射注浆法工程应用主要包括下述几个方面。

1. 加固已有建(构)筑物地基

由于施工设备所占空间较小,可创造条件在室内施工,因此高压喷射注浆法可应用于加固已有建筑物地基,在已有建筑物基础下设置旋喷桩,形成旋喷桩复合地基,以提高地基承载力,减少建筑物沉降。在采用高压喷射注浆法加固已有建筑物地基时,需要重视采取措施减少施工期间的附加沉降,如采取合理安排旋喷桩施工顺序、施工进度,以及采用速凝剂加速水泥土固化等措施。

2. 形成水泥土止水帷幕

采用摆喷和旋喷可以在地基中设置所需的止水帷幕,在水利工程、矿井工程和深基坑围护工程中已得到应用。止水帷幕可以由高压喷射注浆法施工单独形成。在图 5-2 中,图(a)表示由摆喷形成的止水帷幕,图(b)表示由旋喷形成的止水帷幕,图(c)表示由旋喷和摆喷组合形成的止水帷幕。止水帷幕也可由高压喷射注浆法施工形成的水泥土与围护结构中的排桩联合形成。图(d)表示由钢筋混凝土桩与旋喷桩联合形成的止水帷幕,图(e)表示由钢筋混凝土桩与摆喷桩形成的止水帷幕。高压喷射注浆法形成的水泥土止水帷幕与由深层搅拌法形成的相比,高压喷射注浆法的适用范围广,可应用于深层搅拌法难以施工的地基和工况,采用高压旋喷桩形成止水帷幕的可靠性和防渗能力不如水泥搅拌桩帷幕,但好于灌浆法。

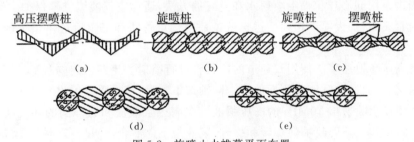

图 5-2　旋喷止水帷幕平面布置

3. 应用于基坑工程被动区加固或封底

在软土地基中基坑围护结构可采用高压喷射注浆法进行被动区加固,以提高被动土抗力和基坑的稳定性,减小围护结构的内力和变形。基坑在进行地下水控制时,如为防止承压水突涌需要采用水泥土封底时也可采用高压喷射注浆法施工。

4. 水平高压喷射注浆法工程应用

水平高压喷射注浆法主要用于地铁、隧道、矿山井巷、民防工事等地下工程的暗挖施工、地基处理以及塌方事故的处理。图 5-3 表示采用水平旋喷形成隧道的水泥土拱支护结构。

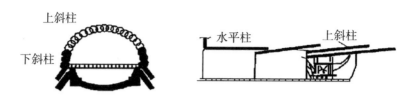

图 5-3 水平旋喷形成隧道围护体系

5.其他工程应用

运用高压喷射注浆法还可形成水泥土挡土结构,并可应用于基坑支护,也可应用于盾构施工时地基加固以防止地面沉降,还可应用于地下管道基础加固、桩基础持力层土质改良、构筑防止地下管道漏气的水泥土帷幕结构等。

5.3 常规高压喷射注浆法

常规的高压喷射注浆法施工机械和施工工艺可分为单管法、二重管法和三重管法三种。单管法、二重管法和三重管法的比较见表 5-2。

单管高压喷射注浆法是利用钻机等设备,把安装在注浆管底部侧面的特殊喷嘴置入土层预定深度后,依靠高压泥浆泵等装置,把浆液以 20MPa 左右的压力从喷嘴中喷射出去冲击切割土体,同时借助注浆管的旋转和提升运动,使浆液与土体混合,经过一定时间,形成水泥土固结体,其示意图如表 5-2 中所示。

高压浆液流在水中喷射与空气中喷射相比,其喷射速度或动力的衰减程度要大得多,因此在地基中喷射时,喷射能量的迅速降低是必然的。为此,日本八寻辉夫等人发明了在喷射水流孔的周围采用同心环状喷嘴喷射水和空气的方法,通过空气喷流帷幕保护水流喷射,以减缓喷射能量衰减,加大喷射距离。这也就是采用二重管法和三重管法可增大加固直径的原因所在。

二重管高压喷射注浆法使用双通道的注浆管进行喷射。当双通道的二重注浆管钻进土层的预定深度后,通过在管底部侧面的一个同轴双重喷嘴,从外喷嘴射出 0.7MPa 左右的压缩空气和从内喷嘴喷射出 20MPa 的高压浆液。在高压浆液流和它外圈的环绕空气流共同作用下,土体被切割,随着喷嘴的旋转和提升,浆液与土体混合,经过一定时间形成水泥土固结体,其注浆示意图如表 5-2 中所示。二重管高压喷射流切割土体能力比单管高压喷射流切割土体能力强。

三重管高压喷射注浆法使用分别输送水、气、浆三种介质的三通道注浆管进行喷射。在以高压泵等产生的 40MPa 左右的高压水喷射流周围,环绕一股 0.7MPa 左右的圆筒状气流,进行高压水喷射流和气流同轴喷射冲切土体,在地基土体中形成较大的孔隙,再另外由泥浆泵注入压力为 2~5MPa 的水泥浆液填充,当喷嘴旋转和提升时,浆液和土体混合,经过一定时间,形成水泥土固结体,其注浆示意图如表 5-2 中所示。三重管高压喷射流切割土体能力比双管高压喷射流切割能力更强。因此,采用三重管高压喷射注浆法所形成的水泥土桩直径大。

表 5-2 单管法、二重管法和三重管法比较

项目		单管法	二重管法	三重管法
浆土混合特点		搅拌混合	半置换混合	半置换混合
适用范围		黏性土 $N<5$	黏性土 $N<5$	
		砂性土 $N<15$	砂性土 $N<15$	砂性土 $N<200$
常用压力		20MPa	20MPa	40MPa
高压喷射流		高压浆液流	高压浆液流＋高压气流	高压浆液流＋高压气流＋高压水流
改良土体有效直径/mm		300～500	1000～2000	1200～2000
改良土体强度 q_u/kPa	黏性土	500～1000	500～1000	500～1000
	砂性土	1000～3000	1000～3000	1000～3000
示意图				

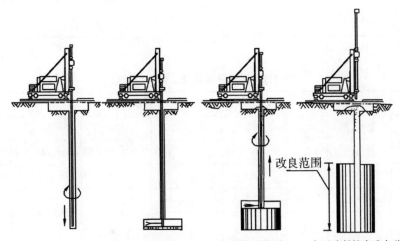

高压喷射注浆法施工顺序如图 5-4 所示。

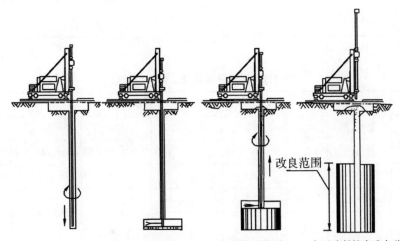

(a)就位并钻孔至设计深度　(b)高压喷射开始　(c)边喷射、边提升　(d)高压喷射结束准备移位

图 5-4 高压喷射注浆法施工顺序

若在高压喷射过程中,钻杆只进行提升运动,钻杆不旋转,则称为定喷;若在高压喷射过程中,钻杆边提升,边左右旋转某一角度,则称为摆喷;在高压喷射过程中,旋喷可形成圆柱形固结体,如图 5-5(a)所示。摆喷和定喷可形成扇形和片状固结物,如图 5-5(b)(c)所示。

旋喷常用于地基加固,定喷和摆喷常用于形成止水帷幕。

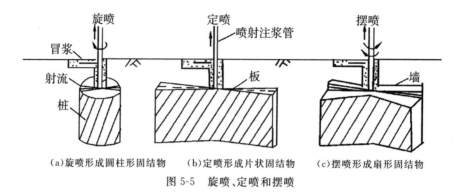

(a)旋喷形成圆柱形固结物　　(b)定喷形成片状固结物　　(c)摆喷形成扇形固结物

图 5-5　旋喷、定喷和摆喷

高压喷射注浆法形成的改良土的有效直径不仅取决于采用的施工方法(单管法、二重管法、三重管法),还与被改良土的性质和深度有关。一般需通过试验确定,无试验资料时采用二重管法和三重管法施工,改良土体的有效直径分别可参考表 5-3 和表 5-4 采用。

表 5-3　二重管法改良土体有效直径

参数	类型	具体数值					
N 值	黏性土	$N<1$	$N=1$	$N=2$	$N=3$	$N=4$	
	砂性土	$N\leqslant10$	$10<N\leqslant20$	$20<N\leqslant30$	$30<N\leqslant35$	$35<N\leqslant40$	$40<N\leqslant50$
有效直径/m	$(0<z\leqslant25)$	2.0	1.8	1.6	1.4	1.2	1.0
提升速度 /(min·m^{-1})	黏性土	30	27	23	20	16	
	砂性土	40	35	30	26	21	17
浆液喷射 /(m^3·min^{-1})		0.06					

注:z 为改良土体深度。

表 5-4　三重管法改良土体有效直径

参数	类型	具体数值					
N 值	黏性土		$N\leqslant3$	$3<N\leqslant5$	$5<N\leqslant7$		$7<N\leqslant9$
	砂性土	$N\leqslant30$	$30<N\leqslant50$	$50<N\leqslant100$	$100<N\leqslant150$	$150<N\leqslant175$	$175<N\leqslant200$
有效直径/m	$(0<z\leqslant30)$	2.0	2.0	1.8	1.6	1.4	1.2
	$(30<z\leqslant40)$	1.8	1.8	1.6	1.4	1.2	1.0
提升速度 /(min·m^{-1})		16	20	20	25	25	25
浆液喷射 /(m^3·min^{-1})		0.18	0.18	0.18	0.14	0.14	0.14

注:z 为改良土体深度。

采用高压喷射注浆法加固地基除水泥与土体就地混合形成水泥土外,还有置换作用。在施工过程中,正常情况下约有 20% 的泥浆溢出地面。泥浆中含有水泥和被置换的土体。在高压喷射注浆施工过程中如无泥浆溢出,应检查是否遇到地下水流过大或孔洞带走喷射浆液。在施工过程中如溢出泥浆数量偏大,也应检查施工质量,是否产生未能有效切割土体,浆液未能与土体混合而沿钻杆溢出的现象。溢出泥浆可脱水用于填筑路基等用途。

高压喷射注浆法除垂直钻孔喷射外,20 世纪 80 年代开发了水平高压喷射注浆法。水平高压喷射注浆法就是在土层中水平或小角度俯、仰和外斜钻进成孔,注浆管呈水平状,或与水平呈一小角度,喷嘴由里向外移动旋喷、注浆。喷射压力根据设计旋喷直径和土质情况而定,一般在 20MPa 左右。水平旋喷多用于隧道工程施工。

水平旋喷施工顺序如图 5-6 所示。

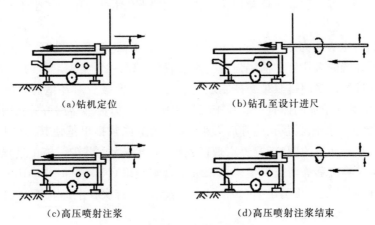

(a)钻机定位   (b)钻孔至设计进尺

(c)高压喷射注浆   (d)高压喷射注浆结束

图 5-6   水平喷旋工艺流程

高压喷射注浆法设计包括下述几个方面:

(1)根据工程地质条件和地基处理要求决定采用哪种施工方法:单管法、二重管法和三重管法。

(2)根据工程地质条件和选用的施工方法,通过试验确定施工参数、有效改良直径和水泥土力学性质指标。也可参考表 5-3、表 5-4 和表 5-1 选用有关参数。

(3)若用于形成复合地基以提高地基承载力,减少沉降,则设计计算方法同水泥搅拌桩复合地基;若用于形成止水帷幕防渗,则需进行防渗设计。以基坑围护止水帷幕抗管涌验算为例,其示意图如图 5-7 所示。

图 5-7   抗管涌验算示意图

止水帷幕两侧的水位差为 h,止水帷幕高为 l,基坑深度为 H,则基坑底土体承受的最大渗透力 F 为:

$$F = i\gamma_w = \frac{h\gamma_w}{2(l-H)+h} \tag{5.3.1}$$

式中,i 为水力梯度;γ_w 为水的重度。

抗管涌安全系数 K_s 的表达式为:

$$K_s = \frac{\gamma'}{F} = \frac{\gamma'[h+2(l-H)]}{\gamma_w h} \tag{5.3.2}$$

式中，γ' 为土的有效重度。

根据式(5.3.2)可计算止水帷幕高 l。抗管涌安全系数一般应不小于 1.5~2.5。

5.4 MJS 工法

5.4.1 MJS 工法加固机理

传统的高压喷射注浆法施工中往往存在以下问题：①地基深部排浆困难，产生较高的地内压力，导致喷射效率低，对深部土体的加固效果和可靠性差，同时也导致加固深度有限；②对地基土体扰动大，容易造成土体侧向位移和地表隆起，对周边环境产生不利影响；③产生大量的泥浆污染。

MJS 工法，即全方位高压喷射(metro jet system)工法，是在传统高压喷射注浆工艺的基础上，采用了独特的多孔管和前端强制吸浆装置(见图 5-8)，实现了孔内强制排浆和地内压力监测，并通过调整强制排浆量来控制地内压力，大幅度减少对环境的影响，而地内压力的降低也进一步保证了加固体直径。在施工过程中，当压力传感器测得的孔内压力较高时，可以通过油压接头来控制吸浆孔的开启大小，从而调节泥浆排出量使其达到控制土体内压力值，大幅度减小对环境的影响，避免出现挤土效应，也就大大减少了施工过程中地表变形、建筑物开裂、构筑物位移等情况发生。该工法由日本 NIT(Nakanishi Institute of Technology)株式会社研制开发。我国于 2008 年引入该技术，并首次在上海轨道交通 11 号线江苏路车站盾构进出洞加固中成功应用。

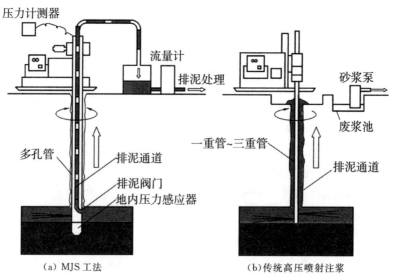

（a）MJS 工法 　　　　　　　　　　（b）传统高压喷射注浆

图 5-8　MJS 工法与传统高压喷射注浆工艺原理对比

5.4.2　MJS工法技术特点

MJS工法最初是为了解决水平旋喷施工中的排浆和环境影响问题而开发出来的,之后由于其独特优势和工程需要而得到广泛应用。该工法具有以下特点:

1. 对周边环境影响小,超深施工时质量有保证

传统高压喷射注浆工艺产生的多余泥浆是通过土体与钻杆的间隙,在地面孔口处自然排出。这样的排浆方式往往造成地层内压力偏大,导致周围地层产生较大变形、地表隆起,对周边建(构)筑物和市政设施产生不利影响。同时在加固深处的排泥比较困难,造成钻杆四周的地内压力增大,往往导致喷射效率降低,影响加固效果及可靠性。

MJS工法通过地内压力监测和强制排浆的手段,对地内压力进行调控,可以大幅度减少施工对周边环境的扰动(对周边地基的扰动可控制在毫米级),并保证超深施工的效果。特别适合于在地下隧道、地下管线、保护建筑、桥梁等敏感设施的周边施工,最大有效加固深度可达60m以上。

2. 可以全方位进行高压喷射注浆施工

MJS工法可以进行水平、倾斜、垂直各方向的施工。特别是其特有的排浆方式,使得在富水土层、需进行孔口密封的情况下进行水平施工变得安全可行。

3. 成桩直径大,加固效果可靠

喷射流初始压力达40MPa,流量约为90~130L/min,使用单喷嘴喷射,喷射流能量大,作用时间长,再加上稳定的同轴高压空气的保护和对地内压力的调整,使得MJS工法成桩直径较大,可达2~2.8m(见图5-9),可以跨越部分障碍物施工形成连续加固体,同时加固体质量较好。目前国内案例中最大加固体直径已达4.2m。

图5-9　采用MJS工法形成的大直径加固体

4. 加固截面形式多样

加固体截面形状可根据工程需要设定为5°~360°的扇形或圆形截面,对工程条件的适应性强。

5. 泥浆污染少

MJS工法采用专用排泥管进行主动排浆,有利于泥浆集中管理,保持施工场地干净。同时对地内压力的调控,也减少了泥浆"窜"入土体、水体或地下管道的现象。

6. 适用性强

MJS工法施工设备小巧,施工净空要求低,可在净高3.5m以上隧道内、室内及相对狭小的空间内施工。

5.4.3　MJS工法适用范围

MJS工法适用于淤泥、淤泥质土、黏性土、粉土、砂土、砂砾、黄土和填土层等地层中的地基加固、止水帷幕和挡土结构施工。

地下水流速过大时,可能造成尚未凝固的水泥土稀释或流失,影响加固效果。含有大量植物根茎的地基,因喷射流可能受到阻挡或削弱,冲击破碎力急剧下降,切削范围小而影响处理效果。对于含有过多有机质的土层,处理效果取决于加固体的化学稳定性。鉴于上述情况,MJS工法的效果差别大,应根据现场试验结果确定其适用程度。

MJS工法可应用于地基土加固、基坑挡土结构和止水帷幕、敏感建(构)筑物的隔离保护等工程,常应用于以下情况:

(1)邻近已建隧道、既有建筑物、桥梁等重要建(构)筑物和地下管线等变形要求苛刻、施工场地狭小的复杂施工环境中的各类软基加固或止水帷幕施工。

(2)采用水平与倾斜施工,可进行地面无施工条件的各类软基加固或止水帷幕施工,如盾构隧道进出洞地基加固、暗挖隧道开挖面加固和洞壁支护等。

(3)砂性土层中的止水帷幕补强,如超深地下连续墙外侧接缝补强和各类渗漏止水帷幕的修补等。

(4)软土地基中基坑内被动区加固;或形成基坑侧壁的水泥土重力式支挡结构,必要时也可插入型钢等芯材提高其抗弯、抗剪和抗变形能力。由于全方位高压喷射注浆单桩施工时间较长,单桩施工完成时,底部水泥浆液已经初凝,导致芯材插入困难,故宜采用先插芯材后施工全方位高压喷射注浆的形式进行施工。因芯材先行插入土无法涂刷减磨剂,一般情况下不考虑芯材回收。

(5)新建建(构)筑物和隧道的地基基础加固。

根据上海地区的实际施工经验,MJS工法加固体设计直径、强度可参考表5-5和表5-6。

表5-5 MJS工法有效成桩直径

参数	砂土				黏土		
	$N<15$	$15{\leqslant}N<30$	$30{\leqslant}N<50$	$50{\leqslant}N<70$	$c<10$	$10{\leqslant}c<30$	$30{\leqslant}c<50$
标准桩径/mm	2600	2400	2200	2000	2400	2200	2000
提升速度/ $(\text{min}\cdot\text{m}^{-1})$	$40\theta/360°$				$40\theta/360°$		

注:1. 流量为90L/min。

2. N为标准贯入击数,c为黏聚力(kPa),θ为喷射角度(°)。

3. 砂土($N{\geqslant}70$)或黏土($c{\geqslant}50$)的情况下需要通过现场试验确定成桩直径。

4. 砂砾($N<70$)的成桩直径为砂土的90%。

表5-6 MJS工法水泥土强度指标

水泥材料	土质	单轴无侧限抗压强度 q_u
水胶比:1.0	砂土	3.0MPa
	黏土	1.0MPa

5.4.4 MJS工法施工工艺

MJS工法施工工艺如图5-10所示。

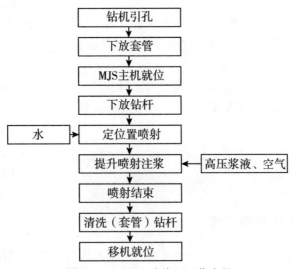

图 5-10　MJS 工法施工工艺流程

1. 桩位放样

根据桩中心设计要求,确定 MJS 工法桩位置,并放线,沿线挖沟槽。

2. 设备就位及引孔

采用主机进行自引孔或其他专用引孔机进行引孔。钻机就位后对桩机进行调平、对中、调整桩机的垂直度,确保成孔中心与桩位一致,偏差不大于 50mm,同步放入外套管;引孔深度大于设计桩深 1~2m,垂直度控制在 1/150 以内。

3. 下放钻杆

检查设备的运行情况,确保主机、高压泵、空压机、泥浆搅拌系统、MJS 管理装置等都能正常工作。在引孔内将 MJS 钻杆逐节下放至设计标高,下放钻杆时需检查每节钻杆的密封圈是否完好;连接各种数据线和各路管线,钻头和地内压力监测显示器连接。管线连接需确保密封,使管内没有空气。如果在钻杆下放过程中下放困难,打开削孔水进行正常削孔钻进。严禁下放困难情况下强行下压钻杆。

4. 参数设置

钻头到达预定深度后,开始校零;然后设定各工艺参数,包括摇摆角度、引拔速度、回转数等等。

5. 喷射

定位置喷射,先开倒吸水流和倒吸空气,在确认排浆正常时,打开排泥阀门,开启高压水泥浆泵和主空气空压机。

6. 喷浆提升

开启高压水泥浆泵,待其逐步增压达到指定压力后,确认地内压力是否正常,正常时才可开始提升。水切换成水泥浆时,压力会自动上升,压力有突变时方可调节压力。施工时密切监测地内压力,压力不正常时,必须及时调整排浆阀大小,把地内压力控制在安全范围以内。喷浆过程应连续进行,不得中断,如遇钻机故障或排泥不畅等因素,应立即停止喷浆。水泥掺合比通常为 30%~40%,提升速度通常在 30~40min/m(圆截面)或 15~20min/m(半圆截面)。

7.钻杆拆卸

当提升一根钻杆后,需把水泥浆切换成水后方可对钻杆进行拆卸。注意在拆卸钻杆的过程中,认真检查密封圈和数据线的情况,看是否损坏。

8.钻机移位

为确保桩顶标高及质量,浆液喷嘴提升至设计桩顶标高以上10cm时,停止旋喷,拆卸钻杆后,需及时对钻杆、高压注浆泵、管路进行冲洗及保养。

5.5 RJP工法

5.5.1 RJP工法加固机理

RJP工法,即超高压喷射(rodin jet pile)工法,是采用超高压水和压缩空气先行切削土体,然后采用超高压水泥浆液和压缩空气接力切削,将土层的组织结构破坏后,混合搅拌这些被破坏的土颗粒和水泥浆液,从而形成大直径的水泥土加固体的方法(见图5-11)。RJP工法对土体进行两次切削破坏,第一次是利用上段超高压水($>$20MPa)与压缩空气($>$1.05MPa)复合喷射流体先行切削土体;第二次是利用下段超高压浆液($>$40MPa)与压缩空气复合喷射流体扩大切削土体,从而形成大直径的加固体。

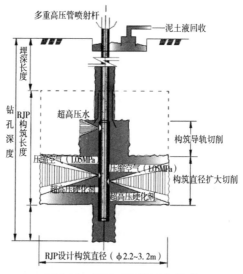

图5-11 RJP工法的工艺原理

5.5.2 RJP工法技术特点

与常规高压喷射注浆技术相比,RJP工法主要具有如下优点:

1.加固体成桩直径大、质量高

常规三重管高压喷射注浆技术以高压水一次切削土体,低压浆液喷出拌和,成桩直径一般在600~1200mm。超高压喷射注浆技术采用超高压水、超高压水泥浆液和压缩空气进行接力联合喷射,可以更高效地施工,且加固质量高,成桩直径可达到 2.0~3.0m(见图 5-12),最大可达 3.5m,同时还可倾斜施工。

2.加固体成桩深度大、垂直度高

常规三重管高压喷射注浆技术成桩深度不超过 30m,RJP 工法喷射注浆成桩最大深度可达到 70m,垂直度可以达到 1/200。

3.可形成多种截面形状的桩体

超高压喷射注浆可采用旋喷、摆喷和定喷的成桩方式,形成桩身截面为全圆、半圆或扇形的加固体。根据工程需求构建多种截面形状的桩

图 5-12 采用 RJP 工法形成的大直径桩体

体,可以提高施工效率、节省工程造价。同时,形成不规则形状的桩体可以避开地下障碍物。

4.对周边环境影响小

超高压喷射注浆施工效率高,排泥量小,减小了对周边环境的扰动。根据该技术在上海国际金融中心等项目的实测(成桩深度约为 50m):施工期间对周边环境的主要影响范围约为 6m,施工期间深层土体的最大侧向位移小于 10mm,地表最大沉降小于 10mm。

5.设备占地面积小,可在场地受限的区域施工

设备占地面积约为 350m²,设备高度约为 2.4m,作业高度在 5m 左右,可紧贴建(构)筑物施工。

5.5.3 RJP 工法适用范围

RJP 工法适用于填土、淤泥、淤泥质土、黏性土、粉土、砂土等地层。腐殖土、泥炭土、有机质土中可能含有影响水泥硬化的成分,应通过试验确定其适用性。此外,对于建筑垃圾填埋土、松散的杂填土等也须通过现场试验确定其适用性。

RJP 工法可应用于建筑工程和市政工程中基坑隔水帷幕、建(构)筑物和隧道的地基加固,也可应用于既有建筑基础加固、港口工程和水利工程防渗墙。常规高压喷射注浆由于成桩直径小、桩身质量离散性较大,止水效果较难控制。RJP 工法成桩直径大,形成的水泥土桩体质量高,因此止水效果比较可靠。RJP 工法常应用于:

(1)基坑新建止水帷幕或已有止水帷幕加深;

(2)深基坑坑底加固或坑中坑支护;

(3)环境保护要求高或场地受限区域的基坑支护,也可与型钢等劲性构件组合形成兼具挡土和止水的复合挡土结构;

(4)深基坑地下连续墙接缝止水补强;

(5)对新建建(构)筑物和隧道的地基加固;

(6)既有建(构)筑物地基基础的补强;

(7)盾构机进出洞口和隧道间旁通道的施工加固;

(8)港口和水利工程中的防渗墙。

RJP 工法加固体的成桩直径可参考表 5-7。根据 RJP 工法在国内工程应用中的检测结果,桩身水泥土 28d 龄期无侧限抗压强度基本达到 1.0MPa 以上,其中砂性土层中形成的桩

身强度高于黏性土层。

表 5-7　RJP 工法有效成桩直径

土质		桩径参考值/mm				
	砂土	$0<N\leqslant15$	$15<N\leqslant30$	$30<N\leqslant50$	$50<N\leqslant75$	$75<N\leqslant100$
	黏性土	$0<N\leqslant1$	$1<N\leqslant3$	$3<N\leqslant5$		
提升速度	15min/m	2800	2600	2400	2200	2000
	20min/m	3000	2800	2600	2400	2200

注:1. N 为标准贯入击数。

2. 黏性土是指 $c\leqslant0.05\mathrm{MN/m^2}$ 的土。

3. 本表所示为 30m 深度内的有效成桩直径,当施工深度超过 30m 时,设计有效成桩直径宜取本表设计有效成桩直径减去 300mm。

5.5.4　RJP 工法施工工艺

RJP 工法的施工工艺如图 5-13 所示。

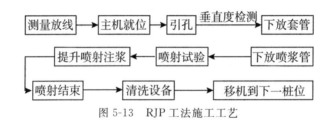

图 5-13　RJP 工法施工工艺

(1)测量放样,并进行检验。

(2)引孔,并进行垂直度检测。垂直度误差不应大于 1/100。当 RJP 工法桩深度大于 30m 且连续搭接作为隔水帷幕时,宜采用套管跟进施工,引孔垂直度偏差不应大于 1/200。

(3)引孔后主机就位,下放钻头,并进行浆、气、水等管路连接,确认管路正常后进行试喷。

(4)分节下放拼装喷浆管,检查钻杆密封圈。

(5)喷浆管达到预定深度后,设置摆喷角度、旋转速度、步进间距、步进提升时间、提升速度等技术参数。

(6)喷射试验,喷射压力不应小于成桩时喷射压力的要求。

(7)提升喷浆管喷射注浆。

(8)喷射结束后清洗设备,移动主机进行下一孔位施工。连续搭接成桩施工时,宜采取跳桩施工,跳桩间隔宜为隔二打一,相邻桩施工间隔时间不宜小于 48h。

第6章　灌　浆　法

　　灌浆，又称注浆，源于不同行业习惯性的称谓，"灌"与"注"在字义上互为解释，"灌浆"或"注浆"两者无本质区别，本书采用"灌浆"术语。

　　灌浆技术就是利用压送装置的外施压力将经拌和且可固结的材料(浆液)通过输送管路系统置入岩体、土体等目标体中，使被灌介质的物理力学性能或化学性质发生改变的一种技术方法总称，包括灌浆机理、灌浆材料、灌浆工艺和灌浆设备。

6.1　概况

　　19世纪20年代，随着硅酸盐水泥的发明，现代意义的灌浆技术开始在英国、法国、美国、德国等国的大坝基础、桥梁基础和房屋建筑基础的加固以及矿井漏水的封堵等方面得到广泛应用。19世纪末20世纪初，化学工业飞速发展，工程师们尝试采用化学浆液进行灌浆并成功应用于工程。到20世纪初，化学浆液灌浆频繁地应用于工程之中，同时将化学浆液与水泥浆液混合形成混合体的双液灌浆也在工程中得到了应用。到了20世纪中叶，随着材料科学的发展，灌浆技术日渐成熟，应用也越来越广，工程建设中越来越离不开灌浆技术。

　　我国灌浆技术的系统研究和大规模应用起步于新中国成立之后，随着建设事业的全面展开特别是水利工程建设的需要，从20世纪50年代起，我国科学家和工程师除了对传统的水泥、黏土类灌浆材料进行应用外，先后开展了对水玻璃、甲基丙烯酸甲酯、丙烯酰胺、脲醛树脂、铬木质素、聚氨酯和环氧树脂等化学灌浆材料的研究与应用。改革开放以后，各类工程建设的蓬勃发展，给灌浆技术带来了前所未有的发展机遇，新的灌浆材料不断涌现，如超细水泥、酸性水玻璃、高强灌浆料、弹性聚氨酯、水性聚氨酯、丙烯酸盐、高渗透环氧树脂、堵漏环氧树脂及聚合物灌浆材料等，各种灌浆工艺及灌浆设备也在不断完善、发展和进步，如微孔灌浆、袖阀管灌浆、脉动灌浆、生物灌浆、MJS工法灌浆、旋搅灌浆、多管灌浆等新工艺、新方法已在工程实际中开始应用，取得了良好的效果。

　　在土木工程领域，水利工程建设是应用灌浆技术较多的行业之一，大坝地基岩体裂隙的封闭、软弱岩体的加固、堤坝的防渗堵漏、坝体结构缺陷的处理等方面无不采用灌浆技术方法。在矿山法施工的各种隧道工程中，灌浆法更是不可或缺的重要技术方法。建筑工程中从新建建筑的地基处理、基础工程、基坑的防渗堵漏、锚杆(索)的锚固到既有建筑物基础不均匀沉降治理、房屋纠偏、基础加固、房屋渗漏水处理、结构缺陷补强及改造等，灌浆技术均发挥着不可替代的作用。

6.1.1 灌浆法分类

灌浆技术在工程应用中的作用基本分为两大类:一是加固,对岩体、土体、基础、结构、锚固等需补强的介质进行加固处理,恢复或提高被灌体的完整性、力学强度以及改变其物理化学性质;二是防渗堵漏,包括各种工况条件下的渗漏水治理及止水,改变被灌体的渗流路径、阻断渗漏水对被保护体的水流侵蚀,改善施工条件、恢复被保护体的使用环境。

根据不同的灌浆要素,灌浆技术方法有如下分类:

(1)根据灌浆压力大小,可分为静压灌浆(灌浆压力≤5MPa)、高压灌浆(5MPa<灌浆压力≤35MPa)、超高压灌浆(灌浆压力>35MPa)。如无特别说明,通常说的"灌浆"指的就是静压灌浆技术。

(2)根据灌浆对象(被灌体)的性质,可分为土体灌浆、岩体灌浆和混凝土缺陷灌浆。本书主要针对土体灌浆和岩体灌浆进行论述。

(3)根据灌浆材料属性,可分为粒状材料(水泥、黏土)灌浆和真溶液材料(化学)灌浆。粒状材料以水泥为代表属无机灌浆材料,在灌浆材料中使用极广的水玻璃浆液因其化学成分为硅酸盐,故本书将水玻璃灌浆材料归到无机材料类中;真溶液材料以高分子材料为代表属有机灌浆材料。

(4)据灌浆材料组分,可分为单液灌浆和双液灌浆。一般单液灌浆材料是指由单一成分的浆液或在单一成分的浆液中外加剂占比不超过10%的灌浆材料;而双液灌浆材料是指由两种或两种成分以上不同性质的材料组成且各种成分混合后可发生物理化学反应的浆液。实际应用中如无特殊说明常指水泥-水玻璃浆液。

(5)根据灌浆机理,可分为渗透灌浆、挤密灌浆、劈裂灌浆和充填灌浆。

(6)根据灌浆目的,可分为固结灌浆、防渗堵漏灌浆、加固灌浆、帷幕灌浆、锚固灌浆。

(7)根据灌浆管路系统,可分为单管灌浆、双管灌浆、三管灌浆、多管灌浆。

(8)根据灌浆管形式,可分为针筒灌浆、钢管灌浆(钢花管灌浆)、钻杆灌浆、袖阀管灌浆。

(9)根据灌浆管的置入方式,可分为钻孔灌浆、打孔灌浆、埋管灌浆、贴嘴灌浆。

(10)根据灌浆装置发生方式,可分为爆破灌浆、气动式灌浆、隔膜式灌浆、往复式灌浆、脉动式灌浆、电动化学灌浆。

(11)根据灌浆部位,可分为全孔灌浆、分段灌浆、孔口灌浆、孔底灌浆。

6.1.2 灌浆技术发展展望

当今社会朝着环境友好、低碳环保、节能减排、安全高效、智能化方向发展,化学、材料学、机械等传统学科领域的不断创新以及计算机、自动化、智能化、互联网等新兴技术领域的快速发展,使得灌浆技术得以更广泛地应用及高速发展。随着物联网技术的实际应用,灌浆技术即将进入一个以5G物联网技术为基础的全新发展时代。

(1)灌浆技术应用信息技术实现灌浆全过程的自控监测。在流量自动控制仪的基础上,基于大数据建立的"灌浆处理数据云管理平台"已经在具体工程中得到应用。该平台是针对灌浆工程中地质状况的不确定性及施工的隐蔽性,为提高工程质量控制和成本控制而设计研发出的一套专门帮助工程管理人员提升灌浆管理信息化水平,实现灌浆质量控制专业化、信息化的管理工具。随着5G物联网技术的普及,灌浆工程全过程控制的信息化、智能化必将得到越来越广泛的应用。

（2）灌浆材料方面，水溶性聚氨酯、无溶剂环氧树脂等环保型化灌材料相继得以研发与应用，弹性环氧树脂和弹性聚氨酯在工程施工缝和结构缝止水、补强灌浆中的应用无疑使灌浆技术在建筑工程中更好地得到应用。

此外，高强度的水玻璃浆液和消除了碱污染的中性、酸性水玻璃浆液，非石油来源的高分子浆液，可注性好的超细水泥浆液也得到了进一步的应用，新兴的无机-有机复合材料研发和应用进展迅速，应用越来越多。微生物诱导产生碳基、钙基等固结材料进行地基处理的微生物灌浆技术也已在工程中得到了有效应用。

（3）灌浆设备方面，轻型、小型化全液压高速钻机投入使用；灌浆设备向专业化、集成化、自动化方向发展的趋势明显；高速搅拌机和各种新型止浆塞和混合器相继研发成功并得到应用；将旋喷原理与深层搅拌原理结合，取长补短，形成了旋搅桩基新设备；MJS 设备基本实现国产化，给更多的高压喷射灌浆工程带来了新的解决方案。

（4）在施工工艺方面取得了长足发展，从单一机理的劈裂（脉状）灌浆、渗透灌浆、挤密灌浆发展到应用多种材料、多种工艺的复合灌浆；从钻杆法、过滤管法发展到双层过滤管法和多种形式的双重管瞬凝灌浆法；从无序灌浆发展到袖阀、电动化学、抽水、压气和喷射等多种诱导灌浆法以及生物灌浆法；应用定向钻进、多孔同时灌浆及增大灌浆段长等综合灌浆方法，缩短了灌浆工期，加快了施工速度。

（5）在灌浆效果检测方面，应用了电探测、弹性波探测、放射能探测等多种检测仪器。

由于灌浆工程属于隐蔽工程，被灌介质具有复杂多样性，灌浆技术还有待于在以下方面继续加强研究：

（1）加强灌浆理论方面的研究，包括灌浆的基本理论、机理、作用与效果和灌浆工程的设计方法等。

（2）开发新型浆材和工艺，进一步研究开发来源广、性价比高、环境友好的浆材，遵循节能减排原则研究开发新型实用的灌浆工艺技术。

（3）开发新型灌浆设备，特别对高效钻孔机具、自动监测纪录、浆液的集中制备与输送、专用灌浆泵及有关的止浆、制浆、输浆等设备进行研究开发。

（4）开发能客观评价灌浆效果的检测仪器和方法，并且使其标准化，利于工程应用。

6.2　灌浆材料与设备

灌入岩（土）体、混凝土缺陷等目标体的，以提高被灌体物理力学性能、恢复被灌体性状、堵塞渗漏水通道等为目的的，可由液相转变为固相的材料，通称为灌浆材料。

灌浆材料从大类上分，可分为以水泥类材料为代表的无机类灌浆材料和以高分子化学材料为代表的有机类灌浆材料。地基处理工程中一般使用无机类（水泥）灌浆材料或无机-有机复合灌浆材料，较少使用有机类灌浆材料。

6.2.1　无机类灌浆材料主要性能

无机类灌浆材料以水泥为代表，主要由基料（水泥）、水、外加剂和其他胶凝材料，按照一定比例配制而成,属颗粒状溶液。依据胶凝材料和所添加的外加剂,目前工程中常用的无机类灌浆材料主要有:①水泥灌浆材料;②超细水泥灌浆材料;③水泥基高强聚合物灌浆材料;④水泥-水玻璃灌浆材料;⑤水泥-膨润土灌浆材料;⑥水泥-粉煤灰灌浆材料;⑦水泥膏浆灌浆材料;⑧水玻璃类灌浆材料等。该类灌浆材料具有来源广、造价低、耐久性强,浆液结石体强度高、抗渗性能好等优点,由于水泥属颗粒状材料,难以注入微细裂隙,其工程应用受到一定的影响。

此类灌浆材料主要性能指标有:

(1)水灰比:浆液中溶剂(水)的质量与主剂(水泥)的比值,反映浆液的配合比。

(2)比重(相对密度):浆液中固体颗粒材料的质量与浆液总体积的比值,反映浆液中主剂含量的指标。

(3)浓度:浆液中固体颗粒材料的质量与浆液质量的比值,反映浆液的稀稠程度。

(4)黏度:度量浆液黏滞性大小的物理量,一般浆液水灰比越大,黏度就越小。材料的细度越高,黏度就越大。

(5)胶凝时间:浆液固结时间的快慢。一般分为初凝时间和终凝时间。

(6)强度:固结体承受外力的能力,是固结体重要的物理力学指标之一。影响结石强度的因素包括原材料、掺合料、水灰比、配合比等。对无机类灌浆材料,工程中抗压强度用得较多。

(7)渗透性:反映固结体的抗渗能力,是灌浆工程一个非常重要的性能指标。

(8)收缩性:反映浆液固结后固结体体积变化。潮湿养护的浆液,不仅不会收缩还可能稍有膨胀,而干燥养护的浆液就可能发生收缩,进而产生微细裂缝,影响灌浆效果。

(9)析水性:反映浆液的泌水性能。析水性大,则浆液在固结过程中过早失水导致固体颗粒过早沉淀,固结体固结不均匀;析水性小,则浆液固结的结石率降低,在固结体中易形成空隙,影响固结体的强度。

(10)分散度:反映浆液的表面吸附能力大小并影响浆液的物理力学性能。一般分散度越高,浆液的比表面积越大,可灌性就越好。

1.水泥类灌浆材料

水泥类灌浆材料以水泥浆液为主,随着灌浆技术的推广应用,辅以膨润土、粉煤灰、硅灰等无机材料与水泥浆液混合,形成复合型水泥灌浆材料。

水泥品种有硅酸盐水泥、普通硅酸盐水泥、抗硫酸盐水泥、铝酸盐水泥和硫铝酸盐水泥等。灌浆工程中应用最普遍的是硅酸盐水泥和普通硅酸盐水泥,尤以普通硅酸盐水泥应用最广。

1)硅酸盐水泥和普通硅酸盐水泥灌浆材料

硅酸盐水泥和普通硅酸盐水泥的化学与矿物组成成分、生产方式、水化特性等基本相同,区别仅在水泥熟料和石膏及混合料(石灰石、粉煤灰、火山灰、矿渣等)的含量、掺量比例不同,反映在个别的物理化学性能上略有差异(如烧失量、不溶物含量、水化反应胶凝时间、强度等方面),而普通硅酸盐水泥因混合料掺比含量大,而混合料的利用可消耗工业废弃物且来源广泛,凝胶体强度较高,因而目前在各类工业与民用建筑工程中被广泛应用,灌浆工程也不例外,目前水泥灌浆浆液大多使用普通硅酸盐水泥。

(1)普通硅酸盐水泥灌浆材料配比。

普通硅酸盐水泥灌浆材料浆液的配比一般用水灰比表示,灌浆工程中常用的普通硅酸盐水泥浆液配比(质量比)见表 6-1,供参考。

表 6-1 普通硅酸盐水泥灌浆材料配比

水灰比	水泥/袋	水/L	制成浆量/m³	备注
0.5：1	24	600	1.000	
0.6：1	22	600	1.026	
0.75：1	19	712	1.029	
1：1	15	750	1.000	以每袋水泥 50kg 计算
1.25：1	13	812	1.029	
1.5：1	11	825	1.008	
2：1	9	900	1.050	

(2)普通硅酸盐水泥灌浆材料性能。

普通硅酸盐水泥浆液在灌浆工程中的性能指标主要有浆液水灰比、黏度、密度、结石率、凝结时间、抗压强度等(见表 6-2)。

表 6-2 普通硅酸盐水泥浆液灌浆材料的基本性能

水灰比	黏度/s	密度/(g·cm⁻³)	结石率/%	凝结时间		抗压强度/MPa			
				初凝	终凝	3d	7d	14d	28d
0.5：1	139	1.86	99	7h40min	12h36min	4.14	6.46	15.30	22.0
0.75：1	33	1.62	97	10h47min	20h33min	2.43	2.6	5.54	11.27
1：1	18	1.49	85	14h56min	24h27min	2.00	2.4	2.42	8.90
1.5：1	17	1.37	67	16h52min	34h47min	2.04	2.33	1.78	2.22

注:1. 采用 42.5 普通硅酸盐水泥;
2. 测定数据为平均值;
3. 强度为 28 天龄期。

2)超细水泥灌浆材料

超细水泥是为弥补硅酸盐水泥(普通硅酸盐水泥)无法灌入较细裂隙或粉细砂层的不足而研制的一种粒度极小的水泥制品,采用干法或湿法工艺对硅酸盐水泥(普通硅酸盐水泥)进行碾磨加工而成,其颗粒最大粒径不超过 $12\mu m$。超细水泥比表面积相当大,因而在细小的裂隙中或粉细砂层中的渗透能力远高于普硅水泥。

水泥细度是反映水泥分散程度和水化活性的重要指标。一般细度越大,比表面积越大,水化速度越快,凝结速度也越快,早期强度越高;但比表面积增大,会导致析出的水量减少,浆液中的水分不易排出,结石体后期强度将受到影响。而且细度的提高是通过不断对水泥颗粒进行碾磨来实现的,会导致生产的能耗增加,相应的成本也大幅增加。因此,水泥细度应控制在一定范围内,并不是越细越好。

(1)超细水泥灌浆材料配比。

由于超细水泥比表面积很大,同等条件下为增加流动性就需增加水的用量,而水灰比增大又会影响结石体的强度,因此在选取超细水泥灌浆材料的水灰比时应根据被灌体的性质,在参照表6-1的常规水灰比基础上,适当增加用水量且控制在一定范围内。为了不影响灌浆后结石体的强度同时又保持超细水泥高渗透的特性,往往需要掺入减水剂来增加浆液的流动性。

(2)超细水泥灌浆材料性能。

由超细水泥制成的灌浆浆液的性能指标主要有浆液水灰比、密度、凝结时间、抗压强度等,以湿磨超细水泥灌浆材料为例,其性能指标如表6-3所示。

表6-3 湿磨超细水泥灌浆材料基本性能

水灰比	黏度 /s	密度/ $(g \cdot cm^{-3})$	凝结时间		抗压强度/MPa			
			初凝	终凝	3d	7d	28d	90d
0.6：1	139	1.71	5h55min	7h10min	16.8	34.2	37.3	37.5
0.8：1	33	1.59	7h2min	8h40min	10.3	20.9	23.5	25.8
1：1	18	1.50	7h53min	9h3min	12.3	20.5	23.1	24.5

超细水泥一般有干法和湿法两种制备方法,干法制备的超细水泥存储和运输条件要求高,易吸潮变质,实际应用时受现场条件影响较大。湿法制备的超细水泥克服了干法制备的上述问题,但湿法制备的超细水泥无法工厂化生产,须在施工现场湿磨,标准控制不及工厂化精准,且制备好的浆液需立即进行灌浆施工。

3)水泥-水玻璃灌浆材料

水泥-水玻璃灌浆材料[也称 CS(cement-silcate)浆液],是以水泥浆液、水玻璃等为主要组分制成的具有胶凝作用的灌浆材料。它是以水泥和水玻璃为主剂,两者按照一定比例采用双液方式注入,必要时加入速凝剂和缓凝剂所形成的灌浆材料。水泥-水玻璃灌浆材料是一种用途极其广泛、使用效果良好的灌浆材料。水泥本身的凝结和硬化主要是水泥水化析出胶凝性的胶体物质引起的,在硅酸三钙的水化过程中产生氢氧化钙:

$$3CaO \cdot SiO_2 + nH_2O \Longrightarrow 2CaO \cdot SiO_2 \cdot (n-1)H_2O + Ca(OH)_2$$

水泥浆液与一定数量的水玻璃浆液混合后发生化学反应,生成具有一定强度的凝胶体-水化硅酸钙:

$$Ca(OH)_2 + Na_2O \cdot nSiO_2 + mH_2O \longrightarrow CaO \cdot nSiO_2 \cdot mH_2O + 2NaOH$$

水泥本身的水解化学反应较慢,而水泥与水玻璃混合后的反应较快。

(1)水泥-水玻璃灌浆材料配比。

水泥-水玻璃灌浆材料浆液配比如表6-4所示。

表 6-4　水泥-水玻璃灌浆材料浆液配比

原料	规格要求	作用	用量
水泥浆液	普通硅酸盐水泥或矿渣硅酸盐水泥	主剂	水泥浆液水灰比常用 0.6:1～1:1
水玻璃	模数:2.4～3.4浓度:30～45°Bé	主剂	水泥浆与水玻璃的体积比为 20%～100%;两者常用的体积比 40%～80% 为最佳
氢氧化钙	工业级	促凝剂	0.05～0.20
磷酸氢二钙	工业级	缓凝剂	0.01～0.03

使用缓凝剂时,必须注意加料顺序和搅拌、放置时间。加料顺序为:水→缓凝剂溶液→水泥。搅拌时间应不少于 5min,放置时间不宜超过 30min。

(2)水泥-水玻璃灌浆材料性能。

水泥-水玻璃灌浆材料是基坑涌水封堵的首选浆材,在灌浆材料中占重要地位,其性能特点如下:

①胶凝时间可控制在几秒至十几分钟范围内,黏度增长曲线具有突变性,反映在浆液从流动性到黏稠静止状态具有突变的特点,有利于封堵较大流量的涌水,但固结体的耐久性较差,封堵后应尽快进行混凝土衬砌等或以普通水泥灌浆材料等进行补灌,形成整体的封堵效果。

②结石率为 100%。

③结石体抗压强度主要取决于水泥浆液的水灰比,并与水玻璃溶液的浓度以及水玻璃与水泥浆液的比例有关,一般结石体的抗压强度较高,可达 5.0～20.0MPa。

④结石体抗渗性能与水玻璃浓度、水泥浆液的体积比等因素有关,总体来看结石体的渗透系数一般小于 10^{-6} cm/s,抗渗压力大于 0.4MPa。

⑤可用于 0.2mm 以上裂隙和 1mm 以上粒径的砂层中灌浆。

⑥材料来源广泛,材料价格较低。

⑦结石体对地下水和环境无污染。

4)水泥-膨润土灌浆材料

水泥-膨润土灌浆材料是以水泥浆液、膨润土等为主要组分制成的稳定型浆液。在特定条件如中粗砂层中地下水水利坡度较大、动水明显等情形下使用水泥-膨润土浆液可弥补普通水泥浆、水泥-水玻璃浆液在动水时易流失的缺陷。

膨润土的主要矿物是蒙脱石,其晶格与晶格之间连接力很弱,水分子可大量进入晶格之间的空隙而产生膨胀,浆液的吸水性极强,在水中可分散搭接成网络结构,并使大量的自由水转变为网络结构中的束缚水,形成非牛顿液体类型的触变性凝胶。它的黏度对于悬浮液体系的稳定性具有重要影响,并与剪切速度变化有关。搅动时,网络结构破坏,凝胶转化为低黏滞性的悬浮液;静止时,恢复到初始凝胶网络结构的均相塑性体状态,黏度逐渐增大。在外力作用下悬浮液与胶体可以互为转化,这就是掺加膨润土后浆液触变性变好的原因,加入膨润土的浆液黏度上升,保水性能提高,触变性能变好,起到防渗和调节固结体变形特性的作用;水泥主要用来形成固结体的最终强度。水泥和膨润土的相互作用使浆液最终形成具有一定强度、抗渗性能良好的固结体,在相同的水灰比下,随着膨润土掺量的增加,抗压强度和抗折强度都减小;而在相同的膨润土掺量下,强度随着水灰比的增大而减小。

(1)水泥-膨润土灌浆材料配比。

水泥-膨润土灌浆材料浆液常用的配比为：水灰比 0.7～1.0,膨润土掺量为水泥质量的 0.5%～5.0%。该灌浆材料可以应用于对强度要求不高的防渗漏工程中,既能防渗又能应对沉降形变。

(2)水泥-膨润土灌浆材料性能。

水泥-膨润土灌浆材料是一种有别于普通水泥浆的水基浆体,具有特殊的物理力学性能,一方面它像泥浆,可以起到固壁作用;同时它还可以自行硬化达到足够的强度和抗渗性。水泥-膨润土灌浆材料性能特点如下:

①泌水较少,整体稳定性较好,灌浆过程中无多余的水析出;

②抗渗性能好,结石体渗透系数一般大于 $1 \times 10^{-6} \sim 1 \times 10^{-7} \, \text{cm/s}$;

③强度等力学性能取决于水泥的水灰比和膨润土的掺入量;

④可用于较大的裂隙或中粗砂层的灌浆;

⑤材料来源广泛,价格适中;

⑥对地下水和环境无污染。

5)水泥-粉煤灰灌浆材料

水泥-粉煤灰灌浆材料是以水泥浆液、粉煤灰等为主要组分制成的稳定型浆液。粉煤灰颗粒呈多孔型蜂窝状组织,孔隙率高达 50%～80%,比表面积较大,具有较高的吸附活性,有很强的吸水性。

水泥-粉煤灰灌浆材料,综合利用水泥的水化作用和粉煤灰的活性,减少了用水量,改善了拌和物的和易性,增强了灌浆材料可灌性,减少了水化热,降低了热能膨胀性,提高了抗渗能力。

(1)水泥-粉煤灰灌浆材料配比。

水泥-粉煤灰灌浆材料常用配比为:水灰比 0.7～1.0,粉煤灰掺量为水泥质量的 5%～40%。

(2)水泥-粉煤灰灌浆材料性能。

水泥-粉煤灰灌浆材料是一种泌水少、整体性好的稳定性浆液,其性能特点如下:

①析水率少,整体性好,浆液稳定;

②粉煤灰掺量增加,则固结体的抗渗性能下降;

③粉煤灰掺量增加,则固结体强度减小;

④材料来源较广,价格适中;

⑤对地下水和环境无污染。

6)水泥膏浆灌浆材料

水泥浆液中掺入混合料形成混合浆液,一般当混合浆液的屈服强度大于等于 20Pa 时称混合浆液为水泥膏浆,常根据混合浆液的流动是否呈蠕动、堆积状,是否呈膏状来进行简易判断。根据外加混合料的不同又分为普通水泥膏浆、快固型水泥膏浆、高触变抗水膏浆和快固型高触变抗水膏浆四种类型。常用的混合料有黏土、膨润土、粉煤灰及特殊的外加剂如铝酸盐、硫铝酸盐水泥、外加剂(减水剂、增稠剂、膨胀剂、速凝剂)等。

(1)水泥膏浆灌浆材料配比。

①普通水泥膏浆灌浆材料配比因膏浆的组成成分不同而略有差异。

a.纯水泥膏浆:水灰比为 0.4～0.5;

b.水泥-膨润土膏浆:水灰比为 0.5～0.8,膨润土掺量为水泥质量的 5%～15%,外加剂适量;

c.水泥-粉煤灰膏浆:水灰比为 0.5～0.8,粉煤灰掺量为水泥质量的 10%～40%,外加剂适量;

d.水泥-黏土膏浆:水灰比为 0.5～0.8,黏土掺量为水泥质量的 5%～15%,外加剂适量;

e.复合膏浆:水泥与其他至少两种掺合料混合而成的膏浆。

②快固型水泥膏浆的组成成分如下。

a.水泥-速凝剂膏浆:水灰比为 0.4～0.5,速凝剂掺量为水泥质量的 5%～15%;

b.硫铝酸盐水泥膏浆:水灰比为 0.5～0.8,外加剂适量;

c.水泥-硫铝酸盐水泥膏浆:水灰比为 0.5,普硅水泥和硫铝酸盐水泥的质量比为 5∶1～7∶1,外加剂适量;

③高触变抗水膏浆:水灰比为 0.6～0.8,高触变抗水膏浆外加剂掺量为水泥质量的 0.5%～1%;

④快固型高触变抗水膏浆:水灰比为 0.6～0.8,高触变抗水膏浆外加剂掺量为水泥质量的 0.5%～1%,速凝剂掺量为水泥质量的 0.05%～0.1%;

(2)水泥膏浆灌浆材料性能。

①普通水泥膏浆屈服强度较大(一般大于等于 50Pa),黏度大(一般大于等于 40s),浆液整体稳定性好,流动性差不易扩散,抗水性能较差,固结时间长(一般初凝时间大于等于 72h)。

②快固型水泥膏浆最大的特点就是浆液固结时间较短(一般初凝时间小于等于 3h),固结后 3d 左右固结体强度达到峰值,后期强度无增加甚至有所减小,主要与速凝剂有关,因此耐久性较差,抗水性能较差。

③高触变抗水膏浆是在普通水泥膏浆的基础上添加水下不分散外加剂而成的具有高触变和抗水性的膏状浆液,整体稳定性一般,固结体强度较高,无收缩,耐久性良好,固结时间较长(一般初凝时间大于等于 8h),水下不分散。

④快固型高触变抗水膏浆是在高触变抗水膏浆基础上添加速凝剂解决高触变抗水膏浆固结慢、初凝时间长的问题,初凝时间小于等于 1h,其他性能与高触变抗水膏浆基本相同。

⑥水泥膏浆由无机材料组成,因此对地下水和环境无污染。

2.水玻璃类灌浆材料

硅酸钠水溶液($Na_2O \cdot nSiO_2$)即工程中称为水玻璃的灌浆材料,因其浆材黏度低,可灌性好,无气味,凝固时间可调节等优点,在工程中被广泛使用,特别是在对基坑渗漏水或涌水、涌泥、涌砂进行封堵等抢险工程中,与水泥复合形成的水泥-水玻璃浆液目前仍然是工程的首选材料。水玻璃的主要成分是硅酸钠,本书将水玻璃归于无机类灌浆材料。

(1)水玻璃类灌浆材料主要以水玻璃(硅酸钠)溶液为主剂,与各种胶凝剂反应生成不溶于水的硅酸凝胶的灌浆材料。根据所使用的胶凝剂的种类,将水玻璃类灌浆材料分为以下三类:

①无机胶凝剂-水玻璃灌浆材料:胶凝剂为中性或碱性无机物,优点是环保性能好,但复合浆液的凝胶体稳定性差、强度不均、凝胶时间不易控制、固结体力学性能差且收缩性较大。

②有机胶凝剂-水玻璃灌浆材料:胶凝剂为有机物,优点是复合浆液的胶凝时间可控,固

结体的力学性能较好且收缩较小,但其存在环保、耐久性、造价等方面的问题。

③酸性水玻璃灌浆材料:为了能使水玻璃浆液在中性或酸性条件下胶凝,使用时先将普通水玻璃酸化,酸化后 pH 值达到 1～2 以内,而后采用碱性胶凝剂使其固化。

(2)无机胶凝剂和有机胶凝剂与碱(中)性水玻璃复合形成的灌浆材料或由于反应不彻底,其凝胶体稳定性差、强度不均、凝胶时间不易控制,或由于环保性能、耐久性能较差等原因,在实际工程中较少得到应用。

(3)虽然存在固结体后期强度衰减且收缩等现象,但水泥-水玻璃浆材材料来源广泛、成本较低,工程应用较为成熟,因此水玻璃类灌浆材料目前在工程上最常用的仍然是水泥-水玻璃浆液。

(4)工程上常用的水玻璃为强碱性材料(pH 值为 11～13),凝胶体有碱溶出、脱水收缩和腐蚀现象,影响了凝胶体的耐久性,碱性溶出物对环境有一定的污染。研究表明,当水玻璃呈酸性或中性时,凝胶体没有碱性物质溶出,凝胶体的收缩小,相应地耐久性高,且无毒,因此,酸性水玻璃灌浆材料近年来在工程中的应用越来越多。

(5)酸性水玻璃。在普通(碱性)水玻璃中加一定浓度的酸性材料,可使浆液的 pH 值降低,胶凝时间随酸度的增加而缩短,达到临界值时胶凝时间最短。一般这个临界值的 pH 值在 7.5 左右,过了此临界值后,随着酸性材料的增加胶凝时间反而增加;当 pH 值为 1～2 时,胶凝时间最长,此时浆液最稳定、不易自凝;pH 值低于 1 则浆液胶凝时间又会缩短。根据水玻璃浆液的这一特点,把 pH 值在 1～2 的水玻璃浆液称为酸性水玻璃灌浆材料。在该种酸性水玻璃(pH≤2)中,加入一定的碱性胶凝剂如碳酸氢钠、氢氧化钠等做胶凝剂,浆液在中性或弱酸性范围内发生胶凝,生成凝胶体。

(6)酸性水玻璃灌浆材料性能。

①浆液初始黏度低,仅有 1.5～2.5mPa・s,可灌性好,可灌入微细裂隙及粒径 0.05mm 以下的粉细砂中,强度较高;

②浆液抗渗性能好,渗透系数可达 10^{-10}～10^{-8}cm/s 级;

③浆液能控制在中性或弱酸性范围内胶凝,胶凝时间的长短可根据需要进行调节;

④浆液的凝胶体不含重金属或其他有毒物质;

⑤固结过程中析出物较少,固结体稳定,耐久性良好;

⑥当为强碱性环境时(pH 值大于 10),酸性水玻璃灌浆材料的固结体的耐久性降低,因此应用时应特别注意使用环境。

6.2.2 有机(化学)类灌浆材料

由于化学灌浆材料属有机类化学材料,受价格、环保、耐久性等因素影响,在建筑工程中一般在混凝土缺陷修复、加固补强、防渗堵漏、应急抢险等情形下使用化学灌浆材料。只有特殊情形下,进行地基处理或土体加固如溶(土)洞、采空区充填等工程施工时才使用化学灌浆材料。有关化学灌浆材料的性能请参考相关资料,鉴于在地基处理工程中较少使用此类材料,本书不作详细介绍。

6.2.3 灌浆新材料

随着材料科学的不断发展,各种绿色环保、满足不同目的和要求的灌浆新材料在工程实践中不断涌现出来。下面介绍其中几种已在工程中得到较多应用、证明行之有效的具有一定代表性的灌浆新材料。

1.水泥基高强灌浆材料

水泥基高强灌浆材料是以水泥作基料,以高强度材料(石英砂、金刚砂等)作骨料,辅以高性能聚羧酸减水剂、复合膨胀剂、矿物流平剂、早强剂、防离析剂等材料按比例计量混合而成,现场按产品规定比例加水或配套组分拌合即可使用,具有高流动度、早强、高强、微膨胀、无收缩等特性。

灌浆材料中不含铁离子和氯离子,浆料可自流,能够在无振捣的条件下自动灌注狭窄缝隙,适应诸如复杂结构、密集布筋及狭窄空间的浇注与灌浆。

(1)胶凝材料:高标号水泥(硅酸盐水泥、普通硅酸盐水泥等)、粉煤灰、矿粉、微硅粉等;

(2)膨胀剂:石膏、硫铝酸钙类、氧化钙类、硫铝酸钙-氧化钙类;

(3)早强剂:硫酸钠、碳酸锂等各种早强剂;

(4)减水剂:萘系减水剂、密胺系减水剂、聚羧酸减水剂等高效减水剂;

(5)增稠保水剂:低黏度的纤维素醚、可再分散乳胶粉等;

(6)骨料:石英砂、金刚砂、高硬度机制砂等。

水泥基高强灌浆材料按流动度可分为Ⅰ类、Ⅱ类、Ⅲ类和Ⅳ类四类,浆液主要技术指标应符合行业标准《水泥基灌浆材料》(JC/T 986—2018)的要求(见表6-5)。

表6-5　水泥基灌浆材料主要技术指标

类别		Ⅰ类	Ⅱ类	Ⅲ类	Ⅳ类
最大集料粒径/mm			≤4.75		>4.75且≤25
截锥流动度/mm	初始值	—	≥340	≥290	≥650
	30min	—	≥310	≥260	≥550
流锥流动度/s	初始值	≤35	—	—	—
	30min	≤50	—	—	—
竖向膨胀率/%	3h		0.1～3.5		
	24h与3h的膨胀值之差		0.02～0.50		
抗压强度/MPa	1d	≥15		≥20	
	3d	≥30		≥40	
	28d	≥50		≥60	
氯离子含量/%			<0.1		
泌水率/%			0		

水泥基高强灌浆材料主要特性如下：

(1)早强、高强，1～3天抗压强度可达20～60MPa。

(2)自流性高，不泌水，无外力作用下30min内保持可自流状态。

(3)具有微膨胀性能，无收缩现象。

(4)黏结强度高，与圆钢握裹力不低于6MPa。

(5)自密实、防渗和防冻融。

(6)属无机胶结材料，抗侵蚀、耐冲刷，具有良好的抗硫酸盐和抗污水侵蚀性能，有较强的抗冲刷性。

(7)耐久性好，含碱量低，可有效防止碱-集料有害反应；与水泥、混凝土的耐久性一致。

(8)可在环境温度为-10℃至40℃条件下进行施工。

2.非水反应高聚物灌浆材料

自膨胀高聚物灌浆材料实为非水反应的双组分发泡聚氨酯类高聚物材料，通常为油溶性聚氨酯，由主剂和各种助剂复配而成。双组分主剂主要为异氰酸酯和聚合物多元醇，助剂主要包括催化剂、扩链剂、阻燃剂、泡沫稳定剂、增塑剂、溶剂等。严格意义上此类灌浆材料应属于聚氨酯类灌浆材料，但因其无需水参与反应的特点，故将这种双组分发泡聚氨酯灌浆材料单独列出。

与水反应聚氨酯不同的是它不需要水作为催化剂，它属于非水反应类聚氨酯灌浆材料或高聚物灌浆材料。当两种组分接触后，立即发生化学反应，快速膨胀，它能在数十秒内膨胀数十倍，灌浆后10分钟高固化反应结束，膨胀力趋于稳定，形成硬质泡沫体。

通过改性预聚体亲水组分，可获得发泡非水反应高聚物，不受水的影响。具有较强的自膨胀性。通过向被灌介质灌入双组分高聚物浆液(专用树脂和固化剂)，利用两种浆液发生聚合化学反应后迅速膨胀并固化成泡沫状固体的特点，实现填充、挤密、封堵、加固的目的。高聚物灌浆材料的膨胀性能与环境压力、反应时间及周围介质的约束能力等因素有关。

非水反应的聚氨酯类高聚物灌浆材料不含水，不会产生收缩现象。高聚物固结体具有很好的柔韧性，弹性较好，不易开裂，抗拉强度和抗压强度比较接近，并具有较好的抗渗性。其主要技术特点如下：

(1)适应性强：无需水参与聚合反应。

(2)轻质：固结体自重较轻，其密度不到水泥浆或沥青材料的10%，属轻质材料。

(3)高膨胀性：聚合反应后固结体体积可自膨胀至20倍以上。

(4)早强：聚合反应后固结体可在15分钟内达到其最终强度的90%。材料具有良好的弹性和柔韧性，具有较高的抗拉强度。根据工程目的固结体的强度和密度可通过添加外加剂进行调节。

(5)防水：固结体具有良好的防水性能。

(6)耐久：封闭环境下固结体的耐久性和稳定性非常强。

(7)环保：对环境无污染。

3.水下不分散灌浆材料

水下不分散灌浆材料是以高强硅酸盐水泥为基体，以高性能聚合物为主要改性成分的多用途水泥基复合材料。聚合过程主要是将以絮凝剂为主的水下不分散剂加入高强硅酸盐水泥中，使其与水泥颗粒表面产生离子键或共价键，起到压缩双电层、吸附水泥颗粒和保护水泥颗粒的作用。同时,水泥颗粒之间、水泥和聚合物之间,可通过絮凝剂的高分子长链的"桥架"作用,使浆液形成稳定的空间柔性网络结构,在其他外加剂(主要有高效减水剂、早强剂、膨胀剂、缓凝剂以及矿物掺和料等)的共同作用下,浆液的黏聚力提高,浆液的分散、离析受到限制,避免了水泥成分的流失。

水下不分散剂主要有水溶性丙烯酸类和水溶性纤维素类两大类。若在灌浆材料中添加减水剂,则应考虑絮凝剂与减水剂的相容性,两者的相互排斥对水下不分散灌浆材料的黏聚性和流动性有较大的影响。根据工程需要,可在水下不分散灌浆材料中掺加粉煤灰、硅灰、膨润土、矿渣等掺合料,以进一步提高灌浆料的抗分散性以及力学性能。

水下不分散灌浆材料具有很强的抗分散性和较好的流动性,在水下浆液可自流平、自密实,具有流动性好、微膨胀、水中不分散、与界面的黏结力强等特点,固结体在水下性能稳定,有一定韧性。广泛用于水环境(淡水、海水、泥浆水)中的灌浆施工、浇筑施工,以及一些水下构筑物的修补及加固施工。水下不分散灌浆材料的抗压强度与在非水下同样配比的灌浆材料相比要低,一般只有非水下的 70% 左右。采用水下不分散专用(外加剂)配制的灌浆水泥、灌浆料、自密实混凝土,不腐蚀钢筋,不污染施工水域,无毒害。

无论是采用纤维素类还是丙烯酸类作为抗分散的主剂,大多针对的是静水环境中或者水流速度很小的情况,当水流流速较大时,这些抗分散剂的抗分散效果一般,若单一提高抗分散剂掺量,会因浆液的黏度增大而可灌性降低,同时也会使浆液的凝结时间延长,水泥颗粒流失量反而增大,固结体强度也降低。因此,需对一定流速下的高效抗分散剂以及适合高压、高水流速下抗分散剂进行进一步研究,以适应工程的相关要求。

4. 聚氨酯-水玻璃复合灌浆材料

聚氨酯-水玻璃灌浆材料由多元异氰酸酯或聚氨酯预聚体与水玻璃及其他助剂组成,常温下两种组分按比例均匀混合,即可反应得到聚氨酯-水玻璃复合灌浆材料。

聚氨酯材料黏度相对低、凝胶时间可控,固化物导热系数低、耐化学性好,而水玻璃是一种可溶性的硅酸盐类,具有较强的黏结力,抗酸性、耐热性好,来源广泛,价格较低,无毒、对环境友好。聚氨酯和水玻璃均属真溶液,具有很好的可灌性,且固结快、胶凝时间可控。

聚氨酯-水玻璃复合灌浆材料不仅可以降低聚氨酯浆液的反应温度,又能提高水玻璃浆液的固结强度和耐久性。两者组成的复合灌浆材料力学性能较好,固结体抗压强度可达40MPa以上,比单纯的聚氨酯灌浆材料成本降低了约 1/3,两种材料的不足得到了弥补。

5. 水泥-化学浆液复合灌浆材料

常用的以水泥浆为代表的颗粒状灌浆材料来源广泛、价格较低、固结体强度高、用途较广,是地基处理、充填等工程首选的灌浆材料,但其可灌性一般、固结较慢、早期强度较低、动水条件下易被稀释;而化学灌浆材料属真溶液,可灌性良好、固结时间可控、与被灌体界面黏结力强,但化学灌浆材料的有机属性决定了其来源依靠石油化工产品,价格较高,对环境不友好,在一定条件下耐久性差。若将水泥(无机)类灌浆材料与化学(有机)类灌浆材料进行有效的复合,形成复合浆液,利用水泥浆材来源广泛、成本低、后期强度高、耐久性好等优点以及化学浆材可灌性好、固结快等特点,将两者复合形成无机-有机(水泥—化学浆液)复合灌浆材料,发挥各自的优势,无疑具有较好的应用前景。

(1)水泥-水玻璃复合灌浆材料是最早也是应用最广的水泥-化学复合灌浆材料(现在基本已将水玻璃视为无机材料);近年来,新型的水泥-化学复合灌浆材料在工程中应用越来多,如水泥-丙烯酸盐复合灌浆材料、水泥-聚氨酯复合灌浆材料、水泥-水玻璃-聚氨酯复合灌浆材料、水泥-乳化沥青复合灌浆材料、水泥-环氧树脂复合灌浆材料等。

（2）水泥-丙烯酸盐复合灌浆材料是将适量的丙烯酸盐浆液加入水泥浆中混合而成。水泥浆的强碱性和部分成分对丙烯酸盐的聚合有很大的促进作用,可使复合浆液发生速凝,凝胶固化可在几秒之内完成,固结体抗压强度可达数十兆帕并且具有弹性。由于丙烯酸盐凝胶填充了水泥石的微观孔隙,固结体的抗渗性以及与界面的黏接性能都得到提高。基于以上优点,水泥-丙烯酸盐复合灌浆材料近年来在工程中得到了较广泛的应用。

（3）水泥-聚氨酯复合灌浆材料由多元异氰酸酯或聚氨酯预聚体与水泥按一定比例,附加其他外加剂混合而成。水泥浆液的特点是颗粒状材料,强度较高,凝胶固结时间较长,可灌性较差,无污染;聚氨酯浆液的特点是真溶液,可灌性良好,胶凝反应时间可控,浆液遇水可膨胀至数倍于自身的体积,形成的固结体具有一定的柔韧性,耐低温,抗渗性能好,在界面处具有良好的黏接性。

这些水泥-化学浆液复合灌浆材料的一个共同特点是以水泥为主,结合工程的特点和需要,与不同的化学浆材进行复合,从而形成新的水泥-化学浆液复合灌浆材料。复合后灌浆材料形成的固结体固化快且可控,固结体的柔韧性和弹性都有所增加,与界面的黏结力增强,改善了固结体的物理力学性能,可满足工程的不同需求。

6.2.4　灌浆材料的应用

采用灌浆法处理工程问题时,在灌浆材料的选择上应将技术可行、经济合理、安全环保等因素综合起来考虑,即首先应考虑所选的灌浆材料是否能解决工程中的问题,其次考虑材料的价格因素以及是否对人体健康有影响、是否满足环保要求等因素。因此,灌浆施工时应根据灌浆材料的属性、灌浆的目的、受灌的部位以及现场的各种条件来选用灌浆材料。

1.无机类灌浆材料的适用范围

以水泥为代表的无机类灌浆材料(水玻璃除外)基本属于颗粒状溶液,此类浆材来源广泛、价格低、对人体健康无伤害、环保性能好,固结体强度与原材料性质相关,耐久性好;相对于有机类灌浆材料,无机类材料的可灌性差、析水性大、稳定性差、易收缩、易被水稀释、与界面黏结力较低、凝胶慢且不可控。

无机类灌浆材料在建筑工程中的适用范围见表6-6。

表6-6　无机类灌浆材料适用范围

材料属性	材料名称	适用范围
纯水泥灌浆材料	硅酸盐水泥浆液 普通硅酸盐水泥浆液	(1)基坑止水帷幕;(2)卵(砾)石层防渗止水;(3)软土地基加固;(4)中粗砂层地基固结;(5)卵砾石层地基土体固结;(6)基础脱空、溶(土)洞及采空区填充、加固;(7)灌注桩桩底、桩身缺陷处理;(8)锚杆(索)锚固端固结加固;(9)灌注桩后灌浆处理;(10)破碎基岩固结;(11)宽度大于0.2mm基岩裂缝处理;(12)坍塌、涌泥、涌砂等工程险情处置
	超细水泥浆液	(1)粉细砂层地基土体固结;(2)宽度小于0.2mm岩体微细裂缝处理;(3)灌注桩桩身微细裂缝缺陷处理

续表

材料属性	材料名称	适用范围
水泥复合灌浆材料	水泥-水玻璃浆液	(1)基坑止水帷幕;(2)卵(砾)石层防渗止水;(3)支护桩桩间止水;(4)溶(土)洞及采空区填充、加固;(5)快速封堵涌水、涌泥、涌砂等工程险情处置
	水泥-膨润土浆液	(1)在中粗砂层存在动水时防渗堵漏;(2)卵(砾)石层防渗止水
	水泥-粉煤灰浆液	(1)在中粗砂层地基土体固结;(2)中等开度的基岩裂隙封闭;(3)溶(土)洞及采空区填充、加固
	水泥膏浆浆液	水流较小时封堵开度较大的基岩裂隙或卵(砾)石层中防渗堵漏
水玻璃类灌浆材料	碱性(无机、有机)水玻璃浆液、酸性水玻璃浆液	(1)基坑的防渗堵漏;(2)粉细砂层地基土体固结与加固;(3)中粗砂层地基土加固

2.灌浆新材料的适用范围

在传统的灌浆材料基础上发展起来的新型灌浆材料,克服了传统材料的不足或者拓展了使用功能,近年来在工程建设中得到了越来越多的应用,效果良好,尤其在一些特殊条件下的灌浆工程中发挥了重要作用。

灌浆新材料在建筑工程中的适用范围见表6-7。

表 6-7 灌浆新材料适用范围

材料属性	材料名称	适用范围
水泥基高强灌浆材料	水泥基高强灌浆液	(1)建筑浅基础加固;(2)建筑混凝土结构梁、板、柱补强加固与抢险固结;(3)承重的混凝土结构缺陷快速补强修复;(4)锚杆(索)锚固端固结加固;(5)施工缝、变形缝缺陷修复;(6)钢结构(钢架、钢柱等)与混凝土结构连接处加固处置
非水反应高聚物灌浆材料	非水反应高聚物浆液	(1)房屋地基基础脱空填充加固;(2)坍塌、涌泥、涌砂等工程险情处置;(3)软土地基固结加固;(4)建筑物纠偏顶升;(5)溶(土)洞及采空区填充、加固;(6)混凝土结构防渗堵漏;(7)施工缝、变形缝防渗堵漏;(8)基岩裂隙防渗堵漏
水下不分散灌浆材料	水下不分散灌浆液	(1)封堵基坑涌水等工程险情;(2)建筑地基基础加固处理;(3)地下室混凝土底板空鼓填充封闭、防水堵漏;(4)水下构筑物的修补及加固;(5)溶洞及采空区填充、加固
聚氨酯-水玻璃灌浆材料	聚氨酯-水玻璃浆液	(1)快速封堵基坑涌水、涌泥、涌砂等工程险情;(2)施工缝、变形缝渗漏水堵漏;(3)地下室混凝土结构底板、侧墙渗漏水堵漏;(4)溶洞及采空区填充、加固;(5)混凝土结构裂缝渗漏水堵漏;(6)基岩裂隙渗漏水堵漏
水泥-化学浆液复合灌浆材料	水泥-化学浆液复合灌浆料	(1)快速封堵基坑涌水、涌泥、涌砂等工程险情;(2)地基土体加固;(2)施工缝、变形缝渗漏水堵漏;(3)地下室混凝土结构底板、侧墙渗漏水堵漏;(4)溶洞及采空区填充、加固。(5)混凝土结构裂缝渗漏水堵漏;(6)灌注桩后灌浆;(7)基岩裂隙渗漏水堵漏

3.根据灌浆目的选用灌浆材料

根据灌浆的目的、灌浆的对象(受灌体)不同,在工程中使用的灌浆材料也不同(见表6-8)。用于地基处理、基础加固、基坑止水、锚杆(索)灌浆、工程抢险等工程的灌浆材料主要以水泥为代表的无机类材料为主。

表 6-8　岩土体不同目的灌浆材料的选择

灌浆目的	受灌体	适用范围
止水帷幕	卵砾石层	(1)水泥浆液;(2)水泥-水玻璃浆液
防渗堵漏	粉细砂层	(1)超细水泥浆液;(2)水玻璃浆液
	中粗砂层	(1)水泥浆液;(2)水泥-水玻璃浆液;(3)水泥-膨润土浆液
	卵砾石层	水泥膏浆
	基岩裂隙、基岩破碎带	(1)水泥浆液;(2)环氧树脂浆液;(3)聚氨酯浆液;(4)丙烯酸盐浆液;(5)聚氨酯-水玻璃浆液;(6)水泥-化学浆液
填充	基础脱空	(1)水泥浆液;(2)水泥-水玻璃浆液;(3)水泥-粉煤灰浆液;(4)非水反应高聚物浆液;(5)脲醛树脂灌浆浆液;(6)酚醛树脂灌浆浆液;(7)水下不分散灌浆浆液
	溶(土)洞及采空区填充、加固	
加固固结	锚杆(索)锚固端	(1)水泥浆液;(2)水泥基高强灌浆液;(3)环氧树脂类浆液
	软土、中粗砂、卵砾石	(1)水泥浆液;(2)水泥-粉煤灰浆液;(3)水玻璃浆液;(4)水泥-化学浆液
	粉细砂	(1)超细水泥浆液;(2)水玻璃浆液
	基岩破碎带、基岩裂隙	(1)水泥浆液;(2)环氧树脂浆液;(3)聚氨酯浆液;(4)丙烯酸盐浆液;(5)甲基丙烯酸甲酯(甲凝);(6)水泥-化学浆液
工程抢险	基坑坍塌、涌水、涌泥、涌砂	(1)水泥浆液;(2)水泥-水玻璃浆液;(3)聚氨酯浆液;(4)丙烯酸盐浆液;(5)非水反应高聚物浆液;(6)水下不分散灌浆浆液;(7)聚氨酯-水玻璃浆液;(8)水泥-化学浆液

6.2.5 灌浆设备

灌浆设备与灌浆工艺密切相关,不同的灌浆机理对应不同的灌浆工艺,对岩(土)体的灌浆工艺大多采用地质钻机成孔,在压力泵压力作用下将拌合好的浆液通过灌浆管系统灌入被灌体中。

对岩(土)体灌浆,设备基本由钻机、灌浆泵、制浆装置和耐压输浆管组成。

钻孔设备概况如表 6-9 所示。

表 6-9 灌浆用钻孔设备概况

名称	用途
气(电)动凿岩机	坚硬岩石成孔
地质钻机(50 型/100 型/150 型/300 型)	岩(土)层成孔
钻灌一体机	成孔与灌浆
单管旋喷机	成孔与旋喷灌浆
双管旋喷机	成孔与旋喷灌浆
三管旋喷机	旋喷灌浆
MJS 灌浆机	旋喷灌浆
锚杆(索)钻机	锚杆(索)成孔
气动潜孔锤	岩石成孔、锚杆(索)成孔

灌浆泵系列概况如表 6-10 所示。

表 6-10 灌浆泵系列概况

名称	用途
泥浆泵	水泥浆液及灰浆浆液灌浆
高压泥浆泵	单管、双管旋喷
高压清水泵	三管旋喷、MJS 旋喷
双液灌浆泵	水泥-化学浆液灌浆
砂浆泵	水泥砂浆灌注
膏浆泵	膏浆灌浆
小型混凝土输送泵	充填泵送混凝土

6.3　灌浆原理

地基基础工程中灌浆浆液在地下复杂的岩土体中运动,灌浆过程中浆液内部以及浆液与岩、土层混合后也同时发生着复杂的物理、化学的反应,且岩土体的非均质、各向异性性质,难以精准地模拟反映灌浆过程中浆液的运动规律和扩散过程,因而现阶段灌浆理论方面的研究相对滞后于工程实践。

现有灌浆理论主要研究在外力作用下,浆液在岩土体孔(裂)隙中的流动规律,并揭示浆材与岩土体以及工艺之间的相互关系。因此,流体力学、岩石力学、土力(质)学、工程地质学、化学等基础知识构成了灌浆理论和灌浆加固机理研究的基础,在此基础上衍生出了岩土地基基础灌浆的基本原理。

6.3.1　灌浆的理论基础

灌浆是一个复杂的过程,对灌浆技术的研究和应用涉及与其关系密切的一些基础学科,主要包括流体力学、岩石力学、土力学、工程地质学以及化学等。本章对主要的几个基础学科作简单的说明。

1. 流体力学

流体力学是研究流体(包括气体和液体)的运动规律的一门学科。灌浆中,不论是无机材料类浆液还是有机材料类浆液均为液体,其运动规律遵循流体力学理论的一般规律。浆液基质一般在黏性与黏-塑性之间发生变化,灌浆载体一般在弹性与塑性之间发生变化,灌浆的实现过程就是这两者之间变化的组合和调整。

2. 岩石力学及土力学

灌浆过程中被灌介质主要包括土体和岩体两大类,岩(土)体的裂(孔)隙的力学性质及结构特征对浆液的可灌性影响非常大,岩土体孔隙或裂隙是浆液流动的通道。由于岩土体结构的非均质性和各向异性,受力后反应差异较大,从而产生不同的灌浆效果,因此,对岩土体结构及力学的研究是整个灌浆理论的基础。现阶段学术界主要存在以下几种介质理论:多孔介质理论、拟连续介质理论、裂隙介质理论和孔隙和裂隙双重介质理论。

浆液灌入岩土体后与被灌介质发生物理化学反应,因此除力学因素外,有关岩质与土质对灌浆效果的影响亦极为重要。

3. 工程地质学

针对灌浆工程而言,工程地质学的任务是调查、研究和解决与灌浆工程建设有关的地质问题,特别是评价各类工程建设场区的地质条件,预测在工程建设作用下地质条件可能出现的变化和产生的作用,为保证工程的合理设计、顺利施工和正常使用提供可靠的科学依据。

4. 化学

化学是灌浆所涉及的各个基础学科交叉联系的纽带,基础化学和材料化学更是灌浆的重要理论基础。涉及灌浆的化学包括高分子化学、结晶化学、胶体化学、无机化学、有机化学以及物理化学等的各个方面:化学结合、表面活性反应、吸附与黏结、聚合与分解、外加剂的促进与减缓作用等。

6.3.2　浆液流变性的基本理论

选择合适的灌浆材料是灌浆工程的重要环节,不论是无机材料类浆液还是有机材料类浆液,均为液态。灌浆浆液在岩土体中的运动规律遵循流体力学理论的一般规律。

1. 牛顿流体

牛顿流体,指的是剪应力(τ)与剪切率($\frac{\mathrm{d}v}{\mathrm{d}r}$)之间满足牛顿剪切定律的流体,如图 6-1 所示。

牛顿流体用公式表示如下:

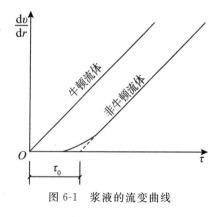

图 6-1　浆液的流变曲线

$$\tau = \eta \frac{\mathrm{d}v}{\mathrm{d}r} \tag{6.3.1}$$

式中，η 为黏滞系数，又称动力黏度，简称黏度，单位为 Pa·s。黏度仅与流体的温度和压力有关，且主要与温度有关，与流体的运动状态没有关系。这也是化学灌浆时对环境和浆液温度有要求的原因所在。

实践表明，气体和低分子量的液体及其溶液都是牛顿流体。

2. 非牛顿流体

能满足牛顿剪切定律的流体只是一些分子结构简单的流体，自然界的大部分流体，并不满足牛顿剪切定律，这类流体统称为非牛顿流体。

非牛顿流体的剪应力也可以表示为剪切率的单值函数

$$\tau = f\left(\frac{\mathrm{d}v}{\mathrm{d}r}\right) \tag{6.3.2}$$

但 τ 与 $\frac{\mathrm{d}v}{\mathrm{d}r}$ 之间的函数关系是非线性的，甚至是时间的函数。非牛顿流体最大的特点是黏度与流体自身运动有关，不再是物性参数。非牛顿流体种类繁多，τ 与 $\frac{\mathrm{d}v}{\mathrm{d}r}$ 之间的关系也非常复杂。非牛顿流体可以简单地分为非时变性非牛顿流体、时变性非牛顿流体、黏弹性流体。

在非牛顿流体中，最重要也是灌浆工程中常见的，是宾汉姆(Bingham)理想塑性流体模型，用下式表示

$$\tau = \tau_0 + \mu \frac{\mathrm{d}v}{\mathrm{d}r} \tag{6.3.3}$$

式中，μ 为塑性黏度。

宾汉姆流体最大的特点是存在屈服应力 τ_0，只有当 τ 超过 τ_0 时，流体才会流动，体现出可塑性。此时，流体流动表现出的剪应力与剪切率成正比，等同于牛顿流体。产生这种现象的原因是，宾汉姆流体内含有某些粒子或者大分子，它们在静止的状态时形成了一种微结构，只有剪应力足以破坏这种微结构时，流动才会开始。流动一旦开始，就具有牛顿流体的行为。

一般认为，水泥浆较稀时为牛顿流体，当水灰比降至某一临界值后，则是非牛顿流体。黏土、膨润土、黏土水泥浆等无机浆液，一般为非牛顿流体。大多数化学浆液在配制初期都属于牛顿流体，但是化学浆液的黏度一般会随着时间的延长而逐渐增加，故而在一段时间后又体现出非牛顿流体的特性。

6.3.3 灌浆机理

地基处理中灌浆的对象主要是土体和岩体两大类，灌浆材料有无机材料、有机材料和复合材料，灌浆材料按配比制成的浆液在压力作用下主要在土体的孔(空)隙和土颗粒间、岩体的裂隙和破碎带中运动，灌浆结果是提高了被灌体的力学性能或改变了被灌体的渗流路径，改善了被灌体的物理化学性能。因此，灌浆技术涉及工程地质学、土力学与土质学、岩石力学、结构力学、无机化学、有机化学、流体力学、渗流力学以及相应的建筑工程、水利工程、铁路工程、公路工程、地质工程等基础学科专业知识，这些基础知识构成了灌浆理论和灌浆机

理研究的基础。

浆液在被灌体中的运动机理主要受三方面因素影响:①被灌体的物理、化学性质,如介质的几何形态、均匀性、密实性、渗透性、内聚力、孔隙率、裂隙率、结构、构造以及土质、岩质、化学成分等。②浆液自身的物理、化学性质,如浆液的化学成分、密度、黏度、粒度、比重、黏滞性、压缩性、膨胀性以及流变性、触变性等。③外界条件,如灌浆压力、环境温度、灌浆工艺等。

1. 土体灌浆机理

土体由固体土颗粒以及赋存于土颗粒骨架之间孔隙中的液体与气体组成,土体灌浆即是在压力作用下浆液将孔隙中的液体、气体置换排出占据其位置或挤压固体颗粒促使土颗粒位置发生变化重新排列组合,浆液固结后最终与土体构成新的组合体,形成新的土体结构。理论上,土体均具有渗透性,但实际土体中由于土颗粒的粒度、密度、密实度、孔隙率、饱和度、级配以及化学成分等存在较大差异,因此土体的渗透性能差异较大。有的土体渗透性良好,如碎石土、砾石、砾砂、粗砂;有的土体有一定的渗透性,如中砂、细砂;有的土体渗透性较差,如粉细砂、粉砂;有的土体渗透性极差,如粉土、粉质黏土、黏性土。因此,在渗透性好的土体中灌浆,浆液以渗透方式在土体中运移。在有一定渗透性或渗透性较差的土体中灌浆,浆液的渗透受阻,在灌浆压力作用下浆液对土颗粒表面的冲击使得土颗粒发生位移变化形成挤压,浆液以挤密方式在土体中运移。在渗透性极差的土体中灌浆,浆液不仅无法渗透而且因土颗粒间黏聚力大土颗粒也无法发生位移变化,在灌浆压力作用下浆液对土颗粒表面的冲击对土体产生剪切破坏,浆液以劈裂方式在土体中运移。这三种灌浆浆液在土体中的运移方式就形成了土体的灌浆机理,渗透灌浆机理、挤密灌浆机理、劈裂灌浆机理分别如图 6-2、图 6-3、图 6-4 所示。

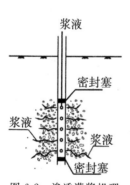

图 6-2 渗透灌浆机理

图 6-3 挤密灌浆机理

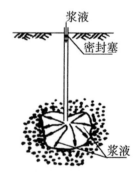

图 6-4 劈裂灌浆机理

1)渗透灌浆机理

理论上,灌浆浆液在土颗粒骨架粒间孔隙中进行运移,将孔隙中的水和气置换排出,孔隙由浆液填充,浆液固结后将土颗粒骨架间黏接成完整的固结体,起到土体加固与止水的作用。浆液在渗透过程中,土体结构基本不受扰动或破坏,土颗粒粒间距离基本不变,符合流体在多孔介质中的渗流特征。

浆液从灌浆管中进入地层有两种方式:①浆液从灌浆管管底流出进入土体;②浆液从灌浆管侧壁预留的灌浆孔流出进入土体。

(1)球状渗透。理想状态下,假定:土体是连续的、均质各向同性的半无限体;灌浆浆液为牛顿流体,浆液渗流服从达西定律;出浆口在灌浆管底部管口;地下水无动水压力;浆液密度与水相同;浆液黏度不变。浆液以出浆口为中心向前后、左右、上下方向渗透进入地层,浆液以出浆口为圆心在地层中呈球状扩散(见图 6-5)。

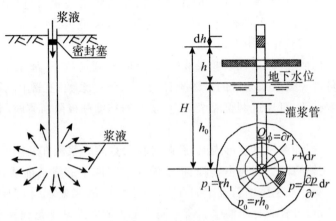

图 6-5　浆液球状扩散

　　由达西定律可推导出球状扩散模式灌浆浆液扩散半径计算公式:

$$R = \sqrt[3]{r_0^2 + \frac{3khr_0t}{\beta n}} \tag{6.3.4}$$

式中,k 为砂土的渗透系数;β 为浆液黏度对水的黏度比;R 为浆液扩散影响半径;h 为灌浆压力,以水头高度(cm)计;r_0 为灌浆管半径;n 为砂土的孔隙率;t 为灌浆时间。

　　(2)柱状渗透。在上述理想状态下,当出浆口在灌浆管侧壁时,浆液从灌浆管侧壁上的孔口流出后,沿水平方向渗透进入地层,以灌浆管为轴心在地层中呈柱状扩散(见图 6-6)。

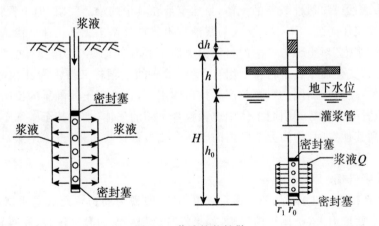

图 6-6　浆液柱状扩散

　　柱状扩散模式出浆口断面面积大小对灌浆浆液扩散半径影响较大,由达西定律可推导出柱状扩散模式灌浆浆液扩散半径计算公式:

$$R = e^b r_0 \tag{6.3.5}$$

$$b = \frac{2nkht}{3A\beta} \qquad (6.3.6)$$

式中，A 为出浆口断面面积，其余参数含义同前。

灌浆浆液的扩散半径表征的是在一定工艺条件下，浆液在地层中的扩散范围，是一个重要的灌浆参数。严格意义上，灌浆浆液的扩散半径非球状或柱状实体半径的概念，如搅拌桩、旋喷桩等桩体的半径，灌浆浆液的扩散半径准确的含义应为：灌浆浆液对被灌介质的物理或化学性质发生本质变化的影响范围。

由于地层的非均质、各向异性以及浆液的多样性、时变性特点，灌浆浆液的扩散半径难以准确计算和测量。一般灌浆浆液的扩散半径与地层渗透系数、孔隙尺寸、灌浆压力、浆液本身的特性等因素有关，可通过调整灌浆压力、浆液的黏度和极限灌浆时间来调整灌浆浆液的扩散半径。

（3）充填灌浆。当孔隙尺度足够大时，孔隙可称为空隙。浆液在其中的渗透所受土颗粒骨架阻力较小，以充填空隙空间为主，因此将浆液在大空隙中的渗透灌浆称为充填灌浆，为渗透灌浆的一个特例。如土体中若有土洞存在，对土洞的灌浆处理以及卵砾碎石地层中土颗粒间的空隙灌浆，均可看成充填灌浆。所不同的是土洞空隙基本是独立存在的，而卵砾碎石地层中空隙基本呈连通状态。

（4）电化学灌浆也是渗透灌浆的一种类型。它是利用正负电极原理，在土体中插入带孔的可导电的灌浆管，当给灌浆管施加直流电流时，一方面土体中的地下水在电流作用下产生由正极向负极的定向流动排出，促使加固区域土体中的含水量降低；另一方面灌浆浆液也在电流的作用下从正极流向负极，浆液从灌浆管上的小孔中流出，渗入加固区域的孔隙中，因此电化学灌浆是电渗排水法与灌浆法相结合的一种灌浆方法，一般用于在渗透性较差的粉细砂、粉土或粉质黏土中灌化学浆液。

2）挤密灌浆机理

有一定渗透性或渗透性较差的土体，虽然浆液在其中的渗透受阻，但土颗粒间的黏聚力相对不大，在灌浆压力作用下不断灌入的浆液在出浆口处由于无法快速地渗透进入土体，逐渐聚集形成的"浆泡"对土颗粒产生的挤压力克服了颗粒间的黏聚力，使得受到挤压的土颗粒位置发生位移变化而重新进行排列组合，受到挤压的土颗粒又挤占与其相邻的土颗粒的位置，以此类推，逐级向周围的土颗粒产生挤压作用力，在外围土体围压的反向阻力作用下，土颗粒几何位置的变化势必引起土体中土颗粒骨架间的气体、水体甚至微细土颗粒被挤压、排挤，并被放到其他空间，作用力范围内的土体介质被置移与压密，土体压缩，从而改变了力学性能。

3）劈裂灌浆机理

对于渗透性极差的土体，由于渗透系数很小，一般视为弱透水层或隔水层，且这类土体土颗粒粒度小，黏聚力大，土体结构致密，如果没有达到一定的灌浆压力，浆液的挤压作用力也克服不了土颗粒间的黏聚力，颗粒无法移动更别说浆液在土层中渗透了。当灌浆压力超过土颗粒黏聚力的临界值时，由于土颗粒无法移动，浆液又无法渗透，浆液只能先向土体中阻力最小的方向运移，产生的脉状射流扰动土体结构引起土体的剪切破坏，从而形成脉状的浆液通道，犹如在土体中"劈开"了一条新的裂隙，产生新的剪切应力面，在压力作用下浆液沿该剪切面流动直至遇到新的阻力，当通道前端土颗粒的阻力大于灌浆压力时，浆液又从次一级阻力小的方向劈开一条新的裂隙,形成新的脉状通道,以此类推,根据灌浆压力的大小,在土体中形成网格状的浆脉,改善了土体的物理力学性能,起到了加固土体的作用(见图6-7)。

图 6-7　黏性土中劈裂灌浆的浆脉

4)影响土体灌浆机理的主要因素

实际工程中,土体灌浆是一个非常复杂的过程,灌浆浆液在土体中的运动受三方面因素的制约,一是土体结构和土质,二是浆液本身的物理化学性质,三是外部条件。上述三种灌浆机理,均是在理想状况下灌浆浆液在不同条件下在土体中运动的方式,作用机理随条件的变化可发生转换或共同作用。

(1)土体结构对灌浆的影响。若浆液不变、压力不变、环境温度不变,影响灌浆机理的主要因素是土体的粒度、空隙比、空隙率及致密性。①粒度。粒度大、渗透性好、孔隙比和孔隙率大、致密性差的土体以渗透灌浆为主;②粒度中等、渗透性一般、孔隙比和孔隙率适中、致密性稍差的土体以挤密灌浆为主;③粒度微小、渗透性差、孔隙比和孔隙率较小、黏聚力大的土体以劈裂灌浆为主。

(2)浆液对灌浆的影响。若土体结构和性质不变、压力不变、环境温度不变,影响灌浆机理的主要因素是浆液的性质。悬浮液浆液主材由无机颗粒状材料构成,则颗粒材料粒度大小影响灌浆结果;溶液型浆液由分子单体或低聚物与其他助剂所组成的化学材料构成,虽然没有粒度的影响但不同分子结构的浆液灌浆结果也不同。因此,在其他条件不变的情况下,土体灌浆以何种形式进行首先取决于灌浆材料的性质。

对悬浮液浆液,颗粒粒度越大,渗透性越差,粒度越小,渗透性越好;浆液的浓度、密度越大则渗透性越差,浓度、密度越小则渗透性越好。浆液的流变性、触变性越大,则渗透性越好;流变性、触变性越小,则渗透性越差。

对溶液型浆液,分子结构间化学键作用力越大,浆液的黏度越大,渗透性越差;分子结构间化学键作用力越小,浆液的黏度越小,渗透性越好。浆液的接触角越小,表面张力越小,渗透性越好;接触角越大,表面张力越大,渗透性越差。

(3)压力对灌浆的影响。外界条件中灌浆压力的影响最大,对同样的浆液而言,若被灌土体渗透性良好或可渗透,则压力越小,越容易产生渗透效应;压力越大,越容易产生挤压或劈裂效应。若被灌土体渗透性较差,则压力越小,越容易产生挤压效应;压力越大,越容易产生劈裂效应。若被灌土体渗透性极差,当灌浆压力超过土体抗剪切强度后直接产生劈裂效应。

（4）温度对灌浆的影响。外界条件中温度对浆液黏度的影响较大，温度高，浆液的黏度低，可灌性就好；温度低浆液的黏度高，可灌性就差。需注意的是大多数浆液温度越高其固化也越快，固化快意味着浆液由液态转为固态的时间短，制约了浆液的可灌性。因此对浆液而言，有一个适宜的温度范围，高于或低于这个适宜的范围，都会对浆液的可灌性产生影响。

5）土体灌浆的综合作用

土体灌浆三种机理均是在理想状态条件下产生，实际地层土体基本为非均质各向异性，除水以外绝大部分液体属非牛顿流体，浆液在土体中的运动呈紊流状态。因此，土体灌浆的渗透、挤密和劈裂是相互作用的一个综合过程，而不是单一的一种机理所能完成的，渗透灌浆、挤密灌浆和劈裂灌浆三者既可相互独立，也可为一个灌浆过程的不同阶段。以在可渗透的粗砂中灌浆为例，在灌浆初始阶段，只需较低的压力就可将浆液灌入土中，浆液在土体中一定范围内渗透充填孔隙，当灌浆点周围土体被浆液充填趋于饱和时，若压力维持不变，浆液就无法继续在孔隙中渗透。若增大灌浆压力，浆液就会把压力传递到渗透饱和范围之外对土体产生挤压作用，土颗粒被挤密。当灌浆压力持续增大超过挤密范围土体的围压阻力时，土体在压力作用下将发生劈裂，产生新的孔隙或者裂隙通道，而浆液的扩散范围也将进一步增大。

灌浆压力是灌浆技术中非常重要的施工参数。一般情况下，若灌浆起始压力较小且灌浆过程无大的变化，说明地层的渗透性好或地层的空隙较大；若灌浆压力逐步增加呈平稳上升状态，说明地层渗透性一般但较为均匀；若灌浆压力波动较大，说明地层的均匀性较差；若灌浆压力瞬间增大，排除设备原因，说明浆液周边的土体已经达到饱和或者密实度已经较大。

当灌浆压力足够大时，即使在可渗透的地层中，也可直接以劈裂方式进行灌浆，如高压喷射灌浆，在将压力劈裂范围内的土体结构破坏的同时，将浆液灌入土体内与土体重新排列组合，浆液在土体内既渗透、压密又劈裂。

当浆液的粒度、浓度或黏度足够大时，即使在可渗透的地层中，也可直接以挤密或劈裂的方式进行灌浆；同理，当浆液的粒度、浓度或黏度足够小时，即使在适宜挤密或劈裂的地层中，也有可能产生渗透方式的灌浆。此外，灌浆的速率、灌浆量等均可对土体中灌浆的方式产生影响。

总之，灌浆浆液在土体中的扩散过程较为复杂，受被灌地层、灌浆材料、灌浆参数等因素影响，土体中三种灌浆机理随条件的变化可发生转换，灌浆是以综合的方式共同发挥作用。

2.岩体灌浆机理

岩体是指由在地质历史和地质环境中经受过地质构造作用、风化侵蚀作用和内外动力作用形成的结构面和岩石组成的地质块体，具有不连续、非均质和各向异性的典型特征。岩体中结构面类型有岩层面、断层面、节理面、片理面。岩体中岩石在工程中常按风化程度划分为全风化岩、强风化岩、中风化岩、微风化岩。

1）风化岩体的特征

（1）全风化岩的原岩结构已经完全破坏，除石英等极少数硬质矿物外，岩石的矿物成分已发生改变，风化成新的次生矿物，在外力作用下岩体结构与土体基本相同。原岩若是泥岩，则全风化带呈软土状，透水性弱，可灌性差；原岩若是砂岩，则全风化带呈砂土状，孔隙发育，透水性强，可灌性好。因此在工程上一般将全风化岩视为土体进行处理。

（2）强风化岩的原岩结构大部分破坏，大部分矿物成分显著改变，风化的节理、裂隙发育，岩体基本破碎，但岩体的基本特征尚在。原岩若是泥岩，则强风化带泥化强烈，呈黏性土状，裂隙被充填，透水性弱；原岩若是砂岩，则强风化带孔隙与不规则裂隙共存，裂隙被部分充填，透水性较好。

（3）中风化岩的原岩结构部分破坏，有少量次生矿物沿节理面生成，有较明显的风化裂隙，岩体结构基本完整。原岩若是泥岩，则中等风化带裂隙微张，连通性一般，有一定透水性；原岩若是砂岩，则中等风化带不规则裂隙发育，呈脉状分布，裂隙开度大，透水性较好。

（4）微风化岩的原岩结构基本未变，呈块体结构，仅在原岩内部存在少量的节理面，受风化作用影响非常小，工程上对微风化岩一般不做处理。

2）岩体灌浆机理

岩体灌浆主要是针对强风化岩和中风化岩中的软弱结构面如节理面、裂隙通道，通过灌浆浆液在裂隙中的运移和填充，起封闭裂隙通道防渗止水、提高岩体整体强度的目的。

（1）根据岩体的风化特征，在岩体中灌浆有如下特点：①岩体灌浆主要针对裂隙等软弱结构面，由于岩体的裂隙率比土体的孔隙率小一到两个数量级，因此灌浆的空间有限；②裂隙空间分布不均，多呈脉状分布，灌浆浆液先沿阻力最小的主裂隙运移填充，呈独立的脉状流动。在压力作用下主裂隙中浆液充填遇到可抵御灌浆压力的阻力时，浆液才会向次一级裂隙方向运移。只有主次不同、大小不同的各层级裂隙组成裂隙网络时，才会形成岩体裂隙灌浆的渗流场。③岩体裂隙因其性质及发育的方向性而具有各向异性和不连续性，灌浆浆液总体受岩体中主裂隙控制，在局部或次级裂隙中浆液的流向与浆液总体流向可能不一致。④灌浆效果取决于岩体裂隙的裂隙率、连通性以及裂隙的充填状况和灌浆压力、浆液性质等，岩体灌浆工程的设计，应充分考虑裂隙岩体渗透性的不均一性、各向异性和尺度效应。

（2）原岩为泥岩的强风化岩，其风化程度高，裂隙发育，但泥化强烈，风化岩基本呈黏性土状，裂隙基本被泥化物充填，可灌性较差，灌浆以劈裂形式进行；原岩为砂岩的强风化岩，岩石碎屑与块状岩石都有，孔隙与不规则裂隙共存，形成孔隙-裂隙双重介质，由于强风化作用，孔隙与裂隙被部分充填，但岩体的可灌性尚好，灌浆以渗透与劈裂机理共同作用。

（3）原岩为泥岩的中风化岩虽然有较明显的风化裂隙，但由于岩体以黏土矿物为主，质地较软，影响了风化裂隙的张开度，裂隙呈微张状态，因此可灌性一般，灌浆以劈裂和渗透形式进行；原岩若是砂岩的中风化岩，其裂隙发育较明显，裂隙有一定的开度，可灌性较好，灌浆以渗透形式为主。

（4）岩体中的溶洞灌浆。溶洞是水在石灰岩地区长期溶蚀的结果。石灰岩的主要矿物成分是难溶于水的碳酸钙，但碳酸钙与水、二氧化碳反应后生成易溶于水的碳酸氢钙，当自然界中含有二氧化碳的地表水下渗及地下水长期侵蚀石灰岩产生的碳酸氢钙溶于水流失后，在灰岩中就形成了溶蚀后的孔洞，称为溶洞。

由于溶洞是岩石被溶蚀后的孔洞，难免会在其中留下残留物质。根据溶洞中是否有残留物充填，将溶洞分为全充填、半充填和未充填三种状态。如需对溶洞采取灌浆方法进行处理，根据溶洞内充填物的状态，灌浆机理以劈裂灌浆和充填灌浆或两者结合的方式为主。溶洞灌浆是岩体灌浆的一个特例（见图6-8）。

①对全充填的溶洞，由于全充填物多为可溶岩石矿物的残留物，在水的长期浸泡、侵蚀作用下，大多已似黏性土状，呈流塑状软土，因此灌浆以劈裂机理为主。

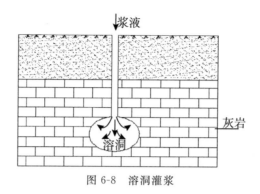

图 6-8　溶洞灌浆

②对半充填的溶洞,由于溶洞未完全充满残留物,有一定的空洞存在,因此灌浆先以充填方式进行,待空洞空间填充密实后灌浆才会以劈裂方式进行。

③对未充填的溶洞,由于溶洞基本无充填物,灌浆就以充填方式进行。

(5)岩体中的采空区灌浆。采空区是人为挖掘或者天然地质运动在地表下一定深度范围内的岩层中产生的空洞,一般特指由于矿山开采形成的地下空洞所对应的地下和地面区域。由于煤矿分布区域广、开采量大,如无特别说明,采空区常指开采煤矿后形成的空洞区域。已经开采多年的煤矿或者已经废弃的采场、硐室、巷道等旧矿山,所形成的采空区更是具有隐蔽性强,空间分布规律差,采空区顶板易冒落、塌陷等特点,如地下开采后未及时对采空区进行处理,则会给相应的地面区域带来严重的安全隐患。

采空区处理分为两部分,一部分是对空洞空间的填充,另一部分是对上覆顶板因下陷产生的变形裂缝和崩塌、塌落的岩石碎块进行固结。因此,在采空区灌浆以充填灌浆、渗透灌浆和挤密灌浆或者三种灌浆结合为主。对空洞空间采用充填灌浆,对岩体裂缝采用渗透灌浆为主,对岩石碎块则采用渗透灌浆和挤密灌浆为主。采空区灌浆是岩体灌浆的另一个特例(见图 6-9)。

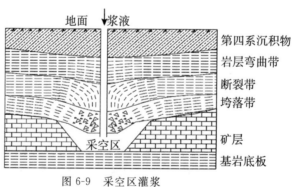

图 6-9　采空区灌浆

①地下采空区上覆岩层变形带,其岩体裂隙发育,灌浆浆液主要沿裂隙进行渗透,先在开度大的裂隙中运移,在压力作用下当浆液渗透遇到可抵御灌浆压力的阻力时,浆液向开度较小的次一级裂隙方向运移,与岩体裂隙灌浆机理相同。

②对地下采空区上覆岩层崩塌带,灌浆的主要目的是固结崩塌的岩石块体和碎屑,同时堵塞通过上覆岩体裂隙下渗的地下水通道,因此灌浆浆液在采空区崩塌带中主要以渗透和挤密方式在崩塌的碎石中运移。

③对地下采空区开采区域,由于其采空区开采区域系人为所致,无论是废弃已久的矿坑还是新近开采完留下的矿坑坑道,即使有上覆岩体的崩塌碎石充填其中,整个采空区坑道也基本呈较大的空洞,灌浆过程与未充填或半充填溶洞灌浆方式基本相同。

3)岩体灌浆的综合作用

与土体灌浆类似,由于实际岩体裂隙的复杂性,岩体灌浆的渗透、挤密和劈裂是相互作用的一个综合过程,往往不是单一的一种机理所能完成的,渗透灌浆、挤密灌浆和劈裂灌浆三者既可相互独立,也可为一个灌浆过程的不同阶段。当岩体裂隙开度较大时,在灌浆初始阶段,只需较低的压力就可将浆液灌入裂隙之中,浆液在裂隙中一定范围内渗透充填裂隙。当灌浆浆液渗透趋于饱和时,若压力维持不变,浆液就无法继续在裂隙中渗透。若增大灌浆压力,浆液或继续克服裂隙通道的阻力沿裂隙渗透,或寻找临近的次一级裂隙进行渗透。若岩体中存在风化碎屑物,则可产生对碎屑物的渗透与挤压作用;若风化物呈黏性土质,则当灌浆压力持续增大超过岩体的围压阻力时,风化岩体在压力作用下将发生劈裂,产生新的裂隙通道,而浆液的扩散范围也将进一步增大。

岩体灌浆的灌浆压力同样也是非常重要的施工参数。一般情况下,若灌浆起始压力较小且灌浆过程无大的变化,说明岩体的裂隙开度较大且充填物较少,裂隙较为发育;若灌浆压力逐步增加呈平稳上升状态,说明岩体裂隙渗透性一般但裂隙较多且较为均匀;若灌浆压力波动较大,说明岩体裂隙的均匀性较差;若灌浆压力瞬间增大,排除设备原因外,说明灌浆浆液在岩体中已经达到饱和或者裂隙开度较小、不发育。

总之,实际工程中岩体灌浆受到岩体的结构、岩体岩性、裂隙发育程度、裂隙中的充填情况、灌浆材料、灌浆参数等因素的综合影响,整个灌浆过程较为复杂。

6.4 灌浆设计

灌浆施工之前,一般应进行灌浆设计,设计内容包括灌浆方法和工艺、灌浆材料和配方、灌浆孔距和孔深、灌浆压力和扩散半径、灌浆结束标准和质量检测等。有地方经验时,设计时可参考,无经验时,应先做灌浆试验,取得相关试验数据后再进行设计。

6.4.1 设计原则

(1)适应性原则:适应工程地质条件和当地的施工条件;
(2)标准性原则:满足工程目的和要求,符合技术标准和规范;
(3)经济性原则:在满足工程要求的前提下,合理预算费用;
(4)环保性原则:须满足工程所处环境的环保要求;
(5)安全性原则:以保证施工人员安全和工程本身的安全为前提。

6.4.2 设计步骤

灌浆设计一般分为调查阶段、初步设计阶段、试验阶段、施工设计阶段、信息化设计阶段。

(1)调查阶段要完成对工程总体情况的调查和进行水文地质工程地质调查与勘察。

（2）初步设计阶段要求在掌握场地地质条件和工程情况的基础上，根据灌浆目的和标准，从工艺和浆材两个方面来进行灌浆方案选择并且根据初步方案确定灌浆孔的布置、灌浆孔深、段长、灌浆压力等参数。

（3）当地如无灌浆工程经验，则需进行必要的灌浆试验。试验阶段要求对初步设计阶段确定的各种参数进行室内和现场的灌浆试验，来验证初步设计方案的合理性、可行性及经济性。

（4）施工设计阶段要求根据试验阶段的结果进一步完善初步设计，将不合适的设计参数进行调整，确定最终的施工方案。

（5）信息化设计阶段要求在灌浆施工过程中，根据实际灌浆施工所反馈的信息及时对施工设计方案进行修正设计，解决实际与设计出现的大的偏差问题或新出现的未知问题。

6.4.3 设计内容

1. 灌浆方案选择

遵循设计原则，根据工程性质、灌浆目的、所处理对象的条件、工期要求及其他要求进行方案选择。灌浆方案是否可行，取决于方案的技术可行、经济合理、环境友好等因素。按灌浆的不同目的，对灌浆材料和工艺的选择可参考表 6-11。

表 6-11　灌浆材料及工艺选择参考

灌浆目的	灌浆材料	灌浆工艺
岩基防渗	颗粒（水泥）浆液、低强度化学浆液	渗透、脉状灌浆
岩基加固	颗粒（水泥）浆液、高强度化学浆液	渗透、脉状灌浆
地基土防渗	颗粒（水泥）浆液、低强度化学浆液、水泥-化学浆液	高喷、渗透、挤密、劈裂灌浆
地基土加固	颗粒（水泥）浆液、高强度化学浆液	渗透、挤密、劈裂、高喷灌浆

2. 灌浆材料选择及可灌性

灌浆材料适宜与否，是灌浆工程成败的关键之一，直接关系到灌浆成本、灌浆效果和灌浆工艺等问题。灌浆材料的选择参考本章 6.2 节相关内容。

当采用水泥、黏土等颗粒类材料进行灌浆时，还要解决浆液的可灌性问题。原则上，当灌浆材料的颗粒尺寸 d 小于地层的有效孔隙或者裂隙尺寸 D_p 时，即公式（6.4.1）的"净空比" R 大于 1 时，浆液才是可灌的。

$$R = \frac{D_p}{d} \tag{6.4.1}$$

理论上只要 D_p 选取土层的最小孔隙，d 选取灌浆材料的最大颗粒尺寸，就可以把所有孔隙封闭。但是实际上，由于岩土的不均匀性，其孔隙分布大小不一，且灌浆材料的颗粒尺寸也难以做到均匀分布，故而实际工程中需要在技术和经济之间取得一定的平衡，既需要达到设计要求的灌浆效果,又要满足经济的合理性。目前国内外广泛采用式(6.4.2)评价砂砾石层的可灌性。

$$N = \frac{D_{15}}{D_{85}} \geqslant 10 \sim 15 \qquad (6.4.2)$$

式中,N 为砂砾石层的可灌比值;D_{15} 为砂砾石层中含量为 15% 的颗粒尺寸;D_{85} 为灌浆材料中含量为 85% 的颗粒尺寸。

式(6.4.2)的基本内涵是,只要 N 值大于 $10 \sim 15$,就将有 85% 的灌浆材料充填大部分孔隙,从而达到防渗的设计要求。

3. 灌浆材料配方设计

浆液的配合比设计应根据灌浆的目的,参考当地工程经验确定。如无经验或特殊情况,则需通过室内和工程试验确定浆液的配合比。

4. 灌浆压力的确定

灌浆压力是灌浆能量的来源,是控制和提高灌浆质量的一个重要因素。一般情况下,使用较高的压力是有利的,压力越大,浆液在一定裂缝或孔隙系统里的运行距离(即充填范围)就会越大,故采用较高的压力,将会达到减少钻孔工程量,降低造价的目的。但压力偏大或过大会使岩土体孔(裂)隙扩宽,甚至产生新的孔(裂)隙,使原来的地层地质条件恶化,或更严重时造成岩、土体扰动变形,产生隆起等新问题,也可能使浆液灌注到需要灌浆的区域之外,造成浪费。压力偏低则会造成灌浆体内出现浆液扩散盲区与空隙,甚至使浆液扩散半径互不搭接,造成灌浆效果不佳甚至达不到灌浆的目的,因此确定一个合适的灌浆压力,在灌浆设计中十分重要。灌浆压力既要保证使地层空隙得到充分的灌注,又不能给地层带来不利影响,因此适宜的灌浆压力,必须根据灌浆目的,考虑周边环境许可以及施工条件等综合因素,由经验或工程试验确定。

方法一,对于地质条件清楚简单明了,有大量类比工程的,可结合灌浆经验公式与图表,并参考相应的实际工程确定灌浆压力。

方法二,利用灌浆深度和岩土性质确定灌浆压力的经验公式:

$$p = p_0 + mD \qquad (6.4.3)$$

式中,p 为灌浆压力;p_0 为表面地段允许的压力,可参考表 6-12;m 为灌浆段在岩土中每加深 1m 所允许增加的压力值,见表 6-12;D 为灌浆段上覆岩土层厚度。

表 6-12　m 及 p_0 选用值

岩层性质	m/MPa	p_0/MPa
低渗透性的坚固岩石	0.2～0.5	0.3～0.5
微风化块状岩石或大块体裂隙较弱的岩石	0.1～0.2	0.2～0.3
中风化岩石、强或中等裂隙的成层的岩浆岩	0.05～0.1	0.15～0.2
全风化、强风化岩石,裂隙发育的较坚固的岩石	0.025～0.05	0.05～0.15
松软、未胶结的淤泥土、砾石、砂、砂质黏土	0.05～0.025	0

在进行灌浆压力设计时,一般采用理论计算的方法结合现场灌浆试验确定最终灌浆压力,施工过程中根据现场灌浆情况来进行调整。

5.灌浆扩散半径及孔距等参数的确定

灌浆扩散半径是在一定工艺条件下,浆液在地层中的扩散程度,是确定孔距、排距布置等参数的重要指标。严格意义上说,灌浆浆液的扩散半径并非圆柱体半径的概念,如搅拌桩、旋喷桩等桩体半径,灌浆浆液的扩散半径准确的定义应为:灌浆浆液对被灌体(岩体、土体及混凝土体)的物理力学性质产生影响的范围或对被灌体渗流路径产生影响的范围。

由于地层的非均质各向异性以及浆液的多样性、时变性特点,浆液的扩散往往是不规则的,灌浆扩散半径难以准确计算。一般灌浆扩散半径与地层渗透系数、孔隙尺寸、灌浆压力、浆液本身的特性等因素有关,可通过调整灌浆压力、浆液的黏度和极限灌浆时间来调整灌浆扩散半径。

工程初步设计阶段,可通过经验或工程类比确定灌浆扩散半径,作出初步的钻孔布置,也可参考本章 6.3 节相关的理论公式,但应注意适用条件。经灌浆试验或施工前期灌浆效果验证后确定合理的孔距、排距和排数等参数。

6.5 灌浆施工

灌浆施工基本分三个阶段完成:施工前准备阶段、施工过程阶段、施工质量检测验收阶段。

灌浆施工前准备阶段工作,包括施工组织设计、技术与安全质量交底、灌浆材料储备与供应、施工机械的校验、周边环境的调查、工程方案的验收等,必要时须进行灌浆试验。

灌浆施工过程工作,除按设计要求进行灌浆施工外,应随时注意监控灌浆过程中灌浆各参数的异常变化情况和周边环境的受影响情况,应及时将异常变化或实际与设计有重大偏差的现场情况反馈给设计及有关人员。

施工质量检测验收工作,应提前做好灌浆成果的检测验收各项准备工作,明确验收标准以及对达不到标准的灌浆工程的处理措施。

6.5.1 灌浆试验

由于各工程的地层、环境及所处理对象的条件不同,工程目的要求亦不尽相同,应设计确定灌浆施工参数等内容。对大型、重要、复杂和敏感性工程,一般在正式全面施工前,需在现场做与实际工况相同的灌浆试验,必要时还应辅助做室内试验。做现场灌浆试验主要为了了解地层灌浆特性,验证设计灌浆参数,确定或修改灌浆设计方案,使设计、施工更符合实际情况。

现场灌浆试验往往与工程施工结合进行,是施工内容的一部分。

1.灌浆试验的任务

(1)论证设计采用灌浆方法处理在技术上的可行性、效果上的可靠性和经济上的合理性,即通常所谓的"三性"。

(2)论证设计的灌浆参数、灌浆材料和浆液配合比是否正确。

2.灌浆试验的内容

(1)明确灌浆试验目的与要求,制定灌浆试验方案。

(2)制定灌浆工艺各项的技术要求和施工方法。

(3)确定灌浆质量检查与灌浆效果评价的方法和标准。

(4)测定灌浆材料、浆液及浆液结石体的物理化学性能。

(5)编写灌浆试验报告。

3.灌浆试验的原则

灌浆试验应选择在工程中地质条件具有代表性的地段进行。灌浆试验的数量,主要根据岩土体的地质条件而定,地质条件简单的,可少布孔;地质条件复杂的,应多布孔。

6.5.2　施工组织内容

灌浆施工组织设计目的是对灌浆施工活动的全过程进行科学管理,由施工单位编制。施工组织设计应包括施工管理的组织结构,施工的人力、物资和设备的计划安排,施工工序的安排,施工工期计划及影响工期的关键工序,施工的难点和要点等主要内容。灌浆施工组织设计是灌浆工程能有序、高效、科学合理进行的保证。

灌浆施工组织设计的主要内容一般包括以下几个方面:

(1)编制依据;

(2)整体工程概况及灌浆工程概况;

(3)工程的水文地质工程地质概况及特殊地质条件;

(4)工程周边环境概况及灌浆工程的周边环境详情;

(5)灌浆工程设计概况和灌浆目的、要求及灌浆要达到的标准;

(6)灌浆施工前准备情况及灌浆施工现场布置情况;

(7)灌浆施工组织管理机构及具体人员和分工;

(8)灌浆施工工期总进度计划及分部分项工序进度完成计划;

(9)劳动力、材料、机械设备、资金等计划和保障措施;

(10)灌浆工程的重点、难点问题和特殊要求,解决这些问题和特殊要求的具体施工措施和方法;

(11)灌浆工程主要的分部分项施工方案及措施;

(12)雨(冬)或特殊季节性施工措施;

(13)质量保证措施、安全生产保证措施;

(14)文明施工及环境保护措施;

(15)应急预案。

6.5.3　施工原则

(1)灌浆施工基本步骤分为:成孔—(置入灌浆管)—配制浆液—加压灌浆—(重复加压灌浆)—结束灌浆—冲洗灌浆设备及管路—检测验收。

(2)灌浆施工一般遵循以下原则:

①从外围灌浆孔逐次向灌浆范围的内部灌浆孔进行施工;

②根据布孔情况应分序(二序或三序)施工,同一序灌浆孔应跳(隔)孔进行施工;

③灌浆压力应从小到大,逐级加压;

④除了定量灌浆外,灌浆量应从大到小,逐步减小;

⑤对灌浆过程中压力瞬间异常增大或减小、灌浆量瞬间异常增多或减少的情况,应观察确认后立即停止灌浆施工,待查明原因并采取措施后方可继续施工;

⑥对长期搁置不用的灌浆机械、灌浆管、仪表等设备,在重新使用前应进行必要的检修和标定;

⑦配制灌浆材料时应与施工效率相匹配,配制过少会影响连续施工效率和施工质量,配制过多则容易造成浆液的失效和浪费;

⑧必须做好施工人员的劳动保护和周边环境的保护工作。

6.5.4　灌浆施工

岩土体中灌浆的目的基本有两个:一是防渗堵漏,二是岩土体的加固。

1.防渗堵漏灌浆施工

以堵漏、防渗为目的的帷幕灌浆在水利、矿山、隧道、基坑、坝基工程中的应用非常广泛。

在基岩裂隙或卵砾石层中进行防渗堵漏处理时大多采用灌浆法,而在中粗砂、粉细砂或粉质土层中进行防渗堵漏处理时大多采用高压喷射灌浆法或搅拌桩法。发生涌水、涌砂、涌泥等工程险情时,往往采用灌浆法快速进行处置。

通常情况下防渗堵漏灌浆帷幕是由一排孔、二排孔或三排孔构成的,也可根据具体情况布置多排灌浆孔。

2.地基基础加固灌浆施工

以加固为目的的地基基础处理工程中灌浆技术也被广泛应用。在地基工程处理方面,一方面主要针对全风化、强风化软弱岩层,采用灌浆方法进行处理,提高了风化岩石的力学强度,改善了风化岩层的固结性能;另一方面主要针对淤泥等软土地层,采用灌浆方法进行处理,提高了淤泥的 c、φ 值,改善了淤泥的力学性能。在基础工程处理方面,一方面采用灌浆方法,可以直接对作为基础的岩土体进行加固;另一方面采用灌浆方法,可以对出现缺陷的混凝土基础进行补强加固,恢复混凝土基础原有的功能,如混凝土灌注桩缺陷的修复补强,混凝土承台、地梁、底板等结构缺陷的修复补强。

第 7 章　强夯法与强夯置换

7.1　发展概况

强夯法，又称动力固结法或动力压密法，是 1969 年法国梅纳（Menard）技术公司首创的一种崭新的地基加固方法。它通常利用夯锤自由下落产生强大的冲击能量，对地基进行强力夯实，一般重锤采用 80～300kN（最重可达 2000kN），落距为 8～20m（最高可达 40m），夯击能量通常为 500～8000kN・m。

此法最初用于处理松散砂土和碎石土，后来用于杂填土、黏性土和湿陷性黄土等地基。强夯置换法是在强夯形成的深坑内填入块石、碎石、砂、钢渣、矿渣、建筑垃圾或其他硬质的粗颗粒材料，采用不断夯击和不断填料的方法形成一个柱形状的置换体的地基处理方法。此法用于处理软-流塑状态的黏性土，以及饱和的淤泥、淤泥质土等。

实践证明，强夯法由于设备简单、费用低、加固效果显著的缘故，20 世纪 70 年代已风行于世界各国。但对于软-流塑状态的黏性土，以及饱和的淤泥、淤泥质土，用强夯法处理效果不明显，有时还适得其反。直至 80 年代后期，逐步在此类高饱和度土中填入硬质粗颗粒材料，才获得较满意的效果，并积累了大量的成功经验。

强夯法首次用于法国戛纳（Cannes）附近纳普尔（Napoule）海滨一个采石场用废土石围海造成的场地上，要求建造 20 幢 8 层住宅建筑。该场地当时是新近填筑的，用约 9m 厚的碎石填土，其下为 12m 厚疏松的砂质粉土，底部为泥灰岩。工程起初拟用桩基，因负摩擦力占桩基承载力的 60%～70%，不经济。后考虑预压加固，堆土高 5m，历时 3 个月，沉降仅 20cm，无法采用。最后改为强夯，锤重 10t，落距为 13m，夯击一遍，夯击能为 1200(kN・m)/m²，沉降量达 50cm，满足工程要求。8 层楼竣工后，基底压力为 300kPa，地基沉降量仅为 13mm。

1978 年 11 月至 1979 年初，我国交通部一航局科研所等单位在天津新港 13 号公路首次进行强夯法试验研究。1979 年 8—9 月又在秦皇岛码头堆煤场的细砂地基进行试验，效果显著，正式采用强夯法加固该煤场地基。中国建筑科学研究院等单位，于 1979 年 4 月在河北廊坊进行强夯法试验，处理可液化砂土与粉土，并于同年 6 月正式进行工程施工。

20 世纪 80 年代初，太原理工大学、化工部第二建设公司、山西省机械施工公司，在山西化肥厂应用 6250kN・m 强夯能级处理湿陷性黄土，消除湿陷性深度达 12 米，并获得全国科技进步奖，此为我国推广强夯法初期取得的重要成果。

1987 年，冶金部建筑研究总院和山西省机械施工公司等在武汉钢铁公司龙角湖沼泽地对强夯置换加固软土地基进行试验，将冶金渣作为地基和填料，建成工业建筑用地。

　　1991 年,深圳市建筑科学中心等用强夯置换碎石墩和强夯置换挤淤沉堤两类方法,分别用于建筑场地地基处理和飞机场跑道、滑行道的拦淤施工。

　　随着我国经济的持续快速发展,为解决人均耕地面积减少与建筑用地紧缺的矛盾,沿海地区"围海造地"、山区"填谷造地",大厚度湿陷性黄土处理使得远超现行相关规范的高能量强夯有了用武之地。现在碎石回填土地基的高能级达到 25000kN·m,湿陷性黄土能级达到 20000kN·m。而其加固效果与相关机理均是当前工程界关心的重要课题。

　　目前强夯与强夯置换已列入我国《建筑地基处理技术规范》(JGJ 79—2012)与《复合地基技术规范》(GB/T 50783—2012)中,已经作为最常用、最经济的地基处理方法之一得到广泛使用。

7.2　加固机理

7.2.1　强夯法加固机理

1.非饱和土的加固机理

　　图 7-1 为强夯法加固地基模式。巨大的冲击力远超过土的强度使土体产生冲击破坏,土体产生较大的瞬时沉降,锤底土形成土塞向下运动,因锤底下的土中压力超过土的强度,

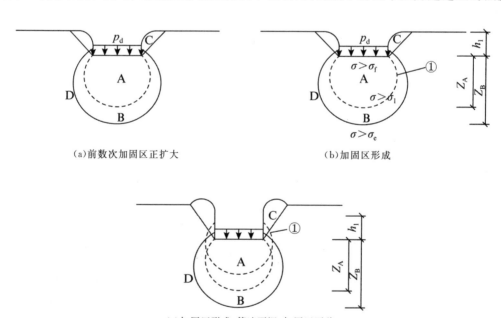

(a)前数次加固区正扩大　　　　　　　　　(b)加固区形成

(c)加固区形成,等速下沉,加固区下移

图 7-1　强夯地基加固模式

注:A 为主夯实区 $\sigma > \sigma_f$;B 为次夯实区 $\sigma < \sigma_f$;C 为压密、挤密、松动区;D 为振动影响区。σ 为土主应力,σ_f 为土极限强度,σ_1 为土弹性极限,Z_A 为土主压实区深范围,Z_B 为次压实区深范围,p_d 为锤底动应力,h_1 为隆起高度。①为加固区形成时主加固区位置。

土结构破坏。土结构破坏,使土软化,侧压力系数增大,侧压力增大,土不仅被竖向压密而且

被侧向挤密,这一主压实区就是图 7-1 的 A 区,即土的破坏压实区。这一区的土应力 σ(动应力加自重应力)超过土的极限强度 σ_f,土被破坏后压实。由于土被破坏,侧挤作用加大,因此水平加固区宽度也大,故加固区不同于静载土中应力椭圆形分布而变为水平宽度大的苹果形。在该区外为次压实区,该区土应力小于土的极限强度 σ_f,而大于土的弹性极限 σ_1,即图 7-1 的 B 区,该区土可能被破坏,但未被充分压实,或仅被破坏而未压实,测试中可表现为与夯前相比干密度有小量增长或不增长。其他力学原位测试可表现为数据波动(增长、下降或不变),故也可称为破坏削弱区,由于动应力远大于原来土的自重应力,坑底土在向侧向挤出时,坑侧土在侧向分力作用下将隆起,形成被动破坏区,这就是图 7-1 的 C 区。夯坑越深,土固化内聚力越大,则被动土压力越大,土不容易破坏隆起;反之,容易隆起。B 区外为 D 区,这一区由于土动应力影响小,已不能破坏土结构,故不再压实或挤密,但强夯引起的振动可使这一区产生效应,对黏性土,因其具有内聚力,土粒在振动影响下难以错动落入新的平衡位置,故振动影响不足以改变土的结构而产生振密作用。对砂土、粉土及非黏性土,其内聚力低,在振动波的作用下,土粒受剪而错动,落入新的平衡位置,松砂类土可振密,而密砂可能变松。因此这类土除夯点加固深度较大外,邻近的地面也可震陷,甚至危害邻近建筑,使其震陷而产生裂缝。

2. 饱和土加固机理

饱和土是二相土,土由固体颗粒及液体(通常为水)组成。

传统的饱和土固结理论为太沙基固结理论。这一理论假定水和土粒本身是不可压缩的,因为水的压缩系数很小,为 5×10^{-4} MPa^{-1},土颗粒本身的压缩系数更小,约为 6×10^{-5} MPa^{-1},而土体的压缩系数通常为 $1 \sim 0.05 \text{MPa}^{-1}$,各相差 $100 \sim 1000$ 倍,当土压力为 $100 \sim 600 \text{kPa}$ 土颗粒体积变化小于土体体积变化的 1/400 时,可忽略土颗粒与水的压缩,认为固结就是孔隙体积缩小及孔隙水排除。饱和土在冲击荷载作用下,水不能及时排除,故土体积不变而只发生侧向变形。因此,夯击时饱和土造成侧面隆起,重夯时形成"橡皮土"。

强夯理论则不同,Menard(1975)根据强夯的实践认为,饱和二相土实际并非二相土,二相土的液体中存在一些封闭气泡,占土体总体积的 $1\% \sim 3\%$。在夯击时,这部分气体可压缩,因而土体积也可压缩,气体体积缩小的压力应符合波义耳-马略特(Boyle-Mariotte)定律,这一压力增量与孔隙水压力增量一致。因此,冲击使土结构破坏,土体积缩小,液体中气泡被压缩,孔隙水压力增加。孔隙水渗流排除,水压减小,气泡膨胀,土体又可以二次夯击压缩。夯击时土结构破坏,孔压增加,这时土产生液化及触变,孔压消散,土触变恢复,强度增长。若一遍压密过小,土结构破坏丧失的强度大,触变恢复增加的强度小,则夯击后的承载力反而减小;但若二遍夯击,土进一步压密,则触变恢复增加的强度大,依次增加遍数可以获得预想的加固效果,这就是饱和土加固的宏观机理。此机理由 Menard 提出,如图 7-2 所示的动力固结模型及图 7-3 的强夯阶段土体强度变化。

(1)强夯的动力模型。Menard 动力固结模型的特点为:①有摩擦的活塞。夯击土被压缩后含有空气的孔隙水具有滞后现象,气相体积不能立即膨胀,也就是夯坑较深的压密土被外围土约束而不能膨胀,这一特征用摩擦的活塞表示。重夯时加密土很浅,侧向不能约束加固土,土发生侧向隆胀,气相立即恢复,不能形成孔压,土不能压密。②液体可压缩。由于土体中有机物的分解及土毛细管弯曲影响,土中总有微小气泡,其体积为土体总体积的 $1\% \sim 3\%$,这是强夯时土体产生瞬间压密变形的条件。③不定比弹簧。夯击时的土体结构被破

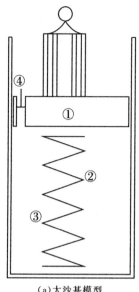

（a）太沙基模型　　　　　　　　　（b）Menard 动力固结模型

图 7-2　太沙基模型与动力固结模型对比

注：(a)图中，①为无摩擦活塞，②为不可压缩的液体，③为定比弹簧，④为不变孔径。(b)图中，①为有摩擦活塞；②表示含少量气泡，液体可压缩；③为不定比弹簧；④为变孔径。

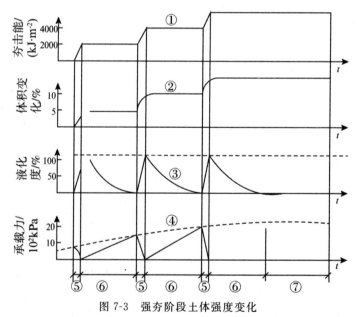

图 7-3　强夯阶段土体强度变化

注：①表示夯击能与时间的关系，②表示体积变化与时间的关系，③表示孔隙水压力与完全液化压力之比随时间的变化，④表示极限压力与时间的关系，⑤表示液化及强度丧失过程，⑥表示孔隙水压消散及强度增长过程，⑦表示触变的恢复过程。

坏，土粒周围的弱结合水由于振动和温度影响，定向排列被打乱及束缚作用降低，弱结合水变为自由水，随孔隙水压力降低，结构恢复，强度增加，因此弹簧刚度是可变的。④变孔径排水活塞。夯击能以波的形式传播，同时夯锤下土体压缩，产生对外围土的挤压作用，使土中应力场重新分布,土中某点拉应力大于土的抗拉强度时,出现裂缝,形成树枝状排水网络。强夯使夯坑及邻近夯坑的涌水冒砂现象可表明这一现象,这是变排水孔径的理论基础。

(2)土强度的增长过程机理。如图 7-3 所示,地基土强度增长规律与土体中孔隙水压力的状态有关。在液化阶段,土的强度降到零;孔隙水压力消散阶段,为土的强度增长阶段;第⑦阶段为土的触变恢复阶段。经验表明,如果把孔隙水压力消散后测得的数值作为新的强度基值(一般在夯击后 1 个月),则 6 个月后,强度平均增加 20%~30%,变形模量增加 30%~80%。

(3)夯击能的传递机理。半空间表面上竖向夯击能传给地基的能量是由压缩波(P 波)、剪切波(S 波)和瑞利波(R 波)联合传播的。体波(压缩波与剪切波)沿着一个半球波面径向地向外传播,而瑞利波则沿着一个圆柱波阵面径向地向外传播。

压缩波的质点运动是属于平行于波阵方向的一种推拉运动,这种波使孔隙水压力增加,同时还使土粒错位;剪切波的质点运动引起和波阵面方向正交的横向位移;瑞利波的质点运动则是由水平和竖向分量组成的。剪切波和瑞利波的水平分量使土颗粒间受剪,可使土密实。

对于位于均质各向同性弹性半空间表面上竖向振动的、均匀的圆形振源,由于瑞利波占来自竖向振动的总输入能量的 2/3,以及瑞利波随距离的增加而衰减要比体波慢得多的这些事实,所以位于或接近地面的地基土,瑞利波的竖向分量起到松动的作用。

(4)在夯击能作用下孔隙水的变化机理。图 7-4 为土的渗透系数与液化度的关系。由图 7-4 不难看出,当液化度小于临界液化 α_i 时,渗透系数比例与液化度增长,当它超出 α_i 时,渗透系数骤增,这时土体出现大量裂隙,形成良好的排水通道。这些排水面一般垂直于最小应力方向。由于夯击点或网络布置,夯击能相互叠加,所以在夯击点周围就产生了垂直破裂面,夯坑周围就出现冒气冒水现象。

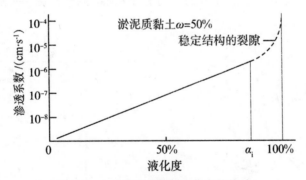

图 7-4　土的渗透系数与液化度的关系

随着孔隙水压力逐渐消失,土颗粒重新组合,此时土中液体流动又恢复到正常状态,即符合达西定律。此外,当孔隙水压力低于侧向总应力时,排水面就闭合。

(5)强夯时间效应理论。饱和黏性土是具有触变的。当强夯后土的结构被破坏时,强度几乎降到零(见图 7-5)随着时间的推移,强度又逐渐恢复。这种触变强度的恢复称为时间效应。图 7-5 为土体在强夯以后第 17 天、31 天和 118 天的十字板强度值。

总之,动力固结理论与静态固结理论相比,有如下的不同之处:①荷载与沉降的关系有滞后效应;②由于土中气泡的存在,孔隙水具有压缩性;③土颗粒骨架的压缩模量在夯击过程中不断地改变,渗透系数也随时间发生变化。

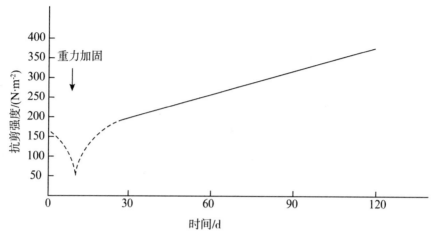

图 7-5　地基土抗剪强度增长与时间关系

另外,研究工作表明,强夯作用所导致的砂性土的液化,能够降低地基在未来地震作用下的液化势。就是说,经过几次强夯液化后,虽然地基土的密度增加不多,但却能减小在未来地震作用下发生液化的可能性。这一现象,和 Youd(2001)所得的结论有相似之处。Youd 认为,可液化砂土经过几次轻微地震后,虽然密度增加不多,但地基土在未来强烈地震下的液化势却减小了。

此外,Gambin(1983)认为,强夯法与一般固结理论不同之处在于前者应该将土体假设为非弹性、各向异性的、处于动态反映下的土体,应该区分饱和土与非饱和土,强夯作用下的加荷与卸荷(冲击荷载下)、土的应力应变曲线也是不同的,土的应力-应变曲线表现出明显的滞后效应。图 7-6 表示一般情况下的应力分布(预压荷载),图 7-7 则表示冲击荷载(强夯)作用下的应力分布。

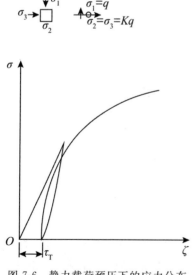

图 7-6　静力载荷预压下的应力分布

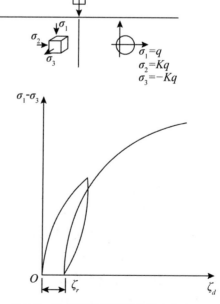

图 7-7　冲击荷载作用下的应力分布

7.2.2 强夯置换加固机理

圆柱体形的重锤自高空落下,接触地面的瞬息间夯锤刺入并深陷于土中,这个过程虽然非常短暂,以毫秒计,但它在瞬间能释放出大量能量,对被加固土体产生的作用主要有三个方面:①直接位于锤底面下的土,瞬间受到锤底的巨大冲击压力,土体积压缩并急速地向下推移,在夯坑底面以下形成一个压密体,如图 7-8(a)所示,其密度大大提高;②位于锤体侧边的土,瞬间受到锤底边缘的巨大冲切力而发生竖向的剪切破坏,形成一个近乎直壁的圆柱形深坑,如图 7-8(b)所示;③锤体落下冲压和冲切土体形成夯坑的同时,产生强烈的振动,以三种振波的形式(P 波、S 波、R 波)向土体深处传播,基于多种机理(振动液化、排水固结和振动挤密等)的联合作用,置换体周围的土体得到加固。

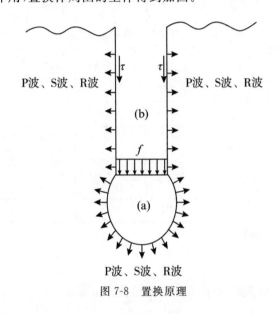

图 7-8 置换原理

强夯置换的碎石墩是一种散体材料墩体,在提高强度的同时,为桩间土提供了排水通道,有利于地基土的固结。墩体上设置垫层的主要作用是使墩体与墩间土共同发挥承载作用,同时垫层也起到排水作用。

7.3 设计计算与施工方法

7.3.1 设计计算

1. 强夯设计计算

强夯法的设计与计算主要包括有效加固深度的确定、夯击能的确定、夯点布置与加固范围的确定、夯击击数与遍数的确定、时间间隔的确定、强夯前垫层的确定等。

1) 有效加固深度

强夯法加固地基的有效加固深度是指经强夯加固后,该土层强度和变形等指标能满足设计要求的土层范围。有效加固深度常采用以下几种方法来确定。

（1）公式计算。

根据实践经验，我国的科研人员修正了法国梅纳（Menard）最初提出的公式，按下式计算加固土层深度：

$$H \approx \alpha \sqrt{Mh} \tag{7.3.1}$$

式中，H 为加固土层深度；M 为夯锤重量；h 为落距；α 为 Menard 公式修正系数，一般通过实测加固深度与按式（7.3.1）计算的值比较确定或凭经验选定。

（2）规范要求值。

《建筑地基处理技术规范》（JGJ 79—2012）规定，强夯法的有效加固深度应根据现场试夯或当地经验确定，在缺少试验资料或经验时可按表 7-1 预估。

表 7-1　强夯法的有效加固深度 单位：m

单击夯击能 /(kN·m)	碎石土、砂土 等粗颗粒土	粉土、黏性土、湿陷 性黄土等细颗粒土	单击夯击能 /(kN·m)	碎石土、砂土 等粗颗粒土	粉土、黏性土、湿陷性 黄土等细颗粒土
1000	4.0～5.0	3.0～4.0	6000	8.5～9.0	7.5～8.0
2000	5.0～6.0	4.0～5.0	8000	9.0～9.5	8.0～8.5
3000	6.0～7.0	5.0～6.0	10000	9.5～10.0	8.5～9.0
4000	7.0～8.0	6.0～7.0	12000	10.0～11.0	9.0～10.0
5000	8.0～8.5	7.0～7.5			

注：强夯法的有效加固深度应从起夯面算起。

2）夯击能

夯击能可分为单击夯击能、单位夯击能和最佳夯击能。

（1）单击夯击能。

单击夯击能是表征每击能量大小的参数，其值等于锤重和落距的乘积[见式（7.3.2）]；也可根据工程要求的加固深度、地基状况和土质成分按式（7.3.3）来确定。强夯置换法的单击夯击能应根据现场试验确定。

$$E = Mgh \tag{7.3.2}$$

$$E = \left(\frac{H}{d}\right)^2 g \tag{7.3.3}$$

式中，E 为单击夯击能；M 为夯锤重；g 为重力加速度，$g=9.8\text{m/s}$；h 为落距；H 为加固深度；d 为修正系数，变动范围为 0.35～0.70，一般黏性土、粉土取 0.5，砂土取 0.7，黄土取 0.350～0.500。

（2）单位夯击能。

单位夯击能指单位面积上所施加的总夯击能，其大小与地基土的类别有关，一般来说，在相同条件下细颗粒土的单位夯击能要比粗颗粒土适当大些。在一般情况下，粗颗粒土可取 1000～3000kN·m/m²，细颗粒土可取 1500～4000kN·m/m²。

但值得注意的是，对饱和黏性土，其所需的能量不能一次施加，否则土体会产生侧向挤出,强度反而会降低,且难于恢复。根据需要可分几遍施加,两遍间可停歇一段时间。

(3)最佳夯击能。

最佳夯击能是指在这样的夯击能作用下,地基中出现的孔隙水压力达到土的自重压力。最佳夯击能的确定应该区分黏性土和砂土。由于黏性土地基中孔隙水压力消散慢,随着夯击能增加,孔隙水压力可以叠加,因而可根据有效影响深度内孔隙水压力的叠加值来确定最佳夯击能,但砂性土地基由于孔隙水压力的变化比较快,故孔隙水压力不能随夯击能增加而叠加。当孔隙水压力增量随夯击次数的增加而趋于稳定时,可认为砂土能够接受的能量已达到饱和状态。因此可以通过绘制孔隙水压力增量与夯击击数(夯击能)的关系曲线来确定最佳夯击能。

使用于强夯置换法时,尤其是对饱和黏性土,最佳夯击能的控制并不是太重要,因为其作用原理是利用夯击能促使石块沉降和密实,只要能达到此目的即可。

3)夯点的布置与加固范围

(1)夯点的布置。

夯击点位置可根据基础平面形状进行布置:对于某些基础面积较大的建筑物或构筑物,为便于施工,可按等边三角形或正方形布置夯点;对于办公楼、住宅建筑等,可根据承重墙位置布置夯点,一般采用等腰三角形布点,这样可保证横向承重墙以及纵墙和横墙交接处墙基下均有夯点;对于工业厂房来说,也可以按柱网来设置夯击点。

强夯置换墩墩位布置宜采用等边三角形或正方形。对独立基础或条形基础可根据基础形状与宽度进行相应布置。

(2)夯点间距。

根据地基土的性质和要求加固深度来确定夯点间距,以保证夯击能量能传递到深处和保护邻近夯坑周围所产生的辐射向裂隙。对于细颗粒土,为了便于超孔隙水压力消散,夯点间距不宜过小。要求加固深度较大时,强夯第一遍的夯点间距要适当大一些。

《建筑地基处理技术规范》(JGJ 79—2012)规定,强夯第一遍夯击点间距可取夯锤直径的 2.5~3.5 倍,第二遍夯击点位于第一遍夯击点之间,以后各遍夯击点间距可适当减小。

强夯置换法夯击点间距一般比强夯法大。其间距应根据荷载大小和原土的承载力选定,当满堂布置时可取夯锤直径的 2~3 倍。对独立基础或条形基础可取夯锤直径的 1.5~2.0 倍。墩的计算直径可取夯锤直径的 1.1~1.2 倍。

4)夯击击数、遍数与时间间隔

(1)夯击击数。

夯击击数是指在一个夯击点上夯击最有效的次数。各夯击点的夯击数,应以使夯坑的压缩量最大、夯坑周围隆起量最小为确定原则,一般为 4~10 击。

对于碎石土、砂土、低饱和度的湿陷性黄土和填土等地基,夯击时夯坑周围往往没有隆起或隆起量很小,应尽量增多夯击次数,以减少夯击遍数。对于饱和度较高的黏性土地基,随着夯击击数的增加,土体积压缩,孔隙水压力升高,但此类土渗透性较差,使夯坑下的地基土产生较大的侧向位移,引起夯坑周围地面隆起。此时如果继续夯击,并不能使地基土得到有效的夯实,造成浪费,有时甚至造成地基土强度的降低。

强夯夯点的夯击击数,按现场试夯得到的夯击次数和夯沉量关系曲线确定。但同时应该满足下列要求:

①最后两击平均夯沉量不宜大于下列数值:单击夯击能小于 4000kN·m 时为 50mm;单击夯击能为 4000～6000kN·m 时为 100mm,单击夯击能大于 6000kN·m 时为 200mm;

②夯坑周围地面不应发生过大的隆起;

③不因夯坑过深而发生提锤困难。

强夯置换法的夯击击数应通过现场试夯确定,且应同时满足下列规范要求:

①墩底穿透软弱土层,且达到设计墩长;

②累计夯沉量为设计墩长的 1.5～2.0 倍;

③最后两击的平均夯沉量不大于强夯的规定值。

(2)夯击遍数。

对粗颗粒土组成的渗透性好的地基,夯击遍数可少些。对细颗粒土组成的渗透性差、含水量高地基,夯击遍数要多些。一般情况下每个夯点夯 2～4 遍。常用夯击期间的沉降量达到计算最终沉降量的 80%～90%,或根据设计要求已经夯到预定标高来控制夯击遍数。能一次夯到底或已满足要求的,可一遍夯成。

满夯的作用是加固表层,即加固单夯点间未压密土、深层加固时的坑侧松土及整平夯坑填土。其加固深度可达 3～5m 或更大,故满夯单击能可选用 500～1000kN·m 或更大,布点选用一夯挨一夯交错相切或一夯压半夯,每点击数 5～10 击,并控制最后两击的夯沉量小于 3～5cm。

采用强夯置换法时,主要将石和砂夯实下沉至要求的深度,可以增加击数,为方便施工尽量减少夯击遍数。

(3)时间间隔。

两遍夯击之间应有一定的时间间隔,以利于土中超静孔隙水压力的消散。所以,间隔时间取决于超静孔隙水压力的消散时间。但是孔隙水压力的消散速率与土的性质、夯点间距等因素有关。对土颗粒细、含水量高、土层厚的黏性土地基,孔隙水压消散慢,孔压叠加,故时间间隔要长。一般透水性较好的黏性土的时间间隔为 1～2 周,透水性差的黏性土、淤泥质土时间间隔不少于 3～4 周。对颗粒较粗、地下水位较低、透水性较好的砂土地基或含水量较小的回填土,孔隙水压消散快,间歇时间可短些,可以连续夯。此外,夯点间距对孔隙水压力的消散有很大影响。夯点间距小,夯击能的叠加使孔压升高,因此,消散所用的时间更长。反之,夯点间距大,孔压消散比较快。在强夯实施过程中,利用埋设孔隙水压力测头及时观测孔压变化情况,确定间隔时间。

在饱和软黏土地基上采用强夯置换法时,也会造成夯坑周围孔压的升高,但是所形成的砂石墩体是良好的排水通道,地基土中的超孔隙水压力会通过这个通道进行消散。因此,也无需设置间隔时间,可连续夯击。

上述几条仅是初步确定的强夯参数,实际工程中需根据这些初步确定的参数提出强夯试验方案,进行现场试夯,并通过测试,与夯前测试数据进行对比,检验强夯效果,再确定工程采用的各项强夯参数,若不符合使用要求,则应改变设计参数。在进行试夯时,也可将不同设计参数的方案进行比较,择优选用。

5)强夯前垫层铺设

强夯前要求拟加固的场地必须具有一层稍硬的表层,使其能支承起重设备,并便于让所施加的"夯击能"得到扩散。同时也可加大地下水位与地表面的距离,对场地地下水位在

－2m深度以下的砂砾石土层，可直接施行强夯，无需铺设垫层；对软弱饱和土或地下水很浅时，或对易液化流动的饱和砂土，需要铺设砂、砂砾或碎石垫层才能进行强夯，否则土体会发生流动。

垫层厚度根据场地的土质条件、夯锤重量及其形状等条件确定。当场地土质条件好，夯锤小，起吊时吸力小者，也可减小垫层厚度。垫层厚度一般为 0.5～1.5m，保证地下水位低于坑底面以下 2m。铺设的垫层不能含有黏土。

6)强夯时的场地变形及振动影响

强夯的巨大冲击能可使夯击区附近的场地下沉和隆起，并以冲击波向外传播，使附近的场地振动，从而使建筑物振动，危害建筑物及人们的身心健康。强夯对建筑物的影响，可以分为场地变形及振动两个方面。

(1)强夯的场地变形。强夯引起的场地变形可以分为沉陷、隆起及震陷。

①强夯时夯坑附近的地表变形(沉陷、隆起)因土质、土的含水量的差异而不同。若是饱和软土，夯坑附近的地表将隆起；若是黄土，则与含水量有关，含水量大的，开始几击，夯坑浅时地表有几毫米的隆起及外移，随后转为下沉及向坑心转移；若是砂土、灰渣等松散土，则主要产生沉降。

②强夯震陷对建筑的影响：在黏性土地基中，特别是黄土地基中，距夯坑 5m 外的场地位移变形不大，建筑物不受振动影响，不产生震陷；而在灰渣地基中，距夯坑 50m 处也会有 4mm 左右的沉降，即振动引起的震陷比较均匀，这在强夯方案选择时应予考虑。

(2)强夯场地振动对建筑物的影响。

①强夯振动的特征。

a.强夯为点振源，两击间隔几分钟以上，为自由振动，与地震影响不同。

b.强夯时地面振动的周期随土质不同而变化，一般为 0.04～0.2s，常见的为 0.08～0.12s，土质松软振动周期长，土质坚硬振动周期短，并随与振源的距离的增大而增加，与爆破振动相似。

c.强夯时随着夯击遍数增加，场地得到加固，振动振幅加大。

d.强夯的振动幅值随与夯点距离的增大而急剧衰减，幅值均在 10～15m 范围内急剧衰减。

②强夯振动对建筑物的影响。由上述强夯的振动特征可知，强夯引起的振动与地震显著不同，因此危害也不同。一般认为，强夯振动对建筑物的危害与爆破相当，危害判别标准现在很不统一，有的以爆破地震烈度表控制，有的以地表振动速度控制，有的以加速度控制，控制值也相差很大。

(3)强夯振动、噪声对人的影响。

强夯时产生振动与噪声，对人的生理、心理均产生影响，垂直振动、水平振动随着楼层增高而增大，故高层的住户感觉振动大。对强夯时室外噪声的测试表明，60m 外噪声仍超出国家规定。

2.强夯置换设计计算

总体上来讲，强夯置换设计计算应根据工程设计要求和地质条件进行。先初步确定强夯置换参数，进行现场试夯，然后据试夯场地监测和检测结果及其与夯前数据的对比，确定强夯置换工艺参数。

强夯置换复合地基的计算主要包含强夯置换深度、强夯置换处理范围、单墩件承载力及复合地基承载力和沉降。

(1)强夯置换深度及处理范围。

①强夯置换有效加固深度为墩长和墩底压密土厚度之和,应根据现场试验或当地经验确定。在缺少试验资料或经验时,强夯置换深度应符合表7-2的规定。

表 7-2　强夯置换深度

夯击能/(kN·m)	置换深度/m	夯击能/(kN·m)	置换深度/m
3000	3~4	12000	8~9
6000	5~6	15000	9~10
8000	6~7	18000	10~11

②强夯置换处理范围应大于建筑物基础范围,每边超出基础外缘的宽度宜为基底下设计处理深度的 1/3~1/2,且不宜小于 3m。当要求消除地基液化时,在基础外缘扩大宽度不应小于基底下可液化土层厚度的 1/2,且不宜小于 5m。对独立柱基,可采用柱下单点夯。

(2)单墩体承载力计算。

强夯置换碎(块)石墩单墩体的承载力应通过现场载荷试验确定,应用时必须与经验和实测结果相结合。

强夯置换碎(块)石墩由于其成墩工艺与其他类型散体材料墩的成墩工艺截然不同,碎(块)石墩体受到被置换土体形成的冠形挤密区的包围,碎(块)石墩受荷时,其侧向和底部的抗力都远较原土为大,因此其承载力也较其他类型散体材料墩为大。另外,由于强夯置换碎(块)石墩的墩体比较粗短,深径比一般为 3~4 左右,由于墩体经过夯实后密度较大,墩体的破坏模式也不局限于鼓胀式破坏的单一形式,而可能发生两种破坏模式,即墩体的鼓胀式破坏或刺入式破坏,也可能两种破坏模式同时发生。在设计时,如需要预估强夯置换碎(块)石墩单墩的承载力,我们按下述方法进行估算。

①墩体发生鼓胀式破坏。墩体发生鼓胀式破坏时,墩顶单位面积的极限承载力计算方法主要有:Brauns(1978)计算式、圆筒形孔扩张理论计算式、Wong H. Y. (1975)计算式、Hughes 和 Withers(1974)计算式以及被动土压力法等。对于墩体发生鼓胀式破坏的情况,我们主要引用 Brauns 计算式(见图 7-9)预估强夯置换碎(块)石墩单墩墩顶单位面积的极限承载力。

$$f_{pu} = \tan^2\alpha \frac{2c_u}{\sin(2\delta)}\left(1 + \frac{\tan\alpha}{\tan\delta}\right) \qquad (7.3.4)$$

$$\tan\alpha = \frac{1}{2}\tan\delta(\tan^2\delta - 1) \qquad (7.3.5)$$

$$\alpha = 45° + \frac{1}{2}\varphi \qquad (7.3.6)$$

式中,f_{pu} 为墩顶单位面积的极限承载力;c_u 为墩周土不排水抗剪强度;φ 为墩体材料内摩擦角,碎、块石混合料取 $\varphi = 40°$。

强夯置换碎(块)石墩单墩的承载力特征值 R_a 等于 $f_{pu}/2$ 乘以墩顶面积。

②墩发生刺入式破坏。墩发生刺入式破坏时,墩顶单位面积的承载力按图 7-10 和下式进行估算:

$$f_{pk} = f'_{pk}\left(\frac{D_p}{d}\right)^2 \tag{7.3.7}$$

$$f'_{pk} \leqslant (1+\tan\beta)^2 f_a \tag{7.3.8}$$

$$f_{pk} \leqslant \left(\frac{D_p}{d}\right)^2 (1+\tan\beta)^2 f_a \tag{7.3.9}$$

式中,f_{pk} 为置换碎(块)石墩顶单位面积的承载力;f'_{pk} 为换算的置换碎(块)石墩体单位面积的承载力;f_a 为经深度修正后,置换碎(块)石墩底地基承载力特征值;d 为置换碎(块)石墩顶的直径;D_p 为置换碎(块)石墩体的直径;s_c 为置换碎(块)石墩体下方冠形挤密区底部厚度;β 为应力扩散角。

强夯置换碎(块)石墩的单墩承载力特征值 R_a 等于 f_{pk} 乘以墩顶面积。

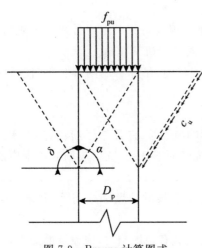

图 7-9　Brauns 计算图式

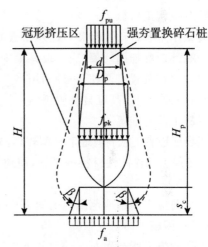

图 7-10　刺入式破坏计算图式

(3)强夯置换碎(块)石墩的复合地基计算。

①强夯置换碎(块)石墩复合地基的承载力计算。强夯置换碎(块)石墩复合地基的承载力应通过直接的载荷试验方法确定,载荷试验的承压板面积至少为一根墩承担的处理面积,虽然费用较高,但结果可靠。在设计时,如需要预估强夯置换碎(块)石墩复合地基的承载力特征值,可按下式进行估算:

$$f_{spk} = m f_{pk} + (1-m) f_{sk} \tag{7.3.10}$$

或

$$f_{spk} = [1 + m(n-1)] f_{sk} \tag{7.3.11}$$

式中,f_{spk} 为复合地基承载力特征值;f_{pk} 为墩顶承载力特征值;f_{sk} 为墩间土承载力特征值;m 为墩土面积置换率;n 为墩土应力比,一般可取 3~6。

②强夯置换碎(块)石墩复合地基的沉降计算。强夯置换碎(块)石墩复合地基的总沉降量包括两部分,即复合地基加固区以下土层的沉降量和复合地基加固区的沉降量。

可采用分层总和法进行计算。其中复合地基加固区的沉降量计算时采用复合模量进行计算,目前常采用以下计算公式来估算复合地基的压缩模量:

$$E_{sp}=[1+m(n-1)]E_s \qquad (7.3.12)$$

式中,E_{sp}为复合地基压缩模量;E_s为墩间土地基压缩模量。

7.3.2 施工方法

1.施工工具

1)强夯锤

根据要求处理的深度和起重机的起重能力选择强夯锤质量。我国至今采用的最大夯锤质量为40t,常用的夯锤质量为10~25t。夯锤可采用铸钢(铸铁)锤,外包钢板的混凝土锤。底面形状宜采用圆形或多边形。锤底面积宜按土的性质确定,锤底静接地压力值可取25~40kPa,对于细颗粒土,锤底静接地压力宜取较小值。强夯置换锤底静接地压力值可为100~200kPa。为了改善夯击效果,锤底应对称设置若干个与其顶面贯通的排气孔,以利于夯锤着地时坑底空气迅速排出和起锤时减小坑底的吸力。

2)其他施工机械

宜采用带有自动脱钩装置的履带式起重机或其他专用设备。采用履带式起重机时,可在臂杆端部设置辅助门架,或采取其他安全措施,防止落锤时机架倾覆。

自动脱钩装置有两种:一种利用吊车副卷扬机的钢丝绳,吊起特制的焊合件,使锤脱钩下落;另一种采用定高度自动脱锤索。

3)施工前的准备

当场地地表土软弱或地下水位较高,夯坑底积水影响施工时,宜采用人工降低地下水位或铺填一定厚度的松散性材料等措施,使地下水位位于坑底面下2m。坑内或场地积水应及时排除。

施工前应查明场地范围内的地下构筑物和各种地下管线的位置和标高等,并采取必要措施,以免因施工而造成损坏。

当强夯施工所产生的振动对邻近建筑物或设备会造成有害影响时,应设置监测点,并采取挖隔振沟等隔振或防振措施。对振动有特殊要求的建筑物或精密仪器设备等,当强夯振动有可能对其产生有害影响时,应采取隔振或防振措施。

2.施工的步骤及要求

1)强夯法施工步骤

①清理并平整施工场地;

②铺设垫层,使在地表形成硬层,用以支承起重设备,确保机械通行和施工,同时可加大地下水和表层面的距离,防止夯击的效率降低;

③标出第一遍夯击点的位置,并测量场地高程;

④起重机就位,使夯锤对准夯点位置;

⑤测量夯前锤顶标高;

⑥将夯锤起吊到预定高度,待夯锤脱钩自由下落后放下吊钩,测量锤顶高程,若发现因坑底倾斜而造成夯锤歪斜时,应及时将坑底整平;

⑦重复步骤⑥,按设计规定的夯击次数及控制标准,完成一个夯点的夯击;

⑧换夯点,重复步骤④~⑦,完成第一遍全部夯点的夯击;

⑨用推土机将夯坑填平,并测量场地高程;

⑩在规定的间隔时间后,按上述步骤逐次完成全部夯击遍数,最后用低能量满夯,将场地表层土夯实,并测量夯后场地高程。

2)强夯置换施工步骤

当表层土松软时应铺设一层厚为 1.0～2.0m 的砂石施工垫层以利于施工机具运转。随着置换墩的加深,被挤出的软土渐多,夯点周围地面渐高,先铺的施工垫层在向夯坑中填料时往往被推入坑中成了填料,施工层越来越薄,因此,施工中须不断地在夯点周围加厚施工垫层,避免地面松软。

①清理并平整施工场地,当表层土松软时可铺设一层厚度为 1.0～2.0m 的砂石施工垫层。

②标出夯点位置,并测量场地高程。

③起重机就位,夯锤置于夯点位置。

④测量夯前锤顶高程。

⑤夯击并逐击记录夯坑深度。当因夯坑过深而起锤困难时停夯,向坑内填料直至与坑顶平,记录填料数量,如此重复直至满足规定的夯击次数及控制标准,完成一个墩体的夯击;当夯点周围软土挤出影响施工时,可随时清理并在夯点周围铺垫碎石,继续施工。

⑥按由内向外,隔行跳打原则完成全部夯点的施工。

⑦推平场地,用低能量满夯,将场地表层松土夯实,并测量夯后场地高程。

⑧铺设垫层,并分层碾压密实。

采用强夯置换法形成墩柱式复合地基,组成墩柱体,主要是依靠自身骨料的内摩擦角和墩间土的侧限来维持墩身平衡的,因此,材料的选择很重要。可以选择块石、碎石、角砾、砾砂、粗砂,也可选用矿渣、水泥渣、建筑垃圾及其他质地较硬的散体材料。材料的选取是比较广泛的,但是就施工来说应选择最合适的优质散体材料,应符合下列条件:

①因复合地基要达到较高的地基承载力、较少沉降和良好的排水条件,首先应考虑选用高抗剪性能的块石、碎石,其次再考虑选用砾石和粗砂。

②所选用的材料要求质坚,不易风化,水稳性好,以便在较长的时期内保持坚实状态。

③选择合理的颗粒级配,形成最紧密的排列,以提高地基的承载力,减少地基沉降。

④控制含泥量,含泥量要小于 10%,因为含泥量的增加或碎石风化成黏粒将大大影响墩柱体的排水效果,减缓地基固结。

⑤在选择矿渣、水泥渣、建筑垃圾及其他人工的散体材料时,除了考虑质坚的因素外,必须考虑这些材料使用后对环境的影响,要求环保和地下水资源不受影响。

3)夯击过程的检测及记录

①开夯前应检查夯锤质量和落距,以确保单击夯击能量符合设计要求。

②在每一遍夯击前,应对夯点放线进行复核,夯完后检查夯坑位置,发现偏差或漏夯应及时纠正。

③按设计要求检查每个夯点的夯击次数和每击的夯沉量,对强夯置换尚应检查置换深度。

④记录每个夯点的每击夯沉量、夯击深度、开口大小、夯坑体积、填料量。

⑤记录场地隆起、下沉情况,特别是邻近有建筑物时。

⑥记录每遍夯后场地的夯沉量、填料量。

⑦监测附近建筑物的变形。

⑧监测孔隙水压力的增长、消散,检测每遍或每批夯点的加固效果。为避免时效的影响,最有效的是检验干密度,其次为静力触探,以及时了解加固效果。

⑨满夯前根据设计基底标高,考虑夯沉预留量并整平场地,使满夯后接近设计标高。

7.4 高能量强夯工程应用及关键技术

7.4.1 高能量强夯工程特点及工程应用

1.高能量强夯工程特点

随着国内大型基础设施建设的发展,沿海城市填海造陆工程和西部大开发的实施,工程建设中的山区杂填地基、开山块石回填地基、炸山填海、吹砂填海等围海造地工程也越来越多,深厚湿陷性黄土工程也随之越来越多,需要加固处理的填土厚度和深度相应也越来越大。

(1)山区高填方工程,如某些开山填谷工程,最大填土厚度超过 35m,辽宁、重庆、山西、河南和湖南等地约 20 余个重大项目的最大填土厚度超过了 40m,近几年一些新区建设中的开山造地、山区城市的机场建设填土厚度已经超过 100m。这些项目一般工期紧、任务重,不容许实现 5~8m 一层的分层强夯,而且很多项目批复下来时场地已经一次性回填完成。为了使其地基强度、变形及均匀性等满足工程建设的要求而最终选用了高能级强夯法进行处理。

(2)抛石填海工程,其传统地基加固做法是吹填完成后进行真空预压或 2~3 年的堆载预压。由于工期太长,且承载力提高有限,传统做法无法满足要求。地基基础使用要求多为预处理手段,此类"炸山填海""炸岛填海"等工程中回填的抛石、海水对钢材和混凝土的腐蚀性等问题都大幅增加了桩基施工的难度、工期和造价。促成了高能级强夯的大量应用和快速发展,部分工程抛石和淤泥层的最大厚度达到了 25m,如辽宁(2006 年)、广东(2009 年、2012 年)、山东(2006 年)、广西(2010 年)、浙江(2008 年)等近 30 个国家重大工程项目,经方案经济、技术、工期等综合比选后采用了高能级强夯法进行地基处理。

(3)大厚度湿陷性黄土地基处理工程,不能用传统挤密、分层夯实方法时,高能级强夯就显出力量。2008 年甘肃省某大型石油化工场地,湿陷性黄土的湿陷程度由上向下由 II 级自重湿陷性黄土一直渐变为非湿陷性黄土,湿陷性黄土的最大底界埋深在 16m 左右。设计要求消除全部湿陷性,以油罐地基为例,16000kN·m 高能级强夯法一次处理与挤密法相比,费用和工期约为挤密法的 1/4 和 1/2。与分层强夯法比较,费用节省 1/4,工期缩短 40%。以工业厂房地基为例,8000kN·m 高能级强夯法与挤密法相比,费用节省了约 4/5,工期缩短了 60%。最终选用了客观可行的、性价比最优的方法——最高能级达 16000kN·m 的高能级强夯法进行地基处理。

2.高能量强夯工程应用

表 7-3 与 7-4 列出了一些高能量强夯工程应用实例。

表 7-3　沿海回填地基及山区高填方地基高能级强夯典型工程实例

序号	工程名称	工程地点	施工时间	面积/(万 m²)	地基土	最高能级/(kN·m)	施工方式	工程特点	处理效果
1	大连新港南海罐区碎石填海地基 15000kN·m 强夯处理工程	大连市	2006—2006 年	6	深厚人工填土地基	15000	强夯	15000kN·m 国内首创	强夯后厚层素填土的地基承载力特征值提高近 3 倍,地基承载力特征值为 350～450kPa,变形模量为 21.3～28MPa
2	中国石油华南(珠海)物流中心工程珠海高栏岛成品油储备库 38 万 m² 填海地基 18000kN·m 强夯处理工程	珠海高栏岛	2009—2009 年	40	开山填海地基	18000	强夯	18000kN·m 国内首创	地基承载力特征值不小于 300kPa,压缩模量不小于 25MPa
3	中海油珠海高栏终端 105 万 m² 碎石填海地基 15000kN·m 强夯处理工程	珠海高栏岛	2009—2013 年	100	山区非均匀地基和开山填海地基	15000	强夯	高能级强夯在处理填海造陆场地的典型案例	填石层均达到密实状态,地基承载力特征值均大于 200kPa
4	惠州炼化二期 300 万 m² 开山填海地基 12000kN·m 强夯处理工程	惠州大亚湾	2012—2014 年	86	开山碎石回填土	12000	强夯	高能级强夯在开山填海地质条件下大面积应用的一个典型案例	加固深度不小于 10m,夯后地基土的物理力学指标满足设计要求
5	广东石化 2000 万吨/年重油加工 15000kN·m 强夯处理粉细砂地基工程	揭阳市	2012—2013 年	87	细砂	15000	强夯	高能级强夯处理堆积砂土地基	有效加固深度为 13m,砂土液化可能性已消除

表 7-4 山区高填方场地形成与地基处理典型工程实例

序号	名称	时间	地区	填方厚度/m	填土性质	处理方法	能级/(kN·m)	效果评价
6	延安新城湿陷性黄土地区高填方场地地基 20000kN·m 超高能级强夯处理试验研究	2016 年 5 月	陕西延安新城	40	湿陷性黄土	高能级强夯	20000	满足要求
7	延安煤油气资源综合利用项目场地形成与地基处理工程	2012—2015 年	陕西延安	70	湿陷性黄土	高能级强夯	12000	满足设计要求
8	浙江温州泰顺县茶文化城 18000kN·m 高能级强夯地基处理项目	2011 年	浙江温州	60	含角砾粉质黏土、碎石	高能级强夯	18000	地基承载力增长达 2 倍以上
9	中国石油庆阳石化 300 万吨/年炼油厂改扩建项目高能级强夯处理湿陷性黄土地基工程	2007 年	甘肃庆阳	16	湿陷性黄土	高能级强夯	15000	$f_{ak} \geqslant 250$kPa
10	安庆石化炼油新区地基处理工程	2015—2016 年	安徽安庆	19.8	主要由卵石与黏性土组成	高能级强夯	15000	$f_{ak} = 137 \sim 200$kPa
11	华润电力焦作有限公司 2X660MW 超临界燃煤机组场地 12000kN·m 强夯地基处理工程	2014 年	河南焦作		黄土为主,含粉质黏土与卵石	高能级强夯	12000	湿陷性全部消除

7.4.2 高能量强夯关键技术

强夯法,特别是高能级强夯法地基处理在很多项目中具有显而易见的优势。必须对其因地制宜地进行设计和施工才能扬长避短,使其更好地为国民经济建设服务。目前,高能级强夯往往超出规范,对工程经验的依赖性很强。

强夯法设计是一个系统工程,是一个变形与承载力双控且以变形控制为主的设计方法,对于高能级强夯工程尤其如此。具体来讲,强夯地基处理的设计要结合工程经验和现场情况,主要从夯锤、施工机具选用、主夯能级确定、加固夯能级确定、满夯能级确定、夯点间距及布置、夯击遍数与击数、有效加固深度、收锤标准、间歇时间、处理范围、监测、检测、变形验算、稳定性验算、填料控制、夯坑深度与土方量计算、减振隔振措施、降排水措施、垫层设计、基础方案、结构措施等方面进行优化设计。其中,强夯的有效加固深度、夯点间距的布置以及强夯置换中置换墩长度等均是关键性问题。

1. 高能量强夯能级与加固深度、夯点间距关系

高能量强夯能级与加固深度及夯点间距之间的关系如表 7-5 所示。

表 7-5 高能级强夯与有效加固深度关系及建议的夯点间距

单击夯击能 /(kN·m)	填土地基/m		原状土地基/m		建议主夯点 间距/m
	块石填土	素填土	碎石土、砂土 等粗颗粒土	粉土、黏性土 等细颗粒土	
10000	12.0～14.0	15.0～17.0	11.0～13.0	9.0～10.0	9.0～11.0
12000	13.0～15.0	16.0～18.0	12.0～14.0	10.0～11.0	9.0～12.0
14000	14.0～16.0	17.0～19.0	13.0～15.0	11.0～12.0	10.0～12.0
15000	15.0～17.0	17.5～19.5	13.5～15.5	12.0～13.0	11.0～13.0
16000	16.0～18.0	18.0～20.0	14.0～16.0	13.0～14.0	12.0～14.0
18000	17.0～19.0	18.5～20.5	15.5～17.0	14.0～15.0	13.0～15.0
20000	18.0～20.0	19.0～21.0	16.0～18.0	15.0～16.0	14.0～16.0

2. 高能量强夯置换中置换墩长度与主夯能级关系

根据全国各地 68 余项工程或项目实测资料绘制出图 7-11,图中也包括《建筑地基处理技术规范》(JGJ 79—2012)条文说明中的 18 个工程数据。

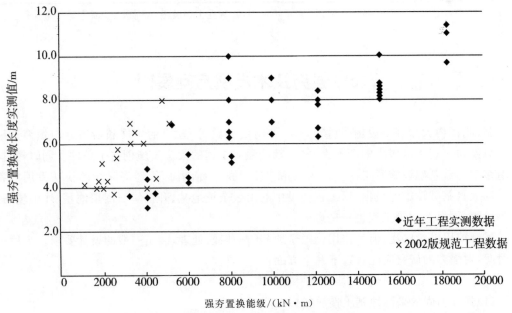

图 7-11 强夯置换主夯能级与置换墩长度的实测值

3. 高能量地基检测

强夯地基的质量检测方法,宜根据土性选用原位试验和室内试验,表 7-6 为原位试验适用土体。对于一般工程,应用两种或两种以上方法综合检验;对于重要工程,应增加检验项

目并须做现场大型复合地基载荷试验;对液化场地,应做标贯试验,检验深度应超过设计处理深度;对于碎石土下存在软弱夹层的地基土,一定要有钻孔试验,建议采用各种方案综合测试。

表 7-6 原位试验适用土体

试验项目	地基土类型					
标准贯入 SPT	☒ 碎石土	☑ 砂土	☑ 粉土	☑ 黏性土	□ 软土	☒ 抛石土
静力触探 CPT	☒ 碎石土	☑ 砂土	☑ 粉土	☑ 黏性土	☑ 软土	☒ 抛石土
轻型动力触探 LDPT	☒ 碎石土	☒ 砂土	□ 粉土	☒ 黏性土	☑ 软土	☒ 抛石土
重型动力触探 HDPT	☑ 碎石土	☑ 砂土	□ 粉土	☒ 黏性土	☒ 软土	□ 抛石土
超重型动力触探 SDPT	☑ 碎石土	□ 砂土	☒ 粉土	☒ 黏性土	☒ 软土	☑ 抛石土
平板载荷试验 PLT	☑ 碎石土	☑ 砂土	☑ 粉土	☑ 黏性土	☑ 软土	☑ 抛石土
旁压试验 PMT	☑ 碎石土	☑ 砂土	☑ 粉土	☑ 黏性土	☑ 软土	☑ 抛石土
十字板剪切试验 VT	☒ 碎石土	☒ 砂土	☒ 粉土	□ 黏性土	☑ 软土	☒ 抛石土
面波试验 WVTRei	☑ 碎石土	☑ 砂土	☑ 粉土	☑ 黏性土	☑ 软土	☑ 抛石土
地质雷达检测 GRT	☑ 碎石土	☑ 砂土	☑ 粉土	☑ 黏性土	☑ 软土	☑ 抛石土
重度 γ_0	☑ 碎石土	□ 砂土	☒ 粉土	☒ 黏性土	☒ 软土	☑ 抛石土

注:☑ 表示适用,□ 表示部分适用,☒ 表示不适用,特殊性土如黄土、膨胀土、盐渍土等参考执行。

7.5 强夯技术发展方向展望

目前,国内大型基础设施(机场、码头、高等级公路等)建设的发展和沿海城市填海造陆工程以及位于黄土区域内的西部大开发,都给强夯工程的大量实施创造了条件。同时,我国又有多项大型基础设施开工建设,"长三角""珠三角""环渤海"等经济区域的快速发展等都将带动大批基础设施建设项目,工程建设中的山区杂填地基、开山块石回填地基、炸山填海、吹砂填海、围海造地等工程也愈来愈多。

强夯应用虽然广泛,但其作用仍限于地基的一般性处理,满足一般的设计要求。今后一段时间,对强夯的研究应注意以下几个方面:

1. 强夯加固效果与地基土性质之间的关系

(1)强夯加固效果同地基土性质指标之间的关系;

(2)不同类型填土地基与强夯有效加固深度的关系;

(3)地基土含水量、塑性指数、液性指数与强夯加固后压缩性指标之间的关系;

(4)夯后进行平板载荷试验测定地基承载力、载荷板大小与土质的关系。

2. 强夯单位击实功、单位夯击能与强夯加固效果之间的关系

(1)单位夯击能。其意义为单位面积上所施加的总夯击能,单位夯击能的大小与地基土

的类别有关,在相同条件下,细颗粒土的单位夯击能要比粗颗粒土适当大些。单位夯击能过小,难以达到预期效果;单位夯击能过大,浪费能源,对饱和度较高的黏性土来说强度反而会降低。

(2)强夯单位击实功。提高强夯能级或增加夯击数可大大提高单位击实功,还可以增加单位夯击能;而缩小夯距,又进一步增加单位夯击能。

3.强夯与强夯置换夯后变形计算的研究

(1)夯后土层压缩模量的取值(考虑填料、能级、击数、应力历史、工程经验等)、修正系数的取值。

(2)强夯置换往往都是大粒径的填料、粗放型的施工方法,岩土变形参数难取,因此提出"置换墩+应力扩散"的计算方法。

(3)变形控制理论在强夯法地基处理设计中应用。

4.强夯能级对加固效果的影响

(1)强夯能级到底能达多高受多方面因素的影响,如承载力、变形、经济性。

(2)强夯能级与浅层地基承载力、深层地基承载力、有效加固深度有关。

5.强夯法地基处理中减振隔振的研究

(1)夯锤冲击地面,在土体中转化成很大的冲击力,应准确测定冲击力大小。

(2)应考虑夯锤冲击地面产生的振动到底有多大,如何进行减振隔振的设计,减小对周围环境的影响。

6.高能级强夯与其他地基处理方式综合应用的机理探讨

探讨内容包括高能级强夯联合疏桩劲网复合地基、碎石桩与强夯结合、石灰桩与强夯结合等方面。

第8章 碎(砂)石桩法

8.1 发展概况

碎(砂)石桩是指由砂、卵石、碎石等散体材料构成的桩,又称为粗粒土桩、粒料桩或者散体材料桩。碎(砂)石桩法是利用振冲、沉管等方式在软弱地基中成孔后,将砂、卵石、碎石等散体材料挤压入已成孔中,形成密实的桩体,从而实现对软弱地基的加固。

早在1835年,法国就出现了利用碎石桩加固地基的方法,但由于缺乏先进有效的施工机具和工艺而未得到推广应用。1937年,德国发明了振冲器,并开发出振动水冲施工工艺(简称振冲法),用于挤密加固砂土地基。此后,碎(砂)石桩法就开始在世界范围内广泛推广应用。第二次世界大战后,这种方法在苏联得到广泛应用并取得了较大成就。20世纪50年代末,振冲法开始用来加固黏性土地基。同期,出现了振动式和冲击式施工方法,并且开发出自动记录装置,从而施工质量得到有效监控。1958年,日本开始采用振动重复压拔管挤密砂桩施工工艺。随着新的工艺技术不断开发利用,碎(砂)石桩法得到了长足的发展,施工的质量和效率,以及加固和处理的深度都有显著提高。

我国于1977年开始应用振冲法,并逐步在工业民用建筑、水利水电、交通土建工程的地基抗震加固工程中推广应用。后来,电力部北京勘测设计院研制了75kW大功率振冲器,在工程应用中取得了良好效果。近年来,国内研制成功的振冲器最大功率已达180kW。用130~150kW处理的最大深度已达25m(楼永高,1995)。三峡大坝二期围堰风化砂砾层采用75kW振冲器制作碎石桩,深达30m,但仅在5~25m深度范围内取得预期效果(张辉杰等,2002)。

1959年,我国首次引入砂桩法处理上海重型机器厂的地基。1978年,采用振动重复压拔管砂桩施工法处理宝山钢铁厂矿石原料堆场地基。1994年,宝钢三期工程新的堆石场继续采用砂桩加固地基。2005年,在上海洋山深水港建设中大规模应用海上砂桩技术,取得了良好效果。

自20世纪80年代开始,相继产生了锤击法、振挤法、干挤法、干振法、沉管法、振动气冲法、袋装碎石法、强夯碎石桩置换法等多种碎砂石桩施工工艺。

碎(砂)石桩用于挤密加固砂土、粉土、粉质黏土、素填土、杂填土、湿陷性黄土等地基以及可液化地基,一般可取得良好的技术经济效果。但用于加固抗剪强度相对较低的饱和软黏土地基,通常效果较差,经加固的地基不仅承载力提高有限,而且工后沉降很难得到有效控制。因此,我国《建筑地基处理技术规范》(JGJ 79—2012)规定,对于处理地基土不排水

抗剪强度 c_u 不小于 20kPa 的饱和黏性土和饱和黄土地基,应在施工前通过现场试验确定其适用性。

为了提高碎(砂)石桩的承载能力,相继开发出土工合成材料加筋碎石桩技术。依据加筋方式不同,可分为水平加筋碎石桩(又称为土工格栅加筋碎石桩)和筋箍碎石桩两种类型。水平加筋碎石桩通常是在顶部一定长度范围内分层填压碎石和水平加筋网片(土工格栅)而形成的[见图 8-1(a)],而筋箍碎石桩则通过在碎石桩的外围紧箍一层筒状土工合成材料加筋体而形成。筋箍碎石桩又可以根据筋箍长度细分为顶部筋箍碎石桩[见图 8-1(b)]和全长筋箍碎石桩[见图 8-1(c)]。

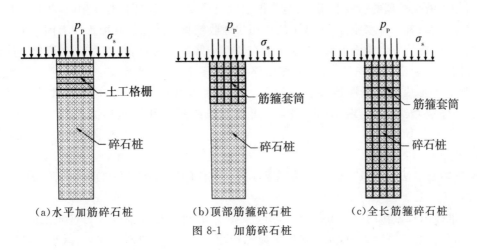

(a)水平加筋碎石桩　　　　(b)顶部筋箍碎石桩　　　　(c)全长筋箍碎石桩

图 8-1　加筋碎石桩

8.2　加固机理

8.2.1　对松散砂土和粉土地基的加固机理

碎(砂)石桩法对松散砂土和粉土地基的加固机理主要体现在挤密振密作用、排水减压作用、砂石桩体减振作用和桩间土的预振作用上。

1.挤密、振密作用

砂土和粉土属于单粒结构,其组成单元为松散粒状体,它们在动静力作用下会进行重新排列,并趋于较稳定的状态。松散砂土在振动力用下,其体积可缩小 20%。

当采用锤击法或振动法在砂土或粉土地层中插入桩管时,桩管对周围土体会产生很大的横向挤压力,它将地层中等于桩管体积的土体挤向周围土层,使周围土层的孔隙比减小,密度增加。这就是碎(砂)石桩法的挤密作用,其有效挤密范围可达 3~4 倍桩直径。

对于振冲挤密法,在施工过程中,由于水冲使松散砂土处于饱和状态,砂土在强烈的高频强迫振动下产生液化并重新排列致密,而且在桩孔中填入大量骨料后,骨料被强大的水平振动力挤入周围的土中,这种强制式挤密使桩周围砂土的密实度增加,孔隙比降低。此即碎(砂)石桩法的振密作用,其结果是地基土的干密度和内摩擦角增大,物理力学性能改善,地基承载力大幅度提高(一般可提高 2~5 倍)。

无论是采用振动或冲击沉管法还是振冲法,都会使砂土和粉土地基挤密和振密,或者产生液化后土颗粒再重新排列组合,土体达到更加密实的状态,从而提高桩间土的抗剪强度和抗液化能力。

碎(砂)石桩在松散的砂土、粉细砂土和粉土地基,以及塑性指数较小且密度不大的粉质黏土地基中,挤密作用明显,挤密效果较好;而在饱和软黏土地基、密度大的黏土和砂土地基中,挤密作用弱,挤密效果较差。另据经验数据,土中细颗粒含量超过 20％ 时,振动挤密法不再有效。

2.排水减压作用

对砂土液化机理的研究表明,当饱和松散砂土受到剪切循环荷载作用时,将发生体积收缩并趋于密实;若无排水条件,则砂土的体积快速收缩将导致超静孔隙水压力因来不及消散而急剧上升,有效应力急剧下降;当砂土中有效应力降低至零时,便产生完全液化。碎(砂)石桩加固砂土和粉土地基时,桩孔内充填碎石(卵石、砾石)、砂等反滤性能好的粗颗粒材料,在地基中形成了一条渗透性良好的人工竖向排水减压通道,它既可有效防止超静孔隙水压力急剧增高,避免地基的液化,又能逐渐消散超静孔隙水压力,加快地基的排水固结。

3.减振与抗震作用

碎(砂)石桩法的减振与抗震作用主要体现在桩体的减振作用和桩间土的预振作用两个方面。

(1)桩体的减振作用。一般情况下,由于碎(砂)石桩的桩体强度大于桩间土的强度,在荷载作用下应力向桩体集中,尤其在地震应力作用下,应力集中于桩体后,减小了桩间土的剪应力,亦即桩体具有减振作用。

(2)桩间土的预振作用。Seed 等人(1975)通过振动试验发现,经过预振的相对密实度 D_r 约为 54％ 的砂样,其抗液化能力相当于未经过预振的相对密实度 D_r 为 80％ 的砂样。现场调查还表明,历史上经过多次地震的天然原状土样,比同样密度的湿击法制备的重塑砂样的抗液化强度高 45％,比干击法制备的重塑砂样高 65％～112％。因此,碎(砂)石桩振动成桩过程中对桩间土进行了多次预振,尤其是在振冲法施工中,振冲器以 1450r/min 的振动频率、98m/s² 的水平加速度和 90kN 的激振力喷水沉入土中,使填料和地基土在挤密的同时获得强烈的预振,这对砂土增强抗液化能力是极为有利的。

8.2.2 对黏性土地基的加固机理

由于饱和黏性土、密度大的黏土可挤密性较差,因此碎(砂)石桩对黏土地基的主要作用是置换而不是挤密,桩与桩间土形成复合地基。此外,碎(砂)石桩的良好排水特性,对饱和软黏土地基还有排水固结作用。

1.置换作用

碎(砂)石桩成桩后,形成了一定桩径、桩长的密实桩体,取代了原处的软弱土,亦即桩位处原来性能较差的土被置换为密实碎(砂)石桩体。同时,强度和刚度相对较大的碎(砂)石桩体与桩间土形成复合地基而共同工作,与天然地基相比,其承载力更大而沉降更小,地基的整体稳定性和抗破坏能力明显提高。

与桩间黏性土相比,碎(砂)石桩的刚度较大,在外荷载作用下,地基中应力按材料的变形模量大小进行重新分配,应力向桩上集中,桩间土上的荷载向碎(砂)石桩上转移。碎(砂)石桩复合地基的桩土应力比一般为 2~4。

如果软弱土层厚度不大,则桩体可贯穿整个软弱土层,直达相对硬层,此时桩体在荷载作用下主要起到应力集中的作用,从而使桩间软土负担的荷载相应减少;如果软弱土层较厚,则桩体可不贯穿整个软弱土层,此时加固的复合土层起垫层的作用,垫层将荷载扩散,使应力分布趋于均匀。

2.排水作用

碎(砂)石桩体不仅置换了土层,还形成良好的竖向排水通道。如果在选用碎(砂)石桩材料时考虑级配,则碎(砂)石桩能起到排水砂井的作用。由于碎(砂)石桩缩短了排水距离,因而可以加快地基的固结速率。水是影响黏性土性质的主要因素之一,黏性土地基性质的改善很大程度上取决于其含水量的减小。砂石的渗透系数比黏土大 4~6 个数量级,能有效地加速因荷载而产生的超静孔隙水压力的消散(约可消散 80% 的超静孔隙水压力),缩短碎(砂)石桩复合地基承受荷载后的固结时间。因此,在饱和黏性土地基中,碎(砂)石桩体的排水通道作用是碎(砂)石桩法处理饱和软黏土地基的主要作用之一,比其在砂性土地基中的排水作用显著。

总之,在碎(砂)石桩和黏性土组成的复合地基中,碎(砂)石桩起到了竖向增强体作用。一方面,碎(砂)石桩本身承担了部分荷载,将上部荷载通过桩体向地基深处传递;另一方面,挤压并置换了部分软土,改善了软土地基排水条件,提高了软土本身的物理力学性能,使得桩间土与碎石桩能够有效地协同工作,从而提高了地基承载力和抗变形能力。

值得注意的是:①无论是对疏松砂性土还是对软弱黏性土,碎(砂)石桩都有挤密、振密、置换、排水、垫层等加固作用。②碎(砂)石桩的承载力与桩周土的强度密切相关,若桩周土为强度很低的淤泥、淤泥质土,桩的承载力较低,由其形成的复合地基承载力提高很小。工程实践表明,若桩周土密度不变,仅靠桩的置换作用,地基承载力提高的幅度一般为 20%~60%,并且处理后的沉降仍然难以有效控制,这是因为碎(砂)石桩的排水作用会引起地基在承载后产生排水固结沉降,因此,对于沉降变形要求较严的软黏土地基加固工程,该法应慎用。

8.3 设计计算和施工方法

8.3.1 一般设计

1.材料

桩体材料一般就地取材,可用碎石、卵石、角砾、圆砾、砾砂、粗砂、中砂、石屑、建筑废渣、矿渣、工业废渣等硬质材料,含泥量不大于 5%。这些材料可单独使用,也可根据颗粒级配配合使用,以提高桩体的密实度。对沉管法,填料最大粒径宜控制在 5cm 以内。对振冲法,常用的填料粒径为 2~8cm(30kW 振冲器)、3~10cm(55kW 振冲器)、4~15cm(75kW 率振冲器)。

若采用矿渣、工业废渣作为桩体填料,就其对环境可能产生的影响进行评估后方可使用。

2. 桩径

碎(砂)石桩的直径取决于成桩设备能力、地基土质情况和处理目的等因素。目前国内非振冲法成桩直径一般为 0.3～0.8m,而采用振冲法可达 1.2m 以上。振冲桩全长直径大小一般会有所差异,其平均直径可按每根桩所用填料量计算得到。对饱和黏性土地基宜选用较大的直径。

3. 桩距

碎(砂)石桩的间距应根据荷载大小、场地土质和施工设备等情况综合确定,并应通过地基承载力和沉降验算。对于沉管类砂石桩,桩距通常控制在 3.0～4.5 倍桩径以内,一般在粉土和砂土地基中不宜大于桩径的 4.5 倍,在黏性土地基中不宜大于桩径的 3 倍。对于振冲砂石桩布桩间距,30kW 振冲器可采用 1.3～2.0m,55kW 振冲器可采用 1.4～2.5m,75kW 振冲器可采用 1.5～3.0m。荷载大或黏性土宜采用较小的间距,荷载小或砂性土宜采用较大的间距。

4. 桩长

碎(砂)石桩的桩长可根据工程要求和工程地质条件按如下原则确定:

(1)当松软土层厚度不大时,桩长宜穿过松软土层。

(2)当松软土层厚度较大时,对按稳定性控制的工程,应根据桩体穿过复合地基最危险滑动面以下 2m 来确定桩长;对变形控制的工程,应根据处理后地基的变形量不超过建筑物对地基变形的允许值,并同时满足软弱下卧层承载力的要求来确定桩长。

(3)对于可液化地基,桩长应按要求的抗震处理深度确定。

(4)碎(砂)石桩单桩荷载试验表明,桩体在受荷过程中,自桩顶 4 倍桩径范围内将发生侧向膨胀,因此桩长应大于主要受荷深度,即不宜短于 4m。

5. 桩的平面布置形式

桩的平面布置形式应根据基础的形式确定。对大面积满堂处理,桩位宜按等边三角形布置;对独立或条形基础,宜按正方形、矩形、等腰三角形布置;对于圆形、环形基础(如油罐基础),宜按放射形布置,如图 8-2 所示。

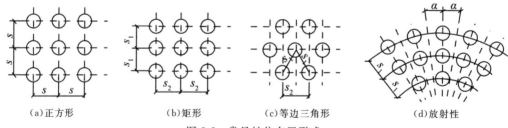

| (a)正方形 | (b)矩形 | (c)等边三角形 | (d)放射性 |

图 8-2　常见桩位布置形式

6. 加固范围

加固范围应根据建筑物的重要性、场地条件及基础形式而定,通常都大于基底面积。对一般地基,宜在基础外缘扩大 1～3 排;对可液化地基,在基础外缘扩大宽度不应小于可液化土层厚度的 1/2,并不应小于 5m。

7. 褥垫层

碎(砂)石桩施工之后,因桩顶 1.0m 左右长度的桩体是松散的,密实度较小,应当挖除或采用碾压、夯实等方法使之密实;再铺设 30~50cm 厚度的碎石褥垫层,并分层压实。

8. 桩孔内砂石料用量

碎(砂)石桩孔内的砂石用量应通过现场试验确定,估算时可按照设计桩孔体积乘以充盈系数 β 来确定,β 可取 1.2~1.4。若施工中地面有下沉或隆起现象,则填料用量应根据现场具体情况予以增减。

8.3.2 碎(砂)石桩加固松散砂土(粉土)地基设计计算

由于碎(砂)石桩在松散砂土和粉土中与在黏性土中的加固机理不同,所以其设计计算方法也有所不同。对于松散的砂土和粉土地基,碎(砂)石桩主要是通过振密、挤密周围土体来实现对地基加固,因此,当设计出桩的直径后,桩的间距就可根据桩的平面布置形式(通常采用正三角形或正方形排列方式布置,如图 8-3 所示)以及振密和挤密后地基要求达到的孔隙比计算确定。

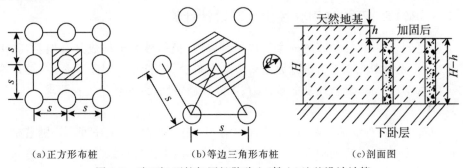

(a)正方形布桩   (b)等边三角形布桩   (c)剖面图

图 8-3 碎(砂)石桩加固松散砂土(粉土)地基设计计算

当桩位采用正三角形布置时,则每根桩的加固作用范围为正六边形[如图 8-3(b)中阴影部分],加固处理后的土体体积应变为

$$\varepsilon_V = \frac{\Delta V}{V_0} = \frac{e_0 - e_1}{1 + e_0} \tag{8.3.1}$$

式中,e_0 为天然孔隙比;e_1 为处理后要求的孔隙比;V_0 为每根桩加固范围内正六边形棱柱初值体积,$V_0 = \frac{\sqrt{3}\,s^2}{2} H$($s$ 为桩间距,H 为加固处理的天然土层厚度);ΔV 为每根桩加固范围内正六边形棱柱土体经振密、挤密后体积缩小量,它应是桩体向四周挤排土的挤密作用引起的体积减小量和土体在振动作用下发生竖向的振密变形引起的体积减小量之和,即

$$\Delta V = \frac{\pi d^2}{4}(H - h) + \frac{\sqrt{3}}{2} s^2 h \tag{8.3.2}$$

式中,d 为桩的直径;h 为地面竖向变形量,沉陷时取正值,隆起时取负值,不考虑振密作用时取 0。

将 V_0 和 ΔV 的计算式代入式(8.3.1)可得桩间距 s 计算式

$$s = 0.95 d \sqrt{\frac{H - h}{\dfrac{e_0 - e_1}{1 + e_0} H - h}} \tag{8.3.3}$$

同理,可推导出正方形布桩时桩间距 s 计算式:

$$s = 0.89d \sqrt{\dfrac{H-h}{\dfrac{e_0 - e_1}{1 + e_0} H - h}} \tag{8.3.4}$$

若不考虑振密作用,即 $h=0$,则有

$$s = \begin{cases} 0.95d \sqrt{\dfrac{1+e_0}{e_0 - e_1}}, \text{正三角形布桩} \\[2ex] 0.89d \sqrt{\dfrac{1+e_0}{e_0 - e_1}}, \text{正方形布桩} \end{cases} \tag{8.3.5}$$

加固后地基土要求达到的孔隙比 e_1 可根据工程对地基的承载力和密实度的要求确定

$$e_1 = e_{max} - D_r (e_{max} - e_{min}) \tag{8.3.6}$$

式中,e_{max}、e_{min} 分别为砂土的最大和最小孔隙比,可按照国家标准《土工试验方法标准》(GB/T 50123—2019)的有关规定确定;D_r 为砂土地基挤密后要求达到的相对密度,一般为 0.70~0.85。

8.3.3 碎(砂)石桩加固黏性土地基设计计算

对于黏性土地基,碎(砂)石桩的主要作用是置换,桩与桩间土构成复合地基,其主要设计计算内容为:先根据 8.3.1 节设计原则初步确定桩径、桩长和桩间距等参数,再计算确定单桩的承载力,然后验算复合地基的承载力、沉降和稳定性,直到满足工程要求。

1. 单桩承载力计算

碎(砂)石桩是一种散体材料桩,在荷载作用下,桩体顶部发生鼓胀变形。随着桩顶荷载不断增加,桩体鼓胀变形逐渐增大,受到桩体挤压的桩周土体将逐渐从弹性状态进入塑性状态,最后形成塑性破坏区,如图 8-4 所示。

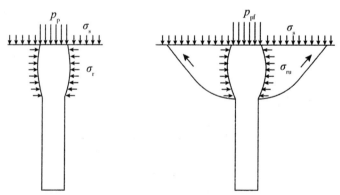

图 8-4　碎(砂)石桩鼓胀破坏形式

由此可知,碎(砂)石桩的极限承载力 p_{pf} 虽然与桩体材料的性质和密实程度有关,但主要还是决定于桩周土体提供的最大侧限力 σ_{ru},可按式(2.6.6)计算,即 $p_{pf} = \sigma_{ru} K_{pp}$,其中 K_{pp} 为桩体材料的被动土压力系数:

$$K_{pp} = \tan^2 \left(45° + \dfrac{\varphi_p}{2} \right) \tag{8.3.7}$$

式中，φ_p 为桩体材料的内摩擦角，选用碎石作为桩体填料，一般取 $\varphi_p = 35° \sim 45°$，多数取 $\varphi_p = 38°$。有学者(盛崇文等，1988)认为，桩体选用粒径较小(不大于 50mm)的碎石填料，并且原土为黏性土时，可取 $\varphi_p = 38°$；选用粒径较大(最大为 100mm)的碎石填料且原土为粉质土时，可取 $\varphi_p = 42°$；选用卵石或砂卵石填料时，可取 $\varphi_p = 38°$。

由于计算碎(砂)石桩极限承载力 p_{pf} 的关键是如何确定桩周土最大侧限力 σ_{ru}，于是国内外许多学者通过建立各种形式的桩周土极限侧限力 σ_{ru} 计算模型，提出了不同的碎(砂)石桩单桩极限承载力计算方法，比如，2.6.3 节介绍的 Brauns 法、Wong H. Y. 法、Hughes 和 Withers 法、被动土压力法，以及下面介绍的修正 Brauns 法、基于圆筒形孔扩张理论计算法等。

1)碎(砂)石桩极限承载力的修正 Brauns 法

何广讷(1999)考虑桩材和土体自重作用得到 Brauns 法的修正公式如下：

$$p_{pf} = \left[\sigma_s + \frac{1}{2}\gamma_s Z + \frac{2c_u}{\sin(2\delta)} \right] \left(\frac{\tan\delta_p}{\tan\delta} + 1 \right) \tan^2\delta_p - \frac{1}{2}\gamma_p Z \tag{8.3.8}$$

式中，γ_s 和 γ_p 分别为桩周土和桩体的重度；Z 为桩体的鼓胀深度，$Z = d_p \tan\delta_p$；d_p 为桩的直径；δ 仍然可由式(2.6.9)试算求出。

当 $\sigma_s = 0$ 时，式(8.3.8)改写为

$$p_{pf} = \left[\frac{1}{2}\gamma_s Z + \frac{2c_u}{\sin(2\delta)} \right] \left(\frac{\tan\delta_p}{\tan\delta} + 1 \right) \tan^2\delta_p - \frac{1}{2}\gamma_p Z \tag{8.3.9}$$

式中，c_u 为土的不排水抗剪强度。

2)基于圆筒形孔扩张理论碎(砂)石桩极限承载力计算方法

圆筒形孔扩张理论碎(砂)石桩极限承载力计算方法将桩周土体的受力过程视为圆筒形孔扩张问题，采用 Vesic 圆孔扩张理论求解。图 8-5 为圆孔扩张理论计算示意图。

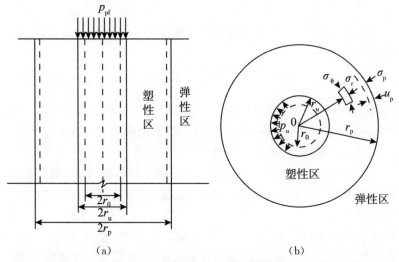

图 8-5 圆孔扩张理论计算示意图

在圆孔扩张力作用下，圆孔周围土体从弹性变形状态逐步进入塑性变形状态。随着荷载增大，塑性区不断发展，达到极限状态时，塑性区半径为 r_p，圆孔半径由 r_0 扩大到 r_u，圆孔扩张压力为 p_u。此时，散体材料桩的极限承载力为：

$$p_{pf} = p_u K_{pp} = p_u \tan^2\left(45° + \frac{\varphi_p}{2}\right) \qquad (8.3.10)$$

式中，p_u 为桩周土体对桩体的约束力，也就是圆孔扩张压力极限值。

在求解 Vesic 圆孔扩张压力极限值时，假定桩周土体的屈服条件服从莫尔-库仑(Mohr-Coulomb)条件，同时令土体内摩擦角 $\varphi = 0$、土体不排水抗剪强度为 c_u，最终推导出圆孔扩张压力极限值 p_u 计算式：

$$p_u = c_u(\ln I_r + 1) \qquad (8.3.11)$$

式中，I_r 为桩周土的刚度指标，$I_r = \dfrac{G}{c_u}$，其中 G 为桩周土的剪切模量。

将式(8.3.11)代入式(8.3.10)，可得桩周土 $\varphi = 0$ 时碎(砂)石桩极限承载力计算公式

$$p_{pf} = c_u(\ln I_r + 1)K_{pp} \qquad (8.3.12)$$

对 $\varphi \neq 0$ 的情况，推导过程与 $\varphi = 0$ 的情况基本相同，不同的是塑性区体积应变不等于零。于是，可推导出如下圆孔扩张压力极限值 p_u 表达式(龚晓南，1999)：

$$p_u = (q + c\cot\varphi)(1 + \sin\varphi)(I_{rr}\sec\varphi)^{\frac{\sin\varphi}{1+\sin\varphi}} - c\cot\varphi \qquad (8.3.13)$$

式中，q 为桩周土体中初始应力；c、φ 分别为桩周土体的黏聚力和内摩擦角；I_{rr} 为桩周土体的修正刚度指标。

修正刚度指标 I_{rr} 表达式为：

$$I_{rr} = \frac{I_r(1+\Delta)}{1 + I_r\sec\varphi \cdot \Delta} \qquad (8.3.14)$$

式中，Δ 为塑性区平均体积应变；I_r 为刚度指标，可按下式确定：

$$I_r = \frac{E}{2(1+\mu)(c+q\tan\varphi)} = \frac{G}{S} \qquad (8.3.15)$$

式中，E、μ 分别为桩周土体的弹性模量和泊松比；S 为桩周土体的抗剪强度。其他符号意义同前。

将式(8.3.13)代入式(8.3.10)，可得桩周土强度指标为 c 和 φ、初始应力为 q 的碎(砂)石桩极限承载力公式：

$$p_{pf} = \left[(q+c\cot\varphi)(1+\sin\varphi)(I_{rr}\sec\varphi)^{\frac{\sin\varphi}{1+\sin\varphi}} - c\cot\varphi\right]\tan^2\left(45° + \frac{\varphi_p}{2}\right) \qquad (8.3.16)$$

注意：修正刚度指标 I_{rr} 表达式中塑性应变体积在分析中是作为已知值引进的。实际上，塑性区体积应变 Δ 是塑性区内应力状态的函数，只有应力状态为已知值时，才有可能确定 Δ 值。为了克服这一困难，可采用下述迭代法求解：

①先假定一个塑性区体积应变平均值 Δ_1，由上述分析可得到塑性区内的应力状态；

②由步骤①计算得到的应力状态，根据试验确定的体积应变与应力的关系，确定修正的平均塑性体积应变 Δ_2；

③用修正的平均体积应变 Δ_2，重复步骤①和②，直至 Δ_n 值与 Δ_{n-1} 值相差不大。这样，就可得到满意的解答。然后根据 Δ_n 值以及其他数据，确定修正刚度指标 I_{rr} 值。

3)考虑材料拉压模量不同碎(砂)石桩极限承载力计算方法

在 Vesic 圆孔扩张理论假定基础上，考虑岩土类材料的拉压模量不同和应变软化特性，假定土体在塑性变形阶段满足 Mohr-Coulomb 屈服准则，可推导出极限扩孔压力解答，将其代入式(8.3.10)，可得如下式所示的碎(砂)石桩极限承载力公式(罗战友等，2004)：

$$p_{\text{pf}} = \left\{ \left[\frac{1}{\Delta + 2n - n^2} \left[1 + \Delta - \frac{r_u^2}{r_0^2} \right] \right]^{\frac{\sin\varphi_r}{1 + \sin\varphi_r}} \times \left[\frac{2c\cos\varphi}{1 + \alpha - (1-\alpha)\sin\varphi} + c_r\cot\varphi_r \right] - c_r\cot\varphi_r \right\}$$
$$\times \tan^2\left(45° + \frac{\varphi_p}{2} \right)$$

(8.3.17)

其中

$$\alpha = \sqrt{\frac{E^-(1 - \mu^+\mu^+)}{E^+(1 - \mu^+\mu^-)}}$$

(8.3.18)

$$n = \frac{2c\cos\varphi[1 + \alpha\mu^+ + (\alpha-1)\mu^+\mu^+]}{E^+} \frac{1}{1 + \alpha - (1-\alpha)\sin\varphi}$$

(8.3.19)

式中,r_0、r_u 分别为初始圆孔半径和扩张后圆孔半径;c、φ、c_r、φ_r 分别为桩周土体的黏聚力、内摩擦角、残余黏聚力、残余内摩擦角;E^+、E^- 分别为桩周土体压缩与拉伸时的弹性模量;μ^+、μ^- 分别为桩周土体压缩和拉伸时的泊松比;Δ 为塑性区平均体积应变,由于 Mohr-Coulomb 材料的塑性体积应变不为零,圆孔扩张后圆孔体积变化应等于弹性区和塑性区体积变化之和,故常用迭代法求解。

类似地,为了考虑中主应力影响,假设土体在塑性变形阶段满足双剪统一强度准则,则可推导出如下式所示的碎(砂)石桩极限承载力公式(陈昌富等,2007)。

$$p_{\text{pf}} = \left\{ \left[\frac{(1+\alpha)p_0 + B_0}{(1+\alpha) - A_0} + \frac{B_1}{A_1} \right] \left(\frac{1 + \Delta_1}{\Delta_1 + 2k - k^2} \right)^{\frac{A_1}{2}} - \frac{B_1}{A_1} \right\} \tan^2\left(45° + \frac{\varphi_p}{2} \right)$$

(8.3.20)

$$\Delta_1 = \frac{2}{r_1^2 - r_u^2} \frac{1 + \alpha\mu^+ + (\alpha-1)\mu^+\mu^+}{\alpha E^+(h+1)}$$
$$\times \frac{A_0 p_0 + B_0}{1 + \alpha - A_0} \left[(1-\alpha)h(r_1^2 - r_u^2) + (1-\alpha)hr_1^{\frac{h+1}{h}}(r_1^{\frac{h-1}{h}} - r_u^{\frac{h-1}{h}}) \right]$$

(8.3.21)

$$k = -\frac{1 + \alpha\mu^+ + (\alpha-1)\mu^+\mu^+}{\alpha E^+(h+1)} \frac{2(\sin\varphi_0)p_0 + 2c_0\cos\varphi_0}{(1 + \sin\varphi_0)(1+\alpha) - 2\sin\varphi_0}$$

(8.3.22)

其中

$$A_i = \frac{2\sin\varphi_{ti}}{1 + \sin\varphi_{ti}}, B_i = \frac{2c_{ti}\cos\varphi_{ti}}{1 + \sin\varphi_{ti}}, (i = 0, 1)$$

$$\sin\varphi_{ti} = \frac{2(1+b)\sin\varphi_i}{2(1+b) + b(\sin\varphi_i - 1)}, (i = 0, 1)$$

$$c_{ti} = \frac{2(1+b)c_i\cos\varphi_i}{2(1+b) + b(\sin\varphi_i - 1)} \frac{1}{\cos\varphi_{ti}}, (i = 0, 1)$$

式中,p_0 为土体中存在的各向同性的初始应力;α 为与拉压模量相关的参数,同式(8.3.18);c_i、φ_i 分别为土体的黏聚力和内摩擦角(下标 $i=0$ 时表示土体软化前,$i=1$ 时表示土体软化后);c_{ti}、φ_{ti} 分别为采用统一强度理论得出的材料统一黏聚力和统一内摩擦角(下标 $i=0$ 时表示土体软化前,$i=1$ 时表示土体软化后);b 为考虑中主应力影响的统一强度理论参考,$0 < b \leqslant 1$,b 取不同的值可以退化为不同的强度准则;h 为反映剪胀特性的参数,若 $h=1$ 表示材料达到峰值后无剪胀的情况;r_1 为损伤面的半径,由下式计算确定

$$\left(\frac{r_1}{r_u} \right)^2 = \frac{1 + \Delta_1}{\Delta_1 - 2k - k^2}$$

(8.3.23)

在计算 r_1 时,联立式(8.3.21)和式(8.3.23),先采用迭代法求解损伤面半径与扩孔半

径之间的关系,得到最大塑性区半径 $r_{1\max}$,进而得到 Δ_1,然后代入式(8.3.20),可得到考虑中主应力影响和材料拉压模量不同的碎(砂)石桩极限承载力。

4)筋箍碎(砂)石桩单桩极限承载力计算

顶部筋箍和全长筋箍碎石桩,由于其荷载传递机理和破坏模式存在差异,所以其承载力的计算方法也有所不同。现有试验研究表明(Gniel et al.,2009;赵明华等,2014),对于全长筋箍碎石桩,当筋箍材料强度和刚度足够大时,桩体通常产生刺入破坏,而筋箍材料强度较弱时,则会在顶部出现鼓胀破坏;对于顶部筋箍碎石桩,当筋箍材料强度较弱时,顶部同样出现鼓胀破坏,但当筋箍材料强度和刚度较大时,则会在筋箍段与非筋箍段交界处及其以下部位产生鼓胀破坏。

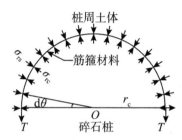

图 8-6　筋箍材料受力分析

对于全长筋箍碎石桩发生顶部鼓胀破坏的情况,由于碎石桩体在上部竖向荷载作用下,受到桩周土体和筋箍材料的双重约束(受力分析如图 8-6),因此单桩极限承载力可采用如下表达式(赵明华等,2017):

$$p_{pf} = \left(\sigma_{ru} + \frac{T_u}{r_c} \right) K_{pp} \tag{8.3.24}$$

式中,σ_{ru} 为桩周土体能够提供的侧向极限应力;T_u 为极限承载状态下筋箍材料的拉力;r_c 为碎石桩初始桩径;K_{pp} 为桩体材料的被动土压力系数。

极限承载状态下筋箍材料拉力 T_u 的计算式为(Zhang et al.,2015):

$$T_u = T_0 + J\varepsilon_r \tag{8.3.25}$$

式中,T_0 为碎石桩成桩后筋箍材料产生的初始拉力;J 为筋箍材料的抗拉刚度,单位为 kN/m,$J = E_g t_g$,其中 E_g 为筋箍材料的弹性模量,t_g 为筋箍材料厚度;ε_r 为筋箍材料环向应变,$\varepsilon_r = (r_{cu} - r_c)/r_c = \Delta r_c/r_c$,其中 Δr_c 为碎石桩体径向鼓胀量。

因此,将筋箍材料拉力和桩体鼓胀区的极限围压应力 σ_{ru} 代入式(8.3.24)可以得到筋箍碎石桩在顶部鼓胀破坏时的极限承载力计算式:

$$p_{pf} = K_{pp} \left(\sigma_{ru} + \frac{T_0}{r_c} + \frac{J \Delta r_c}{r_c^2} \right) \tag{8.3.26}$$

对于顶部筋箍碎石桩,当在筋箍段先发生鼓胀破坏时,其极限承载力计算式同式(8.3.26);当在筋箍段与非筋箍段交界处及其以下部位先产生鼓胀破坏时,其极限承载力可采用普通碎石桩极限承载力计算方法计算。在不确定是哪种情况破坏时,应取上述两种破坏模式计算结果的较小值。

2.复合地基承载力计算

将由上述方法计算得到的碎(砂)石桩极限承载力 p_{pf},以及由现场载荷试验或者由斯开普顿(Skempton)极限承载力公式得到的地基土极限承载力 p_{sf} 代入第 2 章式(2.6.1)便可计算出散体材料桩复合地基的极限承载力。

《建筑地基处理规范》(JGJ 79—2002)规定:振冲桩和砂石桩(均为散体材料桩)复合地基承载力特征值 f_{spk} 应通过现场复合地基载荷试验确定,初步设计时,f_{spk} 也可用单桩和处理后桩间土承载力特征值按下式估算:

$$f_{spk} = m f_{pk} + (1-m) f_{sk} \tag{8.3.27}$$

式中，f_{pk} 为桩体承载力特征值，宜通过单桩载荷试验确定；f_{sk} 为处理后桩间土承载力特征值，宜按当地经验取值，如无经验，可取天然地基承载力特征值；m 为桩土面积置换率，$m = d_p^2 / d_e^2$，d_e 为直径为 d_p 的一根桩分担的处理地基面积的等效圆直径：

$$d_e = \begin{cases} 1.05s, & \text{等边三角形布桩} \\ 1.13s, & \text{正方形布桩} \\ 1.13\sqrt{s_1 s_2}, & \text{矩形布桩} \end{cases} \qquad (8.3.28)$$

式中，s、s_1 和 s_2 分别为桩的间距、纵向间距和横向间距(见图 8-2)。

对于小型工程的黏性土地基如无现场载荷试验资料，初步设计时也可按下式估算 f_{spk}：

$$f_{spk} = [1 + m(n-1)] f_{sk} \qquad (8.3.29)$$

式中，n 为桩土应力比，在无实测资料时，可取 $n = 2 \sim 4$，原土强度低取大值，原土强度高取小值。

3. 复合地基沉降计算

碎(砂)石桩复合地基的总沉降包括加固区的沉降和加固区下卧层的沉降。加固区下卧层的沉降，根据下卧土层压缩模量按《建筑地基基础设计规范》[GB 50007(2011)]推荐的分层总和法计算。加固区的沉降可采用 2.7.2 节介绍的复合模量法计算，其中复合土层的压缩模量 E_c 也可按下式计算：

$$E_c = [1 + m(n-1)] E_s \qquad (8.3.30)$$

式中，E_s 为桩间土的压缩模量，宜按当地经验取值，如无经验，可取天然地基压缩模量；n 为桩土应力比，在无实测资料时，对黏性土可取 $n = 2 \sim 4$，对粉土和砂土可取 $n = 1.5 \sim 3$，原土强度低取大值，原土强度高取小值。

目前尚未形成碎(砂)石桩复合地基的沉降计算经验系数 ψ_s。韩杰(1992)通过对 5 幢建筑物的沉降观测资料分析得到，$\psi_s = 0.43 \sim 1.20$，平均值为 0.93，在没有统计数据时可假定 $\psi_s = 1.0$。

4. 复合地基稳定性计算

若碎(砂)石桩用于处理堆载地基以改善地基整体稳定性时，可使用圆弧滑动法来进行计算，其中抗剪强度指标采用桩-土复合指标值，详见 2.8.2 节介绍的计算方法。

8.3.4 施工方法

有关碎(砂)石桩的施工方法很多，但本节仅介绍工程中最常用的振冲法和沉管法。

1. 振冲法施工

1)施工机具

振冲施工主要的机具和设备有振冲器、起吊机械、供水系统、排污系统、填料机械、电控仪表以及维修机具等。振冲器的构造如图 8-7 所示，其工作原理是依靠潜水电机的运转，通过弹性联轴器带动振动器内偏心体转动产生离心力，使壳体振动并对土体产生激振力，而压力水则通过空心竖轴从振冲器下端喷口喷出破土。地基处理工程中最常用的振冲器技术参数见表 8-1。

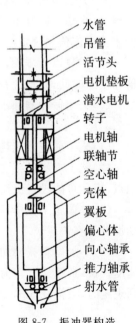

图 8-7 振冲器构造

（图中标注，自上而下）
水管
吊管
活节头
电机垫板
潜水电机
转子
电机轴
联轴节
空心轴
壳体
翼板
偏心体
向心轴承
推力轴承
射水管

表 8-1　振冲器主要技术参数

型号	电机功率/kW	电机转速/(r·min⁻¹)	偏心力矩/(N·m)	激振力/kN	头部振幅/mm	外形尺寸/mm	质量/kg
ZCQ13	13	1450	14.89	35	3	ϕ273×1965	540
ZCQ30	30	1450	38.5	90	4.2	ϕ351×2150	940
ZCQ55	55	1460	55.4	130	5.6	ϕ351×2790	1130
ZCQ75C	75	1460	68.3	160	6.5	ϕ426×3162	1800
ZCQ75Ⅱ	75	1460	68.3	160	7.5	ϕ402×3084	1600

施工用振冲器型号可根据设计荷载的大小、原土强度的高低、设计桩长等条件选择。对于软土地基，一般选用 30kW 或 55kW 低功率振冲器。起吊机械有履带吊、汽车吊、自行井架式专用平车等。水泵规格是出口水压 400～600kPa，流量 20～30m³/h。

2)施工流程

(1)清理、平整施工场地，布置桩位；

(2)施工机具就位，使振冲器对准桩位；

(3)启动供水泵和振冲器，水压可用 200～600kPa，水量可用 200～400L/min，将振冲器徐徐沉入土中，造孔速度宜为 0.5～2.0m/min，直至达到设计深度。记录施工过程中振冲器在各深度的水压、电流和留振时间。

(4)造孔后边提升振冲器边冲水直至孔口，再放至孔底，重复两三次扩大孔径并使孔内泥浆变稀，开始填料制桩。

(5)大功率振冲器投料可不提出孔口，小功率振冲器下料困难时，可将振冲器提出孔口填料，每次填料厚度不宜大于 50cm。将振冲器沉入填料中进行振密制桩，当电流达到规定的密实电流值和规定的留振时间时，将振冲器提升 30～50cm。

(6)重复以上步骤，自下而上逐段制作桩体直至孔口，记录各段深度的填料量、最终电流值和留振时间，并均应符合设计规定。

(7)关闭振冲器和水泵。

3)施工要求与注意事项

(1)施工前应在现场进行试验，以确定水压、振密电流和留振时间等施工参数。

(2)施工现场应事先开设泥水排放系统，或组织好运浆车辆将泥浆运至预先安排的存放地点，应尽可能设置沉淀池重复使用上部清水。

(3)桩体施工完毕后应将顶部预留的松散桩体挖除，如无预留应将松散桩头压实，随后铺设并压实垫层。

(4)不加填料振冲加密宜采用大功率振冲器，为了避免造孔中塌砂将振冲器抱住，下沉速度宜快，造孔速度宜为 8～10m/min，到达深度后将射水量减至最小，留振至密实电流达到规定时，上提 0.5m，逐段振密直至孔口，一般每米振密时间约 1 分钟。

(5)在粗砂中施工如遇下沉困难,可在振冲器两侧增焊辅助水管,加大造孔水量,但造孔水压宜小。

(6)振密孔施工顺序宜沿直线逐点逐行进行。

2.沉管法施工

碎(砂)石桩施工也可采用振动沉管、锤击沉管或冲击等干式成桩法。

1)施工机具

振动成桩法的主要设备有振动沉拔桩机、下端装有桩靴的桩管和加料设备等。沉拔桩机由桩机机架、振动器组成(见图 8-8)。桩机机架为步履式或座式,也可由起重机改装而成。振动器有单电机和双电机两种,一般单电机功率为 30~90kW,双电机功率为 2×15~2×45kW。振动器的主要参数有振幅、激振频率、激振器偏心力距、激振力、参振重量、振动功率等,这些参数的合理选择是保证振动沉拔桩机工作性能的关键。

锤击成桩法的主要设备有蒸汽打桩机或柴油打桩机、下端装有桩靴的桩管、加料设备等。打桩机由移动式桩架(或由起重机改装而成的桩架)与蒸汽桩锤(或柴油桩锤)组成,所用起重机的起重能力一般为 150~400kN。桩锤的重量根据地基土层、桩管等情况选择,一般不小于桩管重量的 2 倍,通常为 1.2~2.5t。

2)振动沉管成桩法

振动沉管成桩法分为一次拔管法、逐步拔管法和重复压拔管法三种。

(1)一次拔管或逐步拔管成桩法。

施工工艺如下(见图 8-9):移动桩机及导向架→把桩管及桩尖(活瓣桩靴闭合)垂直对准桩位→启动振动桩锤,将桩管沉入地层中设计深度→从桩管上端的投料口加入设计数量的砂石料→边振动边拔管直至拔出地面成桩;或者逐步拔管,即每拔出 0.5m 就停止拔管,但继续振动 10~20s,如此逐步拔管直至地面成桩。

拔管速度应通过试验确定,一般地层情况可控制在 1~2m/min。

(2)重复压拔管法。

施工工艺如下(见图 8-10):桩管垂直就位→将桩管(闭合桩靴)沉入土层至设计深度→用料斗向桩管内灌入设计规定的碎(砂)石→边振动边拔管(拔管高度根据设计确定)→边振动边压管(下压的高度根据设计和实验确定)使孔内填料密实→桩管留振,即停止拔、压桩管,但继续振动,使孔内填料进一步密实→如此重复进行投料、拔管、压管和留振工序直至桩管拔出地面,形成密实的碎(砂)石桩。

一般情况下,桩管每提高 100cm,下压 30cm,然后留振 10~20s。

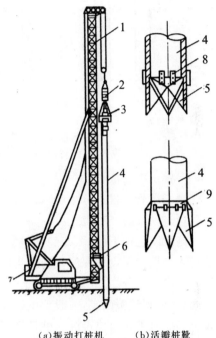

(a)振动打桩机　(b)活瓣桩靴
1—桩机机架;2—减振器;3—振动器;
4—钢套管;5—活瓣桩尖;6—装砂石下料斗;
7—钢套管;8—活门开启限位装置;9—锁轴。
图 8-8 振动打桩机施工砂石桩

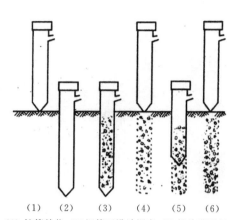

（1）桩管就位；（2）沉管至设计深度；（3）投放砂石料；
（4）一次性拔管成桩；（5）逐步拔管；（6）逐步拔管成桩。

图 8-9　一次拔管和逐步拔管成桩工艺

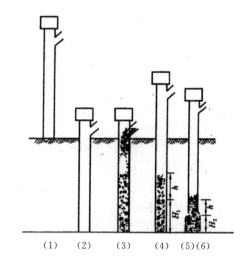

（1）桩管就位；（2）沉管至设计深度；（3）投放砂石料；
（4）边振动边拔管；（5）边振动边压管；（6）桩管留振。

图 8-10　重复压拔管成桩工艺

3）锤击沉管成桩法

锤击沉管成桩法分为单管锤击成桩法和双管锤击沉桩法。

（1）单管锤击成桩法。

施工工艺如下（见图 8-11）：桩管（桩靴闭合）垂直就位→启动蒸汽桩锤或柴油桩锤将桩管打入土层中至设计深度→从料斗口向桩管内灌碎（砂）石（填料量较大时，可分两次灌入，第一次灌入三分之二，待桩管从土中拔起一半长度后再灌入剩余的三分之一）→按规定的拔出速度（根据试验确定，一般土质条件下拔管速度为 1.5～3.0m/min）从土层中拔出桩管成桩→必要时可在原位再沉入桩管复打一次。

（2）双管锤击成桩法。

施工工艺如下（见图 8-12）：内外管垂直就位→启动蒸汽桩锤或柴油桩锤锤击内管和外管使其下沉到设计的深度→拔起内管，向外管内灌入碎（砂）石→放下内管到外管内的碎（砂）石面上，拔起外管到与内管平齐→锤击内管和外管将碎（砂）石压实→拔内管并向外管内灌入碎（砂）石→重复进行上述工序，直到桩管拔出地面成桩。

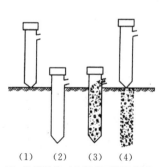

（1）桩管就位；（2）沉管至设计深度；
（3）投放砂石料；（4）拔管成桩。

图 8-11　单管锤击成桩工艺

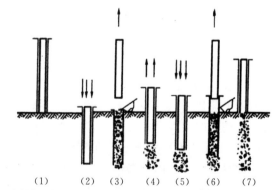

（1）内外管就位；（2）内外管沉入设计深度；（3）拔内管，投料；（4）拔外管；
（5）锤击内外管；（6）拔内管，投料；（7）桩管拔出成桩。

图 8-12　双管锤击成桩工艺

4)沉管法施工要求与注意事项

(1)施工前应进行成桩工艺和成桩挤密试验。当成桩质量不能满足设计要求时,应在调整设计与施工有关参数后,重新进行试验或改变设计。

(2)振动沉管成桩法施工,应根据沉管和挤密情况来控制填入砂石量、桩管提升高度和速度、挤压次数和时间、电机的工作电流等。

(3)施工中应选用能顺利出料和有效挤压桩孔内砂石料的桩尖结构。当采用活瓣桩靴时,对砂土和粉土地基宜选用尖锥形,对黏性土地基宜选用平底形,一次性桩尖可采用混凝土锥形桩尖。

(4)锤击沉管成桩法的挤密应根据锤击的能量来控制分段的填砂石量和成桩的长度。

(5)砂石桩的施工顺序:对砂土地基,宜从外围或两侧向中间施工;对黏性土地基,宜从中间向外围或隔排施工;在既有建(构)筑物邻近施工时,应背离建(构)筑物方向进行。

(6)施工时桩位水平偏差不应大于 0.3 倍的套管外径;套管垂直度偏差不应大于 1%。

(7)砂石桩施工完成后,应将基底标高下的松散层挖除或夯压密实,随后铺设并压实砂石垫层。

8.4 质量检验

碎(砂)石桩处理软弱地基效果的检验,除应对施工期的施工记录进行检查外,还应对施工结束后桩、桩间土以及由桩-土构成的复合地基的性能进行测试,以验证其是否满足工程要求。当某些性能不能满足要求时,要找出原因,及时补救。主要检验内容有:

(1)应在施工期间和施工结束后,检查碎(砂)石的施工记录。对沉管法,尚应检查套管往复挤压振动次数与时间、套管升降幅度和速度、每次填砂石料量等记录。如发现有遗漏或不符合规定要求,则应补做或采取有效的补救措施。

(2)施工结束后应隔一定时间后进行质量检验。对振冲法,除砂土地基外,粉质黏土地基间隔时间可取 21~28d,粉土地基可取 14~21d。对沉管法,粉土、砂土和杂填土地基,间隔时间不宜少于 7d;饱和黏性土地基因孔隙水压力消散慢,间隔时间不宜少于 28d。

(3)碎(砂)石桩的施工质量检验可采用单桩载荷试验,检验数量为桩数的 0.5%,且不少于 3 根。对碎(砂)石桩体检验可用重型动力触探进行随机检验。对桩间土的检验可在处理深度范围内用标准贯入、静力触探、动力触探或其他原位试验等方法进行检验,其检验点应在选在桩间土的中间。检测数量不应少于桩孔总数的 2%。

(4)碎(砂)石桩处理后地基的承载力检验应采用复合地基载荷试验,检验数量不应少于总桩数的 0.5%,且每个单体工程不应少于 3 点。

第9章　土工合成材料

9.1　发展概况

土工合成材料是应用于岩土工程的、以人工合成材料为原材料制成的各种产品的统称。因为它们主要用于岩土工程,故冠以"土工"(geo-)两字,称为"土工合成材料",以区别于天然材料。这个名词是 1994 年第五届国际土工合成材料学术会议上确定的,英文名称为"geosynthetics"。土工合成材料一词具有两层含义:一是泛指用于土木工程领域的各种合成材料产品;二是指这类材料的应用技术。正如其英文名称所示,"geo-"代表地球(earth)、岩土或人工的,"synthetics"则指合成物,或作为形容词,意指人工的、合成的。所以在字面上可以理解为"用于岩土工程的合成材料"。所谓合成材料一般是指采用人工合成的方法将简单的物质制成各种高分子聚合物,主要包括合成橡胶、合成纤维、合成树脂以及塑料等高分子物质。这些物质就是制造土工合成材料的聚合物原材料。

从上述定义不难想象,土工合成材料是一门多学科交叉、跨领域的新兴学科。这门学科不仅关注各类材料的生产工艺和材料性能,而且深入研究如何发挥材料功能、解决实际工程问题的理论与方法。随着材料工业的发展和工程应用的不断创新,土工合成材料的概念也在不断完善,比如出现了一些三维织物、土工泡沫、新型加筋材料等,而且基本不再用天然聚合物来生产土工合成材料制品。经过过去几十年的发展,土工合成材料已陆续应用于土木工程多个领域,取得了很好的经济效益和社会效益,形成了完整的技术体系。

目前,土工合成材料已经广泛应用于水利、水运、公路、铁路、建筑、环境、矿山和农业等国民经济建设领域,设置于土体内部、表面或与其他岩土材料和结构相结合,起到隔离、反滤、排水、防渗、加筋和防护等功能与作用,用来解决岩土工程中所涉及的稳定、变形和防渗排水等方面的一系列实际工程问题。

9.1.1　聚合物简介

土工合成材料是以人工合成的高分子聚合物(polymer)为原料制成的,对于这些聚合物的了解有助于我们认识各类土工合成材料的工程性能。高分子聚合物是由一种或几种低分子有机化合物通过聚合反应而形成的高分子有机化合物。煤化工或石油化工得到乙烯、丙烯、苯等化合物单体,经聚合反应生成高分子化合物的结构单元,然后形成聚合物。例如聚乙烯就是由乙烯单体聚合而成的高分子聚合物。

聚合物主要根据其化学组成来命名,由一个单体聚合而得到的聚合物,其命名法则是在单体名称前加一个"聚"字,如聚乙烯、聚丙烯、聚氯乙烯、聚苯乙烯等。由两种或两种以上的单体经聚合反应得到的聚合物,称为"共聚物",例如丙烯脂-苯乙烯聚合物可称为腈苯共聚物。很多聚合物通常有商品名称,例如"尼龙"就是聚酰胺一类的商品名称。在我国,人们还习惯以"纶"字作为合成纤维商品的后级字,如锦纶(尼龙-6)、腈纶(聚丙烯腈)、氯纶(聚氯乙烯)、丙纶(聚丙烯)、涤纶(聚对苯二甲酸乙二酯)等。在科学交流和实际应用中,人们还经常采用代号(英文缩写)指代聚合物,表 9-1 给出了用于土工合成材料生产的常见聚合物的英文及其代号。

表 9-1　常见聚合物名称及其缩写代号

排序	产品名称	英文名	缩写
1	低密度聚乙烯	low density polyethylene	LDPE
2	聚氯乙烯	polyvinylchloride	PVC
3	高密度聚乙烯	high density polyethylene	HDPE
4	聚丙烯	pdlypropylene	PP
5	聚苯乙烯	polystyrene	PS
6	聚酯	polyester	PET
7	聚酰(尼龙)	polyamide	PA
8	氯化聚乙烯	chlorinated polyethylene	CPE
9	氯磺化聚乙烯	chlorosulfonated polyethylene	CSPE
10	极低密度聚乙烯	very low density polyethylene	VLDPE
11	线性低密度聚乙烯	linear low density polyethylene	LLDPE
12	极软聚乙烯	very flexible polyethylene	VFPE
13	线性中密度聚乙烯	linear medium density polyethylene	LMDPE
14	柔性聚丙烯	flexible polypropylene	FPP
15	聚烯烃	polyolefin	PO
16	聚丙烯腈	polyacrylonitrile	PAN
17	聚氨基甲酸酯	polyurethane	PUR
18	氯丁橡胶	chloroplene rubber	CR
19	顺丁橡胶	butyl rubber	BR

高分子聚合物种类很多,按性能不同可分为塑料、纤维和橡胶三大类,此外还有涂料、胶黏剂和合成树脂等。还可进一步划分为热塑性塑料和热固性塑料两类,前者是指在温度升高后能够软化并能流动,当冷却时即变硬并保持高温时形状的塑料,而且在一定条件下可以反复加工定形,如聚乙烯、聚丙烯和聚氯乙烯等;后者是指加工成形后的塑料在温度升高时不能软化且形状不变的塑料,如酚醛树脂、脲醛树脂等。直径很细,长度大于直径 1000 倍以上且具有一定强度的线形或丝状聚合物称为纤维,如聚酯纤维、聚酰胺纤维和烯类纤维等。

在室温下具有高弹性的聚合物称为橡胶。在外力作用下,橡胶能产生很大的应变(可达1000%),外力除去后又能迅速恢复原状,如顺丁橡胶、氯丁橡胶、硅橡胶等。

聚合物材料都具有黏弹性特征,即在不变荷载作用下拉伸应变随时间不断发展的特性,具有蠕变性。聚合物一般均具有抵抗环境侵蚀的能力和不同程度的抗老化能力,其中由聚合物制成的土工合成材料抗阳光(紫外线)辐射能力被看作一个重要特性。聚合物的特性往往受环境温度和湿度的影响,特别是温度的影响非常显著。聚合物的性能除了与其化学成分、分子链形式和聚合程度有密切关系外,同时还受到结晶、取向、添加剂及其加工工艺等的极大影响。

9.1.2　土工合成材料工程应用发展史

近代土工合成材料的发展,是建立在合成材料——塑料、合成纤维和合成橡胶发展基础之上的。1870 年美国 W. John 和 I. S. Hyatt 发明了一种在硝化纤维中加入樟脑增塑剂制成的塑料——"赛璐珞"。1908 年 Leo Baekeland 研制了酚醛塑料。20 世纪 50 年代前,聚氯乙烯(PVC)、聚乙烯(PE)、低密度聚乙烯(LDPE)、聚酰胺(Nylon)、聚酯(PET)、高密度聚乙烯(HDPE)和聚丙烯(PP)相继问世。随着各种塑料的研制成功,各种类型的合成纤维也陆续投入生产。

土工合成材料作为一种专门的材料走上工程界的舞台始于 20 世纪 50 年代。首先在美国之后又在欧洲和日本等地迅速扩展,主要用于中小型的护岸和防护工程上。1958 年 R. J. Barrett 在美国佛罗里达州将聚氯乙烯织物作为海岸块石护坡的垫层,可以认为这是现在土工织物应用于工程的开始。20 世纪 50 年代末至 60 年代初荷兰的三角洲工程是正规的、大规模的使用土工合成材料的典型工程范例,仅在东谢尔德(Eastern Scheldt)闸工程中,所用的土工合成材料产品就有:由丙纶纺织物制成的沥青、碎石软体排(每块面积为 17m×400m),由丙纶纺织布作排底布的混凝土块软体排(每块面积为 30m×200m),由上层的砾石软体排(每块面积为 60m×30m)和下层的反滤软体排(每块面积为 200m×42m)组成的基础褥垫,由锦纶纺织物(面积为 8m×100m)做成的圆形长筒内装入砾石而形成的砾石枕。荷兰三角洲工程的成功实践引起国际上对土工合成材料的广泛重视,它被认为是一种新型的土木工程材料而正式登上岩土工程的舞台,开始了它的令人瞩目的发展历程。

大约在 20 世纪 50 年代之后,土工合成材料开始应用于各种土工建筑中。如聚氯乙烯薄膜应用于游泳池防渗,塑料防渗薄膜应用于灌溉工程、水闸、土石坝和其他建筑物中。到 20 世纪 60 年代末,非织造型无纺织物(无纺布)的出现大大促进了土工合成材料的应用和发展。无纺土工织物首先在欧洲开始使用,之后相继用于英国无路面道路、德国护岸工程和隧洞防渗、法国土坝的上游护坡垫层和下游的反滤排水,其应用范围逐渐发展到水利、公路、海港、建筑等各个领域。无纺土工织物很快从欧洲传播到美洲、非洲和澳洲,最后传播到亚洲。之后,为了更好地满足不同工程的需要,以合成聚合物为原料的各种土工合成材料,如土工膜、土工网、土工格栅、三维土工网垫和土工格室等纷纷问世,并得到快速发展,被誉为继砖石、木材、钢铁、水泥之后的第五大工程建筑材料。

我国在 20 世纪 60 年代中期开始应用塑料防渗膜,首先用于渠道防渗,以后逐渐推广到水库、水闸和蓄水池等工程。土工织物在我国有组织的应用始于 20 世纪 70 年代,使用聚丙烯织成的编织布软体排防止河岸冲刷,铁路系统利用无纺土工织物防止基床翻浆冒泥,水利系统开始使用针刺型无纺土工织物作为反滤排水层。20 世纪 80 年代中期以后,无纺土工织物推广到储灰坝、尾矿坝、水坠坝、港口码头、海岸护坡以及地基处理等工程,塑料排水带已广泛地用于公路、铁路、机场和港口码头等工程的软基处理中;化纤土工模袋用于河口护岸、航道护坡等工程;塑料低压输水管道广泛用于灌区工程;土工带已大量用于加筋土挡墙和桥台;合成橡胶、泡沫塑料、土工格栅等均已开始应用。

随着土工合成材料在我国的快速发展,我国制定了土工合成材料产品的国家标准《土工合成材料》(GB/T 17630～17642—1998)、《土工合成材料应用技术规范》(GB 50290—98)、《水利水电工程土工合成材料应用技术规范》(SL/T 225—98)等,铁道、公路和水运等行业技术应用标准和材料测试标准也相继问世。至 1999 年的上半年,我国已初步建立了涉及土工合成材料的产品、设计、施工和测试的标准体系,为土工合成材料的标准化生产和规范化应用奠定了基础。当前行业内采用最新的《土工合成材料应用技术规范》(GB/T 50290—2014)。

9.1.3　工作机理与设计方法的研究概况

国际上对土工合成材料工作机理与设计方法的研究相当重视,有一系列的规范、导则、规程指导土工合成材料的应用,而且在美国、英国、荷兰、加拿大等国有不少人发表专著讨论这些问题,比较著名的有 John(1987)的"Geotextiles"、Van Zantan 等(1986)的"Geotextiles and Geomembranes in Civil Engineering"、Koerner(1998)的"Designing with geosynthetics"等。为了促进技术交流,国际土工合成材料协会还出版了两本世界性的杂志 *Geotextile and Geomembrane* 和 *Geosynthetics Infernational*。

我国在这方面也做了许多工作,仅在 20 世纪 90 年代中就先后出版了《土工合成材料测试手册》(1991 年)、《土工合成材料工程应用百例》(1992 年)、《土工合成材料工程应用手册》(1994 年)、《堤防工程土工合成材料应用技术》(1999 年)等专著。1998 年以后,在国家有关主管部门的主持和支持下,与土工合成材料应用技术和机关产品有关的 10 余本规范、规程相继编制完成,并陆续颁布执行,极大地推动和规范了我国这方面技术的应用,促进了发展。

与此同时,我国在设计计算方法和工作机理的研究上也取得了一些有意义的成果。例如,关于加筋机理方面,原有的一些加筋土稳定滑弧计算方法不能如实地反映土工合成材料的加筋作用,按该加筋工作机理即使采用有限元法,稳定安全系数也提高得十分有限,而试验和实际表明,土体实际上得到了很大的加强,两者是矛盾的。福州大学的徐少曼(2000)认为土工织物的综合加筋效应应包括三点:土工织物的抗拉作用、织物与土体的摩擦作用及加筋垫层的应力扩散作用。按徐少曼的方法计算,加筋土的安全系数大幅度提高,且与实测情况较为接近,可见,现行的仅考虑抗拉作用一项是远远不够的。事实上抗拉的效应与摩擦作用等相比,也是较小的。因此徐少曼的方法就更为合理。又如在加筋土的本构和计算模拟方面,近年来香港理工大学的殷建华等(1998)建立了模拟软土上土工合成材料加筋的粒状填料性状的数学模型,他在帕斯捷尔纳克(Pasternak)剪切层假定的基础上,在模型中增加了变形相容条件,并引入了土工合成材料的刚度参数。与现存的二维有限元模型和三个其他的一维模型比较,该模型在变形和拉力方面可获得更好的结果。除上述成就外,在反滤层的设计上,王正宏(1999)根据国内各种有关资料,归纳出了反滤设计的三个准则:保土准则、透水准则和防堵准则。它们已被列入有关规范中,具有重要的实用价值。

9.1.4　土工合成材料存在的问题

目前,虽然在使用与发展土工合成材料方面,已经有了一个良好的开端并取得了长足的进步,但是总的说来,我国的土工合成材料技术还处于进一步发展阶段,即在产品种类和生产工艺上、在应用的范围和场合上、在设计原则与测试方法上,还有很大的发展空间。对工程中土工合成材料存在的一些疑问和难点仍需花大力气去研究。

1.施工方法、机具和仪器设备

对于一种新材料和新工艺来说,施工方法和施工机具的重要性是十分显然的。有不少使用的场合,它们的原理和设计方法,可能可以从其他传统材料上借鉴或套用,但其施工方法和机具可能是迥然不同的。我国目前对有些应用技术无法使用和推广,其重要原因之一是施工机具的限制,如对崩岸处理和大规模护坡工程很有效的土工包和大型土工管就缺乏适当的抛投机具。

对于土工合成材料的工作机理研究,因缺乏合乎要求的测试土工织物变形和受力状态的仪器设备而进展缓慢;又如对管涌机理、塌坡机理以及抢护措施的研究因缺乏合适的大型仪器设备而无法突破;等等。

当然我国在施工方法和工艺上也有一些进展,如桩膜围堰、简易土工模袋等,但毕竟还较原始,规模也小,尚形成不了气候。

2.土工合成材料的质量与新品种

目前我国已经可以对绝大部分土工合成材料产品自行生产,但仍存在产品质量和数量与市场要求的矛盾。通用的、大路的产品过多,特殊的、技术含量高的产品,或者它们的制成品过少。现有的产品也还存在着品质稳定、质量均匀的问题。例如无纺织物虽然应用很广,产量也很大,但与满足不同需要的、质量稳定的,孔径和其他各项性能指标符合要求的产品之间仍有一定的距离,尚存在改进的余地。

新品种的开发也十分重要,新型的格栅以及各种环保用的产品等均有待进一步的开发和使用。

3.土工合成材料的应用领域

目前虽然土工合成材料应用已相当广泛,但有些重要的且适合采用土工合成材料的领域却仍然应用不广,或者还有很大的发展空间。这些领域有环保工程、海洋工程、建筑工程、农业改造工程和水土保持工程等。此外,在即使已广为应用的防汛抢险中,仍存在应用不佳和简单化的情况,真正应用这种材料避免或消除了重大险情的实例还不多,这是值得我们注意的。

9.1.5　土工合成材料发展趋势

土工合成材料既是以高分子聚合物为原料专门生产的工程材料,也是根据工程建设需要,采用这类材料解决土木工程实际问题的科学与技术。回顾土工合成材料的发展史,会发现各类产品及相关技术一直是在工程需求牵引下不断创新发展的。填土加筋的需求催生了土工格栅,排水需求促使人们发明了排水网、土工管和塑料排水板,因防渗的需要又有了土工织物膨润土垫(geosynthetic clay liner,GCL)等。从这一逻辑出发,未来土工合成材料可能存在以下发展趋势。

1. 新品种或新的功能材料将不断出现

市场需求是土工合成材料产品研发与创新的原动力,面对工程建设对新材料的需要,相信还会不断涌现新的产品。目前已经出现的吸水土工织物和排水土工格栅,尽管尚未得到广泛应用,但为一些实际工程问题的解决提供了可能性。

2. 智能土工合成材料终将产生

随着 5G 和物联网技术的快速发展,智能土工材料将会出现。目前,导电土工膜还算不上智能材料,但已为土工膜防渗缺陷的全面检测提供了便利。

3. 土工合成材料与工程技术将不断创新和完善

新的建设材料的研发必然带来解决问题的技术方案创新;已有的土工合成材料工程的设计、施工与测试技术在工程实践中不断检验,也将进一步完善。

9.2 土工合成材料分类与特性指标

9.2.1 土工合成材料分类

按照中国土工合成材料工程协会推荐,土工合成材料产品分类如图 9-1 所示,共分为四大类、18 种产品。

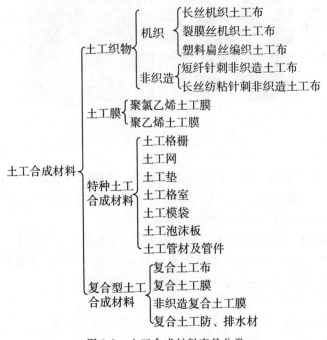

图 9-1 土工合成材料产品分类

下面介绍各种产品的特点。部分产品如图 9-2 所示。

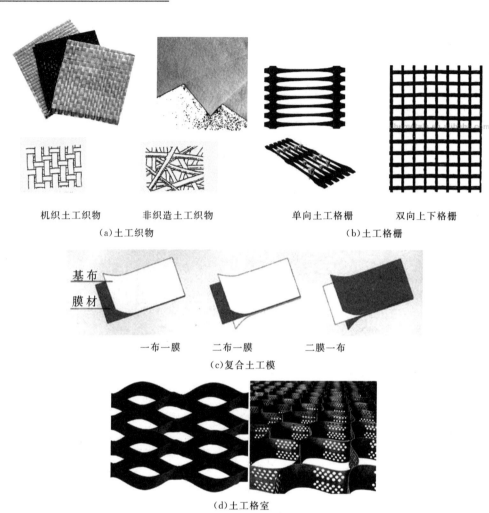

| 机织土工织物 | 非织造土工织物 | 单向土工格栅 | 双向上下格栅 |

　　　(a)土工织物　　　　　　　　　　　　　　(b)土工格栅

基布
膜材

　一布一膜　　　二布一膜　　　二膜一布

(c)复合土工模

(d)土工格室

图9-2　土工合成材料

1.机织(有纺)土工织物(woven geotextile)

　　它是由纤维纱或长丝按一定方向排列机织的土工织物,与通常的棉毛织品相似。其特点是孔径均匀,沿经纬线方向的强度大,而斜交方向强度低,拉断的延伸率较低。

2.非织造(无纺)土工织物(nonwoven geotextile)

　　它是由短纤维或长丝按随机或定向排列机织的,与通常的毛毯相似。无纺型土工织物亦称为"无纺布",制造时是先将聚合物原料经过熔融挤压、喷丝,直接铺平成网,然后使网丝联结制成土工织物,联结的方法包括热压、针刺和化学黏结等。

1)热压处理法

　　将纤维加热的同时施加压力,使之部分融化,从而黏结在一起。

2)针刺机械处理法

　　用特制的带有刺状的针,经上下往返穿刺纤维薄层,使纤维彼此缠绕起来。这种成型的土工织物较厚,通常厚2~5mm。这类土工织物的土工纤维抗拉强度各项一致;与有纺型相比,抗拉强度略低,延伸率较大,孔径不是很均匀。

3)化学黏结处理法

制造时在纤维薄层中加入某些化学物质,使之黏结在一起。

国外在使用土工织物中,无纺型土工织物约占使用总量的 50%～80%。

3. 土工膜(geomembrane)

土工膜以聚氯乙烯、聚乙烯、氯化聚乙烯或异丁橡胶等为原料制成的透水性极低的膜或薄片。可以是工厂预制的,也可以是现场制成的,分为不加筋的和加筋的两大类。预制不加筋膜采用挤出、压研等方法制造,厚度常为 0.25～4mm,加筋的可达 10mm。膜的幅度为 1.5～10m。加筋土工膜是组合产品,加筋有利于提高膜的强度和保护膜不受外界机械破坏。

由于土工膜很薄,容易损坏,因此在其两侧往往设保护层或垫层(支持层),以保证其完整性,用作保护层的材料有无纺织物或有纺织物等。若将这些材料在工厂生产时就黏合在一起,则就成为复合土工膜,根据使用要求有一布一膜、二布一膜、三布二膜等不同品种。

4. 土工格栅(geogrid)

土工格栅由聚乙烯或聚丙烯通过打孔、单向或双向拉伸扩孔制成,孔格形状为圆形、椭圆形、方形或长方形格栅。

5. 土工网(geonet)

由两组平行的压制条带或细丝按一定角度交叉(一般为 60°～90°),并在交点处靠热黏结而成的平面制品。条带宽常为 1～5mm,透孔尺寸从几毫米至几厘米不等。

6. 土工垫(geomattress)

土工垫是以热塑性树脂为原料由长丝缠绕结合而成的三维透水结构,又称三维土工垫。其底部为基础层,上覆起泡膨松网包,包内填沃土和草籽,供植物生长。

7. 土工格室(geocell)

土工格室是由土工格栅、土工织物或土工膜、条带构成的蜂窝状或网格状三维结构材料。

8. 土工模袋(geoform)

土工模袋是一种由双层聚合织物制成的连续的管袋状土工合成材料。它可以代替模板,当用高压泵把混凝土或砂浆灌入模袋凝固后,可形成板状或其他形状的连续结构。

9. 复合型土工合成材料(geocomposite)

由两种或两种以上的土工织物、土工膜或其他材料黏合而成的产品,可以满足工程的特定要求。例如非织造土工织物与土工膜相组合,既能挡水,又能排除积水,既可以弥补土工膜表面摩阻不足,又可以保护膜不受外界机械破坏。

9.2.2　土工合成材料特性指标

土工合成材料的特性指标主要包括物理特性、力学特性、水理特性、耐久性和环境影响等。

1. 物理特性

(1)相对密度,指原材料的相对密度(未掺入其他原料)。丙烯为 0.91,聚乙烯为 0.92～0.95,聚酯为 1.22～1.38,聚乙烯醇为 1.26～1.32,尼龙为 1.05～1.14。

(2)单位面积质量,指单位面积土工织物的质量,由称量法确定。常用土工织物的单位面积质量为 100～1200g/m²。由于材料质量不完全均匀,通常要求测试试样不少于 10 块,采用其算术平均值。单位面积质量不仅能反映土工材料的均匀程度,还能反映材料的抗拉强度、顶破强度和渗透系数等特征。

(3)厚度,指压力为2kPa时材料底面到顶面的垂直距离,由厚度测定仪测定。要求试样不少于10块,取其平均值。土工织物表面蓬松,一般厚度为0.1~5mm,最厚可达十几毫米;土工膜一般为0.25~0.75mm,最厚可达2~4mm;土工格栅的厚度随部位的不同而异,其肋厚一般为0.5~5mm。厚度对其水力学性质如孔隙率和渗透性有显著影响。

2.力学特性

(1)压缩性,指土工织物厚度(t)随法向压力(p)变化的性质。可用t-p关系曲线表示。厚度与渗透性有关,故也可求得不同法向压力下的渗透系数。

(2)抗拉强度,是指试样被拉伸至断裂时单位宽度所受的力(N/m)。试样的延伸率是指拉伸时长度增量与原长度的比值,以%为单位。试验采用拉伸仪。根据拉伸试样的宽度,可分为窄条拉伸试验(宽50mm、长100mm)和宽条拉伸试验(宽200mm、长100mm),拉伸速率对窄条为(10±2)mm/min,对宽条为(50±5)mm/min。由拉伸试验所得的拉应力-伸长率曲线,可求得材料三种拉伸模量(初始模量、偏移模量和割线模量)。

常用的无纺型土工织物的抗拉强度为10~30kN/m,高强度的为30~100kN/m;最常用的编织型土工织物为20~50kN/m,高强度的为50~100kN/m,特高强度的编织物(包括带状物)为100~1000kN/m;一般的土工格栅为30~200kN/m,高强度的为200~400kN/m。

(3)撕裂强度,反映了土工合成材料的抗撕裂的能力,一般不直接应用于设计。可采用梯形(试样)法、舌形(试样)法和落锤法等进行测试,最常用的测试方法为梯形撕裂法。先在长方形式样上画出梯形轮廓,并预先剪出15mm长的裂口,然后将试样沿梯形的两个腰夹在拉力机的夹具中,夹具的初始距离为25mm,以(100±5)mm/min的速度拉伸,撕裂过程最大拉力即为撕裂强度。

(4)握持拉伸强度。施工时握住土工织物往往仅限于数点,施力未及全幅度,为模拟此种受力状态,进行握持拉伸试验。它也是一种抗拉强度,它反应土工合成材料分散集中的能力。试验方法与条带拉伸试验类似。试样和加持方法:试样宽100mm、长200mm,夹具宽25mm、长50mm,拉伸速率为100mm/min。试样拉伸直至破坏过程中出现的最大拉力,即握持拉伸强度,单位为N或kN。

(5)胀破强度和顶破强度。目前工程界主要采用胀破强度、CBR顶破强度和圆球顶破强度三种强度指标表示土工织物抵抗外部冲击荷载的能力。相应测试方法的共同特点是试样为圆形,用环形夹具将试样夹住;其差别是试样尺寸、加荷方式不同。目前有三种测定顶破强度的方法:①液压顶破试验;②圆球顶破试验;③CBR顶破试验。

(6)刺破强度,反应土工合成材料抵抗带有棱角的块石或树干刺破的能力。试验方法与圆球顶破试验相似,只是以金属杆代替圆球。

(7)穿透强度,反映具有尖角的石块或锐利物掉落在土工合成材料上时,土工合成材料抵御掉落物穿透作用的能力。采用落锤穿透试验进行测定。

(8)摩擦系数,该指标是核算加筋土体稳定性的重要数据,它反映了土工合成材料与土接触界面上的摩擦强度。可采用直接剪切摩擦试验或抗拔摩擦试验进行测定。

(9)蠕变是指在不变的拉伸荷载作用下,变形随时间而增长的现象。土工合成材料是一种高分子聚合物产品,具有非常明显的蠕变特性。影响蠕变的因素有很多,如聚合物原材料类型、应力水平、温度、湿度、约束条件等。

3. 水理特性

(1)孔隙率,是指土工织物中的孔隙体积与织物的总体积之比,以%为单位。根据织物的单位面积质量 m、厚度 t 和材料相对密度 G,由下式计算:

$$n = 1 - \frac{m}{G\rho_w t} \tag{9.2.1}$$

孔隙率的大小影响土工织物的渗透性和压缩性。

(2)开孔面积率(percentage of open area,POA),指土工织物平面的总开孔面积与织物总面积的比值,以%表示。一般产品的 POA=4%~8%,最大可达 30%以上。POA 的大小影响织物的透水性和淤堵性。

(3)等效孔径(equivalent opening size,EOS)。土工织物的开孔有不同孔径尺寸,无纺型土工织物为 0.05~0.5mm,编织型为 0.1~1.0mm,土工垫为 5~10m,土工格栅及土工网为 5~100mm。等效孔径 O_e 表示织物的最大表观孔径,即它容许通过土粒的最大粒径。各国采用的 O_e 标准不同,我国采用 $O_e = O_{95}$,即织物中有 95%的孔径比 O_{95} 小。等效孔径和表观孔径含义相同,差别在于前者以毫米表示孔径,而后者用等效孔径最接近的美国标准筛的筛号表示。

等效孔径是用土工织物作滤层时选料的重要指标。

(4)垂直渗透系数 k_v,指垂直于织物平面方向上的渗透系数(以 cm/s 为单位)。测定方法类似于土工试验土的渗透系数测定方法。

由于透过织物的水流流态常是紊流,故设计中常改用透水率(ψ)表示:

$$\psi = \frac{k_v}{t} = \frac{q}{\Delta h \cdot A} \tag{9.2.2}$$

即在单位水头 Δh 作用下,流过单位面积 A 的渗流量 q,透水率 ψ 与织物厚度 t 相乘即得渗透系数 k_v。无纺型土工织物渗透性变化约为:$\psi = 0.02 \sim 2.2\text{s}^{-1}$,$k_v = 8 \times 10^{-4} \sim 2.3 \times 10^{-1}$ cm/s。

k_v 是土工织物用作反滤或排水层时的重要设计指标。

(5)水平渗透系数 k_h。土工合成材料用作排水材料时,水在聚合物内部沿平面方向流动,在土工合成材料内部孔隙中输导水流的性能可用土工合成材料平面的水平渗透系数或导水率(为土工合成材料平面渗透系数与聚合物厚度的乘积)来表示。通过改变加载和水力梯度可测出承受不同压力及水力条件下土工合成材料平面的导流特性。

设计中常改用导水率 θ 指标来表示:

$$\theta = k_h t = \frac{ql}{\Delta h \cdot b} \tag{9.2.3}$$

式中,θ 为导水率;l 为沿水流方向的试样长度;b 为试样宽度。

通常土工织物的水平渗透系数为 $8 \times 10^{-4} \sim 5 \times 10^{-1}$ cm/s;无纺型土工织物的水平渗透系数为 $4 \times 10^{-3} \sim 5 \times 10^{-1}$ cm/s;土工膜的水平渗透系数为 $i \times 10^{-10} \sim i \times 10^{-11}$ cm/s。

大部分编织与热粘型无纺土工织物导水性甚小;针刺无纺型土工织物 $10^{-6} \sim 10^{-5}$ m²/s;土工网 $10^{-4} \sim 10^{-2}$ m²/s;土工塑料排水带 $10^{-4} \sim 10^{-1}$ m²/s。

4. 耐久性和环境影响

加筋材料主要以高分子材料为原材料,使用时暴露于阳光、风雨、高温、严寒等各种各样的自然环境中,随时间推移材料会发生物理或化学变化。耐久性和环境影响反映材料在长期应用和不同环境条件中工作的性状变化。

(1)抗老化,是指高分子材料在加工、贮存和使用过程中,由于受内外因素的影响,其性能逐渐变坏的现象,老化是不可逆的化学变化。主要表现在:

①外观变化:发黏、变硬、变脆等;

②物理化学变化:相对密度、导热性、熔点、耐热性和耐寒性等发生变化;

③力学性能的变化:抗拉强度、剪切强度、弯曲强度、伸长率以及弹性等发生变化;

④电性能变化:绝缘电阻、介电常数等发生变化。

高分子聚合材料中,聚丙烯、聚酰胺老化最快,聚乙烯、聚氯乙烯次之,聚酯、聚丙烯腈最慢。浅色材料较深色的老化快,薄的较厚的快。

(2)徐变性,指材料在长期恒载下持续伸长的现象。高分子聚合物一般都有明显的徐变性。工程中的土工合成材料皆置于土内,受到侧限压力,徐变量要比无侧限时小得多。徐变性的大小影响材料的强度取值。

(3)抗酸碱性能。土工合成材料在工程应用中,不可避免地会受到酸碱溶液的侵蚀,抗酸碱性能是土工合成材料耐久性能的重要指标之一。其测定方法是将试样完全浸渍于试液中,在规定的温度下持续放置一定的时间,分别测定浸渍前和浸渍后试样的拉伸性能、尺寸变化率以及单位面积质量,比较浸渍样和对照样的试验结果。

(4)抗生物侵蚀性能。土工合成材料一般都能抵御各种微生物侵蚀。但在土工织物或土工膜下面,如有昆虫或善类藏匿和建巢,或者是树根的穿透,则会产生局部的破坏作用,但对整体性能的影响很小,有时细菌繁衍或水草、海藻等可能堵塞一部分土工织物的孔隙,对透水性能产生一定的影响。

(5)温度、冻融及干湿的影响。在高温作用下(例如在土工合成材料上铺放热沥青时),合成材料将发生熔融,如聚丙烯的熔点为175℃,聚乙烯为135℃,聚酯和聚酰胺约为250℃。其试验的方法有连续加热和循环加热两种,都一直加热到破坏为止。在特别低的温度条件下,有些聚合物的柔性降低,质地变脆,强度下降,给施工及拼接造成困难。

水分的影响表现在有的材料,如聚酰胺,其干湿强度和弹性模量不同,应区分干湿状态进行试验,聚酯材料在水中会发生水解反应,但在工程应用期限内,水解的影响不大。此外,干湿变化和冻融循环可能使一部分空气或冰屑积存在土工织物内,影响它的渗透性能,必要时应进行相应的试验以检查性能的变化。

(6)施工损伤。土工格栅在运输、铺设等过程中不可避免会受到一定的人为或机械的损伤,工程施工过程中填料的碾压也会对土工合成材料造成挤压、摩擦甚至刺穿等,引起力学性能下降,设计中需要考虑施工损伤对材料的影响。

9.2.3 土工合成材料主要功能

土工合成材料的功能是多方面的,可以归纳为以下六项基本作用:反滤作用、排水作用、加筋作用、隔离作用、防渗作用和防护作用。不同材料的功能不尽相同,一种材料也往往兼有多种功能。土工合成材料在实际工程中的应用是几种作用的组合,其中有的是主要的,有的是次要的。例如,对松砂或软土地基上的铁路路基,其隔离作用是主要的,而反滤和加筋作用是次要的;而对软土地基上的公路路基,则加筋作用是主要的,而隔离作用和反滤作用是次要的。

1.反滤作用

在渗流出口区铺设土工合成材料作为反滤层,这和传统的砂砾石滤层一样,均可提高被保护土的抗渗强度。土工合成材料的反滤功能定义为:通过使用土工合成材料,允许土中液体透过,同时阻止骨架土颗粒通过。

多数土工合成材料在单向渗流的作用下,在紧贴土工合成材料的土体中,细颗粒逐渐向滤层移动,同时还有部分细颗粒通过土工合成材料被带走,遗留下较粗的颗粒。从而与滤层相邻的一定厚度的土层逐渐自然形成一个反滤带和一个骨架网,阻止土颗粒的继续流失,最后趋于稳定平衡。亦即土工合成材料与其相邻接触部分的土层共同形成了一个完整的反滤系统。将土工合成材料铺放在上游面块石护坡下面,可起反滤作用和隔离作用,如图9-3所示;同样也可铺放在下游排水体(褥垫排水或棱体排水)周围起反滤作用,以防止管涌,如图9-4(a)所示;还可铺放在均匀土坝的坝体内,起竖向排水作用,这样可有效地降低均质坝的坝体浸润线,提高下游坝体的稳定性,渗流水沿土工合成材料进入水平排水体,最后排至坝体外,如图 9-4(b)所示。具有这种排水作用的土工合成材料,要求在纵向(即土工合成材料本身的平面方向)有较大的渗透系数。

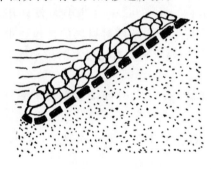
图9-3 土工合成材料用于护坡工程

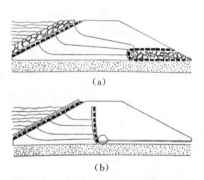
(a)

(b)

图9-4 土工合成材料用于土坝工程

具有相同孔径尺寸的无纺土工合成材料和砂的渗透性大致相同。但土工合成材料的孔隙率比砂高得多,土工合成材料的密度约为砂的1/10,因而当土工合成材料与砂具有相同的反滤特征时,所需土工合成材料质量要比砂的小90%。此外,土工合成材料滤层的厚度为砂砾反滤层的1/100 至 1/1000,其之所以能如此,是因为土工合成材料的结构特征保证了它的连续性。为此,在具有相同反滤特征条件下,土工合成材料的质量仅为砂层的1/1000至1/10000。土工合成材料的反滤功能常应用于以下几个方面:

(1)土石坝的竖式排水体和水平排水体需设置土工织物滤层加以保护。

(2)公路、机场道路、运动场及跑道等粗颗粒土基层之下的土工织物,起反滤和隔离作用。

(3)与其他材料一起组成各种土工复合排水材料,如用于软基排水固结法加固的塑料排水带、用于填埋场渗滤液收集的复合排水板(sheet drains),以及外包土工织物的土工网,起到反滤和保护作用。

(4)道路边或其他控制地下水位的排水盲沟中,包裹排水碎石或土工管。

(5)设置于挡土墙与填土之间或填土与格宾(gabion)之间。

(6)在河道治理中,置于侵蚀控制防护面板之下,或在堤防工程中,置于防冲乱石(riprap)之下。

(7)构成侵蚀控制的泥沙篱笆或泥沙帷幕,用于过滤悬浊的地表径流。

(8)在修复破损混凝土桥墩或桩基时,土工织物可用作柔性模板,同样起到排水和反滤的作用。

2. 排水作用

土工合成材料的排水功能是指材料起到收集和输送液体的作用。具有一定厚度的土工织物具有良好的三维透水性,利用这一种特性除了可作透水反滤层外,还可使水经过土工合成材料的平面迅速沿水平方向排走,构成水平排水层。

在土本木、水利等领域进行工程建设和边坡灾害治理过程中,必须注意土体的排水问题。通过设置排水材料或排水系统,一方面,收集土体内的渗流,并通过排水材料顺利排出土体外;另一方面,在排水的过程中应能阻止土粒的流失,防止土体的渗透变形。后一种作用就是土工合成材料的反滤(过滤)功能。一般情况下,土工合成材料的排水和反滤作用是同时存在、相辅相成的两种功能。

实际工程中常使用无纺土工织物作为排水材料,无纺土工织物既具有在其平面方向沿体内(in-plane)的排水能力,又能在垂直其平面方向(cross-plane)上起到反滤作用,可以比较好地发挥排水和反滤两种功能。有时为了兼顾实际工作条件对材料的其他要求,如需要具备较高的抗损伤能力,也可采用有纺土工织物。当要求材料有比较高的排水能力时,还可采用排水板、排水带、排水网等土工复合材料。

图9-5(a)为土工合成材料与其他排水材料(塑料排水带)共同构成排水系统,加速填筑土体的排水固结过程。

图9-5(b)为挡土墙在填土之前,将土工合成材料置于挡土墙后再填土,这样既可以将水排出,又不会把土颗粒带走。

图9-5(c)为降低均质坝坝体内浸润线,可在坝体内用土工合成材料做排水体。

图9-5(d)为土工合成材料用于建造无集水管的排水盲沟。铺设时在先开挖好的槽内铺设土工合成材料,然后回填砾石,再将土工合成材料包裹好,最后在其上回填砂土。

图9-5(e)为防止细砂和土粒进入排水管道而引起堵塞,将土工合成材料包裹管道,然后埋于地下。

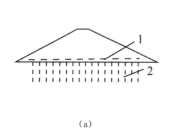
(a)

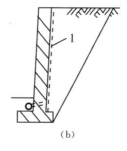
(b)

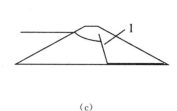
(c)

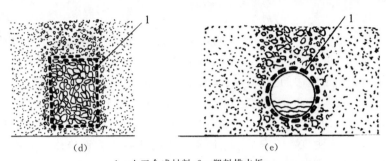

1—土工合成材料；2—塑料排水板。

图 9-5　土工合成材料用于排水的典型实例

3.隔离作用

隔离作用是指将特定土工合成材料铺设于两种不同的岩土工程材料之间,以避免两者相互掺杂。土工织物是主要的和首选的隔离材料。土工织物用于隔离设计时,不是单纯的一个"隔离"问题,在实际工程应用中还涉及土工织物的反滤、排水、加筋方面的问题。因此,在应用土工织物隔离技术时,需要对具体工程条件进行多方面的分析,除了土工织物的物理力学特性外,还要考虑是否存在对土工织物反滤与排水方面的需求。

一般修筑道路时,路基、路床材料和一般材料都混合在一起,这虽然是局部现象,但使原设计的强度、排水、过滤的功能减弱。为了防止这种现象的发生,可将土工合成材料设置在两种不同特性的材料间,不使其混杂,但又能保持统一的作用。在铁路工程中,铺设土工合成材料后借以保持轨道的稳定,减少养护费用,如图 9-6 所示;在道路工程中可起渗透膜的作用防止软弱土层侵入路基的碎石,不然会引起翻浆冒泥,最后使路基、路床设计厚度减小,导致道路破坏;用于地基加固方面,可将新筑基础和原有地基层分开,增强地基承载力,有利于排水和加速土体固结;用于材料的储存和堆放,可避免材料的损失和劣化,还有助于防止污染。用作隔离的土工合成材料,其渗透性应大于所隔离土的渗透性;在承受动荷载作用时,土工合成材料还应有足够的耐磨性。当被隔离材料或土层间无水流作用时,也可用不透水土工膜。

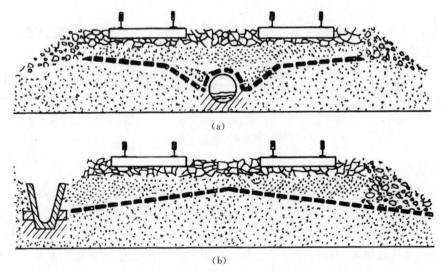

图 9-6　土工合成材料用于铁路工程

4.防渗作用

土工合成材料的屏障(barrier)功能的定义类似于"防渗"作用,是指通过使用某种土工合成材料防止液体或气体的运移。一般语境里,"防渗"狭义地指采用低渗透性材料阻滞液体的渗透与扩散。用于防渗的土工合成材料主要包括土工膜、复合土工膜和土工合成材料膨润土垫,与黏土、混凝土和沥青混凝土等传统防渗材料相比,具有防渗效果好、适应变形能力强、质地轻柔、施工便捷等优点。土工膜和复合土工合成材料还可以防止液体的渗漏、气体的挥发、保护环境或建筑物的安全。它们可用于防止各类大型液体容器或水池的渗漏和蒸发、土石坝和库区的防渗、渠道防渗、隧道和涵管周围防渗、屋顶防漏、修建施工围堰等(见图9-7)。

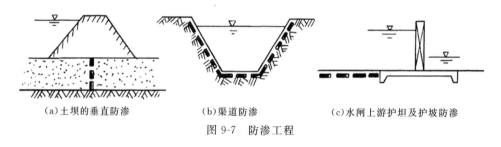

(a)土坝的垂直防渗　　(b)渠道防渗　　(c)水闸上游护坦及护坡防渗

图9-7　防渗工程

5.防护作用

广义而言,凡是为了消除或减轻自然营力、环境作用或人类活动所带来的危害而采用的各种防范、加固措施都属于防护的范畴。在这些防护工程中,土工合成材料具有质量轻、强度高、耐腐蚀、适应变形能力强和施工方便等优点。土工合成材料对土体或水面可以起防护作用,如防止河岸或海岸被冲刷、防止土体冻害、防止路面反射裂缝、防止水面蒸发或空气中的灰尘污染水面等(见图9-8)。除此之外,土工合成材料的防护措施还出现在一些特殊土(冻土、膨胀土、盐渍土等)地区地基或路基的减灾与防护工程中,也应用于风蚀路基的防护中。这些应用从机理上和实践经验上看,还存在不完善的地方,有待进一步研究与探索。

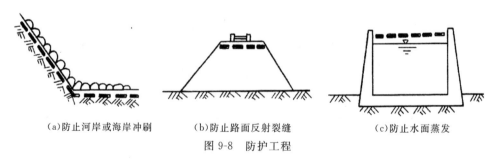

(a)防止河岸或海岸冲刷　　(b)防止路面反射裂缝　　(c)防止水面蒸发

图9-8　防护工程

6.加筋作用

土工合成材料置于土体中作为增强构件,或者土工合成材料与土一起构成一个复合体,以提高土体的强度,改善土体的变形性能,这便是土工合成材料的加筋作用。当土工合成材料用作土体加筋时,其基本作用是给土体提供抗拉强度。例如,用于建造加筋土挡墙时,土工织物或土工格栅作为增强构件与土一起可以形成直立的或近于直立的坡度。又如,利用土工合成材料的加筋作用,可以在软土地基上修建较高的路堤,以及相对于非加筋的情况,土工合成材料加筋路堤可以建造得更陡一些等。

　　土体是离散的土颗粒集合体,具有一定的抗压强度和抗剪强度,但基本上不具备抗拉强度。为了弥补土体抗拉强度不足的缺陷,人们便有了很多的尝试,在相关的工程实践中,将抗拉材料布置在土的拉伸变形区域,加筋材料与土之间的相互作用,就构成了一种复合建筑材料,可以增强土体的强度和稳定性,这就是加筋土的概念。

　　随着高分子聚合物材料工业的发展,出现了一大批具有特定功能的土工材料,这些材料包括高密度聚乙烯土工格栅、具有聚氯乙烯涂层的聚酯土工格栅、土工织物、土工格室与其他三维加筋材料制品。土工合成材料加筋土工程在全球范围内得到了广泛的运用,取得了良好的经济效益和环境效益。这是因为,与金属加筋材料和自然纤维加筋材料相比,将土工合成材料作为加筋材料不仅具有造价低、质量轻、施工方便的优点,而且具有如下特点:抵抗一般化学物质的侵蚀作用,具有较好的耐久性;具有排水功能的加筋材料可消减土体内的孔压,提高材料与周围上之间界面摩阻力;土工成材料的排水作用可提高土体的抗剪强度。

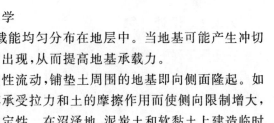

　　1)加固土坡和堤坝

　　土工合成材料在路堤工程(见图 9-9)中有如下几种用途:

　　①可使边坡变陡,减小占地面积;

　　②防止滑动圆弧通过路堤和地基土;

　　③防止路堤因发生承载力不足而破坏;

　　④跨越可能的沉陷区等。

图 9-9　土工合成材料加固路堤

　　2)用于加固地基

　　土工合成材料有较高的强度和韧性等力学性能,且能紧贴于地表面,使其上部施加的荷载能均匀分布在地层中。当地基可能产生冲切破坏时,铺设的土工合成材料将阻止破坏面的出现,从而提高地基承载力。

　　在软土地基上加荷后,由于软土地基的塑性流动,铺垫土周围的地基即向侧面隆起。如将土工合成材料铺设在软土地基的表面,因其承受拉力和土的摩擦作用而使侧向限制增大,阻止侧向挤出,从而减小变形和提高地基的稳定性。在沼泽地、泥炭土和软黏土上建造临时道路是土工合成材料最重要的用途之一。

　　某炼油厂采用在土工合成材料加筋垫层和排水联合处理的软土地基上建造 2 万 m^3 钢油罐的方法(见图 9-10)。对可能产生局部地基土破坏的情况,也可以采用土工合成材料局部加筋垫层的方法(见图 9-11)。

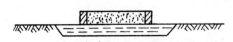

图 9-10　用土工合成材料加固钢油罐地基

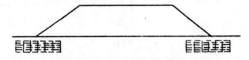

图 9-11　用土工合成材料局部加固地基

　　3)用于加筋土挡墙

　　在挡土结构的土体中,每隔一定垂直距离铺设加固作用的土工合成材料时,该土工合成材料可对路基起到加筋作用。作为短期或临时性的挡墙,可只用土工合成材料包裹土、砂来填筑(见图9-12)。但这种包裹式土工合成材料墙面的形状常常是畸形的,外观难看。为此,有时采用砖面的土工合成材料加筋土挡墙,可取得令人满意的外观。对于长期使用的挡墙,往往采用混凝土面板(见图9-13)。

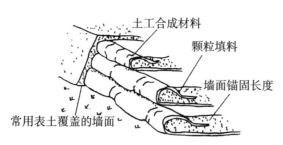

图9-12 包裹式土工合成材料加筋挡墙

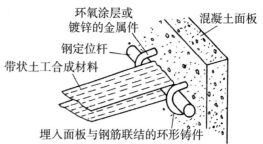

图9-13 土工合成材料带与挡墙混凝土面板联结

土工合成材料作为拉筋材料时一般要求其有一定的刚度,新开发的土工格栅能很好地与土相结合。与金属材料相比,土工合成材料不会因腐蚀而失效,所以它能在桥台、挡墙、海岸和码头等支挡建筑物的应用中获得成功。

9.3 设计计算与施工方法

9.3.1 设计计算

在实际工程中应用的土工合成材料,不论作用的主次,都是以上六种作用的综合。虽然隔离作用不一定要伴随过滤作用,但过滤作用经常伴随隔离作用。因而设计时,应根据不同工程应用的对象,综合考虑对土工合成材料作用的要求进行选料,同时需满足以下四项原则:

(1)土工合成材料用于岩土工程的工程设计与施工时应遵从岩土工程及各行业标准的原则。

(2)设计方案应当根据工程主要目的、材料布放位置、长期工作条件对材料耐久性的要求、施工环境以及经济等因素确定。

(3)重要工程应当通过生产性能试验确定相关的设计施工参数。

(4)设计时应当根据工程需要确定必要的安全监测项目。

1.作为反滤层时的设计

一般在反滤层设计时,要求反滤层既有足够的透水性,又能有效防止土颗粒被带走。通常采用无纺和有纺土工合成材料,而土工合成材料作为反滤层时,同样必须满足这两种基本要求。

实际上土工合成材料作为反滤层的效果,受到材料的特性、保护土的性质和地下水条件的相互作用的影响。所以在以土工合成材料为反滤层的设计中,应根据反滤层所处的环境条件,把土工合成材料和所保护土体的物理力学性质结合起来考虑。

对任何一个土工合成材料反滤层,在使用初期渗流开始时,土工合成材料背面的土颗粒逐渐与之贴近,其中细颗粒小于土工合成材料孔隙的,必然穿过土工合成材料被排出。而土颗粒大于土工合成材料孔隙的就紧贴土工合成材料。自动调整为过渡反滤层,直至无土粒能通过土工合成材料边界时为止。此时靠近土工合成材料的土体的透水性增大,而土工合成材料的透水性就会减小,最后土工合成材料和邻近土体共同构成反滤层。这一过程往往需要几个月的时间才能完成。

对级配不良的土料,因其本身不能成为粒料,所以排水和挡土得依靠土工合成材料。当渗流量很大时就有大量细颗粒通过土工合成材料排出,有可能在土工合成材料表面形成泥皮,出现局部堵塞。当土工合成材料反滤层所接触的土料,其黏粒含量超过 50% 的黏性土时,宜在土工合成材料与被保护的土层间铺设 0.15m 厚的砂垫层,以免土工合成材料的孔隙被堵塞。

土工合成材料作为反滤层设计时的两个主要因素是土工合成材料的有效孔径和透水性能。在土工合成材料作反滤层设计时,目前还没有统一的设计标准可参考。按符合一定标准和级配的砂砾料构成的传统反滤层,目前广泛采用的滤料应满足:

防止管涌　　　　　　　　$d_{15f} < 5d_{85b}$

保证透水性　　　　　　　$d_{15f} > 5d_{15b}$

保证均匀性　　　　　　　$d_{50} < 25d_{50b}$(对级配不良的反滤层)

　　　　　　　　　或 $d_{50f} < d_{50b}$(对级配均匀的反滤层)

其中,d_{15f} 表示对应于颗粒分布曲线上百分数 p 为 15% 时的颗粒粒径(mm),脚标 f 表示滤土层;d_{85b} 表示对应于颗粒粒径分布曲线上百分数 p 为 85% 时的颗粒粒径(mm),脚标 b 表示被保护土。

2.加筋土垫层设计

加筋土垫层由分层铺设的土工合成材料与地基土构成。

1)加固机理

用于换填垫层的土工合成材料,在垫层中主要起加筋作用,以提高地基土的抗拉和抗剪强度,防止垫层被拉断裂和剪切破坏,保持垫层的完整性,提高垫层的抗弯刚度。因此利用土工合成材料加筋的垫层有效地改变了天然地基的性状,增大了压力扩散角,降低了下卧天然地基表面的压力,约束了地基侧向变形,调整了地基不均匀变形,增大了地基的稳定性并提高了地基的承载力。由于土工合成材料的上述特点,将其用于软弱黏性土、泥炭、沼泽地区修建道路、堆场等,并取得了较好的成效,同时在部分建筑、构筑物的加筋垫层中应用,也取得了一定的效果。

理论分析、室内试验以及工程实测的结果证明,采用土工合成材料加筋土垫层的加固机理如下:

(1)扩散应力。加筋垫层刚度较大,增大了压力扩散角,有利于上部荷载扩散,降低了垫层底面压力。

(2)调整不均匀沉降。加筋垫层的作用,加大了压缩层范围内地基的整体刚度,均化传递到下卧土层上的压力,有利于调整基础的不均匀沉降。

(3)增大地基稳定性。加筋土垫层的约束,整体上限制了地基土的剪切、侧向挤出和隆起。

2）加筋土垫层设计

加筋土垫层应满足换填垫层的设计要求。土工合成材料加筋垫层一般用于 z/b 较小的薄垫层。对土工带加筋垫层，设置一层土工筋带时，θ 宜取 26°；设置两层及以上土工筋带时，θ 宜取 35°。对加筋土垫层所选用的土工合成材料应进行材料强度验算：

$$T_p < T_a \tag{9.3.1}$$

式中，T_a 为土工合成材料在允许延伸率下的抗拉强度；T_p 为对应于作用的标准组合时，单位宽度的土工合成材料的最大拉力。

加筋土垫层的加筋体设置应符合下列规定：

（1）一层加筋时，可设置在垫层的中部；

（2）多层加筋时，首层筋材与垫层顶面的距离宜取 0.3 倍垫层厚度，筋材层间距宜取 0.3～0.5 倍的垫层厚度，且不应小于 200mm；

（3）加筋线密度宜为 0.15～0.35。无经验时，单层加筋宜取高值，多层加筋宜取低值。垫层的边缘应有足够的锚固长度。

加筋土垫层底筋可采用土工织物、土工格栅或土工格室等。加筋土垫层设计时应进行稳定性验算、确定加筋构造、验算加筋土垫层地基的承载力和沉降。

稳定性验算应考虑垫层筋材被切断及不被切断的地基稳定、沿筋材顶面滑动、沿薄软土底面滑动以及筋材下薄层软土被挤出等工况。验算方法及稳定安全系数应符合国家现行地基设计规范的有关规定，此处不再赘述。

研究表明，使用加筋垫层，可使垫层厚度比仅采用砂石换填时减小 60%。采用加筋垫层可以降低工程造价，方便施工。

以下介绍国外对加筋土垫层在地基加固和路堤加固方面的设计计算方法。

（1）地基加固。

在软弱路基基底与填土间铺以土工合成材料是常用的浅层处理方法之一。若土工合成材料为多层，则应在层间填以中、粗砂以增加摩擦力。这种土工合成材料具有较高的延伸率，可使上部负荷扩散，提高原地基承载力，并使填土稳定性增加。此外，铺设土工合成材料后施工机械行驶也方便，工程竣工后还能起排水作用，加速沉降和固结。

如将具有一定刚度和抗拉力的土工合成材料铺设在软土地基表面上，再在其上填筑粗颗粒土（砂土或砾土），在作用荷载的正下方产生沉降，其周边地基产生侧向变形和部分隆起，如图 9-14 所示的土工合成材料则受拉，而作用在土工合成材料与地基土间的抗剪阻力就能相对地约束地基的位移；同时，作用在土工合成材料上的拉力，也能起到支承荷载的作用。设计时其地基极限承载力 p_{s+c} 的公式如下：

$$p_{s+c} = Q'_c = acN_c + 2p\sin\theta + \beta\frac{p}{r}N_q \tag{9.3.2}$$

式中，α，β 为基础的形状系数，一般取 $\alpha = 1.0$，$\beta = 0.5$；c 为土的黏聚力；N_c，N_q 为与内摩擦角有关的承载力系数，一般 $N_c = 5.3$，$N_q = 1.4$；p 为土工合成材料的抗拉强度；θ 为基础边缘土工合成材料的倾斜角，一般为 10°～17°；r 为假象圆的半径，一般取 3m，或为软土层厚度的一半，但不能大于 5m。

上式右边第一项是没有土工合成材料时，原天然地基的极限承载力。第二项是在荷载作用下,地基的沉降使土工合成材料发生变形而承受拉力的效果。第三项是土工合成材料阻止隆起而产生的平衡镇压作用的效果(以假设近似半径为 r 的圆求得,图 9-14 中的 q 是塑性流动时地基的反力)。实际上,第二和第三项均为由于铺设土工合成材料而提高的地基承载力。

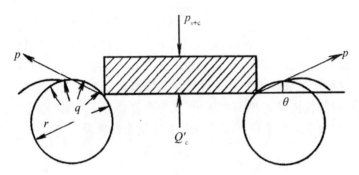

图 9-14　土工合成材料加固地基的承载力计算假设简图

(2)路堤加固。

土工合成材料用于增加填土稳定性时,其铺垫方式有两种:一种是在路基底与填土间铺设,另一种是在堤身内填土间铺设。分析计算时常采用瑞典法和荷兰法两种计算方法。

瑞典法的计算模型是假定土工合成材料的拉应力总是保持在原来铺设方向。由于土工合成材料产生拉力 S,因此增加了两个稳定力矩(见图 9-15)。

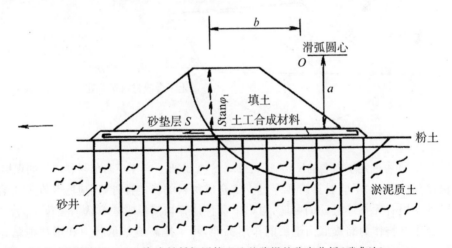

图 9-15　土工合成材料加固软土地基路堤的稳定分析(瑞典法)

首先按常规方法找出最危险圆弧滑动的参数,以及相应的最小安全系数 K_{min}。然后再加入土工合成材料这一因素。当仍按原最危险圆弧滑动时,要撕裂土工合成材料就要克服土工合成材料的总抗拉强度 S,以及在填土内沿垂直方向开裂而产生的抗力 $S\tan\varphi_1$(φ_1 为填土的内摩擦角)。如以 O 为力矩中心,则前者的力臂为 a,后者的力臂为 b,则:

原最小安全系数

$$K_{min}=\frac{M_{抗}}{M_{滑}} \tag{9.3.3}$$

增加土工合成材料后安全系数

$$K' = \frac{M_{抗} + M_{土工合成材料}}{M_{滑}} \qquad (9.3.4)$$

故所增加的安全系数为

$$\Delta K = \frac{S(a + b\tan\varphi_1)}{M_{滑}} \qquad (9.3.5)$$

当已知土工合成材料的强度 S 时，可求得 ΔK。相反，当已知要求增加的 ΔK 时，便可求得所需土工合成材料的抗拉强度 S，由此便于选用土工合成材料现成厂商生产的商品。

荷兰法的计算模型是假定土工合成材料在和滑弧切割处形成一个与滑弧相适应的扭曲，且土工合成材料的抗拉强度 S（每米宽）可认为是直接切于滑弧（见图 9-16）。绕滑动圆心的力矩，其臂长即等于滑弧半径 R，此时抗滑稳定安全系数为：

$$K = \frac{\sum(c_i l_i + Q_i \cos\alpha_i \tan\varphi_i) + S}{\sum Q_i \sin\alpha_i} \qquad (9.3.6)$$

式中，Q_i 为某分条的重力；c_i 为填土的黏聚力；l_i 为某分条滑弧的长度；α_i 为某分条与滑动面的倾斜角；φ_i 为土的内摩擦角。

故所增加安全系数：

$$\Delta K = \frac{SR}{M_{滑}} \qquad (9.3.7)$$

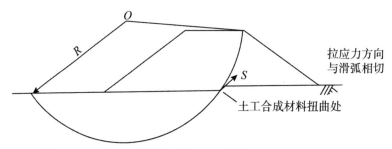

图 9-16 土工合成材料加固软土地基路堤的稳定分析（荷兰法）

通过上式，即可确定所需要的 K' 值，即可推算 S 值，以此选择土工合成材料产品的规格型号。

值得注意的是：除了应验算滑弧穿过土工合成材料的稳定性外，还应验算在土工合成材料范围以外路堤有无整体滑动的可能，对以上两种计算均满足时才可认为是稳定的。

土工合成材料作为路堤底面垫层的作用机理，除了提高地基承载力和增加地基稳定性外，其中一个主要作用就是减少堤底的差异沉降。通常土工合成材料可与砂垫层（厚 0.5～1.0m）共同作为一层，这一层具有与路堤本身和软土地基不同的刚度，通过这一垫层将堤身荷载传递到软土地基中，它既是软土固结时的排水面，又是路堤的柔性筏基。地基变形显得均匀，路基中心最终沉降量比不铺土工合成材料要小，施工速度可加快，且能较快地达到所需固结度，提高地基承载力。另外，路堤的侧向变形将由于设置土工合成材料而得以减小。

实践证明，在软土地基上加筋路堤中设置土工格室垫层，可提高地基承载力，对路基变形发挥很好的限制作用，但其受力工作机理与平面土工加筋材料存在明显的差异，应结合工程试验段展开进一步的研究，提出合理的设计理论和设计方法。

3.加筋土边坡设计

与传统边坡工程相比,通过对土体进行加筋,可以在同样填土条件,甚至是较差的填土条件下修筑更陡的边坡,减少填方量,节约土地资源。从安全性、经济性、施工便利性、环境协调性等多方面,加筋土边坡都具有很大的优势,特别是在土工合成材料问世后,加筋土作为一种柔性加筋材料弥补了金属条带等刚性筋材的缺点,近几十年来其在国内外水利、公路、铁路、环境、市政和建筑等不同领域内得到了广泛认可和实践应用。

加筋土边坡主要由填土、加筋材料和面层系统组成,其将筋材分层铺设于土体中形成水平加筋层,通过筋材与土体之间的相互作用达到改善土体性能、增强边坡稳定性的目的。根据边坡坡率和结构物工作要求,筋材在坡面边缘处即可水平铺设,也可回折包裹土体,其约束侧向变形的效果更强。面层系统一般采用柔性护面与植被相结合的形式,也可不设。

加筋土边坡,因边坡具体情况(如地基条件、坡比坡高、外部荷载条件、筋材、填料等)不同,可能存在多种破坏模式,可归纳为三大类:内部破坏、外部破坏、混合型破坏。目前国内规范都是采用极限平衡法进行加筋边坡设计,设计要素一般包括四个方面:边坡安全系数、边坡几何尺寸及荷载、地基土和回填土材料、加筋材料。

传统的边坡稳定性分析是分别求出由滑动土体的重量对滑动圆心产生的总滑动力矩 M_D 和由滑动面上土体抗剪强度对滑动圆心产生的总抗滑力矩 M_R,然后求出安全系数,即 $F_s = \dfrac{M_D}{M_R}$。对于加筋土边坡,因筋材中的拉力而产生附加的抗滑力矩 ΔM_R,加筋后的总抗滑力矩变为 $M_R + \Delta M_R$,稳定安全系数得到相应提高。加筋土边坡的设计不但要保证土坡的整体稳定(外部稳定),而且要求保证边坡的内部稳定,即筋材具有足够的抗拉强度,不会发生断裂;筋材与周围土体具有足够的摩阻力,不会发生拔出。

加筋土边坡设计步骤如下:

(1)先按未加筋土边坡进行稳定性分析,求得其最小安全系数 F_{su},并与设计要求的安全系数 F_{sr} 比较,当 $F_{su} < F_{sr}$ 时,应采取加筋处理。

(2)将上述未加筋土坡的稳定分析所有 $F_{su} \approx F_{sr}$ 的滑动面绘在同一幅图中,得到各滑动面的外包线即为需要加筋的临界范围(见图 9-17)。

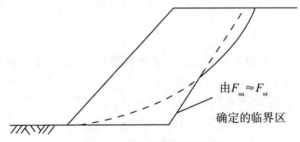

由 $F_{su} \approx F_{sr}$ 确定的临界区

图 9-17　待加筋的临界区范围

(3)加筋土边坡稳定安全系数计算:

$$F_{su} = \frac{M_R + \Delta M_R}{M_D} = \frac{M_R + \sum DT_i}{M_D} \tag{9.3.8}$$

需要指出的是考虑筋材拉力的方向有所不同,有的认为坡内铺设的水平筋材在可能的滑动面处产生折曲,转向与圆弧相切。此外,有的认为原来铺设的筋材在即将滑坡时仍保持水平方向不变。按照后者计算得到的安全系数比前者要小，即不考虑筋材的折曲可能偏于安全。计算求得的加筋土边坡稳定安全系数须大于等于设计要求的安全系数，即 $F_{su} \geqslant F_{sr}$。

（4）所需筋材总拉力 $\sum T_i$ 应按下式计算（见图9-18）：

$$\sum T_i = \frac{F_{su}M_D - M_R}{D} \qquad (9.3.9)$$

（5）确定了最危险滑动面的位置，即可据以布置筋材。筋材通常等间距布置。填土高度低于8m，筋材最大间距应不大于2m，且不少于2层；填土高度大于8m，最大间距不大于2.5m。间距不宜过大，间距过大不利于复合土体的形成，筋材之间的土体宜发生局部破坏，也不利于筋材强度的充分发挥。假设各层筋材发挥的拉力都相同，且共 N 层，每层的拉力 T_r 为：

$$T_r = \frac{\sum T_i}{N} \qquad (9.3.10)$$

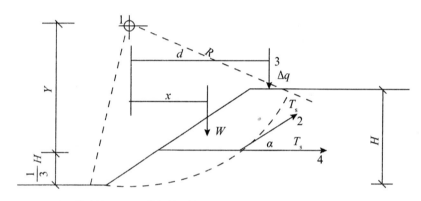

1—滑动圆心；2—延伸性筋材拉力；3—超载；4—非延伸性筋材拉力。

图9-18　确定加筋力的滑弧计算

（6）筋材的强度验算和抗拔稳定性验算应满足设计要求。

选用筋材的容许抗拉强度 T_a 应满足：

$$T_a \geqslant T_r \qquad (9.3.11)$$

筋材锚定长度 L_e 应提供足够的抗拔力，防止筋材拔出。

$$L_e = \frac{F_{sr}T_r}{2(c_d + \sigma_v \tan\varphi_d)} \qquad (9.3.12)$$

式中，c_d、φ_d 为筋材与填土界面的黏聚力和界面摩擦角；σ_v 为筋材上的覆盖压力。

确定筋材的铺设长度后，按式（9.3.8）重新验算土坡的稳定性，计算中 T_i 应取容许抗拉强度 T_a 和抗拔强度 T_p 两者中的小值。抗拔强度 T_p 的计算如下：

$$T_p = \frac{2(c_d + \sigma_v \tan\varphi_d)L_e}{F_{sr}} \qquad (9.3.13)$$

（7）坡面应植草或采取其他有效的防护措施，并应设置排水措施。坡内亦应设置有效的截水措施。

9.3.2　施工技术

1. 施工方法要点

（1）铺设土工合成材料时应注意均匀和平整；在斜坡上施工时应保持一定的松紧度；在

护岸工程上铺设时,上坡段土工合成材料应搭接在下坡段土工合成材料之上。

(2)对土工合成材料的局部地方,不要加过重的局部应力。如果用块石保护土工合成材料,施工时应将块石轻轻铺放,不得在高处抛掷。块石的下落高度大于 1m 时,土工合成材料很可能被击破。有棱角的重块石在 3m 高度下落便可能损坏土工合成材料。如块石下落的情况不可避免,应在土工合成材料上先铺一层砂子保护。

(3)土工合成材料用作反滤层时,要保证连续性,不应出现扭曲、折皱和重叠。

(4)在存放和铺设过程中,应尽量避免长时间的曝晒而使材料劣化。

(5)土工合成材料的端部要先铺填,中间后填,端部锚固必须精心施工。

(6)第一层铺垫厚度应在 0.5m 以下,但不要使推土机的刮土板损坏所铺填的土工合成材料。当土工合成材料受到损坏时,应予立即修补。

(7)当土工合成材料用作软土地基上的堤坝和路堤的加筋加固时,必须对基底加以清理,亦即须清除树根、植物及草根,基底面要求平整,尤其是水面以下的基底面,要先抛一层砂,将凹凸不平的基底面予以平整,再由潜水员下水检查其平整度。如果铺在凹凸不平基底面上的土工合成材料呈波浪形,当荷载作用时引起沉降,那么土工合成材料不易张拉,也就难以发挥其抗拉强度。

2.接缝连接方法

土工合成材料是按一定规格的面积和长度在工厂进行定型生产,因此这些材料运到现场后必须进行连接。连接时可采用搭接、缝合、胶结或 U 形钉钉住等方法。

采用搭接法时,搭接必须保持足够的长度,一般在 0.3～1.0m。坚固和水平的路基一般为 0.3m;软的和不平的路基则需 1m。在搭接处应尽量避免受力,以防土工合成材料移动。搭接法施工简便,但用料较多。若设计时土工织物上铺有一层砂土,最好不采用搭接法,因砂土极易挤入两层织物间而将织物抬起。

缝合法是指用移动式缝合机,将尼龙或涤纶线面对面缝合,可缝成单道线,也可缝成双道线,一般采用对面缝。缝合处的强度一般可达纤维强度的 80%,缝合法节省材料,但施工费时。

胶结法是指使用合适的胶结剂将两块土工合成材料胶结在一起,最小的搭接长度为 100m,黏结在一起的接头应停放 2h,以便增强接缝处强度。施工时可将胶结剂很好地加于下层的土工合成材料,该土工合成材料放在一个坚固的木板上,用刮刀把胶结剂刮匀,再放上第二块土工合成材料与其搭接,最后在其上进行滚碾,使两层紧密地压在一起,这种连接可使接缝处强度与土工合成材料的原强度相同。

采用 U 形钉连接时,U 形钉应能防锈,但其强度低于用缝合法或胶结法。

3.施工质量控制

监理单位或有资质的受托第三方应在加土工合成材料铺设前对土工合成材料进行抽检,对符合设计要求和相关标准的材料进行验收。用于加筋垫层的土工合成材料均应具有出厂合格证明,应详细注明原材料、批次、生产商抽检结果,以及标称 2% 和 5% 抗拉强度、极限抗拉强度及对应的延伸率。

施工现场应建立土工合成材料临时性的储存设施,避免土工合成材料在现场风吹日晒。垫层和路堤填筑的质量控制(压实度等)要求应满足《公路路基设计规范》(JTG D30—2015)或《铁路路基设计规范》(TB10001—2016)的相关规定。

4.加筋垫层路堤施工监测

根据工程的重要性和技术发展要求,应进行加筋垫层路提的施工监测。监测内容一般包括地基沉降观测和填方路基的侧向位移、隆起监测,必要时,应进行软土地基深层位移监测、孔隙水压力监测和加筋材料的应变监测。针对加筋垫层路堤,提出如下要求:

(1)根据地形、地基和路堤的具体情况,在典型断面进行施工监测。地基沉降监测点在每个断面不应少于两个;路基侧向变形和地基深层位移监测点应设置在可能发生最危险变形的一侧;孔隙水压力监测点可根据软土地基厚度布置在不同深度处;加筋材料应变监测点可在所选择断面的半幅内按一定间距布置,每个断面的应变监测点不应少于4个。

(2)孔隙水压力计和筋材应变计应事先标定。孔压计在埋设前应事先饱和处理,并在饱和状态下埋入监测位置。

(3)填方施工期的监测频率为每1~2天一次;填筑完成后监测频率可根据监测值的变化规律逐步降低。若路堤采用分级加载(填筑),在两级荷载休止期内,监测频率可为一周2次。

(4)监测终止条件采用总沉降量(固结度)与监测值(主要以地基沉降)变化率双指标控制。已完成的沉降量不应小于计算总沉降量的85%或超孔压消散85%以上,地基沉降速率小于10mm/周。

第 10 章　微生物固化法

10.1　发展概况

　　微生物固化技术是利用岩土体中特定的微生物,产生生物膜或者诱导生成具有胶结作用的矿物,从而起到粘连砂土体颗粒,填充岩土体孔隙的作用,以达到固化砂土体,降低岩土体渗透系数的目的。根据微生物固化机理可将微生物固化技术分为微生物矿化技术、生物膜技术和微生物产气技术。微生物矿化技术是利用微生物过程(例如,尿素水解反应、反硝化反应、硫还原反应、铁还原反应等),在岩土体中注入特定微生物或激发原位微生物,并注入相应的反应底物,在岩土体内部生成无机矿物。微生物膜技术是利用微生物分泌孢外聚合物,孢外聚合物吸附在土体内部,从而降低土体渗透系数。微生物产气技术是利用微生物的新陈代谢活动、甲烷分解及反硝化等过程在饱和土体中产生气泡,降低土体的饱和度,起到抑制土体液化的作用。目前针对微生物矿化技术的研究最多,其中以基于尿素水解反应的微生物诱导碳酸钙沉淀(microbially induced carbonate precipitation,MICP)技术为主。

　　早在 20 世纪 70 年代,西班牙巴塞罗那大学(University of Barcelona)的 Boquet 等人(1973)就发现了微生物诱导碳酸钙沉淀反应。1992 年加拿大多伦多大学(University of Toronto)的 Ferris 等人(1997)率先提出将微生物诱导碳酸钙沉淀反应用于降低砂土体渗透系数。21 世纪初澳大利亚莫道克大学(Murdoch University)的 Whiffin(2004)首次将微生物诱导碳酸钙沉淀反应用于增加砂土强度,并与 Kucharski 等联合申请了微生物固化土体专利。随后美国加利福尼亚大学(University of California)的 Dejong 教授在 2006 年首次发表了微生物固化砂土的剪切特性相关文章;新加坡南洋理工大学(Nanyang Technological University)的 Chu Jian 教授于 2008 年发表了关于以微生物固化及防渗方面的综述;van Paassen 等于 2009 年发表了微生物诱导碳酸钙沉淀固化 $100m^3$ 的大尺寸模型的试验研究结果;2010 年夏天 VolkerWessels 公司联合 Deltares 及代尔夫特理工大学(Technische Universiteit Delft)在荷兰开展了第一次微生物诱导碳酸钙固化现场应用。国内率先关注微生物诱导碳酸钙沉淀技术的是东南大学钱春香团队(2005),她们研究了微生物诱导生成的碳酸钙的基本物理化学特征,并将微生物诱导碳酸钙沉淀技术用于重金属处理;早期将微生物诱导碳酸钙沉淀技术用于砂土加固的是西南科技大学的罗学刚教授和黄琰(2009)。

　　2011 年在剑桥大学(University of Cambridge)召开的第二届生物土壤工程与相互作用国际研讨会对微生物诱导碳酸钙沉淀技术在岩土工程领域的发展具有重大意义。此次会议讨论了微生物对岩土工程发展的影响、微生物岩土工程学科出现的必要性、微生物岩土工程涉及的主要反应方式,及微生物岩土工程未来的应用前景等,其讨论内容发表在岩土工程领域权威期刊 *Géotechnique* 上。随后微生物固化技术迎来前所未有的研究热潮,尤其是自2016 年以来,大量关于微生物固化土体、岩土体防渗、抑制坡面冲刷、内部侵蚀、抑制扬尘、重金属处理、文物表面处理等方面的文章发表在国内外各个期刊。

总体来说,在岩土工程领域对微生物诱导碳酸钙沉淀技术的研究内容主要集中在微生物特性、碳酸钙性质、沉淀动力学(脲酶活性优化、沉淀动力学等)、注浆方式优化(混合注浆、交替注浆、浸泡加固、酸性微生物水泥、黏土固载微生物等)、单元尺度试样力学和水力学性质(三轴试验、无侧限抗压强度试验、直剪试验、渗透试验)。近年来微生物固化土体的研究方向逐渐向微观尺度、模型试验及大尺度现场试验方向发展。就微观尺度来说,其中最具代表性的是微流控芯片技术,这项技术可以实现微观反应过程的实时原位观测。2019 年剑桥大学的 Wang Yuze 和 Kenichi Soga 发表了相关成果,他们在模拟砂土孔隙的微流控芯片上观测了细菌吸附及碳酸钙沉淀过程;与此同时,2021 年重庆大学刘汉龙团队基于微流控芯片管道实现了微生物诱导碳酸钙沉淀反应在砂颗粒间的沉淀过程的观测,并对碳酸钙沉淀过程进行了定量化分析。就宏观尺度来说,国内外学者也逐步开展了一系列现场固化试验。例如,2015 年 Gomez 开展了砂土表面覆膜现场试验,2019 年李驰团队开展了沙漠现场覆膜试验;2019 年刘汉龙团队开展了南海岛礁地基加固现场试验等。目前来说微生物固化技术还处于试验研究阶段,未来还需要对微生物固化技术进行优化研究以降低成本,提高效率,提高可靠性。

基于上述研究成果,本章分别介绍微生物固化土体加固机理,各环境因素对微生物固化效果的影响,微生物加固土体静力学特性、动力学特性及水力学特性,微生物加固技术的优化及应用,微生物加固的检测方法和存在的问题等方面。

10.2　微生物技术原理

微生物岩土技术主要是利用广泛分布于河流土壤中的微生物,通过其在生长繁殖过程中的新陈代谢活动发生一系列的生物化学反应,达到吸收、转化、降解或清除物质的目的,并通过矿化反应诱导生成碳酸盐、硫酸盐等矿物沉淀,填充和胶结岩土颗粒材料,从而改变岩土体的物质成分和理化性质,并对岩土体的工程特性造成重要影响。常见的微生物矿化反应主要包括尿素水解反应、反硝化反应、铁盐还原反应等。

10.2.1　尿素水解反应

微生物诱导生成碳酸盐沉淀是自然界广泛存在的一种生物诱导矿化反应,其中尿素水解细菌即脲酶菌在自然环境中普遍存在,常用的脲酶菌如巴氏芽孢八叠球菌(sporosarcina-pasteurii),其无毒无害,稳定性较强,对于强酸强碱、高温高盐等恶劣环境具有一定的抵抗力,能保持较强的生物特性。尿素水解反应利用了脲酶菌在新陈代谢过程中分泌高活性脲酶的特点,这种脲酶以尿素为氮源,在细胞内将尿素催化水解为氨和碳酸,可提高溶液的pH,高 pH 环境可进一步促进尿素水解,碳酸氢根与氢氧根结合生成大量的碳酸根离子。当溶液中存在钙离子时,由于这种细菌表面带有负电荷,钙离子逐渐吸附在细菌表面,并与溶液中的碳酸根离子反应生成具有一定胶结作用的碳酸钙晶体包裹在细菌周围,细菌被嵌入后因丧失养分而死亡,如图 10-1 所示。其主要的反应方程式如下：

$$CO(NH_2)_2 + 2H_2O \xrightarrow{\text{细菌}} CO_3^{2-} + 2NH_4^+ \tag{10.2.1}$$

$$Ca^{2+} + CO_3^{2-} \longrightarrow CaCO_3 \downarrow \tag{10.2.2}$$

纵观整个反应过程,脲酶菌主要起到两个作用,首先通过分泌脲酶加速尿素水解,提供碱性环境,其次为碳酸钙结晶提供成核位点。然而近年来,有学者发现碳酸钙并非围绕细菌生长,而是先在溶液中反应生成后,细菌逐渐靠拢于碳酸钙晶体并吸附在晶体表面。有关微生物矿化研究机理仍需进一步探究,实时微观观测的研究手段将对于其原理的研究具有重要作用。

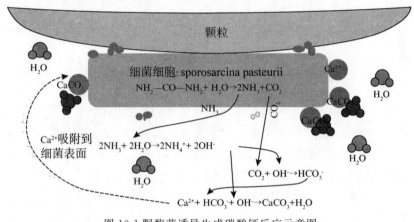

图 10-1 脲酶菌诱导生成碳酸钙反应示意图

10.2.2　反硝化反应

除了脲酶菌,还有一种参与氮循环的细菌,该细菌为反硝化细菌,其多为异养、兼性厌氧菌,其基本原理为在缺氧条件下,反硝化细菌可以促使硝酸根接受电子,从而将硝酸根离子还原成氮气,同时消耗溶液中的氢离子,将乙酸根离子氧化生成 CO_2 , CO_2 溶于水形成碳酸氢根离子,进而营造碱性环境。当存在钙离子时,溶液中的碳酸氢根离子与钙离子反应生成碳酸钙沉淀,从溶液中析出,相关原理反应方程式如下：

$$5CH_3COO^- + 8NO_3^- + 13H^+ \longrightarrow 10CO_2 + 4N_2 + 14H_2O \tag{10.2.3}$$

$$CO_2 + H_2O \leftrightarrow HCO_3^- + H^+ \tag{10.2.4}$$

$$Ca^{2+} + HCO_3^- + OH^- \longrightarrow CaCO_3(s) + H_2O \tag{10.2.5}$$

反硝化反应最大优势即为反应生成产物简单,只有氮气。此外,在缺氧条件下,微生物的反硝化作用占据主导,并从硝酸盐和有机质中获取氮源与能量,从而导致其他微生物的新陈代谢活动受到抑制。反硝化细菌虽具有一定的微生物矿化反应的潜力,但相较于脲酶菌通过尿素水解来诱导矿化反应,其矿化反应速率明显较小。通过反应过程的控制和加固工艺的改良,其在污水处理的脱氮和地基处理的加固中依然具有广阔的应用前景

10.2.3　硫酸盐还原反应

石膏($CaSO_4 \cdot 2H_2O$)在自然环境下的自发溶解可形成富含钙离子和硫酸根离子的环

境。硫酸盐还原菌是一种兼性厌氧细菌,在存在有机质和缺氧的环境下,其可以将硫酸根离子还原为 H_2S,同时生成碳酸氢根,当 H_2S 以气体形式释放出时,可导致反应体系中碱性增强,进而促进金属离子如钙离子与碳酸氢根的结合,诱导生成碳酸盐沉淀,其主要反应化学原理如下:

$$CaSO_4 \cdot 2H_2O \longrightarrow Ca^{2+} + SO_4^{2-} + 2H_2O \qquad (10.2.6)$$

$$2(CH_2O) + SO_4^{2-} \longrightarrow HS^- + HCO_3^- + CO_2 + H_2O \qquad (10.2.7)$$

$$Ca^{2+} + HCO_3^- + OH^- \longrightarrow CaCO_3(s) + H_2O \qquad (10.2.8)$$

硫酸盐还原菌对氧气十分敏感,往往需在严格的厌氧环境下培养,其矿化反应过程中生成的 H_2S 具有较强的毒性,对人体身心健康有害,同时易造成环境污染。在白云石的沉淀中硫酸盐还原菌具有重要作用,反应生成的硫化物沉淀可以在岩土颗粒间起到填充与胶结的作用,进而提高土体抗剪强度,此外该类细菌还可应用于石质文物的表面清理并取得了较好的效果。

10.2.4 铁盐还原反应

铁盐还原菌可以利用有机酸等物质作为电子供体,通过其自身新陈代谢活动将三价铁离子还原为二价铁离子,生成的亚铁离子化学状态不稳定,在微生物环境下易发生氧化反应,生成不溶性的三价铁的碳酸盐沉淀或氢氧化物沉淀,可以填充土壤孔隙,将松散土颗粒胶结起来。以氢氧化铁为例,铁盐还原过程的主要反应方程式如下:

$$CH_2O + 4Fe(OH)_3 \leftrightarrow HCO_3^- + 4Fe^{2+} + 7OH^- + 3H_2O \qquad (10.2.9)$$

国外学者从深海采集到的富含铁的有机质中分离出海洋斯瓦尼氏菌,成功将三价铁盐还原。铁盐还原过程中,亚铁离子的氧化和三价铁离子的水解往往会导致溶液的酸化,采用铁基生物水泥处理后的土体虽然不如使用钙基生物水泥加固的土体强度高,但氢氧化铁沉淀的对孔隙的堵塞效果优于碳酸钙材料,其原因在于用铁矿物处理后土体延展性更好,且具有一定的耐酸性。而在自然界中,铁白云石的形成便主要是利用了铁还原菌进行的矿化反应。

10.2.5 其他微生物矿化反应

水环境中的蓝藻、海藻等微生物可以通过光合作用诱导矿化反应,其通过吸收碳酸盐和营养物质进行钙化作用,主要是利用溶解的 CO_2,在消耗 CO_2 的过程中溶液碱性增强,溶液中的碳酸根可与钙离子等金属离子反应产生碳酸盐沉淀。另一种广泛存在于土壤和海洋中的黄色黏液球菌(myxococcus xanthus)可在新陈代谢过程中产生氨和 CO_2,进而导致周围环境中 pH 值升高,溶液中碳酸根增多,碳酸根与钙离子结合生成碳酸钙沉淀,目前该菌已成功应用于文物表面修复领域。此外,产甲烷菌也能诱导生成沉淀,改善土体特性;还有如克雷伯氏杆菌(klebsiella oxytaca)、荧光假单胞菌(pseudomonas aeruginosa)等微生物可分泌产生大量多糖类胞外聚合物(extracellular polymericsubstances,EPS),这些黏液状的聚合物可以吸附在土体的表面与孔隙内,与细胞形成生物膜,可有效阻塞孔隙,改变土体蠕变量,显著降低土体渗透性。但需要注意的是,某种细菌产生的生物膜也可能会被其他类型的微生物降解,导致渗透性提高。

10.2.6　微生物岩土技术的加固机理

尽管自然界中存在上述提到的多种微生物矿化反应,但目前研究最多、应用最广泛的微生物岩土技术为基于尿素水解反应的微生物诱导碳酸钙沉淀(MICP)技术。MICP 过程的最终产物是碳酸钙,碳酸钙具有多种同素异构体,自然界中常见的有方解石、文石、球霰石。方解石是热力学上最稳定的一种晶型,主要呈板状、粒状、纤维状;文石一般呈针状、纺锤状等,也属于一种不稳定晶型;球霰石在常温常压下不稳定,是热力学上最不稳定的晶型,一般呈球状。这些同素异构体的形态与晶体生成时的环境有关,比如化学物质浓度、温度、过饱和度等有关。MICP 过程中尿素水解速率、细菌种类、酶活性及溶液运输方式等因素都可能对碳酸钙的晶体类型和形态产生影响。碳酸钙的晶体类型包括晶体尺寸和样貌在内的形貌特征以及碳酸钙生成量,很大程度上影响着微生物对岩土材料的胶结效果。MICP 过程中起生物水泥作用的物质就是碳酸钙,其微观加固机理主要可以概括为碳酸钙的胶结和填充作用以及离子交换作用。

1. 胶结作用

由尿素水解反应的过程可知,碳酸根离子与吸附在细菌表面的钙离子反应生成具有一定胶结作用的碳酸钙晶体,这些晶体包裹在细菌周围,细菌被嵌入后因丧失养分而死亡,脲酶菌在这个过程中为碳酸钙的结晶提供成核位点。土体中生成的碳酸钙越多,则土体强度越高,但固化土的强度也与碳酸钙在土中的分布和胶结作用形式有关。如图 10-2 所示,MICP 沉积的方解石存在两种极端的分布方式:一种是在土颗粒周围形成等厚度的方解石,此时土颗粒之间的胶结作用相对较弱,对土体性质的改善并不明显;另一种仅仅是在土颗粒相互接触的位置形成方解石,这种分布使得方解石全部用于土颗粒间的胶结,对土体工程性质的提高非常有利。当碳酸钙沉积在颗粒与颗粒间的接触点时,能有效地将松散砂颗粒胶结成具有一定力学性能的整体,碳酸钙的这种沉积方式也被视为晶体的有效沉积。生物胶结作用会显著提高砂土的强度、刚度,导致其压缩性能下降。

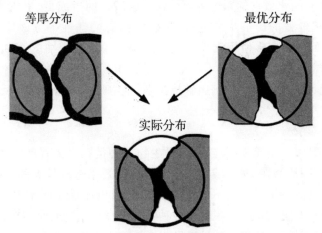

图 10-2　方解石在砂土孔隙中的分布状态

2. 填充作用

碳酸钙除了起到胶结作用之外,还能改变土体的密实程度,起到填充作用。细菌在注入、迁移和扩散过程中,容易在土体里孔隙通道变小的地方聚集,导致这些地方的细菌浓度较高,当胶结液充足时在这些地方生成大量碳酸钙晶体,因此这些碳酸钙晶体填充在土体之间的孔隙中以及通道里,可提高土体的密实度。此外,微生物分泌的胞外聚合物(EPS)也能在一定程度上填充孔隙。孔隙的填充将导致土体渗透性降低,这一作用被用于生物防渗。

3.离子交换作用

土中的黏粒等细颗粒物质表面本身就带有一定的负电荷,这些细颗粒会吸附钠、钾等低价阳离子。在 MICP 加固过程中,加入胶结液时会向土中引入 Ca^{2+}。吸附了 Na^+、K^+ 的土颗粒将会与 Ca^{2+} 相遇,由于 Ca^{2+} 具有较强的交换能力,与土颗粒表面的 Na^+、K^+ 等离子发生离子交换反应,使得土颗粒表面扩散层的厚度变小,土的可塑性降低,土颗粒之间的距离也会相应减小,从而土体稳定性得以提高。

10.3　各因素对固化效果的影响

微生物矿化作用涉及一系列生物化学及离子化学反应,MICP 固化过程的反应步骤较复杂。微生物的活动和繁殖也受许多因素的控制,比如营养物质、水分或其他环境因素。因此,MICP 固化效果受许多因素制约与影响。常见的环境因素包括 pH、氧化还原电位、温度、掠食性微生物等,这些因素都可能影响脲酶菌的生长和繁殖。除此之外,菌液浓度和活性、胶结液浓度、土颗粒粒径、土体密度、灌浆工艺等因素也将影响 MICP 的固化效果。只有在深入理解各因素对 MICP 固化过程影响的基础上,合理优化加固方案,才能科学、合理、高效地将微生物固化技术运用于岩土工程的实际中。

10.3.1　微生物的影响

微生物对 MICP 固化效果的影响主要表现在碳酸钙的生成量、生成速率和晶体类型等方面,微生物对矿化过程的影响主要通过菌液浓度、脲酶活性等方面体现。目前,国内外 MICP 固化土体方面的研究多使用巴氏芽孢杆菌作为尿素水解细菌,它是自然界土壤中一种常见的嗜碱性需氧细菌,具有细胞不聚集、比表面积高、产出的脲酶活性高等优点。近年来越来越多的学者也开始尝试使用基因转接技术、生物驯化技术来培育适应性、高碳酸钙转化效率的脲酶菌。

1.细菌种类的影响

微生物是 MICP 过程的重要反应原料,微生物的种类在很大程度上决定菌种的物质组成、生长繁殖特征和脲酶活性,对碳酸钙生成量或矿化效果造成较大的影响。因此,研究各类型细菌生成碳酸钙的特性对摸清不同种细菌对岩土材料的加固特性以及选择合适类型的细菌开展加固工程具有重要意义。不同菌液种类的选择依据是微生物在诱导碳酸钙沉积中的作用机理,可从脲酶活性、环境适应性以及安全性等方面进行考量。

有机质对碳酸钙晶体沉积形貌会产生一定的影响,细菌细胞表面由蛋白质和多糖组成的胞外聚合物(EPS)基质控制着碳酸钙晶体类型、形貌和大小。不同种类的产脲酶细菌合成的胞外聚合物及脲酶在化学组成上有所不同,因而在 MICP 过程中对碳酸钙晶体的影响也是不尽相同,例如,球形芽孢杆菌的胞外聚合物基质能够诱导产生方解石晶型的碳酸钙;地衣芽孢杆菌表面的胞外聚合物基质中的某些有机碳官能团能够降低其周围碳酸钙的饱和度,使碳酸钙以球霰石的形式沉积。

不同类型的脲酶细菌所分泌的脲酶的活性不尽相同,导致对岩土材料的加固效果也存在差异。通常来说,在保证碳酸钙晶体在岩土材料内分布均匀的情况下,细菌脲酶活性越高,单位时间内生成的碳酸钙总量越多,MICP反应对岩土体的加固效果也就越好。利用基因转接技术或者生物驯化技术培育具有极端条件适应性、高碳酸钙转化效率以及胶结效果良好的菌株在生物岩土技术中具有较好的发展前景。例如,将幽门螺杆菌的产脲酶基因导入大肠杆菌质粒,可以获得能分泌脲酶的大肠杆菌基因重组体;通过对巨大芽孢杆菌进行低温驯化可以明显提高碳酸钙沉淀产率,有效解决低温条件下碳酸钙沉淀不足问题;采用人工驯化的方式在海水环境下对巴氏芽孢杆菌进行驯化,驯化后的巴氏芽孢杆菌具有良好的海水环境适应性;通过生物驯化的方式可以获得对极端碱性环境具有较强适应性的细菌,为MICP技术在极端碱性环境中的运用提供新的思路。此外,不同种类的细菌拥有不同的尺寸,导致在细菌注入土体的过程中的迁移和分布特征产生差异,最终也可能对MICP加固效果产生影响。

2. 细菌浓度的影响

通常采用菌液在波长为600nm处的吸光度值OD_{600}来表征溶液中细菌的浓度。脲酶菌在整个MICP反应过程中主要起到两个作用,首先通过分泌脲酶加速尿素水解并提供碱性环境,其次为碳酸钙结晶提供成核位点,碳酸钙的生成速率与晶体类型与细菌浓度息息相关。细菌的浓度越高,环境中的脲酶活性就越高,水解尿素就越快,同时还能够为碳酸钙的形成提供更多的成核位点。

在反应底物足量且浓度一定的情况下,高浓度的细菌通常在单位体积内代谢产生更多的脲酶供尿素水解。有研究表明,尿素分解率和碳酸钙沉淀量与菌液浓度呈正相关关系,并且当尿素和钙离子浓度达到一定水平后菌液浓度是决定尿素分解量和碳酸钙生成量的主要因素。Zhao 等(2014)利用OD_{600}值为 0.3、0.6、0.9、1.2、1.5 的五组巴氏芽孢八叠球菌稀释液加固石英砂,发现胶结试样中脲酶活性、单位脲酶活性、碳酸钙含量以及无侧限抗压强度等指标均随菌液浓度增大而增大。例如,OD_{600} 为 0.3 时菌液的脲酶活性为 1.14mM hydrolyzed urea/min,碳酸钙含量为 4.88%~5.19%,无侧限抗压强度为 0.34~0.53MPa;然而,OD_{600} 值为 1.5 时菌液的脲酶活性为 8.85mM hydrolyzed urea/min,碳酸钙含量为 13.09%~14.44%,无侧限抗压强度为 2.01~2.22MPa。Chou 等(2011)分别对经高浓度(10^7CFU/mL)和低浓度(10^3CFU/mL)的巴氏芽孢八叠球菌液加固后的石英砂试样进行直剪试验。试验结果表明,高浓度菌液加固试样的抗剪强度较高,体积应变较低,拥有更好的力学性质。Cheng 等(2017)使用去离子水稀释或离心浓缩的方法将原始菌液(10U/mL)稀释或浓缩成脲酶活性为 5U/mL、10U/mL、50U/mL 的 3 种菌液,研究脲酶浓度(细菌浓度)沉积的碳酸钙对砂土固化效率的影响,在相同碳酸钙含量下,脲酶活性高的固化土的无侧限抗压强度小于脲酶活性低的固化土。需要注意的是,过高的菌液浓度可能会导致碳酸钙生成过快,使其在注入端积累,不利于碳酸钙在土体中的均匀分布,导致固化体整体强度不高。

如前所述,脲酶菌所分泌有机物及一些负离子基团能够充当碳酸钙的成核位点调控碳酸钙晶体的类型和形貌,菌液浓度的变化将影响脲酶菌分泌的 EPS 等有机物质的含量,对碳酸钙的沉积特征和胶结特征产生影响。成亮等(2007)用碳酸盐矿化菌(芽孢杆菌系)研究了不同浓度的细菌液对碳酸钙晶体形貌的影响,发现细菌液浓度越高则控制碳酸钙晶体形貌的作用越显著(见图 10-3)。图 10-3(a)为纯水环境中采用化学方法制备得到的碳酸钙晶体,晶体发育完好,以斜六方晶格结构发育,经 XRD(X-ray diffraction)检测为方解石;图 10-3(b)(c)(d)展示了不同浓度细菌液体系中所沉积的碳酸钙的晶体形态,低浓度菌液培养条件下碳酸钙晶体易形成形貌较为规整的菱形或立方体形,而高浓度菌液条件下碳酸钙晶体则多为球形。他们通过对比菌体液和细菌分泌物液诱导结晶的作用,还发现起着调控碳酸钙晶体形貌和晶型作用的是细菌分泌物,菌体并不起调控作用。菌液浓度也会影响碳酸钙晶体的大小,有学者发现,碳酸钙晶体尺寸随菌液浓度数量级的减小呈减半减小的趋势。由于细菌在注浆过程中为碳酸钙晶体的生成提供成核位点,所以细菌细胞在岩土体内部的分布也会影响生成晶体的位置。细菌的分布越均匀,土体内生成的碳酸钙分布也越均匀,所表现出来的加固效果也就越好。

(a)纯水体系中化学方法制备

(b)25％细菌液

(c)50％细菌液

(d)100％细菌液

图 10-3　不同浓度细菌液对碳酸钙晶体形貌的影响

10.3.2　pH 的影响

在 MICP 反应过程中,pH 值通过改变脲酶活性和碳酸钙晶体化学沉积条件对微生物诱导碳酸钙沉淀的固化效果产生影响。MICP 过程中常用的产脲酶菌大多为异养兼性需氧菌,适宜生长于偏碱性环境中,pH 值在产脲酶细菌的生长、代谢等方面具有重要的影响。pH 值必须满足碳酸钙晶体沉淀的碱性环境要求。在 MICP 过程中,脲酶菌代谢产生的脲酶水解尿素时会提升溶液环境的 pH 值,当溶液 pH 高于一定值时,开始产生碳酸钙沉淀,随着结晶的生成,环境 pH 值将有下降的趋势。

　　菌种具有一个适宜的 pH 值范围,脲酶在这个 pH 范围内具有最佳的活性,大于或小于这个 pH 值范围,菌种的脲酶活性都会明显受到抑制。Whiffin(2004)将不同 pH 条件下生长的菌液接种至 pH 值为 7、尿素浓度为 25mmol/L 的标准测试液中,在 25℃下培养 5h 后测量尿素分解速率,得到菌液的单位尿素分解速率在 pH 值为 7~8 时最大。Keykha 等(2017)利用 pH 值分别为 5、6、8、9 的巴氏芽孢八叠球菌溶液胶结粉土,发现胶结试样的碳酸钙含量、无侧限抗压强度两项指标均随 pH 值增大而增大。孙潇昊等(2018)通过控制 pH 值和离子浓度对比了钙和镁沉淀效率,设置了 6、7、8、9 四种 pH 梯度和 0.5mol/L、1mol/L、1.5mol/L 三种离子浓度,结果表明,当离子浓度相同时,pH 值为 7 和 8 得到的两种沉淀产率较大。

　　在矿物沉积学方面,pH 值的变化会改变孔隙溶液中 NH_3、NH_4^+、CO_3^{2-}、HCO_3^- 的浓度,从而改变碳酸钙的生成速率、产量和晶体形态。例如,在 25℃ 条件下,溶液中碳酸根的存在形式随 pH 值的不同而变化,当 pH 值为 3.9~8.3 时,溶液中碳酸根主要以碳酸和碳酸氢根混合形式存在;当 pH 为 8.3~12 时,溶液中碳酸含量明显减少,则以碳酸根和碳酸氢根混合形式存在。因此,溶液偏碱性有利于碳酸钙沉淀生成。王瑞兴等(2005)研究了 pH 值对碳酸盐矿化菌株 A 沉积出的碳酸钙晶型和形貌的影响,发现 pH 值为 9.0 时引入 Ca^{2+} 形成球形方解石,pH 为 8.0 时形成的碳酸钙为花瓣形、方形等形状。除此之外,pH 值还会直接或间接影响细菌在土体内部的吸附作用,导致细菌在土体内部的运移和分布以及碳酸钙在土体中的沉积位置受到影响。

　　由上述分析可知,pH 对 MICP 过程存在显著的影响,产脲酶菌的生长及碳酸钙的沉淀都要求反应环境达到一定的碱性条件。因此,可通过调控 pH 值的大小控制 MICP 反应的进程,从而达到优化施工工艺的目的。两相注浆法和三相注浆法虽然可以避免细菌和碳酸钙在注入端附近产生絮凝或堵塞,但多相注入的方法通常很复杂,很难预测注射过程中不同相之间的相互作用。一相注浆法具有方法简单、施工方便的优点,但容易在注入端附近产生堵塞,影响碳酸钙晶体沉淀分布的均匀性。低 pH 一相注浆法利用 pH 对 MICP 反应过程的影响,通过将菌液与胶结液的混合液 pH 调低延缓生物絮凝(细菌在钙离子作用下絮凝)和碳酸钙快速沉积的发生,防止混合液在一相注浆过程中堵塞注入端,达到碳酸钙在土中均匀分布的目的。

10.3.3　温度的影响

　　温度是 MICP 过程的重要影响因素之一,环境温度的改变会极大影响细菌的生长繁殖和功能代谢以及碳酸钙沉积动力条件,从而改变碳酸钙产量、沉积速率、晶体类型、晶体形貌、颗粒大小以及碳酸钙在土体颗粒间的胶结方式。我国地域广袤,气候类型多样,不同地区和不同季节的温度差异较大,温度的影响已成为制约 MICP 技术大规模应用的重要因素。目前 MICP 固化试验研究以 20℃ 或 25℃ 的室温条件居多,研究不同温度下脲酶菌的生长繁殖和脲酶活性以及碳酸钙的晶体沉积特征对微生物岩土技术的运用具有重要意义。

　　环境温度的变化会影响脲酶活性和尿素的电离程度,进而影响细菌对尿素的分解速率。尿素溶液的电离常数越高,尿素分解就越快。温度从 10℃ 升高到 20℃ 时,尿素在溶液中的电离常数会提高近 10 倍。环境温度从 5℃变化到 20℃时,产脲酶菌的尿素分解速率可增长将近 18 倍。van Paassen(2009)研究了脲酶活性与温度的关系,发现细菌相对脲酶活性随温度的提高呈指数函数增加(见图 10-4)。一般来说,随着温度的升高,菌种生长繁殖加快,同时脲酶活性增大。但当温度过高时,会对菌种产生抑制作用;而当温度过低时,也会抑制菌种的生长繁殖和新陈代谢,从而对菌种液产生抑制作用。Whiffin 等(2007)提出尿素水解菌适宜培养温度为 30℃。也有学者认为脲酶活性的最适温度约为 60℃,脲酶活性从 10℃开始随温度升高而增强,在 60℃达到峰值,在 100℃进一步升高时活性受到抑制。需要注意的是,由于菌种和培养基配方的不同,菌液最适宜的温度有所不同。

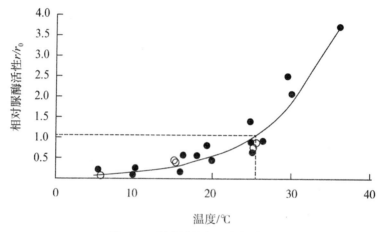

图 10-4 脲酶活性与温度的关系

温度的变化还会影响碳酸钙的化学沉积条件,进而改变碳酸钙的晶体形貌、晶体大小、化学稳定性等。Cheng 等(2017)研究了在不同温度下(4℃、25℃、50℃)形成碳酸钙晶体的加固效率。结果表明,在碳酸钙含量相同的情况下,25℃胶结试样的无侧限抗压强度高于4℃和 50℃的情况。他们对这种现象作了理论解释:活化能是温度和相对过饱和度的函数,对成核速率和晶体生长有很大影响,成核速率(新晶核的产生)和晶体生长(晶体尺寸的增大)之间的竞争关系决定了晶体的尺寸分布;温度越高,活化能垒越低,碳酸钙沉淀的成核速率也越高,过高的成核速率可能导致碳酸钙晶体尺寸较小,在 50℃胶结样品的扫描电子显微镜(scanning electron microscopy,SEM)图像中观察到了这种现象;虽然在 4℃的低温下成核速率较低,但也观察到了较小的晶体尺寸,这可能是由于低温下脲酶活性低导致相对过饱和度低,从而导致低温下晶体生长缓慢;在 25℃时,碳酸钙成核速率和晶体生长之间的竞争关系达到了相对平衡,使得碳酸钙的沉积模式有利于土体强度的提高。王瑞兴等(2005)使用在 30℃条件下培养了 24h 的巴氏芽孢八叠球菌在 5℃、25℃、50℃水槽中诱导沉积碳酸钙,通过 XRD 和扫描电子显微镜观察沉积样品,发现不同温度下沉的积碳酸钙晶体的形态各不相同,5℃时沉积的是无定形的方解石,25℃时为球形方解石,50℃时为球形、方形、纺锤形的方解石和球霰石(见图 10-5)。此外,温度的变化还会影响碳酸钙生成量。有研究表明,30℃条件下巴氏芽孢八叠球菌诱导沉积的方解石产量大约是 40℃和 20℃条件下的5 倍。

通过上述讨论可知,温度的变化对脲酶菌的脲酶活性和碳酸钙沉积效率会产生显著的

　　(a)5℃　　　　　　　　　(b)25℃　　　　　　　　　(c)50℃

图 10-5　不同温度条件下生成碳酸钙的晶体形貌

影响。低温条件可抑制 MICP 过程中碳酸钙的快速沉积,解决两相法加固中的试样碳酸钙分布不均、注浆口易堵塞、强度较低等问题。肖鹏等(2021)提出一种微生物温控一相加固技术,试验装置如图 10-6 所示,提前将菌液、胶结液混合并存放于 4℃水浴环境中,低温条件下细菌脲酶活性较低,混合液的 MICP 反应还不充分,在该阶段将混合液注入砂柱后,在 26℃条件下静置 12h,使混合液在需要被加固的土体间充分反应。该方法可有效改善碳酸钙的分布均匀性,提高灌浆效率。

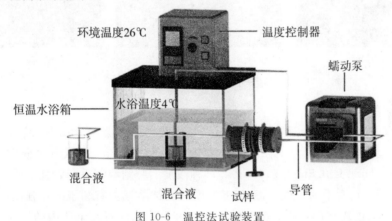

图 10-6　温控法试验装置

10.3.4　胶结液成分和浓度

　　胶结液为尿素和钙盐的混合液,尿素是微生物生长的氮源和能量来源,钙盐为 MICP 过程中的钙源。胶结液的浓度和用量直接限定了碳酸钙的产量;同时钙盐的种类和浓度对碳酸钙晶体颗粒生成的形态、大小以及沉积效果也有影响。

　　1.胶结液的成分

　　胶结液的成分在一定程度上控制着微生物的生长代谢和碳酸钙的沉积过程,具体表现为矿化过程中的细菌活性、脲酶活性、碳酸钙晶体类型和土体的加固效果等会因胶结液成分的不同而产生差异。钙盐的种类会影响沉积碳酸钙的晶体样貌,以氯化钙为钙源时碳酸钙晶体大多为菱面体,而以醋酸钙为钙源时碳酸钙主要呈球状体。Zhang 等(2014)利用巴氏芽孢八叠球菌和浓度相同的氯化钙、醋酸钙、硝酸钙的 3 种胶结液加固粒径为 $200\sim380\mu m$ 的工业砂,结果表明(见图 10-7),在氯化钙胶结条件下,试样中碳酸钙为具有光滑表面的六面体方解石。醋酸钙条件下,碳酸钙主要为具有针状晶体的文石;在硝酸钙条件下,碳酸钙

227

主要为具有粗糙表面的正六面体方解石;醋酸钙胶结液中养护的试样无侧限抗压强度可达氯化钙、硝酸钙所胶结试样的 1.4 倍。有学者利用巴氏芽孢八叠球菌对比了氯化钙、醋酸钙、硝酸钙、氧化钙 4 种钙源在液体环境中对细菌活性和碳酸钙产量的影响,发现钙源为氯化钙时,细菌生长速度、分泌的脲酶活性以及生成的碳酸钙总量均最优。用鸡蛋壳和醋混合产生的可溶性钙能代替氯化钙或其他钙盐,其效果与用氯化钙的 MICP 效果相同。使用钙质砂中提取的可溶性钙充当钙源能形成针状矿物形态的文石晶体,利用钙质砂中产生的可溶性钙进行 MICP 加固钙质砂是可行的。利用溶解在海水中的钙离子作为钙源进行 MICP 加固可减少 MICP 技术中化学试剂的使用,对环境友好,同时可降低处理过程中的成本,可为沿海地区大规模海岸堤岸加固和岛礁工程加固提供新的思路。

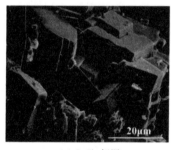 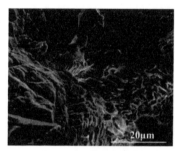 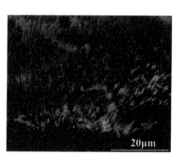

(a)$CaCl_2$ 钙源　　　　　　　　(b)$Ca(CH_3COO)_2$ 钙源　　　　　　　(c)$Ca(NO_3)_2$ 钙源

图 10-7　不同钙源条件下碳酸钙的晶体形貌

2.胶结液的浓度

不同浓度及比例的胶结液对细菌脲酶活性、碳酸钙的产量、矿化效率、晶体结构、空间分布以及岩土材料的力学、水力学性质有很大影响。Al Qabany 等(2012)分别采用浓度为 0.1mol/L、0.25mol/L、0.5mol/L、1mol/L 四种浓度的胶结溶液进行砂柱的固化试验,结果显示,在相同碳酸钙含量的条件下,采用低浓度的胶结溶液更有利于砂柱强度的提升。De-Jong 等(2010)对巴氏芽孢八叠球菌胶结土体的过程中方解石在土体中的密实度做了深入研究,通过测定不同浓度(12~200mmol/L)的氯化钙胶结液养护下土样的剪切波速,发现胶结液浓度越高,土体内方解石分布越密实,土体刚度越大。Whiffin(2007)发现提高尿素和钙盐的浓度比能够提高晶体的结晶效率,这主要是因为高浓度的尿素能够为 CO_3^{2-} 的生成提供更多的底物;尿素浓度在 3mol/L 以内,其浓度变化对细菌活性几乎没有影响,而当氯化钙浓度高于 50mmol/L 时,钙离子会抑制细菌代谢生成脲酶。高盐浓度不但会抑制微生物的活性,而且会降低方解石的合成效率,且不同浓度盐溶液对生成碳酸钙的晶体类型也有一定的影响。总之,胶结液作为 MICP 反应的底物,对 MICP 反应有重要的影响。适当提高胶结液的浓度可以在一定程度上加快 MICP 的反应进程,但过高的胶结液浓度不仅会抑制微生物的活性,而且会造成资源的浪费。因此,在实际工程运用中要根据具体的现场环境情况和工程需求选择合适的胶结液浓度。

10.3.5　土颗粒粒径大小

土的颗粒粒径是决定 MICP 固化效果的主要因素。一方面,粒径要足够大,以确保微生物可以在颗粒间传输移动,微生物的细胞直径通常在 $0.5\sim3.0\mu m$,在尺寸小于约 $0.4\mu m$ 的孔隙内将无法进行传输;另一方面,粒径要足够小,以确保微生物可以在颗粒间滞留、吸附,并且使得生成的碳酸钙晶体可以黏结相邻的颗粒。因此,只有一定粒径范围内的土颗粒才具有较好的加固效果。Rebata-Landa(2007)选用高岭土、粉土、细砂、粗砂及砾石在内的 11 种粒径的土开展土柱胶结试验(见图 10-8),得出了有效胶结的粒径范围,并提出了大小两种粒径范围内碳酸钙含量的计算公式。研究发现最有利于碳酸钙沉积的颗粒粒径为 $50\sim400\mu m$,且当颗粒粒径约为 $100\mu m$ 时,碳酸钙含量达到最大值。Zhao 等(2014)对比了 D_{50} 分别为 $460\mu m$ 和 $330\mu m$ 的标准砂和 Mississippi 砂经固化后的强度,结果表明,粒径较大的标准砂的固化强度比 Mississippi 砂大两倍多。崔明娟等(2016)研究了颗粒粒径对微生物固化砂土的影响,对颗粒粒径范围分别为 $1.25\sim2.5mm$、$0.5\sim1.25mm$ 和 $0.04\sim0.5mm$ 的砂土进行微生物固化处理,结果表明颗粒粒径对 MICP 加固砂土的强度有显著影响,而对碳酸钙含量和孔隙率的影响则相对较小。欧益希等(2016)选取了五组不同单一粒径的珊瑚砂试样进行 MICP 加固试验研究,结果表明粒径范围在 $0.075\sim2mm$ 的珊瑚砂试样固化效果较好,特别是粒径大小为 $0.25\sim0.5mm$ 的试样固化效果最好,而粒径大于 $2mm$ 和粒径小于 $0.075mm$ 的珊瑚砂试样的固化效果较差。Mortensen 等(2011)通过测量胶结试样的剪切波速发现较粗粒且级配良好的砂比细粒级配不良的砂的固化效果要好。除此之外,土的相对密度同样是决定固化效果的重要因素。

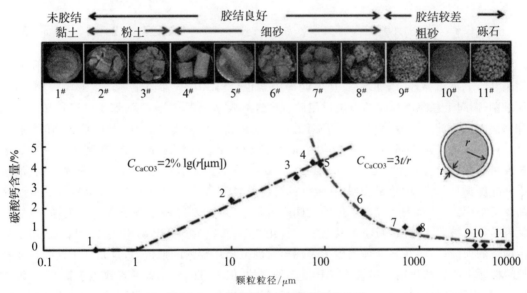

图 10-8　土颗粒粒径与固化效果的关系

10.3.6　注浆工艺

注浆工艺包括注浆方式、注浆速度和注浆压力等,对 MICP 固化土体的效果同样有着极为重要的影响。最简单的灌浆方式是将细菌液与胶结液混合均匀后注入土体内部(即一相注浆),但该方法极易在注浆口附近生成大量碳酸钙结晶,阻碍浆液继续流动,土体内的胶结分布极不均匀。通过将混合液 pH 调节到较低水平或降低混合液的温度可以优化一相注浆。分步式灌浆方法能够一定程度上避免注浆口堵塞的问题,提高土体内部生成碳酸钙的均匀性。所谓分步式灌浆是将菌液注入土体内部后静置一段时间,待细菌附着在土体颗粒表面后再注入胶结液开始固化。采取前期灌注 0.5mol/L 胶结液,后期灌注 1.0mol/L 胶结液的多浓度相结合固化法,相比于单一浓度固化法,新方法能够以较少的灌浆次数获得更高强度的试样。也可采用表面渗透法进行 MICP 加固,即通过交替喷洒菌液和反应液,利用其重力作用下溶液自由渗透进入土体来完成加固。Zhao 等(2014)提出使用全接触柔性模具和完全混合反应器来进行 MICP 固化土体,这种由土工布制作的全接触柔性模具为固化样品提供支撑,同时具有良好的透水性,从而提高固化样品的均匀性。注浆速度能够影响胶结液的利用效率。Al Qabany 等(2012)通过研究细菌在不同浆液注入速率条件下胶结液的利用效率发现,不论采用何种浓度和细砂级配,注入速率为 0.042mol/(L·h)以下时胶结液的利用效率可达 90%,而注入速率为 0.084mol/(L·h)时胶结液的利用效率下降至 50%。通过降低注浆速率可以在一定程度上提高胶结液的利用率,但需要注意的是,当注浆速率过低至小于土体内细菌合成碳酸钙的速率时,大量碳酸钙会堆积在注浆口处使胶结液无法扩散,造成土体胶结不均匀。此外,灌浆压力对固化后土体的力学、水力学性质有着重要的影响。在 MICP 过程中需要提供适当的压力保证菌液和胶结液在土体中的正常流动,但过高的注浆压力会使得土颗粒被水流冲蚀,破坏土体原有的结构,也会使得细菌无法稳定地附着在土颗粒表面来生成足够的碳酸钙黏结土体。因此,根据实际工程的需要选取合适的注浆工艺是十分重要的。

10.3.7　其他因素

除了上述提到的这些因素会对 MICP 的固化效果产生影响之外,饱和度、海洋环境、油污染、降雨、冻融循环、添加剂、反应时间等因素也会对 MICP 加固土体产生影响。例如,利用细菌-膨润土悬浮液和胶结溶液对粗砂试样进行胶结处理,膨润土的加入可以增加碳酸钙和膨润土的沉淀体积分数,导致试样渗透系数呈指数下降。此外,不同饱和度下 MICP 胶结砂的加固性能也是不同的,一般来说,在碳酸钙含量相近的情况下,低饱和度条件下加固的试样可以获得较高的土体强度。Cheng 等(2017)还研究了脲酶浓度、温度、降水冲刷、油污染和冻融循环的影响,结果表明,在较低的脲酶活性和环境温度下,可以获得有效的碳酸钙晶体沉淀模式,从而大大提高土体的无侧限抗压强度;雨水冲刷不利于 MICP 的加固过程,原因是细菌被雨水冲出,减小了胶结液的转化效率;传统的 MICP 两相注入法并不适用于油污染土的加固;经 MICP 处理的砂土表现出对冻融循环较强的抵抗力,这归结于碳酸钙在颗粒间接触点的胶结作用。尽管 MICP 受多种制约,但大量的研究者一直致力于新工艺、添加剂、模具或原材料的开发、试验与研究,以期固化效果和经济环保性得到进一步改善,微生物诱导碳酸钙沉积技术得到更广泛的应用。

10.4　微生物加固土的工程性状

微生物加固过程中生成的有机、无机材料填充在土体孔隙、岩石裂隙中,堵塞孔隙、裂隙,产生一定的胶结作用,进而改变土体或岩体的工程特性。微生物固化能够影响岩土体的静、动力强度,变形、破碎和渗透特性。本节将就上述五个方面对微生物加固土的工程性状展开介绍。

10.4.1 微生物加固的静力学强度

微生物加固体的静力学强度研究主要集中于抗压强度、抗拉强度及剪切强度。其中抗压强度以无侧限抗压强度最为常用,无侧限抗压强度因此成为评估加固效果最主要的指标之一。微生物加固可显著提高岩土体的无侧限抗压强度。研究表明细粒土和粉细砂、中细砂、粗砂和砾石等散体材料经微生物加固后无侧限抗压强度均出现大幅提高,加固体的无侧限抗压强度可达数十兆帕。虽然无侧限抗压强度随碳酸钙含量增加而增加,但是两者并无确切的定量化关系。同一碳酸钙含量下,无侧限抗压强度值的波动范围随土体粒径增大而增加。一般而言,碳酸钙含量最大为30%左右。需要说明的是,对于钙质砂,由于颗粒孔隙较大及存在测量误差,碳酸钙含量可能大于30%。

影响微生物加固体无侧限抗压强度的因素较多,大体说来可分为内部因素和外部因素两类,内部因素主要和加固溶液相关,如微生物种类、微生物活性、微生物或反应液浓度、加固方法等;外部因素主要和加固对象相关,如饱和度、环境温度、冻融、颗粒级配和形状、相对密实度等。微生物加固体的无侧限抗压强度既与碳酸钙含量有关,也和碳酸钙的沉积方式相关,通过优化加固方法,选择合适的加固对象,在相同的碳酸钙含量下可获得较大的无侧限抗压强度。如采用较低活性的微生物溶液、较低的钙离子浓度,微生物加固细砂试样在8%的碳酸钙含量下无侧限抗压强度可达4MPa以上。此外,添加剂的掺入可有效改善微生物加固土的性能,如掺入纤维可以显著提高微生物加固土体的无侧限抗压强度,因为纤维不仅有利于碳酸钙沉积,还能在一定程度上束缚颗粒,并产生胶结、联锁和增强效应;在菌液中掺入黏粒可提高碳酸钙分布的均匀性,因为高岭土、膨润土等黏粒能够固载微生物,促进微生物在试样上附着、留存,防止注浆过程中微生物流失。

抗拉强度可通过劈裂拉伸试验、巴西劈裂试验及直接拉伸试验得到。微生物加固体的抗拉强度和碳酸钙含量的关系与无侧限抗压强度类似,均随碳酸钙含量增加而增大,抗拉强度值约为抗压强度的1/3~1/7。图10-9给出了不同加固程度的微生物加固钙质砂试样的劈裂抗拉强度与无侧限抗压强度的典型试验结果。从图中可以看出对于微生物加固钙质砂,劈裂抗拉强度与无侧限抗压强度存在较好的线性关系,抗拉强度约为无侧限抗压强度的15.6%。

剪切强度是微生物加固土的重要静力强度之一,它决定着土对于外荷载产生的剪应力的极限抵抗能力。微生物加固土可通过直剪试验、三轴排水试验、三轴不排水试验得到。微生物加固后的砂土表现出明显的应变软化性,土体的变形由剪缩变为剪胀。微生物加固后砂土的峰值剪切强度和残余强度均有所提高;高竖向应力下,微生物加固砂土的剪胀受到抑制,但是强度增加。

三轴试验表明,随着碳酸钙含量的增加,加固试样的抗剪强度、有效黏聚力和有效摩擦角均增大,对于微生物加固石英石砂土,加固后试样的初始剪切刚度和极限抗剪承载力均高于未加固砂样。然而,胶结作用对临界状态应力比的影响不显著。随加固程度的提高,应力应变关系由硬化转变为软化,剪胀增大。此外,有研究表明微生物加固砂的峰值抗剪强度和有效黏聚力均与碳酸钙含量呈指数关系,有效摩擦角与碳酸钙含量呈线性关系。

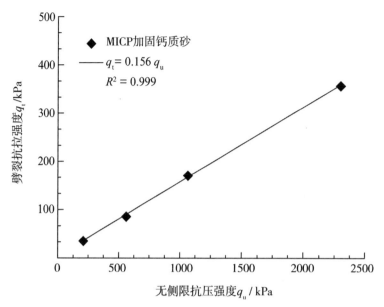

图 10-9 微生物加固钙质砂劈裂抗拉强度与无侧限抗压强度的关系

10.4.2 微生物加固的动力学强度

地震等动荷载引起的土体液化会导致地基的破坏和上部结构的倒塌。与传统的可液化地基改良方法相比,微生物加固技术已被证明能够提高土体抗液化能力。国内外广泛开展了微生物加固土的动三轴、动单剪及小型振动台试验,研究了微生物加固砂土的抗液化性能及动力强度,并与传统的液化地基加固方式进行了对比分析,结果表明微生物加固后砂土的抗液化性能显著提高。含细粒成分的砂土,其在动荷载下往往容易发生液化,经 MICP 处理后其抗液化能力增强,超孔隙水压力下降。但是,细粒土的存在可能导致碳酸钙胶结过程中阻塞砂颗粒之间的空隙,导致菌液的流动受阻,砂颗粒接触处生成的碳酸钙减少,抗液化能力提高不显著。

相比于石英砂,钙质砂更易发生液化。研究表明,微生物加固可有效增强钙质砂的动强度,提高其抗液化性能。图 10-10(a)显示了钙质砂在不同微生物加固程度下,试样动剪应力比与液化振次关系的典型曲线。图中有效围压为 100kPa,微生物加固使用的反应液(氯化钙和尿素浓度均为 1mol/L)量分别为 0L、0.2L、0.4L、0.6L。从图中可以看到随着动剪应力比的增大,试样液化所需振次减少;经过微生物加固后循环剪应力比(CSR)曲线向上移动,说明抗液化性能显著改善,且随着加固程度的提高而提高。反应液添加量为 0.4L 时,试样在 CSR=0.25 时液化振次较未加固前提高了 5 倍。进一步地,在综合考虑微生物胶结程度、相对密实度以及有效围压等变量的基础上,肖鹏等(2021)提出了微生物加固钙质砂的统一动强度准则:

$$\sigma_d = \frac{\sigma_c'(62.75D_r^2 - 21.24D_r + 26.54)}{50\sigma_r} N_f^{-0.147} \exp[(-0.62D_r^2 + 0.11D_r + 0.5)T_c]$$

(10.4.1)

式中,σ_d 为动应力值;σ_c' 为有效围压;σ_r 为平衡量纲参考应力;D_r 为钙质砂相对密实度;T_c

为 MICP 加固次数；N_f 为液化振次。如图 10-10(b)所示，统一动强度准则能够较好地反映微生物加固钙质砂的动强度变化。

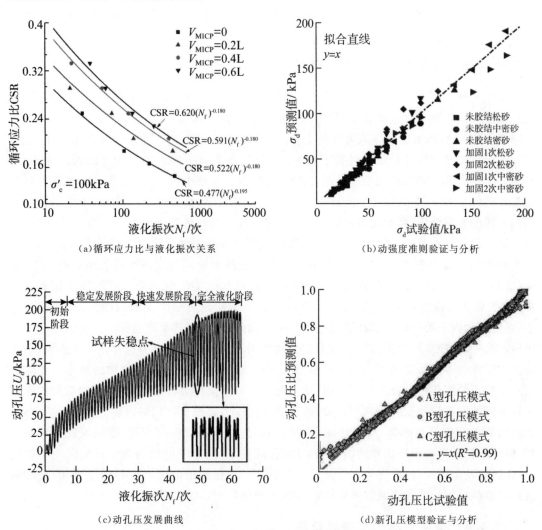

(a)循环应力比与液化振次关系　　(b)动强度准则验证与分析

(c)动孔压发展曲线　　(d)新孔压模型验证与分析

图 10-10　MICP 加固砂动力特性

　　此外，刘汉龙等(2018,2021)采用循环三轴试验研究了微生物加固钙质砂的动孔压发展特性，探讨了有效围压、动应力比、相对密实度以及加固程度对微生物加固钙质砂动孔压发展的影响。试验结果表明，MICP 胶结钙质砂孔压发展可分为四个阶段：初始阶段、稳定发展阶段、快速发展阶段、完全液化阶段[见图 10-10(c)]。在孔压快速发展阶段末期，孔压曲线出现凹槽，试样逐渐发生失稳破坏，此时有效应力路径呈现循环活动特性。随着动应力比和加固程度的提高，孔压发展曲线逐渐由 S 形向双曲线过渡。因动应力比和加固程度不同，微生物加固钙质砂表现出三种不同的孔压发展模式。基于孔压发展规律的变化，提出MICP 加固钙质砂新型孔压应力模型：

$$\frac{u}{\sigma_c'}=\frac{\alpha}{\pi}\tan\left(\beta\frac{N}{N_f}\right)^{\frac{1}{\theta}}$$ (10.4.2)

式中, u 为振动 N 次的循环峰值振动孔压; σ'_c 为有效围压; N_f 为试样液化振次; α、β、θ 为经验参数,其取值与有效围压、动应力比、相对密实度及加固程度等因素有关。拟合效果如图 10-10(d)所示,整个振动循环过程中,新孔压模型均能较好反映微生物加固钙质砂的孔压变化。

10.4.3　微生物加固土变形特性

微生物加固可有效降低土体的压缩性,主要体现在微生物加固后土体压缩指数降低、总沉降量减小。一维压缩试验表明,微生物加固后钙质砂的压缩特性有较大改善,压缩指数平均降低了约 0.1,高浓度反应液更有利于土体压缩性的降低。对于微生物加固残积土,经微生物加固后试样总沉降量最大降低了约 23%,研究表明微生物加固残积土的再压缩指数、前期固结应力和总固结沉降量随碳酸钙沉淀量的增加而减小;再压缩指数与碳酸钙含量有着较好的线性关系,而压缩指数与碳酸钙含量相关性较差;高应力条件下,由于应力超过了加固土体的屈服强度,颗粒间胶结大量破坏,微生物加固处理对土体的压缩性几乎无影响。对于微生物加固石英砂,亦存在加固后试样的压缩性随加固程度的提高而降低的规律;如经微生物加固后渥太华(Ottawa)50/70 砂的压缩指数从未加固的 0.024 降低到 0.009,Ottawa 20/30 砂的压缩指数从未加固的 0.019 降低到 0.009。K_0 应力路径下的压缩试验表明在 K_0 加载和卸载过程中,微生物加固石英砂的压缩性显著低于未加固砂土;在加载过程中,微生物加固石英砂的孔隙比变化趋势与未加固砂类似,但其最终孔隙比变化值小于未加固砂。此外,颗粒级配和碳酸钙含量对微生物加固石英砂的压缩行为也存在一定影响,微生物加固试样的压缩系数随不均匀系数的增大而增大,随碳酸钙含量的增加而减小。孔隙比随竖向应力的演化可以分为三个阶段:第一阶段为在竖向应力较小的情况下,颗粒间的摩擦和碳酸钙的磨损导致孔隙比减小;第二阶段为竖向应力超过 MICP 加固砂土的屈服应力后,大量的颗粒间胶结被破坏,同时伴随着碳酸钙沉淀从砂颗粒表面剥落,砂颗粒发生重新排列,破碎的碳酸钙充填砂颗粒间的空隙,导致孔隙比下降;第三阶段为在更高竖向应力作用下,砂颗粒发生颗粒破碎,导致孔隙比进一步减小。根据扫描电镜(SEM)图像可知,碳酸钙沉淀对砂颗粒的胶结和表面包裹作用是 MICP 加固砂土压缩性降低的主要原因。

10.4.4　微生物加固土破碎特性

微生物加固后在颗粒间产生胶结作用,受外荷载时,胶结将发生断裂,随荷载增大,岩土颗粒将发生破碎。破碎对颗粒土的力学行为有着非常重要的影响,颗粒破碎程度影响颗粒材料的应力和变形行为以及冲击载荷的能量耗散。颗粒破碎量指标是定量描述颗粒破碎程度的最主要方法。砂土在荷载作用下的颗粒破碎概率通常是通过对比颗粒破碎前后的级配曲线来评估的。

一维压缩试验是研究颗粒破碎的主要手段,图 10-11(a)(b)(c)显示了同一加固程度下施加不同竖向压缩应力时颗粒级配曲线的变化。可以看出对于同一加固程度的砂土,加载应力越大,颗粒破碎程度越高。图 10-11(d)(e)(f)为不同加固程度同一加载应力下颗粒级配曲线的变化。在同一加载应力下,碳酸钙含量越高试样加载前后的颗粒级配曲线差别越小,说明:①颗粒破碎量随着试样碳酸钙含量增加而减小;②碳酸钙胶结沉淀对颗粒破碎有抑制

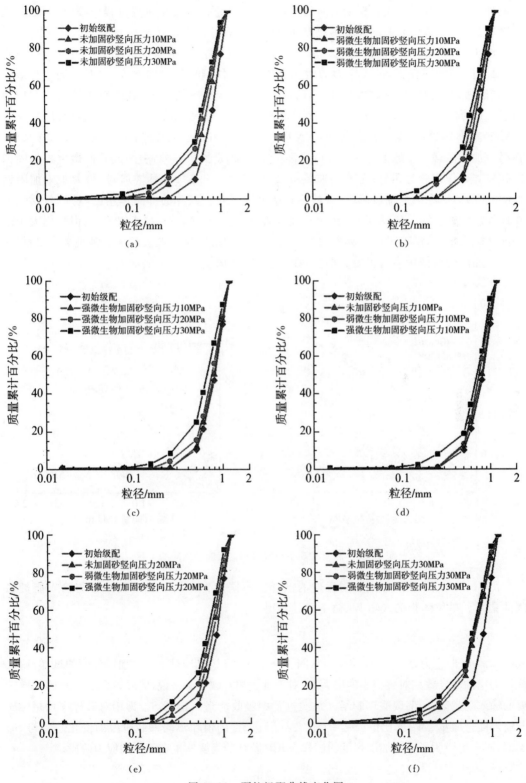

图 10-11　颗粒级配曲线变化图

作用。微生物加固生成的碳酸钙主要有三个作用:①颗粒间和颗粒表面的碳酸钙对颗粒表面起保护作用,从而防止颗粒受力时裂开;②颗粒间的碳酸钙在崩解过程中吸收能量,降低了颗粒的应变能;③崩解的碳酸钙填充在空隙中起缓冲作用。

图 10-12(a)为试样的相对破碎率与竖向应力之间的关系曲线。从图 10-12(a)可以看出,对于同一加固程度,最大应力的增加会导致相对破碎率 B_r 的增大,而对于同一加载应力,碳酸钙含量的增加导致相对破碎率 B_r 的减小。定义 $S_{B\sigma}$ 为相对破碎率增量 ΔB_r 与应力增量 $\Delta\sigma_v'$ 的比值(即 $S_{B\sigma}=\Delta B_r/\Delta\sigma_v'$),对于未加固的砂,$S_{B\sigma}$ 的值从 1.07(第一加载阶段:$0\leqslant\sigma_v'\leqslant$ 10MPa)减小到 0.61(第三加载阶段:$20MPa\leqslant\sigma_v'\leqslant30MPa$)。对于 1mol/L 加固的试样来说,在第一加载阶段,$S_{B\sigma}$ 的值等于 0.37,远远小于未加固砂的 1.07,表明此阶段微生物加固抑制颗粒破碎作用较为明显;而第二加载阶段,$S_{B\sigma}$(值为 0.89)明显增加,稍稍大于未加固试样的0.82,表明在第二加载阶段,碳酸钙胶结沉淀对颗粒破碎的抑制作用已经减弱,反映了在此加载阶段碳酸钙胶结崩解;在第三加载阶段 $S_{B\sigma}$(值为 0.70)减小得不多,但是仍大于未加固试样的 0.61,反映了崩解碳酸钙产生的缓冲作用可抑制颗粒破碎。这种现象在 2mol/L 微生物加固的试样中表现得更为明显,如图 10-12(a)所示。

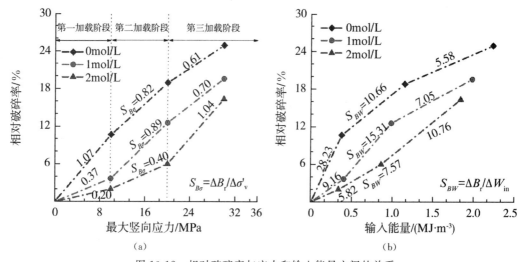

图 10-12　相对破碎率与应力和输入能量之间的关系

图 10-12(b)反映了不同加固程度的试样在不同应力作用下相对破碎率与输入能量之间的关系。单位体积输入功 W_{in} 由下式计算得到。

$$W_{in}=\int\sigma_v'\,\mathrm{d}\varepsilon_v \tag{10.4.3}$$

式中,σ_v' 为竖向应力,ε_v 为竖向应变。从图 10-12(b)可以看出,对于同一加固程度的试样,输入能量的增加会导致相对破损率的增大,而对于某一相对破碎率来说,碳酸钙含量越高的试样需要的输入功越高,说明碳酸钙胶结在加载过程中吸收能量。定义 S_{BW} 为相对破碎率增量 ΔB_r 与输入能量增量 ΔW_{in} 的比值($S_{BW}=\Delta B_r/\Delta W_{in}$)。$S_{BW}$ 的值在不同加载阶段的变化趋势与 $S_{B\sigma}$ 类似,同样也说明了不同加固程度的试样 MICP 胶结的崩解发生在不同的应力阶段。

10.4.5　微生物加固土渗透特性

微生物加固后,土体孔隙被填充,渗透系数降低。Blauw 等(2009)较早将微生物技术应用于处理多瑙河上的一个黏土心墙堤坝渗漏问题。由于混凝土-膨润土墙处理后仍未存在渗漏,因此,Blauw 等尝试通过微生物技术进行修复。该项目进行了为期 23 天的营养液灌注,6 周后渗漏量开始下降,10～14 周后大坝的单位时间渗漏量从修复前的每天 17.33m³减少到 2.35m³,并且处理 5 个月后其渗漏量只有处理前的 0.1～0.2,证实了微生物技术能够用于处理现场渗漏问题。一般而言,微生物加固后土体的渗透系数可降低 2～3 个数量级。若大量碳酸钙分布在颗粒接触点,且生成晶体较小,渗透系数降低较少,反之若碳酸钙分布在孔隙中,生成的晶体较大,则渗透系数降低较显著。值得一提的是,可通过优化微生物处理方法提高微生物加固后土体的抗渗性能。如 Cheng 等(2019)将微生物加固技术结合海藻酸钠与钙离子反应形成凝胶状海藻酸钙,进行砂土防渗处理,处理后的砂土渗透性从 5.0×10^{-4} m/s 降低到 2.2×10^{-9} m/s,其防渗效果比单纯 MICP 技术高 1～2 个数量级。

10.5　微生物岩土加固技术

传统岩土加固技术以掺加化学固化剂、机械压实等物理化学加固法为主,虽然传统工艺对土体的加固效果较好,成本较低,但同时带来的环境污染问题也不容忽视。如化学固化剂水泥的生产过程中会排放大量二氧化硫、氟化物等气态污染物,会对环境造成很大的影响;大多数化学物质及其浸出物也会对土体周边生物造成一定威胁;强夯法等物理加固法在压实过程中会对周边建筑的稳定性带来影响,同时也会产生一定的噪声污染。近年来,生物加固法尤其是微生物加固法因其环境效益及经济效益,被认为是一种具有广阔前景的岩土加固方法。在本节中,作者将对微生物诱导碳酸钙沉积(MICP)技术在岩土加固方面的研究及应用进展进行介绍,主要分为加固方法和工程应用两部分。

10.5.1　微生物岩土加固方法

1. 菌液及胶结液的制备

微生物加固中应用最为广泛的是尿素水解菌,常见的是巴氏芽孢八叠球菌,该细菌无毒无害、脲酶活性高,可以在短时间内促进大量碳酸根生成,工程效率高。将巴氏芽孢八叠球菌接种至 Ammonium-Yeast Extract 培养基[Tris buffer 0.13mol/L(pH 9.0)、酵母提取物 20g/L、硫酸铵 10g/L],在 30℃、200r/min 条件下培养 40h,即可制成 MICP 加固岩土所需的新鲜菌液。

此外,还可通过菌种选育从自然环境中分离尿素水解菌。Nayanthara 等(2019)使用 Zobell 2216E 琼脂培养基从海岸线沙滩砂中成功筛选出多株目标菌,将菌液与含尿素的甲酚红溶液混合,在 45℃条件下培养 2h,若溶液由黄色转变为粉红色,则该菌株即为尿素水解菌。Burbank 等(2012)使用富集培养基对采集来的有机土壤进行尿素水解菌的富集培养,并结合改性尿素琼脂培养基(NaCl 5g/L, KH₂PO₄ 2g/L,葡萄糖 1g/L,蛋白胨 0.2g/L,尿素 20g/L, pH 6.8)成功分离出了多株目标菌。Gomez 等(2018)利用微生物原位激发技术,成功在距地面深度 12 米处的土体中诱导了方解石的沉积,提高了 MICP 岩土地基固化的应用性。尿素水解细菌广泛分布于自然环境,尤其是土壤环境中,在 MICP 固化土体的应用中,若采用从当地土壤筛选出的细菌,细菌环境适应性更好,可扩大 MICP 固化土体的应用范围,包括还可对重金属污染土进行固化及生物修复。

细菌水解尿素,生成铵根离子和碳酸根离子,增加的离子会使溶液电导率升高,而电导率增加的速率与活性脲酶成正比。Whiffin(2004)将菌液与 1.5mol/L 尿素混合,在 25℃ 的条件下,测出 3min 的电导率变化值,将电导率的增加速率(mS/min)转化为尿素水解速率(mmol/min)以表示脲酶活性。提高细菌脲酶活性有利于提高微生物固化土体的效率。

胶结液通常由氯化钙和尿素组成,以提供微生物诱导碳酸钙沉淀所需的化学物质。将新鲜菌液和胶结液混合在一起后两者立即进行反应,短时间内就可生成大量碳酸钙。也有学者对胶结液进行了改进,通过将石灰石、木质纤维素处理为可溶性钙源以替代传统 MICP 方法使用的氯化钙,有效降低了材料成本。

2.微生物加固土体方法

土壤 MICP 胶结法主要有一相注入法、两相注入法、混合法三种。混合法包括浆液表面喷洒法、浸泡法、预混压实法等。其中以两相注入法最为常用。

两相注入法是通过将菌液和胶结液分别依次注入土样,使浆液在土体内反应,生成碳酸钙晶体来胶结土颗粒的一种最为常用的加固方法。通常先向土体注入菌液,静置一段时间使细菌附着在土颗粒上,随后再注入胶结液,待菌液、胶结液在土体内反应一段时间后再进行下一批次的注浆,几次注浆-排液循环后,松散土体即会胶结为一个整体。

对土体进行 MICP 处理的目的是使菌液、胶结液与土颗粒很好地接触,以诱导碳酸钙沉积在土体之间。Cheng 等(2017)提出了一种预混法,来处理石油污染土,将细菌絮凝物与污染土预混后能够使细菌在土体中留存并维持较高的脲酶活性,使 MICP 反应效率更高,土体稳定效果更好,处理后的土体的无侧限抗压强度可以提高到 1200kPa。

此外,Cheng(2016)还对混合法进行了改进,以提高试样的固化效果。将尿素、氯化钙溶液与菌液混合,沉淀 6h 后除去上清液,收集沉淀制备为生物浆液。试验前首先将试验用砂与生物浆液混合并压实,后期通过注入不同次数的胶结液即可提高胶结土样的胶结强度。

10.5.2 微生物加固在岩土工程的应用

微生物水解尿素,在土壤颗粒间诱导生成碳酸钙,并通过生物胶结作用将松散的土壤颗粒连接在一起,减少土体孔隙,可以有效改善土体的力学性能,提高其整体性。微生物加固反应过程可控,反应产物简单,较传统岩土加固技术,对环境影响更小,同时施工及运营过程几乎不产生碳排放,因此有望成为新一代绿色岩土加固技术。

地基处理是微生物加固较早涉及的岩土工程应用领域,如 2011 年 van Paassen(2010)在荷兰对 $100m^3$ 左右的砂砾层地基开展了 MICP 加固试验,MICP 注浆处理 1d 后,该区域的刚度即有明显增加。微生物加固应用于地基处理主要目的是提高地基承载力,提高地基抗液化能力,提高土体黏聚力并固化。微生物加固可用于堵塞孔隙、裂隙,从而能够应用于岩土体渗漏防治解决水库渗漏、碳封存中二氧化碳泄露等问题,如 Chu 等(2013)采用微生物加固方法建造蓄水池,建成具有一定强度的砂土低渗漏层,其渗透性可从 10^{-4} m/s 降低至 10^{-7} m/s。Phillips 等(2016)开展了深部钻井岩石裂隙修复的现场试验,结果发现,随着注浆时间的持续,恒定压力下注浆量逐渐从 1.9L/min 降低到 0.47L/min,完成修复的岩体达到再次破坏时需要更大的压力,显著提高了钻井井口的完整性和密封性。Tobler 等 (2018)对花岗岩裂隙进行微生物注浆处理,裂隙透射率降低了约 4 个数量级,采用 CT 扫描结果发现 67%的裂隙空间被生成的碳酸钙沉淀填充。此外,微生物加固还能应用于环境岩土工程领域,如通过微生物加固处理坡面提高岩土体的抗侵蚀能力,通过固化沉积重金属进行污染土治理,以及在土体表面形成硬壳层防治扬尘与风沙等。需要指出的是,目前微生物加固的应用研究还处于起步与探索阶段,微生物加固实现大规模实际工程应用还存在较多问题,其中最为显著的是如何降低施工过程中的材料成本,需要岩土工作者建立跨学科学习与合作机制,努力探索微生物加固的微细观作用机理,提出更为有效的加固方法,从而打造环境友好的绿色微生物岩土技术体系。

10.6　微生物加固的检测方法

微生物加固技术涉及复杂的生物-物理-化学反应过程,采用一些特别的手段实时、动态监测与评价其加固过程有助于提高对其矿化过程和控制因素的深入理解。静(动)力触探、开挖取样等常规测试方法会对处理区域造成不同程度的扰动和破坏,因而寻求一种适用于微生物加固技术的无损方法就显得尤为重要。地球物理检测方法,是一种对微生物加固技术较为适用的检测方法。地球物理方法一般不需要对处理区域进行扰动,并且可以进行实时连续的监控。剪切波速法、纵波波速法和电阻率法是三种主要的地球物理检测方法,因其具有测试方便、无损、快捷、连续和经济等应用优势而备受关注。此外,由微生物加固技术的基本原理可知,通过检测 MICP 加固过程中 NH_4^+ 浓度、pH 等指标的变化也能从侧面反映加固的效果和质量。

10.6.1　剪切波速法

剪切波(S 波)速指的是振动横波在岩土体中的传播速度,是衡量岩土材料物理力学性质的重要指标。在剪切波的传播过程中,介质质点的振动方向与波的传播方向垂直,剪切波传播的介质材料需具有一定的剪切刚度($G>0$)。岩土体的剪切模量与剪切波之间存在一定的关系:

$$v_S = (G/\rho)^{\frac{1}{2}} \tag{10.6.1}$$

式中,v_S 为剪切波速;G 为岩土体的剪切模量;ρ 为岩土体的密度。

常用于测量剪切波在砂土中传播速度的手段是弯曲元技术,许多研究表明通过弯曲元测得的剪切波速与基于共振柱试验、直接应力应变测量等方法所得的结果是一致的。弯曲元的原理为:一束小应变弹性剪切波可在一段已知的距离下从发射单元到接收单元,砂土的剪切波速可通过监测传播所需的时间来直接评估。由于剪切波的传播要求传播介质具有一定的剪切刚度,剪切波在流体中通常是不能传播的。剪切波的这一传播特质对于利用剪切波监测微生物加固土体的过程来说是有利的,因为剪切波速通常并不受土体内孔隙流体及其组分的影响。剪切波能够准确地反映未加固土体以及 MICP 加固土体的状况,剪切波速在监测微生物加固岩土体方面有着广泛的应用。剪切波波速可以监测非破坏性剪切应变时土体刚度的微小变化,剪切模量也可用来评价土体的胶结效果。由微生物加固技术的原理可知,MICP 过程生产的碳酸钙在土颗粒之间将形成有效胶结,这会使得土体的剪切模量(刚度)得到提高,同时颗粒间的胶结在破坏时也会直接导致土体的剪切刚度下降。碳酸钙含量的增加将导致剪切波速发生变化,因而也可通过测量剪切波达到实时监测土体中方解石的空间分布的目的。

在剪切波速的具体运用中,van Paassen 等(2010)对 100m³ 砂基模型进行灌浆加固后,分别采用剪切波速和无侧限抗压强度来评价其胶结效果,这两种方法计算得到的剪切模量处于同一数量级,证明剪切波速可有效评价胶结砂体的刚度。Qabany 等(2011)基于 MICP灌浆加固试验研究了砂土中方解石含量与其剪切波速之间的关系,结果表明采用相同的灌浆参数时方解石沉积量与剪切波速具有很好的线性相关性;Montoya 等(2013)采用 MICP技术对砂土经过不同程度的胶结(轻、中度和重度胶结水平)处理后采用剪切波速对胶结性质进行测量,结果表明伴随微生物加固水平的提高,剪切波速由 120m/s(未处理砂土)提高到 800m/s(重度胶结水平)。

10.6.2　纵波波速法

纵波指质点的振动方向与波的传播方向一致的弹性波,又称为压缩波(P 波)。纵波能够在固体(例如岩石、土颗粒)和流体(例如孔隙流体)中传播,在微生物加固技术的无损检测中发挥着重要作用,纵波波速与体积模量(B)和剪切刚度(G)之间也存在着一定的关系:

$$v_P = [(B + \frac{4}{3}G)/\rho]^{\frac{1}{2}} \tag{10.6.2}$$

式中,v_P 为纵波波速;G 为岩土的剪切模量;ρ 为岩土体的密度;B 为体积模量。

纵波波速主要受孔隙流体的体积模量、饱和度、孔隙度、颗粒骨架材料的体积模量等因素的影响。水的纵波波速大约为 1500m/s,当土壤达到 100%饱和时,穿过土壤的纵波波速几乎等于水的纵波波速。随着饱和度的降低(由于空气注入或微生物产生气体形成气泡)纵波波速迅速降低,这是因为孔隙流体中存在的空气或气泡增加了土壤的压缩性。土体颗粒骨架的密度、应力水平等影响土体压缩性的因素对纵波波速的影响属于次要因素。因此,使用纵波波速检测孔隙流体压缩性的变化是非常好的。生物气泡法可有效降低土体的饱和度,达到改善土体的抗液化性能的目的,可通过探测纵波波速的变化得知土体饱和度的变化来评估生物气泡的生成量。

10.6.3　电阻率法

电阻率法是通过检测电流通过固化土试样时的点位梯度来衡量砂土固化效果的方法。电阻率是表征物质导电性的基本参数,土的电阻率主要取决于土的孔隙率、颗粒矿物成分、孔隙液的化学组分、颗粒比表面积、饱和度、胶结程度以及土体的各向异性等。电阻率法具有操作便捷、原位无损、快速等优势,已在测定岩土体的工程性质、土体污染特征和孔隙液的化学成分变化等方面取得了一定的研究成果,被广泛应用于岩土工程领域。

当进行生物注浆时,砂土孔隙内会充填成分复杂的菌液和胶结液,这些化学溶液会显著降低砂土的电阻率。通过探测土体中的电阻率,也能从侧面了解尿素水解反应的进行程度。此外,在微生物加固过程中,由于碳酸钙在砂颗粒表面和颗粒间接触点沉积,土体的比表面积、孔隙率、矿物成分和比例、胶结特质等都发生了不同程度的变化,土体的这些变化势必会影响电阻率的大小。因此,可以利用电阻率测量来检测土壤密度、压缩特性、孔隙流体的组分、含水量及微生物活性的变化。图 10-13 展示了微生物注浆前与注浆过程中砂砾层的电阻率对比情况,可以发现在注浆过程中高盐度的浆液使土壤的电阻率由初始的 $120\Omega \cdot m$ 降低至 $2\Omega \cdot m$,电阻率的显著变化说明了菌液和胶结溶液在砂砾层土壤中进行了有效的传输,证明了生物灌浆技术在现场应用中的可行性。孙潇昊等(2021)采用电阻率法对 MICP 加固砂土的固化效果进行评估,系统地研究了微生物固化砂柱的电阻率与孔隙率、含水率、

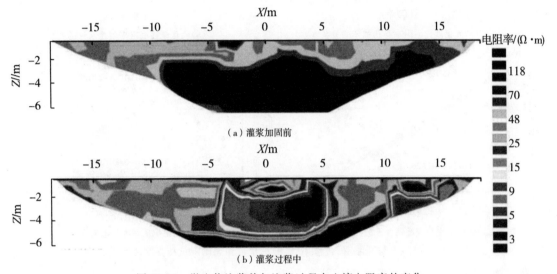

图 10-13　微生物注浆前与注浆过程中土壤电阻率的变化

碳酸钙含量以及无侧限抗压强度的关系,验证了利用电阻率法评价 MICP 固化砂柱固化效果的可行性,并提出采用综合参数 N 表征固化砂柱的孔隙率、含水率和碳酸钙含量等因素对电阻率的影响。图 10-14 展示了微生物加固砂土的电阻率与孔隙率、含水率、碳酸钙含量和无侧限抗压强度之间的关系。结果表明,固化砂柱的电阻率随着孔隙率的增加而增大,随含水率的

图 10-13

增加而减小,随碳酸钙含量的增加而近似于线性减小;此外,还发现微生物固化砂柱的无侧限抗压强度随电阻率的增大而减小。尽管在采用电阻率法评价固化土工程特性方面已有不少研究,但目前就采用电阻率法评价 MICP 浆液的分布及其胶结体的工程力学性质的研究还非常少,需要进一步加强该测试技术在微生物灌浆应用中的基础研究。

10.6.4　其他方法

基于尿素水解的 MICP 过程利用脲酶菌新陈代谢分泌的脲酶将尿素水解成 NH_4^+ 和 CO_3^{2-},在钙离子存在的条件下生产碳酸钙,这个过程伴随着 pH 和 NH_4^+ 离子浓度的变化。尿素的水解伴随着溶液介质 NH_4^+ 的富集和 pH 的升高,碳酸钙的生成除了与尿素的水解有直接的关系外,也与介质溶液的 pH 变化密切相关。一般来说,在 MICP 过程中,脲酶活性越高则分解的尿素越多,产生的 NH_4^+ 和 CO_3^{2-} 就越多,在土颗粒之间碳酸钙填充和胶凝效果就越好。NH_4^+ 的浓度可作为监测微生物水解尿素、诱导碳酸钙沉淀生成的间接指标。

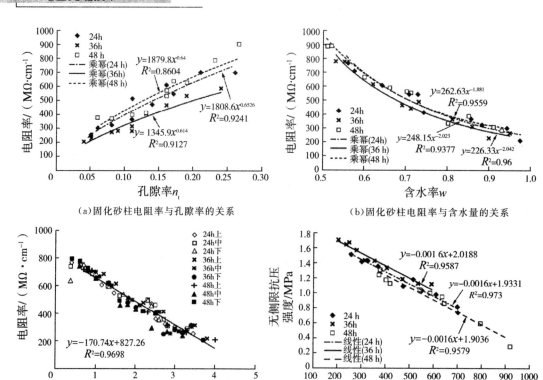

图 10-14　电阻率与孔隙率、含水率、碳酸钙含量和无侧限抗压强度之间的关系

因此,在 MICP 加固过程中通过监测尿素消耗、NH_4^+ 离子浓度和 pH 变化能够实时反映土壤的矿化特征和细菌活性。例如,在微生物的原位激发中,可以通过监测脲酶活性、电导率、pH 值、细菌数量等指标研究不同的激发介质或尿素浓度对砂土中土著脲酶菌激发过程的影响;NH_4^+ 离子浓度可作为评估 MICP 注浆技术改善可液化砂土性能的参数指标,用以评价 MICP 对可液化砂土改良的效果。

10.7　存在的问题

相较于传统岩土技术,学者们普遍认为微生物岩土技术具有环境友好性、原位微扰性、高效低耗性等优点。然而,现阶段微生物岩土技术存在处理均匀性差、效果难以保障、加固成本较高等缺点。土体适用性差的问题也制约着 MICP 的大规模应用。此外,由于生物岩土技术在使用过程中会引入外来的微生物,可能会对当地的细菌群落造成一定的影响。微生物岩土技术也需要对 MICP 反应释放的氨气进行处理。

10.7.1　土体适用性问题

MICP 技术对土壤的适用性主要取决于微生物和注浆溶液在土颗粒孔隙中自由移动的能力以及单位土体内可发生胶结的土颗粒间接触点的数量。细菌的细胞直径通常在 0.5~

$3.0\mu m$ 范围内,它不可能在尺寸小于约 $0.4\mu m$ 的孔隙内进行传输。若土颗粒尺寸太小,则细菌和胶结液不容易穿过孔隙,影响加固效果。理论上土壤的特征粒径 D_{10} 必须大于细菌尺寸的 5 倍,否则在加固过程中容易出现堵塞问题。若土颗粒尺寸太大,虽然细菌和胶结液可以顺利通过孔隙,但单位土体内可发生有效胶结的颗粒间接触点的数量变少,也会对土体的加固效果造成不利的影响。因此,正如 10.3.5 所讨论的那样,MICP 的使用对应着一定的颗粒尺寸范围。目前,MICP 技术主要用于砂类土以及含有少量砾石、泥炭或黏土的砂类土。由于脲酶的尺寸相比于细菌要小一些,利用小尺寸的游离脲酶诱导碳酸钙(enzyme in-duced carbonate precipitation,EICP)不易发生生物堵塞,因此采用 EICP 技术进行土体加固越来越受到学者的关注。

10.7.2　加固均匀性问题

在微生物加固中,单元尺寸、模型尺寸或者大尺寸试验发现存在均匀性不良的问题。例如,一维加固试验中出现上硬下软,注入口堵塞的现象。Whiffin(2004)开展了微生物水泥胶结砂柱试验,通过对比浆液注入口不同距离处胶结砂的超声波速后发现,整个砂柱的不同部位胶结程度不一,微生物水泥胶结不均匀问题由此引发人们的关注。van Paassen 等(2010)在 100m³ 模型地基微生物加固试验中发现,加固后不同位置处强度差异较大,无侧限强度最低为 200kPa,最高可达 20MPa,相差约两个数量级。荣辉等(2014)利用 MICP 技术成功胶结出直径和高度分别为 5cm 和 50cm 的砂柱,并对与注射口不同距离位置处的砂柱进行抗压强度、冻融循环以及冲刷性实验,微生物水泥胶结的砂柱与菌液注射口的距离不同,其抗压强度和方解石含量不同,导致其抗冻和抗冲刷性能不同,加固效果表现出明显的不均匀性。微生物水泥胶结不均匀根源是矿化过程中微生物在空间中的分布不均匀。采用降低胶结溶液浓度、使用固定液、交替变换浆液流向、采用间歇性注浆等措施均能改善微生物水泥胶结不均匀问题。例如,采用直流电场可以改善微生物水泥胶结砂不均匀问题,直流电场的作用不仅使碳酸钙空间分布相对均匀,而且还导致碳酸钙晶体的形貌、胶结砂颗粒的方式发生变化,使砂柱的无侧限抗压强度提高 40% 以上,并对砂柱的应力应变特性造成影响。虽然目前已有很多学者针对砂体内方解石分布不均问题提出优化方法,但大多都仅局限于室内砂柱试验,这些优化措施在大尺寸模型试验或现场测试中还有待检验。

10.7.3　潜在的生态问题

由于生物岩土技术在使用过程中会引入外来的微生物,可能会对环境产生潜在的影响。传统的 MICP 方法是将大量的细菌培养液注入待处理的土壤中,同时再引入胶结液进行反应。因此,它需要培养大量的脲酶菌。大量培养和运输这些细菌是一项精细的工作,且费用高昂;细菌的注入和在土体内的均匀分布也是很难实现的。此外,由于与本土细菌的相容性较低,引入的外源细菌数量可能会下降或对当地的生物群落造成潜在的风险。微生物岩土技术所选用的微生物须是无害的、非致病的。对这一问题一般会采用以下几种方式解决:首先,选用已知的无害细菌,这一类细菌可以从微生物保藏库购买并加以培养增殖;其次,对从当地环境中分离培养的脲酶菌通过基因测序的方法识别其物种、鉴定安全性,使用本土细菌进行生物加固。除此之外,原位激发也是解决这个问题的一种重要方法。原位激发是指通过提供适当的激发溶液和胶结溶液,在原位土体中刺激本地的脲酶菌生长繁殖以进行MICP反应,原位激发过程取决于脲酶菌在土体中是否存在及其空间分布特征。

第11章 特殊土地基处理

11.1 发展概况

11.1.1 概述

我国地域广阔,地质条件较为复杂,分布的土类繁多,不同土类的工程性质各异。由于地理位置、气候条件、地质成因、物质成分及次生变化等原因,一些土具有与一般土显著不同的特殊工程性质。当将其作为结构物地基时,必须根据其独特的性质采取相应的设计和施工措施,否则就有可能酿成工程事故。

《岩土工程勘察规范》(GB 50021—2001)和《建筑地基基础设计规范》(GB 50007—2011)对建筑地基土首先考虑了按沉积年代和地质成因来进行分类,同时将某些在特殊条件下形成的、具有特殊工程性质的区域性特殊土与一般土区别开来。上述规范将具有一定的分布区域或工程意义,并/或具有特殊成分、状态和结构特征的土称为特殊土,并将其分为膨胀土、湿陷性土、液化土、污染土、红黏土、软土、多年冻土、盐渍土等。

对特殊土地基的处理,除了一些通用的加固方法外,目前已产生和形成了一些适合处理特殊土地基的各种专门技术和方法,以及各自的地基处理设计与施工规范、规程、检测技术以及验收评定标准。本章仅对膨胀土、湿陷性黄土、液化土、污染土等特殊土地基处理进行详细阐述。其他特殊地基土处理可以比照本章所述方法参考使用。

11.1.2 特殊土地基处理特点

常用的地基处理方法都有各自的特点和作用机理,在不同的土类中有不同的加固效果和局限性。没有哪一种方法是万能的。对于比较特殊的地基土壤,工程地质条件是千变万化的,只有了解土壤的特性才能制定出相应的处理方法。

1. 膨胀土

1)工程特性

膨胀土指的是具有吸水后显著膨胀、失水后显著收缩特性的高液限黏土。膨胀土黏粒成分主要是强亲水性矿物质,并且具有显著胀缩性。该土具有吸水膨胀、失水收缩并往复变形的性质,对建(构)筑物基础的破坏作用不可低估,并且构成的破坏是不易修复的。在许多地区,膨胀土对于人们的危害是比较大的,建造在膨胀土上的地板,在雨季到来的时候,土壤中的含水量增加所引起的地板开裂、翘起现象屡见不鲜,由此可见,膨胀土不但特殊,而且还具有较强的危害性。

2)地基处理特点

(1)换土回填。因为膨胀土具有含水量变化的特性,所以,施工人员可以采用换土回填的办法进行处理。除了采用灰土置换以外,施工人员还可以采用砂石垫层的处理方法,要注意的是,砂石的厚度应该大于500mm,而且宽度应该大于地基底部的宽度。此方法应用于大面积的膨胀土分布地区显得不经济,且生态环境效益差。

(2)化学方法。利用化学的方法改良土壤,消除膨胀土形变。

(3)挖除法。此方法适用于厚度较小的膨胀土层。

(4)土工格网加筋法。加筋法是指在膨胀土中加入土工布或土工格栅等土工合成材料,使其与土体形成一个整体,相互约束,抑制膨胀力的发挥,从而有效减小土体的膨胀变形。

2.湿陷性黄土

1)工程特性

湿陷性黄土是一种特殊性质的土。湿陷性黄土在天然状态下保持低湿和高孔隙率,遇水浸湿时颗粒接触点处胶结物会发生软化作用,导致土结构迅速破坏,并产生显著附加下沉现象。

2)地基处理特点

(1)利用灰土、素土回填。这是一种比较常用的方法,利用灰土和素土回填就是把地基底部的湿陷性土层全部挖出,之后利用灰土、素土在开挖的地方回填,此方法最大的好处就是可以消除垫层范围内的湿陷性,施工方便。(2)预湿性方法。所谓的预湿性方法,就是在建筑施工以前,对自重湿陷性黄土先进行浸湿处理,使自重湿陷性黄土因为自重的作用发生人为的湿陷,等湿陷充分以后,再进行基础的施工。这种方法只有在遇到自重湿陷性黄土的时候才可以使用,否则会影响整个工程的进度。

3.液化土

1)工程特性

地震时饱和砂土和粉土颗粒在强烈震动下有变密的趋势,使得孔隙水压力骤然上升,土颗粒间接触点传递的有效压力减小,当有效压力完全消失时,土层会完全丧失抗剪强度和承载能力变得像液体一样,故称为液化土。发生液化现象的,多是松散的砂土和粉土,而且受到震动和水作用。

2)地基处理特点

(1)强夯法。强夯使土体强制压缩、振密、排水固结和预压变形,从而使土颗粒趋于更加稳固的状态,以达到地基加固的目的,消除液化现象。

(2)砂桩法。砂桩法主要用于松散砂土地基的处理,加固松散地基使其抵抗液化,并改善地基力学性能。

(3)振冲碎石桩法。对于具有液化趋势的土体,振冲碎石桩施工中的强力振动可使液化土颗粒重新排列,振动密实,从而提高地基承载力。这种预振,可大大改善地基土的抗液化性能。

4.污染土

1)工程特性

污染土,主要是指普通地基土受到工业生产过程中产生的三废(废气、废液、废渣)侵蚀,土的原有性状发生改变的一类土。地基土受污染腐蚀后,其状态由硬塑或可塑变为软塑乃至流塑,颜色与正常土不同,多呈蜂窝状结构,颗粒分散,表面粗糙,甚至出现局部空穴,使得地基强度降低,导致建筑物失稳或破坏。

2)地基处理特点

(1)电磁法。电磁法利用三维随机电流作用,可以处理各种土,能够对污染物的特性进行识别。这是一种正在研究且较有发展前景的污染土处理方法。

(2)电动法。此方法具有一定局限性,只能影响到土体的表层,不能识别污染物的特性,不适用于垫层的混合均匀黏土或有机质土。

(3)化学处理法。该方法是采用灌浆法或其他方法向土中压入或混入某种化学材料,使其与污染土或污染物发生反应而生成一种无害的、能提高土的强度的新物质。其优点是作用快,能破坏污染物质,缺点是化学物质可能侵入土体内,多余的化学用剂必须清除;土中可能产生潜伏的新的有害物质。

(4)电化学法。对于少量的污染土,也可以用电化学法来净化污染土。它能达到以废治废、化害为益、综合利用的目的。

11.1.3 特殊土地基处理的目的与意义

特殊土一般具有含水量较高、孔隙比较大、抗剪强度很低、压缩性较高、渗透性很小、有明显的结构性与流变性等特点。此软弱地基的特点决定了在这种地基上建造工程,必须进行地基处理。地基处理的目的就是利用换填、夯实、挤密、排水、挖除、振冲、加筋、化学和热学等方法对地基进行加固,用以改良地基土的工程特性,主要包括以下几方面。

(1)提高地基土的抗剪强度。地基的剪切破坏以及在土压力作用下的稳定性,取决于地基土的抗剪强度。因此,为了防止剪切破坏以及减轻土压力,需要采取一定措施以增加地基土的抗剪强度。

(2)降低地基土的压缩性。降低地基的压缩性主要是采用一定措施以提高地基土的压缩模量,以减少地基土的沉降。

(3)改善透水特性。由于地下水的运动会引起地基出现一些问题,为此,需要采取一定措施使地基土变成不透水层或减轻其水压力。

(4)改善动力特性。地震时饱和松散粉细砂将会产生液化。因此,需要采取一定措施防止地基土液化,并改善振动特性以提高地基的抗震特性。

(5)改善特殊土的不良地基特性。改善特殊土的不良地基特性主要是指消除或减少黄土的湿陷性、膨胀土的膨胀性和污染土中的有害物质以及其他特殊土的不良地基特性等。

特殊土地基经过处理,不用再建造深基础和设置桩基,防止了各类倒塌、下沉、倾斜等恶性事故发生,确保了上部基础和建筑结构的使用安全和耐久性,具有巨大的技术和经济意义。

11.1.4 特殊土地基处理的注意事项

在特殊土地区地基处理设计中,对于膨胀土,应对地基膨胀的等级以及地基土膨胀特性与破坏特征进行勘察和分析;对于湿陷性黄土,应对道路路基受水浸湿可能性的大小程度进行勘察和分析;对于液化土,应结合地基液化等级和建筑物具体情况全面综合考虑,可参照以往的工程经验,也可参照抗震设计规范中的有关规定;对于污染土,应对地基土污染程度以及污染土对金属和混凝土的侵蚀程度进行分析和评价。根据地区的特点设计适宜的处理方案,采取有效的技术手段和综合性处理措施。避免因处理不当造成处理工期长、造价高而影响工程建设,尽量采取施工简便、速度快、效果好的处理方法,经济有效地消除膨胀土的形变、黄土的湿陷性,提高液化土抗液化性,改善污染土的地基特性,提高地基的承载力,保证建设工程的效率和质量。

11.2 膨胀土地基处理

膨胀土一般是指土中黏粒成分主要是亲水性黏土矿物,如蒙脱石、伊利石和高岭石,同时具有显著的吸水体积膨胀和失水体积收缩两种变形特性的黏性土。膨胀土遍布六大洲、46个国家。我国是世界上膨胀土分布最广的国家之一,面积约占陆地总面积的三分之一,已发现膨胀土的省份有云南、贵州、四川、陕西、广西、广东、海南、湖北、河南、安徽、江苏、山东、山西、河北、吉林、内蒙古、黑龙江、新疆、湖南、江西、福建、北京、辽宁、浙江、甘肃、宁夏。其中,在云南、四川、广西、陕西、河南、湖北、安徽等省、自治区分布尤为集中。根据我国二十几个省份的相关资料,膨胀土多出露于二级及二级以上的河谷阶地、山前和盆地边缘及丘陵地带,地形平缓,无明显的天然陡坎。我国膨胀土除少数形成于全新世(Q_4)外,其地质年代多属第四纪晚更新世(Q_3)或更早一些。在自然条件下,膨胀土多呈硬塑或坚硬状态,具黄、红、灰白等颜色,并含有铁锰质或钙质结核,断面常呈斑状。膨胀土中裂隙较发育,裂隙有竖向、斜交和水平三种,距地表1~2m内,常有竖向张开裂隙。裂隙面呈油脂或蜡状光泽,时有擦痕或水渍,以及铁锰氧化物薄膜,裂隙中常充填灰绿、灰白色黏土。在邻近边坡处,裂隙常构成滑坡的滑动面。膨胀土地区旱季地表常出现地裂,雨季则裂缝闭合。地裂上宽下窄,一般长10~80m,深度多为3.5~8.5m,壁面陡立而粗糙。

膨胀土对工程的危害主要有两种,一种是胀缩导致的地基或路基变形开裂,一种是滑坡失稳。膨胀土受降雨、蒸发等自然环境影响会产生胀缩变形,从而引起工程结构物的开裂、不均匀变形甚至垮塌等,膨胀土遇水浸湿后,会产生较大的膨胀上举力,造成建筑物不均匀上升、路面隆起等,导致破坏,如房屋和道路开裂、路基变形、管渠渗漏等。滑坡失稳也分两种:一种是浅层滑坡,环境状态的循环影响,导致膨胀土胀缩变形,边坡浅层局部失稳,逐步恶化,造成公路路基沉降和变形开裂等危害;另一种则是深部整体滑坡,主要取决于膨胀土边坡内部原生裂隙的分布、规模和扩展程度,此类滑坡往往规模较大,破坏性更强,可能会给道路、建筑以及水利工程等带来灾难性破坏。

11.2.1 膨胀土的特征

1.膨胀土的物理力学特性

(1)粒度组成中小于0.002mm的黏粒含量大于20%,小于0.005mm的黏粒含量一般在50%以上。

(2)天然含水率一般接近塑限含水率,饱和度一般大于85%,在干旱年含水率大幅度降低,常处于非饱和状态。

(3)具有高液限、低塑限以及塑性指数较高、液性指数较小的特性,在天然状态时一般呈硬塑或坚硬状态。

(4)土的压缩性小,多属于低压缩性土。

(5)土体湿度增大时,体积膨胀并形成膨胀力。相反,土体干燥失水时,体积收缩形成收缩裂缝。

(6)土体干时,强度增大,土质坚硬,易脆裂,具有明显的垂直和水平裂隙,开张较宽,裂隙面光滑。反之土浸水后,强度减小,裂隙回缩变窄或闭合。

2.膨胀土的工程特性

(1)胀缩性,膨胀土的特点为吸水膨胀、失水收缩,其会导致上部建筑物开裂。膨胀土的黏土矿物成分中含有较多的蒙脱石、伊利石和多水高岭石,这类矿物具有较强的与水结合的能力,吸水膨胀、失水收缩,且具有膨胀-收缩-再膨胀的往复胀缩特性,特别是蒙脱石含量直接决定其膨胀性能的大小,因此,黏土矿物的组成、含量及排列结构是膨胀土产生膨胀的首要物质基础,极性分子或电解质液体的渗入是膨胀土产生膨胀的外部作用条件。膨胀土的胀缩机理问题亦是黏土矿物与极性水组成的两相介质体系内部所发生的物理-化学-力学作用问题。当蒙脱石含量、伊利石含量、土壤初始含水率增大时,膨胀土的膨胀性也会随之增大。

(2)多裂隙性,膨胀土中各种特定形态的裂隙普遍发育,形成土体的裂隙结构,这是膨胀土区别于其他土类的重要特性之一。多裂隙构成的裂隙结构体及软弱结构面产生了复杂的物理力学效应,大大降低了膨胀土的强度,导致膨胀土的工程地质性质恶化。膨胀土的裂隙按成因类型可分为原生裂隙和次生裂隙,前者具有隐蔽特点,多为闭合状的显微结构,需要借助光学显微镜或电子显微镜观察。后者多由前者发育而成,有一定继承性,且多为张开状,上宽下窄呈 V 形外貌,可分为风化裂隙、减荷裂隙、斜坡裂隙和滑坡裂隙等,一般为宏观裂隙,可由肉眼直接观察到。膨胀土这一工程特性会对土体的完整性产生破坏,从而引发边坡塌方或滑坡事故。

(3)超固结性,膨胀土的超固结性是指土体在地质历史发展过程中承受过比现在上覆压力更大的荷载作用,并已具备完全或部分固结的特性,这是膨胀土的又一重要特性,但并不是说所有膨胀土都一定是超固结土。膨胀土在地质历史过程中向超固结状态转化的因素很多,但形成超固结的主要原因是上部卸载作用。组成膨胀土的颗粒在沉积过程中,在重力作用下逐渐堆积,土体随着堆积物的加厚逐渐固结压密。但是,由于自然地质作用的复杂性,在自然界的沉积作用中,土体不一定都处于持续的堆积加载中,而常常因为地质原因发生卸载作用。于是土体由于先期固结而形成部分结构强度,阻止了卸载可能产生的膨胀而处于超固结状态。

(4)崩解性,膨胀土浸水后其体积膨胀,在无侧限条件下发生吸水湿化。不同类型的膨胀土,其湿化崩解是不同的,弱膨胀土的特点为崩解比较慢,且无法完全崩解,强膨胀土的特点为浸水后快速且完全崩解。这与土的黏土矿物成分、结构、胶结性质及土的初始含水状态有关。一般由蒙脱石组成的膨胀土,浸水后只需几分钟即可崩解。此外,膨胀土的崩解特性还与试样的起始湿度有关,一般干燥土试样崩解迅速且较完全,潮湿土试样崩解缓慢且不完全。

(5)风化特性,由于气候因素在极大程度上影响着膨胀土,当进行基坑开挖后,因受到风化营力的影响,往往会导致土体迅速碎裂或剥落,且降低结构的破坏强度。一般将膨胀土划分为三层,分别为强风化层、弱风化层、微风化层。

(6)强度衰减性。膨胀土的抗剪强度为典型的变动强度,具有峰值强度极高、残余强度极低的特性。由于膨胀土的超固结性,其初期强度极高,一般现场开挖很困难。然而,由于土中蒙脱石矿物的强亲水性以及多裂隙结构,随着土受胀缩效应和风化作用时间的增加,抗剪强度大幅度衰减。强度衰减的幅度和速度,除与土的物质组成、土的结构和状态有关外,还与风化作用,特别是胀缩效应的强弱有关。这一衰减过程有的急剧,有的比较缓慢。因而,有的膨胀土边坡开挖后,很快就出现滑动变形破坏,有的边坡则要几年,乃至几十年后才发生滑动。

胀缩性、多裂隙性、超固结性是膨胀土的基本特性,称为"三性"。这"三性"是相互联系、互相促进的,其中胀缩性是根本的内在因素,多裂隙性是关键的控制因素,超固结性是促进因素。开挖卸荷和气候变化引起的含水率变化是外部诱发条件和主导因素。

11.2.2　影响膨胀土胀缩变形的因素

1. 内部因素

(1)矿物成分:膨胀土主要由蒙脱石、伊利石等亲水性矿物组成。蒙脱石矿物亲水性强,具有既易吸水又易失水的强烈活动性。伊利石亲水性比蒙脱石低,但也有较高的活动性。蒙脱石含量和蒙脱石矿物吸附外来的阳离子的类型对土的胀缩性也有影响,如吸附钠离子(钠蒙脱石)时就具有特别强烈的胀缩性。

(2)微结构:土的微结构是影响土的膨胀性的一个因素,膨胀土的胀缩变形,不仅取决于组成膨胀土的矿物成分,而且取决于这些矿物在空间分布上的结构特征。由于膨胀土中普遍存在片状黏土矿物,颗粒彼此叠聚成微集聚体基本结构单元。这种结构具有很大的吸水膨胀和失水收缩的能力,土的结构强度越大,其限制土的胀缩变形的能力也越强,当土的结构受到破坏后,土的胀缩性随之增强。

(3)黏粒的含量:由于黏土颗粒细小,比表面积大,因而具有很大的表面能,对水分子和水中阳离子的吸附能力强。因此,当矿物成分相同时,土中黏粒含量越高,土的胀缩性就越强。

(4)土的密度和含水率:土的胀缩表现为土的体积变化。对于含有一定数量的蒙脱石和伊利石的黏土来说,在同样的天然含水率条件下浸水,天然孔隙比越小,土的膨胀越大,其收缩越小。反之,孔隙比越大,收缩越大。因此,在一定条件下,土的天然孔隙比(密度状态)是影响胀缩变形的一个重要因素。此外,当土中原有的含水率与土体膨胀所需的含水率相差越大时,遇水后土的膨胀越大,而失水后土的收缩越小。含水率越大,膨胀越小,含水率越小,膨胀越大,且当含水率等于土的缩限时,膨胀量最大。含水率对收缩的影响恰与上述情况相反,含水率越小,收缩越小,而当含水率等于缩限时,收缩为零。

2. 主要外部因素

膨胀土的胀缩变形还与气候条件、地形地貌、绿化、日照及室温等因素有关。

(1)气候条件是首要的因素,从现有的资料分析,膨胀土分布地区年降雨量的大部分集中在雨季。如建筑场地潜水位较低,则表层膨胀土受大气影响,土中水分处于剧烈的变动之中。在雨季,土中水分增加,在干旱季节则减少。房屋建造后,室外土层受季节性气候影响较大,因此,基础的室内外两侧土的胀缩变形也就有了明显的差别,有时甚至外缩内胀,而使建筑物受到反复的不均匀变形的影响。经过一段时间以后,就会导致建筑物的开裂。

季节性气候变化对地基土中水分的影响随深度的增加而递减。因此,确定建筑物所在地区的大气影响深度对防治膨胀土的危害具有实际意义。

(2)地形地貌的影响也是一个重要的因素。这种影响实质上仍然要联系到土中水分的变化问题。经常会出现这样的现象:低地的膨胀土地基较高地的同类地基的胀缩变形要小得多;在边坡地带,坡脚地段比坡肩地段的同类地基的胀缩变形又要小得多。这是由于高地的临空面大,地基土中水分蒸发条件好,因此,含水率变化幅度大,地基土的胀缩变形也较剧烈。

(3)在炎热和干旱地区,建筑物周围的阔叶树(特别是不落叶的桉树)会对建筑物的胀缩变形造成不利影响。尤其在旱季,当无地下水或地表水补给时,由于树根的吸水作用,会使土中的含水率减少,更加剧了地基土的干缩变形,使近旁有成排树木的房屋产生裂缝。

(4)对具体建筑物来说,日照的时间和强度也是不可忽略的因素。许多调查资料表明,房屋向阳面(即东、南、西三面,尤其是南、西面)开裂较多,背阳面(即北面)开裂较少。另外,建筑物内、外有局部水源补给时,会增大胀缩变形的差异,高温建筑物若无隔热措施,也会因不均匀变形而开裂。

11.2.3　膨胀土地基的评价

膨胀土场地的综合评价是工程实践经验的总结,包括工程地质特征、自由膨胀率及场地复杂程度三个方面。工程地质特征与自由膨胀率是判别膨胀土的主要依据,但都不是唯一的,最终的决定因素是地基的分级变形量及胀缩的循环变形特性。根据《膨胀土地区建筑技术规范》(GB 50112—2013),可以采用以下指标进行膨胀土地基的评价。

1. 主要工程特性指标

(1)自由膨胀率:指人工制备的烘干松散土样在水中膨胀稳定后,其体积增加值与原体积之比的百分率。

$$\delta_{ef} = \frac{V_w - V_0}{V_0} \times 100\% \tag{11.2.1}$$

式中,δ_{ef} 为膨胀土的自由膨胀率;V_w 为土样在水中膨胀稳定后的体积;V_0 为土样原始体积。

(2)膨胀率:指固结仪中的环刀土样,在一定压力下浸水膨胀稳定后,其高度增加值与原高度之比的百分率。

$$\delta_{ep} = \frac{h_w - h_0}{h_0} \times 100\% \tag{11.2.2}$$

式中,δ_{ep} 为某级荷载下膨胀土的膨胀率;h_w 为某级荷载下土样在水中膨胀稳定后的高度;h_0 为土样原始高度。

(3)收缩系数:环刀土样在直线收缩阶段含水率每减少 1% 时的竖向线缩率。

$$\lambda_s = \frac{\Delta \delta_s}{\Delta \omega} \tag{11.2.3}$$

式中,λ_s 为膨胀土的收缩系数;$\Delta \delta_s$ 为收缩过程中直线变化阶段与两点含水率之差对应的竖向线缩率之差;$\Delta \omega$ 为收缩过程中直线变化阶段两点含水率之差。

(4)膨胀力:固结仪中的环刀土样,在体积不变时浸水膨胀产生的最大内应力。

(5)膨胀变形量:在一定压力下膨胀土吸水膨胀稳定后的变形量。

(6)线缩率:天然湿度下的环刀土样烘干或风干后,其高度减少值与原高度之比的百分率。

（7）胀缩等级：膨胀土地基胀缩变形对低层房屋影响程度的地基评价指标。

2.场地和地基评价

场地评价时应查明膨胀土的分布及地形地貌条件，并应根据工程地质特征及土的膨胀潜势和地基胀缩等级等指标，对建筑场地进行综合评价，对工程地质及土的膨胀潜势和地基胀缩等级进行分区。

1）建筑场地的分类要求

①地形坡度小于 5°，或地形坡度为 5°～14°且与坡肩水平距离大于 10m 的坡顶地带，应为平坦场地。

②地形坡度大于等于 5°，或地形坡度小于 5°。且同一建筑物范围内局部地形高差大于 1m 的场地，应为坡地场地。

位于平坦场地的建筑物地基，应按胀缩变形量控制设计；而位于斜坡场地上的建筑物地基，除按胀缩变形量设计外，尚应进行地基稳定性计算。

2）膨胀土的判别

具有下列工程地质特征及建筑物破坏形态，且土的自由膨胀率大于等于 40％ 的黏性土，应将其判定为膨胀土：

①土的裂隙发育，常有光滑面和擦痕，有的裂隙中充填灰白、灰绿等杂色黏土。自然条件下呈坚硬或硬塑状态。

②多出露于二级或二级以上的阶地、山前和盆地边缘的丘陵地带。地形较平缓，无明显自然陡坎。

③常见有浅层滑坡、地裂。新开挖坑（槽）壁易发生现塌等现象。

④建筑物多呈倒八字形、X 形或水平裂缝，裂缝随气候变化而张开或闭合。

3）膨胀土的膨胀潜势

膨胀潜势指膨胀土在环境条件变化时可能产生胀缩变形或膨胀力的量度。

判别膨胀土以后，要进一步确定膨胀土的胀缩性能，不同胀缩性能的膨胀土对建筑物的危害有明显差别。结合我国实际情况，用自由膨胀率作为膨胀土的判别和分类指标，一般能获得较好效果。土体内部积蓄的膨胀潜势越强，自由膨胀率就越大，土体显示出的胀缩性越强烈。自由膨胀率较小的膨胀土，膨胀潜势较弱，建（构）筑物损坏轻微；自由膨胀率较大的膨胀土，具有较强的膨胀潜势，则较多建（构）筑物将遭到严重破坏。《膨胀土地区建筑技术规范》（GB 50112—2013）按自由膨胀率大小划分了土的膨胀潜势，以判别土的胀缩性（见表11-1）。

表 11-1　膨胀土的膨胀潜势分类

自由膨胀率 δ_{ef}/%	膨胀潜势
$40 \leqslant \delta_{ef} < 65$	弱
$65 \leqslant \delta_{ef} < 90$	中
$\delta_{ef} \geqslant 90$	强

对于膨胀土地基,应根据地基胀缩变形对低层砌体房屋的影响程度进行评价,地基的胀缩等级可根据地基分级变形量按表 11-2 分级。

表 11-2　膨胀土地基的胀缩等级

地基分级变形量 s_c/mm	等级
$15 \leqslant s_c < 35$	Ⅰ
$35 \leqslant s_c < 70$	Ⅱ
$s_c \geqslant 70$	Ⅲ

　　地基分级变形量应根据膨胀土地基的变形特征确定,地基土的膨胀变形量应按下式计算:

$$s_e = \psi_e \sum_{i=1}^{n} \delta_{epi} h_i \tag{11.2.4}$$

式中,s_e 为地基土的膨胀变形量;ψ_e 为计算膨胀变形量的经验系数,宜根据当地经验确定,无可依据经验时,三层及三层以下建筑物可取 0.6;δ_{epi} 为基础底面下第 i 层土在平均自重压力与对应于荷载效应准永久组合时的平均附加压力之和作用下的膨胀率(用小数计),由室内试验确定;h_i 为第 i 层土的计算厚度;n 为基础底面至计算深度内所划分的土层数,膨胀变形计算深度 Z_{en},应根据大气影响深度确定,有浸水可能时可按浸水影响深度确定。

　　地基土的收缩变形量应按下式计算:

$$s_e = \psi_s \sum_{i=1}^{n} \lambda_{si} \Delta w_i h_i \tag{11.2.5}$$

式中,s_s 为地基土的收缩变形量;ψ_s 为计算收缩变形量的经验系数,宜根据当地经验确定,无可依据经验时,三层及三层以下建筑物可取 0.8;λ_{si} 为底面下第 i 层土的收缩系数,由室内试验确定;Δw_i 为地基土收缩过程中,第 i 层土可能发生的含水率变化的平均值(以小数表示);h_i 为基础底面至计算深度内所划分的土层数,收缩变形计算深度 Z_{sn},应根据大气影响深度确定;当有热源影响时,可按热源影响深度确定;在计算深度内有稳定地下水位时,可计算至水位以上 3m。

　　地基土的胀缩变形量应按下式计算:

$$s_{es} = \psi_{es} \sum_{i=1}^{n} (\delta_{epi} + \lambda_{si} \Delta w_i) h_i \tag{11.2.6}$$

式中,s_{es} 为地基土的胀缩变形量;ψ_{es} 为计算胀缩变形量的经验系数,宜根据当地经验确定,无可依据经验时,三层及三层以下可取 0.7。

　　对不同胀缩等级和强弱的膨胀土地基,在进行处理时需选择合适的处理措施,具体情况见下节。

11.2.4　膨胀土地基处理

　　膨胀土在我国分布广泛,膨胀土地基一般强度高,压缩性低,容易被误认为是良好的建筑地基土,但由于其吸水膨胀,失水收缩的特性明显,在工程地质勘察中如果不能准确判别膨胀土与非膨胀土及膨胀土的等级,对其采取正确处理措施,将会对建筑工程造成很大危害。膨胀土地基处理可采用换土、土性改良、砂石或灰土垫层以及桩基、墩基等方法。

1. 换填法

换填法是膨胀土地基处理方法中最简单有效的方法，顾名思义就是将不满足承载力要求的膨胀土体置换成稳定性好的土体或其他填料，如图 11-1 所示。换土深度根据膨胀土的强弱和当地气候环境特点确定。在一定深度以下，膨胀土的含水率基本不受外界气候的影响，该深度称为临界深度，该含水率称为该膨胀土在该地区的临界含水率。由于各地的气候不同，各地膨胀土的临界深度和临界含水率也有所不同。这种办法若应用于大面积的膨胀土分布地区则不经济，且生态环境效益差。膨胀土地基换土可采用非膨胀性土、灰土或改良土，换土厚度应通过变形计算确定。平坦场地上胀缩等级为Ⅰ级、Ⅱ级的膨胀土地基宜采用砂、碎石垫层。垫层厚度不应小于 300mm。垫层宽度应大于基底宽度，两侧宜采用与垫层相同的材料回填，并应做好防、隔水处理。换土深度一般在 1~2m，强膨胀土为 2m，中、弱膨胀土为 1~1.5m，具体换土深度要根据调查后的临界深度来确定。

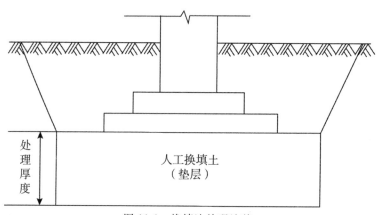

图 11-1　换填法处理地基

2. 土性改良法

膨胀土土性改良可掺和水泥、石灰等材料，掺和比和施工工艺应通过试验确定。土性改良法包括化学改良法、物理改良法和综合改良法等。化学改良法指在膨胀土中掺入化学添加剂，如石灰、水泥、NCS(new type of composite stabilizer for cohesive soil)固化剂、有机添加剂等，通过土与掺加剂之间的化学反应，改良土的膨胀性，提高其强度，使之合用。以石灰为例，其主要物理化学反应包括离子交换、$Ca(OH)_2$ 结晶、碳酸化反应和火山灰反应。一般是将一定量石灰加入膨胀土中，借助石灰所含有的解离的钙离子，使之和黏土中的钾离子和钠离子进行交换，这样能够让晶胞的正电价增多，尽可能中和土粒的负电性，使得土粒晶胞的排斥作用降低，这样就能够尽可能地避免水分子的进入，并在一定程度上缓解膨胀土的胀缩特性；此外，$Ca(OH)_2$ 与水作用形成的结晶体把土粒胶结成整体，提高其水稳性；而碳酸化反应和火山灰反应是石灰改良土强度和稳定性提高的决定性因素。

物理改良法一般只用于弱膨胀土，是在膨胀土中添加其他非膨胀性固体材料，通过改变膨胀土原有的土颗粒组成及级配，减弱膨胀土的胀缩性，达到改善其工程特性的目的，以提高膨胀土强度，使之更稳定，常见的掺合料有砂砾石、粉煤灰和矿渣等。

综合改良法是综合利用物理改良法与化学改良法的加固机理，既改变膨胀土的物质组成结构,又改变其物理力学性质的方法。综合改良法集成了化学改良土水稳定性较好、有较高的凝聚力以及物理改良土有较高内摩擦角及无胀缩性的优势。采用各种复合材料,比如二灰复合料、矿渣复合料等。NCS 固化剂也是一种复合固化材料。

随着科学技术发展,衍生出了一系列改良技术,如以生命科学为基础的生物技术改良法,利用生物有机体或其组成部分以及工程技术原理改良膨胀土机理,这种利用再生资源的方法相较于传统方法来看,具有过程简便、可连续化操作、节约能源、保护生态环境等优点。

3. 预湿法

预湿法也称为预浸水法,是指在施工前对土加水使之变湿而膨胀,并维持高含水率,使其状态不变,虽非最好状态,但也不会再变差,因而在此状态下合格施工将不会导致结构破坏。需要注意的是,预湿法也存在争议,一般不建议使用,无法保证地基所要求的足够强度和刚度。水利工程环境特殊,较容易维持土的高含水率,因此预湿法有所使用。

预湿法属于湿度控制法的一种,目前应用比较成功的还有暗沟保湿法、帷幕保湿法和全封闭法。

4. 桩基础法

《膨胀土地区建筑技术规范》(GB 50112—2013)指出,对胀缩等级为Ⅲ级或设计等级为甲级的膨胀土地基,宜采用桩基础。在大气影响深度较深,基础埋深较大,选用墩式基础施工困难或不经济时,可选用桩基,将桩尖支承在非膨胀土层或其他稳定土层上。桩基作为一种古老的地基处理方式已经有几千年的历史,它也是现代大型工程中必备的基础形式。采用桩基的最大特点是基础沉降量基本为零,桩基不仅适用于膨胀土地区,也适用于江河中。我国目前兴建的高铁客运专线基本上采用桩基,只有拥有最低沉降量的基础,才能保证高速动车组平稳、安全、快速地运行。桩基的长细比较大,桩基的深度一般在几十米,最高达到数百米,因此它的持力层在坚固的岩石层或者承载力很高的土层中,这使得其承载能力高于其他基础形式,是所有地基处理中效果最好的一种。但桩基的缺点是在打桩过程中很容易导致桩不垂直、断桩等。

5. 土工格网加筋法

加筋法是指在膨胀土中加入土工布或土工格栅等土工合成材料,使其与土体形成一个整体,相互约束,抑制膨胀力的发挥,从而有效降低土体的膨胀变形。或者向膨胀土中加入一定量的纤维,地基吸水膨胀时,纤维和土体界面产生切应力,可一定程度上限制土体的膨胀。

6. 压力抵消方案

增加基础附加荷重,抵消由于膨胀土而产生的膨胀力。当基础下附加压力与土的自重压力之和等于或大于膨胀力时,地基可能不再发生膨胀。此种方案应用于以膨胀为主的膨胀土。

其他方法还有砂包基础法、增大基础埋深法、宽散水法、水泥土搅拌法、强夯置换法、墩基加基础梁法等,需因地制宜,结合具体工程情况与当地地质条件来选择。

11.3 湿陷性黄土地基处理

黄土是一种产生于第四纪时期的黄色或褐黄色沉积物,颗粒组成以粉粒(0.05~0.005mm)为主,含量一般在60%以上,无大于0.25mm的颗粒且垂直节理发育(目前也有学者认为新近纪红黄土属于黄土的范畴),具有一系列不同于同期其他沉积物的内部物质成分和外部形态的特征,往往有肉眼可见的大孔隙。黄土分为原生黄土和次生黄土,原生黄土为未经过次生扰动,不具有层理性的黄土。次生黄土为经过搬运重新堆积而形成的黄土,具有层理或砾石夹层。世界上的黄土主要分布在北半球的中纬度干旱及半干旱地带,南半球则集中在南美洲一些国家和新西兰,其他地带很少有黄土分布。我国黄土分布在秦岭、祁连山、昆仑山以北的新疆、甘肃、陕西、山西、河南西部、辽宁西部、松辽平原等地区,其中以甘肃东部、宁夏南部和陕西中北部为主体的黄土高原是中国黄土的主要分布区,这里的黄土分布连片,厚度大,地层层次全,在时间上连续(龚晓南,1999)。

11.3.1 湿陷性黄土的特征与分布

湿陷性黄土是黄土的一种,天然黄土在一定压力作用下受水浸湿后,土的结构迅速破坏,发生显著湿陷变形,强度也随之降低,这叫做黄土的湿陷性,凡具有湿陷性的黄土称为湿陷性黄土,主要包括晚更新世(Q_3)的马兰黄土和全新世(Q_4)的次生黄土。湿陷性黄土分为自重湿陷性黄土和非自重湿陷性黄土两种。自重湿陷性黄土在上覆土层自重应力下受水浸湿后,即发生湿陷。而在自重应力下受水浸湿后不发生湿陷,需要在自重应力和由外荷引起的附加应力共同作用下受水浸湿才发生湿陷的称为非自重湿陷性黄土。

湿陷性黄土地基的湿陷特性,会给结构物带来不同程度的危害,使结构物产生大幅度的沉降、严重开裂和倾斜,甚至严重影响其安全和正常使用。我国湿陷性黄土的分布面积约占我国黄土分布总面积的60%,大部分分布在山西、陕西、甘肃,河南西部和宁夏、青海、河北部分地区。除河流沟谷切割地段和突出的高山外,湿陷性黄土几乎遍布这些地区的整个范围,这些地区是我国湿陷性黄土的典型地区。除此以外,在新疆、内蒙古、山东、辽宁以及黑龙江等地部分地区也有零星分布,但一般面积较小,且不连续。湿陷性黄土受各地区堆积环境、地理位置、地质和气候条件的影响,在地域分布上其堆积厚度和工程特性都有明显的差异,总体上说,自西北向东南,黄土的密度、含水率和强度都由小变大,而渗透性、压缩性和湿陷性都由大变小,颗粒组成由粗变细,黏粒含量由少变多,易溶盐由多变少。

湿陷性黄土是一种非饱和的欠压密土,具有大孔隙比(1.0左右)和垂直节理,碳酸盐丰富,在天然湿度下,其压缩性较低,强度较高,但遇水浸湿时,土的强度显著降低,在附加压力或在附加压力与上覆土的自重压力下,引起的湿陷变形是一种下沉量大、下沉速度快的失稳性变形,对建筑物危害性大。因此,在湿陷性黄土地区进行建设,应根据湿陷性黄土的特点和工程要求,因地制宜,采取以地基处理为主的综合措施,防止地基受水浸湿引起湿陷对建筑物产生危害。防止或减小湿陷性黄土地基受水浸湿引起湿陷的综合措施,可分为地基处理措施、防水措施和结构措施三种。其中,地基处理措施主要用于改善土的物理力学性质,减小或消除地基的湿陷变形;防水措施主要用于防止或减少地基受水浸湿;结构措施主要用于减小和调整建筑物的不均匀沉降,使上部结构适应湿陷性黄土地基的变形。

11.3.2 湿陷性黄土的性质和影响因素

黄土是以粗粉粒为主体骨架的多孔隙结构(见图 11-2),由固态、液态和气态三相组成,其三相组成间重量和体积的比例关系,可以反映出土的一系列物理性质,这些性质常用一些指标表示,如颗粒组成、土粒相对密度、含水率、密度、孔隙比、孔隙率、饱和度、液限、塑限、塑性指数、液性指数等。

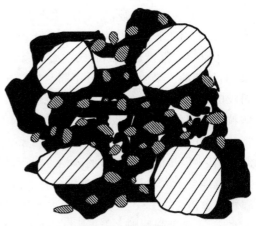

图 11-2 黄土结构

干密度是衡量土密实程度的一个重要指标,与土的湿陷性也有较明显的关系。一般干密度小,湿陷性强,反之亦然。湿陷性黄土干密度的变化范围一般为 $1.14 \sim 1.69\text{g/cm}^3$。当黄土在形成过程中,由于前期固结压力大,土已经被压密,干密度超过某一数值时,黄土就由湿陷性的转变为非湿陷性的。黄土状粉质黏土,当其干密度达到 1.5g/cm^3 以上时,一般都属于非湿陷性。但洪积、冲积形成的,颗粒较粗的黄土状黏质粉土或新近堆积黄土,若干密度超过 1.5g/cm^3,仍有可能具有湿陷性。湿陷性黄土的密实程度也常用孔隙比或孔隙率来表达。湿陷性黄土孔隙比的变化范围为 $0.85 \sim 1.24$,大多数为 $1.0 \sim 1.1$。孔隙比与干密度成反比关系。大多数情况下,土的孔隙比随着埋藏深度的增加而减小。

湿陷性黄土的天然含水率在 $3.3\% \sim 25.3\%$ 范围内变化,其大小与场地的地下水位深度和年平均降雨量有关。在多数情况下,黄土的天然含水率都较低。地下水位埋藏较深时,含水率通常只有 $6\% \sim 10\%$;而地下水位较高时,其含水率可达到 $11\% \sim 21\%$,地下水位以下的饱和黄土,含水率可达 $28\% \sim 40\%$。湿陷性黄土的饱和度在 $15\% \sim 77\%$ 范围内变化,多数为 $40\% \sim 50\%$,亦即处于稍湿状态。稍湿状态的黄土,其湿陷性一般较很湿的更强。随着饱和度的增加,湿陷性减弱。当饱和度接近于 80% 时,湿陷性基本消失。

液限是决定黄土力学性质的一个重要指标,当液限在 30% 以上时,黄土的湿陷性较弱,且多为非自重湿陷性的。而液限小于 30% 时,湿陷性一般较强烈。我国新、旧黄土规范在确定土的容许承载力时也都考虑了液限这一因素,液限越大,承载力越大。湿陷性黄土的液限和塑限分别在 $20\% \sim 35\%$ 和 $14\% \sim 21\%$ 范围内变化,塑性指数为 $3.3 \sim 17.5$,大多数在 $9 \sim 12$ 左右;液性指数在零上下波动。

湿陷性黄土的力学性质主要包括压缩性、湿陷性、抗剪强度和渗水性,其中以湿陷性最为重要。

压缩性是土的一项重要工程性质,它反映地基土在外荷作用下产生压缩变形的大小。对湿陷性黄土地基,压缩变形是指地基土在天然含水率条件下受外荷作用所产生的变形,它不包括地基受水浸湿后的湿陷变形。湿陷性黄土的压缩性指标用压缩系数 a、压缩模量 E_s 和变形模量 E_0 表示。我国各地湿陷性黄土的压缩系数一般在 $0.1 \sim 1\text{MPa}^{-1}$ 范围内变化。一般在中更新世末期和晚更新世早期形成的湿陷性黄土,压缩性多为中等偏低,少量为低压缩性土；晚更新世末期和全新世时期黄土压缩性则多为中等偏高，有的甚至为高压缩性；新近堆积黄土的压缩性多数较高，最高可达 $1.5\sim2MPa^{-1}$。压缩模量通过压缩系数换算而得，一般在 $2000\sim20000kPa$ 范围内变化。

黄土的湿陷性就是在一定压力下浸水，使土的结构迅速破坏，并发生显著沉陷，引起地基土失稳，对工程的危害性很大。黄土的结构是在黄土发育的整个历史过程中形成的。干旱或半干旱的气候是黄土形成的必要条件。季节性的短期雨水把松散干燥的粉粒黏聚起来，而长期的干旱使土中水分不断蒸发，于是，少量的水分连同溶于其中的盐类都集中在粗粉粒的接触点处，可溶盐逐渐浓缩沉淀而成为胶结物。随着含水率的减小，土粒彼此靠近，颗粒之间的分子引力以及结合水和毛细水的联结力逐渐加大。这些因素都增强了土粒之间抵抗滑移的能力，阻止了土体的自重压密，于是形成了以粗粉粒为主体骨架的多孔隙的黄土结构，其中零星散布着较大的砂粒。附于砂粒和粗粉粒表面的细粉粒、黏粒、腐殖质胶体以及大量集合于大颗粒接触点处的各种可溶盐和水分子形成了胶结性联结，从而构成了矿物颗粒集合体。黄土受水浸湿时，结合水膜增厚楔入颗粒之间，于是，结合水联结消失，盐类溶于水中，土骨架强度随之降低，土体在上覆土层的自重应力或在附加应力与自重应力综合作用下，其结构迅速破坏，土粒滑向大孔，粒间孔隙减少。这就是黄土湿陷现象的内在过程。

此外，黄土的湿陷性还和其物质成分、含水率、孔隙比以及所受压力的大小有关。黄土中的胶结物越多，结构就越致密，力学性质越能得到改善，从而湿陷性越低，需要注意的是，黏粒含量越多，均匀分布在骨架之间时也越能起到胶结物的作用。当土中水量较小时，毛细管弯液面就越深，基质吸力就越大，颗粒间的摩擦系数就越高，从而土颗粒发生错动的难度增加，导致土的抗剪强度增加。土中水越少，颗粒间的胶结物质距离就越近，从而颗粒间的连接强度就越大。另外，随着含水率的增加，有效应力会因为孔隙水压力的增大而减小，从而初始含水率较高的土与初始含水率较低的土相比其土质较软，在试验初始加压阶段其变形也就相对较大，故导致浸水后可压缩的孔隙相对较少，孔隙越少则湿陷变形量就越小，因此，天然孔隙比越大或天然含水率越小，湿陷性就越强。

11.3.3 湿陷性黄土地基的评价

由于各地区黄土的应力历史、成因及周围环境不同，其湿陷性质也有差异，因此，我们需要在施工前对本地区黄土地基进行准确判别和评价，以免造成经济上的浪费和安全上的事故。根据《湿陷性黄土地区建筑标准》(GB 50025—2018)，可采取以下指标来评价。

1. 湿陷系数 δ_s

对于湿陷性黄土的湿陷程度，通常采用湿陷系数 δ_s 来判定。湿陷系数是指单位厚度的环刀试样在一定压力下，下沉稳定后，浸水饱和产生的附加下沉。通过室内侧限浸水试验确定，并按下式计算：

$$\delta_s = \frac{h_p - h_p'}{h_0} \tag{11.3.1}$$

式中，h_p 为保持天然湿度和结构的试样，加至一定压力时下沉稳定后的高度；h_p' 为加压下沉稳定后的试样，在浸水饱和条件下，附加下沉稳定后的高度；h_0 为试样的原始高度。

测定湿陷系数应符合下述规定：

①土样的质量等级应为Ⅰ级，且为不扰动土样；

②环刀面积不应小于 5000mm^2，使用前应将环刀洗净风干，透水石应烘干冷却；

③加荷前，环刀试样应保持天然湿度；

④试样浸水宜用蒸馏水；

⑤试样浸水前和浸水后的稳定标准，应为下沉量不大于 0.01mm/h；

⑥分级加荷至试样的规定压力，下沉稳定后，试样浸水饱和至附加下沉稳定，试验终止；

⑦压力在 $0\sim200\text{kPa}$ 范围内，每级增量宜为 50kPa；压力大于 200kPa 时，每级增量宜为 100kPa。

测定湿陷系数的试验压力，应按土样深度和基底压力确定。土样深度自基础底面算起，基底标高不确定时，自地面下 1.5m 算起。试验压力应按下列条件取值：

①基底压力小于 300kPa 时，基底下 10m 以内的土层应用 200kPa，10m 以下至非湿陷性黄土层顶面，应用其上覆土的饱和自重压力；

②基底压力不小于 300kPa 时，宜用实际基底压力，当上覆土的饱和自重压力大于实际基底压力时，应用其上覆土的饱和自重压力；

③对压缩性较高的新近堆积黄土、基底下 5m 以内的土层，宜用 $100\sim150\text{kPa}$ 压力，$5\sim10\text{m}$ 和 10m 以下至非湿陷性黄土层顶面，应分别用 200kPa 和上覆土的饱和自重压力。

当浸水压力等于上覆土的饱和自重压力时，按式（11.3.1）求得的湿陷系数为自重湿陷系数 δ_{zs}。

2.湿陷起始压力 p_{sh}

湿陷起始压力是指湿陷性黄土浸水饱和，开始出现湿陷时的压力。即开始出现湿陷的最小压力，表示当黄土受到压力低于这个值时，即使浸水饱和，也不会发生湿陷，可通过室内压缩试验或者现场静载荷试验来确定。

3.黄土湿陷性及场地湿陷类型的判定

我国现行国家标准《湿陷性黄土地区建筑标准》（GB 50025—2018）规定如下：当湿陷系数 $\delta_s<0.015$ 时，定为非湿陷性黄土；当湿陷性系数 $\delta_s\geq0.015$ 时，定为湿陷性黄土。当 $0.015\leq\delta_s\leq0.030$时，湿陷性轻微；当 $0.030<\delta_s\leq0.070$ 时，湿陷性中等；当 $\delta_s>0.070$ 时，湿陷性强烈。

1）湿陷类型

湿陷性黄土场地的湿陷类型，应按自重湿陷量实测值 Δ'_{zs} 或自重湿陷量计算值 Δ_{zs} 判定，并应符合下列规定：

①自重湿陷量实测值 Δ'_{zs} 或自重湿陷量计算值 Δ_{zs} 小于或等于 70mm 时，应定为非自重湿陷性黄土场地；

②自重湿陷量实测值 Δ'_{zs} 或自重湿陷量计算值 Δ_{zs} 大于 70mm 时，应定为自重湿陷性黄土场地；

③按自重湿陷量实测值 Δ'_{zs} 和自重湿陷量计算值 Δ_{zs} 判定出现矛盾时，应按自重湿陷量实测值判定。

2）湿陷等级

湿陷性黄土地基的湿陷等级，应根据基底下各土层累计的自重湿陷量计算值和总湿陷量的大小等因素按表 11-3 判定。

（1）湿陷性黄土场地自重湿陷量计算值应按下式计算：

$$\Delta_{zs} = \beta_0 \sum_{i=1}^{n} \delta_{zsi} h_i \tag{11.3.2}$$

式中,Δ_{zs} 为自重湿陷量计算值,应自天然地面(挖、填方场地应自设计地面)算起,计算至其下非湿陷性黄土层的顶面;勘探点未穿透湿陷性黄土层时,应计算至控制性勘探点深度,其中自重湿陷系数 δ_{zs} 值小于 0.015 的土层不累计;δ_{zsi} 为第 i 层土的自重湿陷系数;h_i 为第 i 层土的厚度;β_0 为因地区土质而异的修正系数,缺乏实测资料时,可按经验取值,对陇西地区可以取 1.5,对陇东、陕北、晋西地区可以取 1.2,对关中地区可以取 0.9,对其他地区可以取 0.5。

(2)总湿陷量,可以按下式计算:

$$\Delta_s = \sum_{i=1}^{n} \alpha\beta\delta_{si} h_i \tag{11.3.3}$$

式中,Δ_s 为湿陷量计算值,应自基础底面(基底标高不确定时,自地面下 1.5m)算起。在非自重湿陷性黄土场地,累计至基底下 10m 深度,当地基压缩层深度大于 10m 时累计至压缩层深度。在自重湿陷性黄土场地,累计至非湿陷性黄土层的顶面,控制性勘探点未穿透湿陷性黄土层时,累计至控制性勘探点深度。其中湿陷系数值小于 0.015 的土层不累计。δ_{si} 为第 i 层土的湿陷系数,基础尺寸和基底压力已知时,可采用 p-δ_s 曲线上按基础附加压力和上覆土饱和自重压力之和对应的 δ_s 值。h_i 为第 i 层土的厚度。β 为考虑基底下地基土的受力状态及地区等因素的修正系数,缺乏实测资料时,在基底下 $0\sim5$m 深度内取 1.5,在基底下 $5\sim10$m 深度内取 1.0,基底下 10m 以下至非湿陷性黄土层顶面,在自重湿陷性黄土场地可按工程所在地区的 β_0 值取用。α 为不同深度地基土浸水概率系数,按地区经验取值。无地区经验时,基础下深度为 $0\sim10$m 内取 1.0,基础下深度为 $10\sim20$m 取 0.9,基础下深度为 $20\sim25$m 取 0.6,基础下深度为 25m 以上取 0.5。对地下水有可能上升至湿陷性土层内,或侧向浸水影响不可避免的区段取 1.0。

表 11-3 　湿陷性黄土地基的湿陷等级

Δ_s/mm	非自重湿陷性场地	自重湿陷性场地		
	$\Delta_{zs}\leqslant70$mm	$70<\Delta_{zs}\leqslant350$mm	$\Delta_{zs}>350$mm
50mm$<\Delta_s\leqslant$100mm	Ⅰ(轻微)	Ⅰ(轻微)	Ⅱ(中等)
100mm$<\Delta_s\leqslant$300mm		Ⅱ(中等)	
300mm$<\Delta_s\leqslant$700mm	Ⅱ(中等)	Ⅱ(中等)或Ⅲ(严重)	Ⅲ(严重)
$\Delta_s>$700mm	Ⅱ(中等)	Ⅲ(严重)	Ⅳ(很严重)

注:对 70mm$<\Delta_{zs}\leqslant350$mm、300mm$<\Delta_s\leqslant700$mm 一档的划分为,当湿陷量的计算值 $\Delta_s>600$mm、自重湿陷量的计算值 $\Delta_{zs}>300$mm 时,可判为Ⅲ级,其他情况可判为Ⅱ级。

11.3.4　湿陷性黄土地基处理

1.处理原则

湿陷性黄土地基的变形,包括压缩变形和湿陷变形。压缩变形是地基土在天然湿度下由建筑物的荷载引起的,并随时间增长而逐渐减小,稳定较快,建筑物竣工后一年左右即趋于稳定。湿陷变形是当地基的压缩变形还未稳定或稳定后,建筑物的荷载未改变,而是由地基受水浸湿引起的附加(即湿陷)变形。它经常是局部和突然发生的,而且很不均匀,尤其是地基受水浸湿初期,一昼夜内往往可产生 15～25cm 的湿陷量,因而上部结构很难适应和抵抗这种量大、速度快及不均匀的地基变形,故对建筑物的破坏性较大,危害性较严重。

地基处理的目的在于改善土的性质和结构,消除部分或全部湿陷性,减少甚至避免在施工中及今后运营中可能出现的病害。湿陷性黄土地基自身强度、承载力等往往不能满足设计要求,在明确地基湿陷性黄土层的厚度、湿陷类型、湿陷等级后,应因地制宜,根据场地湿陷类型、地基湿陷等级和地基处理后下部未处理湿陷性黄土层的湿陷起始压力值或剩余湿陷量,结合当地建筑经验和施工条件等因素,综合确定采取的地基基础措施、结构措施、防水措施,对地基进行处理,满足建筑物在安全、耐久、适用方面的要求。

2.地基处理技术

1)垫层法

垫层法又称换填垫层法,是指挖除基础底面下部分或全部湿陷性黄土,然后用其他性能稳定、无侵蚀性、强度较高的材料分层碾压或夯实回填材料形成垫层进行回填。垫层材料可选用土、灰土和水泥土等,不应采用砂石、建筑垃圾、矿渣等透水性强的材料。当仅要求消除基底下 1～3m 湿陷性黄土时,可采用土垫层,当同时要求提高垫层的承载力及增强水稳性时,宜采用灰土垫层或水泥土垫层。

灰土垫层中的消石灰与土的体积配合比宜为 2∶8 或 3∶7,回填料含水率较大时宜采用较高的消石灰配合比。水泥土垫层中水泥与土的配合比宜通过试验确定,无经验时,水泥掺量可采用土重量的 7%～12%。

垫层法适用于处理深度在 1～3 米,位于地下水位以上的地基。垫层施工结束后,应及时进行基础施工与基坑(槽)回填,防止垫层晒裂和受雨水浸泡。

2)夯实法

夯实法包括重锤表层夯实法和强夯法两种。由于强夯法处理地基的有效夯实厚度大,具有施工速度快和造价较低等优点,我国于 20 世纪 70 年代后期引进强夯法处理地基的技术后,在湿陷性黄土地区迅速获得推广应用。运用强夯法进行地基处理,可以增加地基土的密实性,消除或部分消除黄土湿陷性,降低压缩性,提高承载力,降低透水性。

重锤夯实法和强夯法适用于处理地下水位以上,$S_r \leqslant 60\%$,含水率为 10%～22% 且平均含水率低于塑限含水率的 1%～3% 的湿陷性黄土地基。当强夯施工产生的振动和噪声对周边环境可能产生有害影响时,应评估强夯法的适宜性。

重锤夯实法采用 14～40kN 的重锤,落高为 2.5～4.5m,在最佳含水率情况下,可消除在 1.0～2.0m 深度内土层的湿陷性。强夯法使用锤重为 100kN 以上,自由下落高度为 10～20m,锤击两遍,可处理 3～12m 深度范围内的黄土。强夯地基宜在基底下设置灰土垫层。垫层厚度可取 300～500mm 或根据计算确定。

3)挤密法

挤密法适用于 $S_r \leqslant 65\%$、$w \leqslant 22\%$ 的湿陷性黄土,可处理的土层厚度达 5～25 米,根据成孔工艺可分为挤土成孔挤密法和预钻孔夯扩挤密法。宜选择振动沉管法、锤击沉管法、静压沉管法、旋挤沉管法、冲击夯扩法等挤土成孔挤密法。

挤土成孔挤密法利用沉管、冲击、爆扩等方法在土中挤压成孔,使桩孔周围土体得到挤密,再向桩孔内分层夯填素土或灰土等材料形成桩体;预钻孔夯扩挤密法采用螺旋钻、机动洛阳铲、钻斗等成孔设备预钻孔后,用重锤(1.0t以上)夯填并扩径成桩,由桩体和桩间土共同组成挤密桩复合地基。其中挤土挤密法按夯锤能量的大小分为一次挤密法和二次挤密法。

　　4)预浸水法

　　预浸水法适用于湿陷程度为中等至强烈的自重湿陷性黄土场地,可处理地面6m以下的湿陷性土层。这是自重湿陷性黄土地基特有的地基处理方法,它利用湿陷性黄土在力和水作用下产生湿陷的特性,在基坑施工前进行大面积浸水,使土体在饱和自重压力作用下产生湿陷,消除深层黄土地基的湿陷性。

　　需要消除土层全部湿陷性时,在预浸水法地基处理完成后,还需按非自重湿陷性黄土地基配合采用土垫层、强夯法等措施进行地基处理。此外,进行预浸水法地基处理的场地,应有良好的排水通道,便于土的排水固结和力学性质的提高。

　　该法最早用于水利工程,后经过试验研究,通过与其他处理方法搭配用于住宅和工业建筑中,但由于它用水量大,工期长,一般只在具备水源充足又有较长施工准备时间的条件下才使用。预浸水法的另一种应用类型是用于建筑物的纠偏,当湿陷性黄土场地建筑物修建之后,黄土地基不均匀湿陷使上部结构发生倾斜,这时根据地基特殊性和建筑物倾斜特征,在建筑物不同部位注入不同量的水,人为造成黄土地基湿陷,产生压密,使基础各部位总湿陷量相近,从而达到校正上部建筑物倾斜的目的。

　　5)化学加固法

　　我国湿陷性黄土地区应用较多且取得实践经验的化学加固方法主要包括硅化加固法和碱液加固法。化学加固法的缺点是需要耗用工业原料,成本较高;优点是对已有建筑物的地基加固有独到之处,能较快地阻止加固地基产生有害的变形,因此一般多用于既有建筑物地基的湿陷事故处理,是一种快速改造不良地基土的方法。

　　硅化加固法包括单液加固法和双液加固法,原理是硅酸钠溶液进入黄土孔隙中,起到填充作用并对土颗粒起到胶结作用,同时还有一定的止水作用,从而减小或消除黄土的湿陷性。单液硅化法与双液硅化法原理相同,区别在于是仅用硅酸钠溶液还是用硅酸钠与氯化钙两种溶液。地下水位以上的湿陷性黄土,一般采用单液硅化加固比较合适;地下水位以下的饱和黄土,一般采用双液硅化加固比较合适。

　　碱液加固法是指当土中可溶性和交换性的钙、镁离子含量较高时,采用氢氧化钠溶液注入黄土来加固地基,为了提高碱液加固黄土的早期强度,和硅化加固法类似,它也可采用氢氧化钠溶液和氯化钙溶液轮番注入的方式。

　　单液硅化法和碱液法适用于处理地下水位以上渗透系数为0.10~2.00m/d的湿陷性黄土等地基。对酸性土和已渗入沥青、油脂及石油化合物的地基土,不宜采用单液硅化法和碱液法。在自重湿陷性黄土场地,对Ⅰ级湿陷性地基,由于碱液法在自重湿陷性黄土地区使用较少,而且加固深度不足5m,为防止采用碱液法加固既有建筑物地基产生附加沉降,当采用碱液法加固时,应通过试验确定其可行性。

　　采用单液硅化法和碱液法加固湿陷性黄土地基,应于施工前在拟加固的建(构)筑物附近进行单孔或多孔灌注溶液试验,以确定灌注溶液的速度、时间、数量或压力等参数。

6)桩基础法

桩基础与垫层、强夯和挤密桩处理的地基不同,桩基础是将上部荷载传递给桩侧和桩底端以下的土(或岩)层中,采用挖、钻等非挤土方法而成的桩,在成孔过程中将土排出孔外,桩孔周围土的湿陷性质并无改善。试验研究资料表明,设置在湿陷性黄土场地的桩基础,桩周土受水浸湿后,桩侧摩擦力大幅度减小,甚至消失,当桩周土产生自重湿陷时,桩周的正摩擦力迅速转化为负摩擦力。因此,在湿陷性黄土场地不得采用摩擦型桩。设计桩基础除桩身强度必须满足工程要求外,还应根据工程地质条件,采用穿透湿陷性黄土层的端承型桩(包括端承桩和摩擦端承桩),其桩底端以下的持力层,在非自重湿陷性黄土场地,必须是压缩性较低的非湿陷性黄土(或岩)层;在自重湿陷性黄土场地,必须是可靠的持力层。这样,当地基受水浸湿后能保证建筑物的安全,否则会导致湿陷事故。当上覆荷载较大,小直径的桩无法满足要求时,我们可考虑采用直径大于 0.8m 的大直径灌注桩,这种技术在我国也发展较好。

7)组合处理法

地基采用组合处理时,应综合考虑地基湿陷等级、处理土层的厚度、基础类型、上部结构对地基承载力和变形的要求及环境条件等因素,选择合适的方法进行组合处理。

采用预浸水法或挤密法和其他方法组合使用时,都必须先对预浸水法或挤密法的处理效果作出评价,再根据处理后实际的土层参数和物理力学指标选择合适的后续处理方法。

除上述方法外,还有其他一些处理方法,如注浆法、电渗法等,不论何种方法,都须经过严格的试验研究和工程实践证明其行之有效,再结合实际情况,选择合适的处理方法。其可处理的湿陷性黄土地基土层厚度也需通过现场试验确定。

11.4 液化土地基处理

地震时饱和砂土和粉土颗粒在强烈震动下有变密的趋势,颗粒之间发生相对位移,颗粒间的孔隙水来不及排泄而受到挤压,因而孔隙水压力急剧上升,当孔隙水压力上升到与土颗粒所受到总的正压力接近时,土颗粒之间因摩擦产生的抗剪力接近零,此时的土体像液体一样,故称为液化土。

对于"液化"一词,美国土木工程师协会这样阐述:任何物质转化为液体的行为或过程。砂土液化现象最早在 20 世纪 30 年代由 Casagrande(1936)通过临界孔隙比来解释。在 1966 年 Seed 和 Lees(1966)使用动三轴首次在饱和密砂试验中对循环流动性进行证明,并首创"初始液化"。在国内,关于砂土液化,黄文熙(1962)在 20 世纪 60 年代首先提出液化试验应该模拟真实振动,应使用可以施加动荷的三轴压缩仪,在 1964 年汪闻韶论述了饱和砂土液化方面关于孔隙水压力如何产生、消散相关的理论,开辟了我国砂土液化的研究领域。

砂土液化主要是由地震震动和机械振动造成的,由于地震震动引起的砂土液化往往是区域性的,因此危害极大。同时,中国是一个多地震的国家。在过去的多次强震中,砂土液化引起的各种灾害已成为一种不可忽视的震害现象。1964 年发生在日本新潟的 7.5 级地震,因为河岸附近存在大面积的可液化砂土,因此大量建筑物被损坏,其中倒塌毁坏房屋

2130 栋,受损建筑 6200 栋,轻度受损建筑 31200 栋(吴慧敏等,2001)。1966 年我国邢台发生的 6～7 级地震,在滏阳河附近也发生了大面积的砂土液化,并引起喷砂导致大量的堤坝崩溃,河道建筑物被破坏。1975 年海城发生的 7.3 级地震和唐山发生的 7.8 级地震均造成大面积的砂土液化。其中唐山地区发生的特大地震,震后几分钟地面开始发生大面积的砂土液化、喷水冒砂,该现象一直持续数小时,导致地表开裂下沉,最终使建筑物陷入裂缝当中。

砂土液化使地基失效、失稳,丧失强度和承载力,发生大的沉降和不均匀沉降,使基础连同整个建筑物沉陷、倾斜、开裂,甚至倒塌。此外,砂土液化常伴随岸坡、边坡的滑塌,地基的喷砂冒水,使道路、桥梁墩台、道路挡土建筑物等遭到损坏。鉴于砂土液化给人类的生命安全和工程建设带来的危害,需要对其进行深入的研究。

11.4.1　液化土形成原因及影响因素

1. 土体液化的机理

大多数人对液化的理解并没有太大偏差,多理解为土体在宏观上显现出各种接近液体的相关状态。但是,很多人对土体液化的相关机理持有不同的看法。其中最受认可的是美国西部的 Seed、Idriss 等人(1984)和美国东部的 Casagrande(1975)、Cadtro 和 Dobry 等人(1995)提出的看法。以 Seed、Idriss 为代表的主要观点为,需要从应力状态的角度解释液化,即液化为土在竖直方向上没有有效应力,土体同时丧失平衡各方向剪切的能力。土体在振动条件下某一时刻处于该临界应力状态,通常即可判定土体已经是初始液化状态。在随后的持续振动作用下,初始液化的土体,其循环流动性得以体现,土体液化得以积叠,出现各类涌砂变形;初始呈现出液化状态的范围迅速扩大,土体也逐渐从固态向液态过渡,最后整个土体强度迅速下降呈现液态或接近液态的形态,如图 11-3 所示。以 Casagrande、Dobry 为代表的主要观点为,对于液化需要从流动性方面来解释。他们认为现实中建筑物或构筑物的损毁不都是取决于应力条件,过量的变形与应变才是其中关键的因素,避免土基出现液化状态而破坏是研究液化的最终目标,而并非探讨何时初始液化。在现实中,在动荷载持续作用下,土体从应力条件看可能并没有达到初始液化的临界条件,但土体由于土压、水压等作用已经开始软化出现流动,就可判定为液化。这种和土体土性等密切相关的液化思想,也被称为"流滑"思想。

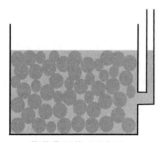
荷载作用前（疏松）

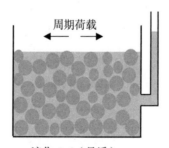
液化σ′=0（悬浮）

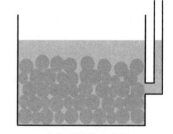
液化后沉陷（密实）

图 11-3　砂土液化机理

2.影响土体液化的因素

饱和砂土发生液化的临界条件以及液化的发展程度受很多因素的影响,其中主要有如下几个方面:

(1)土性条件:以土体的密实度、土体的颗粒特征以及土体的结构性为主;

(2)初始应力条件:土体不承受动荷载前所处应力状态;

(3)动应力条件:以动应力幅值和循环振动次数、波形、频率及作用方向为主。

1)相对密实度 D_r 的影响

饱和砂土的抗液化强度与土体相对密实度成正比;液化破坏标准在相对密实度不同的土体上对抗液化强度的取值有明显不同。Peacock、Seed(1968)在动单剪试验中,分析整理出饱和砂土循环作用 100 次时产生初始液化的剪应力峰值与相对密实度的关系曲线。曲线显示,土体相对密实度在 $70\%\sim80\%$ 之下时,初始液化时对应剪应力的峰值与相对密实度是线性增加关系。

$$D_r = (e_{max} - e)/(e_{max} - e_{min}) \tag{11.4.1}$$

式中,e_{max} 为砂土的最大孔隙比;e_{min} 为砂土的最小孔隙比;e 为砂土的天然孔隙比。

2)颗粒平均粒径 d50 的影响

Seed、Idriss 等(1971)对其所做的众多砂土液化试验进行分析归纳,整理出特定循环次数下土体初始液化时的曲线。曲线显示,平均粒径 d50 在 $0.07\sim0.08$mm 范围内,饱和砂土液化的可能性最大。

3)黏粒含量的影响

黏粒(粒径小于 0.005mm)在砂土中占到一定比例时,砂土的结构稳定性将显著增加。《建筑抗震设计规范(2016 年版)》(GB 50011—2010)中用黏粒含量 ρ_c 来表示细颗粒土在土的抗液化能力方面的作用。

4)初始应力条件的影响

Lee、Seed 等(1966)通过饱和砂土动三轴试验,得出在一定深度的土层中,土体的液化相对其他深度土体的液化较为困难的结论,这就很好地说明了土体的初始应力条件的关键作用。

5)砂土结构性的影响

随着沉积年代越久,土体结构间胶结程度就会越好,不易液化;反之,较易液化。

6)饱和度的影响

饱和度和孔隙水有关,是砂土液化中的关键因素。从各种试验中不难证实,饱和度越高,越容易液化;饱和度越低,所需循环应力比就越大,越难液化。

7)动应力条件的影响

实验表明,不同类型的地震剪应力和不同方向的振动都对液化有重要的影响。

11.4.2　液化土判别

关于饱和砂土的液化判别问题,可以归纳为三类:传统土体液化判别方法、数学判别方法和《建筑抗震设计规范(2016 年版)》(GB 50011—2010)中砂土液化判别公式。选择合理的判别液化方法,合理地评估液化危害可以有效地降低相关损失。

1.传统判别方法

传统的判别砂土液化的方式大致可分为现场试验、室内试验、经验对比、动力分析四大类。

（1）现场试验方法：通过现场相关试验获得地震区域实测资料，随后经过分析整合，总结灾害资料之间的特殊关系，最后归纳出相对适用的一般经验公式或液化临界值来判别液化情况。现场试验方法通常采用标准贯入临界击数判别法、静力触探法、剪切波速法、瑞利波速法、能量判别法等。

此方法的主要优势就是实用可靠，避免了室内试验中的土样扰动且可以考虑多个影响砂土液化的因素。但也有难以克服的缺陷：①需要大量的地震现场取样样本，限于现场取得的资料多是来自自由场地，因此该方法适合于自由场地的液化判别；②由于土体具有区域性，因此该方法获得的经验值不具有通用性。

（2）室内试验方法：室内试验模拟真实工程中的环境，同时根据实际需要按照一定比例缩放试件模型，获得最终实验数据，分析拟合推广到实际工程。室内试验通常包含各类循环三轴压缩试验、共振柱试验、循环剪切试验、循环扭剪试验、振动台试验、离心机模型试验等。

此方法主要优势是可以判别大型建筑物地基或复杂土工结构物地基中的砂土液化。建筑物的具体形状、排水条件、场地边界等皆可设置，还可根据实际进行修正改良。但也有难以克服的缺陷：取样困难，室内模型应力状态难以准确达到实际状态。因此，准确模拟土体的实际情况是室内试验的关键。

（3）经验对比法：对以往发生地震所造成的灾害数据统计归纳，总结出一套判别液化的经验准则。

（4）动力分析方法：等效线性总应力动力分析法与有效应力动力分析法是其中主要的两种。这两种方法的区别在于是否结合了孔隙水压力与土动力特征之间的规律。此方法的主要优势是适用于自由场地，该方法考虑了地质条件、荷载作用、动力特性、边界条件等因素。振动过程中液化区的发生、发展状况研究也可利用该方法。但也有难以克服的缺陷：土的若干动力特性参数还需其他试验确定，分析计算复杂等。

2.数学判别方法

数学判别方法是在计算技术和数学理论的发展基础上建立起来的，如神经网络法、支持向量机法等。

（1）人工神经网络方法：此方法不依靠任何数学模型，它主要是靠以往的经验，根据这一特点可以用来处理液化判别这一类非线性问题。该方法主要优势是容错能力强、自组织能力强、可塑能力好、处理与存储信息便捷等。

（2）支持向量机方法：此方法的核心是机器学习技术，其理论以统计学为基础，尤其是统计学习理论，该方法在样本数上没有太多要求。支持向量机方法主要优势是结构风险最小化，可以很好地适用高维数、小样本、非线性等复杂的问题。

3.《建筑抗震设计规范》中液化判别公式

《建筑抗震设计规范（2016年版）》（GB 50011—2010）规定：初步判别后按需求要更深层次的液化判别时，15m深度内的土体液化通过标准贯入试验来判别；若为大于5m的深基础或桩基，15～20m深度的土体液化仍需判别。

饱和砂土地基或粉土地基符合下面规定时,判断为液化。

地面以下 15m 深度内,判别液化可用标准贯入锤击数临界值 N_{cr}:

$$N_{cr} = N_0 [0.9 + 0.1(d_s - d_w)] \sqrt{3/\rho_c} \quad (d_s \leqslant 15) \tag{11.4.2}$$

地面以下 15~20m 深度内,判别液化可用标准贯入锤击数临界值 N_{cr}:

$$N_{cr} = N_0 [2.4 - 0.1 d_s] \sqrt{3/\rho_c} (15 \leqslant d_s \leqslant 20) \tag{11.4.3}$$

式中,N_{cr} 为判别液化的标准贯入锤击数临界值;N_0 为判别液化的标准贯入锤击数基准值;d_s 为饱和土体标准贯入点的深度;d_w 为地下水位深度;ρ_c 为黏粒含量的百分率,若小于 3 或为砂土时,应取值 3。

标准贯入法判别饱和砂土液化在多年的工程应用中,暴露出诸多缺陷:标贯值的诸多问题(如离散性大、不可重复),试验结果易受其他因素的干扰等。谢君斐在编订《建筑抗震设计规范》(GB 50011—2010)时,在使用了该规范已有的砂土液化判别公式的基础上,还进一步提议了 7.5 级震级的地震中砂土抗液化的能力 CRR 经验公式:

$$CRR = 0.007 N_1 + 0.0002 N_1^2 \tag{11.4.4}$$

式中,N_1 为改进后的标准贯入锤击数。

陈国兴、张克绪等(1991)将上式扩展到粉土方面,改编为

$$CRR = (0.007 N_1 + 0.0002 N_1^2)(3/\rho_c)^{-0.80} \tag{11.4.5}$$

11.4.3 液化土地基的工程措施

从工程应用的目的出发,抗液化措施有两类:一类是可液化土层全部或部分处理(加密或挖除换土),如采用桩基础或深基础穿过可液化土层将建筑物荷载传到下面非液化土层上。这类方法比较彻底,但费用较贵,应视具体情况(如建筑物的所需性质和重量,可液化土层的危害系数、厚度及位置深浅等)决定是否采用。或采用振冲、强夯等方法加密可液化饱和砂层。另一类是不做地基处理,着重增加上部结构的整体刚度和均衡对称性以及加强基础的刚性,以提高建筑物抗均衡不均匀沉降的能力,减小地基液化可能造成的危害。

震害调查表明,可液化土层直接位于基础底面以下,可液化土层同基础底面之间有非液化土层,这两种情况大不相同。后者震害大大减轻。因此如果靠近地表有一定厚度的非液化土层,同时建筑物荷载较小,应尽量利用上面这层非液化土层作为持力层,采用浅基础方案。同样提高地面设计标高,利用填土增加作用于可液化土层的覆盖压力也是一种预防液化的有效的措施。液化地基处理的基本原则就是提高土层密实度和改善孔隙水的条件,增大其透水性,从而提高其抗液化的能力。常采用强夯和碎石桩的方法对液化土地基进行处治。

总之,选择合理的抗液化措施十分重要,既要保证必要的安全度,又要防止造成浪费,应结合地基液化等级和建筑物具体情况全面综合考虑,可参照以往的工程经验,也可参照抗震设计规范中的有关规定进行。

目前,处理液化土地基的方法很多,本章只阐述强夯法、砂桩法、振冲碎石桩法这三种处理液化土地基的地基处理方法。

1. 强夯法

强夯法通过重锤自由落下,在极短的时间内对土体施加一个巨大的冲击能量,这种冲击能又转化成各种波(包括压缩波、剪切波和瑞利波),使土体强制压缩、振密、排水固结和预压

变形,从而使土颗粒趋于更加稳固的状态,达到地基加固的目的。强夯加固地基主要利用强大的夯击能在地基中产生强烈的冲击波和动应力对土体进行加固,对饱和细粒土而言,经强夯后,其强度的提高过程可分为:

①夯击能量转化,同时伴随强制饱和土压缩和振密(包括土体中气体排出、孔隙水压上升)、局部土体液化或土体结构破坏(表现为土体强度降低或抗剪强度丧失);

②排水固结压实,表现为土体渗透性能改变,土体裂隙的发育,孔隙水得以顺利溢出,超孔隙水压力消失,土体强度提高;

③土体触变恢复并伴随土体压密,包括部分自由水变为薄膜水,土体结构性逐渐恢复,强度提高,这一阶段变形很小,主要是土体触变恢复,在强夯终止后经很长时间才能达到。由于强夯法具有设备简单、施工速度快、适用范围广、节约三材、经济可行、效果显著等优点,很快受到工程界的重视,并得以迅速推广,取得了较大的经济效益和社会效益。

2. 砂桩加固液化土地基

砂桩在应用初期,主要用于松散砂土地基的处理。随着设计方法和计算理论的不断发展,在软弱黏性土中也开始使用砂桩。按施工方法不同,可分为挤密砂桩和振密砂桩两种,其加固原理是依靠成桩过程中对周围砂层的挤密和振密作用,提高松散砂土地基的承载力,防止砂土振(震)动液化。砂桩在砂性土地基中和黏性土地基中的加固机理有所不同,处理软弱黏性土时,其加固原理是利用砂桩的置换作用和排水作用提高软弱地基的稳定性。总体来说,砂桩加固松散地基抗液化和改善地基力学性能的机理主要有以下几方面。

1)挤密作用

采用冲击法或振动法下沉桩管并采用一次拔管法成桩,桩管对周围砂层会产生很大的横向挤压力,砂层中体积与桩管体积相等的砂就会挤向桩管周围的砂层,使其密度增大,孔隙比减小。这个作用称为挤密作用。能起挤密作用的砂桩称为挤密砂桩,有效挤密范围可达3~4倍桩管直径,成桩后地面一般有不同程度的隆起。

2)振密作用

采用振动法向砂层中沉管并采用逐步拔管法成桩时,沉管过程中会对周围砂层起挤密作用,而逐步拔管成桩过程则对周围砂层起振密作用。成桩过程中能起振密作用的砂桩称为"振密砂桩",有效振密范围可达6倍桩管直径左右,成桩后地面一般有不同程度的下降。

3)排水减压作用

砂桩在土层中形成了良好的人工竖向排水减压通道,起着排水砂井作用,使土层中的水向砂桩集中并且通过砂桩排走,大大缩短了土中的排水路径,加速了超孔隙水压力的消散,加快了地基的排水固结。

3. 振冲碎石桩法

振冲碎石桩是依靠振冲器的强力振动使液化土颗粒重新排列,振动密实,同时依靠振冲器的水平振动力,在加碎石填料的情况下,通过碎石使土层挤压密实;碎石桩与桩间土体形成复合桩,从而提高地基承载力。碎石桩也提供了纵向排水通道,利于土层排水固结。对于具有液化趋势的土体,碎石桩施工中的强烈振动,使土体产生较大的动应变,土体得到挤密,密度增加。这种预振,可大大改善地基土的抗液化性能。总体来说,振冲碎石桩加固液化土地基主要有以下特点:

1)预振作用

砂土液化的特性除了与土的相对密度有关外,还与其振动应变历史有关。对于具有液化趋势的土体,碎石桩施工中的强烈振动,使土体产生较大的动应变,土体得到挤密,密度增加。土体所产生的这种预振,可大大改善地基土的抗液化性能,对增加砂土抗液化能力极为有利。

2)减震作用

对于可液化地基,经加固后,地震剪应力是由桩间土和碎石桩共同承担的。碎石桩的剪切模量比同截面桩间土的剪切模量要大得多。因而地震力作用时,剪切力在桩上发生集中,从而相应使桩间土的剪应力减小,地震烈度相应降低。

同时,需要注意,在碎石桩设计时桩长确定应由处理深度来定,这与工程重要性以及地基液化程度密切相关。这时可遵循下列原则:

①当要求处理全部液化层时,桩长必须穿过液化层;但当液化层深度大于 15m 时,由于施工条件限制,可采用其他方法;

②当要求消除部分液化层时,处理后的非液化土上覆复合地基厚度应满足液化初判的上覆土层厚度要求。

综上所述,桩长的因素,也就限制了碎石桩的使用条件,当液化深度过大时,可采用强夯法,但对于大面积处理可液化土而言,强夯法和振冲碎石桩法都是首选。

11.4.4　总结

除了以上所阐述的典型的液化土地基处理方法,还有其他多种方法用于处理液化土地基。本章只阐述了一些典型的方法,有时采用某一种方法处理液化土地基并不能达到预想的效果,通常可以采用多种方法共同处理液化土地基。比如可以通过压浆法、排水固结法加固地基,然后采用碎石桩地基处理会得到很好的效果。

在遇到大型、重要工程时,液化土地基的处理不仅需要采用多种方法,而且还可以考虑从建筑结构上改进。这样在既有地基处理又有结构改进的情况下,这些工程的安全性能够得到很好的保障。

11.5　污染土地基处理

所谓污染土,主要是指普通地基土受到工业生产过程中产生的三废(废气、废液、废渣)侵蚀,使土体的物理、力学、化学性质发生变化,土的原有性状发生改变的一类土。地基土受污染腐蚀后,往往会变色变软,其状态由硬塑或可塑变为软塑乃至流塑,其颜色与正常土不同,多呈黑色、黑褐色、灰色、棕红、杏红色或有铁锈斑点。地基土受污染后,其形状也发生变化,多呈蜂窝状结构,颗粒分散,表面粗糙,甚至出现局部空穴。

国外对于污染土的研究始于 20 世纪 70 年代,许多欧美国家对污染土进行了系统而全面的研究,积累了许多污染土的研究和治理经验。国内对土的污染研究工作严重滞后,有关污染土的研究论文较少,而且大多数是有关环境保护和土壤学方面的,而纯岩土工程意义上的成果更少,而且多为工程实例的报道。纵观污染土的国内外研究现状,可以看出,针对污染土的研究,试用了一些新的仪器设备,如美国理海大学(Lehigh University)研究的一种用于危险和有毒物质渗透试验的三轴仪,用试验模拟已经发生或将有可能发生的污染情况,研究土-污染物相互作用中的温度效应和时间效应,以及污染土的污染机理、污染土污染等级的划分、污染土的治理方法等。

全国污染土勘察中场地污染现象较为突出,污染土的处理经常伴随建筑物的倾斜、破坏问题。在工程中,污染土可以引起地基强度降低,导致建筑物失稳或破坏,引发一系列工程质量事故。地基土腐蚀后会出现两种变形特征,一是地基上的结构破坏而产生沉陷变形,如腐蚀的产物为易溶盐,则在地下水中流失或变成稀泥。例如,吉林某化工厂浓硝酸成品房,生产不到四年,因地基腐蚀而造成基础下沉,以致拆毁重建;南京某厂因强碱渗漏,受侵蚀的地基产生不均匀变形,引起喷射炉体倾斜。污染的另一种破坏形式是地基土膨胀,腐蚀后的生成物具有结晶膨胀性质,如氢氧化钠厂房、生石灰埋入地基内等。例如,太原某化工厂苯酸厂房碱液部的框架梁、柱,因地基受碱液腐蚀而膨胀,引起基础上升而开裂,其电解车间的排架柱,也因地基腐蚀而抬起,造成吊车梁不平和屋面排水反向;西北某化工厂镍电解厂房,地基为卵石混砂的戈壁土,后因地基受硫酸液腐蚀而发生猛然膨胀,地面隆起,最大抬升高度达 80cm,柱基被抬起,厂房严重开裂。综上可见,研究污染土的污染机理、性状和因地制宜采取整治措施对稳定建设工程质量、保护环境具有重要意义。

11.5.1 污染土形成原因及分析评价

1.污染土的污染机理

对于污染土的污染机理研究,还处于探索阶段。

(1)当土被污染后,其工程性质即发生明显的变化,首先是土粒之间的胶结盐类被溶蚀,胶结强度被降低,盐类在水作用下溶解流失,土孔隙比和压缩性增大,抗剪强度降低,承载力明显下降。

(2)土颗粒本身腐蚀后形成的新物质,在土的孔隙中产生相变结晶而膨胀,并逐渐溶蚀或分裂碎化成小颗粒,新生成含结晶水的盐类,在干燥条件下,体积增大而膨胀,浸水收缩,经反复交替作用,土层受到破坏。

(3)地基土遇酸碱类腐蚀性物质,与土中的盐类进行离子交换,从而改变土的性质。

(4)地基土的腐蚀,有结晶类腐蚀、分解类腐蚀、结晶分解复合类腐蚀三种。地基土的污染,可能是由其中的一种或一种以上的腐蚀造成的。

2.污染土的分析与评价

对污染土及污染土地基或场地的分析与评价,除了常规的岩土工程评价内容外,还包括以下几个方面的内容。

(1)对场地地基土污染程度作出评价,给出污染等级分区。地基土与污染源的距离不同,遭受污染的程度是不同的。为了能妥善地、合理地对污染土进行工程治理,必须对污染土地基作出污染等级的划分。目前污染等级的划分标准是某一(或某些)标志参数的定量或半定量标准。如化工部第二勘察设计院采用的标志参数是易溶盐含量,并参考了盐渍土等级划分标准。美国理海(Lehigh)大学在室内试验中区分不同污染程度的参数是 pH 值。

(2)判定污染土对金属和混凝土的侵蚀性。由于污染土中含有大量的腐蚀性的酸碱废液和盐类,对金属和混凝土都具有腐蚀性,目前,国内对污染土的腐蚀性评价,是沿用盐渍土的评价方法和标准来进行的。但盐渍土的特殊形成条件,使得盐渍土的成分相对简单。而污染土是土体的二次作用结果,原土和污染源物质成分具有多样性、化学作用过程复杂,容易受环境条件(如透水性、温度等)的制约和影响,因此污染土对金属和混凝土的腐蚀成分和强度的评价与盐渍土是有一定区别的。

(3)确定污染土的承载力及其他强度指标。土体受污染后强度都会有不同程度的降低,有些用来确定承载力的方法和一些物理力学指标,在污染土中具有假象,例如,在柳州市化冶公司的污染土现场,观察到红黏土受 $ZnSO_4$ 污染后的状况,$ZnSO_4$ 在干燥状态下结晶成 $ZnSO_4 \cdot H_2O$ 后表现出良好的工程特性,结晶体需加热到 280℃ 才会失去结晶水,但结晶体遇到水后会立即溶解,以离子的形式存在于溶液中,这种现象给常规方法的含水量、液、塑限的测定带来困难。因此,考虑到污染土的特殊性,现有的承载力表和经验公式不一定适用。

(4)对污染土的治理措施和意见,是污染土岩土工程评价中重要的内容,根据污染等级区划,提出相应的处理意见。

(5)预测污染发展的趋势。对可能出现污染的场地,或虽经治理,但污染源仍有可能没有根除,污染途径可能没有切断,土的污染还可能继续发展时,需对其可能产生的后果作出预测。预测内容应包括对污染物与土颗粒发生化学作用、由于时间效应和环境效应土体物理力学性质变化趋势的预测,而且应包括时间和空间预测两个方面。目前,关于污染土污染趋势预测方面的研究仍是空白。

11.5.2　污染土地基的处理措施

1. 污染地基处理技术分类

污染场地(地基)按其污染成因可划分为以下几种:①重金属污染场地,包括单一重金属污染和多种重金属污染场地,国内常见的重金属污染主要有汞、铜、锌、铬、镍、钴、砷、铅、镉等污染。重金属污染具有普遍性、隐蔽性与潜伏性、不可逆性与长期性、复杂性、传递危害性等特点。②有机物污染场地,土壤中有机污染物的来源包括农药和化肥的施用、污水灌溉和污泥施肥、工业废水废气废渣、空气中的沉降物,其中,农药施用和工业生产中排放的人工合成有机物是土壤有机污染的主要污染源。③复合污染场地,指受到两种及以上污染的复合污染场地,这种复合污染场地通常具有污染物成分多样、场地状况复杂、污染浓度高、不易修复等特点。

污染地基处理的思路是:①清除污染源,在污染源位置对污染物质进行萃取、清除或者改变其成分与毒性;②对传播途径进行控制,通过固化稳定、隔离污染物质,阻止其进一步扩散。具体修复处理设计时除了一般地基处理要求之外,还需重点考虑下列因素:场地再使用功能、场地环境风险评估、修复标准等。根据污染地基修复处理工程的位置,可以分为原位修复技术与异位修复技术;根据修复原理,可分为物理技术、化学技术、热处理技术、生物技术、自然衰减和其他技术等。常用污染物控制处理技术及其基本特点如表 11-4 所示。美国环保署(U. S. Environmental Protection Agency,U. S. EPA)对超级基金项目 1982—2005 年进行的 977 个场地修复方法进行了统计。统计表明原位修复技术 462 项,占总项目的 47%,其中气相抽提(soil vapor extraction,SVE)法是原位修复技术中最常用的方法,占原位修复项目的 54%、总项目的 26%;固化稳定(solidification/stabilization,S/S)技术在原位和非原位修复技术中都得到了广泛应用,共占总项目的 23%。

表 11-4　常用修复技术比较

修复技术	方法简介	优缺点
固化/稳定技术	将水泥等固化剂与土搅拌,形成物理化学特性稳定的固体材料,减小污染物的淋滤特性	优点:水泥搅拌技术成熟,水泥固化体长期稳定性好; 缺点:处理深度受限
动电修复法	利用动电现象(电渗、电泳、电解),将污染物质从土里分离和去除	优点:二次污染小,可用于低渗透性或淤泥; 缺点:适用于浅层、低浓度污染场地,处理时间长
气相抽提法	对非饱和区的高挥发性物质利用合适的抽取装置通过蒸汽去除	优点:造价低; 缺点:适用于非饱和浅土层
曝气法	将一定压力的压缩空气注入饱和土中,促进污染物质生物降解,并产生气压劈裂,增加水力和气流通道,促进污染物质挥发至地表,收集后去除。	优点:深部处理; 缺点:不能洗脱、降解所有物质,一些挥发性污染物质有扩散到周围环境的危险
冲洗法	将热水或含清洗剂注入含水层,使物质挥发至非饱和区被真空抽井收集,或溶解于水中被抽取	优点:易操作; 缺点:需处理产生的废水,易产生二次污染
淋洗法	对土和浸提剂在搅拌器中进行淋洗,用沉降池、过滤、旋液分离器、离心等方法分离洗液和被净化的土	优点:易操作; 缺点:需对洗液进行处理
焚烧法	对污染土粉碎后焚烧,并对废气进行处理	优点:处理污染物质的类型广; 缺点:造价高
玻璃固化法	通过电极将土加热至高温(2000℃),有机物燃烧或挥发,污染土熔化并转换成稳定的玻璃态或结晶态	优点:适用范围广,污染土体积减小 25%～50%; 缺点:造价高
植物修复法	通过植物的吸收、挥发、根滤、降解、稳定等作用,净化土壤或去除水体中的污染物	优点:适用范围广,无二次污染; 缺点:植物本身需要处理
生物堆法	污染土堆积约 2m 高,由预埋管供应空气,利用土中好氧微生物分解去除污染物	优点:成本低,无二次污染; 缺点:微生物活性的营养素的开发复杂,温度,pH 等条件控制困难
生物通风法	采用低流速的气流提供保持生物活性所需要的氧气,降解污染物	优点:成本低,无二次污染; 缺点:不适合低渗透性土

2.污染土的处理方法

1)换填法

这是早期采用的最直接方法,即把已污染的土全部清除,然后将正常土或性能稳定且耐酸碱的砂、砾作为回填材料;或采用砂桩、砾石桩,再压(夯、振)实至要求的密实度,提高地基承载力,减小地基沉降量和加速软弱土层的排水固结等。但同时要及时处理已挖出的污染土,或专门储存,或原位隔离,以免造成二次污染。挖除的污染土可以使用以下方法进行处理：①热处理法，对污染土进行蒸汽剥离，热处理蒸发（约 300℃ 到 700℃），焚化（温度大于 800℃）；②抽出法，包括水溶解法、有机剂溶解法、悬浮法；③微生物处理，就是把微生物加入污染土里，借助鼓风机进行反应。也可以把微生物和污染土储存在一起作用数周，这种方法对处理油、苯基及其他有机物质污染、煤气工厂和食品工厂所在地受污染的土效果良好。

微生物的作用是一个自然过程。热处理法虽能破坏分解挥发性污染物，但这种方法耗能、费时，按德国 20 世纪 80 年代的经验，每吨废料耗费约 400 马克。热处理法和抽出法会产生污染液体和污染气体，为了防止工厂处理后把污染土转为污染气体，还必须对抽出的气体进行再处理。

2）固化法

该法就是把水泥、石灰、火山灰、热塑料、树脂等加入污染土内，使之固化，这些物质易于把固体污染体运走和储存，但要防止污染物质和添加剂起化学作用和可能发生的污染泄漏。用固化法处理泄漏物是通过加入能与泄漏物发生化学反应的固化剂或稳定剂使泄漏物转化成稳定形式，以便处理、运输和处置。有的泄漏物变成稳定形式后，由原来的有害物变成了无害物，可原地堆放不需进一步处理。

3）电磁法

根据物理原理和实验成果，电磁力会增加能场的影响面积，从而导致水土体系中更多的离子交换。已研发出测定水土体系电磁力的简单试验设备和方法。电磁法利用三维随机电流作用。可以处理各种土，对于饱和土和非饱和的土均可处理，可以影响土体的深层，还能够对污染物的特性进行识别。这是一种正在研究且较有发展前景的污染土处理方法。

4）电动法

这种处理污染土方法具有下列局限性：①基于胶体的双电层厚度，适用于孔隙较大和界面双电层扩散小的情况；②只适用于原状或重塑粉质黏土，不适用于垫层的混合均匀黏土或有机质土。此法只能影响到土体的表层，不能识别污染物的特性。

5）化学处理法

该方法采用灌浆法或其他方法向土中压入或混入某种化学材料，使其与污染土或污染物发生反应而生成一种无害的、能提高土的强度的新物质。其优点是作用快，能破坏污染物质，缺点是化学物质可能侵入土体内，多余的化学用剂必须清除；土中可能产生潜伏的新的有害物质。

6）电化学法

对于少量的污染土，也可以用电化学法来净化。像对含有重金属的污染土，首先采用还原熔炼污染土，它能起到以废治废、化害为益、综合利用的目的。也可以将污染土溶于水中，用工业废水的处理技术来处理污染物。电化学法可用于处理含氰、酚和印染、制革等工厂产生的多种不同类型的污染土的水溶液。电化学法处理废液一般无需很多化学药品，后处理简单，管理方便，污泥量很少，也被称为清洁处理法。

11.5.3　总结

上述电动法、电化学法、电磁法或固化法等还处在研究探索阶段，总之污染土研究目前还没有成熟的理论和方法，也没有可用于污染趋势预测的有效模型，对污染机理的研究尚停留在面上的化学反应分析上，对于污染土的治理方法也需要进一步进行经验总结和理论研究。今后的研究方向和研究热点有：

（1）废弃物堆放场地选择的地质、水文地质和岩土工程标准研究；

（2）污染物的工程特性，包括现场和室内试验研究；

（3）污染物与土颗粒及其胶结物作用机理的理论和试验研究；

（4）污染物运移和渗透规律的研究；

（5）对固-液的物理、化学作用过程及相互作用的定量研究；

（6）建立污染物作用下土体物理力学特性变化的定量揭示和预测模型的研究；

（7）在模拟土颗粒及其胶结物与废酸碱液作用的基础上，将土体工程特性、土体微观结构和污染废液的水化学过程耦合起来研究；

（8）污染土场地勘察的取样、试验及监测的方法和设备仪器的研究；

（9）污染物及污染土的毒理学和环境岩土工程风险评价研究；

（10）污染土物理力学性质及承载力的分析、测试和确定方法的研究；

（11）污染土或污染物处理的环境岩土工程技术研究，包括污染土填埋技术、隔离技术、污染环境净化技术、污染废液滤出控制系统等研究，以及隔离材料的矿物成分、结构和孔隙的研究；

（12）土质污染防范系统的研究；

（13）土质污染等级划分标准的研究与建立。

第 12 章　既有建筑物地基基础加固

12.1　发展概况

既有建筑物地基基础加固技术是通过一些工程措施使既有建筑物地基基础受力发生变化使承载力提高和抗变形能力提高的技术，是对既有建筑物进行地基基础加固所采用的各种技术的总称，亦称托换技术(underpinning)。处理的对象是指仍有继续使用价值的建筑物，即依据既有建(构)筑物检测鉴定结果，综合其历史价值、经济价值等多方面因素，确定仍然具有加固处理的必要性和可能性的地基和基础。

从广义上讲既有建筑地基基础加固技术也是地基基础的托换技术，托换工程顾名思义是将托换技术应用于已有建筑物基础或地基需要加固处理的工程，并能够解决某些因素影响到已有建筑物安全等问题的工程总称。托换技术可分为基础加宽技术、墩式托换技术、桩式托换技术、地基加固技术和综合加固技术等。

19 世纪初，国外已经开始既有建筑地基基础加固，例如：1838 年，对比萨斜塔进行了卸荷处理，对基础环用水泥灌浆加强并对塔身进行加固处理；20 世纪初，英国的温彻斯特(Winchester)大教堂采用混凝土包填实而进行托换；许多建造在中世纪的著名大教堂，如英国的伊利(Ely)和法国的博韦(Bauvais)大教堂等因未采取补救措施而倒塌。20 世纪 30 年代美国纽约市兴建地下铁道，使托换技术迅速发展，并且在早期的地铁工程中，进行托换加固工程的类型多、数量大、规模大。20 世纪五六十年代，地基基础加固的技术进一步发展，工程应用实例也逐渐增加，地基基础加固技术的学术研究逐渐系统化，理论研究逐渐成熟，目前欧美经济发达国家已将现有建筑的修复、改造和加固作为建设方向的重点。总的来说，美国和欧洲的许多国家应用托换技术进行城市的建设和加固改造，在施工中为了提高工作效率对工程设备进行改进，为之后的工程积累了经验，同时各国纷纷都将技术编写入各自国家的标准中。

随着经济水平的提高和科技的发展，我国的新建投资在基础建设总投资中的比例不断降低，老旧房屋的维修加固改造愈加重要，而现有建筑物的地基加固更是老旧房屋改造的重点及难点，特别是在农村地区，对既有建筑物的地基改造迫在眉睫，农村大部分房屋都是砖混的预制结构，通常存在房屋底层的钢筋、箍筋、扎筋间距过大，柱子设计不合理，抗震构造措施不当，整体结构稳定性较差，结构布置不合理，建筑平面或立面不规整，建筑结构平面扭转不规则，倾覆力矩过大等问题，并且随着生活和经济条件的不断好转，农民开始对房屋进行改造，而由于农民的知识水平有限，在改造的过程中随意性较大，使房屋的结构因受力问题遭到破坏,使地基失稳,产生房屋质量问题甚至发生倒塌等现象。

在如今社会,需要进行加固改造的既有建筑范围广、数量多、工程量巨大、施工成本高,并且在既有建筑物加固中其地基加固又是最重要也是最难施工的一环,与拆除重建不同的是,选用合适的地基加固方法可以恢复甚至提高建筑物的使用功能,具有明显的社会效益和经济效益,主要表现在节省造价、节省工期、减少建筑垃圾等方面,故研究既有建筑物的地基加固对我国的土木工程行业的发展具有深远影响。

12.1.1 既有建筑物地基基础常见问题及原因分析

1. 既有建筑物地基基础的常见问题

1)墙体开裂

在实际工程中,地基或基础一旦产生问题,往往通过墙体开裂、墙体裂缝等现象反映出来,而墙体的整体性及承载力也会因地基基础的问题而削弱,甚至丧失,导致建筑质量出现问题,威胁人民生命财产安全。

2)基础断裂或拱起

当地基的沉降差较大,基础设计或施工中存在问题时,会引起基础断裂。例如,某大学教工宿舍楼,未经勘察而采用无埋板式基础,房屋尚未盖好就出现板基整块断裂事故。经调查,该楼所处位置原为铁路路基,其两侧又为洼泥地,地基软硬悬殊,导致事故发生。再如,某厂职工住宅楼,采用无埋板式基础,当主体工程施工到第 5 层时,发现整块板基沿南北方向断裂。后查明该楼地基一半处在大水塘的淤泥地基上,另一半建在塘边的坚硬土层上。

3)建筑物下沉过大

地基土较软弱,基础设计形式不当及计算有误,会导致整座建筑物下沉过大,会造成室外水倒灌、建筑物倾斜乃至建筑物无法使用等问题。例如,上海展览馆的中央大厅为箱形基础,1954 年建成,30 年后的累计沉降达 1800mm。再如,墨西哥城的国家剧院建在厚层火山灰地基上,建成后沉降达 3000mm,门厅成为半地下室,影响了剧院的使用。

4)地基滑动

地基滑动有两种情况,一种是下雨、渗水后在坡地建筑物的下部开挖而引起地基滑动;另一种是地基普遍软弱,设计时对地基承载力估计过高或使用时严重超载而引起地基失稳,产生滑动事故。例如,某厂一个车间采用的是三跨钢筋混凝土结构,跨度为 24m,长度为 144m。1971 年部分基础产生剧烈滑动,最大达 890mm。引起滑动的原因是该部分基础处于填起来的软土上,在填土下还有一层软弱高岭土,在地基浸水及深挖坡脚的诱发下,产生了地基滑移。再如,美国纽约汉森河旁一座水泥仓库,建于青灰色软黏土上,由于严重超载,引起地基剪切破坏而滑动,整个水泥仓库于 1940 年发生倾倒事故,倾角达 45°。

5)地基液化失效

疏松的粉细砂、黏质粉土地基,地震时容易产生液化,强度剧烈下降,致使建筑物倾倒和大幅度震沉。例如,唐山矿冶学院为四层楼房,1976 年唐山地震时发生震沉,一层楼全部沉入地下,1961 年 6 月日本新野发生 7.5 级地震,建于砂土地基上的公寓地基发生液化而倾倒。

2. 原因分析

1)主观原因

(1)勘察工作不仔细,没有完整的勘察资料。地质勘察报告是建筑物地基基础设计的基本依据。不进行勘察而凭经验设计或勘察工作做得不认真、不细致,勘察报告未能准确反映实际地质条件,甚至漏测局部夹层软弱土,没有探出局部土坑、古井,或提供的土质指标不确切,均会导致设计失误,从而造成地基基础事故。

（2）设计方案不当。地基基础设计方案的选择和确定非常重要,必须做到因地制宜,安全可靠,经济合理。有些建筑物的地质条件差,变化复杂,更应合理选择设计方案,认真做好计算分析,否则就会引起建筑物结构开裂或倾斜,危及安全。

（3）施工质量低劣。地基基础一般为隐蔽工程,施工中常见的问题有:施工管理不善,未按设计图纸及程序施工;未勘察就施工;偷工减料,砌体强度、混凝土强度达不到设计要求,有的甚至在混凝土内填放砖块;开挖后未验槽就浇捣基础,或开挖后发现意外情况也不做认真处理就施工等。

（4）使用条件改变。建设单位不顾设计规定,擅自加层扩建,或邻近新建高层建筑或地下工程开挖又未做技术处理等,都会在不同程度上造成已有建筑物工程事故。

2）客观原因

（1）地基土软弱。软土地基的压缩性大,抗剪强度低,流变性强,对上部建筑体形及荷载等变化较敏感,如设计不周,软土地基上的建筑物较易出现下列裂缝:

①建筑物的高低悬殊大,常在高低楼的接合处墙面上出现裂缝。

②体形复杂的建筑物,如 L、T、Ⅲ、Π 形等建筑物常在转角处开裂。

③基础相对密集处或在已有建筑物近旁的新建房屋,因附加应力大,变形重叠,常在基础的稀密交接处或在原有建筑物的墙体上出现裂缝。

④上部结构圈梁少,长高比过大等使整个房屋刚度较小。

⑤筏板基础的配筋计算有误或施工质量差,容易出现局部拱起开裂。

⑥仓库、料仓等堆料较多的建（构）筑物,其底板或地坪易出现局部弯沉事故。

⑦地基浸水湿陷。湿陷性黄土地基以及未夯实的填土地基等,在浸水后会产生附加沉降,引起墙体开裂。例如,太原市某住宅区,1979 年新建的 20 栋住宅楼建在湿陷性黄土地基上,当时又未进行特殊处理,1982 年检查时,20 栋楼均有不同程度的下沉和墙体开裂,有些裂缝宽度达 100mm,圈梁与下部脱开最大达 90mm,有的楼房下沉达 300mm。地基大面积积水,导致地基湿陷。

（2）地基软硬不均。在山坡上、池塘边、河沟旁或局部有古井、土坑、炮弹坑等地段上建造的建筑物,因地基软硬不均、沉降差过大而常使上部墙体开裂。

（3）膨胀土、冻胀土地基。膨胀土吸水膨胀,失水收缩,因此建在膨胀土上的建筑物受到的危害较大,会发生内墙、外墙、地面开裂,裂缝有时呈交叉形。冻胀对建筑物的破坏也极大,如冷库建筑物,其冷气透入湿度较大的地基,致使地基土冻胀,引起地坪拱起开裂。在寒冷天气,室外地基冻结膨胀,产生向上向内的力,引起室内外地坪开裂。

12.1.2　既有建筑地基基础加固的应用范围

发生下列情况时,可采用加固技术进行既有建筑地基基础加固:

（1）由于勘察、设计、施工或使用不当,造成既有建筑开裂、倾斜或损坏而需要进行地基基础加固。这在软土地基、湿陷性黄土地基、人工填土地基、膨胀土地基和土岩组合地基上较为常见。

（2）因改变原建筑使用要求或使用功能，而需要进行地基基础加固，如增层、增加荷载、改建、扩建等。其中住宅建筑以扩大建筑使用面积为目的的增层较为常见，尤以不改变原有结构传力体系的直接增层为主。办公楼常以增层改造为主，因一般需要增加的层数较多，故常采用外套结构增层的方式，增层荷载由独立于原结构的新设的梁、柱、基础传递。公用建筑如会堂、影院等因增加使用面积或改善使用功能而进行增层、改建或扩建改造等。单层工业厂房和多层工业建筑，由于产品更新换代，需要对原生产工艺进行改造，对设备进行更新，这种改造和更新势必引起荷载的增加，造成原有结构和地基基础承载力不足等。

（3）因周围环境改变，而需要进行地基基础加固，大致有以下几种情况：

①地铁及地下工程穿越既有建筑对既有建筑地基造成影响。

②邻近工程的施工对既有建筑地基基础可能产生影响。

③深基坑开挖可能对既有建筑地基基础产生影响。

（4）地震、地下洞穴及采空区土体移动、软土地基湿陷等引起建筑物损坏。

（5）古建筑的维修而需要进行地基基础加固。

12.1.3 既有建筑地基基础加固应遵循的原则和规定

与新建工程相比，既有建筑地基基础的加固是一项较为复杂的工程。因此，必须遵循下列原则和规定：

（1）必须由有相应资质的单位和有经验的专业技术人员来承担既有建筑地基和基础的鉴定、加固设计和加固施工工作，并应按规定程序进行校核、审定和审批等。

（2）在对既有建筑进行加固设计和施工之前，应先对地基和基础进行鉴定，根据鉴定结果，确定加固的必要性和可能性。

（3）既有建筑地基基础加固设计，可按下列步骤进行：根据鉴定检验获得的测试数据确定地基承载力和地基变形计算参数等；考虑上部结构、基础和地基的共同作用初步选择地基基础加固方案；对初步选定的各种加固方案，分别从预期效果、施工难易程度、材料来源和运输条件、施工安全性、对邻近建筑和环境的影响、机具条件、施工工期和造价等方面进行技术经济分析和比较，选定最佳的加固方法。

（4）由具有专业工程经验的专业性施工单位承担既有建筑地基基础加固的施工。

（5）应有专人对既有建筑地基基础加固施工进行监测、监理、检验和验收。

12.1.4 既有建筑地基基础加固前的准备工作

1. 被加固建筑物现状调查

在制定托换工程方案和进行已有建筑物地基加固与纠偏设计前，应搜集了解以下资料：

1）现场的工程地质和水文地质资料

详细分析已有建筑物地基工程勘察资料，查清持力层、下卧层和基岩的性状和埋深，暗浜、古河道、古墓和古井或软弱夹层、地基土物理力学性质、地下水位等。如原有地质资料不能满足分析要求，应对地基进行补查和补勘。

2）沉降和不均匀沉降观测资料

力求了解建筑物沉降和不均匀沉降发展过程。如缺乏历史资料，也应对近期沉降资料，包括沉降和不均匀沉降值，特别是沉降速率要有正确了解。

3)被托换建筑物的结构、构造和受力特性

详细分析建筑物结构设计情况,了解被托换建筑物的荷载分布、上部结构的刚度和整体性、基础形式和受力状况及基础结构。

4)周围建(构)筑物资料

掌握周围建(构)筑物情况,包括地下管线、邻近建(构)筑物结构与基础情况等,分析其对加固建筑物的影响,以及建筑物地基加固对邻近建(构)筑物的影响。

5)建筑物施工资料

必要时,要了解建筑物施工资料,尤其要了解由施工质量不良造成工程事故的相关资料。对加层改建和地基中修建地下工程情况,要详细了解其施工组织设计。

6)使用期间和周围环境的实际情况

查明建(构)筑物使用期间荷载增减的实际情况、托换施工中和竣工后的周围环境变化,其中包括地下水的升降、地面排水条件变迁、气温变化、环境变化、邻近建筑物修建、相邻深基坑开挖以及邻近打桩振动等情况的影响。

2.加固技术方案的选择

根据建筑物事故的特征,查明事故具体原因,或根据建筑物邻近开挖深基坑和地下铁道穿越等实际情况,因地制宜地选择技术有效、经济合理、施工简便的补救性或预防性加固方法。一般可供选择的加固技术方案有基础注浆加固、加大基底面积加固、基础加深加固、桩式加固、基础减压和加强刚度加固、树根桩加固、注浆加固、湿陷性黄土地基加固等。例如,当荷载不大又缺少成桩机械设备,或周围房屋密集而又不具备成桩条件时,可采用基础加宽加固或坑式加固方案;当荷载较大、地质条件复杂时,可采用无明显振动的桩式加固方案。总之,要针对不同加固对象的工程具体特征、事故具体原因、施工具体条件,选择恰当的加固方案。加固的基本原理和根本目的在于加强基础与地基的承载能力,有效传递建筑物荷载,从而控制沉降与差异沉降,根除病害,使建(构)筑物恢复正常使用。

12.1.5　既有建筑地基基础加固技术施工要点及工程监测

1.施工要点

(1)根据工程实际需要,对建筑物进行加固;或对建筑物基础全部或部分支托住;或对建筑物地基或基础进行加固。

(2)当建筑物基础下有新建地下工程时,可将荷载传递到新的地下工程上。

(3)不论何种情况,加固工程都是在一部分被加固后才开始另一部分的加固工作,否则就难以保证质量。所以,加固范围往往由小到大,逐步扩大。

(4)进行加固施工前,先要对被加固建筑物的安全予以论证,要求把被加固的建筑物所产生的沉降、水平位移、倾斜、沉降速率、裂缝大小和扩展情况以及建筑物的破损程度用图表和照片准确记录下来,以判定建筑物的安全状态。另外,若裂缝扩展和延续不止并产生错位,则要引起重视并及时采取补救措施。

2.工程监测

在整个加固施工过程中必须进行监测,进行信息化施工,以确保安全和质量。对被加固或被穿越的建筑物及其邻近建筑物都要进行沉降监测。沉降观测点的布置应根据建筑物的体形、结构条件和工程地质条件等因素综合考虑,并要求沉降观测点便于监测和不易遭到损害。

监测过程中要做好以下四个方面的工作：

(1)根据加固或穿越过程中出现的各个监测点的发展状况,整理出沉降(或其他观测量)与时间的关系曲线,并应用外推法预测最终沉降量。

(2)确定加固或穿越的每个施工步骤对沉降所产生的影响。

(3)根据沉降曲线预估被加固建筑物的安全度,并针对现状采取相应的措施,如增加安全支护或改变施工方法。

(4)监测期限和测量频度的要求取决于施工过程,特别是在荷载转移阶段每天都要监测,危险程度越大,则监测频率应越大。当直接的加固或穿越过程完成后,监测过程尚需持续到沉降稳定为止。沉降标准可参阅相关规范或以半年沉降量不超过 2mm 为依据。

12.1.6 技术发展动态及趋势

托换技术在我国既是一项古老技术,又是一项新近取得很大进展的新技术,在既有建(构)筑物改造加固,救灾减灾,地下工程,城市地铁和轻轨交通,江、河、湖泊上的桥梁抬升改造工程等诸多方面,都被广泛应用。在托换技术方面如锚杆加压纠偏、锚杆静压桩、基础减压和加强刚度法、碱液加固、浸水纠偏、掏土纠偏、千斤顶整体顶升以及在湿陷性黄土地基上应用的多种托换方法等都有很大的创新和特色。我国的托换技术虽然起步较晚,但随着大规模建设事业的发展,应用托换技术的工程越来越多,在使用过程中对该技术不断创新使其有了自己的特色。

近年来,世界上大型和深埋的结构物以及地下铁道大量施工,尤其是古建筑的基础加固工程增多,有时对既有建筑物需要改建、加层和加大使用荷载,这就需要采用托换技术,所以当前世界各国托换加固工程日益增多,托换技术的发展有了质的飞跃。德国在第二次世界大战后,在许多城市的扩建和改建工程中,特别是在修建地下铁道工程中,大量地采用了综合托换技术,积累了丰富的经验,取得了显著的成绩,并已将托换技术编入了德国工业标准(Deutsche Industrie-Norm,DIN)。

我国的托换技术虽然起步较晚,但由于现阶段我国大规模建设事业的发展,其数量与规模不断地扩大,托换技术正处于蓬勃发展的时期。

由于现代城市建(构)筑物的体量大,对沉降、变形等控制要求严格,单一的托换施工技术已经不能满足要求,这也促使托换技术趋向大型化和综合性方向发展。例如,在穿越既有轨道线路的新建结构开挖时,无论是上跨还是下穿,都会对既有线结构产生一些不可避免的影响,这些影响主要是既有结构沉降、变形,反映到既有轨道线上即为轨道标高与轨距改变。新建结构开挖施工时需要保证既有线路行车不中断,这就对既有结构的沉降与变形提出了更高的要求。除此之外,导致土沉降变形的因素很多,情况复杂,现有工程设计为简化计算,通常对计算条件进行一定的简化,计算结果并不能完全与实际相符。另外,土体的沉降变形存在时效性,如何在相当长一段时间内保持其沉降变形的稳定,是一个需要重点考虑的问题。在新建结构开挖施工时,为防止既有结构的沉降变形超限,影响既有线行车安全,最好在新建结构施工的各个阶段都能采取相应的措施。当既有线结构沉降变形超限时可以消除这些沉降变形,这是传统的托换技术无法解决的,需要将建筑物顶升与纠偏施工的一些措施与托换技术综合到一起,共同作用,达到实时微沉降变形调整的目的。

实践表明,我国许多城市已进入开发利用地下空间的阶段,部分大城市已经进入开发高潮。随着我国经济、科学技术的发展,城市化水平的提高及城市可持续发展战略的贯彻,开发利用城市地下空间越来越表现出巨大效益和潜力,我国城市地下空间开发利用必将向现代化、国际化、科学化的方向发展。我国城市地下空间开发利用事业将出现下述几个发展趋势:

(1)综合开发利用的趋势。城市地下空间开发利用将不再只满足某一单项功能,而将立足于城市的整体建设与功能要求,使多项城市功能整合共融,如满足交通、商业、供给与环境等的大型综合体;同时,也不再是一种空间形态的孤立,而是由点、线、面、体等多种形态的空间灵活组合贯通的、有机的、丰富的空间整体。

(2)规划与设计理论的发展。建立在城市可持续发展与城市三维立体发展的战略思路上,将地下空间作为城市三维发展的一个维度,地下空间规划与设计理论将会逐步充实完善,其将指导城市科学地向地下延伸。

(3)开发技术的发展。我国目前的用于地下空间开发的土木技术已接近或处于世界先进水平,但一些关键辅助设备或技术,如机具技术、计算机与电气控制技术、自动化技术等,与世界先进水平还有大的差距,会影响地下空间开发的规模与成本,但随着对引进技术的消化吸收和对研制开发投入的加大,这些差距将会逐步缩小。

(4)法规与管理维护越来越完善。我国不仅有完备的法规、政策及管理措施和先进的维护技术,还将建成推动地下空间综合开发利用的实体和管理部门。

(5)有人的城市地下空间设施会更加安全、高效,有人的城市地下空间设施会更加美观、令人舒适,地下空间内环境中的造景、幻境及地面环境模拟等技术会大大发展。同时,将更多地从环境保护、城市景观保护和历史文物保护的角度开发利用城市地下空间。

(6)新工艺与新材料不断涌现。为了降低城市地下空间开发的成本与难度,并适应多种形态的地下空间的组合,满足多种设施功能的交叉与共融,高效、经济的施工工艺将会不断产生,尤其是机械挖掘技术与施工自动化技术会有较大进步。同时,新的建筑装饰材料尤其是地下防水与环境改善的材料也会不断涌现。

12.2　基础加宽技术

基础扩大技术主要有加大基础底面积技术、基础减压和加强刚度技术、抬墙梁技术。

12.2.1　加大基础底面积技术

加大基础底面积技术适用于既有建筑物荷载增加、地基承载力或基础底面积尺寸不满足设计要求,且基础埋深较浅有扩大条件的加固工程。设计时可采取有效措施保证新旧基础的联结牢固和地基的变形协调。加大基础底面积技术主要有混凝土套或钢筋混凝土套加大基底面积法、改变基础形式法等。

加大基础底面积技术的设计和施工应符合下列规定:

(1)当基础承受偏心受压荷载时,可采用不对称加宽基础;当承受中心受压荷载时,可采用对称加宽基础;

（2）在灌注混凝土前，应将原基础凿毛并刷洗干净，铺一层高强度等级水泥浆或涂混凝土界面剂，增加新、老混凝土基础的黏结力；

（3）对基础加宽部分，地基上应铺设厚度和材料与原基础垫层相同的夯实垫层；

（4）当采用混凝土套加固时，基础每边加宽的外形尺寸应符合现行国家标准《建筑地基基础设计规范》（GB 50007—2011）中有关无筋扩展基础或刚性基础台阶宽高比允许值的规定，沿基础高度隔一定距离应设置锚固钢筋；

（5）当采用钢筋混凝土套加固时，应将基础加宽部分的主筋应与原基础内主筋焊接；

（6）对条形基础加宽时，应按长度1.5～2.0m划分单独区段，并采用分批、分段、间隔施工的方法；

（7）当基础为承重的砖石砌体、钢筋混凝土基础梁时，墙基应跨越两墩，如原基础强度不能满足两墩的跨越，应在坑间设置过梁，以支撑基础；

（8）新旧基础采用铰接时，新基础部分嵌入基础底面即可，新旧基础咬接长度和高度主要由局部受压和受剪承载力控制。新旧基础采用刚性连接时，新旧基础底部受力钢筋必须彼此焊接，部分构造钢筋应植入原基础，同时结合面应凿毛。

1. 混凝土套或钢筋混凝土套加大基底面积法

当既有建筑物的基础产生裂缝或基底面积不足时，可用混凝土套或钢筋混凝土套加大基础底面积（见图12-1）。

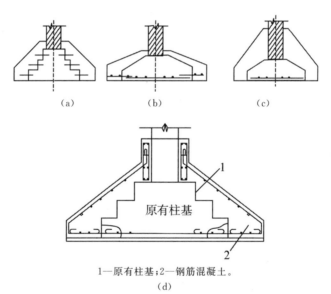

1—原有柱基；2—钢筋混凝土。

(d)

图12-1　用混凝土套或钢筋混凝土套加大基础底面积

当原条形基础承受中心荷载时，可采用双面加宽基础；对单独柱基加固可沿基础底面四边扩大加固；当原基础承受偏心荷载时，或受相邻建筑条件限制，或为沉降缝处的基础，或为不影响正常使用，可采用单面加宽基础。常见的加固方法有钢筋混凝土套加宽钢筋混凝土独立基础（刚接）、混凝土套加宽钢筋混凝土独立基础（铰接）、钢筋混凝土套加宽钢筋混凝土条形基础（刚接）、混凝土套加宽钢筋混凝土条形基础（铰接）、混凝土套加宽砖砌条形基础（铰接）等。

采用混凝土套或钢筋混凝土套加大基础面积的设计与施工应注意以下几点要求：

（1）基础加大后刚性基础应满足混凝土刚性角要求，柔性基础应满足抗弯要求；

（2）为使新旧基础牢固联结，在灌注混凝土前应将原基础凿毛并刷洗干净，再涂一层高标号水泥砂浆，沿基础高度每隔一定距离应设置锚固钢筋；也可在墙脚或圈梁钻孔穿钢筋，再用环氧树脂填满，穿孔钢筋须与加固筋焊牢；

（3）对加套的混凝土或钢筋混凝土的加宽部分，其地基上应铺设的垫料及其厚度，应与原基础垫层的材料及厚度相同，使加套后的基础与原基础的基底标高和应力扩散条件相同，以协调变形；

（4）对条形基础应按长度 1.5～2.0m 划分成许多单独区段，分别进行分批、分段、间隔施工，决不能在基础全长上挖成连续的坑槽和使全长上地基土暴露过久，以免地基土浸泡软化，使基础产生很大的不均匀沉降。

（5）当采用混凝土套加固时，基础每边加宽的宽度及外形尺寸应符合国家现行标准《建筑地基基础设计规范》（GB 50007—2011）中有关无筋扩展基础或刚性基础台阶宽高比允许值的规定。沿基础高度隔一定距离应设置锚固钢筋。

当采用钢筋混凝土套加固时，加宽部分的主筋应与原基础内主筋相焊接。

2.改变基础形式法

采用混凝土或钢筋混凝土套加大基础底面积尚不能满足地基承载力和变形等的设计要求时，可将原独立基础改成条形基础；将原条形基础改成十字交叉条形基础或筏形基础；将原筏形基础改成箱形基础。这样不但更能扩大基底面积，以满足地基承载力和变形的设计要求，而且由于加大了基础的刚度，可减小地基的不均匀变形。

（1）独立基础改条形基础。新增条形基础有平板式和肋梁式两种，新旧基础连接方式有铰接和刚接。原基础净距较小且本身承载力富余时，可采用平板式，否则宜采用肋梁式。铰接的构造和施工均较为简单，只要求传递剪力，新基础部分嵌入原基础底面即可，新旧基础咬接长度和高度主要由局部受压和受剪承载力控制，一般取不小于 100mm 的长度、不小于 200mm 的高度。新旧基础采用刚性连接时，新旧基础应连接成一个整体，既承担剪力也传递弯矩，结构整体性较好，但新旧基础底部受力钢筋必须彼此焊接，部分构造钢筋应植入原基础，同时结合面应凿毛。

（2）条形基础改十字正交条形基础。新增条形基础截面形式一般为肋梁式，新旧基础刚接时，梁底新旧受力钢筋应焊接；新旧基础铰接时，新旧肋梁底板应部分嵌入原基础底面。

（3）条形基础改筏形基础。新增筏形基础形式分平板式和肋梁式。净跨较小时可采用平板式，否则应采用肋梁式或双向肋梁式。新旧基础的连接分铰接和刚接，对于无筋扩展基础应采用铰接；对于钢筋混凝土基础，可采用刚接。对于平板式铰接，新增筏板应部分嵌入原基础底部，深度应不小于 100mm；对于肋梁式铰接，一般采用倒 T 形板，底板嵌入原基础底面，肋梁顶受力筋应植入原基础，其余构造筋可部分植入原基础墙和基础；对于平板刚接，新旧基础底面齐平，新增筏板底面受力钢筋应与原基础底面钢筋采用电焊连接，筏板顶面受力钢筋采用化学植筋方法每隔一根植入原基础，且整个结合面凿毛，以增强其抗剪承载力。

（4）刚性基础改扩展基础，提供基础的受弯能力是基础加固的重要环节。可采用的方法有刚性基础下面植入受弯构件和刚性基础上面植入受弯构件等。

具体的加固方法有钢筋混凝土独立基础改条形基础、钢筋混凝土条形基础改十字正交条形基础、砖砌条形基础改筏形基础（基础墙厚不小于 490mm）、钢筋混凝土条形基础改筏形基础、刚性基础改扩展基础等。

12.2.2 基础减压和加强刚度技术

对软弱地基上建造建(构)筑物,在设计时有时除了作必要的地基处理外,对上部结构往往需要采取某些加强建(构)筑物的刚度和强度,以及减小结构自重的结构措施,如:

(1)调整各部分的荷载分布、基础宽度或埋置深度;

(2)对不均匀沉降要求严格或重要的建(构)筑物,必要时可选用较小的基底压力;

(3)对于砖石承重结构的建筑,其长宽比宜小于或等于2.5,纵墙应不转折或少转折,内横墙间距不宜过大,墙体内宜设置钢筋混凝土圈梁,并在平面内联成封闭体系;

(4)选用轻质材料、轻型结构,减小墙体重量,采用架空地板代替室内厚填土等措施;

(5)设置地下室或半地下室时,采用覆土少和自重轻的箱形基础。

当既有建筑物由于地基强度和变形不满足设计规范要求,使上部结构出现开裂或破损而影响结构安全时,同样可采取减小结构自重和加大建(构)筑物的刚度和强度的措施。其基本原理是人为地改变结构条件,促使地基应力重分布,从而调整变形,控制沉降和制止倾斜。基础减压和加强刚度法在特定条件下,较采用其他加固技术工程费用低、处理方便和效果显著。

大型结构物一般应具有足够的结构刚度,但当其结构产生一定倾斜时,为改善结构条件,而将基础结构改成箱形基础或增设结构的连接体而形成组合结构时,尚需验算由荷载、反力或不均匀沉降产生的抗弯和抗剪强度,其计算结果应在结构和使用所容许的范围内。另外,对于组合结构,必须要求其有足够的刚度,因为刚度很小的联结结构,缺少传播分散荷载的能力,难以改变基底与土中的原有压力分布状况,也就无法调整不均匀沉降来控制倾斜。因此,组合结构或新建连接体只有具有较大的刚度,才能达到设计处理所要求的和改善自身结构进行倾斜控制的预定目的。

12.2.3 抬墙梁技术

抬墙梁技术是在原基础两侧挖坑并做新基础,通过钢筋混凝土梁将墙体荷载部分转移到新做基础上的一种加大基底面积的方法。新加的抬墙梁应设置在原地基梁或圈梁的下部。这种加固方法具有对原基础扰动少、设置数量较为灵活的特点。浇筑抬墙梁时,应充分振捣密实,使其与地圈梁底紧密结合。若抬墙梁采用微膨胀混凝土,其与地圈梁挤密效果更佳。抬墙梁必须达到设计强度,才能拆除模板和墙体。

图12-2表示在原基础两侧新增条形基础抬梁扩大基底面积的做法。

采用抬梁技术加大基底面积时,应使抬梁避开底层的门、窗和洞口;抬梁的顶部须用钢板楔紧。对于外增独立基础,可用千斤顶将抬梁顶起,并打入钢楔,以减少新增基础的应力滞后。

图12-3表示在原基础两侧新增独立基础抬梁扩大基底面积的做法。

抬墙梁是现浇梁,是穿过原建筑物的地圈梁,支承于砖砌、毛石或混凝土新基础上。基础下的垫层应与原基础采用同一材料,并且做在同一标高上。浇筑抬墙梁时,应充分振捣密实,使其与地圈梁底紧密结合。若抬墙梁采用微膨胀混凝土,则其与地圈梁挤密效果更佳。

抬墙梁必须达到设计强度,才能拆除模板和墙体。

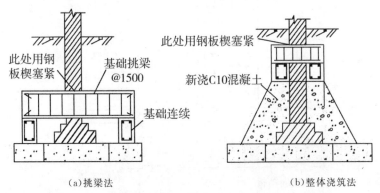

（a）挑梁法   （b）整体浇筑法

图 12-2　外增条形基础抬梁扩大基底面积

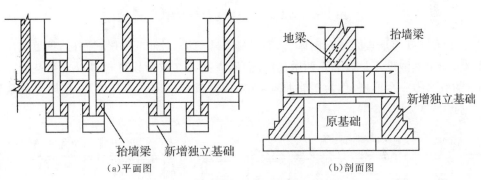

（a）平面图   （b）剖面图

·图 12-3　外增独立基础抬梁扩大基底面积

12.3　墩式托换技术

如果经验算后，原地基承载力和变形不能满足上部结构荷载要求，除了可采用增加基础底面积的方法外，还可以将基础落深在较好的新持力层上，也就是加深基础技术。这种加固方法也称为墩式托换技术。

加深基础技术适用于地基浅层有较好的土层可作为基础持力层，且地下水位较低的情况。其具体做法是将原基础埋置深度加深，使基础支承在较好的持力层上，以满足设计对地基承载力和变形的要求。若地下水位较高，则应根据需要采取相应的降水或排水措施。

对既有建筑进行基础加深加固时，其设计应遵循以下一些要点：

（1）根据被加固结构荷载及地基土的承载力大小，所设计使用的混凝土墩可以是间隔的，也可以是连续的（见图 12-4）。其中如果间断的墩式加固满足建筑物荷载条件对基底土层的地基承载力要求，则可设计为间断墩式基础；如果不满足，则可设计为连续墩式基础。施工时应先设置间断混凝土墩以提供临时支撑；在开挖间断墩间的土时，可先将坑的侧板拆除，再在挖掉墩间土的坑内灌注混凝土，然后进行砂浆填筑，从而形成连续的混凝土墩式基础。

（2）当坑井宽度小于 1.25m，坑井深度小于 5m，坑井间距不小于单个坑井宽度的 3 倍，建筑物高度不大于 6 层时，可不经力学验算就在基础下直接开挖小坑。

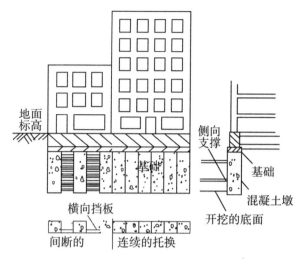

图 12-4　间断的和连续的混凝土墩式加固

（3）如果基础为承重的砖石砌体、钢筋混凝土基础梁，对间断的墩式基础，该墙基应可跨越两墩。如果其强度不足以满足两墩的跨越，则有必要在坑间设置过梁以支持基础。即在间隔墩的坑边做一个凹槽，作为钢筋混凝土梁、钢梁或混凝土拱的支座，并在原来的基础底面下进行干填（见图 12-5）。

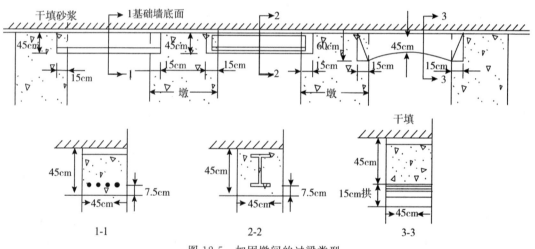

图 12-5　加固墩间的过梁类型

（4）对大的柱基用基础加深时，可先将柱基面积划分为几个单元进行逐个加固。单元尺寸根据基础尺寸大小的不同而不同。对于不加临时支撑的柱基进行加固施工时，通常一次加固不宜超过基础支承总面积的 20%。由于柱子的中心处荷载最集中，可从基础的角端处先行开挖并用混凝土墩进行加固。

（5）在框架结构中，上部各层的柱荷载可传递给相邻的柱子，所以理论上荷载决不会全部作用在被加固的基础上，因而不能在相邻柱基上同时进行加固施工。一旦在一根柱子处开始加固，就要不间断地进行到施工结束为止。

（6）如果地下建筑要在某些完整无损的建筑物外墙旁经过时，需在其施工前对这些建筑物的外墙进行加固。这时可将外墙基础落深到与地下建筑底面的相同标高处,因而基础加深的方法可作为预防性加固措施方案之一。

(7)如果基础加深的施工结束后,预计附近会有打桩或深基坑开挖等工程,可在混凝土墩式基础施工时,预留安装千斤顶的凹槽,使得今后需要时安装千斤顶来顶升建筑物,从而调整不均匀沉降,这就是维持性加固。

(8)施工步骤。

①在贴近既有建筑条形基础的一侧分批、分段、间隔开挖长约 1.2m、宽约 0.9m 的竖坑,对坑壁不能直立的砂土或软弱地基要进行坑壁支护,竖坑底面可比原基础底面深 1.5m。

②在原条形基础底面下沿横向开挖与基础同宽,深度达到设计持力层的基坑。

③基础下的坑体应采用现浇混凝土灌注,并在距原基础底面 80mm 处停止灌注,待养护 1 天后用掺入膨胀剂和速凝剂的干稠水泥砂浆填入基底空隙,再用铁锤敲击木条,并挤密所填砂浆。

④按上述步骤再间隔、跳筑地分段分批地挖坑和修筑墩子,直至加固基础的工作全部完成。

⑤存在地下水时,应采取相应的降水或排水措施。

加深基础法的优点是费用低、施工简便,由于加固工作大部分是在建筑物的外部进行的,所以在施工期间仍可使用建筑物。其缺点是工期较长,且由于建筑物的荷载被置换到新的地基土上,故会产生一定的附加沉降。

(9)注意事项。

①条形基础下采用间断式还是连续式混凝土墩主要取决于被加固结构物的荷载和坑下地基的承载力。

②为防止墩式基础施工时由基础内外两侧土体高差形成的土压力过大,需提供挖土时的横撑、对角撑或锚杆。图 12-6 为墩式法加固效果和施工步骤。

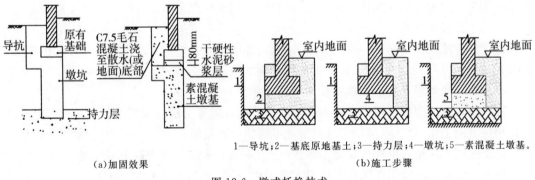

1—导坑;2—基底原地基土;3—持力层;4—墩坑;5—素混凝土墩基。

(a)加固效果　　　　　　　　　　　　(b)施工步骤

图 12-6　墩式托换技术

12.4　桩式托换技术

桩式托换技术包括锚杆静压桩、坑式静压桩、树根桩和石灰桩等。

12.4.1 锚杆静压桩

锚杆静压桩法是将锚杆和静力压桩两项技术巧妙结合而形成的一种桩基施工新工艺,是一项基础加固处理新技术,适用于淤泥、淤泥质土、黏性土、粉土和人工填土等地基土。其加固机理类同于打入桩及大型压入桩,但其施工工艺又不同于两者。锚杆静压桩在施工条件要求及对周边环境的影响方面明显优于打入桩及大型压入桩。

在进行锚杆静压桩施工时,首先在需要进行加固的既有建筑物基础上开凿压桩孔和锚杆孔,用黏结剂埋好锚杆,然后安装压桩架且与建筑物基础连为一体。利用既有建筑物自重作为反力,用千斤顶将预制桩压入土中,桩段间用硫黄胶泥或电焊连接。当压桩力或压入深度达到设计要求后,将桩与基础用微膨胀混凝

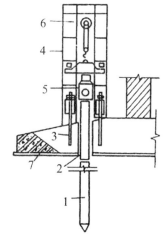

1—桩;2—压桩孔;3—锚杆;4—反力架;
5—千斤顶;6—手动或电动葫芦;7—基础。

图 12-7 锚杆静压桩装置

土浇筑在一起,桩即可受力,从而达到提高地基承载力和控制沉降的目的(见图 12-7)。

1. 锚杆静压桩的优点

工程实践表明,加固工程中该工法与其他工法相比,具有以下明显优点。

1)保证工程质量

采用锚杆静压桩加固,传荷过程和受力性能非常明确,在施工中可直接测得实际压桩力和桩的入土深度,施工质量有可靠保证。

2)做到文明清洁施工

压桩施工过程中无振动、无噪声、无污染,对周围环境无影响,可做到文明、清洁施工。非常适用于人口密集的居民区内的地基加固施工,属于环保型工法。

3)施工条件要求低

由于压桩施工设备轻便、简单、移动灵活、操作方便,可在狭小的空间内进行压桩作业,并可在车间不停产、居民不搬迁情况下进行基础加固。

4)对既有倾斜建筑物可实现可控纠倾

锚杆静压桩配合掏土或冲水可成功地应用于既有倾斜建筑的纠倾工程中。由于止倾桩与保护桩共同工作,对既有倾斜建筑可实现可控纠倾的目的。

该工法施工质量的可控性和技术的优越性,使该工法在上百项既有建筑地基基础加固中成功地得到应用。特别在完成难度很大的工程中,显示出了无比的优越性。

2. 锚杆静压桩勘察要点

针对锚杆静压桩进行工程地质勘察时,除了应进行常规的工程地质勘察工作外,尚应进行静力触探试验。由于锚杆静压桩在施工过程中的受力特点与静力触探试验非常相似,故静力触探试验配合常规勘察可提供适宜的桩端持力层,并且可提供沿深度各土层的摩阻力和持力层的承载力,从而可以比较准确地预估单桩竖向容许承载力,为锚杆静压桩设计提供较为可靠和必需的设计参数及依据。

3. 锚杆静压桩的设计

在进行锚杆静压桩设计前,必须对拟加固建筑物进行调研,查明其工程事故发生的原因,了解其沉降、倾斜、开裂情况,分析上部结构与地基基础之间的关系,调查周边环境、地下网线及地下障碍物等情况,并应收集加固工程的地基基础设计所必需的其他资料。

设计内容包括单桩竖向承载力、桩断面及桩数设计,桩位布置设计,桩身强度及桩段构造设计,锚杆构造设计,下卧层强度及桩基沉降验算,承台厚度验算等。若是纠倾加固工程尚需进行纠倾设计。

锚杆静压桩的设计应符合现行行业标准《既有建筑地基基础加固技术规范》(JGJ 123—2012)有关规定。

4. 锚杆静压桩的施工

在锚杆静压桩进行施工以前,应做好准备工作,如首先根据压桩力大小选择压桩设备及锚杆直径(对黏性土,压桩力可取 1.3~1.5 倍单桩承载力特征值;对砂类土,压桩力可取 2 倍单桩承载力特征值);其次要根据实际工程编制施工组织设计材料,其内容应包括针对设计压桩力所采用的施工机具与相应的技术组织、劳动组织和进度计划,施工中的安全防范措施,拟订压桩施工流程,施工过程中应遵守的技术操作规定,工程验收所需的资料与记录等,另外还应在设计桩位平面图上标好桩号及沉降观测点。

在进行压桩施工以前,应先行清理压桩孔和锚杆孔的施工工作面;制作锚杆螺栓和桩节;开凿压桩孔,并将孔壁凿毛,把压桩孔清理干净,将原承台钢筋割断后弯折,待压桩后再焊接;开凿锚杆孔,并确保锚杆孔内清洁干燥后再埋设锚杆,用黏结剂加以封固。

锚杆静压桩施工应符合现行行业标准《既有建筑地基基础加固技术规范》(JGJ 123—2012)有关规定。

锚杆静压桩的封桩是整个压桩施工中的关键工序之一,必须认真对待。封桩的具体流

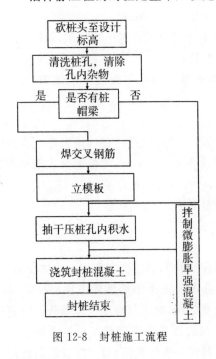

图 12-8　封桩施工流程

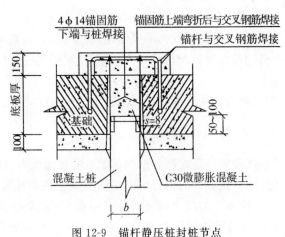

图 12-9　锚杆静压桩封桩节点

注:图中尺寸以 mm 为单位。

程见图 12-8。锚杆静压桩封装节点见图 12-9,大型锚杆静压桩法可用于新建高层建筑桩基工程中经常出现的类似于断桩、缩径、偏斜、接头脱开等的质量事故工程,以及既有高层建筑的使用功能改变或裙房区的加层等基础加固工程。

对沉降敏感的建筑物或要求加固后对制止沉降有立竿见影效果的建筑物(如古建筑、沉降缝两侧等部位),其封桩可采用预加反力封桩法(见图 12-10)。通过预加反力封桩,拖带沉降可以减少 50%,一般为 1.5~2cm,可收到良好的效果。

具体做法是在桩顶上预加反力(预加反力值一般为 1.2 倍单桩承载力),此时底板上保留了一个相反的上拔力,由此减小了基底反力,在桩顶预加反力作用下,桩身形成了一个预加反力区,然后将桩与基础底板浇捣微膨胀混凝土,合成整体,待封桩混凝土硬结后拆除桩顶上千斤顶,桩身有很大的回弹力,从而减少基础的拖带沉降,起到减少沉降的作用。

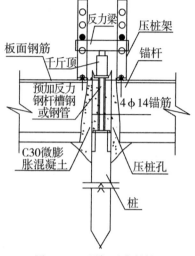

图 12-10　预加反力封桩

常用的预加反力装置为一种特制短反力架,特制的预加反力短柱使千斤顶和桩顶起到传递荷载的作用,然后当千斤顶施加所要求的反力后,立即浇捣 C30 或 C35 微膨胀早强混凝土,当封桩混凝土强度达到设计要求后,拆除千斤顶和反力架。

5.锚杆静压桩的质量检验

锚杆静压桩的质量检验应符合下列规定:

(1)桩段规格、尺寸、标号应符合设计要求,且应按标号的设计配合比制作;

(2)压桩孔位置应与设计位置一致,其平面偏差不得大于 ±20mm;

(3)锚杆尺寸、构造、埋深与压桩孔的相对平面位置必须符合设计及施工组织设计要求;

(4)压桩时桩节的垂直度偏差不得超过 1.5% 的桩节长;

(5)钢管桩的平整度高差不得大于 2mm,接桩处的坡口应为 45°,焊缝要求饱满、无气孔、无杂质,焊缝高度应为 $h=D+1mm$(D 为桩径);

(6)最终压桩力与桩压入深度应符合设计要求;

(7)封桩前压桩孔内必须干净、无水,检查桩帽梁、交叉钢筋及焊接质量,微膨胀早强混凝土必须按标号的配比设计进行配制,配制混凝土塌落度为 20~40mm,封桩混凝土需振捣密实;

(8)桩身试块强度和封桩混凝土试块强度应符合设计要求。

12.4.2　坑式静压桩

坑式静压桩是在已开挖的基础下的加固坑内,利用建筑物上部结构自重作为支撑反力,用千斤顶将预制好的钢管桩或钢筋混凝土桩段接长后逐段压入土中的加固方法(见图 12-11)。千斤顶上的反力梁可利用原有基础下的基础梁或基础板,对无基础梁或基础板的既有建筑,则可将底层墙体加固后再进行加固。该法将千斤顶的顶升原理和静压桩技术融于一体,适用于淤泥、淤泥质土、黏性土、粉土和人工填土等,且地下水位较低、有埋深较浅的硬持力层的情况。当地基土中有较多的大块石、坚硬黏性土或密实的砂土夹层时,由于桩压入时难度较大,需要根据现场试验确定其是否适用。

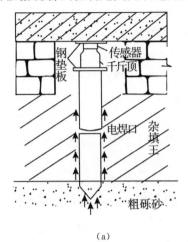

（a）

（b）

图 12-11　坑式静压桩加固

国外坑式静压桩的桩身多数采用边长为 150～250mm 的预制钢筋混凝土方桩,亦可采用桩身直径为 100～600mm 开口钢管,国外一般不采用闭口的或实体的桩,因为后者顶进时属挤土桩,会扰动桩周的土,从而使桩周土的强度降低;另外,当桩下端遇到障碍时,则桩身就无法顶进了。开口钢管桩的顶进对桩周土的扰动影响相对较小,国外使用钢管的直径一般为 300～450mm,如遇漂石,亦可用锤击破或用冲击钻头钻除,但决不能采用爆破方式。

桩的平面布置都是按基础或墙体中心轴线布置的,同一个加固坑内可布置 1～3 根桩,绝大部分工程都采用单桩或双桩。只有在纵横墙相交部位的加固坑内,布置横墙 1 根和纵墙 2 根,3 根加压桩形成三角形。

1.坑式静压桩的设计

坑式静压桩的桩身材料可采用直径为 150～300mm 的开口钢管或边长为 150～250mm 的预制钢筋混凝土方桩。桩径的大小可根据地基土的贯入难易程度进行调整,对于桩贯入容易的软弱土层,桩径还可在此基础上适当增大。每节桩段长度可根据既有建筑基础下坑的净空高度和千斤顶的行程确定。若为钢管桩,桩管内应灌满素混凝土,桩管外应做防腐处理,桩段与桩段之间用电焊连接;若为钢筋混凝土预制桩,可在底节桩上端及中间各节预留孔和预埋插筋相装配,再采用硫黄胶泥接桩,也可采用预埋铁件焊接成桩。在压桩过程中,为保证垂直度,可加导向管焊接。

桩的平面布置应根据既有建筑的墙体和基础形式,以及需要增补荷载的大小确定,一般可布置成一字形、三角形、正方形或梅花形。桩位布置应避开门窗等墙体薄弱部位,设置在结构受力节点位置。

当既有建筑基础结构的强度不能满足压桩反力时,应在原基础的加固部位加设钢筋混凝土地梁或型钢梁,以提高基础结构的强度和刚度,确保工程安全。

坑式静压桩的单桩承载力应按国家现行标准《建筑地基基础设计规范》(GB 50007—2011)的有关规定进行估算。由于压桩过程中产生的是动摩擦力,因而压桩力达 2 倍设计单桩竖向承载力标准值相应的深度土层内,则定能满足静载荷试验时安全系数为 2 的要求。

2.坑式静压桩的施工

坑式静压桩是在既有建筑物基础底下进行施工的,其难度很大且有一定的风险性,所以在施工前必须要有详细的施工组织设计、严格的施工程序和具体的施工措施。坑式静压桩的施工应符合现行行业标准《既有建筑地基基础加固技术规范》(JGJ 123—2012)有关规定。

为了消除静压桩顶进至设计深度后,取出千斤顶时桩身的卸载回弹,研发了克服或消除这种卸载回弹的预应力方法。其做法是预先在桩顶上安装钢制加固支架,在支架上设置两台并排的同吨位千斤顶,垫好垫块后同步压至压桩终止压力后,将已截好的钢管或工字钢的钢柱塞入桩顶与原基础底面间,并打入钢楔,挤紧后,千斤顶同步卸荷至零,取出千斤顶,拆除加固支架,对填塞钢柱的上下两端周边焊牢,最后将C30混凝土与原基础浇筑成整体。

封桩可根据要求预应力法或非预应力法施工。

3.坑式静压桩的质量检验

坑式静压桩质量检验应符合下列规定:

(1)最终压桩力与桩压入深度应符合设计要求;

(2)桩材试块强度应符合设计要求。

另外,检验内容尚应包括压桩时最大桩阻力的施工记录、钢管桩的焊口或混凝土桩接桩的质量、桩的垂直度等。

12.4.3 树根桩

树根桩是一种小直径的钻孔灌注桩,由于其加固设想是将桩基如同植物根系一般在各个方向与土牢固地连接在一起,形状如树根而得名。树根桩直径一般为 150～300mm,桩长一般不超过 30m,适用于淤泥、淤泥质土、黏性土、粉土、砂土、碎石土及人工填土等地基土上既有建筑的修复和增层、古建筑的整修、地下铁道的穿越等加固工程。

树根桩法的应用可以追溯到 20 世纪 30 年代,意大利的利芳特台尔(Fondedile)公司的工程师 F.Lizzi 首次提出并应用于工程实践的。第二次世界大战后迅速从意大利传到欧洲、美国和日本,开始应用于修复古建筑,进而用于修建地下构筑物加固工程。国内树根桩研究始于 1981 年,由同济大学首先推荐,并应用于苏州虎丘塔的托换加固。随着研究的深入,树根桩应用范围也从地基托换加固,扩大到边坡稳定加固、基坑开挖的侧向围护、防渗堵漏和地下空间结构的抗浮等。

树根桩施工时,是在钢套管的导向下用旋转法钻进,在加固工程中使用时,往往要穿越既有建筑的基础进入地基土中设计标高处,然后清孔后下放钢筋(钢筋数量由桩径决定)与注浆管,利用压力注入水泥浆或水泥砂浆,边灌,边振,边拔管,最终成桩。有时也可放入钢筋后再放入一些碎石,接着灌注水泥浆或水泥砂浆而成桩。上海等地区进行树根桩施工时都是不带套管的,直接成孔,然后放钢筋笼并灌浆成桩。根据需要,树根桩可以是垂直的,也可以是倾斜的;可以是单根的,也可以是成排的;可以是端承桩,也可以是摩擦桩。

1.树根桩的特点

(1)由于使用小型钻机,故所需施工场地较小,只要平面尺寸达到 1m×1.5m 和净空高度达到 1.5m 即可施工。

(2)施工时噪声小,机具操作时振动也小,不会给原有结构物的稳定带来任何危险,对已损坏而又需加固的建筑物比较安全,即使在不稳定的地基中也可进行施工。

（3）施工时因桩孔很小，故而对墙身和地基土都不产生任何次应力，仅仅是在灌注水泥砂浆时使用了压力不大的压缩空气，所以加固时不会对墙身造成危险；也不扰动地基土和干扰建筑物的正常工作情况。

（4）所有施工操作都可在地面上进行，因此施工比较方便。

（5）压力灌浆使桩的外表面比较粗糙，使桩和土间的附着力增加，从而使树根桩与地基土紧密结合，使桩和基础（甚至和墙身）联结成一体，因而经树根桩加固后，结构整体性得到大幅度改善。

（6）它可适用于碎石土、砂土、粉土、黏性土、湿陷性黄土和岩石等各类地基土。

（7）由于在地基的原位置上进行加固，竣工后的加固体不会损伤原有建筑的外貌和风格，这对遵守古建筑的修复要求的基本原则尤为重要。

2. 树根桩的设计与施工

树根桩加固地基设计计算内容与树根桩在地基加固中的效用有关，应视工程情况区别对待。

树根桩一般为摩擦桩，与地基土体共同承担荷载，可视为刚性桩复合地基。可将网状树根桩视为修筑在土体中的三维结构，设计时以桩和土间的相互作用为基础，由桩和土组成复合土体，共同作用，将桩与土围起来的部分视为一个整体结构，其受力犹如一个重力式挡土结构一样。

树根桩与桩间土共同承担荷载，树根桩的承载力发挥还取决于建筑物所能承受的最大沉降值。容许的最大沉降值愈大，树根桩承载力发挥度愈高。容许的最大沉降值愈小，树根桩承载力发挥度愈低。承担同样的荷载，当树根桩承载力发挥度低时，则要求设置较多的树根桩。

树根桩施工时如不下套管会出现缩颈或塌孔现象，则应将套管下到产生缩颈或塌孔的土层深度以下；注浆时注浆管的埋设应离孔底标高 200mm，从开始注浆起，对注浆管要进行不定时的上下松动，在注浆结束后要立即拔出注浆管，每拔出 1m 必须补浆一次，直至拔出为止；注浆施工时应防止出现穿孔和浆液沿砂层大量流失的现象，可采用跳孔施工、间歇施工或增加速凝剂掺量等措施来防范；额定注浆量不应超过按桩身体积计算量的 3 倍，当注浆量达到额定注浆量时应停止注浆；注浆后由于水泥浆收缩较大，故在控制桩顶标高时，应根据桩截面和桩长，采用高于设计标高 5%～10% 的施工标高。

树根桩的设计与施工应符合现行行业标准《既有建筑地基基础加固技术规范》（JGJ 123—2012）有关规定。

3. 树根桩的质量检验

树根桩属地下隐蔽工程，施工条件和周围环境都比较复杂，控制成桩过程中每道工序的质量是十分重要的。施工单位按设计的要求和现场条件制定施工大纲，经现场监理审查后监督执行。施工过程中应有现场验收施工记录，包括钢筋笼的制作、成孔和注浆等各项工序指标考核。桩位、桩数均应认真核查、复测，对桩顶混凝土强度采用现场取样做试块的方法进行检验，通常每 3～6 根桩做一组试块，每组是三块边长为 150mm 的立方体，按国家现行标准《混凝土结构设计规范》（GB 50010—2010）进行测试。

静载荷试验是检验桩基承载力和了解其沉降变形特性的可靠方法。各种动测法也常用于检验桩身质量，如查裂缝、缩颈、断桩等。动测法检测这类小直径桩效率高，但在判别时也要依赖于工程经验。

12.4.4 石灰桩

用机械或人工的方法成孔,然后将不同比例的生石灰(块或粉)和掺合料(粉煤灰、炉渣等)灌入,并进行振密或夯实形成石灰桩桩体,桩体与桩间土形成石灰桩复合地基,以提高地基承载力,减少沉降,称为石灰桩法。石灰桩是指桩体材料以生石灰为主要固化剂的低黏结强度桩,属低强度和桩体可压缩的柔性桩。

石灰桩法适用于处理饱和黏性土、素填土和杂填土等地基,有经验时可用于粉土、淤泥和淤泥质土地基。用于地下水位以上的土层时,宜增加掺合料的含水量并减小生石灰用量,或采取土层浸水等措施。加固深度范围为数米到十几米。不适用于有地下水的砂类土。

石灰桩按用料特征和施工工艺可分为块灰灌入法、粉灰搅拌法、石灰浆压力喷注法和石灰砂桩法。

1.石灰桩技术特点

(1)能使软土迅速固结,即使是松散的新填土,在加固深度范围内,成桩后7天至28天即可基本完成固结。

(2)可大量使用工业废料,社会效益显著。

(3)造价低廉。

(4)设备简单,可就地取材,便于推广。

(5)施工速度快。

(6)生石灰吸水使土产生自重固结,对淤泥等超软土的加固效果独特。

2.石灰桩的设计与施工

石灰桩桩径主要取决于成孔机具,目前使用的桩管常用的直径是325mm和425mm两种。用人工洛阳铲成孔的直径一般为200~300mm,机动洛阳铲成孔的直径可达400~600mm。

石灰桩的桩距确定,与原地基土的承载力和设计要求的复合地基承载力有关,一般采用2.5~3.5倍桩径。根据山西省的经验,采用桩距3.0~3.5倍桩径的,承载力可提高70%~100%;采用桩距2.5~3.0倍桩径的,承载力可提高1.0~1.5倍。

桩的布置可采用三角形或正方形,而采用等边三角形布置更为合理,它使桩周土的加固较为均匀。

桩长度的确定,应根据地质情况而定,当软弱土层厚度不大时,桩宜穿过软弱土层,也可先假定桩长,再对软弱下卧层强度和地基变形进行验算后确定。

石灰桩处理范围一般要超出基础轮廓线外围1~2排,是基底压力向外扩散的需要,另外考虑基础边桩的挤密效果较差。

应根据加固设计要求、土质条件、现场条件和机具供应情况,选用振动成桩法(分管内填料成桩和管外填料成桩)、锤击成桩法、螺旋钻成桩法或洛阳铲成桩工艺等。桩位中心点的偏差不应超过桩距设计值的8%,桩的垂直度偏差不应大于1.5%。

石灰桩的设计施工应符合现行行业标准《既有建筑地基基础加固技术规范》(JGJ 123—2012)有关规定。

3.石灰桩的质量检验

石灰桩质量检验应符合下列规定：

(1)施工时应及时检查施工记录,当发现回填料不足,缩径严重时,应及时采取有效补救措施；

(2)检查施工现场有无地面隆起异常情况、有无漏桩现象；按设计要求检查桩位、桩距,详细记录,对不符合者应采取补救措施；

(3)可在施工结束 28d 后采用标贯、静力触探以及钻孔取样做室内试验等测试方法,检测桩体和桩间土强度,验算复合地基承载力；

(4)对重要或大型工程应进行复合地基载荷试验；

(5)石灰桩的检验数量不应少于总桩数的 2%,并不得少于 3 根。

12.5　地基加固技术

既有建筑物地基加固技术主要有注浆加固、灰土桩加固和高压喷射注浆加固。

12.5.1　注浆加固

注浆加固法(grouting)是利用液压、气压或电化学原理,通过注浆管把某些能固化的浆液注入地层中土颗粒的间隙、土层的界面或岩层的裂隙内,使其扩散、胶凝或固化,以增加地层强度,降低地层渗透性,防止地层变形,改善地基的物理力学性质,进行加固的地基处理技术。

注浆加固法适用于砂土、粉土、黏性土和人工填土等地基加固。注浆加固根据其机理可分为渗入性注浆、劈裂注浆和压密注浆。

1.注浆加固设计

注浆加固设计应符合下列规定：

(1)注浆设计前宜进行室内浆液配比试验和现场注浆试验,以确定设计参数和检验施工方法及设备。也可参考当地类似工程的经验确定设计参数。

(2)对软弱土处理,可选用以水泥为主剂的浆液,也可选用水泥和水玻璃的双液型混合浆液。在有地下水流动的情况下,不应采用单液水泥浆液。

(3)注浆孔间距可取 1.0～2.0m,并应能使被加固土体在平面和深度范围内连成一个整体。

(4)浆液的初凝时间应根据地基土质条件和注浆目的确定。在砂土地基中,浆液的初凝时间宜为 5～20min；在黏性土地基中,宜为 1～2h。

(5)注浆量和注浆有效范围应通过现场注浆试验确定,在黏性土地基中,浆液注入率宜为 15%～20%。注浆点上的覆盖土厚度应大于 2m。

(6)对劈裂注浆的注浆压力,在砂土中,宜选用 0.2～0.5MPa；在黏性土中,宜选用 0.2～0.3MPa。对压密注浆,当采用水泥砂浆浆液时,坍落度宜为 25～75mm,注浆压力为 1～7MPa。当坍落度较小时,注浆压力可取上限值。当采用水泥-水玻璃双液快凝浆液时,注浆压力应小于 1MPa。

注浆加固设计应符合现行行业标准《既有建筑地基基础加固技术规范》(JGJ 123—2012)有关规定。

2.注浆加固施工

注浆加固施工应符合现行行业标准《既有建筑地基基础加固技术规范》(JGJ 123—2012)有关规定。

注浆压力和流量是施工中的两个重要参数,任何注浆方式均应有压力和流量的记录。自动流量和压力记录仪能随时记录并打印出注浆过程中的流量和压力值。

在注浆过程中,通过注浆流量、压力和注浆总流量等数据可分析地层的空隙,确定注浆的结束条件,预测注浆的效果。

注浆施工方法较多,对一般工程的注浆加固,还是以花管注浆为注浆工艺的主体。

3.质量检验

灌浆效果与灌浆质量的概念不完全相同。灌浆质量一般是指灌浆施工是否严格按设计和施工规范进行,例如灌浆材料的品种规格、浆液的性能、钻孔角度、灌浆压力等,都应符合规范的要求,不然则应根据具体情况采取适当的补充措施;灌浆效果则指混浆后改善地基土物理力学性质的程度。灌浆质量高不等于灌浆效果好,因此,设计和施工中,除应明确规定某些质量指标外,还应规定所要达到的灌浆效果及检查方法。

灌浆效果的检验,通常在注浆结束后28d才可进行,检验方法如下:

(1)统计计算灌浆量。可利用灌浆过程中的流量和压力自动曲线进行分析,从而判断灌浆效果。

(2)利用静力触探测试加固前后土体力学指标的变化,以了解加固效果。

(3)在现场进行抽水试验,测定加固土体的渗透系数。

(4)采用现场静载荷试验,测定加固土体的承载力和变形模量。

(5)采用钻孔弹性波试验测定加固土体的动弹性模量和剪切模量。

(6)采用标准贯入试验或轻便触探等动力触探方法测定加固土体的力学性能。

(7)通过室内试验对加固前后土的物理力学指标进行对比,判定加固效果。

(8)用 γ 射线密度计法,在现场可测定土的密度,以说明灌浆效果。

(9)电阻率法。将灌浆前后对土所测定的电阻率进行比较,据电阻率差说明土体孔中液的存在情况。

在以上方法中,动力触探试验和静力触探试验最为简便实用。检验点一般为灌浆孔数的 2%～5%,如检验点的不合格率等于或大于20%,或虽小于20%但检验点的平均值达不到设计要求,在确认设计原则后应对不合格的注浆区实施重复注浆。

12.5.2 灰土桩加固

灰土桩是将不同比例的消石灰和土掺合,通过不同的方式将灰土夯入孔内,在成孔和夯实灰土时将周围的土挤密,提高桩间土密度和承载力。另外,桩体材料石灰和土之间产生一系列物理化学反应,凝结成一定强度的桩体。桩体和经挤密的土组成复合地基承受荷载。

灰土桩是介于散体桩和刚性桩之间的桩型,属可压缩的柔性桩,其作用机理和力学性质接近石灰桩。

1.灰土桩的适用范围及技术特点

1)灰土桩的适用范围

(1)消除地基的湿陷性。

(2)地下水位以上湿陷性黄土、素填土、杂填土、黏性土、粉土的处理。

(3)灰土桩复合地基承载力可达250kPa,可用于12层左右的建筑物地基处理。

(4)深基开挖中,用来减小主动土压力和增大坑内被动土压力。

(5)用于公路或铁路路基加固、大面积堆场的加固等。

(6)当地基土含水量大于23%及其饱和度大于65%时,规范规定不宜采用灰土桩,如不考虑桩间土的挤密效应,在工艺条件许可时,也可采用,这是一个发展。

2)灰土桩的技术特点

(1)主固化料为消石灰,桩体材料多样,可就地取材。

(2)可用多种工艺施工,设备简单,便于推广。

(3)施工速度快,造价低廉。

(4)可大量使用工业废料,社会效益好。

(5)桩体强度为0.5～4MPa,桩间土经挤密后可大幅度提高承载力。

(6)除人工挖孔、人工夯实的工艺外,大多存在一定的振动和噪声,因而受到某些使用的限制。

2.灰土桩设计

(1)灰土桩的承载力应通过原位测试或结合当地经验确定。当无试验资料时,复合地基承载力标准值不应大于处理前的2倍,并不宜大于250kPa。

(2)当以提高承载力为目的时,灰土桩应以桩底下卧层强度和变形控制处理深度。当尚需消除土的湿陷性时,应根据《湿陷性黄土地区建筑标准》(GB 50025—2018)所规定的处理深度进行设计,处理深度的标准是以建筑物类别来区分的。

(3)灰土桩变形由复合土层和其下压缩土层的变形组成。复合土层的变形由试验和结合当地经验确定。下部压缩土层的变形按常规进行地基变形计算。

根据工程实践及试验的总结,只要灰土桩的施工质量得到保证,设计无原则错误,复合土层的变形多为20～50mm,在应用中可按桩长的0.3%～0.6%来估计复合土层的变形。

(4)由于灰土桩的强度有限,且具有可压缩性,桩体应力传递深度有一个界限,即所谓的有效桩长或临界桩长。经测试,有效桩长约为6～10d。因此,在桩底下卧层变形可以得到控制的情况下,桩不必过长。

3.灰土桩施工

灰土桩有多种施工工艺,包括人工成孔和人工夯实、沉管法、爆扩成孔法、冲击成孔法、管内夯击法等。

灰土桩施工应符合现行行业标准《建筑地基处理技术规范》(JGJ 79—2012)有关规定。

4.施工质量检验及效果检验

施工质量检验主要包括桩间土挤密效果和桩料夯填质量检验。桩间土挤密效果采用不同位置取样测定干密度和压实系数来检验。桩料夯填质量可用轻便触探、夯击能量法及取样检验。

效果检验包括取样测定桩间土干密度、桩身材料抗压强度及压实系数;室内测定桩间土及灰土的湿陷系数;现场浸水载荷试验,判定湿陷性消除情况;现场静载荷试验检验承载力等。

12.5.3　高压喷射注浆加固

高压喷射注浆法是利用钻机把带有喷嘴的注浆管钻进至土层的预定位置后,利用高压设备使浆液或水成为 20～40MPa 的高压射流从喷嘴中喷射出来,冲击破坏土体,同时钻杆以一定速度渐渐向上提升,将浆液与土粒强制搅拌混合,浆液凝固后,在土中形成一个固结体。

高压喷射注浆法按喷射流的移动方向可以分为旋转喷射(旋喷)、定向喷射(定喷)和摆动喷射(摆喷)三种形式,既有建筑地基基础加固中一般采用旋转喷射,即旋喷桩。按高压喷射注浆法的工艺类型可分为单管法、二重管法、三重管法和多重管法。

高压喷射注浆法主要适用于处理淤泥、淤泥质土、流塑或软塑黏性土、粉土、黄土、砂土、人工填土和碎石土等地基。它可用于工程建设之前、工程建设之中以及竣工后的加固工程,可以不损坏建筑物的上部结构,能在狭窄和较低矮的现场贴近建筑物施工。

高压喷射注浆法的设计、施工与质量检验应符合现行行业标准《建筑地基处理技术规范》(JGJ 79—2012)有关规定。

第13章 交通工程地基处理技术

13.1 交通工程地基处理方法与原则

13.1.1 道路交通对地基处理要求

我国交通基础设施建设的发展,大致经历改革开放(1978年)前的长期滞后阶段、1978—1990年的起步发展阶段和1990年至今的快速发展阶段。1949年底,全国公路通车里程仅8.07万km,公路密度仅0.8km/(10^2km²),到1978年底全国公路里程达到89万km,比新中国成立之初增长了10倍,但高等级公路数量很少,仅有二级公路约1万km;1978年至1990年,我国公路基础设施建设步伐进一步加快,到1989年底,全国公路通车里程达100万km,公路网的整体水平得到明显提高;1988年我国第一条高速公路——上海至嘉定高速公路建成通车,结束了我国没有高速公路的历史;到1997年底,我国高速公路通车里程达到4771km,相继建成了沈大、京津塘、沪宁等一批具有重要意义的高速公路,突破了高速公路建设的多项重大技术"瓶颈",积累了设计、施工、监理和运营等建设和管理全过程的经验;1998年开始,为应对亚洲金融危机,国家加快了基础设施建设步伐,高速公路建设进入了快速发展时期,年均通车里程超过4000km,到2020年底,全国高速公路通车里程达到16.1万km,稳居世界第一位。

2008年我国第一条设计时速为350km的高速铁路——京津城际高速铁路开通运营,从此我国高速铁路建设发展一日千里。截止到2021年6月底,高铁里程已达38155km,是世界上高铁里程最长的国家。

我国幅员辽阔,地形地貌复杂,土质条件多样。除山东部分地段外,沿海省份大部分为泥质海岸,土层多为淤泥、淤泥质黏土、淤泥质粉质黏土及泥混砂层,属于饱和的正常压密软黏土,这种土类抗剪强度低、压缩性高、固结慢,因而沉降变形量大、地基稳定性差。在我国长江、淮河流域,还分布着膨胀土、液化地基等;在一些煤矿等矿产基地,开采后留下了大面积的地下采空区。这些软弱地基、特殊地基的存在常导致严重的交通工程质量问题,往往是交通工程设计、施工需要解决的关键问题之一。

表13-1是我国主要高速公路软土分布情况。根据交通工程的特点和我国的实际情况,交通工程的地基问题可以归纳为以下三个方面。

1. 强度及稳定性问题

当地基的抗剪强度不足以支撑上部结构的自重及外荷载时,地基就会产生局部或整体

表 13-1 我国主要高速公路软土分布情况

指标		沪宁高速公路	京津唐高速公路	杭甬高速公路	泉厦高速公路	佛开高速公路	广佛高速公路	广深高速公路
全长/km		274.08	142.48	144.99	81.1	80.0	15.07	122.0
软土长/km		92.29	48.0	91.46	17.45	12.98	7.0	34.0
软土厚/m	一般	6~15	8	30~40	2~8	4~6	4~6	
	最厚	30	13	>60	17	15	8	
软土占全长比/%		33.6	33.7	63.2	22.0	16.3	46.4	28.0

剪切破坏,影响公路的正常安全使用,甚至引起开裂或破坏。承载力较低的地基容易使地基承载力不足而导致工程事故。

软土地基路堤的稳定验算一般采用瑞典圆弧滑动法中的固结有效应力法、改进总强度法,有条件也可采用简化 Bishop 法、简布(Janbu)条分法,施工期采用直剪快剪(不固结不排水)指标,其规定值为 1.1,运营期采用固结快剪(固结不排水)指标,其规定值为 1.2(见表13-2)。当计算的稳定安全系数小于上述规定值时,应针对稳定性进行处治设计。

表 13-2 稳定安全系数规定值

计算方法		有效固结应力法		改进总强度法		简化 Bishop 法、Janbu 条分法
		不考虑固结	考虑固结	不考虑固结	考虑固结	
规定值	直剪快剪、直剪固快	1.1	1.2			
	静力触探、十字板剪切			1.2	1.3	
	三轴有效剪切指标					1.4

注:当需要考虑地震力时,稳定安全系数减小 0.1。

对于铁路路基,《铁路路基设计规范》(TB 10001—2016)规定路基稳定性分析最小安全系数应符合下列规定:

①永久边坡,一般工况边坡最小稳定安全系数应为 1.15~1.25,地震工况边坡最小稳定性安全系数应为 1.10~1.15。

②临时边坡,边坡稳定安全系数应不小于 1.05~1.10。

2.变形问题

当地基在上部结构的自重及外荷载的作用下产生过大的变形时,会影响公路铁路的正常运营;特别是当产生过大的不均匀沉降时,路面会开裂破坏,构造物与路堤衔接处会产生差异沉降,引起"桥头跳车",涵身、通道凹陷,沉降缝拉宽而漏水,横坡变缓、积水等。一些特殊土地基在大气环境改变时,因自身物理力学特性的变化而往往会在上部结构荷载不变的情况下产生一些附加变形,如湿陷性黄土遇水湿陷、膨胀土遇水膨胀和干缩、冻土冻胀和融沉、软土扰动变形等。这些变形对交通工程的安全使用是极为不利的。

我国《公路路基设计规范》(JTG D30—2015)对软土地区路基工后沉降设置了明确的要求,如表 13-3 所示,当不满足要求时,应针对沉降进行处治设计。工后沉降是指路面设计使用年限(沥青路面为 15 年,水泥混凝土路面为 30 年)内的残余沉降。

表 13-3　软土地区公路路基容许工后沉降　　　　　　　　单位:m

公路等级	工程位置		
	桥台与路堤相邻处	涵洞、箱涵、通道处	一般路段
高速公路、一级公路	≤0.10	≤0.20	≤0.30
作为干线公路的二级公路	≤0.20	≤0.30	≤0.50

表 13-4 是我国《铁路路基设计规范》(TB 10001—2016)给出的铁路路基工后沉降变形限值。

表 13-4　铁路路基工后沉降控制限值

铁路类别			一般地段工后沉降/mm	桥台桥尾过渡段工后沉降/mm	沉降速率/(mm·年$^{-1}$)
有砟轨道	客货共线铁路	200km/h	≤150	≤80	≤40
		200km/h以下　Ⅰ级	≤200	≤100	≤50
		Ⅱ级	≤300	≤150	≤60
	高速铁路	300km/h、350km/h	≤50	≤30	≤20
		250km/h	≤100	≤30	≤30
	城际铁路	200km/h	≤150	≤80	≤40
		160km/h、120km/h	≤200	≤100	≤50
	重载铁路		≤200	≤100	≤50
无砟轨道			≤15	≤5	—

注:1.无砟轨道铁路不仅应满足差异沉降要求,还应满足不均匀沉降造成的折角不大于 1/1000 的规定;

2.无砟轨道路基沉降比较均匀且调整轨面高程后的竖曲线半径大于 $0.4v^2$ 时(v 为设计速度),工后沉降控制限值为 30mm。

3.其他问题

地震、车辆震动等动力荷载可能引起地基土特别是饱和无黏性土的液化、失稳及震陷等。另外,外界水循环变化、温度变化等引起的管涌、冻融等也可能引起地基强度和变形的显著变化,从而影响道路的正常使用。

当交通工程特别是高速交通工程中遇到上列问题之一时,必须采取措施进行处理。这些措施包括绕避、结构调整、挖除不良土体、地基处理。地基处理的目的是利用夯实、置换、排水固结、加筋和复合地基等方法对地基土进行加固,以改善地基土的抗剪性、压缩性、振动性和特殊地基的特性,使之满足交通工程的需求。显然,对于线长面广且交通量大、养护难的高速公路、高速铁路工程,地基处理方法选择直接关系到工程质量、投资和进度。因此,地基处理对节约交通工程基本建设投资、保证交通正常营运具有重大意义。

13.1.2　道路交通地基处理方法

道路交通工程常用的软弱土地基处理方法如表13-5所示。

表 13-5　道路交通工程常用软弱土地基处理方法

道路工程部位	地基处理方法	适应性
一般路段	夯实法、堆载预压法、真空预压法、水泥土搅拌桩法、旋喷桩法、刚性桩法、强夯法、深层振动致密法、挤密桩法、碎石(砂)挤密桩法、注浆法等	夯实法:适用于厚度小的填土、软弱土表层处理; 真空预压法:深度小于15m的软土地基; 水泥土搅拌桩法:变形与稳定性要求高的软土地基,深度小于20m; 旋喷桩法:适用于净空受限小于10m的地区; 刚性桩法:变形与稳定性要求高的软土地基,深度大于20m; 灰土挤密桩法:地下水位以上深度为5～10m的湿陷性黄土和人工填土; 强夯法、深层振动致密法、挤密桩法:一般适用于碎石土、可液化地基、砂土、素填土、杂填土、湿陷性黄土等,强夯法有效加固深度一般小于10m,深层振动致密法、碎石(砂)挤密桩法加固深度小于20m; 注浆:适用于采空区地基等
涵洞、通道	置换法、水泥土搅拌桩法、旋喷桩法、刚性桩法、挤密桩法等	置换法:一般适用于深度小于3m的地基; 水泥土搅拌桩法、旋喷桩法、刚性桩法:适用于深厚软弱土地基; 挤密桩法:适用于液化地基等松散地基
桥头过渡段	超载预压法、水泥土搅拌桩法、刚性桩法、挤密桩法、轻质土法等	超载预压法:适用于桥头过渡段预压以严格控制工后沉降; 水泥土搅拌桩法、刚性桩法、挤密桩法:适用于深厚软弱土地基并采用变桩距方式过渡; 轻质土法:适用于工后沉降控制要求高、填土高度大等地段
拼宽工程	水泥土搅拌桩法、刚性桩法、旋喷桩法、加筋法、轻质土法等	水泥土搅拌桩法、刚性桩法、旋喷桩法:适用于拼宽工程软弱土地基,旋喷桩法适用于净空高度小于10m; 加筋法:适用于地基加固和路基拼宽部分连接; 轻质土法:工后沉降控制要求高、土源缺乏地区等。

13.1.3　道路交通地基处理设计原则

道路交通地基处理设计应遵循以下基本原则:

1. 加强调查研究

1)上部结构要求

主要包括道路等级、桥梁和构造物结构、受力、使用要求、稳定安全系数和变形容许值等。

2)工程地质条件

包括地形及地质成因、地基成层状况,软弱土层厚度、不均匀性和分布范围,持力层位置及状况,地下水情况及地基土的物理和力学性质。应特别注意地质条件沿线路的变化规律。

3）环境影响

在地基处理施工中应考虑对场地环境的影响。如采用强夯法和砂桩挤密法等施工时，振动和噪声会对邻近构筑物和居民产生影响和干扰；采用堆载预压法时，将会有大量土方进出，既要有堆放场地，又不能妨碍交通；采用真空预压法或降水预压法时，往往会使邻近建筑物周围地基产生附加下沉；采用石灰桩或灌浆法时，有时会污染地下水和周围环境。总之，施工时对场地的环境影响应慎重对待，妥善处理。

4）施工条件

包括用地条件、工期、用料、净空高度等。

2．试验工程论证

道路交通工程线路长、地质条件多变，对拟定的主要地基处理方法应进行现场试验工程论证，掌握施工工艺和处理效果。

根据道路设计的路堤荷载大小、构筑物布置、工期要求，结合地形地貌、地层结构、土质条件、地下水特征、地区经验等因素，初步选定几种可供考虑的地基处理方案。

分别从处理效果、材料来源和消耗、机具条件、施工进度、环境影响等方面进行对比分析，根据安全可靠、施工方便、经济合理等原则，选择最佳的处理方法。必要时也可选择两种或多种地基处理方法组成的综合处理方案。

对选定的地基处理方法，需要在代表性场地进行现场试验和试验段工程，并进行必要的测试以检验设计参数和处理效果。通过试验论证处理效果，提出合适的施工工艺。

公路地基处理的设计程序如图 13-1 所示。

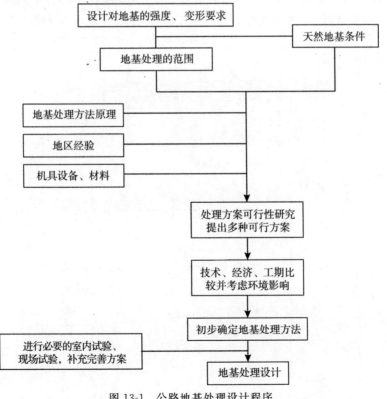

图 13-1　公路地基处理设计程序

3.严格施工管理,进行动态优化

施工中应严格掌握地基处理材料、施工设备、施工参数、施工工艺等环节质量标准,施工时间要安排合理,充分利用工期,因地基加固后的强度提高往往需要一定时间,可通过调整施工速度,确保地基的稳定性和安全度。

在地基处理施工前、施工中和施工后,都要对加固地基进行现场测试,及时了解地基土加固效果,优化地基处理设计,调整施工进度。近年来互联网技术和计算技术的发展,公路地基处理施工与监测自动化技术得到了快速发展,为保证施工质量和环境安全提供了新的手段。

13.2　一般路段地基处理

一般路段是指除桥台与路堤相邻处路段(过渡段)以及涵洞、箱涵、通道地段之外的普通路段。一般路段线路长,往往穿越不同地貌单元和不同成因类型的软弱土,地基处理量大面广,也是各类地基处理技术应用最集中的领域。

13.2.1　软土地基处理

一般路段软土地基处理主要根据工后沉降控制标准进行控制。当路基工后沉降不满足工后沉降要求时,则根据软土厚度、性质、场地条件等,因地制宜采用相应处理方法。

1.堆载预压法

堆载预压法是利用路堤荷载进行排水固结提高软土地基强度,减少工后沉降(见图13-2、图13-3)。该方法一般适用于软土深度小于15m、施工工期允许的软土地段,具有造价经济等特点。

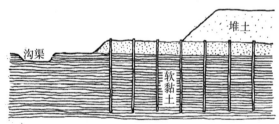

图 13-2　堆载预压法示意图

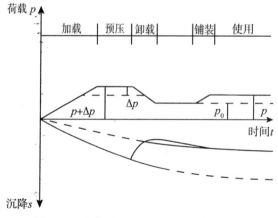

图 13-3　堆载预压法减少工后沉降示意图

预压荷载主要利用路堤荷载,根据预压荷载大小分为欠载、等载、超载;需要进行等载与超载预压时,可就地取土或利用路面材料(碎石等)作为荷载,也可以利用水载进行预压(见图 13-4、图 13-5)

图 13-4　堆载预压法

图 13-5　水载预压法

对沉降控制严格的工程,需采用超载预压法。经超载预压后,如受压土层各点的有效竖向应力大于外荷载引起的相应点的附加应力,则在外荷载作用下地基土将不会再发生主固结变形,而且将减小次固结变形,并推迟次固结变形的发生。

室内试验和现场试验的结果表明,使土体超固结,将会显著减小其次固结速率。国内外已有研究表明:超载预压后土的次固结系数将明显减小(见图 13-6),且超载越大,次固结系数减小越大,发生次固结的时间越迟。

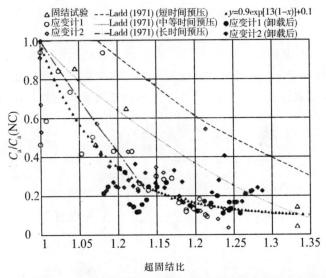

图 13-6　现场观测得到的次固结系数随超固结比的增大而减小的趋势

道路工程堆载预压法中竖向排水体主要采用砂井(见图 13-7)和塑料排水板(PVD)(见图 13-8),现主要采用塑料排水板。近年来出现了导电排水板和可降解的秸秆排水板等新型排水体。

图 13-7　砂井施工

图 13-8　塑料排水板(PVD)施工

结合道路工程路堤填筑过程,开发了堆载预压法联合真空预压技术。高速公路采用真空-堆载联合预压法加固软基,利用路基填土做堆载,使土体在真空荷载和堆载联合作用下发生固结,强度得到较大提高;同时,由于真空产生负压,使土体产生向内的收缩变形,可以抵消堆载引起的向外挤出变形,地基不会因填土速率高而出现稳定性问题。真空-堆载联合预压法的示意图如图13-9 所示。

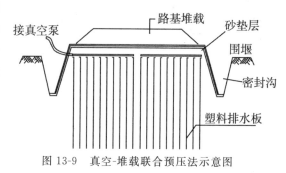

图 13-9　真空-堆载联合预压法示意图

为了克服真空预压法真空度传递深度浅、抽真空时间长等问题,东南大学于 2007 年将气压劈裂原理与真空预压法巧妙地结合起来,提出了气压劈裂真空预压法,简称劈裂真空法。

劈裂真空法加固软基的原理如图 13-10 所示,该方法通过向土体中注入高压气体使土体产生劈裂裂隙,快速增大其渗透性和排水通道。即在常规真空预压法的基础上增加气压劈裂系统。除了在地表施加真空荷载外,还在土体内部间歇性施加高压气体。当高压气体

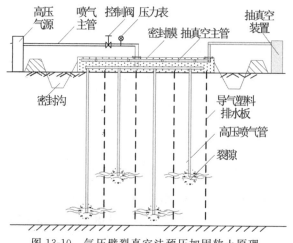

图 13-10　气压劈裂真空法预压加固软土原理

压力超过某一临界值时,土体发生劈裂,土体中产生大量裂隙,裂隙与预先打设的塑料排水板组成有效的排水导气网络,一方面可以提高真空荷载向深层土体的传递效率,有效克服真空预压荷载随深度降低的局限性;另一方面可加快超静孔压的消散,加快土体固结,既可以缩短预压时间,也可以有效控制工后沉降。

已有工程实践表明,该技术有效提高了真空荷载向深层土体的传递效率,工期缩短50%以上;能有效改善深部软土的加固效果,使真空预压法的有效加固深度达到 30m 以上。

堆载预压法的卸载时间是保证软土地基处理效果、控制工后沉降的关键因素之一。一般采用沉降量控制法和沉降速率法,其关键是根据预压期间的沉降监测资料,准确预测工后沉降,使之满足设计要求。预压时间或卸载时间应根据工程具体情况选择下列相应的卸载标准来确定:

1)残余沉降控制法

若地基在设计荷载下计算的最终沉降量为 s_∞,预压历时 t 时的沉降量为 s_t,则当 $s_\infty - s_t < [s]$ 时,可以停止预压,开始卸载,式中 $[s]$ 为容许残余沉降。

2)实际固结度控制法

根据预压时的实测沉降资料,可以较准确地推测地基的最终沉降量,当固结度达到80%~90%时即可卸载。

3)工后沉降控制法

公路工程中往往要求控制竣工通车后一定时期内(如高速公路规定为 15 年)的沉降。为安全起见,忽略预压卸载后路面施工沉降,当预压历时 t 时的沉降 s_t 满足式(13.2.1)时可作为停止预压、开始卸载的标准:

$$s_{15年} - s_t < s_f \tag{13.2.1}$$

式中,$s_{15年}$ 为道路施工及通车运营 15 年的总沉降,s_f 为容许工后沉降。

4)沉降速率控制法

公路工程中设计荷载下竣工通车 15 年的总沉降量 $s_{15年}$ 往往难以准确确定,因此实际工程中常采用沉降速率控制法,即要求卸载后路面施工前的沉降速率小于规定值 $[v_s]$(一般为5~10mm/月)。

根据实测沉降进行最终沉降量预测是工后沉降确定的基础,常用方法包括双曲线法、指数法、Asaoka 方法等。其中 Asaoka 方法是最终沉降量预测的一种简单有效方法。该方法采用 Mikasa(1963)提出的一维固结方程:

$$\frac{\partial \varepsilon}{\partial t} = C_v \frac{\partial^2 \varepsilon}{\partial^2 z} \tag{13.2.2}$$

式中,ε 为时间 t 时深度 z 处的竖向应变;C_v 为土的竖向固结系数。

t 时的沉降以 s 表示,

$$\frac{\partial s}{\partial t} = \int \frac{\partial \varepsilon}{\partial t} dh = C_v \int \varepsilon_{zz} dh = C_v \left[\frac{\partial s}{\partial z} \Big|_{z=H} - \frac{\partial s}{\partial z} \Big|_{z=0} \right] \tag{13.2.3}$$

式中,H 为软土层厚度。

把 s 在 t 处按差分格式展开并经过整理,可以得到

$$s_i = \beta_0 + \beta_1 s_{i-1} \tag{13.2.4}$$

然后根据如下步骤来计算:

（1）选定 Δt，求出相应各时间点处的沉降量 s_i。

（2）一般实测数据误差大而离散，也有欠测值。在（1）的求算中应以某种方程回归平滑处理后的数据求得 s_i。

（3）根据上述所求得的 s_i、s_{i-1} 进行绘图（见图 13-11）。

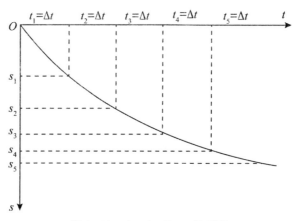

图 13-11　Asaoka 法 t-s 关系图

（4）根据描绘出的各点，拟合成直线，可求得系数 β_0、β_1。有了 β_0、β_1，通过（13.2.4）式，可依次预测沉降量。

（5）最终沉降量 s_∞ 的求法，如图 13-12 所示，即由回归直线 $s_i=\beta_0+\beta_1 s_{i-1}$ 及 $s_i=s_{i-1}$ 的 45°直线交点确定。

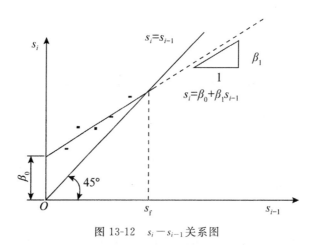

图 13-12　s_i-s_{i-1} 关系图

根据 Asaoka 法已有的研究，可以根据下式确定所在土层的固结系数：

单面排水时：

$$C_v=-H^2(\ln\beta_1)2\Delta t \qquad (13.2.5)$$

双面排水时：

$$C_v=-H^2(\ln\beta_1)/(6\Delta t) \qquad (13.2.6)$$

2. 复合地基法

当工后沉降或稳定性不能保证以及施工工期紧张时，常用复合地基法处理软土地基。

复合地基法类型主要有搅拌桩、变截面搅拌桩、旋喷桩等。其中搅拌桩是应用最广泛的技术,旋喷桩主要用于净空高度受限(如高压线下方)的地段。

国内外工程实践表明搅拌桩技术具有施工方便、处理效果较好、适用性广、造价适中等优点,在国内外铁路、公路、市政工程、港口码头、工业与民用建筑等领域得到了广泛应用。由于我国水泥土搅拌桩的成桩机械、施工工艺和施工监控系统比较落后,在工程中出现不少事故。

我国常规搅拌桩技术主要存在下列问题:

(1)桩身强度达不到设计要求。由于常规搅拌桩施工中土压力、孔隙水压力、喷浆压力的相互作用,造成水泥浆沿钻杆上行,冒出地面,形成溢浆,影响水泥土搅拌桩桩体中的水泥掺入量。

(2)桩身强度分布不均匀。由于水泥土搅拌桩施工过程中存在溢浆现象,桩体上部水泥含量较高,越往下水泥含量越少。施工中只能控制总的水泥用量和平均掺入量,不能定量控制单位长度的水泥掺量,水泥掺入比沿桩身深度分布不均匀,存在薄弱面。工程实践检测结果表明,常规搅拌桩强度沿竖向分布不均匀,上部桩身强度较高,下部桩身强度很低;另外,由于搅拌叶片同向旋转,很难把水泥土充分搅拌均匀,造成水泥土中有大量成块的土团和成块的水泥凝固体,桩身强度沿水平面分布不均匀。

(3)处理深度较浅。水泥土搅拌桩施工过程中存在溢浆现象与搅拌不均匀性,使水泥土搅拌桩的有效处理深度大大减小,制约了水泥土搅拌桩的应用范围。《建筑地基处理技术规范》(JG T9—2012)规定粉喷桩的长度不宜大于 15m,湿法加固深度不宜大于 20m。

事实上,搅拌桩的桩身强度和加固深度主要受水泥土搅拌均匀性和固化反应程度控制。国内外传统搅拌桩一直采用单向搅拌工艺[见图 13-13(a)],这种单向搅拌受力不对称,导致水泥和土体不能充分搅拌,地下孔隙水压力易积聚上升,施工机架不稳定,因而搅拌均匀性不够,固化反应不完全,常需采用四搅二喷施工方法,表现为桩身强度偏低,扰动影响大,有效加固深度只能是 15~20m 工效低。

为此,2002 年开始,开发了双向搅拌桩技术。双向搅拌桩采用内、外嵌套同心双重钻杆,在内钻杆上设置正向旋转搅拌叶片并设置喷浆口,在外钻杆上安装反向旋转搅拌叶片,通过外钻杆上叶片反向旋转的压浆作用和正、反向旋转叶片同时双向搅拌水泥土,形成水泥土搅拌桩。双向搅拌桩搅拌头如图 13-13(b)所示。

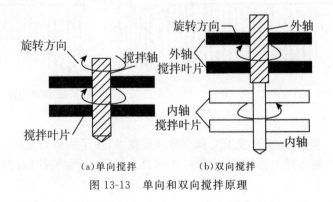

(a)单向搅拌 (b)双向搅拌

图 13-13 单向和双向搅拌原理

双向搅拌桩技术从根本上解决了我国传统搅拌桩一直采用单向搅拌工艺导致的固有缺陷,施工质量稳定、搅拌全面均匀、桩身强度高。双向搅拌桩的主要优点有:

(1)双向搅拌,阻碍了浆液上冒,提高了搅拌均匀性,保证水泥土搅拌桩的水泥掺入量,特别是深部水泥掺入量,确保了成桩质量。

(2)内、外钻杆旋转方向相反,提高了搅拌桩机的稳定性并减小了施工对周围土体的扰动,加固深度已达到30m。

(3)搅拌效率提高,可将传统单向搅拌工法的四搅两喷改为两搅一喷,使工效提高1倍。

目前,双向搅拌桩已经全面取代传统单向搅拌桩,并实现了自动监控施工工艺(见图13-14),在交通工程地基处理工程中得到全面推广应用。2021年编制颁发了《变截面双向搅拌桩技术规程》(T/CECS 822—2021)。典型设计断面如图13-15所示。

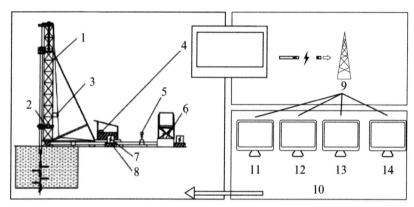

1—桩机;2—倾角仪;3—深度计;4—监控主机(数据采集输入、数据输出);5—流量计;6—全自动制浆站(或灰罐量测系统);7—配电箱;8—电流传感器;9—电信服务器;10—管理终端(反馈施工现场);11—监理单位;12—设计单位;13—第三方监测;14—业主单位。

图13-14 双向搅拌桩自动监控施工控制

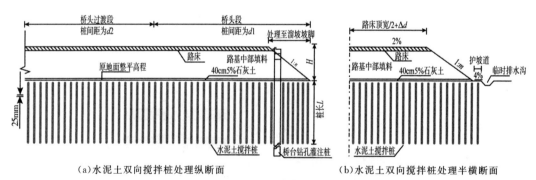

(a)水泥土双向搅拌桩处理纵断面　　　　　(b)水泥土双向搅拌桩处理半横断面

图13-15 双向搅拌桩处理设计

在双向搅拌桩基础上,又开发了变截面搅拌桩技术,用于加固处理成层软土地基。

该技术采用双向搅拌工艺,通过搅拌叶片的自动伸缩,改变搅拌桩的桩径,形成变截面搅拌桩(见图13-16)。

该技术采用可自动伸缩的搅拌叶片,施工过程中改变搅拌轴旋转方向,使搅拌叶片在土压力的作用下自动伸缩(见图 13-17),该搅拌叶片可在地面以下任意深度处伸缩为两种不同的半径,从而可以施工形成单桩具有两种桩径的变直径搅拌桩,这种搅拌桩施工工艺连续、工效高,确保桩体为一个连续整体。

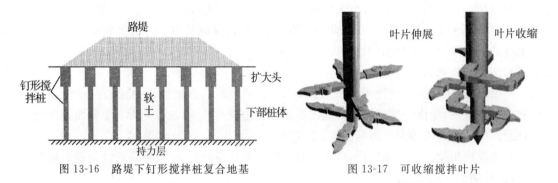

图 13-16　路堤下钉形搅拌桩复合地基　　　　图 13-17　可收缩搅拌叶片

道路工程中经常采用的是上部大直径、下部小直径的钉形搅拌桩。钉形搅拌桩的施工工艺流程如图 13-18 所示。

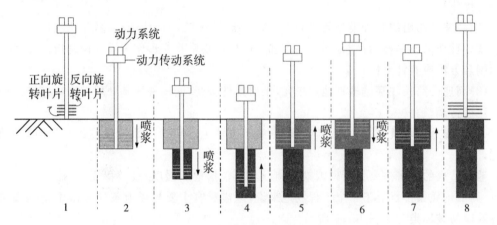

图 13-18　钉形搅拌桩的单桩施工工艺流程

在路堤荷载作用下,钉形搅拌桩上部的扩大头能更好地发挥路堤填土的土拱效应,提高桩体荷载分担比例,减少地表沉降及桩土差异沉降,提高路堤稳定性,不需在顶部设置加筋以及垫层,同时大幅增大桩间距,省省工程造价。已有工程实践表明,钉形搅拌桩具有下列主要特点:

(1)在上覆荷载的作用下,扩大头部分确保桩体和桩周土协调变形,达到更佳的复合地基效果;

(2)充分利用土中应力传递规律,加强土体上部复合地基强度;

(3)对于柔性荷载(路堤),扩大头能更好地形成土拱,充分利用土拱效应作用,可提高桩体荷载分担比例;

(4)搅拌桩形状类似于钉子,能有效协调复合地基变形,不需在顶部设置加筋以及垫层;

(5)扩大头作用可大大提高单桩承载力,成倍增大桩间距,省省工程造价;

(6)钉形搅拌桩施工连续、一次成桩,施工方便。

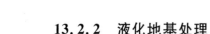
13.2.2 液化地基处理

1.道路液化地基处理原则

我国是一个多地震国家,几次大地震均引起大量的道路、桥梁破坏。一般说来,地震引起建筑物破坏主要有地基失效和振动破坏两种形式,软弱地基地震时的失效是导致道路地震破坏的主要原因。在粉细砂地基分布区地基液化是地基失效的主要形式,也是引起高速公路破坏的主要原因。

我国《公路工程抗震设计规范》(JTG B02—2013)规定,在地震区高速公路建设必须进行液化地基处理,但由于规范颁布时我国高速公路建设经验少,规范中对高速公路液化地基处理的设计方法和措施未给出具体规定。

与工业民用建筑工程相比较,高速公路工程有其自身的特点,从液化地基处理的角度来看,可以归纳为下列几点:

(1)高速公路为大型线性工程,地基处理长度往往达几十公里,工程量大,地基处理设计参数的每一点变化都会产生较大的经济影响,常规方法往往不适合,因此必须对地基处理方法进行优化;

(2)高速公路沿线基础类型较多,如扩大基础、桩基础,一般路段堤高变化大(2~7m),对地基处理要求不一样,特别是一般路段和一般构造物常将变形作为设计控制指标,因此处理原则与方法应有针对性;

(3)高速公路往往穿越多种地貌单元,土层条件多变,同一种地基处理方法,也应根据土层变化进行调整;

(4)沿线施工环境变化大,在施工顺序、施工方法上应重视对邻近已建和在建构筑物的影响;

地震造成的震害主要受下列因素影响:震源,包括地震强度、破裂特征、传播介质;结构特点、局部地质条件。对于一个工程场地来说,地震震害主要与场地条件密切相关,场地的地震效应与破坏类型如图 13-19 所示。

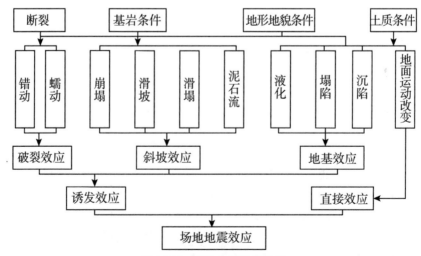

图 13-19　场地地震效应分类

对于软弱土地区道路工程来说,地震液化是道路工程主要破坏形式。我国《公路工程抗震设计规范》(JTG B02—2013)给出了地震液化判别与评价方法。根据液化判定结果,结合高速公路不同构造物和路段特点,液化地基处理设计的原则如表 13-6 所示。

表 13-6　高等级公路抗液化措施原则

部位		地基液化等级			备注
		轻微	中等	严重	
特大桥、大桥、立交、跨线桥		B	A	A	两侧各 50m 范围
中小桥、通道、涵洞		不处理	B	A	两侧 10～50m 范围
一般路段	堤高>4m	不处理	C	A	处理至坡脚外 3m 左右
	堤高≤4m	不处理	不处理	C	

注:1.表内措施未考虑倾斜场地的影响。

2.A 表示全部消除液化的措施,桩基础应穿透液化层;B 表示基础结构和上部结构采取的构造措施,主要为减小或适应不均匀沉降的措施;C 表示部分消除液化的措施,即在中心线两侧一定范围内(8m)不处理或只进行简单处理,而在其外侧做处理。

2.道路液化地基处理方法

对于一般路段来说,常用的液化地基处理方法包括强夯法、碎(砂)石桩法等。

强夯法适用于处理碎石土、低饱和度的粉土与黏性土、杂填土等,且场地空旷、远离建(构)筑物。施工时采用主夯、副夯、满夯程序,一般按正方形或梅花形布置夯击点,夯点间距约为 5～9m。强夯处理范围应超出路堤坡脚,每边超出坡脚的宽度不宜小于 3m,对于地下水位较高的地基,可在地基中设置竖向排水体及时排水。

强夯法有效处理深度一般小于 10m,《公路软土地基路堤设计与施工技术细则》(JTG/T D31-02—2013)规定强夯法的有效加固深度应根据现场试夯或当地经验确定;当初步设计缺少试验资料和经验时,可参考表 13-7 确定。

表 13-7　强夯法的有效加固深度

单击夯击能/kN·m	碎石土、砂土等粗颗粒土/m	粉土、黏性土、湿陷性黄土等细颗粒土/m	单击夯击能/(kN·m)	碎石土、砂土等粗颗粒土/m	粉土、黏性土、湿陷性黄土等细颗粒土/m
1000	5.0～6.0	4.0～5.0	4000	8.0～9.0	7.0～8.0
2000	6.0～7.0	5.0～6.0	5000	9.0～9.5	8.0～8.5
3000	7.0～8.0	6.0～7.0	6000	9.5～10	8.5～9.0

注:强夯法的有效加固深度应从最初起夯面算起。

碎(砂)石桩法,是指用振动、冲击或水冲等方式在软弱地基中成孔后,将碎石或砂压入,形成大直径的碎(砂)石所构成的密实桩体的方法,适用于松散砂土、粉土、素填土、杂填土等。《公路软土地基路堤设计与施工技术细则》(JTG/T D31-02—2013)中称之为粒料桩。

碎(砂)石桩宜采用正三角形布置,其直径应根据地基土质情况和成桩设备等因素确定。采用 30kW 振冲器成桩时,碎石桩的桩径一般为 0.70～1.0m;采用沉管法成桩时,碎(砂)石桩的直径一般为 0.30～0.60m,相邻桩的间距不应大于 4 倍的桩径。在可液化地基中,加固深度应按要求的抗震处理深度确定;桩长一般为 4～25m;处理宽度应保证路基下坡脚外侧至少有 2 排碎石桩(见图 13-20);碎(砂)石桩桩顶设置 600mm 厚垫层,应采用级配良好的碎石或砂砾,最大粒径不大于 30mm。

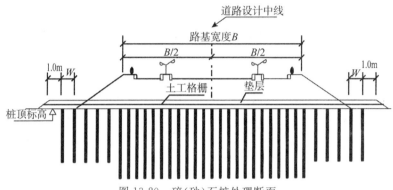

图 13-20 碎(砂)石桩处理断面

强夯法和碎(砂)石桩法等方法加固液化地基各有特点(见表 13-8),为克服现有技术缺点,近年来开发了共振法处理松散地基技术。

表 13-8 常用可液化地基处理方法对比

方法	原理及作用	适用范围	缺点
碎(砂)石桩法	振动挤密、预振、排水固结	饱和、非饱和的砂(粉)性土	处理范围有限,需要大量砾石、碎石类填料,造价高
强夯法	动力密实、动力固结、动力置换	碎石土、砂土、低饱和度的粉土和黏性土、湿陷性黄土	有效加固深度有限(≤10m),振动对居民环境影响较大
爆炸挤密法	动力密实、动力固结	相对密度小于 50%～60%,饱和度接近 100% 的松散砂土、粉土	不饱和地基土加固效果差,现场管理复杂,操作安全要求高,振动对周围环境影响大

共振密实法(简称共振法)是 20 世纪 90 年代前后国际上发展起来的一种可液化地基处理新方法,该方法使用一种类似于国内沉管灌注桩的施工机械,将一根中间开孔的扁平状杆件(振动翼)在固定于其上的振动器作用下以振动方式沉入土中,通过沉杆过程中的垂直振动使沉杆周围土发生剧烈的振动,调整振动器的频率来达到土-振动翼系统的共振频率,使土颗

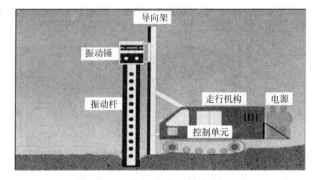

图 13-21 共振密实法技术原理

粒重新排序来实现土体的密实,在共振状态下,振动翼获得的能量可实现对周围土层的最佳传递。该技术设备主要由动力变频振动锤、振动杆和行走机构三部分组成(见图 13-21)。

根据共振密实法的基本原理和我国施工设备的实际状况,我国研发了符合我国施工特点的十字形振动翼与成套施工设备(见图 13-22)。十字形振动翼(见图 13-23、图 13-24)由两根垂直相交的开有通孔的钢板呈十字形连接而成。振动杆上所开通孔在钢板上均匀分布,以利于孔隙水压力消散和减轻振动翼重量;振动翼四条直翼边设有连续的凸形半圆齿,以利于能量向土中传递;振杆的底端设有刺齿,以利于振动贯入和能量传递;十字形截面设计有利于振杆的插入和拔出,提高工作效率;振杆长度根据液化地基处理设计深度而定。振动锤主要由激振器、减振弹簧及减振梁等组成,其激振力、频率、振幅可调。激振力调节范围为 0~360kN,频率为 10~50Hz,振幅为 0~20mm,可以适应土层和土质的变化,达到最佳的振动和施工效率。通过对现有沉管桩行走机构进行改进,形成走管式行走结构,这种行走机构具有行走方便、操作简单、经济实用等特点。

图 13-22　自行研制的施工设备

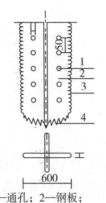

1—通孔；2—钢板；
3—凸形半圆齿；4—刺齿。

图 13-23　十字形振动翼
注:图中尺寸以 mm 为单位。

图 13-24　十字形振动翼实物

共振法设计参数主要包括振动频率(5~17Hz)、振动时间与下沉速度(1~1.5m/min)、振点间距(1~2m)、施工安全距离(2~8m),具体参数可通过土层性质进行理论分析和现场试验施工确定。

图 13-25、图 13-26、图 13-27 为江苏省宿迁某规程加固前后孔隙水压力静力触探试验(CPTU)、地震波静力触探试验(SCPT)、标准贯入试验(SPT)测试对比。加固后除表层土外,其他土层标贯击数大幅度提高,深部标贯击数超过 50 击,完全消除液化。

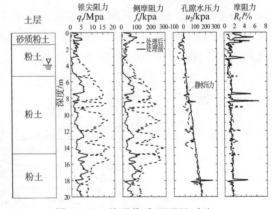

图 13-25　处理前后 CPTU 对比

该技术在液化地基、填土地基等松散地基处理工程中得到了大量推广应用,已有工程实践表明,该技术具有下列优点:

(1)无需填料和水源,操作方便,技术经济;

(2)共振法的地表振动影响范围小于 8m,噪声和施工安全距离小;

（3）加固深度可达 25m，施工快，工期短。

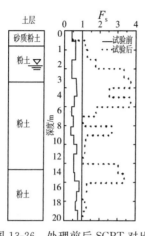

图 13-26　处理前后 SCPT 对比

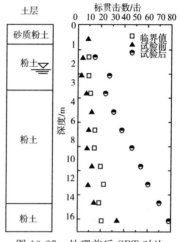

图 13-27　处理前后 SPT 对比

13.2.3　采空区地基处理

采空区是指矿的地下矿产资源开采后所留下的地下空洞。按开采现状，可分为正在开采区、未开采区和老采空区；按开采矿产的不同，有煤矿采空区、铁矿采空区、金矿采空区、铝土矿采空区、矾土矿采空区等；老采空区按稳定程度的不同，分为稳定采空区、不稳定采空区和极限平衡状态采空区。

我国煤炭资源丰富，在煤矿采空区遗留了大量的地下采空区，给矿区的工程建设带来了采空区技术难题。随着公路建设的蓬勃发展，公路网越来越密集，公路在穿越矿区时，特别是在华东、华北、东北及其他地区的老矿区或一些新建矿区的待开采范围内，都出现了地下采空区的问题，例如，石家庄—太原高速、晋焦高速、乌鲁木齐—奎屯高速、京福高速徐州东绕城段等。图 13-28 为公路路基下伏采空区示意图。

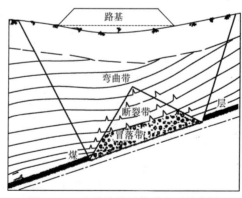

图 13-28　公路路基下伏采空区示意图

由地下采煤引起的地表移动有下沉和水平移动，由于地表各点的移动量不相等，因此会产生三种变形：倾斜变形、曲率变形和水平变形。由此将引起地表产生均匀或不均匀变形，形成连续的沉陷盆地或地表裂缝、陷坑等病害。地表的这些显著变化将对公路路基和路面的稳定性产生影响,严重的甚至会使路基沉陷过大、开裂,并直接影响到路面结构,使路面层产生波浪、凹陷、裂缝等病害。

地下采空区治理的设计分析内容主要包括:

(1)地下采空区的勘察。查明采空区沿设计路线的平面分布范围及其空间形态,采空区冒落带、裂隙带和弯曲带的发育特征及埋藏深度,采空区变形特点与变形发展阶段,拟建公路下方未采段的压煤情况及开采计划等。

(2)地下采空区的稳定性评价。预测采空区地表移动与变形的特征值及其对公路的危害程度,评价采空区对公路的影响范围,论证如何在公路下开采以最大限度地利用矿产资源等。

(3)地下采空区的处治设计,包括处治方法的比选、处治范围的确定、施工图的设计等。

(4)地下采空区处治质量检查,包括施工质量检测方法的选择、检测频率及检测标准的制定等。

采空区稳定性评价方法主要有预计法、解析法、半预计半解析法及数值模拟方法。评价主要是通过计算地基承载力、剩余地表位移变形量及残留空洞的稳定性、地表破坏范围等来进行。

采空区处治原则为:采空区处治后,地基的承载力与稳定性,均应和其他无采空区路段基本一样,完全满足公路工程施工的要求,且保证在公路设计使用年限内,不发生超过高速公路规定的允许地基变形界限值的变形和破坏。

根据处治对象的不同,目前采空区处理方案主要可分为直接处理和间接处理两大类,如表 13-9 所示。所谓直接处理方法,主要是指针对地下采空区这一特殊地基问题,采用各种

表 13-9 采空区处治方法的分类

分类		具体方法
直接处理	充填法	注浆充填
		尾砂充填
		水力充填
		干砌片石充填
		浆砌片石充填
	局部支撑法	注浆柱支撑
		井下砌墩柱支撑
		钻孔桩柱支撑
	释放沉降潜力法	井下复采或爆破
		堆载预压
		高能级强夯法
		水诱导沉陷法
间接处理		路堤加筋抗变形方法、过渡路面后期修补或绕避法

地基处理加固方法,直接作用于处理对象以消除或减小地表沉降变形;而间接处理方法,是指采用间接的措施来适应下伏采空区引起的地表移动与变形,目前主要采用地面建筑物的结构设计抗变形措施;或者公路路堤结构中采用土工格栅、土工格室等加筋措施来减少和延缓路基的沉降,以适应地表的不均匀沉降和变形;或者采用过渡路面结构,后期修补。

目前公路下采空区的治理以注浆充填法为主。注浆充填法与上述采空区处治方法相比,有如下的特点:

(1)适应性广。其他的很多处治方法,如尾砂充填、干砌片石充填、浆砌片石充填、井下砌墩柱支撑、井下复采或爆破等,对于地下施工条件要求很高,要求能够在地下采空区作业,但绝大部分的已塌陷采空区都不具备此条件,因而局限性很大。而注浆法对于地下情况无特殊要求,其处治采空区的适应性很广。

(2)处治深度较大。用注浆法处治采空区,无论对于深度小于50m的浅部采空区,还是深度为100m左右的深部采空区,都具有可靠、良好的处治效果。而其他的很多方法,例如支撑柱、堆载法、强夯法等,都只能处理极浅的采空区,且处治效果难以预计,存在一定的风险。

(3)技术成熟可靠,处治费用较低。注浆法的应用,有许多成功的工程实例,工程经验丰富,总体上技术稳定可靠,并且注浆原材料一般取自当地,注浆费用较低。而其他的一些处治方法,例如注浆柱、大直径钻孔桩柱,其材料强度要求高,用量大,费用高且处治效果不易控制。

我国典型公路工程采空区处理工程如表13-10。

13.2.4 临河路堤地基处理

对深塘或一侧临塘路段,应考虑增强路基稳定性,视填土高度及地质情况铺设土工格栅,并进行预压处理(见图13-29)。存在软土路段,主要采用水泥土双向搅拌桩或预制管桩处理(见图13-30)。施工时河(塘)段路基范围清淤后先回填50cm碎石,再沿原河塘坡面开挖成宽度不小于100cm的台阶,然后回填5%石灰土至整平高程,压实度≥90%,整平高程以上同一般路基填筑。采用复合地基处理的沿河(塘)段清淤后回填素土至整平高程,压实度≥85%。

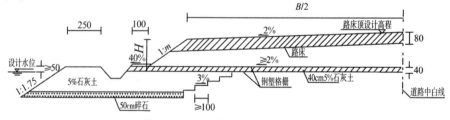

图 13-29 临河路堤土工格栅加固

注:1.本图为加筋路堤特殊路基设计图,适用于新建道路河塘路段。

2.图中尺寸均以cm为单位。

沿河路基常因洪水冲刷而发生坍塌或遭水毁,路基冲刷防护是防治山区公路水毁病害的重要措施。表13-11给出了公路工程中常用的沿河路基冲刷防护类型及适用条件,设计时要根据河段特性,因地制宜,慎重地选择适宜的坡面防护、导流、改河等防冲刷措施。各类防护可单独使用,也可组合使用。

表 13-10 典型公路下伏采空区治理工程

项目名称	采空区基本特征														勘察方法及工作量	处治方法及处治工程规模	处治效果
	勘察长度/m	勘察宽度/m	治理长度/m	治理深度/m	采深/m	采厚/m	采矿层数/层	采矿方式	采矿时间	采取率/%	顶板管理方式	充填情况	充水情况	塌陷情况			
京福高速徐州东绕城段煤矿采空区治理工程	2880	150~240	266	25~98	25~98	1~2	5	长壁全陷	1995—1998年	80	自然塌陷	16~19充填	充水	16~19塌陷，20未陷	地质调查(6.15km²)；物探(高密度电法121条、浅层地震剖面1947.5m、瞬变电磁3570点、氡射气1270点、孔内声波测试4孔，钻探10孔)	注浆全充填法：水泥粉煤灰浆液，注浆量18316m³	效果良好，沉降在规定范围内
丹拉国道主干线青海省内马厂垣至高庙段砂金采空区治理工程	852	120	0~852	0~120	0~120	1.5~2.5	1	巷道式	古代及20世纪80年代	30~50	自然塌陷	充填率为10%	未充水	半坍塌	地质调查(路线踏勘40km；地质调绘0.62km²)	注浆方案：水泥粉煤灰浆液，注浆量15901m³	开挖后采用回填与注浆方案处治
山西祁县—临汾高速公路煤矿采空区治理工程	3400	50~200	1285	50~180	50~200	1.8~3.5	1	短壁式	1979—1999年	30~60	自然塌陷	未充填	部分充水	半坍塌	地质调查1.2km²，井下测量11834m钻探13孔1451.83m；物探(瞬变电磁法1483点)	注浆方案：(水泥粉煤灰等)注浆量39119m³	处治效果良好，沉降在规定范围内
曲辉公路黑土坡隧道下伏煤矿采空区治理工程	308	隧道下38~47 地表下90~110	308	地表下90~110	90~110	5.5~6	1	排柱式、高落式	1976—1994年	30	自然塌陷	半充填	充水	半坍塌	地质调查0.6km²，钻探4孔166.5m；物探(瞬变电磁法616点、微重力806点)	注浆方案：(水泥粉煤灰等)注浆量7671m³	处治效果良好，隧道沉降已得到控制
山西太原—旧关高速治西煤矿采空区治理工程	730	100~150	730	100~150	100~150	6~8	1	短壁式	1996—1998年	40~60	自然塌陷	充填率为10%~20%	半充水	半坍塌	地质调查；物探(瑞利波、浅层地震、微重力、瞬变电磁、土氡、高密度电法)	注浆方案：(水泥粉煤灰等)注浆量56661m³	处治效果良好，沉降在规定范围内
乌鲁木齐—奎屯高速公路煤矿采空区治理工程	2075	24~47	2075	24~47	24~47	0.7~30	1~2	巷道式	1990—1998年	60~80	自然塌陷	半充填	充水	半坍塌	地质调查、物探	注浆方案：注浆量59000m³；浅层地基处理(强夯220m、浆盖220m)	处治效果良好，沉降在规定范围内
晋焦高速公路煤矿采空区治理工程	5000	20~100	1600	20~70	20~70	1.5~6	1~2	巷道式	1970—1990年		自然塌陷	半充填	半充水	半坍塌	地质调查2.5km²，钻探8孔914.96m；物探(高密度电法9720点、高精度磁法176点、瞬变电磁法2245点)	注浆方案：(水泥粉煤灰等)注浆量50240m³	处治效果良好，沉降在规定范围内

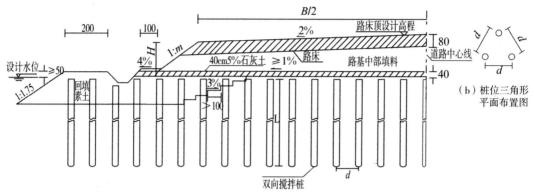

（a）水泥土双向搅拌桩处理河塘路段设计图

图 13-30 临河路堤管桩加固

注：1.本图为水泥土双向搅拌桩处理河塘段设计图。

2.图中尺寸以 cm 为单位。

表 13-11 冲刷防护工程类型及适用条件

防护类型	适用条件
植物护坡	可用于允许流速为 1.2～1.8m/s、水流方向与公路路线近似平行、不受洪水主流冲刷的季节性水流冲刷地段防护。经常浸水或长期浸水的路堤边坡，不宜采用
砌石或混凝土护坡	可用于允许流速为 2～8m/s 的路堤边坡防护
土工织物软体沉排、土工膜袋	可用于允许流速为 2～3m/s 的沿河路基冲刷防护
石笼防护	可用于允许流速为 4～5m/s 的沿河路堤坡脚或河岸防护
浸水挡墙	可用于允许流速为 5～8m/s 的峡谷急流和水流冲刷严重的河段
护坦防护	可用于沿河路基挡土墙或护坡的局部冲刷深度过大、深基础施工不便的路段
抛石防护	可用于经常浸水且水深较大的路基边坡或坡脚以及挡土墙、护坡的基础防护
排桩防护	可用于局部冲刷深度过大的河湾或宽浅性河流的防护

13.3 桥头过渡段地基处理

13.3.1 桥头过渡段的特点与处理原则

桥头过渡段指桥梁与路基衔接处一定长度的地段，如图 13-31 所示。由于桥台和路基在结构形式、地基条件以及施工控制等方面的原因，桥头过渡段往往会产生不均匀沉降，致使车辆经过时产生颠簸、不稳现象，影响行车的速度和坐车的舒适度，甚至有可能影响行车安全，这种现象即所谓的桥头跳车。产生桥头跳车现象的根本原因是桥台与邻接路段产生了沉降差异且超过了一定限值。

桥头过渡段产生不均匀沉降的原因主要是：

1）地基沉降

桥梁一般采用桩基础等,桥梁构造本身一般不会沉降。但桥头过渡段往往地下水位较高,地基土含水量大,孔隙率大,抗剪强度低,在荷载的长期作用下易引起地基沉降变形。

2）台背填料性质

台背填料一般选用透水性好的材料作为填料,而透水性材料空隙率大,且施工空间狭小,施工过程中很难控制其压实度,在道路自重荷载和车辆振动荷载的长期作用下,容易产生路基变形。

3）刚度差异

桥梁是刚性结构物,而道路是柔性(刚性)路面与柔性路基的组合体,经过车辆荷载长时间的作用,桥梁结构变形很小且基础以下部分不会产生明显变形,而作为路基填料的土基部分在自身重量和外部荷载的作用下,会产生弹性变形和塑性变形,引起不均匀沉降。

4）施工质量

在道路桥梁施工过程中,常规施工顺序一般是先对桥梁施工,再对桥梁两侧接坡道路施工,这样的施工顺序往往使桥梁两端留下填土高度较大、施工面窄、工期短暂的作业面;当缺乏适宜的压实机具时,压实度很难达到规范的要求;当分层厚度过大时,压实度检测就不能准确反映真实情况,且难以发现内部空洞。所有这些因素造成了桥头过渡段路基处容易产生沉陷。

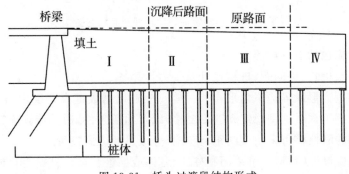

图 13-31　桥头过渡段结构形式

按照《公路路基设计规范》(JTG D30—2015)规范要求,桥头过渡段长度宜按式(13.3.1)确定：

$$L=(2\sim3)H+(3\sim5) \tag{13.3.1}$$

式中,L 为过渡段长度;H 为路基填土高度。

依据《公路路基设计规范》(JTG D30—2015),软土路基桥头与路堤相邻段容许工后沉降为：高速公路、一级公路小于 10cm;二级公路小于 20cm。

13.3.2　桥头过渡段综合处理技术

为有效控制桥头过渡段差异沉降,桥头路段一般采用地基处理、台背回填处理与路面结构处理的综合处理方法。

1. 地基处理技术

桥头过渡段软土地基处理是控制差异沉降的关键。主要采用复合地基与等(超)载预压结合的方法。对于深度小于 15~20m 的软土地基,可采用"水泥土搅拌桩+等(超)载预压"方案;对于深度大于 15~20m 的深厚软土可采用"刚性桩(PC 管桩)+等(超)载预压"方案。刚性桩适用于处理深厚软土地基上荷载较大、变形要求较严格的高路堤段。常用的刚性桩包括预应力混凝土薄壁管桩(PTC)、预应力高强混凝土管桩(PHC)、预制混凝土方桩、钻孔灌注柱等。其中,预应力混凝土薄壁管桩宜工厂预制、现场焊接接长,外径宜为 300~500mm,壁厚宜为 60~100mm。预制管桩处理软基断面示意图如图 13-32 所示。

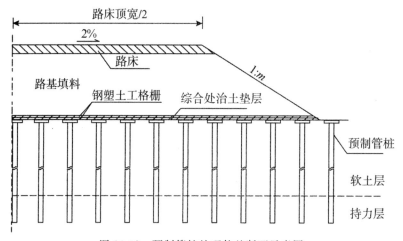

图 13-32 预制管桩处理软基断面示意图

刚性桩设计应包括下列内容:

1)桩型、桩径、桩长、桩间距、桩帽设计及受力计算

刚性桩可按正方形或等边三角形布置。桩间距宜根据成桩设备确定,且不宜小于 5 倍桩径。桩长可根据工程对地基稳定和变形要求,结合地质条件,通过计算确定。路堤与桥头等结构物衔接段的刚性桩可采用变间距、变桩长分级过渡方式设置。

刚性桩桩顶应设桩帽,形状可采用圆柱体、台体或倒锥台体。桩帽直径或边长宜为 1.0~1.5m,厚度宜为 0.3~0.4m,宜采用 C30 水泥混凝土现场浇筑而成。

桩顶上的荷载 F_{cap} 可根据路堤填料中的土拱效应按式(13.3.2)和式(13.3.3)计算。

$$F_{cap} = \frac{2\alpha K_p}{\alpha K_p + 1} s^2 \sigma_{su} \left[(1 - \delta^{1-\alpha K_p}) - (1 - \delta)(1 + \delta\alpha K_p) \right] \quad (13.3.2)$$

$$\sigma_{su} = \gamma \left(H - \frac{s}{\sqrt{2}} \frac{2\alpha K_p - 2}{2\alpha K_p - 3} \right)(1 - \delta)^{2(\alpha K_p - 1)} + \gamma(s - b)\sqrt{2}\frac{\alpha K_p - 1}{2\alpha K_p - 3} \quad (13.3.3)$$

式中,σ_{su} 为作用在桩间土上的应力;K_p 为被动土压力系数,$K_p = \frac{1 + \sin\varphi}{1 - \sin\varphi}$;$\varphi$ 为路堤填料的内摩擦角;γ 为路堤填料的重度;s 为桩间距,指相邻两桩的中心距;b 为桩帽宽度;δ 为桩帽宽度与桩间距之比,$\delta = b/S$;H 为路堤高度,为确保土拱的形成,充分发挥土拱效应,避免桩(帽)土顶面的差异沉降反射到路面而出现蘑菇状高低起伏现象,宜大于 $1.4(s - b)$;α 为待定系数,可按式(13.3.4)计算:

$$\gamma s^2 H = F_{cap}(\alpha) + \sigma_{su}(\alpha)(s^2 - b^2) \tag{13.3.4}$$

当 $\alpha < 1$ 时,土拱还未进入塑性状态,单桩处理范围内土体应满足受力平衡条件;当 $\alpha \geq 1$ 时,土拱已经进入塑性状态,临界高度 H_{cr} 可按式(13.3.5)计算:

$$H_{cr} = \frac{F_{cap}(1) + \sigma_{su}(1)(s^2 - b^2)}{\gamma s^2} \tag{13.3.5}$$

刚性桩的桩体荷载分担比 R_p,可按式(13.3.6)计算:

$$R_p = \begin{cases} \dfrac{F_{cap}(\alpha)}{\gamma H s^2 \eta}, & \alpha < 1 \\[3mm] \dfrac{F_{cap}(1)}{\gamma H_{cr} s^2 \eta}, & \alpha \geq 1 \end{cases} \tag{13.3.6}$$

式中,η 为系数,桩呈正方形布置时 $\eta = 1.0$,桩呈等边三角形布置时 $\eta = 0.866$。

2)垫层设计,包括垫层构造形式、加筋材料的选用以及垫层受力计算

桩帽顶上应铺设具有一定厚度、强度、刚度、完整连续的柔性土工合成材料加筋垫层。垫层形式应根据设计荷载大小和要求以及具体地基土层的条件确定,宜选择土工格栅加筋垫层、高强土工布加筋垫层、土工格室加筋垫层等,并应符合下列规定:①土工合成材料应具有抗拉强度高、切线模量高、非脆性、耐久性良好、抗老化、抗腐蚀等工程性质;②垫层材料宜选择级配良好的碎石、砂石屑等,垫层的厚度不宜小于 0.3m。土工合成材料的最大拉应力 T_{max} 可按式(13.3.7)至式(13.3.9)计算,并应满足式(13.3.10)的要求。

$$T_{max} = \frac{W_T(s-b)}{2b} \sqrt{1 + \frac{1}{6\varepsilon_g}} \tag{13.3.7}$$

$$T_{max} = \varepsilon_g E_g \tag{13.3.8}$$

$$W_T = \frac{\gamma s^2 H(1 - R_p)s}{s^2 - b^2} \tag{13.3.9}$$

$$T_{max} \leq T_a \tag{13.3.10}$$

式中,W_T 为桩间土上的荷载;E_g 为土工合成材料的线刚度;ε_g 为土工合成材料的应变;T_a 为土工合成材料的设计抗拉强度。

水泥土搅拌桩与预压路段的过渡处理:在水泥土搅拌桩与预压界面处设置土工格栅,分别设在基底、基底以上 20cm 处、路床顶面以下 40cm 及 80cm 处,搅拌桩呈等腰三角形布置,并采用桩间距逐步过渡的方式,如图 13-33 所示。

刚性桩与水泥土双向搅拌桩处理路段的过渡处理:在水泥土双向搅拌桩与刚性桩界面处设置土工格栅,分别设在基底、基底以上 20cm 处、路床顶面以下 40cm 及 80cm 处。

刚性桩与预压处理路段的过渡处理:在刚性桩与预压界面处设置四层土工格栅,分别设在基底、基底以上 20cm 处、路床底面及路床顶面以下 40cm 处,如图 13-34 所示。

2.台背回填处理技术

桥头过渡段地基处理的目的就是使路基与桥台间实现平稳过渡,在处理方法的选择上要考虑尽量减少对周围稳定结构的影响,且工期要短。为此,减少桥头过渡段不均匀沉降,台背路堤处理可采用下列方法:

1)合理安排施工工序

①为使台背填土尽早开始,在立柱、桩基础施工时应先安排桥台,再做其他桥墩;

②为保证桥台盖梁下填土的压实质量,先将台背填土至盖梁底面高程,再浇筑桥台盖梁;

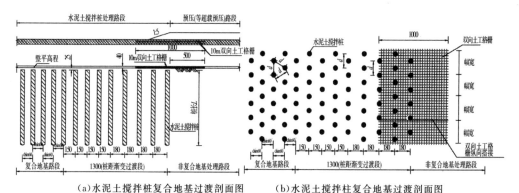

(a)水泥土搅拌桩复合地基过渡剖面图　　(b)水泥土搅拌桩复合地基过渡剖面图

图 13-33　水泥土搅拌桩与预压路段过渡处理

注:图中尺寸以 cm 为单位。

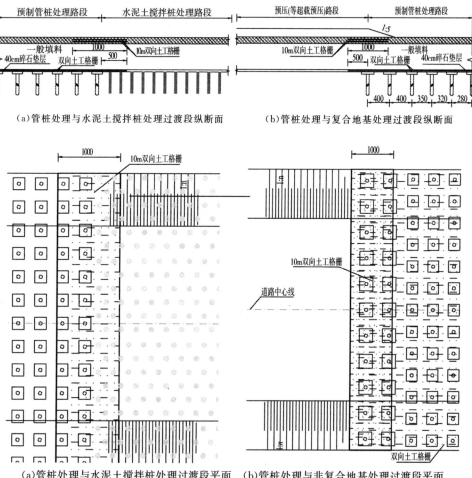

(a)管桩处理与水泥土搅拌桩处理过渡段平面　(b)管桩处理与非复合地基处理过渡段平面

图 13-34　刚性桩与搅拌桩、预压处理过渡段剖面图和平面图

注:图中尺寸以 cm 为单位。

③为避免桥梁、伸缩缝、路堤三者高程不一致而形成错台,在铺筑路面时,先将伸缩缝预

留槽临时用沥青填筑,待路面铺筑完毕,再对预留槽进行切缝,安装伸缩缝;

④当台背路堤高度小于 4m 时,也可先填筑路堤预压,让基排水固结,待路堤沉降基本完成以后,在涵洞或桥台位置再反开挖合适的工作面,进行基础及桥台等施工。

2)优化台背填土碾压方法

施工过程中尽可能扩大施工场地,以便充分发挥一般大型压实机械的作用,当受场地限制时,可采用横向碾压法,以使压路机尽量靠近台背进行碾压。当大型压路机不能靠近台背时,可采用小型压路机配合人工夯实进行碾压;同时,可减薄碾压层厚度(15~20cm),提高压实度,最终使压实度满足设计要求。

在桥涵的翼墙周围特别容易因压实不足而引起沉陷,应重点注意施工压实,扶壁式桥台在施工时很可能使用大型压实机械,在这种情况下应与小型振动压路机配套使用,以达到较好的压实效果。在挖方地段的台背回填部位,因场地特别窄小,应选择当地的石渣、砂砾等优质填料(在湿陷性黄土地区宜用水泥、白灰稳定土),填料的施工层厚度,以压实后小于20cm 为宜。

3)合理选择台背回填材料

回填材料的性质对工程质量起决定性作用,台背填料在现场择优选用,应选择强度高、渗水性好、塑性小、压实快的材料。同时,为了改善填土的压实性能,应设计好材料的级配,台后应设置横向泄水管或盲沟,以利于排水。

应采用粗颗粒材料填筑桥涵两端路堤,或者设置一定厚度的稳定土结构层,设置稳定土的改善层能够使路基、路面的整体刚度有所提高。此外,在桥头路堤任一高度的平面内不应采用不同填料填筑(不同层次可用不同填料),并避免采用高塑性黏土填筑桥头路堤。

桥台背通常选用如岩渣、砾石、砂砾等摩擦角大、强度高、压实快、透水性好的填料,这类回填料不但有利于从台背缝隙中渗入的雨水沿盲沟或泄水管顺利排到路基外,而且也有利于改善压实性能,使路基容易达到设计要求的密实度。

4)土工格栅加筋台背填土

随着土工加筋技术的日趋成熟,土工格栅也逐渐被用于桥台台背,如图 13-35 所示。在填土中沿路线方向分层平铺土工格栅,格栅层的一端固定于桥台,另一端与台背连接,利用土工格栅变形的连续性及其高强度、高弹性、大变形特性,将车辆荷载及上部土体的自重荷

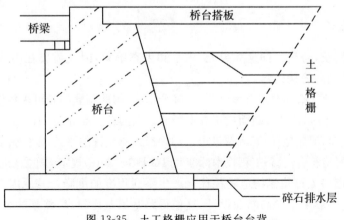

图 13-35　土工格栅应用于桥台台背

载部分地传递到桥台,在台背局部范围内,分层阻止填料沿台背沉降;同时,通过格栅与土体的相互作用,改善局部荷载作用下土体内部的受力状态,将荷载扩散到一个较大的范围内,从而减少外部荷载对土体的压缩沉降,延长沉降特征长度,使台背与填土交界部位的阶梯状沉降变为连续渐变沉降。

3.路面结构处理技术

1)设置桥头搭板

桥头搭板一端支撑于桥台,另一端通过枕梁或直接与路基相连。设置桥头搭板,可把集中的不均匀沉降量分散在搭板长度范围内,使柔性路堤产生的较大沉降逐渐过渡至刚性桥台上,起到匀顺纵坡的作用,使车辆通过时跳跃现象大为减少。

搭板长度 L 大于等于桥台至稳定段路基长度 L_0,搭板长度与桥台高度成正比,桥台越高,搭板也就越长。为控制搭板末端与路堤间的不均匀沉降值,工程中一般在搭板末端设置枕梁,将搭板传递的荷载分布到较大面积的路基上,同时增加搭板的横向抗弯刚度。

2)采用过渡性路面

根据桥头过渡段长度和路基的容许工后沉降值,在桥头一定长度范围内铺设过渡性路面,待路堤沉降基本完成(一般为3~5年)后,再改铺原设计永久性路面,过渡性路面可用半刚性过渡层或沥青表处过渡层等。

3)设置纵向反坡

所谓的纵向反坡就是在可能产生沉降的范围内,根据沉降的经验值设置一定的纵向路面超高,以抵消在运行过程中的路基沉降,从而达到消除桥头跳车的目的。

4)采用可起吊的活动搭板

对有些桥头路基填土高、桥头过渡段施工进度快等特殊情况,考虑通车后剩余沉降量较大,很有可能出现跳车现象的路段,可以将桥头搭板设计为可起吊的活动搭板,通车一段时间后若出现跳车现象,可将搭板吊起,调整基层及枕梁高程,再将搭板放回原位即可通车,其施工工艺简单,是一种快捷、有效地处理桥头跳车的方法。

13.4 箱涵地基处理

13.4.1 概述

道路工程线路长,跨越不同地貌单元、水系和生态单元,因此需要在沿线设立大量人行与动物通道、过水涵洞等构筑物。

在软土地基上设置箱涵要求整体性强,沉降变形小,因此箱涵洞身可采用钢筋混凝土封闭薄壁结构,根据需要做成长方形断面或正方形断面。涵洞孔径是指涵洞洞身过水净空的大小,应根据设计洪水流量、河床地质、河床及进出口加固形式所允许的平均流速等条件来确定;对于通道涵而言,其孔径应符合《公路工程技术标准》(JTG B01—2014)规定的净空要求。

软土地基上道路工程箱涵构造物往往会产生不同程度的沉降。其原因主要是:

(1)箱涵结构一般采用净高断面设计,这使得路基填筑比较高,路基的自重相应增大,软土地基处理不到位导致地基沉降。

（2）构造物施工完成后，没有对基坑进行及时回填，造成基坑积水浸泡，基底土软化，在构造物自身重力的作用下发生沉降。

（3）箱涵建筑在土质不好的沟壑地带，随着地下水位的变化，地基土性发生变化，强度降低，地基发生变形。

13.4.2　箱涵地基处理方法

箱涵地基处理根据地基条件主要采用换填法和复合地基法。

换填法适用于软土厚度小于 3m 的浅层软弱土、膨胀土、液化土等地基，其布置断面如图 13-36 所示。垫层类型按材料可分为碎石垫层、砂砾垫层、石屑垫层、矿渣垫层、粉煤灰垫层以及灰土垫层等。复合地基法主要采用搅拌桩复合地基，适用于软土厚度小于 20m 的地基，典型布置断面如图 13-37 所示。

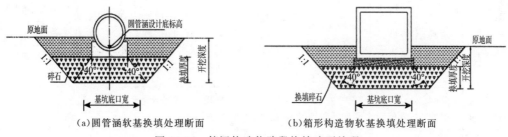

（a）圆管涵软基换填处理断面　　　　　　（b）箱形构造物软基换填处理断面

图 13-36　箱涵构造物路段换填碎石处理

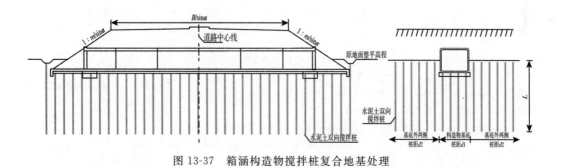

图 13-37　箱涵构造物搅拌桩复合地基处理

13.5　高速公路拓宽工程地基处理

13.5.1　概述

随着国民经济的迅速发展，我国高速公路建设的发展十分迅猛。由于受建设时社会经济水平、技术水平的制约，在已经建成使用的高速公路中，绝大多数是双向四车道。现在有相当一部分已不能适应交通量增长和社会发展的要求，迫切需要增强道路通行能力，解决这一问题有两种途径：一是近距离新建高速公路，另一种方法是拓宽现有高速公路。由于近距离新建高速公路，投资规模大，占用土地多，且容易造成路网分布不均，因而在现阶段我国高速公路拓宽大多采用老路拓宽的方案。先后有沪宁、海南环岛东线、沪杭甬、沈大、南京绕城等高等级公路相继局部或全线拓宽(见表13-12)。高速公路拓宽绝大部分位于我国沿江沿海经济发达地区,这些地区软弱土地基分布广泛。因此,高速公路拓宽工程的地基处理是高速公路地基处理技术面临的新课题。

表 13-12　我国主要高速公路改扩建工程概况

改扩建工程	加宽方式	原设计方案	扩建方案	软土条件	原软基处理方法	加宽软基处理方法
广佛高速公路	两侧加宽	双向四车道	部分双向八车道,部分双向六车道	全线软土路基累计 4.8km,层厚 1.1~7.8m,可以分为山间河谷型淤泥、河流阶地冲积的砂土、三角洲相沉积地砂土三类	袋状砂井加砂垫层或砂垫层	粉喷桩(部分旋喷桩)加砂垫层
沪杭甬高速公路	两侧加宽	双向四车道	分段拓宽成双向六车道	软土路段长约 23km,其中层厚 20m 以上的路段达 17.6km,软土主要是灰色流塑状淤泥质亚黏土,局部夹粉砂层	塑料排水板＋堆载预压、粉煤灰路堤	预压、塑料排水板＋等载预压、粉喷桩、路堤桩＋土工格栅
哈大高速二期	单侧加宽	半幅两车道,双向四车道	扩建左幅	第四纪冲积、洪积层,黄黏土、亚黏土、砂层等层厚不等		
沈大高速公路	两侧加宽	双向四车道	双向八车道	营口至熊岳段,软土层厚 1.1~7.7m;普兰店海湾大桥南段,表层为 2~5m 的淤泥,其下为 5~8m 的淤泥质黏性土;金州海滩段 1~3m 近海沉积的松软淤泥,夹薄层粉细砂	塑料排水板预压固结	塑料排水板预压固结
海南环岛东线	单侧加宽	非标准四车道	扩建左幅,双向四车道	全线软土分淤泥、淤泥质黏土两种	未处理或抛填片石简单处理	原为塑料排水板,后改粉喷桩
沪宁高速公路	两侧加宽	双向四车道	双向八车道	第四纪全新统冲湖积层,双层软土,间夹 0~0.5m 硬塑状黏土、亚黏土,局部缺失,上层淤泥质粉质黏土夹粉砂或互层,厚 2~16.8m,下层淤泥质粉质黏土局部存在,厚 17~21m	清淤换土、塑料排水板、堆载预压、粉喷桩、粉煤灰路堤	粉喷桩、湿喷桩、预应力薄壁管桩,泡沫轻质材料
南京绕城高速公路	两侧加宽	双向四车道	双向六车道	全线软土路基累计 16.5km,油坊桥段,硬壳层厚约 2m,双层软土夹砂层,上层淤泥质亚黏土厚 2~6m,天然含水量为 37%~44%,下层淤泥质亚黏土厚 10m,最厚处达 30m;秦淮河段,硬壳层厚约 4m,其下淤泥质亚黏土厚 5~15m,天然含水量为 30%~43%	塑料排水板、袋状砂井、预压固结、粉喷桩	粉喷桩、湿喷桩、CFG 桩

高速公路拓宽与拼接的形式如图 13-38 至图 13-41 所示。

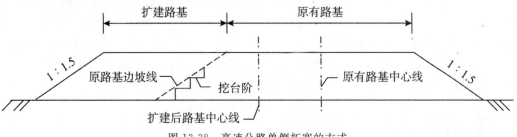

图 13-38 高速公路单侧拓宽的方式

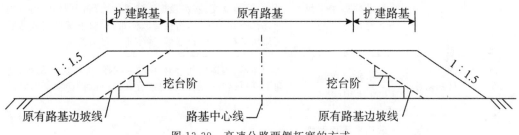

图 13-39 高速公路两侧拓宽的方式

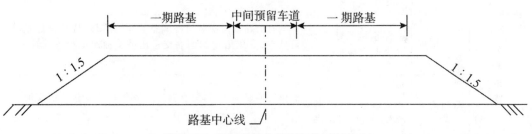

图 13-40 高速公路中间预留的拓宽方式

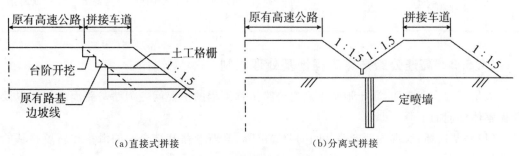

（a）直接式拼接　　　　　　　（b）分离式拼接

图 13-41 高速公路的拼接方式

确定既有路基的利用和拓宽改建方案是路基拓宽改建设计的重要内容。既有路基的利用包含三种方案：①直接利用既有路基，适用于既有路基强度满足改建的需要且无病害的路段；②既有路基经处理后利用，适用于路基强度不足、无病害或病害轻微，经处治后路基能满足改建需要的路段；③对既有路基挖除重建，适用于病害严重、补强处理方案不可行的路段。设计时，需根据既有路基性状和改建设计的目标，通过技术经济综合比较后确定。

根据拓宽路基与既有路基的空间相对位置不同,拓宽拼接方案可分为拼接式、分离式和混合式三大类,并可细分为六小类。各种拓宽方式优缺点不同,有不同的适用条件,如表13-13所示。目前国内高速公路拓宽的形式以双侧拼宽为主,少数路段(主要是大跨径桥梁结构部分)采用双侧分离式拓宽。如果既有高速公路中央分隔带有预留拓宽车道,则可采用中央分隔带拓宽方式;如果既有高速公路沿线较长路段(一般大于5km)没有立交,并且受用地、工期以及交通组织等条件限制,则可采用分离式拓宽形式。

表 13-13 拓宽形式分类

拓宽形式		优点	缺点
拼接拓宽	单侧拓宽	只需小幅调整平纵,拓宽侧容易实施	既有公路双向横坡需要调整为单向横坡,构造物处难以处理;互通立交、服务设施改建难度大;新旧路基、构造物间存在不均匀沉降,拼接比较困难;横向下穿道路或通航河流可能存在通行(通航)净空不满足的情况
	双侧拓宽	只需小幅调平纵,交通组织无须改变	新旧路基、构造物间存在不均匀沉降,拼接比较困难;横向下穿道路或通航河流可能存在通行(通航)净空不满足的情况
	中央拓宽	平纵几乎不用调整,最易实施,交通组织无须改变	中央分隔带必须事先预留足够的宽度,否则无法实施
分离拓宽	单侧拓宽	只需小幅调整平纵,拓宽侧容易实施	既有公路双向横坡需要调整为单向横坡,构造物处难以处理;分离拓宽侧的立交进出的交通组织很难处理;占地大
	双侧拓宽	既有公路平纵几乎不需调整,比较容易实施	单向形成两条路,交通组织需要改变;立交进出的交通组织很难处理;占地大
混合拓宽	双侧拼接或分离	兼顾双侧拓宽的所有优点	路线形成分合流段落,交通组织复杂,安全性低;拼接部分路基、构造物拼接比较困难;分离部分单向形成两条路,交通功能不好

13.5.2 高速公路拓宽工程地基处理原则

大量工程实践表明,软土地基上高速公路拓宽工程的主要问题为路基路面的损坏以及路面整体性能的下降。即:

(1)路基损坏:表现为新老路基间的差异沉降、沿新老路基结合面的滑移和新填路基的整体失稳。

(2)路面损坏:沥青路面会在结合部产生纵向裂缝、面层破碎、结合料松散、道路横坡改变等;水泥混凝土路面会在结合面附近出现扩展的纵缝或横缝、错台,进一步发展会引起板底唧泥、脱空,裂缝处板块断裂以及裂缝进一步扩展等现象。

(3)随着路面病害的产生和道路纵横坡的变化,道路结构性能和服务性能也随之下降,严重时会影响行车安全。

引起上述工程问题的主要原因有:

（1）新老路基下地基沉降的差异：这是路基拓宽工程容易产生纵向裂缝的最主要原因。新老路基地基压缩固结时间不同，老路地基经多年荷载作用，沉降变形已经基本稳定；而新路地基在施工过程中以及竣工通车后都将有较大的沉降变形产生，因此，新老路基下的地基间将产生不均匀变形。同时，道路拓宽工程工期较短，控制工后差异沉降的难度较大。

（2）新老路基强度和刚度的差异：新旧路修筑年代不同，取土地点也不相同，因此加宽路基填筑土料与老路基填筑土料不可能完全相同。填筑材料经自身重量、路面和车辆等荷载的作用，老路基已经完全被压实，而新路基的填料虽经严格压实，仍有塑性累积变形；同时，新老路基采用的施工方法和工艺不同，公路等级和标准也会有差异。

（3）新老路基结合部处治措施不当：新老路基结合部是拓宽工程的最薄弱部位，最容易发生路基病害。如果结合部表面土体强度不足、台阶开挖不合理以及加筋处治不当等，将会导致拓宽路基沿结合面产生滑移或蠕滑，在结合部路面产生纵向裂缝；如果工后路面排水措施不完善，路表水沿裂缝大量下渗，会加速路基的变形和失稳。

（4）施工因素的影响：施工因素是导致拓宽路基病害的重要因素，如结合部的表面根植土、松散土层、腐殖土、杂物等清理不彻底，土路肩、硬路肩部位换填不彻底；边坡开挖面过大，同时，地基处理施工、抽水清淤（地下水位降低）及交通荷载等会对削坡开挖后的老路路基的稳定性产生影响；路基填料压实不到位，引起不均匀沉降，使新老路面结合部开裂；填筑过快，使新路基的沉降速率远远高于原路基的沉降速率，造成原路基失稳或将原路面拉出裂缝；施工中路基排水措施不到位，雨水渗入新老路基，使得结合部土体的强度降低，影响结合面的嵌固效果等。

事实上，拓宽工程会引起老路和新路变形，以二侧拼宽为例，其变形规律如图 13-42 所示。因此公路路基的拓宽应根据公路等级、技术标准，结合当地地形、地质、水文、填挖情况选择适宜的路基横断面形式。

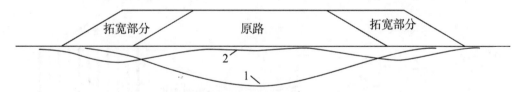

1—原路基形成的沉降分布；2—新拼接形成的沉降分布。

图 13-42　新老路基附加沉降分布

根据我国江苏、浙江、广东和辽宁等省软土地基路段高速公路拓宽的实践经验，软土地基上高速公路拓宽工程地基处理设计应满足下列要求：

（1）路基拼接时，应采取措施控制原路基中心附加沉降和新老路基之间的差异沉降，拼宽部分路基总沉降不大于 15 cm，工后沉降不大于 5cm，纵坡度变化值不大于 0.4%，横坡度变化值不大于 0.5%。

（2）当原软土地基采用排水固结法处理时，拓宽路基不得降低原有路基的地下水位。对于鱼（水）塘、河流、水库等路段，需要排水清淤时，必须采取防渗和隔水措施后才可降水。

（3）当原路堤地基处理采用复合地基处理时，拓宽路堤地基也应采用复合地基处理；当原路堤地基采用复合地基处理，但尚存在软弱下卧层时，拓宽路堤地基复合地基加固深度应超过老路堤以减少软弱下卧层的沉降。

（4）与桥梁、涵洞、通道等构造物相邻拓宽路段或原有路基已基本完成地基沉降的路段，路基拓宽范围的软土地基处理宜采用复合地基，不宜采用排水固结法的处理措施。

（5）新老路基分离设置，且距离较近（小于 20m）时，可设置隔离措施或对新建路基地基予以处理，减小新建路基对原有路基的沉降影响。

13.5.3　拓宽工程地基处理方法

高速公路拓宽工程的地基处理应围绕拓宽工程的特点和沉降变形控制标准，地基处理方法选择遵循以下基本原则：

（1）总沉降及工后沉降较小。要选择沉降变形收敛较快的地基处理方法，满足拓宽工程的沉降控制标准，减小新老路基的差异沉降对路面结构的破坏。

（2）施工较快，工期较短。由于拓宽工程对老路的交通影响较大，因此拓宽工程工期相对较紧，因此不宜采用施工较慢的方法。

（3）对老路基及周边环境的影响较小。由于新路施工过程中老路要维持正常的交通，为保证老路的运营安全，地基处理方法不能对老路产生较大的扰动；同时，拓宽道路两侧通常经济较为发达，居民较多，因此地基处理应避免对周边环境产生污染，减少噪声。

（4）施工便利，对场地要求较低。由于拓宽工程的施工场地相对狭小，有时还受到净空的限制，施工机具移动不便，因此要求地基处理方法成熟、简便、安全、可靠，便于狭窄场地的施工。

拓宽工程地基处理方法主要包括复合地基、土工合成材料加筋处理、轻质土填筑等方法。

复合地基处理方法施工快、沉降可控的特点，是其适合高速公路拓宽工程软基处理的主要优势。复合地基控制拓宽工程地基沉降变形如图 13-43 所示。

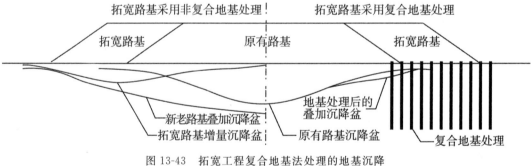

图 13-43　拓宽工程复合地基法处理的地基沉降

图 13-44 为广佛高速公路拓宽工程中水泥粉喷桩软基处理方法；图 13-45 为沪宁高速公路拓宽工程预应力管桩的地基处理方法。

在道路拓宽过程中也可采用超轻质填料。图 13-46 表示采用 EPS 超轻质填料拓宽路堤。采用 EPS 超轻质填料或泡沫轻质土对控制变形、节省土地资源具有重要作用。近年来，对土地资源紧张、沉降变形大的地段，以桩板形式拓宽的方法也得到了应用（见图13-47）。

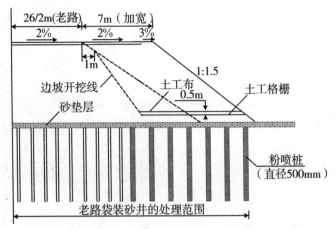

图 13-44 广佛高速公路拓宽工程水泥粉喷桩软基处理方法

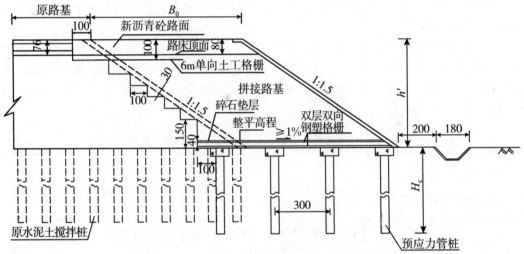

图 13-45 沪宁高速公路拓宽工程预应力管桩的地基处理方法

注:图中尺寸以 cm 为单位。

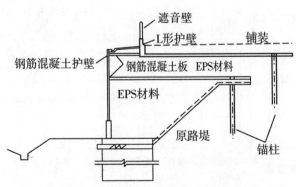

图 13-46 采用 EPS 超轻质填料拓宽路堤

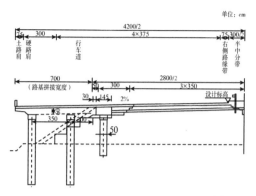

图 13-47　板桩小构

　　为了提高拼接路基的整体性,在高速公路拓宽工程中大量使用土工合成材料。土工合成材料应用于高速公路拓宽和拼接工程的作用主要是路基加筋、防水、隔离以及路面防裂,应用于拓宽工程路基加筋的土工合成材料主要是土工格栅,部分工程采用土工格室。

　　土工合成材料应用于拼接工程的主要方式有:在新老路基结合部、老路基的台阶上以及新路基内铺设土工合成材料,使新老路基通过筋作用结合成一体。目前我国主要高速公路拓宽和拼接工程土工合成材料加筋的设计方案如表 13-14 和图 13-48 及图13-49所示。

表 13-14　拓宽或拼接工程中土工合成材料在路基中的应用

拓宽或拼接工程	土工合成材料铺设层数和位置
广佛高速公路拓宽工程	路基底部铺设一层土工布和一层土工格栅,其中下层为土工格栅,上层为土工布,两层间距为50cm,中间填砂和风化土
沈大高速公路拓宽工程	在路基顶面下 20cm 的台阶顶面铺设单向拉伸钢塑复合土工格栅,铺设宽度为 6m,两侧各布设 3m
沪宁高速公路拓宽工程	路基顶面96区以下20cm路基底部原地面铺设一层单向土工格栅,展开长度为4～6m,老路基一侧布设2m
沪杭甬高速公路拓宽工程	路基顶面铺设一层土工格栅,铺设宽度为 5m,新老路基两侧各布设 2～3m
马芜-芜宣高速公路拼接段	路床顶铺设 25cm 厚土工格室装碎石,宽度为 300cm,新老路基交接处左右各 150cm 宽
庐铜-合铜高速公路拼接段	每隔50cm 设置一层高纤维土工格栅;新老路基结合部顶面铺设一层宽600cm、厚 15cm 的土工格室进行加筋,土工格室内部用级配碎石填充密实,新老路基拼接处两侧各布设 300cm
武汉绕城与京珠公路拼接段	自路基底面起按台阶铺设三层土工格栅,沿拓宽路基全幅铺设,格栅强度不小于 60kN/m
锡澄-沪宁高速直接拼接段、宁连-雍六高速公路拼接段	自路基底开始铺设一层土工格栅,以后每个台阶顶面均铺设一层土工格栅,全幅铺设

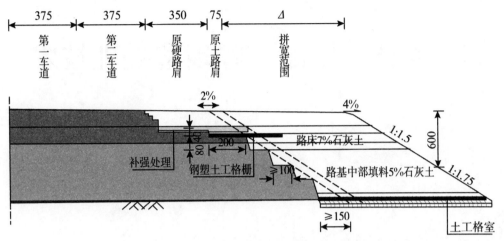

图 13-48 拓宽工程加筋处理

注:图中尺寸以 cm 为单位。

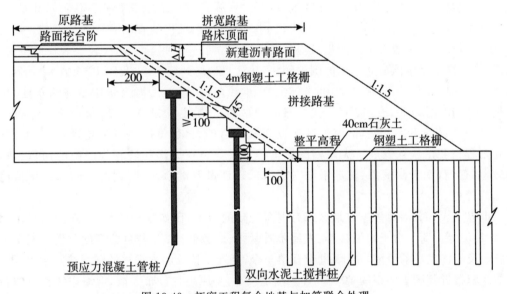

图 13-49 拓宽工程复合地基与加筋联合处理

注:图中尺寸以 cm 为单位。

第14章 围海工程地基处理技术

14.1 发展概况

14.1.1 围海造陆工程

围海工程是指在沿海修筑海堤围割部分海域的工程,其作用是挡潮防浪、控制围区水位,满足农垦、盐业、水产养殖、工业用地以及发电、航运、海岸防护等要求。围海造陆是人类开发利用海洋拓展生存空间的古老方式之一。我国早在汉代就有围海造陆的记载。唐、宋时期,江浙沿海一带曾有围海百里长堤。新中国成立后先后兴起了四次较大规模的围海造陆潮:第一次是新中国成立初期的围海晒盐,从辽东半岛到海南岛,我国12个省、自治区、直辖市均有盐场分布;第二次是20世纪60、70年代,我国东部沿海大量围垦海涂扩建农业用地;第三次是20世纪80、90年代的滩涂围垦养殖热潮;第四次是20世纪末至今,随着我国经济建设的飞速发展,沿海地区建设规模不断扩大,建设用地越来越紧张,因此围海造陆工程得到了快速发展。大规模围海工程主要分布在海洋环境较为隐蔽的河口、海岸海域,如辽河口、天津滨海、江苏沿海、长江口、珠江口及渤海湾、胶州湾、杭州湾、乐清湾、罗源湾等处。

世界上大部分沿海国家或地区都有围海造陆的历史,比如欧洲的荷兰,亚洲的日本、韩国、新加坡等。荷兰由于地域狭小、人地矛盾紧张、地势低洼、水灾频发等危及生存安全、制约农业及经济发展的原因,从13世纪开始至今,开展了持续的大规模的围海造陆工程,围海造陆面积接近其国土面积的20%。日本国土狭小,平原小且分布零散,但海岸线长且曲折,便于围海造陆。工业化发展使得日本建设用地需求大增,但缺乏可供使用的土地,于是围海造陆工程大规模发展。东京湾填海造地工程、关西国际机场和神户人工岛等都是日本著名的围海造陆工程。韩国的仁川国际机场、新万金工程,新加坡的樟宜国际机场、裕廊岛工业区等也都是围海造陆建成的。

现阶段我国围海造陆工程主要是为经济发展服务,因此具有鲜明的时代特点。

(1)用途明确。与历史上的围垦扩展农业用地不同,现阶段围海造陆工程的主要用途是建设用地,包括城市建设用地、工业用地、港口建设用地等。建设用地和农业用地的功能要求不同,导致了两者围海造陆的技术方法不同,对所造陆地的承载力、变形等要求也不同。以农业用地为目的的围海造陆工程通常是在海滩上筑堤围割滩涂,以自淤的方式获得陆域,比如高滩围垦、堵港围垦、促淤围垦等。而以建设用地为目的的围海造陆工程,其填海区域不仅在高滩地带,而且在一定海水深度的海区也可实施,通常包括围堰形成、陆域形成和地基处理三个工程环节。

(2)分布广,面积大。以建设用地为目的的围海造陆工程,不受滩涂高低限制,因此分布海域广。因经济发展对土地的迫切需求,现阶段围海造陆不能再按以前点滴推进的方式进行,而应按实际用地需求进行大面积的围海造陆,一次形成的围海造陆面积可达成百上千万平方米。

(3)成陆时间短。经济发展对土地的迫切需求,要求必须快速造陆,在最短时间内形成满足使用要求的陆域。在现代施工技术支撑下,围海造陆无需经历漫长的自然淤积过程,特别是采用吹填技术,由海域变成陆域的时间较短,已经由以往十几年缩短至几年甚至更短时间。比如曹妃甸钢铁围海造地一期工程,用一年时间就完成了围海造陆 $11.95km^2$。

(4)难度大,技术含量高。现阶段围海造陆不仅要在浅水、滩涂区域进行,还逐步向深水、外海区域发展,比如上海洋山深水港工程、港珠澳大桥人工岛工程等,其难度显而易见,也需要更高的技术来攻克。在传统技术方法的基础上,融入新的科研技术成果和理论创新,形成了快速造陆技术、综合地基加固技术等围海造陆新技术,并广泛应用于工程建设中。

为了加强海洋生态保护,从 2018 年开始,我国严控新增围填海造地,除国家重大战略项目外,全面停止新增围填海项目审批。但目前仍有已围海造地或国家重大战略项目围海造地区域需要进行软基处理。

14.1.2　围海造陆技术

围海造陆是一项系统工程,对施工设备、施工技术、工程材料等都有较高的要求。围海造陆技术按工程环节依次包括围堰形成技术、陆域形成技术与地基处理技术。

围堰形成是围海造陆整个系统工程的基础环节,它是通过人工围堰的方式在拟建海域形成一定的造陆界限,为后续的陆域形成和地基处理做准备。按照施工方法不同,围堰形成技术主要分为抛石围堰、沙袋围堰、插入式混凝土结构与钢结构围堰等。实际工程中应根据现场地理环境和工程地质条件等客观条件,选用合适的围堰结构形式。

陆域形成是指在围堰内抛填岩土材料而形成陆域的工程环节。陆域形成技术可分为干填法、吹填法及干湿结合法。干填法是利用运输设备将开挖附近山体的岩土材料由陆地向海域抛填或推填的施工方法。干填法开挖山体与填筑同步进行,作业面宽,施工快,且填筑施工后的场地地基处理费用低。然而,干填法要求在待填海域附近有可供开挖的山体。吹填法是利用水力机械冲搅泥沙,将一定浓度的泥浆通过铺设的管道泵送至待填区域的方法。采用挖(吸)泥船通过机械对海底土层进行切割、粉碎、冲搅,形成泥浆,通过泥浆泵和管道将含有大量水分的泥沙输送到四周筑有围堰的待填区域,泥沙沉积后形成陆域,即吹填土地基。吹填法可以利用附近海域的砂源或泥源作为吹填料,也可以与港口航道的疏浚相结合,起到一举两得的作用。干湿结合法是将干填法和吹填法相结合的陆域形成方法。当周边自然条件满足工程需要,如既有可供开挖的山石材料,又有疏浚泥沙时,可采用干湿结合法合理配置利用资源,达到降低工程造价的目的。由于山石资源日益紧缺,且开山采石破坏自然生态环境,吹填法成了现阶段陆域形成应用最广泛的方法。

地基处理技术是指对围海工程形成的陆域地基进行加固处理以满足使用要求的技术,

是围海工程的重要组成部分。现阶段围海造陆工程主要用于建设用地,对其地基承载力和变形等均有较高要求。由围海工程形成的陆域,尤其是吹填法形成的吹填土,具有含水率高、孔隙比大、压缩性高、强度低、透水性弱等特点,未经处理不能直接作为建筑地基使用,必须通过地基处理技术进行加固处理提高其承载力。

14.1.3 围海工程地基处理技术发展

围海工程地基处理的方法有很多种。按照其加固原理可分为三大类,第一类是排水固结法,如堆载预压法、真空预压法、真空联合堆载预压法等;第二类是振密、挤密法,如压实法、强夯法、振冲法、挤密砂桩法等;第三类是灌入固化物法,如固化法、深层搅拌法、注浆法等。按照其处理深度可分为浅层处理和深层处理。浅层地基处理主要是对地基进行浅表层快速处理,在建筑物对地基的沉降变形和承载力要求较低的情况下使用,或是为深层处理提供前期平台。常用方法有垫层法、浅层固化法、强夯法、浅层真空预压法等。深层地基处理主要是在地基有一定的承载力后或者浅层预处理完成后,按照建筑物对地基的要求进行深层次的处理,进一步加强地基土的工程特性,提高地基承载力。常用方法有真空预压法、挤密砂桩法、深层搅拌法等。

由于吹填法是现阶段围海工程陆域形成应用最广泛的方法,本章主要介绍针对吹填土的地基处理技术。我国《吹填土地基处理技术规范》(GB/T 51064—2015)中主要介绍了压实法、堆载预压法、真空预压法、强夯法、振动水冲法、固化法和电渗排水法这些常用的吹填土地基处理方法。压实法适用于处理粗颗粒土、黏性土与砂或碎石混合的吹填土地基。堆载预压法适用于处理粗颗粒土、细颗粒土和混合土等吹填土地基。真空预压法适用于处理软黏土、淤泥、淤泥质土等吹填土地基。强夯法包括强夯置换法和降水强夯法,适用于处理粗颗粒土、砂混淤泥、砂或碎石混黏性土等吹填土地基,以及表层覆盖一定厚度碎石土、砂土、素填土、杂填土或粉性土的吹填土地基。振动水冲法,包括振冲密实法和振冲置换法。振冲密实法适用于处理粉砂、细砂等粗颗粒土吹填土地基;振冲置换法,也称为振冲碎石桩法,适用于处理十字板剪切强度不小于20kPa的细颗粒吹填土地基。固化法适用于处理淤泥、淤泥质土等细颗粒吹填土地基。电渗排水法适用于处理淤泥、淤泥质土等含水率高、渗透性低、黏粒含量高的细粒吹填土地基。

真空预压法、强夯法等上述常用的地基处理方法在围海工程中有着广泛的应用,随着施工设备、工艺等的不断改进,这些处理方法仍是现阶段围海工程地基处理的主要方法。然而,我国围海造陆工程规模的不断扩大、建设难度的提高、紧迫的工期要求等,对围海工程地基处理提出了更高的要求,仅仅采用上述传统地基处理方法已经很难满足工程建设需要。在这样的形势下,一批围海工程地基处理新技术、新工艺、新方法应运而生,包括高真空击密法、地固件工法、就地固化法、增压式或劈裂式真空预压法等。传统常用的地基处理技术在本书前面章节中已有详细介绍,本章重点介绍吹填土地基处理的新方法、新技术和新工艺,包括吹填砂性土地基处理、吹填软土浅表快速处理和吹填软土深层地基处理。

14.2　吹填砂性土地基处理

14.2.1　传统吹填砂性土地基处理技术

1. 压实法

吹填土压实可采用碾压法、振动压实法和冲击碾压法。碾压法宜用于地下水位以上强度较高的吹填土地基;振动压实法宜用于吹填砂土或黏粒含量少、透水性较好的吹填土地基;冲击碾压法宜用于处理深度要求高、施工工期短的吹填土地基。

压实法的设计和施工方案应根据吹填土层状况、变形要求及填料等因素综合分析确定;对大型、重要或场地地层条件复杂的工程,在正式施工前,应通过现场试验确定地基处理效果。

吹填土压实前,可根据场地条件、施工机械和天气情况,进行翻晒、通风,以降低含水率。

当利用压实吹填土作为建筑物的持力层时,应根据结构类型、填料性能和现场条件等,对拟压实的吹填土提出质量要求。未经检验查明以及不符合质量要求的吹填土,均不得作为建筑物的地基持力层。

2. 振动水冲法

振动水冲法,也称振冲法,是利用振动和水冲成孔并挤入碎石形成散粒桩体来加固土体的方法。振冲法最早于 1936 年由德国人斯特尔曼(Steuerman)提出。该法最初用来振密松砂地基,后来也运用该法于黏性土地基,即利用该法成孔机械在黏性土中制造一群以碎石、卵石或砂砾材料组成的桩体,从而构成复合地基来改良地基条件。

振冲法,包括振冲密实法和振冲置换法。振冲密实法适用于处理粉砂、细砂等粗颗粒土吹填土地基;振冲置换法,也称为振冲碎石桩法,适用于处理十字板剪切强度不小于 20kPa 的细颗粒吹填土地基。对于大型吹填场地的地基处理而言,相对于振冲密实法,振冲置换法存在两点不足:一是工程质量不易检测和控制,能否解决场地差异沉降问题尚有争论;二是费用较高。因此,加固大型吹填土地基,尤其是吹填砂性土地基,振冲密实法更适用。

振冲法加固吹填砂土的机理包括:

1)振冲挤密作用

振冲密实法的施工过程中,由于水冲使松散砂土处于饱和状态,砂土在强烈的高频强迫振动下产生液化并重新排列致密,且在桩孔中填充挤入大量粗骨料后,又被强大的水平振动力挤向周围土中。这种强制挤密使砂土的密实度增加,孔隙比降低,其干密度和内摩擦角也得到增大。土体的物理力学性能得以改善,使地基承载力大幅度提高,一般可提高 2～5 倍。由于地基土体密度显著增加,密实度也相应提高,因此抗液化的性能得到较大改善。

2)排水减压作用

由砂土液化机理的研究可知,当饱和松散砂土受到剪切循环荷载作用时,将会发生体积收缩和趋于密实现象。当砂土无排水条件时体积的快速收缩将导致超静孔隙水压力来不及消散而急剧上升,使得砂土中有效应力不断降低,当降低为零时便产生砂土的完全液化现象。振冲碎石桩加固砂土时,在桩孔内充填碎石(卵石、砾石)等反滤性好的粗颗粒材料,使地基中形成渗透性能良好的人工竖向排水减压通道,可有效地防止超孔隙水压力的增高和砂土产生液化,又可加快地基的排水固结。

3)预振效应

美国 Seed 等人(1975)进行的试验研究表明,在一定应力循环作用次数下,当两个试样的相对密实度相同时,要使经过预振的试样发生液化,所需施加的应力要比未经预振的试样引起液化所需施加应力值高 46%。由此证明,砂土液化特性除了与砂土的相对密实度有关外,还与其振动应变历史密切相关。在振冲法施工时,振冲器以每分钟 1450 次振动的频率、98m/s² 的水平加速度和 90kN 的激振力喷水沉入土中,该施工过程使得填入的粗骨料和地基土在挤密的同时又获得强烈的预振,这对增强砂土抗液化能力是有利的。

国外报道中指出只要小于 0.075mm 的细颗粒含量不超过 10%,砂土地基采用振冲法都可得到显著的挤密效应。根据工程施工积累的经验数据,当土中细颗粒含量超过 20% 时,振冲密实法对其产生的挤密效应将不再有效。

振冲法加固后的地基土相对密实度能增至 80%~90%,满足了抗液化及产生预沉降的要求,且制成的碎石桩体又是渗透性良好的人工竖向排水减压通道,可以有效地消散地震时的超孔隙水压力的增高,这也是提高地基抗液化能力的另一个主要因素。

3. 强夯法

法国 Menard 技术公司于 1969 年首创了一种地基加固方法,称为强力夯实法,简称强夯法。该法一般通过 8~30t 的重锤(最重可达 200t)和 8~20m 的落距(最高可达 40m),对地基土施加很大的冲击能来加固地基。该法产生的夯击能一般为 500~8000kN·m,甚至高达 10000kN·m 以上。近几年,我国的强夯夯击能在往大能量发展。这种强力夯击作用在地基土中所产生的冲击波和动应力,可提高地基土的强度、降低土的压缩性、改善砂土的抗液化条件等。同时,夯击能还可提高土层的均匀程度以及减少将来可能出现的后期差异沉降。起初,强夯法仅用于加固砂土和碎石土地基。经过几十年的发展和应用,该法已适用于碎石土、砂土、低饱和度的粉土与黏性土、湿陷性黄土、杂填土和素填土等地基的加固处理。

强夯法,又称动力固结法,包括强夯置换法和降水强夯法,适用于处理粗颗粒土、砂混淤泥、砂或碎石混黏性土等吹填土地基,以及表层覆盖一定厚度碎石土、砂土、素填土、杂填土或粉性土的吹填土地基。

许多工程的实测结果表明:强夯时所释放的巨大冲击能量,将转化为各种波传播到土体中一定范围。首先到达某指定范围的波是压缩波,以约 7% 传播出去的振动能量使得土体受压或受拉,能引起瞬时的孔隙水汇集,因而使地基土的抗剪强度大为降低。紧随压缩波之后的是剪切波,约 26% 传播出去的振动能量会导致土体结构的破坏。另外还有瑞利波(面波),约 67% 传播出去的振动能量能在夯击点附近造成地面隆起。对饱和土而言,剪切波是导致土体加密的波。

目前,强夯法加固地基有三种不同的加固机理:动力密实(dynamic compaction)、动力固结(dynamic consolidation)和动力置换(dynamic replacement)。采用哪种加固机理取决于地基土的性状类别和强夯施工工艺的匹配。

1)动力密实

强夯法能加固多孔隙和粗颗粒的非饱和土体是基于动力密实的机理。即用冲击型动力荷载,迫使土体中的孔隙减小,将土体变得密实,进而提高地基土强度。非饱和土的夯实过程,主要是土中的气相(空气)被挤出的过程,其夯实压密变形主要是夯击能改变了土颗粒的相对位移引起的。

2)动力固结

强夯法能处理细颗粒饱和土,是基于动力固结理论的应用。即巨大的强夯冲击能量在土体中产生很大的应力波,破坏了土体原有的结构,使土体局部发生液化并产生许多裂隙,增加了土体中的排水通道,使孔隙水能顺利逸出。待超孔隙水压力消散后,则达到土体的压密固结。由于软土的触变性,强度会逐渐恢复并得到提高。

3)动力置换

动力置换可分为整式置换和桩式置换两种情况。整式置换是利用强夯将碎石整体挤入淤泥中,其作用机理类似于换土垫层。桩式置换是通过强夯能量将碎石填筑土体中,部分碎石桩(或墩)间隔夯入软土中,形成桩式(或墩式)碎石桩(或墩)。其作用机理类似于振冲法等形成的碎石桩,它主要是靠提高碎石内摩擦角值和桩间土的侧限来维持其桩体的平衡,并与桩间土形成复合地基,起到共同承载作用。

4.工程案例——振冲法和强夯法加固吹填砂土地基

1)工程概况

某吹填砂土地基位于沙特阿拉伯东部省海岸线的 Ras Al-Khair 港口,全港区陆域均以大型绞吸式挖泥船通过水力吹填造地形成,造地面积约为 630 万 m^2,回填深度范围为 5.5~11m。原始陆域地层以砂土为主,地表下 3m 左右较为松散,3m 以下中密到密实,18m 以下为泥质砂岩。回填砂以指定港池、航道、调头圆区域疏浚料为主,均为中细砂,质地均匀,适合回填。地基加固处理面积约为 45 万 m^2,地基处理要求如表 14-1 所示。

表 14-1　吹填砂土地基处理要求

地基处理深度/m	地基处理后要求
5.0~3.5	干密度>最大干密度的 95%
3.5~2.0	干密度>最大干密度的 90%
2.0 到天然海床面	静力触探检测值 $q_c \geqslant 7.5\text{MPa}$

2)地基处理方案设计

从回填砂土质分析看,所有适合回填料质地均匀,均为中细砂,这首先排除了填料置换和预压处理等地基处理方案,同时结合总平面布置图的结构区分布和地基静力触探试验(cone penetration test,CPT)检测结果的分析,考虑到不同区域的海床高程差异,决定采取强夯和振冲两种处理措施,考虑因素主要有:①强夯加固设备简单,施工方便、快捷,经济易行和节省材料,利于环境保护,可实行流水作业,对处理砂土有较好的适用性。该方法主要应用于道路、管线和建筑地基区域的地基加固处理。②考虑振冲产生的冲击波可能对码头结构和防波堤产生不利影响,对码头后方堆场区域采取振冲密实法地基处理方案。

在大面积进行地基处理前,为确定强夯法的设备配置和施工工艺参数,在典型区域采用各种不同组合施工参数进行试夯处理。同理,按照设计要求结合地勘报告,选取代表性区域作为振冲法试验区。根据试验处理效果制定技术可行、经济合理的施工方案,这样能有效提高工程效率,节省成本。

3)地基处理效果分析

地基处理检测主要采取 CPT 检测和最大干密度试验,现场通过核子密度仪法与灌砂法测试最大干密度。CPT 主要测试地基承载力,最大干密度试验测试地基密实度,同时对部分结构区采取浅层平板载荷试验,以验证地基承载力是否满足建筑物地基基础承载力设计要求。

结果表明,采用强夯和振冲处理方法可以有效地改善地基工程性能,以保证处理后的地基强度、变形、地基均匀性满足后期使用要求。强夯法处理分布均匀的吹填砂地基是可行的,且施工工序简单,易于流水作业;振冲法对砂土地基处理效果明显,尤其是地基含淤泥质层时能有效提高地基承载力和减少沉降。考虑成本因素,可根据实际处理要求综合两种方法对不同地质、不同地基要求的区域分别采用。

14.2.2　高真空击密法

工程实践发现,应用强夯法处理地基时常常遇到如下问题:①场地地下水位过高,易造成地表严重液化、夯坑积水等,影响加固效果;②对于黏性土或软土夹层地基,由于强夯破坏了土体结构,土体渗透性降低,超静孔隙水压力难以消散,会出现"橡皮土"现象,难以实现真正的土体加固。设置塑料排水板、砂井等被动排水系统的动力排水固结法,可解决夯后超静孔隙水压力难以消散的问题,但无法解决地下水位过高等问题。高真空击密法结合了强夯法和真空井点降水的技术优点,有效地解决了上述强夯施工中的地下水问题。

高真空击密法,又称高真空降水联合低能量强夯法、真空动力固结法等,是一种快速排水、快速击密固结的软土地基加固新技术。它通过数遍的高真空强排水,并结合数遍合适的变能量击密,达到快速降低土体含水量,快速提高土体的密实度和承载力,减少地基工后沉降和差异沉降的目的。

高真空击密法区别于强夯法及其他动力排水固结法的特点是:通过设置真空井点降水系统实现主动排水,快速消散超静孔隙水压力,避免强夯施工中的"地表液化"和"橡皮土"问题。同时,该法将真空井点降水和强夯穿插进行,使土体在重锤夯击、真空吸力及自身重力等动、静力共同作用下,短时间实现快速固结,促使饱和软土预先产生沉降,土体强度得到显著提高。

高真空击密法适合于加固处理黏粒含量低于 50%,塑性指数 $I_p < 10$ 的粉质黏土、黏性土、含黏性土夹层的砂性土,对于黏粒含量大于 50% 的黏性土和淤泥质土处理工效较低。尤其在以粉土类为主要土质,且粉土颗粒多为粉砂与细砂,低于 30% 含泥量或含有 0.5～1.0 米厚的夹层的软土地基中可应用高真空击密法进行地基处理。该法已在吹填造陆的港口堆场、道路、工业厂房等软土地基处理工程中得到广泛的应用并取得了较好的加固效果。

1. 工作机理

高真空击密法通过多遍高真空排水工序,来达到提高强夯击密效果的目的。该法是高真空排水与击密的多遍循环。两道工序的相互作用,形成了高真空击密法的独特机理,其技术原理可称为"动力主动排水固结法"。

(1)通过特制与安设的高真空排水设备的排水,可迅速在所需处理的土体范围内产生高真空,促使孔隙水和孔隙气体快速排出而导致土体固结。

(2)高真空排水后实施的高能强夯,使所处理的土体在强夯产生的压缩波作用下形成超孔隙水压力,在剪切波作用下产生剪切破坏而形成渗水通道。在随之插入的高真空管作用下产生孔隙水压力差而加速孔隙水排出与超孔隙水压力消散,进一步导致土体的排水固结。

(3)由于每遍的高能强夯是在高真空排水及已对土体产生一定的排水固结的基础上叠加进行的,此时土的含水量大为降低,密实度已有所提高。因此施加强夯后夯击效应得以迅速提高,土的密实度得以快速增大。

(4)高真空排水与高夯能击密的互相配合与共同循环作用,使饱和软土体在短时间内迅速形成低含水量、高密实度的硬壳层,满足建筑物对地基土的荷载与沉降要求。

2.施工工艺

高真空击密法将高真空降水和强夯击密两道工序穿插进行,主要施工工艺流程如下:

(1)在详细研究既有地质资料的基础上,对施工现场需处理土体,进行详细勘察,获得土体的岩性、粒度、含水量、渗透系数等基础资料,分析场地饱和软土的分布规律及其在竖向的变化,为确定施工参数提供依据。

(2)按快速动力排水固结法原理确定施工参数与控制工后沉降量。

(3)进行第一遍高真空击密施工。

(4)实施第一遍处理后的效果现场检测。

(5)按第(4)步的资料调整参数,进行第二遍高真空击密施工。

(6)进行第二遍处理后的效果检测。

(7)进一步调整参数,进行第三遍高真空击密施工。

……

最后,进行地基处理后的主要指标检测,包括沉降量的测定,用静力触探试验、标准贯入试验及荷载试验、瑞利波法等测定加固土体的比贯入阻力、标准贯入击数、地基承载力特征值等指标。

从上述工艺流程可见,根据详细的地质勘察资料和分次的击密效果检测资料不断调整施工参数,来逐渐接近设计目标是高真空击密法施工一个主要特点,它体现了实践—认识—实践的不断深化过程,从而可确保施工的工程质量。

3.工程案例——高真空击密法在某吹填土地基处理中的应用

1)工程概况

某拟建道路路基为近代围海造地吹填形成的吹填土。吹填土部分区域以粉细砂为主,呈夹层状淤泥质黏土,土质松散且不均匀;部分区域呈淤泥质黏土夹粉土,呈流塑状态。吹填土厚度一般为 2.2~3.8m,局部最厚为 6~7m。由于吹填土形成时间短,属欠固结土,其含水量高、孔隙比大、强度低,在动力作用下易发生沉降和液化现象。为了确保路基强度和稳定性,需对路基进行处理。

2)地基处理方案设计

由于该工程需同时加固上部吹填细砂和下卧扰动软土层,在经济合理且又安全可靠的前提下,技术难度大,一般地基加固方案无法达到预期目的。通过对多种方案的比较论证,决定采用高真空击密法对其进行加固。高真空击密法在该工程中采用 3 遍高真空降水、3

遍强夯的施工工艺,真空强降水结合低能量强夯施工。

　　3)地基处理效果分析

　　为了验证高真空击密法加固吹填土地基的效果,在强夯施工前后分别在处理区进行了静力触探试验和标准贯入试验。加固前后土体标贯试验结果如表14-2所示。

表 14-2　处理前后加固区土体标准贯入试验结果对比

深度/m	加固区		
	夯前击数/次	夯后击数/次	标准贯入击数增加百分比/%
0～2	6	11	83.3
2～4	4	7	75

　　由测试结果可以看出以下几点:

　　(1)采用高真空击密法处理吹填土地基加固效果显著,可以达到预期的地基处理效果。尤其对地面下 1～4m 范围内的吹填细砂和下卧软土层加固效果显著,加固后土体的工程性质有了明显改善,均能达到或超过工程设计要求。

　　(2)强夯对地面下 1m 范围内的吹填砂层加固效果不是很理想,局部被振松,因此强夯加固后应再对表层砂土进行适当碾压。

　　(3)加固后土层的均匀性明显改善,在地基浅层 4m 左右处形成一层均匀的相对硬层,从而有效消除地基的不均匀沉降。

14.3　吹填软土浅表快速处理

　　近年来围海造陆工程的规模越来越大,吹填材料由以往的中粗砂逐渐发展为海底淤泥。吹填场地新近吹填海底淤泥含水率多超过 100%,孔隙比大于 2.0,外观呈流泥状态,强度基本为零,渗透性差,属于超软地基。人员、机械设备均无法上去进行处理。这种采用海底淤泥吹填而成的场地,排水固结时间长,等其自然沉积之后再投入使用,时间成本较高。为保证后续土地快速开发利用,必须进行浅表快速处理,以满足后续施工建设对场地基本承载力的要求。此时垫层法是比较快捷方便的处理方法之一。然而垫层所需的优质填料日益紧缺,造价较高。因此,出现了浅层真空预压法、地固件工法、就地固化法和新型大面积砂被工作垫层工艺技术等新方法和新技术。

14.3.1　浅层真空预压法(无砂垫层真空预压法)

　　真空预压法是吹填软土地基处理的常用方法之一。真空预压法是在设置好水平排水砂垫层与竖向排水通道的基础上,用密封膜将被加固软弱土体封闭并抽气形成真空,使得砂垫层及排水通道内产生负压,在该压差作用下产生附加应力使土体中孔隙水排出以完成土体固结的地基加固方法。然而,常规真空预压法加固处理新吹填软土时,必须铺设荆笆或土工格栅以及足够厚度的中粗砂作为施工和排水垫层。插设排水板机械无法进场施工,垫层荷载和垫层摊铺机械荷载的总荷载往往大于表层吹填软土的地基承载力,导致施工难以进行。

同时,我国砂资源日益紧缺且价格高,而浅层地基处理对加固深度和加固后地基承载力要求均低于一般软土地基加固工程,故浅层真空预压法是一种可行且经济的吹填软土浅层地基处理方案,也可为深层真空预压法等深层地基处理提供预处理。

浅层真空预压法也称为无砂垫层真空预压法,取消了常规真空预压法中的施工和排水砂垫层,采用透水软管和其他透水性材料(如无纺土工布、三维土工排水网等)取代砂垫层作为水平排水垫层,或直接将排水板与真空管道相连接,采用人工插设塑料排水短板,而非重型插板机械,同时增加了排水板头与滤管的绑扎连接,解决了吹填软土地基砂垫层的铺设难题和天然砂石料价格上涨带动真空预压造价上涨的问题。

1. 工作机理

真空预压法是在原地基表面铺设砂垫层,作为水平排水体,再在土体中设置袋装砂井或塑料排水板作为竖向排水体。将不透气的薄膜铺设在需要加固的软土地基表面的砂垫层上,薄膜四周埋入土中,至周边排水边沟之下,借助埋设于砂垫层中的管道,将薄膜下土体内的空气抽出,使其形成负压。该负压能够快速传递到竖向排水体中,从而使竖向排水体与周围土体直接形成压差,使土体中的孔隙水流入竖向排水体并排出,加速土体固结。浅层真空预压法采用透水软管和其他透水性材料(如无纺土工布、三维土工排水网等)作为水平排水垫层代替砂垫层,其作用与常规真空预压中的砂垫层一致,主要包括以下两个方面:一是传递抽真空系统中的低压,在膜下形成低压力场;二是将地基土中抽吸出来的水、气汇集并由抽真空系统管道排出场地。浅层真空预压系统由加压系统、排水系统和密封系统组成。加压系统即为抽气系统,用以抽出膜下空气,使真空度达到设计要求;排水系统改变原有地基的排水边界条件,传递真空压力,缩短排水距离和固结时间;密封系统则用于保证真空荷载的施加达到设计要求。

2. 施工工艺

浅层真空预压施工工艺受新近吹填软土特性的影响与制约,主要以人工作业为主,主要施工工艺流程如下:①搭设施工便道;②铺设编织布、无纺布;③超软泥面上人工插设排水板;④布设滤管;⑤连接排水板与滤管;⑥铺设三维土工排水网;⑦铺设密封膜;⑧布设真空泵等抽真空装置;⑨抽气加载;⑩卸载;⑪回收三维土工排水网;⑫加固后效果检测。典型的浅层真空预压法示意图如图 14-1 所示。

1)搭设施工便道

由于吹填软土强度很低,表层承载力很小,因此设备与人员的进场非常困难。首先需要解决施工通道的问题。施工通道可以通过填筑砂土料来解决,但此方法造价较高,而且施工周期也稍长。更为快速且经济的办法是在泥面搭设浮桥,即采用一种特制的高密度平板式泡沫,直接将其连续铺设在泥面上形成浮桥。平板式泡沫密度高、强度大、不易破损,可以多次重复使用,适用于大面积工程施工。这种浮桥桥面较宽,行走平稳,利用深插竹竿固定四角,施工方便,便于拆除倒运。

2)铺设编织布、无纺布

铺设编织布和无纺布主要是为施工人员提供安全保障。另外,编织布和无纺布的存在,使得三维土工排水网与泥面不直接接触,对保证排水网的通透性和提高排水网的回收率都是有利的。先进行编织布的铺设和缝合,再进行无纺布的铺设和缝合。工厂生产的无纺布和编织布的幅宽一般在 2~3m,必须在现场将其缝制为一个整体。将无纺布或编织布搭接

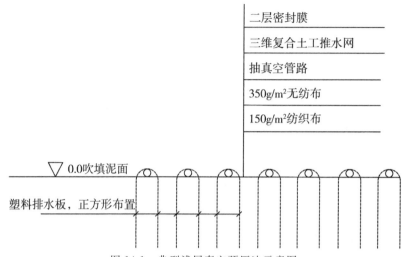

图 14-1 典型浅层真空预压法示意图

铺设,搭接宽度不小于 20cm,可用手持缝纫机将搭接部分缝合,将相邻两块编织布或无纺布连接起来,最终使得下层的编织布和上层的无纺布连接成为一个整体。土工布不仅起到垫层作用,更重要的是起隔离作用,防止后续排水板打设过程中人工扰动或抽真空造成吹填软土泥面翻浆。选择土工布材料时,既要考虑土工布抗拉、抗裂等强度指标,也要从吹填土颗粒级配、渗透系数等方面考虑土工布的等效孔径等指标。

3)超软泥面上人工插设排水板

浅层真空预压法中采用人工泥面浅层插板方案,一方面是因为超软作业面上机械设备很难进行作业,而人工只能插设浅层排水板(一般不超过 5 米),另一方面是因为超软土加固产生大应变影响排水板真空度的传递,因此先插设浅层排水板进行浅层加固,消除大部分浅层土体的压缩沉降后,再打设深层排水板更为合理,这样可使深层真空度传递能得到保证。塑料排水板打设施工前,先在打设区域预打板,判断打设深度,根据打设深度和外露尺寸,将排水板剪成满足打设深度和外露长度要求的短板。将端头包裹弯折并绑扎,一是防止负压抽气过程中土颗粒从排水板端头吸入板芯造成排水板堵塞,二是便于以端头压扁的钢管打设排水板。钢管压扁端顶在排水板弯折段,人工将排水板压至预定深度,拔出钢管时,压扁段与排水板自然分离,将排水板留在打设深度处。排水板打设完毕,随即进行滤管铺设,并连接排水板和滤管。

4)铺设三维土工排水网

三维土工排水网是以高密度聚乙烯为原材料,通过特殊的机头挤出肋条,肋条按一定间距和角度排列形成有排水导槽的三维空间结构,其上下各铺黏土工布,形成三维复合土工排水网,如图 14-2 所示。

待排水板打设和滤管铺设完毕并连接好排水板和滤管后,即可铺设作为水平排水垫层的三维土工排水网。三维土工排水网与滤管连接,一方面可以沿排水网传递真空度,使表层土体发生竖向固结,在加固区表层形成一层硬壳,使得加固后地基的易用性更好;另一方面,三维土工排水网具有一定的刚度和强度,可以作为加固期间人员和设备的持力层。

目前也有很多工程没有铺设三维土工排水网。

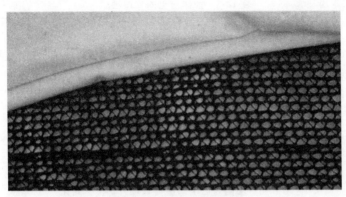

图 14-2 三维土工排水网

5)铺设密封膜

密封膜的铺设过程与常规真空预压的主要区别在于密封膜在竖直方向的密封即为压膜沟的处理。由于超软土几乎处于流动状态,因此在超软土上进行压膜沟施工难度很大。由于浅层土体往往都是含水率很高的黏性土,故可以省略压膜沟,此时可以将密封膜直接埋入排水垫层下不浅于 0.5m 处,即可保证系统的密封。

6)回收三维土工排水网

卸载后,由于施工区表面基本已形成了一层硬壳层,因此,三维土工排水网的回收作业很方便。又由于在施工区表面铺设了编织布和无纺布,三维网的揭起和回收都比较容易。施工结果表明三维土工排水网的可回收性很好。

浅层真空预压法造价低,基本上可以起到吹填软土的预处理作用。但需要注意的是,浅层真空预压处理后的地基承载力仍偏低,需要填一定厚度的宕渣等才能满足后续施工设备进场要求。且强度不均匀,一般靠近排水板的土层强度高,排水板间的土层强度低。另外施工周期偏长,不能满足快速形成硬壳层的需求。

3.工程案例——浅层真空预压法加固新吹填超软土地基

天津临港产业区某新吹填加固区为典型的新吹填超软土地基,加固前主要土性指标如表 14-3 所示。场区土性很差,人员和设备进场困难,采用浅层真空预压技术进行加固。加固区面积为 55m×75.6m。加固区吹填软土厚约 3.5～4.2m,表层 2m 基本为流泥,几乎没有强度。排水板打设至原泥面顶面,间距为 0.7m,以正方形布置。自 2008 年 7 月 26 日开始抽气,2008 年 7 月 28 日满载,膜下真空度达到 80kPa 以上,2008 年 7 月 31 日开始计时,之后膜下真空度一直维持在 80kPa 以上。2008 年 10 月 25 日卸载,有效加载时间约为 82d,抽真空期间产生沉降为 668mm,打板期间沉降为 278mm,总沉降为 946mm,不考虑打板沉降时的固结度为 82.5%。加固前后主要物理力学指标对比如表 14-4 所示。从加固效果来看,采用浅层真空预压法加固,地基产生了明显的沉降,土体含水率下降与强度增长都很显著。

表 14-3　加固前土的物理性质

取土深度/m	土的物理性质											
	含水率/%			湿密度/(g·m⁻³)			塑性指数 I_p			黏粒含量/%		
	最大值	最小值	平均值	最大值	最小值	平均值	最大值	最小值	平均值	最大值	最小值	平均值
0.5	133.0	70.7	103.8	1.59	1.37	1.47	22.4	15.9	18.5	66.1	52.9	59.6
1.5	117.0	61.0	87.3	1.63	1.41	1.52	20.5	16.4	18.0	67.4	58.3	61.9
2.5	107.0	56.9	75.3	1.68	1.44	1.59	19.9	12.3	16.3	63.5	48.3	57.8
3.5	42.2	33.3	38.4	1.90	1.80	1.85	19.3	10.5	15.5	62.5	41.8	51.0

表 14-4　加固前后土体主要物理力学指标对比

工况	平均含水率/%	平均湿度密度/(g·cm⁻³)	平均十字板强度/kPa
加固前	88.8	1.53	2.9
加固后	44.1	1.79	12.2
变化/%	−50	17	321

14.3.2　地固件工法

地固件是地基加固构件的简称,是一种从日本引进的新型土工袋,英文名称为 divided box。地固件主要由填料、基布、吊带和内部桁架或导向架组成,利用基布从外部约束填料,吊带从内部约束整体形状。传统土工袋通过土工袋基布张力对袋内填料产生约束,提高填充粒料间摩擦力,发挥基布抗拉强度,提供附加黏聚力,进而提高土工袋整体强度。但传统土工袋用于超软土地基处理时,由于土工袋自身剪切变形,在超软地基上难以维持自身形状和沉降,不具备施工条件。地固件在传统土工袋基础上,通过增加导向架(小型地固件)或高强桁架带(大型地固件),形成内部约束,在吊带拉伸及填充材料自重作用下,起吊时在地固件底部形成圆锥凹槽,维持形状,在超软地基上保持稳定,方便施工,如图 14-3 所示。

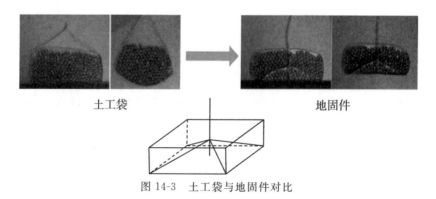

土工袋　　　　　　　　　　　地固件

图 14-3　土工袋与地固件对比

1. 工作机理

1)约束作用

在具有内部约束装置的地固件内,填充碎石等材料,利用填充材料自重和构件张力,使构件自身的强度增加并保持形状;在地固件上面加压时,其下方形成的圆锥形凹槽约束了凹槽中的原土,使得周边的孔隙水压力集中消散,在提高了地基承载力的同时,约束原土挤出,限制地固件沉降。

2)扩散作用

地固件的地基加固机理和传统土工袋类似,通过扩散上部结构传递的压力,提高地基承载力,起到垫层的效果。当下卧软弱层承载力不足时,可通过增加地固件层数来增加应力扩散深度。

3)排水作用

使用砂石等较高渗透系数的材料填充地固件时,地固件本身成为良好表面水平排水通道。加荷后,地固件下部软弱层中的孔隙水缓慢排出,地基发生固结变形,随着超静孔隙水压力逐渐消散,土中的有效应力逐渐提高,地基土强度逐渐增加。

4)减振作用

地固件在振动荷载作用下,基布的伸缩变形和内部填料的摩擦均消耗部分能量。由于基布张力作用,填料颗粒之间的摩擦力越大,填料颗粒之间摩擦消耗的振动能量也就越大,地固件消能减振作用越明显,从而可以起到减振、抗液化作用。

2. 施工工艺

根据地基处理现场实际情况,地固件可采用两种规格:SS 系列(小型)及 LS 系列(大型)。其中 SS 系列可采用人工铺设,多用于施工场地狭窄、机械设备不易进入及承载力要求较低工况;LS 系列的制作及铺设需使用挖掘机等大型机械设备,多用于承载力要求较高工况。地固件常用规格参数如表 14-5 所示。

表 14-5　地固件常用规格参数

型号		尺寸/mm			容量/m³	约束形式
		长	宽	高		
SS 系列	SS45	450	450	80	0.0162	内设导向架
	SS90	900	900	80	0.0648	内设导向架
LS 系列	LS100	1000	1000	250	0.2500	内设约束桁架
	LS150	1500	1500	450	1.0130	内设约束桁架

地固件结构(见图 14-4)主要由基布、吊带、粘扣、基布与吊带连接、基布与基布连接五部分组成,主要用于浅层软基处理。地固件结构构件材质为聚丙烯材质(PP),是一种由丙烯聚合而制得的热塑性树脂。聚丙烯在加工性能、韧性、化学稳定性能方面具有优势,而且质量轻、价格低,但对紫外线较敏感,紫外线作用下易老化降解性能下降,因此耐久性较差。

地固件施工流程简单,包括工作面平整、地固件制作、起吊、加压铺设、夯实排水、找平。地固件制作时,首先把袋状地固件放置于等尺寸刚性箱中,将内部约束吊带悬吊张开,按设计要求分层填入碎石或砂子等填料,振捣密实;通过自带高强粘扣封闭地固件,采用吊机吊装吊带端部吊环至工点,开展铺设、振动密实、夯实找平等后续工序。

需要注意的是,地固件工法处理深度有限。当地固件铺设在超软地基上时,如果受到偏

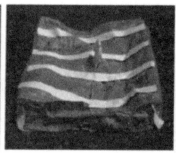

图 14-4　地固件结构

心荷载作用,可能会沉入超软地基。

3.工程案例——地固件工法在超软地基临时道路工程中的应用

地固件工法在日本有大量的工程应用,约有 3000 例成功应用案例,在缅甸、印度尼西亚、韩国也有成功实践,在我国尚处于推广阶段。浙江玉环漩门湾国家湿地公园荷塘底面修建地固件临时道路是地固件在我国的首个工程应用。该场地在围垦前属滨海滩涂,围垦后成为公园内的河道,场地地下水位常年接近地表。临时道路采用两层专用的地固件进行施工,下层地固件规格为 LS150 型,厚度为 50cm,地固件中心间距为 3.0m;上层地固件规格为 LS150 型,厚度为 45cm,地固件中心间距为 1.5m,每层铺设 4 排地固件(即道路宽度为 6.0m),在上层地固件夯实后铺填厚度为 10~20cm 碎石垫层,再铺设 $L \times B \times H = 6000mm \times 3000mm \times 20mm$ 钢板。根据地固件承载力 CBR 检测、沉降和孔隙水压力监测数据,以及用户实际体验,该地固件临时道路满足用户使用要求,即使在水位升高淹没地固件时也不影响其使用效果。

14.3.3　就地固化法

土的固化处理具有悠久的历史,早在几千年前,人类就懂得用石灰和火山灰来固化土壤,以适应生产活动的需求。就地固化法是一种利用固化剂对土体进行原位固化处理,使一定深度范围内的软土达到一定强度或其他使用要求,从而达到相关地基处理要求或进行资源化利用的方法。对吹填软土浅表层进行就地固化处理,可使其快速形成硬壳层,将其作为施工便道,进行场地预处理,为后期深层地基处理提供施工平台。

1.工作机理

就地固化法通过不同的形式,将固化剂加进土体中,与土体均匀拌合,使土体的强度增加,形成一定厚度的硬壳层,达到相应的使用要求。就地固化法的关键内容包括固化剂与固化设备等。

1)固化剂

固化剂是指在常温下添加到土体中可以胶结土颗粒,或与黏土矿物发生离子结合、水化反应、生物作用等,从而大幅度提高土体密实度、强度、耐水性等工程特性的材料。固化剂有多种分类方式,按照其外观形态可分为液状固化剂和粉末状固化剂,简称浆剂和粉剂;按照其主要成分可分为无机类、有机类、生物酶类和复合类固化剂,如表 14-6 所示;按照其作用机理可分为无机类、有机类、离子类和生物酶类固化剂。

无机类固化剂一般为粉末状,采用主固剂添加各种激发剂配制而成。主固剂包括水泥、石灰、粉煤灰和矿渣等,激发剂包括各种酸类、无机盐和少量表面活性剂等。无机类土壤固化剂固化土,主要依靠其自身的水解、水化以及水化产物与土颗粒之间的化学反应生成物来提高土体的强度。无机类固化剂发展较早,工程应用广泛。

有机类固化剂一般是在常温常压下能够通过催化剂或引发剂使得高分子单体结构在土

表 14-6　常见的固化剂材料及主要成分

分类	序号	名称	主要成分
无机类固化剂	1	水泥	$3CaO \cdot SiO_2$、$2CaO \cdot SiO_2$、$3CaO \cdot Al_2O_3$
	2	石灰	CaO
	3	粉煤灰	SiO_2、Al_2O_3、FeO、Fe_2O_3、CaO、TiO_2、MgO、K_2O、Na_2O、SO_3、MnO_2
	4	废石膏	$CaSO_4$
	5	磷石膏	$CaSO_4 \cdot 2H_2O$
	6	钢渣、矿渣	Ca、Mg、Fe、Si 及其氧化物
	7	碱渣	$CaSO_3$、$CaCO_3$、$CaCl_2$、CaO
	8	硅粉	SiO_2
	9	煤矸石	Al_2O_3、SiO_2
有机类固化剂	1	水玻璃	Na_2SiO_3
	2	环氧树脂	泛指分子中含有两个或两个以上环氧基团的有机高分子化合物
	3	高分子材料	以高分子化合物为基础的材料,包括橡胶、纤维、胶结剂等
生物酶类固化剂	1	泰然酶	蛋白质、RNA
	2	派酶	
复合类固化剂		复合固化剂	两种或两种以上化学物质按一定比例配合而成

体中发生化学聚合反应,生成有机大分子链,形成网状的空间结构,填充土体中的孔隙并包裹土颗粒,通过土颗粒和聚合物之间形成有效联结而提高土体强度。常见的有机类固化剂包括水玻璃、环氧树脂和其他高分子固化材料。

离子类固化剂大多也是有机物,一般须经水稀释后使用,在固化剂溶入水中后离子化,形成大量氢离子和氢氧根离子。这些离子进入土体后,与土颗粒发生反应,降低土壤颗粒表面双电层厚度,从而减小土颗粒对水的吸附能力,使得土颗粒表面吸附的结合水膜厚度减小,土颗粒排列更为紧密。离子类固化剂中的活性成分也会与土颗粒发生反应,改善土-水界面的表面特性,提高土体的密实度。

生物酶类固化剂由有机物质发酵而成,属蛋白质多酶基产品,多数呈液态。将配制好的生物酶固化剂溶液均匀洒入土中,通过生物酶素的催化作用,改变黏土的原有结构,经外力挤压密实后,使土中的有机和无机物质的整体结构致密、坚固、不透水。

传统无机类固化剂的碳排放量大,且会对生态环境造成一定的危害。近年来,地聚合物(Geopolymer)固化剂等新型低碳固化剂得到了发展。地聚合物是一种以无机的硅-氧四面体和铝氧四面体为主要组成部分,结构上具有空间三维网络状键接结构的新型无机硅铝凝胶材料。采用地聚合物作为固化剂改良土体,该土体在强度、耐久性、干湿循环、冻融循环、固化时间等方面均优于水泥固化土。但是,目前碱激发剂普遍采用氢氧化钠和水玻璃的组合,有一定的危险性,且造价高,故推广应用有困难。新型低碳环保固化剂的研发仍需进行。

2)固化设备

就地固化设备主要可分为水平牵引式固化设备和竖直牵引式固化设备,其中水平牵引式固化设备以日本链条式固化设备为主,类似于我国常用的路拌机。该法对施工场地有一定的要求,需具备一定的承载力及平整度以满足施工的顺利实施,多用于路基工程,图 14-5为日本链条式就地固化设备。

竖直牵引式固化设备以强力搅拌就地固化系统为主,如图 14-6 所示。强力搅拌就地固化系统主要由强力搅拌头、固化剂用量自动控制系统、压力供料设备和配套挖掘机四部分组成。挖掘机主要提供强力搅拌头的搅拌动力,

图 14-5　日本链条式就地固化设备

并通过移动可实现就地固化,能够有效处理不同类型的土体,如黏土、泥炭、污泥等。由于水平牵引式固化设备主要对具有一定承载力的淤泥进行摊铺固化拌和,而对无承载力的高含水率淤泥则不能进行就地固化处理。因此竖直式牵引式固化设备更适用于吹填软土等软土地基处理工程。

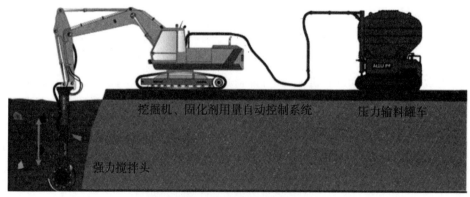

图 14-6　强力搅拌就地固化系统

强力搅拌头(见图 14-7)是一种专业型的立体搅拌设备,利用挖机液压驱动,两个搅拌头按合理的角度对称分布在连接杆和喷嘴的两侧,实现三维立体搅拌,在旋转搅拌作业的同时通过后台供料系统将固化剂送至搅拌头出料口,达到同时搅拌土体与固化剂的目的。

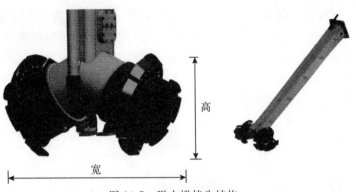

图 14-7　强力搅拌头结构

　　压力供料设备可进行粉剂或浆剂固化剂的输送,国外多采用粉剂固化剂,故其设备为粉剂供料设备。但通过现场试验测试发现,采用浆剂处理后的搅拌均匀性要优于粉剂,且无扬尘,环保性更好,故开发了浆剂固化剂供料设备。固化剂压力供料设备如图 14-8 所示。

（a）粉剂固化剂供料设备

（b）浆剂固化剂供料设备

图 14-8　压力供料设备

目前的强力搅拌就地固化系统配备了定位控制系统,可控制搅拌头固化的路径,在施工过程中为搅拌空间姿态进行精准定位,自动呈现搅拌头的位置,控制搅拌头上升或下降的速率,与固化剂用量控制系统结合使用,主要是为了控制固化搅拌的全覆盖。

2. 施工工艺

就地固化的施工工艺流程如图 14-9 所示。

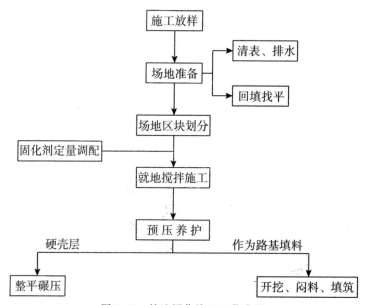

图 14-9 就地固化施工工艺流程

就地固化施工控制要点为:

(1)正式施工前应现场验证固化土强度是否满足设计要求。

(2)固化前应清除树根、块石等障碍物,存在硬壳层时宜利用挖掘机等预先松土。

(3)对固化区域进行分块,区块大小一般为 10~30m²,常规的划分尺寸为 5m×5m 或 5m×6m。

(4)采用浆剂时水灰比宜为 0.5~0.9。

(5)按现场试搅确定的施工工艺和施工参数采用强力搅拌头对原位土进行边固化边推进的就地固化方式(见图 14-10),搅拌应均匀,各方形小区块之间应有不小于 5cm 的复搅搭接宽度,避免漏搅。固化深度超过 1m 时,搅拌头上下搅拌不应少于 2 次,提升速度不应大于 4m/min,搅拌头连接杆的垂直度偏差不宜大于 2%。

(6)预压养护应符合以下要求:

①当固化区域搅拌完成后,应立即预压,可采用满足设计要求的填土材料对搅拌后的土体进行堆载预压,或采用机械进行预压;

②预压后进行整平养护,用推土机对地基表层土碾压整平,保证搅拌后板体的整体性及表层土体的压实度,养护时间宜在 7d 以上;

③养护时如遇雨天宜在固化场地表面铺设塑料薄膜,同时加强场地排水,减少雨水影响。

3. 工程案例

1)工程案例 1——温州围海吹填工程的就地固化试验

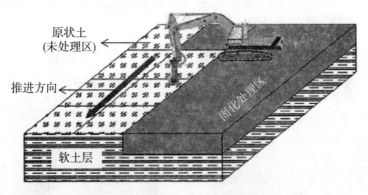

图 14-10　边固化边推进的就地固化方式

利用就地固化技术对浙江温州龙湾区围海吹填土地基进行加固,使其快速形成硬壳层,将其用作施工便道,以供后续施工的开展。在大面积就地固化处理前,先进行现场就地固化试验。根据实际工程情况及当地固化剂材料供应情况,以水泥和石灰为主固化剂,粉煤灰和矿渣微粉为辅助材料。将场地划分为 12 个区块,单个区块大小为 5m×5m,采用不同固化剂配合比和不同处理深度,按照表 14-7 所示的不同工况进行就地固化试验。

表 14-7　就地固化现场试验方案

试验工况	处理深度/m	固化剂配合比
1	0.8	2%水泥+1%石灰+3%粉煤灰
2		2%水泥+2%粉煤灰+5%砂
3	1.2	2%水泥+2%粉煤灰+0.5%矿渣
4		2%水泥+2%粉煤灰+0.2%矿渣
5	1.5	4%石灰+4%粉煤灰
6		2%水泥+1%石灰+3%粉煤灰
7		4%水泥+2%粉煤灰
8		2%水泥+2%粉煤灰
9	3	6%石灰+6%粉煤灰
10		上部 1.5m:3%石灰+3%粉煤灰;下部 1.5m:1%石灰
11		上部 1.5m:2.5%水泥+3%粉煤灰下部 1.5m:0.5%水泥
12		4%水泥+4%粉煤灰

图 14-11 为就地固化加固前后场地土体性状,加固前地基土表层存在约 10cm 风干土层,下部土体为新近吹填淤泥,人走易陷;加固后土体含水率明显下降,加固后土体承载力及强度迅速提升,就地固化加固 24h 后普通挖掘机可行走。加固 14d 后,土体的含水率为 32%~44%,相对于原状土体,加固 14d 后土体含水率下降了 15%~21%。对就地固化加固后土体进行不同深度处十字板剪切试验,结果显示加固后土体十字板剪切强度至少高出

原状土强度 10 倍。在加固处理深度范围内,十字板剪切强度变化幅度不大,说明就地固化技术在施工过程中均匀性控制得较好。

(a)加固前 　　　　　　　　　　　　　(b)加固后

图 14-11　就地固化加固前后场地土体性状

2)工程案例 2——温州浅滩二期快速就地固化

就地固化法应用于温州浅滩二期,地点介于灵昆岛(属温州市瓯海区)和霓屿岛(属温州市洞头区)之间。该项目为围海造地工程,工程现场前期由航道疏浚土吹填形成,大部分区域露滩,表层已形成薄硬壳层;靠近灵霓大堤小部分区域前期吹填高程较低,后又进行了二次吹填,平均标高约为 2.0m。工程状况如图 14-12 所示。

图 14-12　试验区域工程状况

选择了两个试验段进行就地固化试验。

试验段 1 为已沉积吹填土,总方量为 3168m³(长 120m,宽 12m,高 2.2m)。四个区域固化剂掺量分别为 4%水泥+2%矿渣微粉、5%水泥+2%矿渣微粉、6%水泥+2%矿渣微粉、7%水泥+2%矿渣微粉,如图 14-13 所示。

试验段 2 为新吹填土,总方量为 2640m³(长 100m,宽 12m,高 2.2m),处理区域配比为

7％水泥＋2％矿渣微粉，如图 14-14 所示。

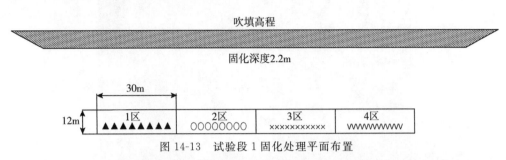

吹填高程

固化深度2.2m

图 14-13　试验段 1 固化处理平面布置

注：▲表示 4％水泥＋2％矿渣微粉；○表示 5％水泥＋2％矿渣微粉；×表示 6％水泥＋2％矿渣微粉；Ⅴ表示 7％水泥 ＋2％矿渣微粉。

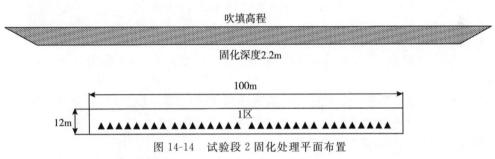

吹填高程

固化深度2.2m

图 14-14　试验段 2 固化处理平面布置

注：▲表示 7％水泥＋2％矿渣微粉。

试验段 1 和试验段 2 处理前后对比如图 14-15 和 14-16 所示，其中 7％水泥＋2％矿渣微粉 的配比区域，固化后第 2 天即可站人，能够实现快速固化。

(a)就地固化前　　　　　(b)就地固化后

图 14-15　试验段 1 就地固化前后对比

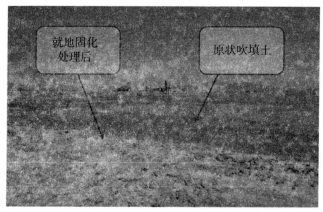

图 14-16　试验段 2 就地固化前后对比

在试验段 1 中每种配比区域随机选取了 1 点进行检测,共检测 4 点。根据检测结果,综合考虑经济性和安全性,本试验段区域固化剂掺量选定 7%,承载力可满足现场使用要求。

在试验段 2 中随机选取了 4 点进行检测,根据检测结果,试验段区域固化剂掺量选定 9%,承载力可满足现场使用要求,极限破坏检测承载力分别为 560kPa 和 480kPa。

目前,就地固化技术已在多个吹填土场地处理工程中进行了应用。

14.3.4　新型大面积砂被工作垫层工艺技术

中交四航局等单位综合分析传统大型砂被和砂肋软体排的优点,结合普通砂井的作用特点,将 3 种工艺进行集成创新,提出了一种能用于新近吹填淤泥地基的施工设备工作垫层——新型大面积砂被垫层技术,其结构如图 14-17 所示。砂被工作垫层形成后,在其上面机械铺设一定厚度的回填料(砂料、粉土、素填土等)或水力吹填一定厚度的中细砂、粉细砂或中粗砂,即可形成能顺利实施新近吹填淤泥地基真空预压处理前的插板施工工序的工作垫层。

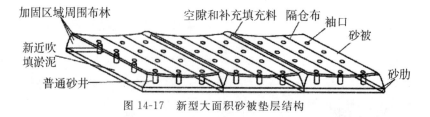

图 14-17　新型大面积砂被垫层结构

新型大面积砂被工作垫层工艺技术主要施工流程如下:①根据加固区域尺寸加工砂被袋体;②依次铺设若干个砂被袋体且相邻袋体之间通过包缝缝接;③从四周依次对称回形充填砂肋,使砂肋排水密实,下沉稳定;④从四周依次对称充填砂被,使砂被排水密实;⑤在砂被表面铺设一层土工格栅,通过铁丝与下方袋体固定;⑥水力吹填或者机械铺设粉细砂垫层,充分排水密实并整平场地。

14.4　吹填软土深层地基处理

吹填软土深层地基处理,常规的方法有真空预压法、挤密砂桩法、深层搅拌法、复合地基技术等。这些常规地基处理技术在本书前面的章节中已有详细介绍。真空预压法是围海工程中应用最广泛的地基处理方法。然而采用真空预压法处理含水率超高和浮泥含量较大的新近吹填超软土地基时存在真空荷载易流失、排水板易淤堵、需二次插板、设置砂垫层等处理工期长、耗能高且加固效果不明显等问题,因此众多学者针对深厚吹填软土的真空预压方法提出了改进优化,提出了直排式真空预压法、增压式真空预压法、气压劈裂真空预压法、电渗联合真空预压法等。另外深层搅拌加固法也是吹填软土深层地基处理的有效方法。浙江省围海建设集团股份有限公司在常规深层搅拌加固法的基础上,开发了一项淤泥固化桩技术,实现了在吹填软土表面原位直接施工进行深层加固处理。

14.4.1　真空预压法

针对采用常规真空预压法处理深厚淤泥软土地基加固效果不理想,处理深度有限的问题,学者们从加固机理和施工工艺等方面进行深入探索,提出了增压式真空预压法和气压劈裂真空预压法(以下简称"劈裂真空法")。

1. 工作机理

增压式真空预压是在塑料排水板间设置增压管,待常规真空预压固结度达 40％后,增压管开始工作,在土体中心增加正气压(压力为 40N),使土体中心与排水板的压力差增加,使真空预压的加固效果得到明显改善的方法。增压式真空预压是把排水板与真空管连接,真空直达排水板内部,排水板滤膜内外产生较大压差,使软基中含水量快速降低,再在土体中均匀分布增压管,使土体水分子在压力作用下定向流动,对软基进行快速固结,提高地基强度及固结深度,降低工后沉降。同时,采用手形接头、钢丝软管将整个排水系统连成一

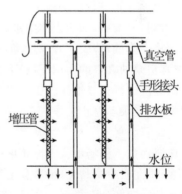

图 14-18　增压式真空预压排水过程

个封闭的系统,确保预压期的真空度。增压式真空预压排水过程如图 14-18 所示。

劈裂真空法与增压式真空预压法类似,在常规真空预压法的基础上,增加一套气压劈裂系统,如图 14-19 所示。除了在地表施加真空荷载外,还在土体内部间歇性施加高压气体。当高压气体压力超过某一临界值以后,土体发生劈裂,土体中产生大量裂隙,裂隙与预先打设的塑料排水板组成有效的排水导气网络,提高真空荷载向深层土体的传递效率,同时提高深层土体的渗透性,加速深层超静孔压的消散,加快土体固结,以缩短预压时间和有效控制工后沉降。

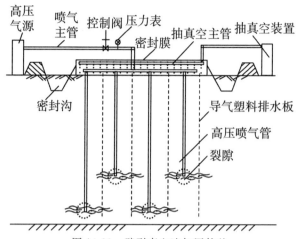

图 14-19　劈裂真空法加固软基

2.施工工艺

增压式真空预压法的主要施工工艺流程如下:①平整场地;②塑料排水板施工;③增压管施工;④真空系统连接;⑤增压管连接;⑥密封墙密封沟施工;⑦埋设孔压测量装置等现场监测仪器;⑧覆盖密封膜;⑨抽真空,抽至真空度大于等于 80kPa,保持真空恒载;⑩增压系统增压 0～40N;⑪减压往复进行;⑫真空固结完成,停泵终止抽气;⑬卸载,检测。

与常规真空预压法相比,两者主要区别在于增压管设置过程不同,待土体固结度达到40%以上后开始进行增压施工。首先利用空压机及增压管网系统通过增压管向有一定固结度的土体打气增压,加速土体中水分进入塑料排水板,此时随着打气增压作业的进行,膜下真空度将会降低,待膜下真空度降低至 40kPa 后停止打气作业;其次在停止打气增压作业后,在真空泵抽真空的作用下,膜下真空度会逐渐由 40kPa 增加到 80kPa;最后重复按照第一步的方法进行打气增压施工。以上施工过程往复进行,起到增压施工的效果,在打气增压过程中,真空泵不停止工作。

3.工程案例——增压式真空预压法在珠海西站工程中的应用

珠海西站工程场地位于海相堆积平原区,地形平坦。表层为第四系人工填土、海相沉积的淤泥、淤泥质粉质黏土、粉质黏土等,下伏基岩为燕山期花岗岩。场地分 4 个区进行地基处理,一区、二区为常规真空预压,三区、四区为增压式真空预压。场地的排水板长度均为22m,堆载高度为 2m;其中一区、二区排水板采用正三角形布置,间距分别为 1.0m 和 0.8m,三区、四区排水板采用正六边形布置,间距分别是 1.0m 和 1.2m,六边形中心设置 8m 深度增压管。

表 14-8 为常规真空预压与增压式真空预压法处理区域的沉降对比,在 2m 深度对应位置,一区和三区沉降量分别为 1322.4mm 和 1629.3mm,由于增压管的设置,其沉降量增长了 23.2%;同样的,在 4m 的位置,其沉降增长量达 22.3%,但在增压管偏下位置 10m 深度处,两个区的沉降量非常接近,其沉降增长量仅有 5.7%,说明增压管处理的增长效果只能体现在其长度范围内,向下延伸的幅度不大。

表 14-8　常规真空预压与增压式真空预压法处理区域的沉降对比

深度 /m	一区累积沉降量/mm	三区累积沉降量/mm	增长率 /%	深度 /m	一区累积沉降量/mm	三区累积沉降量/mm	增长率 /%
2	−1322.4	−1629.3	23.2	8	−942.6	−1055.2	11.9
4	−1175.4	−1437.9	22.3	10	−812.4	−858.6	5.7
6	−1122.6	−1293.1	15.2				

14.4.2　淤泥固化桩技术

深层搅拌加固法是通过深层搅拌机械,在软土地基内边钻进边喷射固化剂,并且利用搅拌轴的旋转充分拌和,使固化剂和土体之间发生一系列的物理和化学反应,改变原状土的结构,使之硬结成具有整体性和水稳性及一定强度的固化土,达到加固目的的一种地基处理方法。

深层搅拌加固法在吹填软土经过浅表快速处理后可以进行施工,对于未处理的吹填软土表面,由于其承载力低,黏聚力大,常规的施工设备没有持力点,容易陷入淤泥中,无法行走和进行施工操作。因此,一项适用于超软土地基的淤泥固化桩技术应运而生,该技术可在淤泥软基表面进行直接施工,对淤泥进行原位固化使其形成固化桩。

1. 工作机理

主要设备为螺旋式淤泥固化机,采用圆柱形浮筒结构加旋转叶片。浮筒提供设备的浮力使设备浮于淤泥表面,以转动的方式提供横向动力。

螺旋式淤泥固化机采用淤泥及软黏土软基行走系统、固化剂高压输送系统、固化剂旋转旋喷搅拌系统相结合,在软基上行走的同时,固结剂通过高压原料输送系统输送至搅拌系统,旋转加高压旋喷搅拌系统将固化剂与软土基础进行充分混合搅拌。螺旋式淤泥固化机的结构如图 14-20 所示,施工现场如图 14-21 所示。

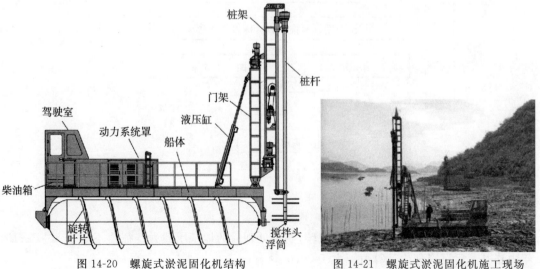

图 14-20　螺旋式淤泥固化机结构　　　　图 14-21　螺旋式淤泥固化机施工现场

2.施工工艺

将机械搅拌技术与高压旋喷技术结合,搅拌的同时结合加压旋喷,实现吹填淤泥与固化剂的充分均匀搅拌。

淤泥固化桩施工工艺流程如图 14-22 所示。采用四搅二喷的工艺,四搅二喷有两种做法。

做法 1:第 1 次下钻,喷浆搅拌施工;第 1 次提升,喷浆搅拌施工;第 2 次下钻,复搅至设计深度,不喷浆;第 2 次提升,复搅至工作面,不喷浆。

做法 2:第 1 次下钻,喷浆搅拌施工;第 1 次提升,不喷浆;第 2 次下钻,复搅至设计深度,喷浆搅拌施工;第 2 次提升,复搅至工作面,不喷浆。

经试验比较,做法 1 的淤泥固化后的强度更高。分析可知,这是由于做法 1 更能保证两次喷浆都有两次以上的复搅。

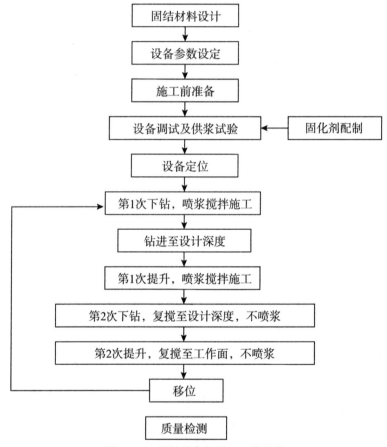

图 14-22 淤泥固化桩施工工艺流程

3.工程案例——淤泥固化桩技术在吹填土路基工程中的应用

1)工程概况

浙江某吹填新区进行路基处理试验,要求处理后的地基承载力特征值不小于 80kPa;15 年内路基工后沉降理论计算值不大于 30cm。

工程勘察结果显示,围区内以流塑状淤泥为主,含水率为 55.4%～72.8%,重度为 15.7

～16.6kN/m³,孔隙比高达 1.58～2.04,液性指数为 1.40～1.81,塑性指数为 22.8～26.3,压缩模量为 1.66～1.80MPa,固结快剪黏聚力为 11.5～12.5kPa,内摩擦角为 7.8°～8.3°。极低的地基承载力,使普通施工机械无法进入场区进行地基处理,严重限制了工程建设的步伐。

2) 技术方案

为满足路基承载力和沉降要求,结合已有的工程经验,整体设计思路采用上部整体固化,下部布置间隔的深层固化桩结构,并在表层铺设固化土稳定层。上部整体固化桩固化深度取 2.0m,深层固化桩固化深度取 7.0m(置换率为 26.2%),表层铺设 0.30m 的固化土稳定层和少量碎石。

3) 处理效果分析

取 8 组共 24 个固化桩芯样进行抗压强度试验,得到各组芯样最大抗压强度代表值 4.9MPa、最小抗压强度代表值 2.3MPa,均远超设计强度(0.8MPa)。典型取芯检测结果如表 14-9 所示。

表 14-9　典型取芯检测结果

序号	桩号	龄期/d	设计桩长/m	取芯长度/m	设计无侧限抗压强度值/MPa	实测最小无侧限抗压强度值/MPa
1	6-17-1#	28	7.0	7.0	0.8	3.3
2	6-12-3#	28	2.0	2.5	0.8	2.5
3	5-6-2#	28	2.0	2.45	0.8	2.3
4	5-11-2#	28	2.0	2.6	0.8	2.7

采用慢速维持荷载法对固化处理后的地基进行静载荷试验,试验结果根据《建筑地基处理技术规范》(JGJ 79—2012)进行计算,可得地基承载力特征值为 180kPa,对应的沉降值为 4.66mm。

采用贝克曼梁(Benkelman beam)法测定回弹弯沉值,共检测完成 8 个试验点。根据检测结果,平均回弹弯沉值为 98.5(0.01mm),弯沉代表值为 192.8(0.01mm)。

此外进行了路基承重直观检测试验,检测车辆采用满载总重约 55t 的工程运输车,车辆直接在试验处理区域进行行驶检测。车辆行驶过程中,行驶稳定,无异常情况出现,车辆行驶过后的区域,只有上部铺设的碎石部分有较重的轮胎形式印记,固化土基础基本无沉降,没有被破坏的现象发生。

上述检测结果表明,淤泥固化桩处理吹填软土用于路基工程,路基承载力和沉降等均满足设计要求。

第 15 章　水下地基处理技术

15.1　发展概况

在跨海交通、港口码头、海上风电等水域交通、水运工程和其他水域基础设施建设中,经常需要对结构物下地基进行处理。水域施工条件通常比陆域施工条件更复杂、要求更高。水下地基处理可采用挤密砂桩技术、振冲技术、深层搅拌技术、真空预压技术、爆破挤淤技术等(见表 15-1)。水下地基处理与陆域地基处理的最大不同,就是需要借助船舶作为施工平台,进行水下地基处理作业,难度较大。

近年,海洋开发越来越受到重视,海洋工程得到长足发展,海上建(构)筑物,如海底隧道、海上人工岛、海上风电构筑物等越来越多,水下软弱地基必须得到加固处理,水下地基处理技术也得到了发展。

表 15-1　常用水下地基处理技术比较

技术名称	原理及作用	适用范围	优点	局限性	工程应用
深层搅拌技术	利用水泥(或石灰)等材料作为固化剂通过特制的搅拌机械,就地将软土和固化剂(浆液或粉体)强制搅拌,使软土硬结成具有整体性、水稳性和一定强度的水泥加固土,从而提高地基土强度和增大变形模量。水泥土搅拌法分为深层搅拌法(简称湿法)和粉体喷搅法(简称干法)两种。前者是用浆液和地基土搅拌,后者是用粉体和地基土搅拌	适用于正常固结的淤泥与淤泥质土、粉土、饱和黄土、素填土、无流动地下水的饱和松散砂土等地基以及含水量较高,且地基承载力标准值不大于 120kPa 的黏性土地基。当地基土的天然含水量小于 30% 大于 70% 或地下水的 pH 值小于 4 时不宜采用该法。水泥土搅拌法用于处理泥炭土、有机质土、塑性指数 I_p 大于 25 的黏土、地下水具有腐蚀性以及无工程经验的地区时,应通过现场试验确定其适用性	施工时无振动无噪声、无泥浆废水污染、无大量废土外运、土体扰动小、施工速度快等	成本相对较高	香港新机场工程海上项目、长江堤防防渗工程

续表

技术名称	原理及作用	适用范围	优点	局限性	工程应用
爆破挤淤技术	软基上填筑石方，引爆石方坡脚软土内炸药，扰动淤泥，石方在自重及振动作用下，填充爆炸产生空腔同时挤压淤泥	适用于抛石置换水下淤泥质软基的防护堤、围堰、护岸、驳岸、滑道、围堤等工程，其他类似工程也可参考使用；其适用的地质条件为淤泥软土地基，置换的软基厚度宜为4～20m，淤泥厚度小于4m时，可与抛石挤淤、强夯挤淤比较后择优使用，大于20m时，须进行论证	开挖量较小，无需大型机械	难以完全清淤，爆炸挤出的淤泥对环境和航道有影响	阳江核电东防波堤工程
挤密砂桩技术	向沉入规定深度套管内填砂，并向下挤压和振动使砂桩扩径。对松散性砂土，有挤密和预振作用，并可增强抗液化能力；对黏性土，有置换和形成排水通道作用	适合砂性、黏性等土体。对黏性土复合地基，可改善地基整体稳定性；对砂性地基，可增加密实度，防止液化	工期短，施工质量可控性好	采用大型设备，可能产生振动危害和噪声污染	港珠澳大桥岛隧工程
振冲技术	利用振冲器在砂土中振动时，使其周围的饱和砂土液化，土重新排列后孔隙比减小，从而增加密实度。振冲碎石桩法是在振冲孔中填砂石骨料，再用振冲器振密填料，形成碎石桩体，与原地基形成复合地基，可以提高地基承载力，也可以消除或减少地层的地震液化	适用于黏土粒含量小于10%的中粗砂地基；振冲碎石桩法适用于处理砂石、粉土、粉质黏土、素填土和杂填土（生活垃圾及有机质土的含量不超过5%）地基。对于不排水抗剪强度不小于20kPa的饱和黏性土地基和黄土地基，应通过现场试验确定其适用性	施工快，施工质量容易保证，经处理后土性质较为均匀	采用大型设备，可能产生振动危害和噪声污染	科特迪瓦阿比让港口扩建项目，我国广州新沙一期工程、深圳盐田港一期工程
真空预压技术	通过布置垂直排水井或塑料排水板，改善地基的排水条件，缩短排水距离，促进固结排水，以加速地基土的固结和强度增长，提高地基土的稳定性，并使沉降提前完成	适用于加固淤泥、淤泥质土和其他能够排水固结而且能形成负超静水压力边界条件的软黏土地基	加固费用低	水下施工工艺复杂，所需工期长，当固结沉降引起地基变形时，砂井可能发生弯曲、折断等	天津港中化石化码头

15.2　水下挤密砂桩技术

15.2.1　加固机理

挤密砂桩技术是用沉管灌注桩施工设备,将管中的砂石料从管底部带有活瓣管靴的钢管灌入地下预定深度,然后引入压缩空气,边振边提,将管中的砂石料从管底端活门压出并不断补充,直至形成挤密砂桩体。

砂桩是散体桩复合地基的一种,是软弱地基处理常用的方法之一。这种处理方法对整个地基起到挤压密实的作用,砂桩本身又以其较周围土体为大的刚度而承受大部分上部结构及基础的荷载,从而与周围被加固土一起组成复合地基。可提高地基承载力,减少沉降,防止振动液化等,适用于处理杂填土、黏性土和深层松砂等地基。

砂桩分挤密砂桩和排水砂桩两种。前者断面较大,间距较近,桩体有较高的承载力和较大的变形模量,与挤密后的桩间土组成复合地基,共同承受基础所传递的荷载。后者主要用作地基排水的一种措施,可以增加孔隙水的渗透途径,缩短排水距离,同时也可提高土的承载能力。一般直径较小(20~30cm),间距较大(1.5m以上)。

砂桩是由中粗砂组成的柱体,中粗砂为散体材料,所以砂桩发挥作用,主要取决于侧向约束的大小。在地基中,砂桩主要靠桩周土侧向约束使桩传递垂直荷载,提高抗剪能力。关于砂桩对软土地基的加固机理,砂性土与黏性土各不相同。对松散砂土和粉土而言,砂桩加固地基的主要目的是提高地基土承载力、减少变形和增强抗液化性,砂桩利用振动或冲击荷载在软基中压入砂石而减小土的孔隙比,提高其相对密度。对黏性土而言,砂桩软基处理在软弱黏性土地基中有置换、排水固结及垫层作用。

15.2.2　研究现状

砂桩在 19 世纪 30 年代源于欧洲,但是当时发展很慢,直到 20 世纪 50 年代,砂桩在国内外才得以迅速发展,施工工艺才逐步走向完善和成熟。20 世纪 50 年代后期,日本成功研制了振动式和冲击式的砂桩施工工艺,大大提高了工作效率和施工质量,处理深度很快由原来的 6m 增加到 30 余 m。砂桩在我国的应用也始于 20 世纪 50 年代。起初,砂桩用于处理松散砂土地基,按施工方法不同,又可分为挤密砂桩和振密砂桩两种,其加固原理是依靠成桩过程中对周围砂层的挤密和振密作用,提高松散砂土地基的承载力,防止砂土振(震)动液化。后来,国内外也逐渐将砂桩用来处理软弱黏性土,其加固原理是利用砂桩的置换作用和排水作用提高软弱地基的稳定性。砂桩在软弱地基中可形成砂桩复合地基,如对它再行加载预压,可进一步提高复合地基的承载力,减小地基沉降量,并改善地基的整体稳定性。在我国砂桩用于加固软弱黏性土地基有成功的经验,也有砂桩处理后的软弱黏性土地基在荷载作用下仍发生大的沉降的事例,如果不进行预压使大的沉降预先完成,则难以满足建(构)筑物对沉降的要求。

我国在 1959 年首次在上海重型机器厂采用锤击沉管挤密砂桩处理软弱地基,1978 年又在上海宝山钢铁厂采用振动重复压拔管砂桩施工法处理原料堆场地基。这两项工程为我国在饱和软黏土、粉砂土地层中采用砂石桩,特别是砂桩地基处理方法上取得了丰富的经验。在以后的 20 多年中,随着国家建设事业的发展,地基处理技术得到快速的发展,对砂桩复合地基理论的进一步研究,设计计算理论的完善,各种先进施工机具的引进和制造,大大促进了砂桩工法的成熟。国内在利用砂桩处理松散砂土、防止砂土液化方面取得了许多成功的经验,解决了一些工程实际问题。20 世纪 80 至 90 年代,该法成功应用于韩国釜山大桥、日本东京湾大桥等大型工程,在我国的洋山港、宝钢马迹山港、港珠澳大桥隧道人工岛岛壁(基础处理)均应用了挤密砂桩法,在建的深中通道也应用了该工艺。

砂桩法适用于挤密松散砂土、粉土、黏性土、素填土、杂填土等地基。砂桩自引入我国后,在工业和各种工程中均有应用,尤其是近 20 年来,国内取得了许多成功的经验,解决了一些工程实际问题。振动机管砂桩是近十余年来发展起来的一种砂桩施工新工艺。这种施工工艺,既有挤密作用又有振密作用,处理效果较好。

振动机管砂桩是近十余年来发展起来的一种砂桩施工新工艺。振动沉管法是在振动机的振动作用下,把套管打入规定的设计深度,套管入土后,挤密套管周围的土,然后投入砂子,排砂于土中,振动密实、振动拔管成桩,多次循环后,就成为挤密砂桩。这种施工工艺处理效果较好,既有挤密作用又有振密作用,使桩与桩间土形成较好的复合地基,提高场地地基承载力,防止砂土液化,提高软弱地基土的整体稳定性。砂桩材料除单纯用砂子外,还有用砂石桩、灰砂桩(灰∶砂=3∶2)的;用砂石料形成砂石桩,用灰砂料形成灰砂桩。灰砂桩随着时间的增加,土中固化作用提高,桩体强度也不断增加,能起到挤密地基、提高地基承载力的作用。砂石桩比纯砂桩桩身具有更好的颗粒级配,有更大的桩身密实度,更高的单桩强度。

15.2.3　适用范围

砂石桩法适用于挤密松散砂土、粉土、黏性土、素填土、杂填土等地基,提高地基的承载力和降低压缩性,也可用于处理可液化地基。对饱和黏土地基上变形控制不严的工程也可采用砂石桩置换处理,使砂石桩与软黏土构成复合地基,加速软土的排水固结,提高地基承载力。

挤密砂桩对地基的适应性强,用于软弱地基加固时,它同时具有置换作用、挤密作用、加快固结作用,可以直接、快速、显著地提高地基承载力。水下挤密砂桩形成的高置换率复合地基具有较高的承载力、较低的压缩性,使得它可以与多种形式的上部结构整合应用(例如,在砂桩复合地基上采用沉箱等重力式结构),从而达到减小工程造价的目的。

随着全球经济与集装箱运输业的高速发展,海港码头向离岸、开敞、深水海域发展已经成为必然的发展趋势。伴随着外海筑港,人工岛的建设也向深水区推进,地基加固已成为外海筑港建设中必不可少的施工技术。水下挤密砂桩与传统地基处理方法相比具有独特的优势,加固效果明显,可以快速提高地基承载力,因而可以快速推进施工进程,缩短工期,为在软弱地基上建造重力式结构创造了条件。

水下挤密砂桩能够增强地基强度,加快地基固结,减少结构物沉降,提高地基的抗液化能力,具有施工周期短,加固效果直接、明显,工序可控性好等优点。非常适用于外海人工岛、防波堤、护岸、码头等工程的地基基础加固。

与传统的普通砂桩不同,挤密砂桩是利用振动荷载将特殊钢管打入水下软基中,在桩管中灌砂,通过振动设备和管腔增压装置等,经过有规律地反复提升和回打桩管,使砂桩扩径,形成更大直径的挤密砂桩。原地基被砂强制置换,密实的砂桩与软土共同作用构成复合地基,达到改善地基整体稳定性、提升地基整体抗滑与抗剪能力、加快地基固结等效果。与普通砂桩相比,水下挤密砂桩桩体的密实性高,加固的置换率可达 60%~70%。

15.2.4　工程案例

1.港珠澳大桥岛隧工程珠澳口岸人工岛地基处理

1)工程概况

港珠澳大桥珠澳口岸人工岛填海工程位于珠海市九洲港码头南约 2500m,情侣南路东约 2000m 的拱北湾,自然水深−2.5~−3.0m,原泥面以下为 15~18m 厚的淤泥,东南护岸为大开挖清除淤泥抛石护岸,西北护岸为半直立式护岸,即对原地基进行处理,然后其上安装预制的空心方块(小沉箱)。

港珠澳大桥人工岛地基处理方式为:

岛内:利用整岛止水条件,采用"局部开挖换填、插打塑料排水板、井点降水联合堆载"的大超载比预压进行岛内软基处理;

岛外:将永久的抛石斜坡堤和临时钢圆筒结构相结合,海侧护坡结构采用局部开挖换填和挤密砂桩复合地基。两者结合实现了快速成岛,止水和围护结构一体,为软基处理提供了条件,实现了岛内、岛外同步施工。

2)工程地质条件

挤密砂桩加固范围内土层性质及各单元岩土体特征按由上至下顺序依次为:

层①₂ 淤泥(Q_{4m}):呈灰色、流塑状,高塑性,含有机质,有臭味,局部混少量粉细砂,夹粉细砂薄层和贝壳碎屑。平均厚 6.5m,标贯击数 $N<1$ 击。

层①₃ 淤泥质土(Q_{4al}):呈褐灰色、流塑至软塑状,中塑性,局部夹粉细砂薄层和少量贝壳碎屑。部分钻孔该层夹有淤泥夹层及透镜体。平均厚 12.8m,标贯击数 $N<1$ 击。该层层底高程为−25.00~−35.50m,是挤密砂桩的主要加固土层。

层②₁₋₁ 粉质黏土(Q_{3al+pl}):呈灰黄色、可塑状,局部呈软塑状,中塑性,混较多粉细砂,夹粉细砂薄层,偶见钙质结核。平均厚 2.8m,标贯击数 $N=8.6$ 击。

层③₃₋₁ 粉质黏土(Q_{3m+al}):灰色为主,局部夹褐黄色,饱和,可塑性为主,局部含少量细砂,局部含泥质结核。平均厚 12.3m,标贯击数 $N=7.0$ 击。

层③₃₋₂ 粉质黏土(Q_{3m+al}):灰色为主,局部夹褐黄色,饱和,硬塑性为主,局部含少量细砂,局部含泥质结核。平均厚 7.3m,标贯击数 $N=15.6$ 击。主要土层的物理力学指标如表 15-2 所示。

高置换率挤密砂桩复合地基的加固区为①₃ 淤泥质土、②₁₋₁ 粉质黏土及③₃₋₁ 粉质黏土的主要部分,下卧层为部分③₃₋₁ 粉质黏土和③₃₋₂ 粉质黏土。

3)地基处理概况

港珠澳大桥东、西两个人工岛钢圆筒外侧抛石斜坡堤基础采用挤密砂桩加固。港珠澳大桥东、西人工岛平面基本呈椭圆形,轴线长度为 625m,东人工岛(见图 15-1)砂桩地基加固处理区域基槽开挖后高程为−18.0m,西人工岛砂桩地基加固处理区域基槽开挖后高程为−16.0m。

表 15-2　主要土层物理力学指标

土层	超固结比	平均厚度/m	含水率/%	孔隙比	标贯击数/击
①₂ 淤泥	0.94	6.5	61.30	1.678	<1
①₃ 淤泥质土	0.98	12.8	49.30	1.342	<1
②₁₋₁ 粉质黏土	1.52	2.8	30.50	0.866	8.6
③₃₋₁ 粉质黏土	2.16	12.3	39.10	1.052	7.0
③₃₋₂ 粉质黏土	1.49	7.3	33.10	0.958	15.6

　　东岛有 59 个钢圆筒,东人工岛钢圆筒外侧采用挤密砂桩加固,挤密砂桩施工总体布置 (见图 15-2)分为 19 个区域,砂桩地基加固处理区域约为 7.5 万 m²,总计 9991 根,置换用砂方量约为 35.42 万 m³。

图 15-1　东人工岛

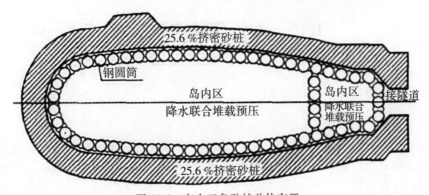

图 15-2　东人工岛砂桩总体布置

　　西人工岛有 61 个大圆筒,单个圆筒直径为 22.0m,高 40.5~49.5m,最大入土深度达 29m。钢圆筒插入不透水黏土层形成止水型围护结构,回填砂形成陆域。挤密砂桩施工总体布置分为 12 个区域,砂桩地基加固处理区域约为 7.6 万 m²,总计 9616 根,置换用砂方量约为 36.29 万 m³。

　　东人工岛砂桩桩位布置及结构形式分为两种(见图 15-3):

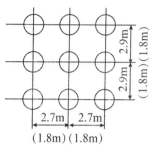

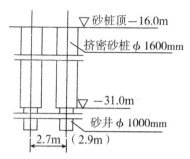

（a）矩形（正方形）桩位布置平面图　　　　（b）矩形桩位布置断面图

图 15-3　东人工岛砂桩桩位布置及结构形式

一是 C1～C4、C6～C19 区域挤密砂桩矩形布置，垂直护岸方向间距为 2.9m，平行护岸方向间距为 2.7m，置换率为 25.6%，桩顶高程为 −16.0m，桩底高程为 −31.0m；排水砂井位于挤密砂桩下部，与挤密砂桩同心，桩径为 1.0m，布置形式与挤密砂桩相同，置换率为 10%。

二是 C5 区域挤密砂桩置换率为 62%，正方形布置，间距为 1.8m，桩顶高程为 −16.0m，桩底高程为 −37.0m。

西人工岛砂桩桩位布置及结构形式分为两种。

一是 C1～C11 区域挤密砂桩矩形布置，垂直护岸方向间距为 2.9m，平行护岸方向间距为 2.7m，置换率为 25.6%，桩顶高程为 −14.5m，桩底高程为 −30.0～−37.0m；排水砂井位于挤密砂桩下部，与挤密砂桩同心，桩径为 1.0m，布置形式与挤密砂桩相同，置换率为 10%。

二是 C12 区域挤密砂桩置换率为 62%，正方形布置，间距为 1.8m，桩顶高程为 −14.5m，桩底高程为 −37.0m。

15.3　水下深层搅拌技术

15.3.1　加固机理

1. 水泥土强度增长机理

将水泥固化剂、石膏、木质素磺酸钙等外加剂与原位软土就地搅拌，水泥和软土之间产生一系列的物理化学反应，改变了原状土的结构，硬结成为具有整体性、水稳定性和一定强度的水泥土固化材料。

软土与水泥搅拌加固的基本原理是基于水泥与软土发生的物理化学反应而生成水泥土。由于水泥的掺量很小，一般占被加固土重的 7%～20%，水泥的水解和水化反应完全是在土颗粒的围绕下进行的，土质条件甚为重要。

1）水泥的水解与水化反应

水泥颗粒在与被加固软土拌合前的水泥浆拌制过程中即发生水解和水化反应。水泥中的硅酸三钙、硅酸二钙、铝酸三钙、铁铝酸四钙和硫酸钙等主要矿物成分与水发生水解和水化反应,生成水化硅酸钙凝胶、氢氧化钙、水化铝酸钙、水化铁酸钙和水化硫铝酸钙晶体,直至溶液达到饱和,进而成为凝胶微粒悬浮于溶液中。此后这种凝胶微粒的一部分逐渐自身凝结硬化而形成水泥石骨架,另一部分与周围具有一定活性的土颗粒发生反应,促进土体进一步胶结。由于水泥的水解水化反应过程中吸收了大量的自由水体,因此,这些自由水体必须是无害的,水体 pH 值不能太低或者太高,以免影响加固效果。

2)土颗粒与水泥水化物的作用

①离子交换和团粒化作用。黏土颗粒和水结合时表现出一种胶体特性,如黏土颗粒组成成分中含量最高的二氧化硅遇水后,形成硅酸胶体微粒,其表面带有钠离子 Na^+ 或钾离子 K^+,它们能和水泥水化生成的氢氧化钙中的钙离子 Ca^{2+} 进行当量吸附交换,使较小的土颗粒形成较大的土团粒,从而使土体强度提高。水泥水化生成的凝胶粒子的比表面积比原水泥颗粒大约 1000 倍,因而产生很大的比表面能,有强烈的吸附性,能使较大的土团粒进一步结合起来,形成水泥土的团粒结构,并封闭各土团的孔隙,形成坚固的联结,从宏观上看也就使水泥土的强度大大提高。

②硬凝反应。随着水泥水化反应的深入,溶液中析出大量的钙离子,当其数量超过离子交换的需要量后,在碱性环境中,组成黏土矿物的二氧化硅及三氧化二铝的一部分或大部分与钙离子进行化学反应,逐渐生成不溶于水、结构致密的稳定结晶化合物,增大水泥土的强度,使水泥土具有足够的水稳性。从扫描电子显微镜中可见,拌入水泥 7 天时,土颗粒周围充满水泥凝胶体,并有少量水泥水化物结晶的萌芽。一个月后水泥土中生成大量纤维状结晶,并不断延伸,产生分叉,并相互联结形成空间网状结构,充填到土颗粒的孔隙中,水泥的形状和土颗粒的形状已不能分辨出来。

2. 水泥土强度影响因素

深层搅拌(DCM)技术中,水泥土强度是核心。影响水泥土强度的因素主要有被加固土种类、土体含水率、水泥种类与强度等级、水泥掺量、外掺料、外加剂、龄期。同陆域 DCM 技术一样,水下 DCM 技术亦通过水泥土室内配合比试验研究上述各种因素对水泥土强度的影响规律。影响规律并无大的不同。

值得注意的是水下软土通常含有较丰富的有机质。有机质会在一定程度上阻碍水泥水化反应的进行,进而影响水泥土加固体强度的形成。有机质对水泥土的影响程度,因有机质组成成分的不同而有所区别,需要通过试验确定。

15.3.2　研究现状

DCM 技术是用于加固软土地基的一种较常用的地基加固方法。它是通过深层搅拌机械的旋转和搅拌,边钻边往软土中喷射以水泥为主要成分的浆体或粉体,使浆液或粉体与原状软土充分拌合在一起,经过一系列的物理化学反应生成一种具有较高强度、较好变形特性和水稳定性的水泥土柱状体。这里称水泥土柱状体为水泥土搅拌桩。水泥土搅拌桩与桩间土构成复合地基,两者协调变形共同承担上部荷载。DCM 技术具有施工速度快、效率高的特点;在施工过程中,具有振动小、无噪声、无地面隆起、基本无污染及施工机具简单、加固费用低廉等优点,因而被广泛使用,是一种有效的常用地基处理方法。根据施工条件与应用区域,可分为陆上 DCM 技术与水下 DCM 技术两种。

20 世纪 50 年代,美国首先成功研制 DCM 技术,并应用于陆域工程。日本(1953 年)、瑞典(1967年)、苏联(1970年)、中国(1977年)等先后引进深层水泥搅拌法,对其进行研究与应用。

随着港口码头、海底管涵、海底沉管隧道、海上钻井平台、跨海大桥等水上工程日益增多,这些工程结构下部的软土地基往往以淤泥及淤泥质土为主。由于滨海相沉积土具有含水量高、孔隙比大、渗透系数小、压缩性大和抗剪强度低等不良的工程性质,普遍不能满足构筑物的承载力要求,必须进行地基处理。传统的大开挖回填、爆破挤淤法有较大的局限性,比如大开挖时开挖工程量巨大且污染环境,爆破易对水域环境产生影响且不能实施深厚处理等。水下DCM技术能有效克服传统重力式结构中基床大开挖、大回填、易回淤、易污染等问题。同时,与振冲密实等其他水下地基处理方法相比,水下DCM技术适用范围广,土体扰动小,振动危害及噪声污染低;此外,采用水下DCM技术加固软土地基,可根据上部构筑物的形式灵活地选择柱状、壁状、格栅状和块状等加固形式。

从1975年正式在海上工程中应用后,水下DCM技术在日本发展迅速,应用广泛,取得了巨大的经济效益和社会效益。1977年我国从日本引入DCM技术,主要应用于陆域软基处理工程实践。1987年采用日本水下DCM施工船,在天津港东突堤南北侧码头地基加固中进行了我国首次水下DCM技术应用和尝试;1992年成功自主研制了我国第一代DCM船,填补了国内空白,并在烟台港西港池二期工程项目中得到了成功应用。但此后的20多年中,由于施工关键设备落后且短缺,施工技术不成熟与造价高等制约因素,水下DCM技术在我国鲜有应用。

近5年来,水下DCM技术开始大规模地在我国水上工程地基处理中推广应用,尤其是粤港澳大湾区。香港国际机场第三跑道项目、香港综合废物处理设施项目、深圳至中山跨江通道项目等,均采用水下DCM技术对相关构筑物下部的软弱地基进行加固处理。其中,香港国际机场第三跑道项目是国内首次大规模应用水下DCM技术的重大建设项目。这些工程应用,主要得益于我国自主研发并建造了先进的水下DCM施工船,具有高度集成的自动化、数字化施工控制系统。

15.3.3 适用范围

1. 工程适应性

进入21世纪,水下DCM技术在水上工程得到进一步推广应用。主要基于几点理由:一是水下DCM技术能有效克服传统重力式结构中基床大开挖、大回填、易回淤、易污染等问题;二是水下DCM技术对原位土体的扰动小,振动危害及噪声污染低;三是可根据上部构筑物的形状或形式等,灵活地选择柱状、壁状、格栅状和块状等加固形式;四是施工设备发展进步,尤其是自主研发并建造了先进的水下DCM施工船,其具有高度集成的自动化、数字化施工控制系统,进一步降低了成本,提升了地基处理水平;五是随着海洋经济的兴起,海洋工程等水上工程迅猛发展,水上建(构)筑物,如人工岛、沉管隧道、海上钻井平台、防波堤、码头、护岸等增多,需要进行水下DCM技术加固的软土地基处理数量也随之增多。关于加固深度,主要与施工船有关,随着施工船的发展,加固深度从水面起算可达50多米,可以满足一般工程地基处理的要求。

2. 土质适应性

适用于加固正常固结的淤泥与淤泥质土、黏性土、粉土、饱和砂土等软土地基。

一般认为用水泥作为固化剂时,对含有高岭土、多水高岭土、蒙脱石等黏土矿物的软土加固效果较好;而对含有伊利石、氯化物和水铝石英等矿物的黏性土以及有机质含量高(如泥炭质土)、pH 值较小的黏性土加固效果较差。

　　黏土的塑性指数大于 25 时,容易在搅拌头叶片上形成泥团,无法完成水泥与土的均匀拌合,搅拌质量不易保证,应通过现场试验确定其适用性和配套措施(如增加搅拌叶片、增大叶片宽度、增加搅拌次数等)。室内试验时,黏土的塑性指数大于 25,将淤泥和水泥浆放进砂浆搅拌锅中,电流一接通,淤泥马上成团,水泥浆难以进入淤泥中,只能以手工拌和。

　　当土体水中含有大量硫酸盐时,水泥土由于硫酸盐的结晶性侵蚀,会开裂、崩解而丧失强度。为此,应选用抗硫酸盐水泥(如矿渣水泥),或加入粉煤灰以提高水泥土的抗侵蚀性能。

　　一般认为,土体含水量为 30%~60% 时较容易成桩。

　　因此,用于处理有机质土、塑性指数大于 25 的黏土、具有腐蚀性以及无工程经验的场地,必须通过现场和室内试验确定其适用性。处理泥炭土时宜慎重。

15.3.4　工程案例

1. 香港国际机场第三跑道项目

1)工程概况

　　香港机场管理局当时计划在现有机场北部实施围海造地以扩建机场跑道由二条增至三条。在现有机场以北填海拓地约 650hm², 并在周边建造约 13.4km 长的海堤。其中大约 300hm² 的海床采用水下 DCM 法进行基础加固(见图 15-4)。本工程位于其中局部造陆海域,包括 C4 区及 C1、C2、C5 护岸区,深层水泥搅拌桩总计 27339 根,总工程量约为 200 万 m³,桩长在 5.0~29.0m 范围内,为 4 轴梅花形,尺寸为 2.3m×2.3m,截面面积为 4.63m²。

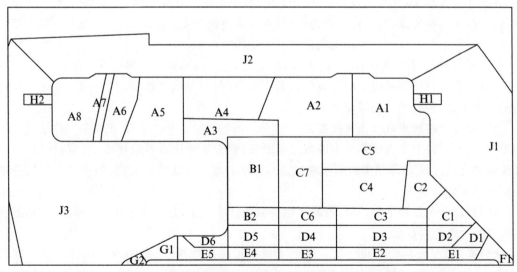

图 15-4　水下 DCM 施工区域(C4 区)

2)工程地质条件

　　香港国际机场第三跑道项目 DCM 施工区域地质情况复杂,主要包括污染淤泥土、海相淤泥和冲积土(alluvium)。

一是污染淤泥土(dumped mud)。项目DCM施工区域自1992年底,被作为香港疏浚填土工程中产生的大量污染淤泥的卸置场地,有数个淤泥坑,利用海洋的自我净化能力来净化处理这些污染土。污染淤泥土的厚度在海床面以下10~30m,天然含水率为40%~60%,与土的液限非常接近;塑限为20%~40%,塑性指数为14~30;细粒含量高达80%~90%,其余的为粉细砂、砂砾等,土体的有机质含量小于3%。

二是海相淤泥(marine deposit):海相淤泥为自然形成的原状海洋沉积物,主要由粉质黏土构成,含有少量细沙及贝壳类物质,厚度约为10~35m。其天然含水率在40%~60%,塑限为20%~40%,塑性指数为15~30。海相淤泥土细粒含量高达80%~95%,其余的为粉质黏土、砂砾等,土体的有机质含量小于3%。

3)设计要求

关于搅拌程度:对于长桩,桩体上8m和下8m每米土体的有效搅拌切土次数(blade rotation number,BRN)不小于900r/m,桩体其余部分每米土体的有效搅拌切土次数BRN不小于450r/m;对于5m的短桩,桩体每米土体的有效搅拌切土次数BRN不小于900r/m。

关于桩入持力层:DCM桩应进入持力层2~6m,持力层指的是圆锥静力触探(cone penetration test,CPT)端阻大于1MPa,并满足相应的其他技术要求的土层,嵌固深度根据覆盖软土层的厚度确定。

关于桩体强度:DCM桩28天的取芯芯样每米范围内不得少于1个,且各芯样的无侧限抗压强度(unconfined compression strength,UCS)强度不得低于1.25倍的设计强度,每根桩的芯样合格率不得低于90%。

4)施工效果

采用"四航固基"号DCM施工船。"四航固基"号DCM施工船是国内首艘三处理机DCM施工专业船舶,具有高度集成的自动化、数字化施工控制系统,具备深层复杂土体切割搅拌、桩架间距便捷调整、浮态智能调节、水泥粉料快速安全环保入仓、水泥浆拌制多层级精准计量、浆液管路一键高效冲洗等优点。该船的特点如下:

(1)船艏设三组直径为1.3m的4轴DCM处理机,每组处理机都使用4台132kW变频电机,且4台处理机都通过中间过渡齿轮两两啮合,两台电机可进行功率补偿,实现处理机的过载保护,增强处理机的搅拌能力。

(2)桩架横向间距可快速简便实现3.2~6.0m的调节。桩架底部下铰座与桩架滑座用螺栓连接,并在桩架底座面敷设聚四氟乙烯滑板;桩架下铰座设计成槽型倒扣结构;桩架顶部铰轴梁与A字架顶部横梁采取横移铰轴与竖轴的组合轴连接方式,使用千斤顶可实现桩架横向间距的调节。

(3)粉料仓内设置伞形挡板,可减小螺旋输送杆的承压,并设置堵转式料位仪、雷达测深装备双控仓内粉料数量。

(4)通过DCM船的四角吃水系统可实时获得船舶的浮态,采用由可编程逻辑控制器(programmable logic controller,PLC)、计算机、压载泵控制箱、电动阀门控制箱、压载舱液位传感器等组成的调节系统实时保证船舶的浮态满足施工的要求。

(5)具备高度集成的自动化、数字化施工控制系统。可以控制DCM下沉搅拌切削时间和速度、灰浆配备时间、集料斗进料时间、DCM停止时间和深度、灰浆泵起动时间、DCM搅拌时间、DCM 提升时间和速度、DCM 停止时间、复搅次数和运行控制、起动清水泵、集料斗注入清水、灰浆泵起动,具有清洗集料斗和管路等系列功能。

(6)采用卡扣式快速接头和透明钢丝骨架软管,便于观察和拆解检修。输浆管路接入高压空气,采用大流量海水和高压气体联合冲洗。

"四航固基"号 DCM 施工船共完成 DCM 桩 6085 根,约 46.31 万 m³。其中长桩 5439 根,44.74 万 m³;5m 短桩 646 根,1.57 万 m³。日均工效为 1143m³/d,高峰期为 2700m³/d。采用钻孔取芯进行 DCM 施工质量检测,桩体实测强度大部分为 2~4MPa。

2.深圳至中山跨江通道项目

1)工程概况

深圳至中山跨江通道项目是世界级的集跨海桥梁、海底隧道、海中人工岛和地下互通于一体的超大型跨海集群工程,是《中华人民共和国国民经济和社会发展第十三个五年(2016—2020 年)规划纲要》《珠江三角洲地区改革发展规划纲要(2008—2020 年)》确定建设的一项重大交通基础设施项目。项目地处珠江口核心区域,北距虎门大桥约 30km,南距港珠澳大桥约 38km,项目起于广深沿江高速机场互通立交,西至中山马鞍岛,终于横门互通立交,主体工程全长约为 24.0km。深圳至中山跨江通道项目采用西隧东桥方式,沉管隧道部分基础采用深层水泥搅拌桩复合地基,主要施工范围包括 E1~E5 管节沉管底部区域及两侧回填区域范围和 E14~E15 管节、E17~E20 管节沉管底区域。

2)工程地质条件

工程场区范围地层划分为四大岩土层:一是全新统海相沉积物(Q_{4m}),岩性主要为淤泥、淤泥质粉质黏土,连续分布,局部尚夹有粉砂、细砂、中砂和粗砂等。二是晚更新世晚期陆相沉积物(Q_{3al}),岩性主要为软状—可塑状黏土,其下部多分布着薄层稍密至密实状的粉砂—砾砂,局部夹有透镜体状的圆砾。呈断续分布,层厚较薄。三是残积土(Q_{el}),呈硬状—半坚硬状砂质黏性土状;燕山期侵入岩(晚期),为燕山期细粒—粗粒花岗岩($\gamma_{52(3)}$、$\gamma\delta_{52(2)}$),基岩层可按风化程度进一步划分为全风化、强风化、中风化。

3)设计要求

沉管底部及两侧回填覆盖区 DCM 均采用桩簇式加固方案,采用四桩一簇。布桩方式采用混合间距布桩,分别采用 3m×3m、3m×4m、3m×5m 间距布桩(见图 15-5),单桩截面积为 4.628m²,桩长在 3~21.5m 范围内,总工程量为 67.56 万 m²。横断面如图 15-6 所示。

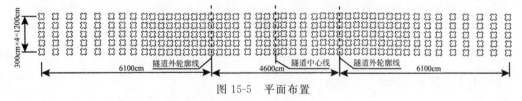

图 15-5　平面布置

回填区及 E1 管节 60d 无侧限抗压强度平均值要求不小于 1.6MPa,E2 及其他管节无侧限抗压强度平均值要求不小于 1.2MPa(见表 15-3)。

桩身强度以钻孔取芯 60d 无侧限抗压强度试验结果为准,单桩所有芯样强度平均值大于等于 1.6MPa(回填区及 E1 管节)和大于等于 1.2MPa(E2 及其他管节),变异系数不大于0.35。对于沉管底 DCM,单桩取芯 60d 无侧限抗压强度大于等于 1.04MPa(E1 管节)和大

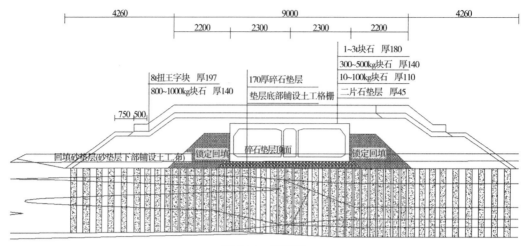

图 15-6 横断面

注:图中尺寸以 cm 为单位。

于等于 0.8MPa(E2 及其他管节)的点不少于 90%;对于回填防护区 DCM,单桩取芯 60d 无
侧限抗压强度大于等于 1.04MPa 的点不少于 90%。

表 15-3 水下 DCM 软基处理施工配合比

水泥掺量参数/(kg · m⁻³)	无侧限抗压强度设计值/MPa	
	1.2	1.6
水灰比 0.9	280	320

4. 施工效果

采用"四航固基"号 DCM 施工船进行施工。每天按 24 小时施工,每组桩(3 根为 1 组)
大约需要 3 个小时,考虑干扰系数 0.9,正常施工情况下每天完成 21 根 DCM 桩,平均桩长
为 15m,则每天可完成 1457m³;实际施工过程中,生产效率最高一天为完成 24 根,平均桩长
为 20.7m,共完成 2300m³。采用钻孔取芯进行 DCM 施工质量检测,桩体实测强度大部分
为 2～4MPa。

15.4 水下振冲密实技术

15.4.1 加固机理

振冲法根据施工情况,分为振冲密实和振冲置换两种。振冲密实主要是通过振冲使得
松砂变密,而振冲置换是采用振冲法在地基中以紧密的桩体材料置换一部分地基土。两者
机理不同。这里主要介绍振冲密实技术的机理。

振冲密实法加固砂层,一方面依靠振冲器的强力振动使饱和砂层发生液化,砂颗粒
重新排列,孔隙减少;另一方面依靠振冲器的水平振动力,通过侧向挤压来挤密砂层使砂
层挤压加密。振冲时,振冲器工作会产生反复的水平方向的振动力和侧向的挤压力,破

坏地基中砂土的原始结构,增大地基砂层中的孔隙水压力。地基中的砂土原始结构破坏,土体就会沿着低势能的地方移动,从而使地基中的土粒由松变密,地基得到加密,承载力得到提高。

根据相关振冲研究理论,依据振冲过程中振动器侧壁周边加速度大小将振冲影响范围分为五个区域,从内往外依次为剪胀区、流态区、过渡区、挤密区及弹性区,如图 15-7 所示。由振冲器影响范围可知,对不同的土质条件应选取合适功率的振冲器。振冲器功率不宜过大或过小,振冲器功率过大会形成较大范围的流态区,振冲器功率过小,振冲影响范围小,两种情况均达不到预期的振冲效果。振动加速度达 $0.5g$ 时,砂土结构开始破坏,$1.0g\sim1.5g$ 时,土体变为流体状态,但超过 $3.0g$,砂体发生剪胀,此时砂体不但不变密,反而由密变松,如图 15-8 所示。

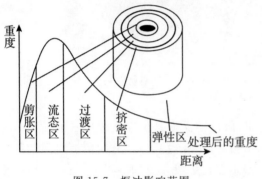

图 15-7　振冲影响范围

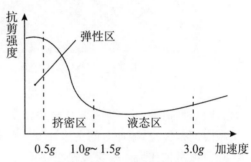

图 15-8　土体抗剪强度和振冲加速度关系

振动加速度随距离的增大呈指数函数型衰减。根据加速度大小,将振冲器向外顺次划分为剪胀区、流态区、过渡区、挤密区和弹性区。其中,只有过渡区和挤密区才有显著的挤密效果,而砂土的物理力学特性(起始相对密实度,颗粒大小、形状和级配,渗透系数等)和振冲器的性能都会不同程度地影响过渡区间和挤密区间的范围。例如,饱和后的砂土的抗剪强度降低,水冲作业不仅有助于振冲器在砂层中贯入,还能扩大挤密区。现场施工时,如果水冲的水量不足,振冲器便难以进入砂层。当施工区场地平整、振冲点位确定以后,振冲过程如图 15-9 所示。

主要的施工过程包括振冲器定位与启动、振动器下沉、振冲密实、振冲完成等四个步骤。第一、二步是振冲器定位与启动、振冲器下沉。起重机吊起振冲器,启动潜水电机带动偏心块,使振动器产生高频振动,同时开动水泵通过喷嘴喷射高压水流,如果振冲地层颗粒级配曲线在振冲密实法有效范围内,振冲器就会依靠自重和自身的振动作用,且在高压水流辅助下,逐渐下沉到设计深度。常规的振冲头重约 2t,一般下沉的速率为 $1\sim1.8m/min$。第三步是振冲密实。当振冲器达到设计标高时,保持振冲头在底部留振一定时间。然后适当减小水压,将底部的出水口关闭,侧边出水口打开,同时开始缓慢上提振冲器,上提速度以满足设计要求的密实度为宜,一般以 $0.3m/min$ 为宜。若需加填料,则加填的回填料可以采用原有场地砂料或者从别的场地运输过来的中粗砂料。在振冲器上拔过程中,从地面向孔内逐段填入回填料,并使其在振动作用下被挤密实,当达到要求的密实度时即可提升振动器,如此反复直至地面。加填的砂料应通过观测地表地层的沉降进行计算,同时应额外考虑被上返水流带走的部分砂料。第四步则是完成振冲,将振冲器提升到地面。

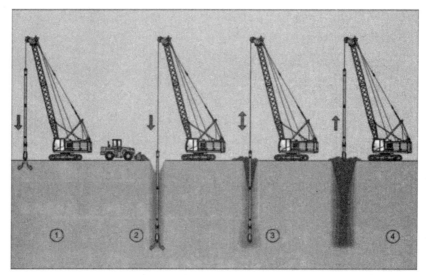

①—振冲器定位与启动；②—振冲器下沉；③—振冲密实；④—振冲完成。

图 15-9　振冲法流程

振冲机理如图 15-10 所示,对振冲密实法而言,振冲深度是保证工程质量的前提。振冲、留振时间是关键,振冲时间由振冲器下沉和上拔时间、孔底孔口和分段留振时间两部分组成;分段振是桩孔纵向砂层液化必要手段,留振是强化手段,留振时间长短关系到砂层液化密实的程度和区域,也是控制的关键;控制振冲时间只有通过控制留振时间才能实现。密实电流是是否达到质量要求的指标。通常振冲密实法加固地基处理在振冲点中心点位置密实度最大,沿着径向往外密实度逐渐降低。对于含 25％细颗粒的砂层,振冲影响范围一般仅达到 0.6~1m。

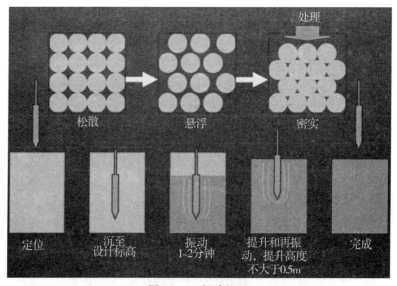

图 15-10　振冲机理

15.4.2　研究现状

振冲法最早是在 1936 年由德国工程师 Steuerman 提出的。1937 年德国凯勒公司(Keller)Steuerman 基于混凝土振捣棒设计制造出具有现代振冲器雏形的机具,并首次应用于处理柏林市郊一幢建筑物的粗砂地基。加固后承载力提高了一倍多,相对密度由 40% 提高到 80%。之后,Keller 公司便开始对该方法进行推广。20 世纪 40 年代,振冲法传到美国,Appolonia 认为在淤泥含量很少的砂土中,振冲法效果显著,并且提出了用相对密实度来检验加固效果。20 世纪 50 年代振冲法被引入英国和法国,20 世纪 60 年代在非洲国家得到应用及传播。20 世纪 50 年代末和 60 年代初,英国、德国和美国相继通过回填碎石等粗颗粒填料形成密实粗颗粒桩的方式,将这一技术拓宽到用来处理黏性土地基,并逐渐发展成为后来的振冲置换法(或叫做振冲碎石桩法)。日本于 1957 年引入振冲法,1964 年日本新潟和 1968 年十胜冲地区分别发生了 7.5 级和 7.8 级强震。震后对比结果表明,使用振冲法处理过的砂基上建筑物基本完好,而未经处理的砂基上的建筑物则受到严重破坏。因而,振冲法开始作为砂基抗震防止液化的有效措施而被进一步推广应用。20 世纪 70 年代引入我国,我国自主研制振冲器,并首先应用于南京造船厂加固船体车间,取得了成功的经验。在随后的官厅水库、南通天生港电厂、四川铜街子水电站等工程中,振冲法也取得了很好的效果,此后在全国范围内得到了推广。

随着振冲技术的广泛应用,其施工器具也得到了快速发展。振冲技术的施工器具主要包括振冲器、伸缩管和支撑吊机三部分。

常规的振冲器为长条形刚柱体,主要由两部分构成,下部的振冲头和上部的连接杆。振冲头核心部件为底部侧边的偏心块,在电机或者液压马达带动下,产生一定频率和振幅的水平向偏振力。常规的振动头直径为 300~400mm,中心为空的圆柱体,长约 2~4.5m。早期因受技术的限制,设计的振冲器比较单一,限制了振冲器适用的土层范围。经过后期的发展,振冲器已具备可调整的频率、振幅和功率级别,适用土层范围逐渐加大。

振冲头偏心块的驱动往往有电机驱动或者液压马达驱动两种方式,而近期的发展有由液压驱动替代电机驱动的趋势,液压驱动相比于电机驱动,可以以较小的体积提供较大的功率,有利于减小振冲头体积。振冲头偏心块可以产生高达 34t 的偏心力,振幅为 25mm,振动频率为 30~50Hz。振冲器重量可由连接杆进行调整,一般连接杆长为 12m,重约 4~12t,可调整连接杆数量,来适应不同的振冲深度要求。

振冲密实技术的关键是振冲密实设备,尤其是振冲器。对土体的加固效果主要是由振冲器的性能所决定的。目前国内外的振冲器,主要分为水平向振动振冲器、垂向振动振冲器以及水平垂直双向振动振冲器。水平向振动是最常采用的振冲方式,也是最早的振冲器的地基加密方式。垂向振冲器一般基于振动杆原理设计,通过一个特别设计的长密实杆在管顶的重型振动器的激发下做垂向振动,并反复插入土体内部达到加固周围土体目的。水平垂直双向振动振冲器则兼备了水平和垂直振动的各自优势。

1.水平向振动振冲器

1937 年德国人 Steuerman 设计的世界上最早的振冲器就采用了水平向振动方式,这也是目前国内外最常用的振冲方式。我国早期自行研制的一些振冲器如 ZCQ13 等也采用水平向振动方式。

振冲器为一个带有偏心块的空腔钢管,通过一个柔性联轴节连接在振冲杆的下端,振冲器的水平向振动由偏心块沿垂直轴旋转来产生。振杆的长度可根据具体加固深度进行调整。另外为了提高振冲器的振动效果,通常在振冲器的周边镶一些翼片。水平向振动振冲器结构如图 15-11 所示。

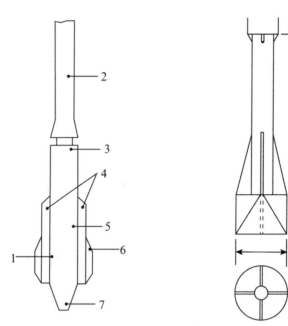

1—配重块(在内部);2—振杆;3—减震器;
4—水管或气管;5—马达(在内部);6—翼片;7—振冲器头。

图 15-11　水平向振动振冲器结构

2.垂向振动振冲器

垂向振动振冲器一般是基于振动杆原理设计的,它通过一个特别设计的长密实管或杆在安装在管顶的重型振动器的激发下做垂向振动,并反复插入土体内部若干次以逐步密实周围土体。目前此类振冲器主要有:

(1)1974 年美国 Anderson 设计出一种新型振冲器——垂向振动管(Terra-probe),该振动管为一个直径为 0.76m 的开口钢管,管壁厚 9.5mm,长度大于贯入加固深度 3～5m,钢管顶部装有一台 Foster 型振动打桩锤以产生垂直振动。振动锤频率为 15Hz,垂直振幅为 10～25mm。

(2)Y 形振动管于 20 世纪 70 年代末期产生于比利时,它主要由三个连在一起的钢板组成,钢板宽 500mm,厚 20mm,以 120°夹角焊接在一个长约 15～25m 的钢管一端,另外为提高振冲处理效果,在每个钢板的两边还镶有一些 300mm×50mm×10mm 的水平钢肋,间距约为 2m。钢管和钢板在安装于钢管顶部的可变频振动器驱动下以 5～20Hz 的频率做垂向振动。Y 形振动管的加固效果主要取决于振动时间、振动频率、上拔速率、振点间距以及土体内的细粒含量。

基于土体在共振频率被激发时,可以有效放大地面响应的原理,Massarsch 于 1991 年提出了共振密实的概念(muller resonance compaction system),它是通过不断调整振动器频率使其达到土层和振冲器系统的共振频率来实现的。土层和振冲器系统的共振频率可以通过改变振动器振动速度并测量其引起的地面响应来获得。MRC(muller resonance compaction)密实系统由一个开口双 Y 形柔性密实管和一个安装在其顶部的可变频重型振动器构成,如图 15-12 所示。另外还包括可连续记录振动频率、贯入深度、水压和地面振动速度等重要参数的电子记录系统。密实管首先高频贯入,至指定深度,然后调整振动器频率使其达到土层系统的共振频率,从而放大地面振动反应,加强对周围土体的有效密实。

图 15-12　MRC 设备和振杆

垂向振动振冲器中,垂向驱动部分安装在振杆的顶部,驱动部分在振冲加固过程中不贯入土体内部。该类振冲器与水平向振动振冲器相比,在加固粗颗粒土方面有一定的优势,同时也存在两个问题:一是振冲器是在整个贯入深度范围内激发其周围土体进行振动的,会导致上部土体留振时间较长而下部土体留振时间较短,振密效果不一;二是振冲器具有一定的柔性,其振幅将沿长度递减,因此振冲施工的深度受到限制。

3. 水平垂直双向振动振冲器

为了联合水平和垂直振动各自的优势,国内外有关专家开始设计制造水平垂直双向振动振冲器,如国外的 SVS 法联合 Toyomenka 法,其振动部分包括产生垂向振动的振动驱动锤和产生水平振动的 Vilot 深度密实器。但由于该种类型振冲器损坏率较高,要进行大面积推广尚需进一步改进,目前正式施工中应用较少。

15.4.3　适用范围

Mitchell(1981)给出了适合于振冲加固的颗粒级配范围(见图 15-13)。对照图中各区,按照颗粒粒径由大到小的顺序进行分析说明。土样级配曲线位于 A 区时,一般为砾石、粗砂,整体粒径较大。振冲器在该类土中振冲时,贯入速率低,经济效益低下,一般采用大功率的振冲器能够改善施工状况。B 区为最适宜振冲的砂土,振冲器加固该区内的土时,能取得最好的效果。土样曲线位于 C 区时,细颗粒或者有机质含量较多,振冲效果会减弱,且细颗粒含量越多,越难以振密。

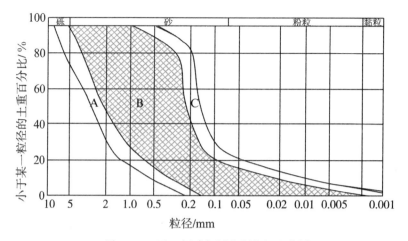

图 15-13　适于振冲加固的颗粒级配范围

在振冲法适用性方面,国内外学者有一定争议。Webb 和 Ian Hall(1969)认为,细粒含量达 30％时,振冲点附近仍然有效,只是影响范围随黏粒含量的增加而显著减小。但 Saito(1977)认为,当细粒含量超过 20％时,振冲法几乎没有加固效果。对于粉细砂地基,一些学者认为不宜直接加固,一般采用加回填料的方式进行加固处理。而周健等人(2008),通过试验认为,在级配很差但黏粒含量小于 5％的粉细砂地基中,采用多机共振的方式,可以采用无回填料振冲法处理粉细砂地基。

就目前比较成熟的应用场地条件而言,振冲法已被证明适用于处理如下条件,其中的中粗砂地基采用无填料振冲,其余土质多采用有填料振冲工艺的振冲置换法:①碎石土、砂土、粉土、黏性土、人工填土及湿陷性土等地基;②不排水抗剪强度小于 20kPa 的淤泥、淤泥质土及该类土的人工填土地基;③各类可液化土的加密和抗液化处理。

我国《建筑地基处理技术规范》(JGJ 79—2012)对振冲密实法的适用对象及条件作出如下规定:

(1)适用于挤密处理松散砂土、粉土、粉质黏土、素填土、杂填土等地基,以及用于处理可液化地基。饱和黏土地基,如对变形控制不严格,可采用砂石桩置换处理。

(2)对大型的、重要的或场地地层复杂的工程,以及对于处理不排水抗剪强度不小于 20kPa 的饱和黏性土和饱和黄土地基,应在施工前通过现场试验确定其适用性。

(3)无填料振冲挤密法适用于处理黏粒含量不大于 10％的中砂、粗砂地基,在初步设计阶段宜进行现场工艺试验,确定不加填料振密的可行性,确定孔距、振密电流值、振冲水压力、振后砂层的物理力学指标等施工参数。

15.4.4　工程案例

1.科特迪瓦阿比让港口扩建项目

1)工程概况

科特迪瓦阿比让港口扩建项目,主要包括以下内容:①新建一座现代化的集装箱码头(2号集装箱码头),共 3 个泊位,长度分别为 375m、375m 和 500m。码头结构按满足未来

12000TEU 集装箱船靠泊的需要设计,港池水深按满足第五代集装箱船靠泊,填海造陆形成 37.8hm² 的码头后方堆场。②新建一座滚装泊位和一座通用杂货泊位,滚装泊位长 220m,通用泊位长 250m,填海造陆形成 19.7hm² 的码头后方堆场。③拓宽和浚深长约 4.552km 的弗里迪(Vridi)运河航道,满足第五代集装箱船(载箱量 6000TEU,满载吃水 14.5m)全天候进港的需要,同时对航道口门东西两侧护岸及防波堤进行裁弯取直各 600m,拓宽后航道宽度为 250m。

本项目地质条件主要有两种类型:①在滚装和杂货码头的全部区域以及集装箱码头的部分区域下部为松散的中粗砂,标贯击数不大于 15 击,含泥量约为 8%;②在集装箱码头的其他区域地质情况复杂,地层在深度方向上软硬相间,在平面方向上强弱混杂,土层呈明显的不均匀分布,土层从上至下依次为淤泥、细砂—粗砂、黏土,局部夹杂腐木层,其中腐木层、埋深较大的松散砂层对结构设计的影响较大。

在本项目的码头地基设计时,对于第一种类型的地质,仅需对不满足设计要求的原状砂进行振冲密实处理;对于第二种类型的地质,鉴于其复杂性,需将基础下的软弱层进行挖除,采用换填砂振冲处理,处理后标贯击数不小于 22 击。

科特迪瓦阿比让港口扩建项目形成 56.5 万 m² 的后方陆域,其中滚装码头泊位陆域面积为 16.4 万 m²,集装箱泊位陆域面积为 40.1 万 m²。码头面高程为 +3.5m,码头后方陆域回填砂振冲后交工标高为 +2.8m,回填砂约为 969 万 m³(见图 15-14)。

2)技术要求

设计所采用的地基处理方式为振冲挤密法,根据设计要求,原状松散砂后,表层 2m 以下砂层的标贯击数 $N \geqslant 15$ 击,采用一次性整层振冲方式,振冲结束后,直接进行正式验收;换填砂振冲后,表层 2.0m 以下砂层的标贯击数 $N \geqslant 22$ 击,分层振冲完成后,及时进行标贯试验,检测振冲质量。

3)振冲设备

水下振冲施工机械主要包括振冲器、施工专用平台吊机、水泵。振冲器产生一定频率和振幅的水平方向振动力,达到挤密或置换地基土的施工效果。

现场使用过的振冲器主要分为两类:电机振冲器和液压振冲器。其中电机振冲器类型有 ZCQ 75D 型、ZCQ 100A 型、ZCQ 132A 型、ZCQ 180A 型等,液压振冲器类型为荷兰生产的 ICE V230,性能参数如表 15-4 所示。

采用 4500t 半潜驳"四航湛江号"作振冲工作船,在甲板上布置 150t 履带吊;或者采用驳 23,甲板上配 80t 履带吊。ICE V230 振冲器如图 15-15 所示。

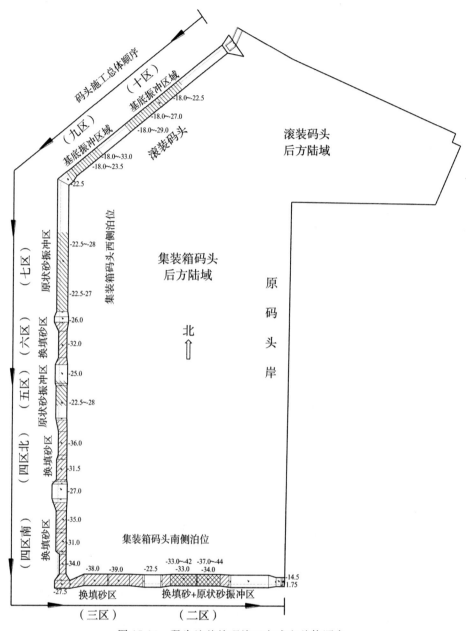

图 15-14　码头地基处理施工方式和总体顺序

注:图中尺寸以 m 为单位。

表 15-4　振冲器主要技术性能参数

参数	ZCQ 75D	ZCQ 100A	ZCQ 132A	ZCQ 180A	ICE V230
电机功率/kW	75	100	132	180	230
额定电流/A	150	195	246	336	
最大转速/ (r·min⁻¹)	1460	1480	1480	1480	1800

续表

最大振幅/mm	16	17.2	17.2	18.9	24
振动力/kN	160	190	220	320	388
质量/kg	1800	1900	2500	3110	3235
外形尺寸/mm	$\phi402\times3210$	$\phi402\times3215$	$\phi402\times4003$	$\phi402\times4470$	$\phi420\times5166$

图 15-15　ICE V230 振冲器

液压振冲器可根据不同地层的需要,调节液压马达输出的转速,使偏振转子以不同频率旋转,从而带动振动器整体以不同频率振动,产生不同的振冲效果。除了振冲功率大等加固优势,ICE V230 工作还不受浪涌影响。

4)振冲现场试验

在四区北槽开展液压振冲器 ICE V230 的加固效果试验,试验选取一个 30m×10m 的区域,分成三个 10m×10m 小试验区 S_0、S_1、S_2 和 S_3,如表 15-5 所示。

表 15-5　试验区振冲参数

参数	S_0 区	S_1 区	S_2 区	S_3 区
振冲间距/m	3.0	3.0	3.5	3.5
上提距离/m	0.5	1.0	0.5	1.0
留振时间/s	30	30	30	30

从图 15-16 可以看出,3.0m 和 3.5m 振冲间距都能满足振后标贯值大于 22 击的要求,其中试验区 S_0、S_1、S_2 和 S_3 的加固后标贯增长值分别为 394%、354%、352% 和 169%,说明 ICE V230 使用的"振冲间距 3.0m、上提距离 0.5m"参数效果最佳,保守起见,实际振冲时采用此振冲参数,留振时间为 30s。

5)施工技术参数

据相关试验段结果,电动振冲器和液压振冲器在进行换填砂振冲施工时,振冲点位、留振时间、提升速度等技术参数按表 15-6 控制。

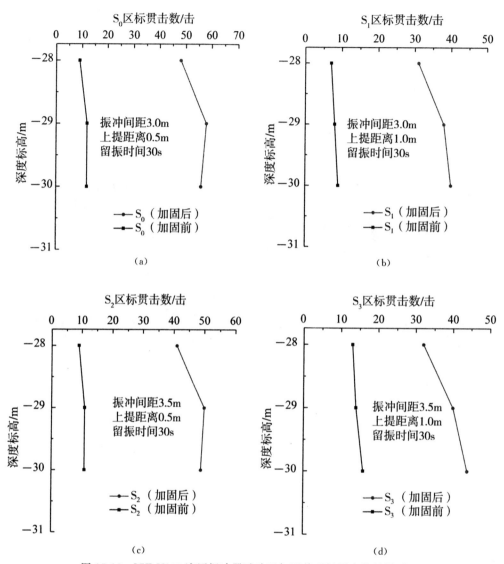

图 15-16 ICE V230 液压振冲器试验区加固前后标贯击数结果对比

表 15-6 换填砂振冲技术参数

振冲器型号	振冲间距/m	留振时间/s	上提距离/m	密实电流/A
ZCQ 100A	2.0	30	0.5	70 以上
ZCQ 180A	2.5	30	0.5	
ICE V230	3.0	30	0.5	

15.5　水下爆破挤淤技术

15.5.1　加固机理

最初爆破挤淤技术又称为爆炸排淤填石技术,工程实践较多,工程实践超前于理论认识。对其加固机理的认识,目前仍未完全统一。

1.爆炸空腔理论

郑哲敏等(1993)首先阐述了对爆炸排淤填石技术机理的认识:当埋在堤前淤泥内的炸药引爆后,在淤泥中有冲击波传播,与此同时爆炸气体在淤泥内膨胀做功,使淤泥内形成空腔,也使得爆坑压力迅速降低。而堆石体的前沿,在爆炸载荷的作用下,提高了压力,在空腔与爆坑之间形成了压力差和重力位势差。堆石体孔隙中的水和淤泥在压力差和位势差的作用下形成泥石流,将石块带入并流向空腔和爆坑内。同时爆坑另一侧的淤泥和水由于同样的原因,也向爆坑中运动,在某一时刻与"石舌"相撞而阻止石舌继续运动,直至石舌运动停止,这就是石舌运动和停止的原因,称为"爆炸空腔理论"。

为了证实这一理论,许多学者相继做了一些研究。许连坡(1992)利用模型试验研究了石舌的产生机制和变化规律。张翠兵等(2003)利用离散元法对爆炸排淤石舌形成过程进行了数值模拟。乔继延等(2004)利用示踪试验和数值计算得出结论,可以把爆炸排淤填石法分为两个阶段:①起爆后爆轰产物推动爆源周围的介质向四周运动,在淤泥中形成爆炸空腔(爆坑),使爆源近区的淤泥强度降低;②爆炸产物压力卸载后,堆石体依靠重力把底部的淤泥向爆坑方向推挤,同时自身也向前方塌落,最终达到泥石置换的效果。

2.定向滑移理论

张翠兵(2001)认为在爆炸冲击波及爆炸振动作用下,可将淤泥内部状态视为处于瞬时不排水状态。在这种反复的强振(扰)动作用下,抛石堤下方及周围淤泥的结构遭到破坏,瞬间丧失强度而短期内难以恢复,形成定向滑移条件,使得抛石堤下沉,实现泥石置换。通过对爆炸处理过程的分析研究,发现厚层淤泥中采用爆破挤淤时,单次爆炸处理过程可分解为以下几部分效应:①爆炸石舌效应;②定向滑移效应;③爆炸振陷效应;④抛石堤自身密实效应。

3.淤泥强扰动主效应

刘国楠(2007)认为,淤泥具有触变性,实际测试结果表明,淤泥在爆破瞬间处于不排水状态,爆破扰动会使淤泥的强度降低。可以将爆破挤淤的淤泥强扰动机理阐述为:当抛石挤淤达到平衡后,在抛石挤淤堤前方的淤泥中进行爆破,使抛石体前方淤泥强度降低,从而打破抛石体和淤泥之间形成的平衡,抛石体产生塑性滑移和下沉,然后和淤泥之间形成新的平衡,补填后继续爆破,继续引起抛石体产生塑性滑移和下沉,最终达到挤掉更多淤泥的目的,形成稳定的海堤。

抛石爆破挤淤的淤泥强扰动机理,反映了抛石爆破挤淤的主要效应,但并不排除抛石爆破挤淤过程中还有其他方面的效应存在,比如空腔置换效应、振动冲击效应、振陷密实效应等,抛石爆破挤淤的结果是综合效应叠加的结果。

15.5.2　研究现状

美国人于 20 世纪 50 年代提出了一种叫做"toe-shooting method"的方法,用于处理海堤的堤脚,使海堤着底并更加稳定。苏联于 1964—1966 年,利用爆破方法成功修筑了一些抛石防护堤。除此之外,国外鲜有有关方面的工程实例资料和研究成果报道。

爆破挤淤技术是中国的一项独创地基处理技术。1984 年,连云港拟修建一条当时全国最长的海堤——连云港西大堤,长 6700m。场地水深 3.0～3.5m,淤泥厚 6～8m,呈流塑状态,十字板抗剪强度低,灵敏度高。建设单位和设计单位在选择海堤施工方法时遇到了难题,若直接抛石筑堤,则建成后海堤不稳定;若采用清淤法,则施工难度大,成本高;若采用抛石强夯置换法,则处理深度不够。为了寻找一种合适的海堤施工方法,中国科学院力学研究所、连云港建港指挥部、连云港锦屏磷矿和交通部第三航务工程勘测设计院等 4 家单位组织科研组进行联合攻关。其中,中科院张建华、高兆福等人提出用爆炸的方法修建海堤,即用炸药将淤泥炸开,随后抛石筑堤,使抛石着底,形成稳定的海堤。经过 4 年多的现场试验研究、工程性试验和多个工程实践研究攻关,总结后提出了一种海堤软基处理方法(见图 15-17):先在淤泥地基上抛填一段抛石体,然后在抛石体前缘一定深度的淤泥中埋放药包群,爆炸时,在药包位置上方及附近的覆盖水和淤泥向上方飞散,淤泥中形成空腔,抛石体随即坍塌充填空腔形成石舌,并落于下卧层上,爆炸飞出的部分淤泥和水随后又回到石舌层上,回落的淤泥含水量增大、强度降低,随后的抛填可将石舌层上的淤泥挤出,形成新的抛石体,如此循环,经多次纵向推进爆破,即可在淤泥中筑成符合设计长度的海堤。基于上述施工过程的特点,形象地将该法称为"爆炸排淤填石法"(toe-shooting method)。

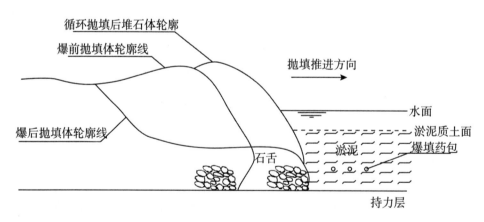

图 15-17　爆炸抛填石堤过程

1987 年,以爆炸排淤填石法为主的爆炸法处理水下地基和基础施工技术通过了交通部和中国科学院的联合技术鉴定,并获得"爆炸排淤填石法国内首创,达到了国际先进水平"的高度评价;该技术成果于 1990 年获国家科技进步二等奖;1992 年又通过了交通部的推广应用项目验收;1993 年获国家发明专利金奖。在此期间,在各种会议和杂志上,出现了大量介绍爆炸排淤填石法的文献,Zheng 等(1991)发表了一篇英文论文,全面介绍了当时的研究成果,并首次提出了对爆炸排淤填石法机理的认识,认为爆炸排淤填石法主要是利用药包在淤泥中爆炸形成爆炸空腔,堤头抛石体在强大的爆炸压力和振动,以及重力的作用下,形成石舌,滑向爆坑,从而达到抛石置换淤泥的目的。单次爆炸形成的爆炸空腔的大小是决定抛填进尺的关键,爆炸排淤的整个过程满足几何相似律。

1998 年交通部颁布了《爆炸法处理水下地基和基础技术规程》(JTJ/T 258—98)(目前已废止),标志着爆炸排淤填石法开始从试验研究阶段走向推广应用阶段。在汕头港广澳港区东防波堤、连云港西大堤、嵊泗中心渔港防波堤、珠海发电厂防波堤、浙江省玉环县坎门渔港防波堤、大连东港区海堤、大连石油七厂海堤、连云港港庙岭、宝钢马迹山矿石中转港、厦门高崎避风港等工程中得到了应用。

之后由于爆破挤淤技术在水工工程中得到了大量应用,加固深度达到 40 多米,突破了《水运工程爆破技术规范》(JTS 204—2008)标明的"需处理软土层宜在 4~25m 范围内"。也就是说工程实践远超爆炸空腔理论(几何相似律)。由此,余海忠(2011)提出了淤泥强扰动主效应理论,认为根据土力学知识和抛石爆破挤淤设计及施工经验,抛石爆破挤淤的实质不是爆破过程中产生了多大的空腔让抛石填入其中,形成空腔置换,而是爆破引起了淤泥强度的降低,从而导致抛石体产生塑性滑移,补填后继续爆破引起抛石体继续滑移,抛石体最终和淤泥达到平衡,形成稳定的海堤。因此从塑性滑移场的角度来分析研究抛石爆破挤淤的过程,可能比较合理。余海忠(2011)结合实际情况建立抛石爆破挤淤的有限元数值模拟模型,用改变淤泥强度的方法对抛石爆破挤淤的全过程进行施工仿真,直观地展现了抛石爆破挤淤海堤的形成过程,并将研究成果和实际检测成果进行了对比,对比结果进一步表明爆破扰动使淤泥的强度降低造成抛石体滑移的认识,以及对爆破后淤泥强度衰减程度和范围的假定是基本正确的。

15.5.3　适用范围

1. 爆破挤淤技术优势

大量的工程实例证明,爆破挤淤技术具有以下优势:

(1)不需要大型的施工机械和复杂的施工技术;

(2)侧向淤泥的反压以及反复爆炸振动的密实作用,增加了堤身抛石体的密实度,使堤身更加稳定,工后沉降量较小;

(3)与清淤法相比,堤身抛石量可减少 10%~15%;

(4)可全部采用陆抛石,陆抛石单价为水抛石单价的 40%~50%;

(5)可纵向循环推进,适合于长堤施工;

(6)装药与抛填工序同时进行,成堤速度仅取决于抛填速度,受天气影响小,故施工速度大大提高;

(7)综合起来可比清淤法节省工程费用 10%~30%。

2. 爆破挤淤技术缺点

在爆破施工时,如周边有建筑物,因爆破而产生的振动、冲击波、噪声以及个别飞散物可能会对周围建筑物及环境造成不利影响。

3. 工程适应性

由于爆破挤淤技术优势比较明显,受到了业主、设计单位、施工单位的青睐。其应用范围也不再只限于港口、防波堤、海堤、围垦、水利水电等水工工程,还可以用于铁路、公路、机场、核电站等其他各类工程的软基处理;处理淤泥的厚度也不再只限于《水运工程爆破技术规范》(JTS 204--2008)推荐的 4~25m,而是可以处理像珠海桂山港 1♯防波堤那种淤泥最厚达 45m 的情况;处理软基的地域也不再只限于沿海区域,而是也可以处理山区沟谷软基;不再仅用于有水覆盖的软基,对无水或少水的情况也同样适用。

4. 软基处理深度

原先基于几何相似律的空腔置换理论提出的抛石爆破挤淤只局限于厚 4~12m 的淤泥,不再成为使用抛石爆破挤淤技术的约束,依据余海忠(2011)所提出的淤泥强扰动机理,在更深的淤泥内同样可以使用抛石爆破挤淤技术,实际工程案例中处理淤泥的厚度已经超过了 40m。

5. 炸药使用量

《水运工程爆破技术规范》(JTS 204—2008)中,以几何相似律为指导思想,推导了炸药使用量公式。若应用到处理深厚淤泥地基,按这些公式计算炸药量将会偏大,与实际工程不相符。余海忠、刘国楠(2011)根据工程实际数据,经归纳总结,提出了新的炸药使用量公式。

线药量 $q(\mathrm{kg/m})$:

$$q = kL_{\mathrm{H}}(H_{\mathrm{m}} - H_{\mathrm{B}})\frac{\tau_+}{S_{\mathrm{t}}} \tag{15.5.1}$$

式中,L_{H} 为单循环抛填进尺量,一般为 3~5m;H_{m} 为淤泥的厚度;H_{B} 为炸药包的埋藏深度;τ_+ 为淤泥的十字板抗剪强度;S_{t} 为淤泥的灵敏度;k 为无量纲系数,取 0.2~0.3。

一次爆炸药量 $Q(\mathrm{kg})$:

$$Q = (B + 2h)q \tag{15.5.2}$$

式中,B 为堤顶宽度;h 为抛石高出淤泥面的厚度。

单孔炸药量 $q_1(\mathrm{kg})$:

$$q_1 = bq \tag{15.5.3}$$

式中,b 为药包间距,一般取 2~2.5m。

15.5.4 工程案例

1. 深圳机场飞行区扩建工程海堤和围堰工程

深圳机场飞行区扩建工程陆域形成及软基处理工程由中国铁道科学研究院深圳研究设计院设计,2006 年开始施工,造地面积约为 1460 万 m²,工程概算为 60 多亿元。原始水深 1.0~5.0m,淤泥厚 7~14m,呈流塑状态,含水量大于 80%,原位十字板抗剪强度为 5~7kPa,灵敏度大于 5。其中的外海堤,设计防潮防浪标准为 200 年一遇,经过方案比选,采用了抛石爆破挤淤技术进行施工。外海堤工程于 2009 年全部完成,海堤状态良好,建于围堰内的深圳机场第二跑道已于 2011 年 7 月 26 日正式启用。

2.深港西部通道口岸用地填海工程

深港西部通道工程是粤港合作的重点建设项目,由深圳湾公路大桥、深港"一地两检"深圳湾口岸和深圳侧接线工程三大部分组成。2001 年该工程开始施工,于 2007 年 7 月 1 日香港回归十周年之际全面建成投入使用。其中的深圳湾口岸是在深圳东角头东侧海域和潮间带通过填海方式形成陆地后修建的,占地面积约为 109.87 万 m²。场地原始水深 1.0～3.0m,淤泥厚 12～20m,呈流塑状态,淤泥十字板抗剪强度为 4～6kPa,灵敏度为 4～6,淤泥含水量大于 80%。场地东侧和南侧需修建外海堤,由中国铁道科学研究院深圳研究设计院设计,经过方案比选,采用了抛石爆破挤淤技术进行施工(见图 15-18)。实践证明采用该技术修建海堤工期快、造价低,为后方软基处理的实施奠定了有利基础。

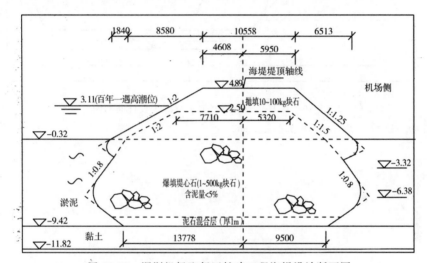

图 15-18 深圳机场飞行区扩建工程海堤设计断面图

注:图中标高单位是 m,尺寸单位是 mm。

3.珠海高栏港大荷防波堤工程

珠海高栏港大荷防波堤位于高栏岛西南海域的大杧岛与荷包岛之间,全长 4796.5m,其中西北堤长 711.9m,西南堤长 4084.6m。该海域水深 5～10m,淤泥厚 12～40m,呈流塑状态,淤泥十字板抗剪强度为 5～10kPa,淤泥灵敏度为 4～8,淤泥含水量大于 80%。该工程由中交第二航务工程勘察设计院有限公司设计,由于该海域风高浪急、淤泥深厚,经过方案比选,采用了抛石爆破挤淤技术进行施工(见图 15-19),并取得了成功。

以上几个抛石爆破挤淤海堤工程案例中,淤泥的厚度普遍超过了 12m,有的达到了40m,远远超出了《水运工程爆破技术规范》(JTS 204—2008)推荐的 4～25m 的范围。以珠海高栏港大荷防波堤抛石爆破挤淤工程为例,淤泥厚 12～40m,布药宽度为 34m,药包间距为 2m,抛填进尺 5m,如果按《水运工程爆破技术规范》(JTS 204—2008)中推荐的炸药量公式计算,单炮炸药量需要 227～378kg,一次爆炸总炸药量需要 4080～6800kg,这么多的炸药同时爆炸将会产生巨大的振动,对海洋及其周边的环境会造成相当大的影响,不环保、不经济,也不现实。而这项工程的实际单孔炸药量仅为 40kg,一次爆炸药量仅为 720kg。因此所需炸药量,建议设计时按公式(15.5.1)(15.5.2)(15.5.3)进行估算。

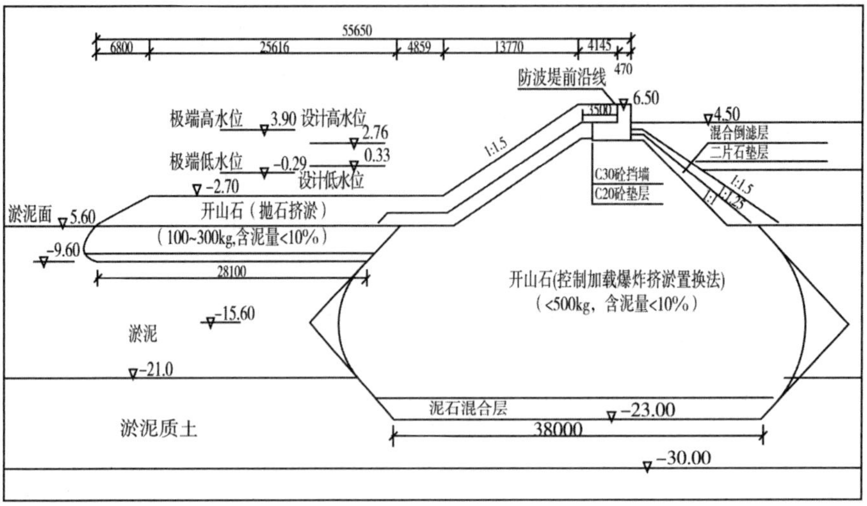

图 15-19   珠海高栏港防波堤工程海堤设计断面图

注:图中标高单位是 m,尺寸标注单位是 mm。

第16章　地基处理技术发展与展望

16.1　发展趋势

　　改革开放 40 余年来,地基处理技术与应用得到了持续、长足的发展。随着国家基础设施建设的逐步推进,工程的规模和难度都在不断增大,为地基处理新技术的发展提供了机会和挑战。地基处理逐渐从单一加固技术向多方法联合复合加固技术方向发展,从大量的人力、材料和费用投入向机械化和高效经济的方向发展,从高能耗、高污染技术向新型低碳技术、人与自然和谐发展的方向发展。

　　地基处理是我国岩土工程界最为活跃的领域之一,体现出了"百花齐放、百家争鸣"的局面。近些年来地基处理发展的一个典型趋势就是在既有的地基处理方法基础上,不断发展新的地基处理方法,特别是将多种地基处理方法进行综合使用,形成了极富特色的复合加固技术(见表 16-1)。这些复合加固技术类型主要包括:①由单一加固技术向复合加固技术发展;②复合地基的加固体由单一材料向复合加固体发展;③复合地基加固技术与非复合地基加固技术结合;④静力加固与动力加固技术结合;⑤机械加固与非机械加固结合。

　　其中一些复合加固方法已得到较为广泛的应用,例如真空堆载联合预压技术等,并形成了可靠的设计、施工、监测与检测方法,被纳入相关规范中。但也有一些方法尚处在不断的验证与发展中,其机理有待进一步研究,设计、施工、检测与检验等尚需规范化和标准化。

表 16-1　部分地基处理复合加固技术

方法名称	方法原理
真空堆载联合预压	可获得大于大气压力的固结压力
真空排水＋强夯	强夯升高孔隙水压力,增大土体与排水板之间的压差
水下真空预压法	膜上水压力可转化为固结压力,可获得大于大气压力的固结压力
低位真空预压法	地下水渗流方向与土压缩方向相同;提前开始真空固结
立体真空预压法	采用多层排水系统,减小排水路径长度
电渗真空降水联合加固法	电渗真空联合作用提高低渗透性土的排水量;真空压力使土体向加固区产生压缩变形,减小电渗作用区域裂缝,减小电阻

续表

方法名称	方法原理
电渗真空降水低能量强夯联合加固	兼具真空排水＋强夯、电渗真空降水联合加固法特点
劈裂真空预压法	注气提高孔压,增大被加固土体与排水板真空负压之间的压差;气体压力劈裂土体可提高渗透性,利于排水
真空降水联合冲压法	真空降水后进行浅层冲压加固形成硬壳层
长短桩复合地基	根据附加应力沿深度衰减,进行沿深度梯次变化的变刚度加固。长桩常采用刚性桩,短桩常采用柔性桩或散体材料桩
桩网复合地基	由竖向桩体复合地基和水平加筋土垫层组合而成。能较好调动桩、网、土三者的承载潜力,承载力高,工后沉降容易控制,稳定性好
粉喷桩复合地基＋排水板复合处理	在粉喷桩之间设置排水板加快粉喷桩施工期间引起的超静孔隙水压力的消散
长板短桩预压联合加固法	在加固区以下设置长排水板,加快预压荷载作用下加固区及加固区以下土固结,减少工后沉降

随着新材料的发展和国家对节能环保要求的提高,地基处理技术逐渐朝绿色环保、节能减排的可持续发展方向发展。固体废弃物和工业废弃物的利用技术不断提高,绿色地基处理技术如绿色化学浆材、微生物固化技术等也在不断取得进步。

另外,随着机械制造业的持续发展和人工智能技术的应用,地基处理机械设备也逐渐向自动化、智能化和信息化发展。地基处理施工技术人员也需要逐渐适应机械化施工的发展趋势。

16.2 存在问题

40多年来,我国地基处理技术发展很快,为了进一步提高地基处理技术水平,回顾检讨发展中存在的问题是很有意义的。虽然有的问题现在已很少出现,但对过去存在的问题进行反思还是有好处的。地基处理在发展中存在的问题主要有下述几个方面。

1. 未能因地制宜地合理选用地基处理方法

在选用地基处理方法方面有时存在一定的盲目性,例如,在饱和软黏土地基中采用振密、挤密法进行加固。根据工程地质条件和地基加固原理,因地制宜地合理选用处理方法特别重要。应强调选择几个技术上可行的方案进行技术经济比较,并对具体的参数进行优化设计,力求找到最优或较优的地基处理方法。

2. 不能恰当评价每种地基处理技术的优缺点和适用性

每种地基处理方法都有优缺点和适用范围。遇到具体问题,特别是有关联利益时,不能盲目扩大常用地基处理技术的应用范围,如劈裂注浆在坝体防渗处理中是一种很好的方法,但将其用于软土地基中的建筑地基加固不一定可行。

3.施工机械落后影响地基处理效果和质量

我国地基处理施工机械发展很快,有些已形成系列化产品。但应看到与我国工程建设需要相比较,差距还很大,应进一步研制、引进、消化和吸收国内外先进的施工装备,提高施工质量的可靠性和稳定性。

4.施工单位素质差,影响地基处理质量

地基处理施工队伍的快速膨胀,使得不少施工队伍缺乏必要的技术培训,熟练的专业化施工队伍占比不高。除此之外,在经济利益的驱动下,有些项目还存在偷工减料现象。

5.不少工法缺乏完善的质量检验手段

完善的质量检验手段是保证施工质量的重要措施。目前不少工法缺乏完善的质量检验手段,还需做进一步研究。

16.3　展望

地基处理技术进一步发展应重视下述几个方面工作:

1.大力发展地基处理新技术

现有的地基处理技术已不能完全满足我国围海造陆、高速公路、高速铁路、机场、地下空间利用等工程建设的要求,需要大力发展地基处理新技术。通过产、学、研、用的结合,进一步研发:①经济高效的深厚软土处理技术;②地基的工后沉降控制技术;③绿色环保、节能减排的地基处理技术;④污染场地地基处理技术;⑤海洋工程地基处理技术等。

发展地基处理新技术还包括发展地基处理新材料、地基处理新装备和地基处理新工艺。要重视将地基处理企业建设成创新的主体。

2.重视研制和引进地基处理新机械,提高各种工法的施工能力

在土木工程建设中,与国外差距较大的是施工机械设备的能力,在地基处理领域情况也是如此。落后的机械设备严重制约了地基处理技术的发展。近几年虽有较大改进,但差距还是不小。随着综合国力的提高,地基处理施工机械将会有较大的发展。我们不仅要重视引进国外先进的地基处理施工机械,还要重视研制国产的先进施工机械,特别是拥有独立知识产权的先进施工机械。通过地基处理施工机械的发展,提高各种地基处理工法的施工能力,改善效果,是提高我国地基处理水平的必由之路。

人工智能和物联网技术的发展促进了地基处理施工智能化技术的提高,但总体应用程度和水平还不够。进一步开发研究智能化地基处理施工装备和技术,从设计、管理、规范等方面加强智能化技术的应用是智慧建造技术的发展需要。

3.进一步提高地基处理设计水平

加强区域性土、特殊土地基处理技术研究,提高因地制宜合理采用地基处理方法的能力,提升地基处理技术综合应用水平。

重视发展地基处理优化设计理论。地基处理优化设计应包括两个层面:①地基处理方法的合理选用;②某一种地基处理方法的优化设计。目前,在这两个层面都存在较大的差距。许多地基处理设计停留在能够解决工程问题,而未能做到合理选用和优化地基处理设计。地基处理优化设计领域发展潜力很大。

要重视发展地基处理按沉降控制设计理论和设计方法,提高地基处理按沉降控制设计水平。

4.发展地基处理测试新技术

地基处理测试技术包括各种地基处理工法本身的质量检验,以及地基处理效果的评价。发展地基处理测试技术,也有助于地基处理实现信息化和智慧化施工。发展地基处理原位测试技术、现场试验技术及监测技术,对提高地基处理技术水平有非常重要的意义,应予以重视。

5.加强地基处理专业化施工队伍建设

地基处理施工专业性很强,要加强专业分工,加强专业施工队伍的培育、发展和提高。对每种工法的施工队伍不仅要求现场技术人员掌握地基处理理论和实践知识,而且对技术工人也应有一定要求。技术工人需要通过培训,对从事作业工法的加固机理、材料要求、加固工艺有较全面、系统的了解。通过定期考核,建设一大批相对固定、有资质的专业化地基处理施工队伍。

地基处理领域是土木工程建设中非常活跃的领域,也是非常有挑战性的领域。挑战与机遇并存,可以相信在广大土木工程技术人员的共同努力下,我国地基处理技术会在普及的基础上得到较大的提高,发展到一个新的水平。

参考文献

[1] 白冰.饱和土体再固结变形特性若干问题研究[J].岩土力学,2003,24(5):5.

[2] 曹永华,李卫,刘天韵.浅层超软土地基真空预压加固[J].岩土工程学报,2011,33(S1):234-238.

[3] 曾国熙,王铁儒,顾尧章.砂井地基的若干问题[J].岩土工程学报,1981,3(3):74-81.

[4] 曾国熙.利用砂井技术处理土坝软黏土地基[J].浙江大学学报,1975(1).

[5] 曾小强.水泥土力学特性和复合地基变形计算研究[D].杭州:浙江大学,1993

[6] 曾昭礼.我国振冲地基应用回顾[C]//复合地基理论与实践学术讨论会论文集.杭州:浙江大学出版社,1976:24-28.

[7] 陈昌富,肖淑君.基于统一强度理论考虑拉压模量不同散体材料桩承载力计算[J].工程力学,2007(10):105-111.

[8] 陈根援.多层地基的一维固结计算方法与砂井地基计算的改进建议[J].水利水运科学研究,1984(2):20-32.

[9] 陈国兴,张克绪,谢君斐.液化判别的可靠性研究[J].地震工程与工程振动,1991,11(2):85-96.

[10] 陈国兴.岩土地震工程学[M].北京:科学出版社,2007.

[11] 陈津生,刁钰,孙万里,等.软基处理新工艺地固件法施工技术[J].天津建设科技,2021,31(5):69-72.

[12] 陈荣淋,林建华,黄群贤.支持向量机在砂土液化预测中的应用研究[J].中国地质灾害与防治学报,2005(2):15-18,23.

[13] 陈善雄.膨胀土工程特性与处治技术研究[D].武汉:华中科技大学,2006.

[14] 陈先华,唐辉明.污染土的研究现状及展望[J].地质与勘探,2003,39(1):77-80.

[15] 陈先华.柳州市红粘土的变形和强度特征[J].桂林冶金地质学院学报,1993(3):244-249:7.

[16] 陈永辉,王颖,程潇,等.就地固化技术处理围海工程吹填土的试验研究[J].水利学,2015,46(S1):64-69.

[17] 成亮,钱春香,王瑞兴,等.碳酸岩矿化菌诱导碳酸钙晶体形成机理研究[J].化学学报,2007,65(19):2133-2138.

[18] 程林,邢佩旭,吴院生,等.水力吹填砂土地基加固处理现场试验及方案优化[J].水运工程,2013,474:138-143.

[19] 池跃君,宋二祥,陈肇元.刚性桩复合地基沉降计算方法的探讨及应用[J].土木工程学报,2003,36(11):19-23.

[20] 池跃君,宋二祥,金淮,等.刚性桩复合地基应力场分布的试验研究[J].岩土力学,2003,24(3):339-343.

[21] 崔明娟,郑俊杰,赖汉江.颗粒粒径对微生物固化砂土强度影响的试验研究[J].岩土力学,2016,37(S2):397-402.

[22] 刁钰,陈津生,王立祥,等.地固件工法与实践[J].地基处理,2020,2(3):264-270.

[23] 丁洲祥,龚晓南,谢永利.欧拉描述的大变形固结理论[J].力学学报,2005,37(1):92-99.

［24］董志良,张功新,李燕,等.大面积围海造陆创新技术及工程实践[J].水运工程,2010,10:54-67.

［25］杜嘉鸿.地下建筑注浆工程简明手册[M].北京:科学出版社,1992.

［26］段继伟,龚晓南,曾国熙.水泥搅拌桩的荷载传递规律[J].岩土工程学报,1994,16(4):1-8.

［27］房营光,朱忠伟,莫海鸿,等.碱渣土的振动排水固结特性试验研究[J].岩土力学,2008,29(1):43-47.

［28］傅世法,林颂恩.污染土的岩土工程问题[J].工程勘察,1989,3:6-10.

［29］高宏兴.软土地基加固[M].上海:上海科学技术出版社,1990.

［30］高俊丽,张孟喜,张文杰.加肋土工膜与砂土界面特性研究[J].岩土力学,2011,32(11):3225-3230.

［31］高彦斌,叶观宝,徐超,等.一种新的碎石桩法处理液化粉土地基的设计方法[J].土木工程学报,2005,38(5):77-81.

［32］高有斌,沈扬,徐士龙,等.高真空击密法加固后饱和吹填砂性土室内试验[J].河海大学学报(自然科学版),2009,37(1):86-90.

［33］高志义.真空预压法的机理分析[J].岩土工程学报,1989,11(4):45-56.

［34］龚晓南,杨仲轩.地基处理新技术、新进展[M].北京:中国建筑工业出版社,2019.

［35］龚晓南.21世纪岩土工程发展展望[J].岩土工程学报,2000,22(2):238-242.

［36］龚晓南.地基处理技术发展与展望[M].北京:中国水利水电出版社,2004.

［37］龚晓南.地基处理技术及发展展望[M].北京:中国建筑工业出版社,2014.

［38］龚晓南.地基处理技术及其发展[J].土木工程学报,1997,30(6):3-11.

［39］龚晓南.地基处理手册[M].3版.北京:中国建筑工业出版社,2008.

［40］龚晓南.地基处理新技术[M].西安:陕西科学技术出版社,1997.

［41］龚晓南.复合地基[M].杭州:浙江大学出版社,1992.

［42］龚晓南.复合地基发展概况及其在高层建筑中应用[J].土木工程学报,1999,32(6):3-10.

［43］龚晓南.复合地基理论及工程应用[M].3版.北京:中国建筑工业出版社,2018.

［44］龚晓南.复合地基设计与施工指南[M].北京:人民交通出版社,2003.

［45］顾晓鲁,郑刚,刘畅,等.地基与基础[M].4版.北京:中国建筑工业出版社,2019.

［46］广东省交通运输厅.广东省软土工程特性及典型加固技术研究报告:水泥土搅拌法分册[R].2006.

［47］韩选江.大型围海造地吹填土地基处理技术原理及应用[M].北京:中国建筑工业出版社,2009.

［48］何广讷.复合地基中散体材料桩极限承载力的计算[C]//中国土木工程学会第八届土力学及岩土工程学术会议论文集.北京:万国学术出版社,1999.

［49］何广讷.振冲碎石桩复合地基[M].北京:人民交通出版社,2001.

［50］何稼,楚剑,刘汉龙,等.微生物岩土技术的研究进展[J].岩土工程学报,2016,38(4):643-653.

［51］何首文.膨胀土地基处理方法的研究[J].建材技术与应用,2015,5:26-28.

［52］何想,刘汉龙,韩飞,等.微生物矿化沉积时空演化的微流控芯片试验研究[J].岩土工程学报,2021,43(10):1861-1869.

［53］何小溪.探讨砂土液化危害及地基处理措施[J].中国水运,2018,6:48-49.

［54］侯永峰,张航,周建,等.循环荷载作用下水泥复合土变形性状试验研究[J].岩土工程学报,2001,23(3):288-291.

［55］胡同安,杨小刚,周国钧.水泥土挡墙[J].建筑施工,1983,12:31-37.

［56］胡俞晨,王钊,庄艳峰.电动土工合成材料加固软土地基实验研究[J].岩土工程学报,2005,27(5):582-586.

［57］黄茂松,吴世明.振冲加固饱和粉砂地基的动孔压测试与分析[J].浙江大学学报(自然科学版),

1991,25(6):44-50.

[58] 黄绍铭等.减少沉降量桩基的设计与初步实践:第六届土力学及基础工程学术讨论会论文集[C].上海:同济大学出版社,1991

[59] 黄文熙.砂基和砂坡的液化研究[J].水利水电技术,1962,1:38-39.

[60] 黄琰,罗学刚,何晶,等.微生物在石英砂中诱导方解石沉积的实验研究[J].西南科技大学学报,2009,24(2):65-69.

[61] 黄永林,张雪亮,孔建国,等.南京地区液化地基加固效应分析[J].世界地震工程,2002,18(1):136-140.

[62] 贾强.既有建筑物基础托换过程中地基沉降规律的研究[D].上海:同济大学,2009.

[63] 江辉煌,赵有明,刘国楠,等.砂井地基的大变形固结[J].岩土工程学报,2011,33(2):302.

[64] 金亚伟,金亚君,蒋君南.增压真空预压固结处理软土地基/尾矿渣/湖泊淤泥的方法:200810156787.5[P].2009-04-29.

[65] 邝健政,昝月稳,王杰,等.岩土注浆理论与工程实例[M].北京:科学出版社,2001.

[66] 蓝俊康.柳州市红粘土对 Zn2+的吸附平衡实验[J].桂林工学院学报,1995(3):265-268.

[67] 李驰,王硕,王燕星,等.沙漠微生物矿化覆膜及其稳定性的现场试验研究[J].岩土力学,2019,40(4):1291-1298.

[68] 李存谊.电渗联合真空预压现场试验研究和数值分析[D].杭州:浙江大学,2017.

[69] 李广信.高等土力学[M].北京:清华大学出版社,2004.

[70] 李海芳,温晓贵,龚晓南.路堤荷载下刚性桩复合地基的现场试验研究[J].岩土工程学报,2004,26(3):419-421.

[71] 李明清.关于污染土[J].工程勘察,1986(5):14-17,13.

[72] 李沛,杨武,邓永锋,等.土壤固化剂发展现状和趋势[J].路基工程,2014,174(3):1-8.

[73] 李艳春,蒋志仁.弹簧单元模型用于分析土工格栅受力特性[J].中国公路学报,1996,19(4):38-42.

[74] 李瑛.软黏土地基电渗固结试验和理论研究[D].杭州:浙江大学,2011.

[75] 李智彦.水泥土工程性能实验研究[D].北京:中国地质大学,2006.

[76] 林琼.水泥搅拌桩复合地基试验研究[D].杭州:浙江大学,1989.

[77] 刘国楠.爆破挤淤设计与施工讲座[R].深圳:中国铁道科学研究院深圳研究设计院,2007.

[78] 刘汉龙,马国梁,肖杨,等.微生物加固岛礁地基现场试验研究[J].地基处理,2019,1(1):26-31.

[79] 刘汉龙,肖鹏,肖杨,等.Micp 胶结钙质砂动力特性试验研究[J].岩土工程学报,2018,40(1):38-45.

[80] 刘汉龙,张宇,郭伟,等.微生物加固钙质砂动孔压模型研究[J].岩石力学与工程学报,2021,40(04):790-801.

[81] 刘汉龙,赵明华.地基处理研究进展[J].土木工程学报,2016,49(1):96-114.

[82] 刘嘉材.裂缝灌浆扩散半径研究[C]//中国水利水电科学院科学研究论文集.北京:水利出版社,1982.

[83] 刘起霞,张明.特殊土地基处理[M].北京:北京大学出版社,2014.

[84] 刘松玉,方磊,胡雪辉.干振碎石桩加固液化地基试验研究[J].工程地质学报,2000,08(4):488-492.

[85] 刘松玉,韩文君,章定文,等.劈裂真空法加固软土地基试验研究[J].岩土工程学报,2012,34(4):591-599.

[86] 刘松玉,周建,章定文,等.地基处理技术进展[J].土木工程学报,2020,53(4):93-110.

[87] 刘松玉.公路地基处理[M].南京:东南大学出版社,2009.

[88] 刘松玉.新型搅拌桩复合地基理论与技术[M].南京:东南大学出版社,2014.

[89] 刘一林.水泥搅拌桩复合地基变形性状研究[D].杭州:浙江大学,1990.

[90] 楼永高.25m深层振冲挤密砂基加固跑道地基的施工与试验——澳门国际机场跑道区人工岛地基加固工程振冲施工综述[J].水运工程,1995,9:32-37.

[91] 罗宇生.湿陷性黄土地基处理[M].北京:中国建筑工业出版社,2008.

[92] 罗战友,杨晓军,龚晓南.考虑材料的拉压模量不同及应变软化特性的柱形孔扩张问题[J].工程力学,2004,21(2):40-45.

[93] 吕文志,俞建霖,刘超,等.柔性基础复合地基的荷载传递规律[J].中国公路学报,2009,32(5):657-663.

[94] 马骥,傅光翮,罗国煜.基于MATLAB的BP神经网络在砂土液化评价中的应用[J].水文地质工程地质,2004,2:54-58.

[95] 马旺,欧阳九发,康林,等.砂土地震液化的形成机制及防治措施[J].科技风,2020,19:105.

[96] 麦杰迪.膨胀土性能及膨胀土地区道路设计研究[D].西安:长安大学,2000.

[97] 米吉福,汪浩,刘晶冰,等.土壤固化剂的研究及应用进展[J].材料导报,2017,31(29):388-391,401.

[98] 苗永红,李瑞兵,陈邦.软土的振动排水固结特性试验研究[J].岩土工程学报,2016,38(7):6.

[99] 南京水利科学研究院.软基加固新技术-振动水冲法[M].北京:水利水电出版社,1986.

[100] 南京水利科学研究院.土工合成材料测试手册[M].北京:水利电力出版社,1991.

[101] 欧益希,方祥位,申春妮,等.颗粒粒径对微生物固化珊瑚砂的影响[J].水利与建筑工程学报,2016,14(02):35-39.

[102] 潘健,刘利艳,林慧常.基于BP神经网络的砂土液化影响因素的综合评估[J].华南理工大学学报(自然科学版),2006(11):76-80.

[103] 乔继延,丁桦,郑哲敏.爆炸排淤填石法机理研究[J].岩土工程学报,2004,26(3):349-252.

[104] 丘建金,张旷成,刘强,等.软土路基动力排水固结法实践与理论分析[J].土工基础,2004(04):1-3.

[105] 丘建金,张旷成,文建鹏.深圳海积软土地基加固技术与工程实践[M].北京:中国建筑工业出版社,2017.

[106] 饶为国.污染土的机理、检测及整治[J].建筑技术开发,1999,26(1):15-16.

[107] 任文杰,苏经宇,窦远明,孙维丰.砂土液化判别的人工神经网络方法[J].河北工业大学学报,2002(02):21-25.

[108] 荣辉,钱春香,王欣.微生物水泥基材料抗冻性和抗冲刷性[J].功能材料,2014,45(11):11091-11095.

[109] 阮文军.基于浆液粘度时变性的岩体裂隙注浆扩散模型[J].岩石力学与工程学报,2005,24(15):2709-2714.

[110] 阮文军.注浆扩散与浆液若干基本性能研究[J].岩土工程学报,2005,27(1):67-93.

[111] 邵俐,方磊,刘松玉.沉管干振碎石桩对土层的挤密效应[J].东南大学学报(自然科学版),2001,31(3):36-39.

[112] 沈珠江.软土工程特性和软土地基设计[J].岩土工程学报,1998,20(1):100-111.

[113] 师旭超,范量,韩阳.基于支持向量机方法的砂土地震液化分析[J].河南科技大学学报(自然科学版),2004(3):74-77.

[114] 侍倩.地基处理技术[M].武汉:武汉大学出版社,2011.

[115] 苏金强,王钊.电渗的二维固结理论[J].岩土力学,2004,25(1):125-131.

[116] 孙立强,贾天强,闫澍旺,等.基于大变形的未打穿砂井固结理论研究[J].岩石力学与工程学报,

2017,36(2):9.

[117] 孙亮,夏可风.灌浆材料及应用[M].北京:中国电力出版社,2013.

[118] 孙潇昊,缪林昌,童天志,等.微生物固化砂柱效果电阻率评价研究[J].岩土工程学报,2021,43(3):579-585.

[119] 孙潇昊,缪林昌,童天志,等.微生物诱导碳酸镁沉淀试验研究[J].岩土工程学报,2018,40(7):1309-1315.

[120] 滕延京.既有建筑地基基础改造加固技术[M].北京:中国建筑工业出版社,2012.

[121] 铁道部第四勘察设计院科研所.加筋土挡墙[M].北京:人民交通出版社,1985.

[122] 童立元,刘松玉,邱钰.高速公路下伏采空区危害性评价与处治技术[M].南京:东南大学出版社,2006.

[123] 涂园,王奎华,周建,胡安峰.有效应力法和有效固结压力法在预压地基强度计算中的应用.岩土力学,2020,41(2):645-654.

[124] 汪闻韶.饱和砂土振动孔隙水压力的产生、扩散和消散[C]//中国土木工程学会第一届土力学及基础工程学术会议论文集.北京:中国建筑工业出版社,1964.

[125] 汪益敏,徐超.软土地基土工合成材料加筋堤的理论研究与设计方法[J].长江科学院院报,2014,31(3):48-57.

[126] 王刚,王雷,罗一.影响爆破挤淤效果的外部因素[J].水运工程,2019,S1:129-132.

[127] 王立忠,李玲玲.未打穿砂井地基下卧层固结度分析[J].中国公路学报,2000,13(3):5.

[128] 王柳江,刘斯宏,王子健,等.堆载-电渗联合作用下的一维非线性大变形固结理论[J].工程力学,2013,30(12):91-98.

[129] 王瑞兴,钱春香,王剑云.微生物沉积碳酸钙研究[J].东南大学学报(自然科学版),2005,35(S1):191-195.

[130] 王瑞兴,钱春香,吴淼,等.微生物矿化固结土壤中重金属研究[J].功能材料,2007(9):1523-1526,1530.

[131] 王士凤,王余庆.用砾石排水桩防止砂基液化的效果[C]//冶金部建筑研究总院.地基与工业建筑抗震.北京:地震出版社,1984.

[132] 王铁宏,水伟厚,王亚凌.高能级强夯技术发展研究与工程应用[M].北京:中国建筑工业出版社,2017.

[133] 王晓谋.基础工程[M].4版.北京:人民交通出版社,2010.

[134] 王正宏.水利水电工程土合成材料应用系列标准介绍[J].水利技术监督,1999(4):33-38.

[135] 魏汝龙,张凌.稳定分析中的强度指标问题[J].岩土工程学报,1993,15(5):24-30.

[136] 吴慧明,龚晓南.刚性基础和柔性基础下复合地基模型试验对比研究[J].土木工程学报,2001,34(5):81-84.

[137] 吴世明,徐攸在.土动力学现状与发展[J].岩土工程学报,1998,20(3):125-131.

[138] 吴伟令.软粘土电渗固结理论模型和数值模拟[D].北京:清华大学,2009.

[139] 肖鹏,刘汉龙,张宇,等.微生物温控加固钙质砂动强度特性研究[J].岩土工程学报,2021,43(3):511-519.

[140] 谢君斐.关于修改抗震规范砂土液化判别式的几点意见[J].地震工程与工程振动,1984,4(2):95-126.

[141] 谢康和.砂井地基:固结理论.数值分析与优化设计[D].杭州:浙江大学,1987.

[142] 谢荣星,杨茯苓,鲍树峰,等.新近吹填淤泥真空预压一次性处理关键技术[J].水运工程,2019,554:181-187.

[143] 徐辉.房屋建筑工程膨胀土地基处理措施研究[J].住宅与房地产,2019,34:172.

[144] 徐少曼,洪昌华.考虑加筋垫层的堤坝下软基稳定分析法[J].土木工程学报,2000(4):88-92.

[145] 徐增杰.水泥土桩体加固不同密实度液化砂土的振动台试验研究[D].太原:太原理工大学,2009.

[146] 徐志英.砂基内设置砾石排水桩抗地震液化的分析与计算[J].勘察科学技术,1985,1:1-7.

[147] 徐志英.用砾石排水桩抗地震液化的砂基孔压计算[J].地震工程与工程振动,1992,12(4):88-92.

[148] 许连波.填石排淤法中的爆炸作用[J].爆炸与冲击,1992,12(1):54-61.

[149] 薛炜,邝健政,孙洪涛,等.袖阀管灌浆法在软土地基加固工程中的应用[C]//锚固与注浆新技术——第二届全国岩石锚固与注浆学术会议论文集.北京:中国电力出版社,2002:146-151.

[150] 薛志佳.电渗加固软土地基影响因素和方法研究[D].大连:大连理工大学,2017.

[151] 闫澍旺,BARR B.土工格栅与土相互作用的有限元分析[J].岩土工程学报,1997,19(6):56-61.

[152] 杨茯苓,董志良,鲍树峰,等.新近吹填淤泥地基新型大面积砂被工作垫层工艺技术研发[J].重庆交通大学学报(自然科学版),2018,37(2):66-75.

[153] 杨晓东.锚固与注浆技术手册[M].2版.北京:中国电力出版社,2009.

[154] 杨志全,侯克鹏,郭婷婷,等.黏度时变性宾汉体浆液的柱-半球形渗透注浆机制研究[J].岩土力学,2011,32(9):2697-2703.

[155] 杨子江,余江,刘辉,等.增压式真空预压施工工艺研究[J].铁道标准设计,2011,8:26-31.

[156] 叶观宝,高彦斌.地基处理[M].3版.北京:中国建筑工业出版社,2009.

[157] 叶观宝,高彦斌.振冲法和砂石桩法加固地基[M].北京:机械工业出版社,2005.

[158] 叶书麟,叶观宝.地基处理[M].2版.北京:中国建筑工业出版社,2004.

[159] 叶书麟,叶观宝.地基处理[M].北京:中国建筑工业出版社,1997.

[160] 殷建华,李廷芥.土工布加筋基础的沉降和土工布拉力[J].岩土力学,1998(1):20-26,31.

[161] 尹黎阳,唐朝生,谢约翰,等.微生物矿化作用改善岩土材料性能的影响因素[J].岩土力学,2019,40(07):2525-2546.

[162] 余朝伟.淤泥固化桩技术在吹填土路基工程中的研究与应用[J].工程施工,2017(3):243-244.

[163] 余海忠.抛石爆破挤淤筑堤的机理及检测方法研究[D].北京:中国铁道科学研究院,2011.

[164] 俞建霖,龚晓南,江璞.柔性基础下刚性桩复合地基的工作性状[J].中国公路学报,2007,20(4):1-6.

[165] 俞建霖,荆子菁,龚晓南,等.基于上下部共同作用的柔性基础下复合地基性状研究[J].岩土工程学报,2010,32(5):657-663.

[166] 俞建霖,李俊圆,王传伟,等.考虑桩体破坏模式差异的路堤下刚性桩复合地基稳定分析方法研究[J].岩土工程学报,2017,39(S2):37-40.

[167] 俞建霖,朱普遍,刘红岩,等.基础刚度对刚性桩复合地基性状的影响分析[J].岩土力学,2007,28(S1):833-838.

[168] 俞元洪,余朝伟.淤泥原位固化技术在淤泥软基处理中的研究与应用[J].浙江水利科技,2015,199:72-76.

[169] 詹芳蕾.槐糖脂优化污泥重金属电动修复与电渗排水的试验研究[D].杭州:浙江大学,2018.

[170] 张翠兵,张志毅,高凌天等.爆炸排淤法"石舌"形成过程的数值模拟[J].力学与实践,2003,25(6):54-58.

[171] 张翠兵.厚层淤泥中采用爆炸定向滑移法修筑防波堤机理研究[D].北京:铁道部科学研究院,2001.

[172] 张辉杰,胡先举,李学海,等.三峡二期围堰风化砂砾振冲加固检测成果分析[J].长江科学院院报,2002,19(4):30-32,48.

[173] 张家柱,程钊,余金煌.水泥土性能的试验研究[J].岩土工程技术,1999,3:38-40.

[174] 张建民,谢定义.饱和砂层震动孔隙水压力长消的解析算法[J].水利学报,1992(12):70-80.

[175] 张茜,叶为民,刘樟荣,等.基于生物诱导碳酸钙沉淀的土体固化研究进展[J].岩土力学,2022,43(2):1-13.

[176] 张土乔.水泥土的应力应变关系及搅拌桩破坏特性研究[D].杭州:浙江大学,1992.

[177] 张卫锋.陕南膨胀土的地基处理方法简析[J].地下水,2018,40(5):147-148.

[178] 张逍,徐超,王裒申,等.加筋土桥台承载特性的载荷试验研究[J].岩土力学,2020,41(12):4027-4034.

[179] 张旭东,张艳美,刘迎春,等.碎石桩处理可液化地基加密效用的理论分析[J].中国安全科学学报,2005,15(6):77-79.

[180] 章定文,韩文君,刘松玉,等.劈裂真空法加固软土地基的效果分析[J].岩土力学,2012,33(5):1467-1478.

[181] 章定文,刘松玉,韩文君.土体气压劈裂原理与工程应用[M].北京:科学出版社,2014.

[182] 赵明华,顾美湘,张玲,等.竖向土工加筋体对碎石桩承载变形影响的模型试验研究[J].岩土工程学报,2014,36(09):1587-1593.

[183] 赵明华,何玮茜,衡帅,等.基于圆孔扩张理论的筋箍碎石桩承载力计算方法研究[J].岩土工程学报,2017,39(10):1785-1792.

[184] 赵胜利,赵红英,刘燕.基于SOFM神经网络的砂土液化评价[J].华中科技大学学报(城市科学版),2005,22(2):23-26.

[185] 郑刚,龚晓南,谢永利,等.地基处理技术发展综述[J].土木工程学报,2012,45(2):127-146.

[186] 郑刚,刘力,韩杰.刚性桩加固软弱地基上路堤的稳定性问题(I)——存在问题及单桩条件下的分析[J].岩土工程学报,2010,32(11):1648-1657.

[187] 郑刚,刘力,韩杰.刚性桩加固软弱地基上路堤稳定性问题(II)——群桩条件下的分析[J].岩土工程学报,2010,32(12):1811-1820.

[188] 郑建国.碎石桩复合地基液化判别方法的探讨[J].工程勘察,1999,2:7-9,38.

[189] 郑俊杰.地基处理技术[M].武汉:华中科技大学出版社,2009.

[190] 郑颖人,陆新,李学志,等.强夯加固软粘土地基的理论与工艺研究[J].岩土工程学报,2000,22(1):18-22.

[191] 郑哲敏等.爆炸法处理水下软基[C]//第四届全国工程爆破学术会议论文集.北京:冶金工业出版社,1993.

[192] 中交第四航务工程局有限公司.DCM法加固水下软基自主核心技术及自动化装备研发研究报告[R].2020.

[193] 中交四航工程研究院有限公司.中欧美规范在地基处理设计与检测技术方面的对比研究及工程应用研究报告:挤密砂桩分册[R].2019.

[194] 周大纲.土工合成材料制造技术及性能[M].北京:中国轻工业出版社,2001.

[195] 周建,俞建霖,龚晓南.高速公路软土地基低强度桩应用研究[J].地基处理,2002,13(2):3-14.

[196] 周健,王冠英,贾敏才.无填料振冲法的现状及最新技术进展[J].岩土力学,2008,29(1):37-42.

[197] 周亚东,邓安.分段线性差分一维大变形电渗固结模型[J].地下空间与工程学报,2014,10(3):552-558.

[198] 周亚东,王保田,邓安.分段线性电渗-堆载耦合固结模型[J].岩土工程学报,2013,35(12):2311-2316.

[199] 周志刚,郑健龙,宋蔚涛,等.土工格网处理桥头跳车的设计、施工与检测[J].公路,2000,8:12-15.

［200］周仲景,熊传祥.基于支持向量机的砂土地震液化判别模型［J］.岩土工程界,2006,9(12):74-76.

［201］朱凤基,南静静,魏颖琪,等.黄土湿陷系数影响因素的相关性分析［J］.中国地质灾害与防治学报,2019,30(2):128-133.

［202］朱诗鳌.土工织物应用与计算［M］.北京:中国地质大学出版社,1989.

［203］庄艳峰,陈文,王有成,等.一种用于电渗排水法的塑料电极管:201410269863.9［P］.2014-10-08.

［204］庄艳峰,邹维列,王钊,等.一种可导电的塑料排水板:201210197981.4［P］.2014-09-17.

［205］庄艳峰.电渗排水固结的设计理论和方法［J］.岩土工程学报,2016,38(S1):152-155.

［206］邹维列,杨金鑫,王钊.电动土工合成材料用于固结和加筋设计［J］.岩土工程学报,2002,24(3):319-322.

［207］AL QABANY A, SOGA K, SANTAMARINA C. Factors affecting efficiency of microbially induced calcite precipitation［J］. Journal of Geotechnical and Geoenvironmental Engineering, 2012, 138(8): 992-1001.

［208］BARRON R A. Consolidation of fine-grained soils by drain wells［J］. Transaction of the American Society of Civil Engineers, 1948, 113:718-754.

［209］BAZIER D R. Residual strength and large-deformation potential of loose silty sands［J］. Journal of Geotechnical Engineering, ASCE, 1995(6):896-906.

［210］BJERRUM L, MOUM J, EIDE O. Application of electro-osmosis to a foundation problem in a Norwegian quick clay［J］. Geotechnique, 1967, 17(3):214-235.

［211］BLAUW M, LAMBERT J, LATIL M N. Biosealing: A method for in situ sealing of leakages［R］. Proceedings of the International Symposium on Ground Improvement Technologies and Case Histories. Singapore:Research Publishing Services, 2009, 9:125-130.

［212］BOQUET E, BORONAT A, RAMOSCOR A. Production of calcite (calcium carbonate) crystals by soil bacteria is a general phenomenon［J］. Nature, 1973, 246(5434):527-529.

［213］BRAUNS J. The initial load of gravel pile in the clay foundation［J］. Construction Technology, 1978, 55(8):263-271.

［214］BROMS B B. Deep soil stabilization: design and construction of lime and lime/cement columns［D］. Stockholm:Royal Institute of Technology, 1999.

［215］BURBANK M B, WEAVER T J, WILLIAMS B C, et al. Urease activity of ureolytic bacteria isolated from six soils in which calcite was precipitated by indigenous bacteria［J］. Geomicrobiology Journal, 2012, 29(4):389-395.

［216］BURDEN F R, MCKELVIE I, FORSTNER U, et al. Environmentalmonitoring handbook［M］. McGR AW-HILL, 2002.

［217］CADAGRANDE A. Liquefaction and cyclic deformation of sands, a critical review［R］. Proceedings of 5th Pan-american Conference on Soil Mechanics and Foundation Engineering. Buenos Aires, Argentina, 1975.

［218］CASAGRANDE A. Characteristics of cohesionless soils affecting the stability of slopes and earth fills［J］. Journal of the Boston Society of Civil Engineers, 1936, 23(1):257-276.

［219］CHENG L, SHAHIN M A, MUJAH D. Influence of key environmental conditions on microbially induced cementation for soil stabilization［J］. Journal of Geotechnical and Geoenvironmental Engineering, 2017, 143(1):04016083.

［220］CHENG L, SHAHIN M A. Stabilisation of oil-contaminated soils using microbially induced calcite crystals by bacterial flocs[J]. Geotechnique Letters, 2017, 7(2):146-151.

[221] CHENG L, SHAHIN M A. Urease active bioslurry: A novel soil improvement approach based on microbially induced carbonate precipitation[J]. Canadian Geotechnical Journal, 2016, 53(9):1376-1385.

[222] CHENG L, YANG Y, CHU J. In-situ microbially induced Ca^{2+}-alginate polymeric sealant for seepage control in porous materials[J]. Microbial biotechnology, 2019, 12(2):324-333.

[223] CHOU C W, SEAGREN E A, AYDILEK A H, et al. Biocalcification of sand through ureolysis [J]. Journal of Geotechnical and Geoenvironmental Engineering, 2011, 137(12):1179-1189.

[224] CHU J, IVANOV V, STABNIKOV V, et al. Microbial method for construction of an aquaculture pond in sand[J]. Geotechnique, 2013, 63(10):871-875.

[225] COLOMBIER M G. Retarding measures for crack propagation: State of the art[R]. RILEM Proceedings,1993:49-49.

[226] DE BEER M, GROENENDIJK J, FISCHER C. Three dimensional contact stresses under the LINTRACK wide base single tyres, measured with the Vehicle-Road Surface Pressure Transducer Array (VRSPTA) system in South Africa[J]. Division of Roads and Transport Technology, Council of Scientific and Industrial Research, 1996.

[227] DEJONG J T, FRITZGES M B, NUSSLEIN K. Microbially induced cementation to control sand response to undrained shear[J]. Journal of geotechnical and geoenvironmental engineering, 2006, 132 (11):1381-1392.

[228] DEJONG J T, MORTENSEN B M, MARTINEZ B C, et al. Biomediated soil improvement[J]. Ecological Engineering, 2010, 36(2):197-210.

[229] DUSSOUR C, FAVORITI P, VOROBIEV E. Influence of chemical additives upon both filtration and electroosmotic dehydration of a kaolin suspension[J]. Separation Science and Technology, 2000. 35 (8):1179-1193.

[230] ESRIG M I. Pore pressures, consolidation, and electrokinetics[J]. Journal of the Soil Mechanics and Foundations Division, 1968, 94(4):899-921.

[231] EVANKO C R, DZOMBAK D A. Remediation of metal-scontaminated soils and groundwater [R]. Ground-water Remediation Technologies Analysis Center, 1997.

[232] FELDKAMP J R, BELHOMME G M. Large-strain electrokinetic consolidation: Theory and experiment in one dimension[J]. Geotechnique, 1990, 40(4):557-568.

[233] FERRIS FG, STEHMEIER LG, KANTZAS A, et al. Bacteriogenic mineral plugging[J]. Journal of Canadian Petroleum Technology, 1997, 35(8):56-61.

[234] FOURIE A B, JONES C J F P. Improved estimates of power consumption during dewatering of mine tailings using electrokinetic geosynthetics (EKGs) [J]. Geotextiles and Geomembranes, 2010, 28 (2):181-190.

[235] GAMBIN M P. Menard dynamic consolidation method at Nice airport[J]. International Journal of Rock Mechanics and Mining Sciences and Geomechanics Abstracts,1985,22(4):135.

[236] GAMBIN M P. Ten years of dynamic consolidation[C]. Regional conference for Africa, 1984: 363-370.

[237] GEDDES J D. Stresses in foundation soils due to vertical subsurface load[J]. Geotechnique, 1966, 16(3):231-255.

[238] GIBSON R E, ENGLAND G L, HUSSEY M J L. The theory of one-dimensional consolidation of saturated clays[J]. Geotechnique, 1967, 17(3):261-273.

[239] GNIEL J, BOUAZZA A. Improvement of soft soils using geogrid encased stone columns[J].

Geotextiles and Geomembranes，2009，27(3):167-175.

[240] GOMEZ M G, GRADDY C M R, DEJONG J T, et al. Stimulation of native microorganisms for biocementation in samples recovered from field-scale treatment depths[J]. Journal of Geotechnical and Geo-environmental Engineering, 2018, 144(1):13.

[241] GOMEZ MG, MARTINEZ B C, DEJONG J T, et al. Field-scale biocementation tests to improve sands[J]. Proceedings of the Institution of Civil Engineers-Ground Improvement, 2015, 168(3):206-216.

[242] GREENWOOD D A. Discussion on vibroflotation compaction in non-cohesive soils[J]. Ground Treatment by Deep Compaction, 1976:123-125.

[243] HANSBO S . Consolidation of fine-grained soils by prefabricated drains[J]. Proceeding of the10th ICSMFE, 1980, 3:677-682.

[244] HU L, WU H. Mathematical model of electro-osmotic consolidation for soft ground improvement[J]. Geotechnique. 2014, 64(2):155-164.

[245] HUGHES J, WITHERS N. Reinforcing of soft soils with stone columns[J]. Ground Engineering, 1974, 7(3):42-49.

[246] IVANOV V, CHU J. Applications of microorganisms to geotechnical engineering for bioclogging and biocementation of soil in situ[J]. Reviews in Environmental Science and Biotechnology, 2008, 7 (2):139-153.

[247] JONES C J F P, LAMONT-BLACK J, GLENDINNING S. Electrokinetic geosynthetics in hydraulic applications[J]. Geotextiles and Geomembrances, 2011,29(4):381-390.

[248] JONES C, GLENDINNING S, HUNTLEY D T, et al. Soil consolidation and strengthening using electrokinetic geosynthetics—concepts and analysis[R]. Geosynthetics International Conference on Geosynthetics, 2006.

[249] KALUMBA D, GLENDINNING S, ROGERS C D F, et al. Dewatering of tunneling slurry waste using electrokinetic geosynthetics[J]. Journal of Environmental Engineering, 2009, 135 (11): 1227-1236.

[250] KEYKHA H A, ASADI A, ZAREIAN M. Environmental factors affecting the compressive strength of microbiologically induced calcite precipitation-treated soil[J]. Geomicrobiology Journal, 2017, 34(10):889-894.

[251] KEYKHA H A, HUAT B B K, ASADI A. Electrokinetic stabilization of soft soil using carbonate-producing bacteria[J]. Geotechnical and Geological Engineering, 2014, 32(4):739-747.

[252] KITAZUME M, OKANO K, MIYAJIMA S. Centrifuge model tests on failure envelope of column type mixing method improved ground[J]. Soils and Foundations, 2000, 40(4):43-55.

[253] KONDOH S, HIRAOKA M. Studies on the improving dewatering method of sewage sludge by the pressurized electro-osmotic dehydrator with injection of polyaluminum chloride[R]. Proceedings of the 6th world filtration congress, Nagoya, 1993:765-769.

[254] LEE K L, SEED H B. Cyclic stress conditions causing liquefaction of sand[J]. Journal of the soil Mechanics and Foundations Division, 1967, 93(1):47-70.

[255] LIU L, LIU H, STUEDLEIN A W, et al. Strength, stiffness, and microstructure characteristics of biocemented calcareous sand[J]. Canadian Geotechnical Journal, 2019, 56(10):1502-1513.

[256] LOCKHART N C. Electroosmotic dewatering of clays. I. Influence of voltage[J]. Colloids and Surfaces, 1983, 6(3):229-238.

[257] LOCKHART N C. Electroosmotic dewatering of clays. II. Influence of salt, acid and floccula-

nts[J]. Colloids and Surfaces, 1983, 6(3):239-251.

[258] MARKS P J, WUJCIK W J, LONCAR A F. Remediation technologies screening matrix and reference guide (second edition) [M]. DOD Environmental Technology Transfer Committee, 1994.

[259] MENARD L, BROISE Y. Theoretical and practical aspect of dynamic consolidation[J]. Geotechnique, 1975, 25(1):3-18.

[260] MITCHELL J K. Soil improvement state-of-the-art report[R]. 1981.

[261] MOHAMEDELHASSAN E, SHANG J Q. Vacuum and surcharge combined one-dimensional consolidation of clay soils[J]. Canadian Geotechnical Journal. 2002, 39(5):1126-1138.

[262] MONTOYA B M, DEJONG J T, BOULANGER R W. Dynamic response of liquefiable sand improved by microbial-induced calcite precipitation[J]. Geotechnique, 2013, 63(4):302-312.

[263] MORTENSEN B M, HABER M J, DEJONG J T, et al. Effects of environmental factors on microbial induced calcium carbonate precipitation[J]. Journal of applied microbiology, 2011, 111(2):338-349.

[264] NAYANTHARA P G N, DASSANAYAKE A B N, NAKASHIMA K, et al. Microbial induced carbonate precipitation using a native inland bacterium for beach sand stabilization in nearshore areas [J]. Applied Sciences, 2019, 9(15):3201.

[265] NUNN M E. An investigation of reflection cracking in composite pavements in the United Kingdom[R]. Proceedings of 1st Conference on Reflective Cracking in Pavements, Assessment and Control, Belgium, 1989:146-153.

[266] OKUMURA T. Deep mixing method as a chemical soil improvement[R]. Proceedings of the Sino-Japan Joint Symposium on Improvement of Weak Ground, Tokyo, 1989.

[267] PAASSEN L V. Biogrout ground improvement by microbial induced carbonate precipitation[D]. Delft:Delft University of Technology, 2009.

[268] PEACOCK W H, SEED H B. Sand liquefaction under cyclic loading simple shear conditions[J]. Journal of the soil Mechanics and Foundations Division, 1968, 94(3):689-708.

[269] PHILLIPS A J, CUNNINGHAM A B, GERLACH R, et al. Fracture sealing with microbially-induced calcium carbonate precipitation:a field study[J]. Environmental science and technology, 2016, 50 (7):4111-4117.

[270] QABANY A A, MORTENSEN B, MARTINEZ B, et al. Microbial carbonate precipitation: Correlation of s-wave velocity with calcite precipitation [R]. Advances in Geotechnical Engineering, 2011: 3993-4001.

[271] REBATA-LANDA V. Microbial activity in sediments:Effects on soil behavior[D]. Atlanta: Georgia Institute of Technology, 2007.

[272] RITTIRONG A, SHANG J Q. Numerical analysis for electro-osmotic consolidation in two-dimensional electric field[R]. Proceedings of the 18th International Offshore and Polar Engineering Conference, Vancouver, 2008:566-579.

[273] ROGBECK Y, GUSTAVSSON S, SODERGREN I, et al. Reinforced piled embankments in Sweden-design aspects[R]. Proceedings, sixth international conference on geosynthetics. Atlanta:Omnipress, 1998, 2:755-762.

[274] SAITO A. Characteristics of penetration resistance of a reclaimed sandy deposit and their change through vibratory compaction[J]. Soils and Foundations, 1977, 17(4):31-43.

[275] SASAKI Y, TANIGUCHI E. Shaking table tests on gravel drains to prevent liquefaction of sand deposits[J]. Soils and Foundations, 1982, 22(3):1-14.

[276] SEED H B, IDRISS I M, ARANGO I. Evaluation of liquefaction potential using field perform-

ance data[J]. Journal of Geotechnical Engineering, 1983, 109(3):458-482.

[277] SEED H B, IDRISS I M. A simplified procedure for evaluating soil liquefaction potential[J]. Journal of the soil Mechanics and Foundations Division, 1971, 97(9):1249-1273.

[278] SEED H B, LEE K L. Liquefaction of saturated sands during cyclic loading[J]. Journal of the soil Mechanics and Foundations Division, 1966, 92(SM6):105-134.

[279] SHANG J Q. Electrokinetic sedimentation: A theoretical and experimental study[J]. Canadian Geotechnical Journal, 1997, 34(2):305-314.

[280] TOBLER D J, MINTO J M, EL MOUNTASSIR G, et al. Microscale analysis of fractured rock sealed with microbially induced CACO3 precipitation: influence on hydraulic and mechanical performance [J]. Water Resources Research, 2018, 54(10):8295-8308.

[281] VAN PAASSEN L A, GHOSE R, VAN DER LINDEN T J M, et al. Quantifying biomediated ground improvement by ureolysis:Large-scale biogrout experiment[J]. Journal of Geotechnical and Geoenvironmental Engineering, 2010, 136(12):1721-1728.

[282] VAN PAASSEN L A, VAN LOOSDRECHT M C M, PIERON M, et al. Strength and deformation of biologically cemented sandstone[C]//ISRM Regional Symposium-EUROCK, 2009.

[283] VAN PAASSEN L A. Biomediated ground improvement from laboratory experiment to pilot applications[R]. Geofrontiers 2011:advances in geotechnical engineering. Vienna:ASCE, 2011:4099-4108.

[284] VAN PAASSEN LA, VAN LOOSDRECHT M, PIERON M, et al. Strength and deformation of biologically cemented sandstone[R]. Proceedings of Rock Engineering in Difficult Ground Conditions - Soft Rocks and Karst, Croatia, 2010:405-410.

[285] VESIC A. Expansion of cavity in infinite soil mass[J]. Journal of the soil Mechanics and Foundations Division, 1972, 98(3):265-289.

[286] WAN T Y, MITCHELL J K. Electro-osmotic consolidation of soils[J]. Journal of the Geotechnical Engineering Division, 1976, 102(5):473-491.

[287] WANG Y, SOGA K, DEJONG J T, et al. A microfluidic chip and its use in characterising the particle-scale behaviour of microbial-induced calcium carbonate precipitation (micp)[J]. Geotechnique, 2019, 69(12):1086-1094.

[288] WANG Y, SOGA K, DEJONG J T, et al. Microscale visualization of microbial-induced calcium carbonate precipitation processes[J]. Journal of Geotechnical and Geoenvironmental Engineering, 2019, 145 (9):04019045.

[289] WEBB D L, HALL R I. Effects of vibroflotation on clayey sands[J]. Journal of the Soil Mechanics and Foundations Division, 1969, 95(6):1365-1378.

[290] WHIFFIN V S, VAN PAASSEN L A, HARKES M P. Microbial carbonate precipitation as a soil improvement technique[J]. Geomicrobiology Journal, 2007, 24(5):417-423.

[291] WHIFFIN V S. Microbial $CaCO_3$ precipitation for the production of biocement[D]. Perth: Murdoch University, 2004.

[292] WONG H. Field instrumentation of vibroflotation foundation[J]. Field Instrumentation in Geotechnical Engineering, 1975, 23(4):475-487.

[293] WU H, HU L. Analytical and numerical solutions for vacuum preloading considering a radius related strain distribution[J]. Mechanics Research Communications, 2012, 44:9-14.

[294] WU H, Qi W, HU L, et al. Electro-osmotic consolidation of soil with variable compressibility, hydraulic conductivity and electro-osmosis conductivity [J]. Computers and Geotechnics, 2017, 85:126-138.

［295］XIAO P, LIU H, XIAO Y, et al. Liquefaction resistance of biocemented calcareous sand［J］. Soil Dynamics and Earthquake Engineering, 2018, 107:9-19.

［296］XIAO Y, CHEN H, STUEDLEIN A W, et al. Restraint of particle breakage by biotreatment method［J］. Journal of Geotechnical and Geoenvironmental Engineering, 2020, 146(11):04020123.

［297］XIAO Y, ZHAO C, SUN Y, et al. Compression behavior of micp-treated sand with various gradations［J］. Acta Geotechnica, 2021, 16(5):1391-1400.

［298］YOSHIKUNI H , NAKANODO H . Consolidation of soils by vertical drain wells with finite permeability［J］. Soils and Foundations, 2008, 14(2):35-46.

［299］YOUD T L, IDRISS I M. Liquefaction resistance of soils: summary report from the 1996 NCEER and 1998 NCEER/NSF workshops on evaluation of liquefaction resistance of soils［J］. Journal of Geotechnical and Geoenvironmental Engineering, 2001, 127(4):297-313.

［300］YUAN J, HICKS M A, DIJKSTRA J. Numerical model of elasto-plastic electro-osmosis consolidation of clays［R］. Poromechanics V. Proceedings of the 5th biot conference on poromechanics, Vienna, ASCE, 2013:2076-2085.

［301］YUAN J, HICKS M A. Numerical modelling of electro-osmosis consolidation of unsaturated clay at large strain［C］//Institute of Soil Mechanics, Foundation Engineering and Computational Geotechnics. 8th European conference on numerical methods in geotechnical engineering. Leiden:CRC Press/Balkema.

［302］YUAN J, HICKS M A. Numerical simulation of elasto-plastic electro-osmosis consolidation at large strain［J］. Acta Geotechnica, 2015, 11(1):127-143.

［303］YUAN J. HICKS M A. Large deformation elastic electroosmosis consolidation of clays［J］. Computers and Geotechnics, 2013, 54:60-68.

［304］YUSTRES A, LOPEZ-VIZCAINO R, SAEZ C, et al. Water transport in electrokinetic remediation of unsaturated kaolinite. Experimental and numerical study［J］. Separation and Purification Technology, 2018, 192: 196-204.

［305］ZHANG L, ZHAO M. Deformation analysis of geotextile-encased stone columns［J］. International Journal of Geomechanics, 2015, 15(3):04014053.

［306］ZHANG Y, GUO H X, CHENG X H. Influences of calcium sources on microbially induced carbonate precipitation in porous media［J］. Materials Research Innovations, 2014, 18(sup2):79-84.

［307］ZHAO Q, LI L, LI C, et al. Factors affecting improvement of engineering properties of mic-treated soil catalyzed by bacteria and urease［J］. Journal of Materials in Civil Engineering, 2014, 26(12):4014094.

［308］ZHENG Z, YANG Z, JIN L. Underwater explosion treatment of marine soft foundation［J］. China Ocean Engineering, 1991, 5(2):213-234.